Die Chemie der Kohle

Von

Dr. phil. Walter Fuchs

Mit 5 Textabbildungen

Berlin
Verlag von Julius Springer
1931

ISBN-13: 978-3-642-89725-2 e-ISBN-13: 978-3-642-91582-6
DOI: 10.1007/978-3-642-91582-6

Softcover reprint of the hardcover 1st edition 1931

Vorwort.

Die Chemie der Kohle wird im vorliegenden Buche als ein Kapitel der Naturwissenschaft im Rahmen unserer heutigen Naturerkenntnis behandelt. In diesem Sinne werden die wissenschaftlich bedeutsamen Tatsachen des Gebietes systematisch dargestellt.

Den Ausgangspunkt der Entwicklung bildet die Feststellung, daß Torf und Kohle aus Pflanzen entstanden sind. In Kapitel I wird das chemische Material der Pflanze behandelt. Es wird gezeigt, wie Pflanzenstoffe und Spenderpflanzen miteinander zusammenhängen und welches Schicksal das chemische Rohmaterial beim Absterben und Zerfall der Pflanzen erfährt.

In den Kapiteln II, III und IV werden der Torf, die Braunkohle und die Steinkohle besprochen. Jedes dieser drei Kapitel hat den Charakter einer Monographie des betreffenden Brennstoffes. Im ersten Abschnitt des Kapitels werden jeweils die Definition, die Lagerstätten und die Abarten des einzelnen Brennstoffs erörtert. Es folgt die physikalische und petrographische Charakteristik sowie die Darstellung der chemischen Tatsachen. Die Torfe und Kohlen sind chemisch betrachtet Gemenge; ausführlich werden sowohl die chemischen Eigenschaften der Rohstoffe als auch die Chemie ihrer Bestandteile behandelt. Daran schließt sich die Besprechung des Verhaltens bei biologischen, chemischen und thermischen Einwirkungen. Der letzte Abschnitt in jedem der Kapitel II—IV behandelt die Entstehung des betreffenden festen Brennstoffes in der Natur.

Kapitel V, das Schlußkapitel des Buches, ist der vergleichenden Chemie von Torf und Kohle gewidmet. In besonderen Abschnitten von Kapitel V werden die allgemeinen Methoden der chemischen Brennstoffuntersuchung, deren Ergebnisse, ferner die Chemie der Bestandteile von Torf und Kohle, der Bitumenstoffe, Huminsäuren und Humine, zusammenfassend behandelt. Ein eigener Abschnitt ist der Entstehung der festen Brennstoffe gewidmet. Der letzte Abschnitt des Schlußkapitels beschäftigt sich mit der Systematik der Torfe und Kohlen.

Speziell in den letzten Jahren hat die Kohlenchemie nebst ihren Nachbargebieten große Fortschritte gemacht. Es sei da besonders auf die Arbeiten von Bone, Fuchs, Stadnikoff, Terres, Wheeler u. a. verwiesen. Mit Zustimmung von F. Bergius hat mir ferner

P. Erasmus genauen Einblick in die umfangreichen, unveröffentlichten Arbeiten gewährt, die von Bergius und Erasmus in den letzten Jahren ausgeführt wurden. Auf den Nachbargebieten wären Arbeiten von Gothan, Lieske, Petrascheck, Stach, Taylor, Thiessen, Waksman u. a. hervorzuheben.

Das wissenschaftliche Material auch der Grenzgebiete wurde voll berücksichtigt. Dagegen wurde auf Abdruck statistischer und volkswirtschaftlicher Daten restlos verzichtet. Technische Angaben sind aufgenommen, soweit sie chemischen Inhalt haben. Das Buch beruht ebenso auf dem Studium der Originalliteratur wie auf eigener Anschauung. Die Schilderung erfolgt möglichst unbeschwert von historischen Hinweisen auf dem theoretischen Niveau von heute. Einige Beispiele mögen dies erläutern. Über die Lignintheorie der Kohle von Fischer und Schrader existieren umfangreiche Auseinandersetzungen in der Literatur. Heute kann aber ohne Polemik mit überholten Einzelheiten der Anteil des Lignins an der Bildung von Torf und Kohle aus den Tatsachen abgeleitet und abgegrenzt werden. Die Huminsäuren sind vielfach von Chemikern und Physikochemikern, die Steinkohlen von Chemikern und Petrographen ganz getrennt bearbeitet worden. Hier mußte eine Zusammenfassung des zerstreuten Materials erfolgen. Auch sonst in dem Buche ist die Aufgabe, die Tatsachen widerspruchslos und einwandfrei miteinander zu verknüpfen, nicht auf den Leser abgeschoben, sondern nach Möglichkeit vom Verfasser geleistet. Wenn dabei nicht nur die Ergebnisse, sondern auch die Fragen und Lücken des Gebietes klar werden, so ist dies um so besser.

Die Literatur konnte vollständig bis März 1931, zum Teil auch noch bis Mai 1931 berücksichtigt werden. Für persönliche Mitteilungen bin ich, wie auch aus dem Buche ersichtlich ist, einer Anzahl von Fachgenossen Dank schuldig. Zu Dank verpflichtet fühle ich mich auch der Verlagsbuchhandlung Julius Springer.

Das Buch wird dem Chemiker, dem Naturhistoriker, dem Geologen, Berg- und Hüttenmann, dem Technologen und Techniker von Nutzen sein können. Der Industrie zeigt es die Grundlagen, auf welcher die heutige Arbeit sich abspielt und künftige Fortschritte entwickelt werden können.

Berlin, im Mai 1931.

W. Fuchs.

Inhaltsverzeichnis.

I. Die festen natürlichen Brennstoffe und die Pflanze.

II. Der Torf.

III. Die Braunkohle.

IV. Die Steinkohle.

Berichtigungen.

S. 161, Zeile 29 von oben, lies statt Immel: Immel[3].

S. 234, Zeile 6 von oben, lies statt Kohle: Braunkohle.

S. 285, Zeile 31 von oben, lies statt organischen: anorganischen.

I. Die festen natürlichen Brennstoffe und die Pflanze.

1. Die festen fossilen Brennstoffe und ihr pflanzlicher Ursprung.

In der Natur gibt es gasförmige, flüssige und feste Brennstoffe. Die gasförmigen Brennstoffe (Erdgas) sowie die flüssigen Brennstoffe (Erdöl) sollen nicht näher besprochen werden. Unter den festen Brennstoffen kann man rezente Brennstoffe (wie etwa Holz) und fossile Brennstoffe (wie Braunkohle und Steinkohle) unterscheiden. Der Torf bildet einen Übergang zwischen rezenten und fossilen festen Brennstoffen.

Die festen fossilen Brennstoffe, welche in der Trockensubstanz mindestens 50% brennbare Stoffe enthalten, bilden den Hauptgegenstand der Besprechung. Durch die Festsetzung eines Mindestgehaltes an brennbarer Substanz wird eine praktisch genügende Abgrenzung von Brennschiefern, Ölschiefern u. ä. ermöglicht. Da viele Fragen der Kohlenchemie am Beispiel des Torfes mit Vorteil erörtert werden können, wird auch der Torf mitbehandelt. Dagegen liegt der kohlenstoffreichste fossile Brennstoff, der Graphit[1], schon außerhalb des Gebietes; Graphit und ähnliche außerordentlich kohlenstoffreiche Substanzen hängen durch Kohlen von der Art des Anthrazits mit den Steinkohlen lose zusammen.

Lager von festen Brennstoffen finden sich in der Natur über die ganze Erde verbreitet. Der Torf ruht in der Natur meist unter einer Decke lebender Pflanzen; solche Lager heißen Moore, wenn die Torfschicht mehr als 20 cm stark ist. Die Braunkohlen liegen unter Deckschichten, die meist sandig oder tonig sind und deren Mächtigkeit von wenigen m bis zu mehreren 100 m wachsen kann. Die größten Tiefen, in denen man Braunkohlen gefunden hat, waren bisher in Rumänien bei Moreni 780 und 870 m und in Ungarn, wo pliocäne Braunkohlen in 1255 m Tiefe gefunden wurden. Die Steinkohlen liegen vielfach in harten Sedimentgesteinen tief in der Erde.

Die geologischen Verhältnisse der Brennstofflager gehen aus der nachfolgenden Übersicht hervor; man erkennt daraus, daß alle geologischen Schichten bis in die archäische Periode hinein feste fossile

[1] Kausch, O.: Der Graphit. Halle 1930.

Brennstoffe führen. Durch sekundäre geologische Einwirkungen können jüngere Kohlen den Charakter von älteren Brennstoffen annehmen. Dies ist aus Tabelle 1 nicht ersichtlich.

Tabelle 1. Geologisches Alter der Kohlenarten.

Zeitalter	Periode	Brennstoff
Känozoisch. . . .	Quartär: Alluvium .	Torf
	Diluvium .	Torf, Braunkohle
	Tertiär: Pliocän, Miocän, Oligocän, Eocän, Paleocän . .	Braunkohle
Mesozoisch	Kreide	Braunkohle, Steinkohle
	Jura	Steinkohle
	Trias	Steinkohle
Paläozoisch . . .	Perm (Dyas)	Steinkohle, Anthrazit
	Carbon	Steinkohle, Anthrazit
	Devon	Anthrazit
	Silur	Anthrazit, Graphit
Archäisch	Cambrium	Graphit

Die Entstehung des Torfes und der Kohlen aus pflanzlichem Ausgangsmaterial steht fest. Der Torf verrät seinen Ursprung von den Pflanzen durch die ganze Art seiner Lagerung und Bildung unter einer wachsenden Pflanzendecke sowie durch die mehr oder minder zahlreichen organisierten pflanzlichen Überreste, die sich in der Torfmasse vorfinden. Die Braunkohlen zeigen nicht selten holzähnliche Struktur, und die Braunkohlenlager enthalten vielfach mit freiem Auge kenntliche holzähnliche Überreste. Bei der mikroskopischen Untersuchung, die durch Maceration, durch Dünnschliff und Anschliff vorbereitet werden kann, offenbaren sowohl Braunkohlen als auch Steinkohlen ihren pflanzlichen Ursprung durch die zahlreich sichtbar werdenden anatomisch-morphologischen Einzelheiten, wie Zellstrukturen, Sporen u. ä.

Außer der Untersuchung der fossilen Brennstoffe selbst liefert ferner auch die Untersuchung ihres mineralischen Untergrundes, des sogenannten Liegenden, sowie ihrer mineralischen Deckschicht, des sogenannten Hangenden, weitere Aufschlüsse. Die vielfach erhältlichen botanischen und zoologischen Fundstücke begründen Feststellungen vom Ursprung, den Bildungsbedingungen, dem Bildungsort und der Bildungszeit der fossilen Brennstoffe.

Torf und Kohle haben sich also ganz wesentlich aus Pflanzen gebildet, und diese Bildung fester Brennstoffe fand in den verschiedensten Perioden der Erdgeschichte statt. Es ist daher klar, daß auch die Kenntnis der jeweils vorhandenen Flora für die Chemie der Kohle von Bedeutung ist.

In der Tabelle 1 ist die Erdgeschichte in die großen Zeiträume des archäischen, paläozoischen, mesozoischen und känozoischen Zeitalters eingeteilt. Für die Kohlenchemie ist wichtiger als diese Unterteilung auf Grund der Entwicklung der Tierwelt die etwas abweichende Einteilung auf Grund der Entwicklung der Pflanzenwelt. Die paläophytische, mesophytische und neophytische Periode decken sich nicht ganz mit den entsprechenden Zeitaltern der tierischen Entwicklung. Die Tabelle 2[1] enthält eine Übersicht über die Entwicklung der Pflanzenwelt im Laufe der Erdgeschichte.

Tabelle 2. Entwicklung der Pflanzenfamilien in der Erdgeschichte.

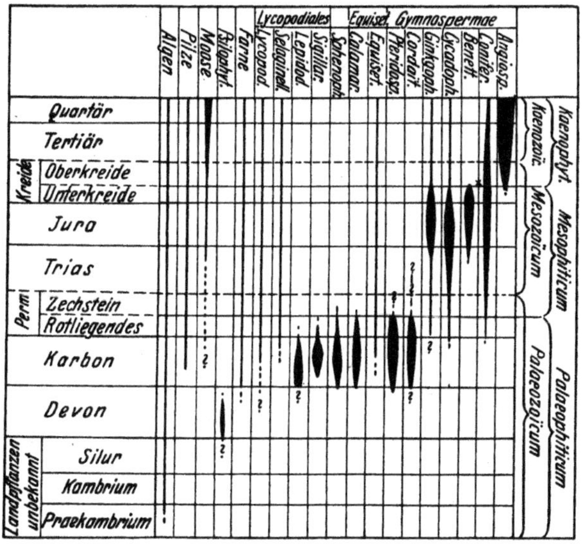

Aus der Tab. 2 ist ersichtlich, daß Algen in allen Erdzeitaltern des Lebens vorhanden waren; im Carbon gediehen (in ausgestorbenen Formen) Farne, Schachtelhalme und besonders Bärlappgewächse sowie Pteridospermen und Cordaiten; in der Braunkohlenzeit wuchsen Nadel- und Laubhölzer; die an sich tiefstehenden Laubmoose haben sich anscheinend erst in der letzten Zeit der Erdgeschichte stärker entwickelt.

Wie man sieht, kommen für die Brennstoffbildung Pflanzen aus den verschiedensten botanischen Familien in Frage; für die Steinkohle besonders die Flora des Carbons, für die Braunkohle die Flora des Tertiärs, für den Torf anscheinend grundsätzlich die gesamte lebende Flora. Gerade die Torfbildung zeigt indessen auch, daß die Umwandlung der Pflanze in den betreffenden Brennstoff an bestimmte, unter bestimmten Bedingungen gedeihende Pflanzengemeinschaften geknüpft ist; auf diesen Punkt wird in den Sonderkapiteln noch näher eingegangen. Mit dem Charakter der Torf und Kohle liefernden Pflanzengemeinschaften hängt es zum Teil zusammen, daß außer den höher organisierten Pflanzen auch noch die Algen sowie ferner in geringem Maße auch gewisse tierische Reste an der Entstehung der Brennstoffe beteiligt sind.

Da die Pflanze das wichtigste Rohmaterial der Brennstoffbildung ist,

[1] Entnommen aus Potonié-Gothan: Paläobotanik, S. 430. Berlin 1920.

gibt die Chemie der Pflanze für viele Fragen der Chemie und der Entstehung von Torf und Kohle die notwendigen Voraussetzungen.

2. Das chemische Material der Pflanze[1].

a) Zellinhaltstoffe und Zellwandstoffe.

Bei allen Unterschieden im einzelnen weisen die Pflanzen in ihrer Organisation und ihrem Chemismus eine Reihe gemeinsamer Züge auf. Die Pflanze baut sich aus Zellen auf, an denen man Zellinhalt und Zellwand unterscheiden kann. Der Zellinhalt besteht besonders aus Eiweißstoffen (Proteinen), Fetten und Ölen sowie Kohlehydraten; in geringerer Menge enthalten die Zellen noch andere für den Organismus lebenswichtige Substanzen, wie z. B. Chlorophyll und Fermente. Unter den Zellinhaltstoffen kann manchmal das Eiweiß sehr zurücktreten, während Fette und Öle oder Harze und andere Stoffe die Zellen erfüllen. Die Zellwände bestehen hauptsächlich aus Kohlehydraten. Bei den Gefäßpflanzen sind die Kohlehydrate der Wand im allgemeinen begleitet von dem sogenannten Lignin, der charakteristischen Substanz der verholzten Membranen. Die Zellwände können manchmal auch in besonderer Weise, als verkorkte oder kutinisierte Zellwände, ausgebildet sein.

Bezüglich des mengenmäßigen Verhältnisses von Zellwandstoffen und Zellinhaltstoffen gilt folgendes: je einfacher organisiert eine Pflanze ist, um so größer ist verhältnismäßig ihr Gehalt an Zellinhaltstoffen, um so kleiner ihr Gehalt an Zellwandstoffen; der prozentische Gehalt an Eiweiß, Fett, Wachs und Harz sinkt mit steigender Organisationshöhe der Pflanze. Im allgemeinen kann man sagen, daß mit fortschreitender Entwicklung die Zellwandstoffe der Pflanze deren Zellinhaltstoffe insgesamt immer mehr überwiegen.

Die nachfolgende Übersicht über die Chemie der wichtigsten Pflanzenstoffe enthält Daten über Vorkommen, Erkennung und Isolierung, chemische Charakteristik und Konstitution, Molekulargröße, physikalische Eigenschaften, Systematik sowie Verhalten im biologischen Aufbau und Abbau, Daten, die für die folgenden Entwicklungen des Buches wichtig sind.

b) Die Eiweißstoffe[2].

Die Eiweißstoffe oder Proteine bilden eine charakteristische Gruppe hochmolekularer stickstoffhaltiger Naturkörper. Sie sind meist farblos,

[1] Vgl. Czapek, F.: Biochemie der Pflanzen, 3 Bde. Jena 1913—1921. — Meyer, V., und Jacobson: Lehrbuch der org. Chemie II/4—5. Berlin u. Leipzig 1925 bis 1929. — Ullmann, F.: Enzyklopädie der techn. Chemie, 2. Aufl. Berlin und Leipzig 1928 ff. — Meyer, K. H., u. H. Mark: Der Aufbau der hochpolymeren org. Naturstoffe. Leipzig 1930.

[2] Edlbacher, S.: Aminosäuren und Proteine. Berlin 1927. — Gerngroß, O.: In Ullmanns Enzyklopädie, 2. Aufl., 4. Bd. Berlin 1929.

selten gefärbt und in der Pflanze in kolloider Lösung, in Emulsion oder Suspension, amorph abgeschieden, manchmal auch krystallisiert, enthalten. Die Proteine haben eine Anzahl von Farben- und Fällungsreaktionen gemeinsam. Tierisches Gerüsteiweiß kommt vielfach in unmittelbar isolierbarer Form vor. Pflanzeneiweiß läßt sich oft aus Lösungen, etwa nach vorheriger Dialyse, durch Ausflocken gewinnen.

Die Zusammensetzung von Pflanzeneiweiß ist im allgemeinen 51—54% C, 7% H, 16—18% N, 0,5—1% S, oftmals auch etwas Phosphor. Der hohe Stickstoffgehalt ist so kennzeichnend, daß man vielfach bei Pflanzenanalysen durch Multiplikation des gefundenen Stickstoffes mit dem Faktor 6,25 den Eiweißgehalt zu berechnen pflegt. Durch den meist etwas höheren Stickstoffgehalt der Eiweißstoffe erhält man bei einer solchen Berechnung etwas zu hohe Werte; völlig unbrauchbar werden die Werte natürlich, wenn nennenswerte Mengen stickstoffhaltiger Stoffe, die nicht zur Eiweißgruppe gehören, mit anwesend sind. Der Stickstoffgehalt und zum Teil auch der Schwefelgehalt der Kohlen wird von vielen Autoren auf Eiweißstoffe oder deren Umwandlungsprodukte zurückgeführt. Dabei kann es sich entweder um die ursprünglichen Eiweißverbindungen der Pflanze handeln oder um Eiweißverbindungen, welche beim Zerfall der Kohle bildenden Pflanzen von Kleinlebewesen in ihrem Organismus aufgebaut wurden.

Durch Hydrolyse mit Alkalien, Fermenten und Säuren zerfallen die Eiweißstoffe in ihre Bausteine, die Aminosäuren. Bei der Hydrolyse, besonders mit Säuren, entsteht fast immer eine geringe Menge einer dunklen huminähnlichen Abscheidung. Die Hydrolysenlösung kann bis zu 20 verschiedene Aminosäuren enthalten; die Tabelle 3 enthält eine Übersicht der Aminosäuren.

Die Tabelle enhält Monoaminocarbonsäuren, Diaminocarbonsäuren, Monoaminodicarbonsäuren sowie Säuren mit heterocyclisch gebundenem Stickstoff. Manche Aminosäuren haben Hydroxylgruppen. Das Cystein, im Eiweiß primär als Cystin enthalten, trägt die Gruppe SH. Hingewiesen sei noch auf das Tyrosin, welches einen Phenolkern besitzt, sowie auf das Tryptophan, welches einen Indolkern enthält. Die beiden letzteren, und zwar besonders das Tryptophan, sind es, die bei der Hydrolyse von Eiweiß zu einer geringen Humifizierung Anlaß geben.

Die durch Hydrolyse erhaltenen Aminosäuren kann man in ihrer Gesamtheit durch Titration mit Formaldehyd (Formoltitration), durch Titration der Carbonsäuregruppen in alkoholischer Lösung oder durch Titration der Aminogruppen in acetonischer Lösung charakterisieren. Zur weiteren quantitativen Kennzeichnung kann man sich des Verfahrens von van Slyke[1] bedienen, durch welches mit verhältnismäßig geringen Substanzmengen eine Unterteilung des vorhandenen Stick-

[1] Abderhalden, Handb. d. biol. Arbeitsmethoden, I/7. Berlin 1923.

Tabelle 3. Eiweißbausteine.

Bezeichnung	Strukturformel
Aminoessigsäure, Glykokoll	$CH_2(NH_2) \cdot COOH$
α-Amino-propionsäure, Alanin . . .	$CH_3 \cdot CH(NH_2) \cdot COOH$
α-Amino-isovaleriansäure, Valin. . .	$(CH_3)_2 \cdot CH_2CH(NH_2) \cdot COOH$
α-Amino-isobutyl-essigsäure, Leucin.	$(CH_3)_2 \cdot CHCH_2 \cdot CH(NH_2) \cdot COON$
α-Aminomethyl-β-äthyl-propionsäure, Isoleucin	$(C_2H_5)(CH_3) \cdot CH \cdot CH(NH_2) \cdot COOH$
α-Amino-n-capronsäure, Norleucin .	$CH_3 \cdot CH_2 \cdot CH_2 \cdot CH_2 \cdot CH(NH_2) \cdot COOH$
α-Amino-β-oxypropionsäure, Serin .	$CH_2(OH) \cdot CH(NH_2) \cdot COOH$
α-Diamino-β-dithio-dilactylsäure, Cystin	$HOOC \cdot CH(NH_2) \cdot CH_2 \cdot S \cdot S \cdot CH_2 \cdot CH(NH_2) \cdot COOH$
α-Amino-β-phenyl-propionsäure, Phenylalanin	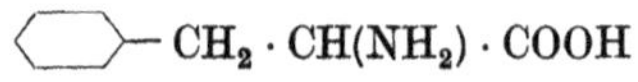 $CH_2 \cdot CH(NH_2) \cdot COOH$
α-Amino-β-p-oxyphenylpropionsäure, Tyrosin	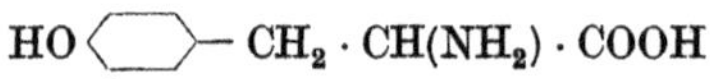 HO — $CH_2 \cdot CH(NH_2) \cdot COOH$
α-Amino-β-(β-indolyl)-propionsäure, Tryptophan	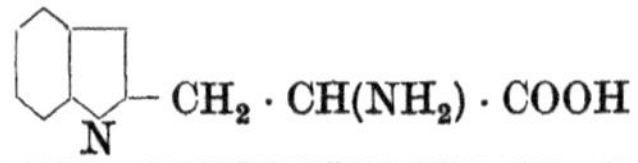 N — $CH_2 \cdot CH(NH_2) \cdot COOH$
Amino-bernsteinsäure, Asparaginsäure	$HOOC \cdot CH_2 \cdot CH(NH_2) \cdot COOH$
α-Amino-glutarsäure, Glutaminsäure.	$HOOC \cdot CH_2 \cdot CH_2 \cdot CH(NH_2) \cdot COOH$
α-Amino-β-oxy-glutarsäure, Oxyglutaminsäure	$HOOC \cdot CH_2 \cdot CH(OH) \cdot CH(NH_2) \cdot COOH$
α-Amino-δ-guanidino-valeriansäure, Arginin	$HN = C(NH_2) \cdot NH \cdot CH_2 \cdot CH_2 \cdot CH_2 \cdot CH(NH_2) \cdot COOH$
α, ε-Diaminocapronsäure, Lysin . .	$CH_2(NH_2) \cdot CH_2 \cdot CH_2 \cdot CH_2 \cdot CH(NH_2) \cdot COOH$
α-Amino-β-imidazyl-propionsäure, Histidin	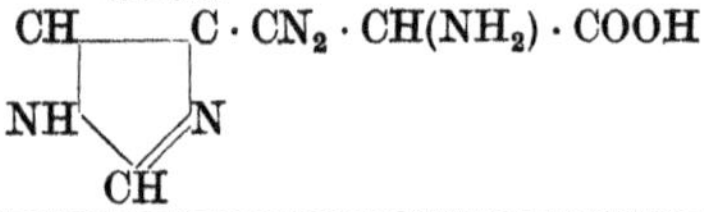 CH — $C \cdot CN_2 \cdot CH(NH_2) \cdot COOH$; NH, N, CH
Pyrrolidin-α-carbonsäure, Prolin . .	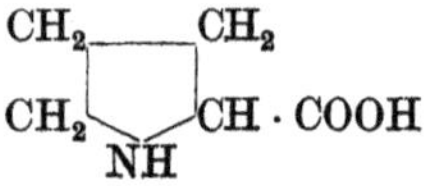 CH_2 — CH_2; CH_2 — $CH \cdot COOH$; NH
β-Oxypyrrolidin-α-carbonsäure, Oxyprolin.	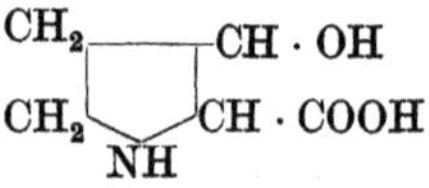 CH_2 — $CH \cdot OH$; CH_2 — $CH \cdot COOH$; NH

stoffes in sieben Gruppen möglich ist, so zwar, daß man schließlich außer der Kenntnis des Gesamtstickstoffes und des durch Humifizierung entfernten Stickstoffes 1. die freien Amidogruppen, 2. das Arginin, 3. das Cystin, 4. das Histidin, 5. das Lysin, 6. die heterocyclischen Monoaminosäuren und 7. die nichtheterocyclischen Monoaminosäuren quantitativ angeben kann.

Die Aminosäuren sind im Eiweißmolekül zumindest der Hauptsache nach amidartig miteinander verknüpft, d. h. die Amidogruppe eines Bausteines ist jeweils mit der Carboxylgruppe des nächsten Bausteines unter Wasseraustritt im Sinne des Schemas:

$$C_6H_4(OH)\cdot CH_2\cdot \underset{\displaystyle \overset{|}{\text{Tyrosyl}\cdot NH}}{CH} - CO - NH\cdot CH_2\;CO - NH\cdot \underset{\displaystyle \overset{|}{CO\ \text{Tryptophanyl}}}{CH} - CH_2 - C_8H_5N$$

Tyrosyl · NH — Glycyl — CO Tryptophanyl

verbunden. Die einfachen Monoaminosäuren können demzufolge nur zwei Verknüpfungsstellen haben. Aber auch die Diaminosäuren und die Aminodicarbonsäuren scheinen in der Regel nur an einer Aminogruppe oder einer Carbonsäuregruppe im Gesamtmolekül verankert zu sein. Man hat auch andere Bindungsmöglichkeiten als die sogenannte Peptidbindung in Betracht gezogen.

Die Auffassung, daß die Proteine lange Ketten von amidartig miteinander verknüpften Aminosäuren darstellen, ließ sich bekanntlich auch durch die Synthese stützen, bei der Polypeptide aufgebaut werden konnten, die 18 bzw. 19 Aminosäurereste im Molekül enthielten.

Die Molekulargröße der Eiweißverbindungen hat man auf verschiedene Weise zu bestimmen versucht. Wenn man alle Aminosäuren am Aufbau des Eiweißmoleküles beteiligt sein läßt, so kann man auf Grund von Menge und Molekulargröße der in geringster Menge vorhandenen Aminosäure ein Molekulargewicht berechnen; und das gleiche kann mit Hilfe des Gehaltes an Schwefel, Eisen, Halogen, geschehen. Auch aus dem Äquivalentgewicht, dem osmotischen Druck, der Diffusionsgeschwindigkeit und dem Verhalten bei der Sedimentation hat man auf die Molekulargröße geschlossen. Die erhaltenen Werte lagen von 30000—200000, ja in einzelnen Fällen sogar noch höher, bis 5000000. Trotz aller Bedenken und Einwände im einzelnen scheinen diese Bestimmungen im wesentlichen doch das Richtige getroffen zu haben: Die überwiegende Mehrzahl der Chemiker hält heute die Eiweißverbindungen für hochmolekulare Stoffe im klassischen Sinne von Emil Fischer.

Was die physikalische Chemie des Eiweißes betrifft, so sind die Eiweißstoffe vielfach, wenn auch nicht immer, adsorbierende und quellende Substanzen vom Charakter lyophiler Kolloide. In seinen Lösungen hat das Eiweiß die Eigenschaften einer sehr schwachen Aminosäure. Die Lösungen zeigen den Tyndalleffekt, sind optisch aktiv, stark lichtbrechend und haben eine charakteristische Absorption im Ultraviolett. Die Eiweißteilchen sind nicht dialysierbar. Eiweißlösungen lassen sich flocken; die Fällungsoptima sowie die isoelektrischen Punkte sind für die verschiedenen Eiweißarten charakteristisch.

Im Sinne der neueren morphologischen Betrachtungsweise der Moleküle dürfte die Form des Eiweißmoleküles nach K. H. Meyer und Mark noch am ehesten mit biegsamen Fädchen zu vergleichen sein, deren Form je nach den äußeren Umständen wechseln kann. Genaueres weiß man über Eiweißarten der Seide und des Kollagens; es handelt sich hierbei um Gerüstsubstanzen der Tierwelt, die für das Gebiet der

Pflanzeneiweiße weniger Bedeutung haben. Die Aufnahme aufschlußreicher Röntgenbilder von krystallisiertem Eiweiß ist bisher noch nicht gelungen. Da für die Länge eines Aminosäurerestes der Wert von 3,5 Å, für dessen Molkohäsion der Wert von 11600 Kalorien in Rechnung gesetzt werden kann, so wäre eine Kette von 100 Peptidresten 350 Å lang und hätte eine Molkohäsion von über 1000000. Eine solche Peptidkette enthält ionisierbare Gruppen, wie NH_2 und COOH, polare Gruppen, wie NH und OH, sowie apolare Kohlenstoffgruppierungen. Sowohl die Löslichkeitsverhältnisse der Eiweißstoffe als auch die Verhältnisse in den Eiweißlösungen können einerseits auf das hohe Molekulargewicht und die Gestalt der Moleküle, andererseits auf die vorhandenen Gruppierungen und deren Veränderungen zurückgeführt werden. Doch sind die Erscheinungen in den Lösungen der sogenannten hochmolekularen Naturstoffe noch recht dunkel.

Was die Systematik der Eiweißverbindungen betrifft, so weiß man, daß die Eiweißverbindungen von Pflanzenart zu Pflanzenart in charakteristischer Weise verschieden sind. Diese Verschiedenheiten hat man von botanischer Seite zur Aufstellung eines natürlichen Systems der Pflanzen verwendet; hierauf wird noch zurückgekommen. Eine entsprechende natürliche Systematik der Eiweißstoffe steht aber noch aus. Derzeit unterscheidet man die Eiweißstoffe als einfache und zusammengesetzte Eiweißarten. Zu den ersteren zählt man die Albumine, die wasserunlöslichen Globuline, die alkohollöslichen Pflanzeneiweiße oder Prolamine, die Histone, die besonders viel Diaminosäuren enthalten, und die Skleroproteine oder Gerüstsubstanzen der Tiere. Die zusammengesetzten Eiweißarten unterscheidet man als Lipo-, Phospho-, Nukleo-, Chromo- und Glukoproteide.

Die Menge des Eiweißes im Gesamtmaterial der Pflanze beträgt im allgemeinen 5—15%, wobei die meisten Zahlen um die untere Grenze herum liegen. Bei Bakterien werden manchmal Eiweißgehalte bis zu 80% erreicht. In Algen hat man 20—30%, in Seetangen 5—6% Eiweiß gefunden. Daß niedere Pflanzen relativ mehr Eiweiß enthalten als höhere, wurde bereits erwähnt. Bei den höheren Pflanzen ist der Eiweißgehalt einzelner Organe, die reich an Protoplasma und arm an Skelettsubstanzen sind, unter Umständen natürlich auch höher. Andererseits ist im Holz praktisch so gut wie kein Eiweiß enthalten; nur im Cambium und vor allem in den Siebröhren finden sich geringe Mengen von Eiweißstoffen.

Aufbau und Abbau der Eiweißstoffe in der Pflanze bilden einen wesentlichen Inhalt der Lebenstätigkeit. Der biologischen Synthese liefern Ammonsalze und Nitrate den Stickstoff, Kohlehydrate Energie und Kohlenstoff. Die Bindung des Luftstickstoffes treffen bekanntlich nur gewisse Bakterien, die allerdings manchmal in Symbiose mit höheren

Pflanzen leben. Der Abbau der Eiweißverbindungen erfolgt in der Pflanze im Stoffwechsel durch spezielle Fermente; die Eiweißstoffe können über eine Reihe von Zwischenstufen nach Art von Albumosen und Peptonen hydrolytisch bis zu den Aminosäuren gespalten werden. Zum Angriff auf die wasserlöslichen Endprodukte der encymatischen Hydrolyse besitzt die Pflanze weiterhin desamidierende und decarboxylierende Fermente; das encymatisch anscheinend sehr leicht abspaltbare Ammoniak verläßt aber die Pflanze nicht, sondern wird in Form von Säureamiden, vor allem von Asparagin, festgehalten und aufgespeichert. Neben Ammoniak entstehen Oxysäuren, evtl. auch Amine und andere Substanzen, die nichts mehr mit Eiweiß zu tun haben.

c) Fette und fette Öle[1].

Die natürlichen Fette und fetten Öle sind im Pflanzenreich allgemein verbreitet. Man isoliert diese niedrig molekularen, grundsätzlich krystallisierbaren oder destillierbaren Substanzen mit Hilfe organischer Lösungsmittel; zur sogenannten Rohfettbestimmung verwendet man besonders Äther.

Fette und fette Öle unterscheiden sich hauptsächlich dadurch, daß bei gewöhnlicher Temperatur die ersteren fest, die letzteren flüssig sind. Einen solchen Unterschied kann man experimentell oft schon durch eine verhältnismäßig geringe Temperaturveränderung aufheben und er hat wissenschaftlich keine Bedeutung. Die Pflanzenfette haben übrigens meist Ölcharakter, d. h. einen verhältnismäßig niedrigen Schmelzpunkt.

Die natürlichen Fette und Öle bestehen in der Hauptsache aus Estern des Glycerins mit den höheren gesättigten und ungesättigten Fettsäuren, besonders Stearinsäure, Palmitinsäure und Ölsäure. Sie enthalten neben den Estern noch freie Säuren, ferner Alkohole, Sterine, Kohlenwasserstoffe, Riechstoffe, Harze und andere Substanzen, deren Menge aber insgesamt nur wenige Prozent des Rohfettes beträgt.

Die Zusammensetzung der Pflanzenfette (Öle) schwankt um etwa 74—78% C, 10—13% H, 9—16% O. Zur chemischen Charakteristik der Fette bestimmt man Kennzahlen, wie Verseifungszahl, Säurezahl, Jodzahl u. a. mehr.

Durch Einwirkung von Säuren, Alkalien und Fermenten (Lipasen) werden die Ester der Fette und Öle hydrolysiert; diese Hydrolyse, als Verseifung bekannt, liefert die Bausteine der Fette, Säuren und Alkohole.

Die Säuren haben meist normale Ketten und gerade Kohlenstoffzahl. In der nachfolgenden Tabelle sind einige wichtigere Säuren zusammengefaßt.

---

[1] Vgl. Grün, A., u. W. Halden: Fette und Wachse, 2 Bde. Berlin 1925—29.

Tabelle 4. Fettsäuren.

Reihe	Beispiel	Formel
$C_nH_{2n-1}COOH$.	Palmitinsäure . . Stearinsäure . . .	$C_{15}H_{31} \cdot COOH$ $C_{17}H_{35} \cdot COOH$
$C_nH_{2n-1}COOH$ . .	Ölsäure . . . . . Erucasäure	$CH_3 \cdot (CH_2)_7 \cdot CH = CH \cdot (CH_2)_7 \cdot COOH$ $CH_3 \cdot (CH_2)_7 \cdot CH = CH(CH_2)_{11} \cdot COOH$
$C_nH_{2n-3}COOH$ . .	Linolsäure	$CH_3 \cdot (CH_2)_4 \cdot CH = CH \cdot CH_2 \cdot CH = CH \cdot$ $\cdot (CH_2)_7 \cdot COOH$
$C_nH_{2n-5}COOH$ . .	Linolensäure . . .	$CH_3 \cdot CH_2 \cdot CH = CH \cdot CH_2 \cdot CH = CH \cdot$ $\cdot CH_2 \cdot CH = CH \cdot (CH_2)_7 \cdot COOH$
$C_nH_{2n+1}O_2COOH$.	Dioxystearinsäure.	Struktur nicht genau bekannt.
$C_nH_{2n-1}OCOOH$	Ricinolsäure . . .	$CH_3 \cdot (CH_2)_5 \cdot CHOH \cdot CH_2 \cdot CH$ $= CH \cdot (CH_2)_7 \cdot COOH$

Die natürlichen Fettsäuren sind größtenteils chemisch und physikalisch gut bekannt. Durch Abbau, Aufbau und mannigfache Umsetzungen ist ihre chemische Struktur, durch physikalische, krystallographische und Röntgenuntersuchung ist Größe und Form ihrer Moleküle aufgeklärt worden. Die Röntgenanalyse wird neuerdings von F. Francis, Piper und Malkin[1] zur Strukturbestimmung der normalen Fettsäuren, die u. a. im Torf, in der Braunkohle, im Sapropel vorkommen, benutzt. Die Kohlenstoffatome der gesättigten Fettsäuren sind zickzackförmig in der Ebene aneinandergereiht. Die Moleküle bilden Kettengitter. Die Elementarkörper bleiben durch die ganze homologe Reihe hindurch nach zwei Richtungen des Raumes konstant und wachsen in der dritten Richtung je Methylengruppe um etwa 1,2 Å.

Die gesättigten Fettsäuren sind überaus beständige Verbindungen. Sie spalten ihre Carboxylgruppen nur schwierig ab, wobei Olefine, Naphthene und andere Produkte, die gleichfalls schwer angreifbar sind, entstehen. Die ungesättigten Fettsäuren mit einer Doppelbindung — die natürliche Ölsäure wird ganz neuerdings im Gegensatz zur älteren Auffassung als cis-Form betrachtet — sind gleichfalls recht beständig. Die mehrfach ungesättigten Säuren, ihre Salze und ihre Ester werden vom Luftsauerstoff unter Bräunung und Verdickung, also unter Umwandlung in Produkte mit höherem Schmelzpunkt, angegriffen. Diese Säuren neigen zur Polymerisation unter Auflösung ihrer Doppelbindungen, wobei feste, wohl meist cyclisch gebaute Substanzen mit ständig steigendem Schmelz- und Siedepunkt als immer stärker polymerisierte Produkte entstehen. Die ungesättigten Säuren gehen durch

[1] Proc. Roy. Soc. London A **128**, 214 (1930).

Hydrierung in gesättigte über; hierauf beruht ja die sogenannte Härtung der Öle.

In den natürlichen Fetten sind die Säuren bekanntlich an Glycerin, $CH_2OH \cdot CHOH \cdot CH_2OH$, gebunden. Der Alkohol ist wasserlöslich und wenig resistent.

Die Struktur der Fette als Glyceride von Fettsäuren ist auch durch Synthese sichergestellt. Die Glyceride der gesättigten Säuren sind feste, gut krystallisierte, luftbeständige Stoffe. Die natürlichen Glyceride sind meistens Mischglyceride, indem das Glycerin selten nur mit einer einzigen Säure erschöpfend verestert ist, vielmehr die Esterbildung vielfach mit zwei oder sogar drei verschiedenen Säuren erfolgte. Reines Triolein ist flüssig, im Vakuum destillierbar und wird an der Luft mit der Zeit unter Gewichtszunahme etwas dunkler und schwach ranzig. Die Glyceride der mehrfach ungesättigten Fettsäuren werden an der Luft bald dickflüssig und trocknen unter Bindung harzartiger Oxydationsprodukte ein. Die ungesättigten Glyceride gehen durch Hydrierung (Fetthärtung) in gesättigte über.

Neben den Estern und gegebenenfalls deren Spaltprodukten kommen in den natürlichen Fetten u. a. noch Sterine vor; auch findet man in geringer Menge die verschiedenartigsten aliphatischen und cyclischen Kohlenwasserstoffe, Verbindungen, welche die gesättigten Fettsäuren an Resistenz noch übertreffen.

Fette finden sich in den Pflanzen von den niedrigsten bis zu den höchsten allgemein verbreitet. Algen und ganz besonders Bakterien sowie auch Pilze können erhebliche Mengen Fett aufspeichern. Die höheren Pflanzen enthalten in der Gesamtsubstanz nur wenig, etwa ein bis mehrere Prozent Fett; doch kann besonders in einzelnen Organen, vor allem in Samen, sehr viel Fett, bis zu 50% der Trockensubstanz und darüber, aufgespeichert sein.

Man kennt bisher etwa 1300 Fettarten. Der chemische Charakter der einzelnen Pflanzenfette hängt einerseits von der botanisch-systematischen Stellung, andererseits von den Lebensbedingungen der das Fett erzeugenden Pflanze ab. Insbesondere hat man gefunden, daß unter rauhen klimatischen Bedingungen vorwiegend ungesättigte Fettsäuren gebildet werden, während bei milder oder erhöhter Temperatur die gesättigten Komponenten überwiegen.

In der Systematik der Fette unterscheidet man nach W. Halden die zwei Hauptgruppen der trocknenden Öle sowie der nichttrocknenden Öle und Fette. Die einzelnen Fette reiht man dann an Hand des botanischen Systems aneinander.

In Bakterien hat man bis zu 40% Rohfett gefunden. In lebenden Algen[1] wurden trocknende Öle in geringen Mengen nachgewiesen; ab-

[1] Marcusson (Chem.-Ztg. 49, 455 [1925]) gibt für Algenfett Kennzahlen an.

gestorbene Algen enthielten oftmals erheblich mehr Fett. Pilze aus den verschiedensten Familien, von denen hier besonders die holzzersetzenden Arten Polyporus und Agaricus interessieren, enthalten oftmals sehr viel nichttrocknende Öle und Fette, bis zu 40% der Trockensubstanz. Noch mehr Fett, bis zu 50%, hat man unter besonderen Bedingungen in Gärungsorganismen gefunden. Solche Fettmengen wurden vor allem von alten, degenerierten oder besonders gezüchteten Organismen gespeichert. Doch ist ein solcher Zustand nicht normal; Gärungspilze und Hefen enthalten im frischen Zustand nur wenig Fett; frische Hefe z. B. 2—5%.

Der Ätherextrakt der Lebermoose und der Laubmoose ist anscheinend nur zum geringen Teil Fett. Farne und Bärlappgewächse enthalten nichttrocknende Öle und Fette. Bei den Gymnospermen findet man besonders trocknende Öle, bei den Angiospermen beide Arten.

Zum Aufbau der Fette zieht die Pflanze vor allem ihre Kohlehydrate heran. Der Abbau der Fette bietet der Pflanze eine wichtige Energiequelle; zur Verbrennung der Fette im Organismus ist allerdings, wie schon aus dem hohen Kohlenstoff- und Wasserstoffgehalt der Fette sich ergibt, reichliche Zufuhr von Sauerstoff nötig. Unter solchen Umständen werden die Fette aber auch vollständig verbrannt; sie sind das hochwertigste Brennmaterial der Pflanze.

d) Wachse[1].

Die Wachse sind den Fetten chemisch nahe verwandt. Sie sind in der Hauptsache Ester von komplizierter gebauten, meist einwertigen Alkoholen und Fettsäuren; zum Unterschied von den Fetten enthalten sie kein Glycerin. Zu den Wachsen kann man auch die sehr verbreiteten Sterine mit ihren mehrkernigen hydroaromatischen Alkoholen rechnen, ferner auch die Korksubstanz und die Cutinsubstanz.

Von der Pflanze wird Wachs durch Epidermiszellen an der Außenfläche von krautigen Sprossen, an der Unter- und Oberseite von Laubblättern, als Überzug von Früchten und an anderen ähnlichen Stellen erzeugt; seltener wird Wachs im Innern von Zellen gebildet.

Die Wachse werden in ähnlicher Weise isoliert und charakterisiert wie die Fette. Der Kohlenstoffgehalt ist höher als bei den Fetten; die Zusammensetzung beträgt etwa 80—82% C und 13—14% H. Die Wachse haben vielfach höhere Schmelzpunkte, meist 70—80°, und niedrigere Verseifungszahlen als die Fette.

Bei der Verseifung der Wachse erhält man manchmal die bereits bei den Fetten besprochenen Fettsäuren, meist aber Säuren mit noch längeren Ketten, wie Cerotinsäure, Montansäure, Melissinsäure und

---

[1] Grün, A., u. W. Halden: Fette und Wachse, 2 Bde. Berlin 1925—29.

andere Säuren mit mehr als 25 Kohlenstoffatome. Diese Fettsäuren sind vielfach mit ihren zugehörigen einwertigen aliphatischen Alkoholen verestert, so mit Cerylalkohol, Montanalkohol, Myricyl(Melissyl)alkohol.

Den Wachsen stehen Cutin und Suberin nahe. Cutin[1] liefert bei der Verseifung ähnliche Säuren und Alkohole wie die Wachse, ist aber viel schwerer löslich als diese. Auch das Sporonin ist hier zu erwähnen, eine widerstandsfähige Substanz der Sporen und Pollen, die kürzlich F. Zetzsche und K. Huggler[2] untersucht haben.

Neben diesen einwertigen primären aliphatischen Alkoholen finden sich in den Wachsen und besonders in den Sterinen noch sekundäre hydroaromatische Alkohole. Unter diesen ist in seiner Konstitution am besten das im Tierkörper produzierte Cholesterin $C_{27}H_{46}O$ bekannt, dessen Formel, soweit sie bisher aufgeklärt ist, als ein Beispiel wiedergegeben sei.

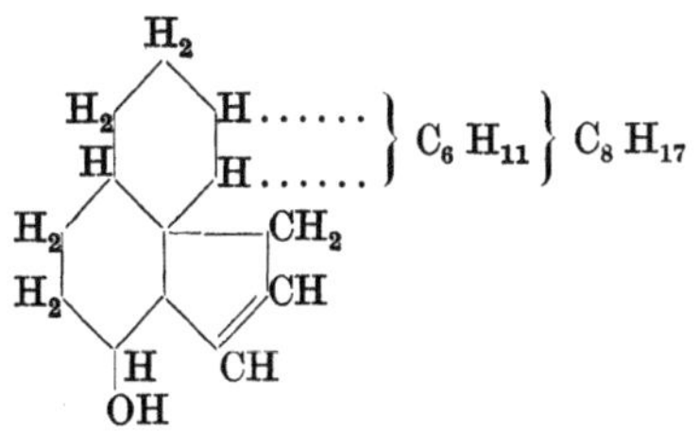

Die Menge der Wachse in den Pflanzen ist gering und übersteigt nur selten ein Prozent. Man kennt etwa 300 verschiedene Wachsarten. Die pflanzlichen Wachse sind von W. Halden an Hand des botanischen Systems aneinandergereiht worden. Im einzelnen sei noch hingewiesen auf die Wachse der Kieselalgen (Diatomeen) und der Grünalgen, welche nach älteren Untersuchungen von Krämer und Spilker[3] für die Bildung des Pyropissits mit verantwortlich zu machen und auch bei der Erdölbildung mitbeteiligt wären.

Ob die pflanzlichen Wachse aus Kohlehydraten aufgebaut werden, wie man vermutet hat, ist nicht sicher. Für das tierische Bienenwachs ist die Bildung aus Kohlehydraten durch Fütterungsversuche sehr wahrscheinlich gemacht. Das einmal gebildete Wachs ist jedenfalls sehr resistent; es wird im Leben der Pflanze anscheinend nicht mehr angegriffen und vermag auch geologische Zeiträume lange zu überstehen. Das Wachs, das man im Torf und Braunkohlen findet, ist rezenten Wachsarten recht ähnlich.

---

[1] Vgl. Sutthoff, W.: Ztschr. Unters. Nahr.- u. Genußmittel **17**, 62 (1909). — Legg, V. H., u. R. V. Wheeler: Journ. chem. Soc. London **1929**, 2444.

[2] Liebigs Ann. **461**, 89 (1928). — F. Zetzsche und H. Vicari, Helv. chim. Acta **14**, 62 (1931).

[3] Krämer und Spilker: B. **32**, 2942 (1899); **35**, 1212 (1902).

e) Harze[1].

Die Harze sind Sekrete des pflanzlichen Stoffwechsels, Substanzen, die vielfach unbenutzt liegen bleiben und nicht nach außen abgegeben werden, vielfach auch bei Verwundungen des Gewächses abgeschieden und durch Verdunstung von leichter flüchtigen Anteilen sowie durch andere Vorgänge verdickt werden. Unter Balsamen versteht man natürliche Lösungen von Harzen in sogenannten ätherischen Ölen, das sind Mischungen von Kohlenwasserstoffen, Alkoholen und anderen Sauerstoffverbindungen.

Die Harze sind in Wasser unlöslich; mit organischen Lösungsmitteln können sie extrahiert werden. Es sind Substanzen, die den Wachsen insofern nahestehen, als auch sie vielfach in der Hauptsache Ester sind, die mit ihren Verseifungsprodukten und neutralen Verbindungen zusammen vorkommen. Sie enthalten aber weniger Wasserstoff als Fette und Wachse und verraten hierdurch wie auch durch andere Merkmale ihren vorwiegend cyclischen, vielfach aromatischen Charakter.

Die isolierten Harze können in ähnlicher Weise wie Fette und Wachse durch Kennzahlen, wie Verseifungszahl, Säurezahl und Jodzahl, ferner Acetylzahl und Methoxylzahl charakterisiert werden. Durch Verseifung werden die Esterbindungen gespalten und man erhält bei der weiteren Aufarbeitung zum Teil recht einfach gebaute und wohlbekannte Verbindungen, wie etwa Benzoesäure, Zimtsäure oder Benzylalkohol, hauptsächlich aber kompliziertere Säuren, Hydroxylverbindungen und neutrale Substanzen.

Nach der Nomenklatur von Tschirch hat man besonders vier Gruppen von komplizierten Harzkomponenten zu unterscheiden. Diese sind:

1. Die Resinole oder Harzalkohole, krystallisierte, farblose Phenole oder aromatische Alkohole. Als ein Beispiel sei die Guajac-Harzsäure genannt, ein gut aufgeklärtes, bei 100° schmelzendes Resinol der Formel $C_{20}H_{24}O_4$ und wahrscheinlich der nebenstehenden Struktur.

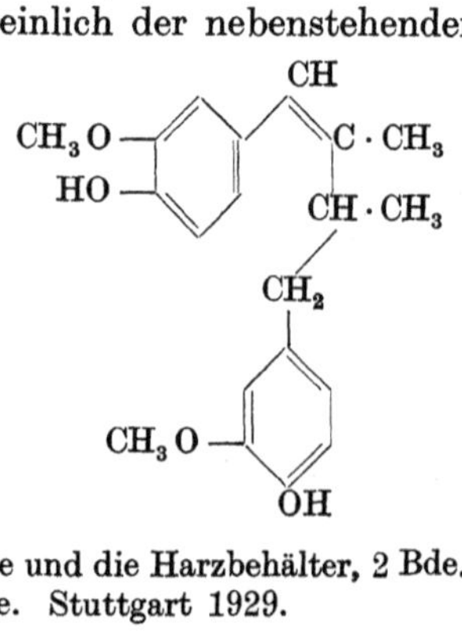

[1] Tschirch: Die Harze und die Harzbehälter, 2 Bde. Leipzig 1906. — Wolff, H.: Die natürlichen Harze. Stuttgart 1929.

Auch das Urushiol des japanischen Lackes sei hier erwähnt, ein Gemisch aus mehreren Resinolen, die in interessanten Beziehungen zu den Fettsäuren zu stehen scheinen. Dies zeigt das nachfolgende Strukturbild einer durch Reduktion erhaltenen Komponente, des Hydrourushiols, welches eine normale Paraffinseitenkette trägt:

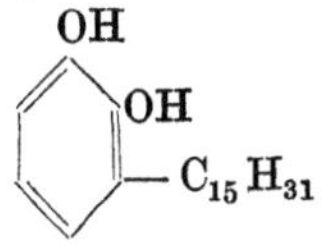

2. Die Resinotannole, amorphe, gefärbte, gerbstoffähnliche Substanzen, welche Phenolhydroxyle enthalten.

3. Resinsäuren oder Harzsäuren. Sie bilden mit den hydroxylhaltigen Komponenten die Harzester, die man auch Resine genannt hat. Am besten studiert sind die natürlichen Koniferen-Harzsäuren, die sich vom Kohlenwasserstoff Reten $C_{18}H_{18}$ ableiten, einem Methylisopropylphenanthren der nachstehenden Struktur:

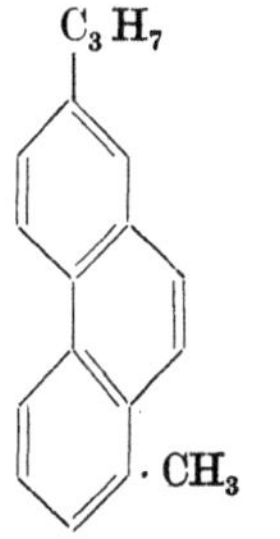

Diese Säuren gehen durch chemische Einwirkungen oder Erhitzen leicht in andere ihnen nahe verwandte Säuren über, unter denen die durch Erhitzen erhaltene Abietinsäure besonders eingehend studiert ist. Es ist eine einbasische hydroaromatische Säure der Formel $C_{20}H_{30}O_2$ und wahrscheinlich der nachfolgenden Struktur. (Die Stellung der COOH-Gruppe sowie der im Reten nicht enthaltenen CH_3-Gruppe in ihrem Ring sind noch nicht ganz sicher.)

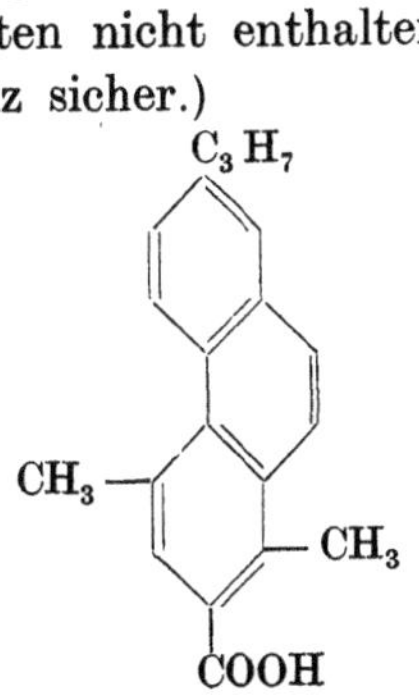

4. Resene, besonders resistente neutrale Beimengungen der Harze.

Was die Verbreitung der Harze im Pflanzenreich betrifft, so ist über Harze bei niederen Pflanzen nichts bekannt. Bei den Farnen dürften Harze bereits vorkommen. Bei den Koniferen und bei den noch höher entwickelten Pflanzenfamilien sind sie ziemlich verbreitet, wenn sie auch nicht in erheblichen Mengen auftreten.

Ihr Aufbau mag sich aus den verschiedensten Stoffen vollziehen; es kommen Terpene in Frage, ferner trocknende Öle und überhaupt Substanzen mit reaktionsfähigen Doppelbindungen oder Aldehydgruppen. Derartige Bildungsprozesse der Harze mögen vielfach auch ohne Beziehung zum Lebensprozeß der Pflanze als rein chemische Prozesse sich abspielen. Bei der Harzbildung wird vielfach eine Auflösung der Zellwände beobachtet, ohne daß man deshalb bisher die Harzbildung mit den Bestandteilen der Zellwand sicher verknüpfen könnte.

Durch Fortgang der Polymerisation, in deren Verlauf es auch zum Verlust von Carboxylgruppen kommen kann, werden die Harze immer schwerer löslich und immer weniger schmelzbar. Solche Alterungsvorgänge können zu resistenten Produkten führen, wie das Beispiel des Bernsteins zeigt.

f) Kohlehydrate[1].

Die ganz allgemein als Betriebs- und Reservestoffe der Lebewesen dienenden Kohlehydrate, wie etwa der einfache Traubenzucker oder die hochmolekulare Stärke, sollen hier nicht näher besprochen werden. Für Prozesse der Kohlenbildung in der Natur sind sie von vornherein kaum je in Frage gezogen worden.

Anders steht es mit jenen Kohlehydraten, die als Gerüstsubstanzen dienen. Unter diesen ist die Cellulose[2] die wichtigste. Der qualitative Nachweis der Cellulose in der Zellwand stützt sich auf die Unlöslichkeit der Cellulose in verdünnten Mineralsäuren, auf die violette Färbung mit Chlorzink-Jodlösung, auf die Blaufärbung mit Jod und Schwefelsäure und auf die Löslichkeit in Kupferoxydammoniak. Wenn auch diese Reaktionen nicht ganz eindeutig sind, so ist die weite Verbreitung der Cellulose doch außer Frage. Man findet die Cellulose nahezu im ganzen Pflanzenreiche vor. Daß es sich hierbei immer um völlig ein und dieselbe Substanz handelt, ist nicht sicher, ja nicht einmal wahrscheinlich; auch gibt es einzelne Lebewesen, die keine Cellulose enthalten. Aber im übrigen hat man Cellulose bei Bakterien, bei Grünalgen, bei Moosen und bei sämtlichen Pflanzen oberhalb der Moose mit Sicherheit nachgewiesen. Manche Zellwände, wie etwa die Baumwollhaare, enthalten mehr als 90% Cellulose. In den Holzkörpern der Bäume und Sträucher macht Cellulose bis zu 60% der Gesamtsubstanz aus. Über-

[1] Pringsheim, H.: Polysaccharide, 3. Aufl. Berlin 1931.
[2] Hess, K.: Chemie der Cellulose. Leipzig 1927.

haupt ist die Menge der Cellulose so groß, daß sie ohne Zweifel der am meisten ins Gewicht fallende organische Pflanzenstoff ist.

Zur Isolierung der Cellulose hat man verschiedene Methoden. Bei der sogenannten Rohfaserbestimmung behandelt man das Pflanzenmaterial abwechselnd mit verdünnten Säuren und verdünnten Laugen in der Siedehitze. Bei der Bestimmung der Cellulose nach Cross und Bevan wird die Widerstandsfähigkeit der Cellulose gegen Chlor, bei der Methode von Erich Schmidt die Widerstandsfähigkeit der Cellulose gegen Chlordioxyd zu ihrer Isolierung benutzt. Technisch verwendet man zur Gewinnung der Cellulose aus Holz die Erhitzung mit Calciumbisulfitlösung oder mit wässeriger Natronlauge unter Druck.

Die isolierte Cellulose hat nach den Analysen die Zusammensetzung $C_6H_{10}O_5$. Von den fünf Sauerstoffatomen sind drei in Form primärer Alkoholgruppen vorhanden, wie durch Darstellung mannigfacher Äther und Ester bewiesen werden kann. Durch Methylierung von Cellulose und Hydrolyse des methylierten Produktes hat man auch die Stellung der drei Hydroxylgruppen festlegen können. Von den verbleibenden zwei Sauerstoffatomen ist eines im Glucosemolekül ringförmig gebunden, während das zweite in glucosidischer Bindung mit einem weiteren Glucosemolekül verknüpft ist.

Durch Hydrolyse mit starken Säuren kann man Cellulose quantitativ zu Glucose abbauen. Beim Abbau durch Fermente, besonders aber durch Acetolyse hat man beträchtliche Mengen des Disaccharids Cellobiose erhalten. Die Cellulose denken sich Meyer und Mark auf Grund des vorliegenden chemischen und physikalischen Materials durch glucosidische Verknüpfung von Cellobiosemolekülen im Sinne der folgenden Strukturformel aufgebaut:

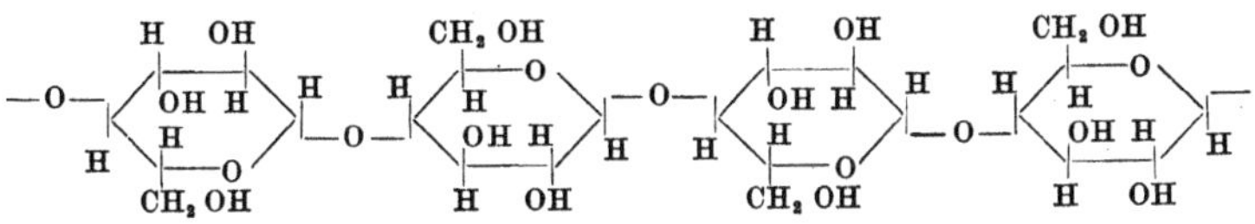

Die gewachsene Cellulose zeigt Stäbchendoppelbrechung. Bei der Untersuchung mit Röntgenstrahlen ergibt sich eine gesetzmäßige Anordnung der Atome, durch welche die Cellulose als kristallin charakterisiert ist. Aus dem Röntgendiagramm der Cellulose hat man die Identitätsperioden a = 8,3, b = 10,2, c = 7,9 Å, den Winkel $\beta = 84°$ berechnet. Das Volumen des Elementarkörpers ergibt sich zu 670 $Å^3$. Hieraus, aus der Dichte der Cellulose 1,52 und aus dem Molekulargewicht des Glucoserestes wird geschlossen, daß der Elementarkörper rund 4 Glucosereste enthält. Aus den Daten ergibt sich weiter das Translationsgitter der Cellulose. Das Krystallsystem ist monoklin, die Raumgruppe wahrscheinlich C_2^2.

Die Untersuchung weiterer physikalischer Eigenschaften der Cellulose sowie die Untersuchung des Verhaltens von Cellulose und Cellulosederivaten in Lösung hat nach mannigfachen und sehr verschiedenartigen Deutungsversuchen heute wohl die meisten Chemiker dazu geführt, die Cellulose als hochmolekularen Stoff anzusehen, dessen Moleküle aus Cellobioseresten aufgebaut sind, die durch Hauptvalenzen zu langen Ketten zusammengefügt sind. Nach K. H. Meyer und H. Mark enthält eine solche Kette 25—50 Cellobiosereste; eine Anzahl von Hauptvalenzketten trete jeweils sowohl im festen Zustand, als auch in Lösung zu Bündeln zusammen, die als übermolekulare Gebilde, als Micellen aufgefaßt werden. Die Hauptvalenzketten müssen durchaus nicht alle gleich lang sein, d. h. die Moleküle der Cellulose müssen miteinander nicht streng übereinstimmen. Nach H. Staudinger und O. Schweitzer[1] ist die Cellulose nicht aus Micellen aufgebaut, sondern besteht aus Makromolekülen. Diese sind viel größer als Meyer und Mark annehmen. In vorsichtig gereinigter Baumwollcellulose seien mehr als 1000 Grundmoleküle zu einer empfindlichen, leicht verkrakbaren Kette gebunden. „Die Cellulose-Moleküle sind Fäden zu vergleichen, die einen Durchmesser von 7—10 Å und eine Länge von ca. 5000 Å besitzen."

Darüber, wie sich der Aufbau der Cellulose in der Pflanze vollzieht, hat man nur Vermutungen. Ein Abbau, ein Einschmelzen gebildeter Cellulosewände kommt wohl verschiedentlich vor. Im allgemeinen aber überwiegen bei weitem jene Vorgänge, bei denen ursprüngliche Cellulosewände durch Einlagerung andersartiger Substanzen, vor allem des Lignins, mechanisch noch besonders verfestigt werden. Ein Abbau der Cellulose im größeren Maßstabe kommt erst in Frage, wenn die Pflanze abgestorben ist und dann ihr hauptsächlichstes Kohlehydrat, ihre mengenmäßig vorherrschende chemische Substanz, die Cellulose, den Angriffen anderer Lebewesen preisgegeben ist.

Als Begleiter der Cellulose findet man in den Zellwänden weitere Kohlehydrate, die gleichfalls hochmolekular sind und sich von der Cellulose dadurch unterscheiden, daß sie viel leichter hydrolysierbar sind als diese. Diese sogenannten Hemicellulosen liefern bei der Hydrolyse teils Hexosen, teils Pentosen. Soweit sie Hexosen liefern, nennt man sie Hexosane. Unter den Hexosanen sind besonders Mannane sichergestellt. Interessant ist das Vorkommen von Mannanen in der Steinnuß, dem Samen von Phytelephas macrocarpa. Im allgemeinen scheinen die Hexosen übrigens meist keine eigentlichen Gerüstsubstanzen, sondern eher Reservekohlehydrate zu sein, weil bei der Keimung von Samen vielfach eine Abnahme der Menge der Hexosane festgestellt wurde.

[1] B. **63**, 3132 (1930).

Für die Pentosane, welche bei der Hydrolyse Pentosen liefern, trifft dies aber nicht zu, und es scheint sich bei ihnen in den allermeisten Fällen um Gerüstsubstanzen zu handeln. Als wichtigstes Pentosan gilt das Xylan, welches in den allermeisten verholzten Membranen vorkommt. Xylan läßt sich mit verdünnter Natronlauge extrahieren und gibt in alkalischer Lösung mit Fehlings Lösung eine schwerlösliche Kupfer-Alkaliverbindung. Reine Xylanpräparate sind amorphe, weiße Pulver der Zusammensetzung $C_5H_8O_4$. Bei der Hydrolyse entsteht ausschließlich Xylose. Die chemischen und physikalischen Untersuchungen ergeben derzeit nach Meyer und Mark als wahrscheinlichstes Strukturbild das nachstehende:

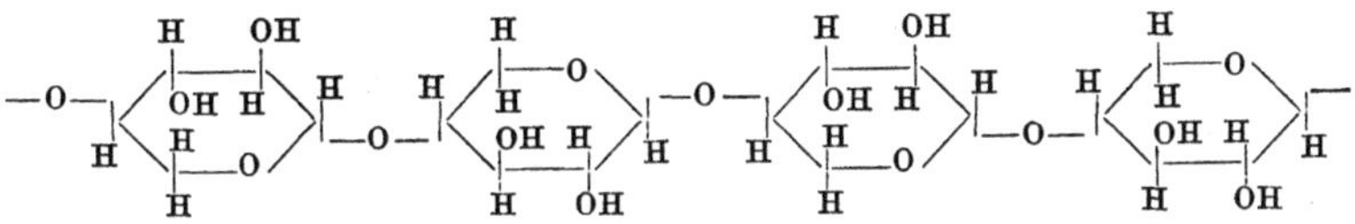

Eine besonders eigenartige Gruppe von Kohlehydraten sind die Pektinsubstanzen. Sie finden sich in der Pflanze sowohl in Lösung als auch kolloid abgeschieden vor. Gelöstes Pektin ist besonders in Fruchtsäften, ungelöstes Pektin in Wurzeln, Früchten und fleischigen grünen Geweben enthalten. Derartige Organe und Organteile können 20—30% der Trockensubstanz an Pektin enthalten; ja im Zuckerrübenmark und im Albedo der Orangenschalen sind bis zu 50% Pektin enthalten. Im Holze finden sich Pektinsubstanzen so gut wie garnicht.

Die Pektinsubstanzen sind vornehmlich in der Mittellamelle der Zellen abgelagert. Dies ist die morphologische Stelle, an der im Holze das Lignin ganz vorwiegend, wenn nicht ausschließlich auftritt.

Eine besondere Eigentümlichkeit der Pektinsubstanzen ist ihr starkes Quellungsvermögen. In kaltem Wasser sind sie meist unlöslich, in heißem Wasser aber allmählich, wenn auch nicht ohne Veränderung löslich. Aus den wässerigen Lösungen kann man die Pektinsubstanzen durch Konzentrieren und Fällen mit Alkohol abscheiden.

Unter den Bausteinen der Pektinsubstanzen finden sich als besonders charakteristische Verbindungen Carbonsäuren der Zuckergruppe, die völlig oder teilweise mit Methylalkohol verestert sind. Genuines Pektin zu isolieren, scheint übrigens noch nicht gelungen zu sein. Das mit warmem Wasser gewonnene Produkt, Hydratopektin genannt, besteht in der Hauptsache aus einem Araban sowie dem Calcium-Magnesiumsalz einer hochmolekularen kompliziert zusammengesetzten Säure, der Pektinsäure. Durch eine besonders vorsichtig geführte Säurehydrolyse wurde aus der Pektinsäure eine Substanz abgespalten, welche nach der Bruttoformel $C_{24}H_{32}O_{24}$ zusammengesetzt ist. F. Ehrlich faßt diese Substanz als α-Tetraanhydro-tetragalakturonsäure auf. Aus dieser

Substanz entsteht durch fortgesetzte Hydrolyse, aber auch durch vorsichtige encymatische Spaltung krystallisierte Galakturonsäure.

Die totale Hydrolyse der Pektinsäure liefert neben der Galakturonsäure, die als Hauptbestandteil auftritt, noch Galaktose, Methylalkohol und Essigsäure. Wenn demnach auch zweifellos ist, daß es sich in den Pektinsubstanzen um hochmolekulare, Carbomethoxyl- und Acetylgruppen tragende Kohlehydrate handelt, so kann ein chemisches Strukturbild doch noch nicht gegeben werden. Der wasserärmsten Tetragalakturonsäure schreibt Ehrlich die nachfolgende Konstitution zu, in der ein Ring von 20 Atomen angenommen ist.

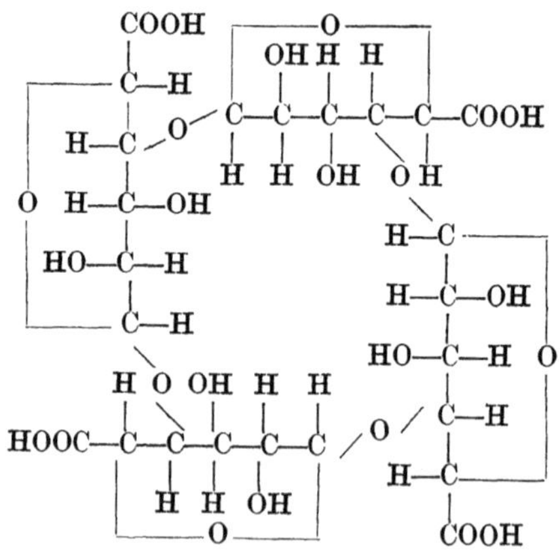

Tetragalakturonsäure (Tetra-anhydro-tetra-galakturonsäure)

$C_{20}H_{28}O_{16}(COOH)_4$ $[\alpha]_D = +275^0$.

Nach K. H. Meyer und H. Mark dürfte es sich bei den Pektinsubstanzen um hochmolekulare Verbindungen, die aus Hauptvalenzketten aufgebaut sind, handeln. Die Anwesenheit langer Ketten wird nach ihnen auch durch physikalische Eigenschaften ihre konzentrierten Lösungen, ferner durch das „Fadenziehen" und durch die Doppelbrechung der Fäden wahrscheinlich gemacht. Die Autoren stellen daher für Polyaraban, Polygalakturonsäure und Polygalaktan die nachstehenden Strukturformeln auf, in denen anscheinend keine chemische Verknüpfung zwischen den verschiedenen Abbauprodukten des natürlichen Pektins angenommen wird, vielmehr letzteres als ein Gemisch mindestens der drei angegebenen Komponenten erscheint.

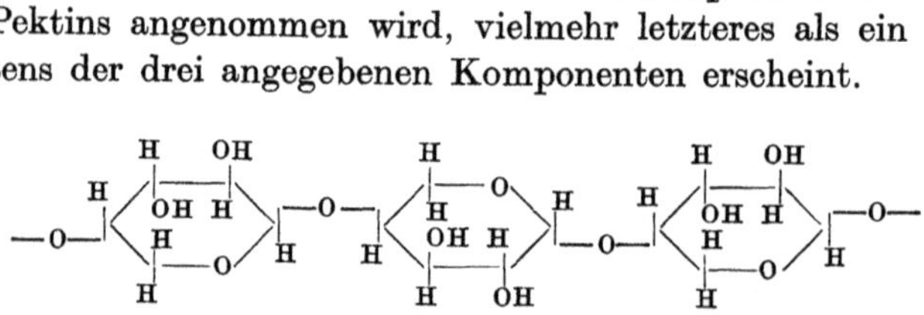

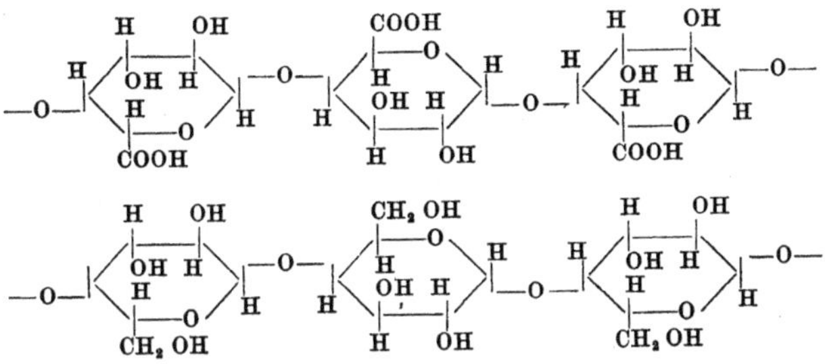

Die Entstehung der Pektine und insbesondere der ihnen zugrunde liegenden Galakturonsäure und Glukuronsäure bringt F. Ehrlich mit einer Oxydation von Hexosen in Zusammenhang. Die Pentosane leitet er aus einem Abbau von Pektinstoffen ab und faßt Arabane und Xylane als Dissimilationsprodukte der Uronsäuren auf.

In der Pflanze werden die Pektinsubstanzen durch Enzyme, aber auch durch organische Säuren leicht hydrolysiert. Es gibt Fermente, welche den Zerfall und die Auflösung der aus Pektinen aufgebauten Mittellamellen bewirken, ferner andere, die gelöstes Pektin zu Zucker und einfachen Substanzen abbauen, endlich auch solche, welche die Methylestergruppen und wohl auch die Acetylgruppen abspalten, worauf dann die Pektinsubstanzen durch Bildung von Calciumsalzen der freien Pektinsäure gelieren können.

Übergänge, die von den Pektinen zu den Ligninen führen, sind schon wiederholt angenommen worden. Unabhängig voneinander sind W. Fuchs[1] und F. Ehrlich[2], vielleicht schon früher auch Th. v. Fellenberg zu derartigen Vermutungen gekommen. v. Fellenberg[3] hat die verschiedenen Bindungsformen des Methylalkohols in den einzelnen Teilen einer Esche während der verschiedenen Wachstumsstadien untersucht und dabei natürliche Übergänge zwischen locker- und festgebundenem Methoxyl gefunden. Hieraus und auch aus Versuchen über die Braunheugärung hat er gefolgert, daß bei der Entstehung des Lignins in der lebenden Pflanze dem Pektin eine vermittelnde Rolle zukommt. F. Ehrlich[4] hat aus stark verholzten Flachsstengeln ein in verdünntem Alkohol und Alkalien lösliches Lignin neben pektinartigen Substanzen isoliert. Das Präparat hatte 61,7% C, 5,9% H, 32,4% O und 11,6% OCH_3. Kohlehydratreaktionen gab es keine, wohl aber in alkoholischer Lösung die Ligninreaktion mit Phloroglucin und Salzsäure. Dieses braune Pulver, welches in den reifen Flachsstengeln neben Pektin vorkommt, steht sicherlich Ligninpräparaten nach Art der Ligninsäure nahe.

[1] Die Chemie des Lignins. Berlin 1926.
[2] Ztschr. angew. Chem. **40**, 1312 (1927).
[3] Biochem. Ztschr. **85**, 74 (1918).
[4] Cellulosechem. **11**, 140, 161 (1930).

g) Lignin[1].

In den Zellwänden der Moose und der Gefäßpflanzen finden sich neben den leichter oder schwerer hydrolysierbaren Kohlehydraten meist auch unhydrolysierbare Wandbestandteile. Diese werden als Lignin bezeichnet, wenn sie gewisse Eigentümlichkeiten zeigen, welche man erstmals mit Sicherheit in der Familie der Bärlappgewächse und weiterhin bei allen phylogenetisch höherstehenden Pflanzenfamilien feststellen kann.

Die Erkennung des Lignins erfolgt mit Hilfe einer Anzahl von Farbenreaktionen; diese Reaktionen treten zwar nicht immer und auch nicht immer in gleicher Weise ein, aber sie haben doch den Nachweis der allgemeinen Verbreitung des Lignins im Pflanzenreiche ermöglicht. Beim Absterben der Pflanze schwindet die Möglichkeit, Ligninreaktionen zu bekommen, übrigens mehr oder weniger rasch, ohne daß in solchen Fällen die Menge des Lignins wesentlich abgenommen haben muß. Dies deutet darauf hin, daß die Ligninreaktionen durch einen diagnostisch wichtigen, aber leicht zerstörbaren oder entfernbaren Begleiter des Lignins, oder durch eine in gleicher Weise zu kennzeichnende Komponente des Lignins verursacht werden.

Die Isolierung des Lignins aus dem natürlichen Vorkommen scheint nicht ohne Veränderung des Lignins möglich zu sein. Man erhält Ligninpräparate, indem man entweder die anderen anwesenden Substanzen in Lösung bringt und das Lignin ungelöst läßt, oder indem man das Lignin in Lösung bringt, von ungelösten Stoffen trennt und aus seiner Lösung isoliert. Bei der ersteren Darstellungsweise des Lignins pflegt man die anwesenden Kohlehydrate einschließlich der Cellulose durch Behandlung mit starken Mineralsäuren in Lösung zu bringen. Beim Arbeiten mit überkonzentrierter Salzsaure verbleibt das viel untersuchte Willstätter-Lignin. Auch durch abwechselnde Behandlung mit verdünnten heißen Säuren und Kupferoxyd-Ammoniaklösung kann man zum gleichen Ziele kommen. Wenn das Pflanzenmaterial ursprünglich nur aus Kohlehydraten und Lignin bestand, dann dürfte die Menge des beispielsweise nach Behandlung mit überkonzentrierter Salzsäure verbliebenen Salzsäurelignins der Menge des ursprünglich vorhandenen genuinen Lignins recht angenähert entsprechen, während man bei Anwesenheit auch anderer Substanzen als der reinen Zellwandbestandteile leicht zu hohe Werte erhält. Gegen diesen Fehler kann man sich durch vorherige Extraktion des Materials mit Benzol-Alkohol in vielen Fällen einigermaßen schützen. Will man das Lignin durch Auflösung von den anderen vorhandenen Substanzen trennen, so hat man die Wahl zwischen der Be-

[1] Fuchs, W.: Die Chemie des Lignins. Berlin 1926. — Methoden der Ligninforschung (Abderhalden, Handbuch der biol. Arbeitsmethoden). Berlin 1929.

handlung mit Alkalien oder mit Calciumbisulfitlösung unter Druck; Lignin geht dabei als Ligninsäure bzw. Ligninsulfonsäure in Lösung. Unter den weiteren Isolierungsmöglichkeiten des Lignins sei die Löslichmachung durch Erhitzen mit Hydroxylverbindungen bei Gegenwart von etwas Mineralsäure besonders hervorgehoben. Hierbei erhält man als Phenollignine, Primärlignine, Aryllignine, Methylglykollignine, acetalartige Derivate des Lignins, die in organischen Lösungsmitteln löslich sind.

Einheitlichkeit und Reinheit der bisher untersuchten Ligninpräparate sind fraglich und nicht einmal wahrscheinlich. Gelinde bereitete Ligninsäuren oder Alkalilignine ließen sich wiederholt in Fraktionen zerlegen, die im allgemeinen Charakter einander zwar ähnlich waren, im einzelnen aber doch auch genügend Unterschiede zeigten. Aus der Untersuchung der Methylglykolderivate des Lignins, vom Verfasser Methyline genannt, schließt W. Fuchs, daß im Lignin der Fichte zwei Hauptkomponenten und mehrere Begleiter unterschieden werden müssen.

Die Analysen der aus den verschiedenartigsten Ausgangsmaterialien erhaltenen Präparate ergeben im Durchschnitt etwa 60—65% C, 5 bis 6% H und 30—33% O. Wenn bei der Isolierung des Lignins mit Säure unter Druck oberhalb 100° gearbeitet wurde, dann beträgt der Kohlenstoffgehalt rund 70%, der Sauerstoffgehalt entsprechend weniger; doch dürften solche Zahlen auf sekundäre Veränderungen zurückzuführen sein. Der Sauerstoff ist zum Teil in Methoxylgruppen vorhanden. Der Methoxylgehalt des aus Holz isolierten Lignins ist besonders hoch; er beträgt 14—17%. Bei anderen Ausgangsmaterialien schwankt der Methoxylgehalt des unhydrolysierbaren Wandbestandteiles von 1% und weniger bis etwa 14%. Bei den Methoxylgruppen scheint es sich fast ausschließlich um aromatisch gebundenes Methoxyl zu handeln. Die durch Rechnung annähernd erschließbare Zusammensetzung des genuinen Lignins weicht von der Zusammensetzung der isolierten Präparate besonders im Methoxylgehalte oft merklich ab.

Außer den methylierten Hydroxylgruppen enthalten alle Ligninpräparate auch freie Hydroxylgruppen. Der durch diese beiden Funktionen nicht gedeckte Sauerstoff dürfte wenigstens zum Teil ätherartig oder heterocyclisch gebunden sein; man hat einen gemischt aromatischen Heterocyclus im Fichtenlignin wahrscheinlich machen können. Die analytischen Daten in ihrer Gesamtheit weisen mit ziemlicher Sicherheit auf einen in der Hauptsache cyclischen Bau des Lignins hin.

Durch Abbau der verschiedenen Ligninpräparate hat man bisher nicht, wie dies etwa bei den Kohlehydraten und den Eiweißstoffen der Fall ist, die Hauptmenge des Ausgangsmateriales in einfache krystallisierte Produkte zu verwandeln vermocht. Man erhielt durch Oxydation besonders Benzolcarbonsäuren, durch thermische Spaltung besonders

Phenole, durch Kalischmelze besonders Protocatechusäure. Durch verschiedene Einwirkungen hat man auch aliphatische Säuren, Formaldehyd, Oxymethylfurfurol, unter Umständen allem Anscheine nach auch Zucker erhalten. Die Gesamtheit der derzeitigen Erfahrungen weist auf ein kompliziertes Gebilde mit aromatischem Grundkomplex und Phenolcharakter hin. Speziell auf Phenolcharakter deutet wohl auch die Tatsache, daß Lignin autoxydabel ist.

Nach W. Fuchs[1] kommt für das stöchiometrische Molekül des Fichten-Lignins etwa nachstehende Strukturmöglichkeit I in Frage. Dagegen nimmt K. Freudenberg[2] als Grundkörper des Lignins den einfachen aromatischen Rest II (oder einen ähnlichen) an, den er sich zu Riesenmolekülen verkettet und vernetzt denkt.

I:

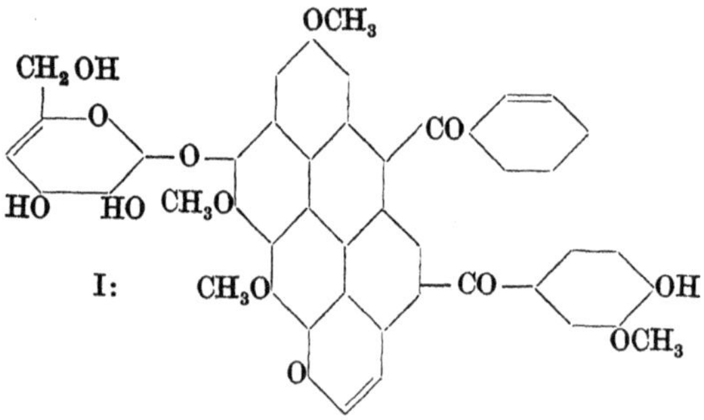

II:

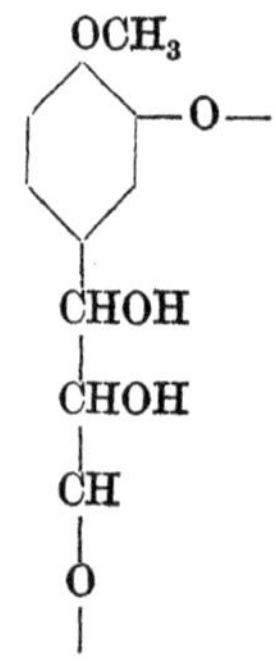

Was die physikalische Chemie des Lignins betrifft, die zur Beurteilung der Molekulargröße wesentliche Aufschlüsse zu bieten hätte, so weiß man in der Hauptsache folgendes. Das Lignin im Holze ist auch nach vorsichtiger Entfernung der Cellulose doppelbrechend wie diese, erweist sich aber bei der Röntgenuntersuchung als völlig amorph. Die Doppelbrechung kommt wahrscheinlich durch eine Art Pseudomorphose, bewirkt durch Ablagerung und Bildung des Lignins im Cellulosegitter, zustande. Eine erste Orientierung scheinen die Methyline zu besitzen, in denen auf Grund einer sogenannten Flüssigkeitsbande ein Netzebenenabstand von 3 Å festgestellt wurde. Manche Ligninpräparate sind löslich in organischen Lösungsmitteln und zeigen Molekulargewichte von 800—1000. Gegen diese Molekulargewichtsbestimmungen sind Bedenken geäußert worden. Das sogenannte Primärlignin, wohl ein Methylacetal eines Lignindiols, ließ sich in zwei Komponenten zerlegen, deren Molekulargewichte rund 700 bzw. 1400 waren. Die Methyline lösen sich besonders im gereinigten Zustand spielend leicht zu nichtviscosen Lösungen. Verschiedene Fraktionen sowie auch deren Methylderivate ergaben bei Molekulargewichtsbestimmungen Werte, die ent-

[1] Ztschr. ang. Chem. **44**, 111 (1931). [2] B. **63**, 2713 (1930).

weder um 1000 oder um 2000 herum lagen, was für die zugrunde liegenden Lignine Molekulargewichte von 800 bzw. 1600 bedeuten würde. Mit diesen Zahlen stimmt auch die Größe des stöchiometrischen Moleküls, welche W. Fuchs aus einer Anzahl quantitativ studierter Reaktionen des Lignins abgeleitet hat.

Was die Bindung des Lignins in der Zellwand betrifft, so ist das Lignin der Hauptsache nach in der Mittellamelle eingelagert. Schon hieraus, aber auch aus verschiedenen chemischen Gründen ist eine nur mechanische Vermengung der Cellulose und des Lignins sehr wahrscheinlich. Freudenberg, der die Cellulose wie das Lignin aus Hauptvalenzketten aufgebaut denkt, meint allerdings, daß es genüge, „wenn fern von einer stöchiometrischen Regelmäßigkeit diese Riesengebilde an einer beliebigen Stelle oder an mehreren miteinander verbunden sind, um die bekannte feste Vereinigung verständlich zu machen, deren Erklärung Schwierigkeiten bereitet, solange der gewöhnliche Molekülbegriff zugrunde gelegt wird."

Was das Vorkommen im Pflanzenreiche betrifft, so ist das Auftreten des Lignins an eine gewisse Entwicklungshöhe gebunden. Sicherlich enthalten alle Gefäßpflanzen Lignin, aber auch der unhydrolysierbare Wandbestandteil der Moose scheint nach neueren Untersuchungen von G. Stadnikoff[1] dem Lignin recht nahe zu stehen. Was die Menge des Lignins betrifft, so findet sich dieser Stoff besonders im Holze in großer Menge, bis zu 30% der Trockensubstanz; aber auch in anderen Teilen der Pflanze, in Wurzeln, Blättern, Fruchtschalen, finden sich erhebliche Mengen von unhydrolysierbaren Wandbestandteilen, die mit dem Lignin des Holzes wohl nicht ganz übereinstimmen, chemisch aber mit ihm sicherlich verwandt sind.

Daß es mehr als eine einzige Ligninart gibt, geht wohl schon aus dem sehr wechselnden Methoxylgehalt verschiedener Präparate mit Sicherheit hervor. Eine Systematik der natürlichen Ligninarten kann aber derzeit noch nicht gegeben werden, da das hierfür notwendige Material fehlt.

Was den Aufbau des Lignins in der Pflanze betrifft, so weiß man, daß zu Beginn der Verholzung die Zelle lebendig und erfüllt mit Protoplasma ist, daß aber mit dem Fortschreiten der Verholzung das Leben der Zelle zurückgeht und schließlich ganz aufhört. In diesen von Wasser erfüllten, vom Zutritt des Sauerstoffes abgesperrten Zellen setzen auch bei absterbender protoplasmatischer Tätigkeit nach der Theorie von W. Fuchs[2] die Dissimilationsvorgänge nicht aus und die Encyme der Dissimilation veratmen schließlich den verbleibenden Zellinhalt. Hierbei entziehen sie den Wandbestandteilen Sauerstoff. Als Angriffspunkte

[1] Brennstoff-Chem. **11**, 21, 169 (1930). [2] Biochem. Ztschr. **180**, 30 (1927).

dieses Reduktionsprozesses kommen natürlich vor allem die Substanzen der Mittellamelle in Frage. Durch Abspaltung von Wasserstoffsuperoxyd soll dann über glucalähnliche Komplexe das Lignin entstehen. Die Umwandlung in wahre aromatische Komplexe kann dann unter Mitwirkung des Formaldehyds, die Methylierung gleichfalls mit Hilfe des Formaldehyds oder mit Hilfe des Pektin-Methylalkohols gedacht werden.

Wie immer aber der Aufbau des Lignins in der Mittellamelle der verschiedensten Zellgewebe sich vollziehen mag, eines scheint ziemlich sicher zu sein: zu einem Abbau des Lignins, das einmal gebildet ist, kommt es in der Pflanze nur in seltenen Ausnahmefällen. Meistens ist das Lignin in dem lebenden, gesunden Gewächs einer der resistentesten Stoffe. Lignin kann im allgemeinen nur bei bestimmten Erkrankungen und nach dem Absterben der Pflanze weiteren Umwandlungen unterliegen.

h) Sonstige Pflanzenstoffe.

Außer den im vorstehenden kurz besprochenen Körpergruppen der organischen Pflanzenstoffe seien noch einige weitere erwähnt, die cyclisch gebaut, biologisch und chemisch nicht leicht angreifbar sind und in der Pflanze vermutlich die Bedeutung von Schlacken des Stoffwechsels haben, denen der Organismus nicht recht beikommen kann. Hier sind besonders zu nennen Alkaloide, Gerbstoffe, vielleicht auch Farbstoffe, Substanzen also, die im einzelnen sowohl chemisch als auch im Hinblick auf ihre pflanzlichen Spender recht charakteristisch sind, aber mengenmäßig sehr wenig ausmachen.

Die Pflanze enthält ferner noch anorganische Substanzen. Unter diesen treten besonders Calcium, Silicium, Kalium und Magnesium hervor. In den meisten Pflanzenfamilien bilden Kalk, Magnesia und Kali den Hauptbetrag der Aschenbestandteile; die Schachtelhalme enthalten besonders viel Kieselsäure, die Bärlappe viel Tonerde. Mit solchen Verschiedenheiten mag es mit zusammenhängen, daß die Asche der Braunkohlen im Gegensatz zu der der Steinkohlen meist deutlich basisch reagiert, indem in dem einen Falle der Kalk, im anderen Falle nicht selten die Kieselsäure überwiegt.

3. Die Pflanzenstoffe in der chemischen Systematik und im botanischen System.

a) Zur chemischen Systematik der Pflanzenstoffe.

Vom chemischen Standpunkte kann man die Pflanzenstoffe in zwei Gruppen teilen, in aliphatische und cyclische Verbindungen. Aliphatisch sind bekanntlich die Kohlehydrate, die Fette und die Eiweißkörper, die letzteren soweit sie nicht Reste nach Art des Tyrosins oder

Tryptophans enthalten; cyclisch, besonders aromatisch, sind bekanntlich Alkaloide, Terpene, Harze und das Lignin.

Vom physiologischen Standpunkte ist gleichfalls eine erste allgemeine Einteilung der Pflanzenstoffe in leicht hydrolysierbare und schwer hydrolysierbare möglich, wenn man das Verhalten bei Aufbau und Abbau betrachtet. Glucosidbildung, Esterbildung und Verknüpfung von Aminosäuren, sowie Lösung dieser Bindungen und Hydrolyse der Kohlehydrate, Fette und Eiweißkörper zu ihren einfachen Bausteinen sind Vorgänge, die praktisch fast ohne Wärmetönung verlaufen. Im biologisch möglichen Wärmebereich findet daher auch beim Aufbau und Abbau von Fetten, Kohlehydraten und Eiweißkörpern die Einstellung des Gleichgewichtes durch Fermente mit gleicher Leichtigkeit nach beiden Seiten hin statt, d. h. Eiweiß, Fette und Kohlehydrate werden leicht hydrolysiert und, wenn ihre Bausteine gegeben sind, auch leicht gebildet. Während aber C—O- und C—N-Bindungen dieser Art nur eines geringen Wärmeaufwandes zur Verknüpfung und Sprengung bedürfen, ist dies bei der Bindung von Kohlenstoffatomen untereinander ganz anders. Bei der Knüpfung von Kohlenstoffbindungen werden beträchtliche Wärmemengen frei, die bei ihrer Lösung wieder aufgewendet werden müssen; und zwar ist der Wärmewert der einfachen Kohlenstoffbindung der kleinste, der der doppelten Bindung größer, der der aromatischen und der der dreifachen Bindung am größten. In den aromatischen Verbindungen sind die C-Atome dichter (mit kleinerem Abstand) gepackt als in den aliphatischen Verbindungen.

Die Wahrscheinlichkeit einer Hydrolyse zu wasserlöslichen Verbindungen und die biologische Verbrennlichkeit muß daher von Zuckern und Eiweißstoffen zu den gesättigten Fettsäuren, von da zu den ungesättigten Fettsäuren und weiterhin zu cyclischen Verbindungen immer geringer werden. Kohlehydrate, Fette und Eiweiß sind biologisch leicht, cyclische Verbindungen wie Alkaloide, Terpene, Harze, Lignin sind biologisch schwer abzubauen.

Was die Synthesen des pflanzlichen Stoffwechsels betrifft, kann man vermuten (und es sind auch entsprechende Tatsachen bekannt), daß bei Wärmebedarf und Sauerstoffmangel des lebenden Organismus die Bildung ungesättigter Verbindungen und der Ablauf von Kondensationen, cyclischen Synthesen und Aromatisierungen begünstigt sind.

b) Beziehungen zwischen der chemischen Konstitution der Pflanzenstoffe und der botanischen Systematik.

Bei manchen Pflanzenstoffen, wie z. B. bei der Cellulose, scheint es sich in weiten Bereichen des botanischen Systems vielfach um praktisch die gleiche oder fast gleiche chemische Substanz zu handeln. Dagegen sind die Eiweißverbindungen von Art zu Art in charakteristischer Weise verschieden. Die Beziehungen, welche zwischen der Veränderung des chemischen Charakters der Eiweißstoffe und der veränderten botanisch-systematischen Stellung der Mutterpflanzen bestehen, werden besonders klar, wenn man die Untersuchungen von Mez und Ziegenspeck[1] berücksichtigt. Das Ziel dieser Untersuchungen war die Aufstellung eines der Phylogenie entsprechenden natürlichen Stammbaumes der Pflanzen. Zur Feststellung der Verwandtschaftsbeziehungen der Pflanzenarten benutzten die genannten Forscher die Methode der Serodiagnose als chemische Reaktion auf Verwandtschaft.

Wie hier nur kurz angegeben werden kann, hat sich folgendes gezeigt: Wenn man Eiweiß einer bestimmten Pflanzenart einem Versuchstier in allmählich ansteigenden Dosen in die Blutbahn spritzt, dann werden im Blute dieses Tieres Abwehrfermente mobilisiert und das Serum des Tieres vermag schließlich das Eiweiß der betreffenden Pflanzenart aus seinen Lösungen auszufällen. Ebenso vermag das Serum aber auch Eiweiß nahe verwandter Arten niederzuschlagen, wobei die Wirkung schnell abnimmt, wenn der Grad der Verwandtschaft geringer wird. Je enger der serologische Anschluß, um so enger ist im Sinne der angewendeten Methoden die biologische Verwandtschaft der geprüften Pflanzenarten.

Daß die Eiweißverbindungen arteigentümlich sind, kann man auch aus Erfahrungen der Tierphysiologie schließen; die Tiere bauen nämlich die aufgenommene Eiweißnahrung zunächst durch die Verdauung vollständig zu Aminosäuren ab und bauen dann aus diesen Bausteinen ihr arteigenes oder sogar individuelles Eiweiß in spezifischer Weise wieder auf.

Wenn man mit Hilfe der Serodiagnose, oder was im vorliegenden Zusammenhang völlig dasselbe bedeutet, mit anderen, mehr botanischen Methoden einen Stammbaum der Pflanzen aufstellt, so wird durch ein solches Schema ein entwicklungsgeschichtlicher Prozeß wiedergegeben. Dieser Prozeß bedeutet für die Eiweißarten, daß die arteigentümlichen Eiweißgemenge sich im Laufe der Entwicklung verändern, wobei diese ursprünglich nur geringen Änderungen allmählich immer größer werden und schließlich zu weitgehender Verschiedenheit führen.

Die Chemie der Pflanzenstoffe (Phytochemie) bleibt bei Arbeiten dieser Art ein Hilfsmittel zur Lösung phylogenetischer Fragen. In diesem Sinne faßt auch H. Thoms[2] seine eigenen sowie einige fremde hierher gehörige Arbeiten auf; er konnte in phylogenetisch älteren Formen der Rutaceen Verbindungen nachweisen, die auf das Pyrogallol als Muttersubstanz zurückzuführen waren, während bei den höher entwickelten Arten in Verbindungen der gleichen chemischen Gruppe der

[1] Bot. Archiv (Königsberg). — Mez: Naturwiss. 18, 1125 (1930).
[2] Abderhalden, Handbuch der biol. Arbeitsmethoden XI/3, 987 (1926).

Aufbau aus Phloroglucin bevorzugt war. Daß man bei botanisch nahe verwandten Pflanzenformen charakteristische, chemisch nahe verwandte Inhaltsstoffe finden kann, ist mehrfach belegt.

In diesem Zusammenhang sei auch auf das große zweibändige Werk von E. T. Reichert[1] über die Unterscheidung und Spezifität der Stärkearten hinzuweisen, eine reich bebilderte Materialsammlung, die ebenso wie alle anderen hier genannten Untersuchungen als Grundlage (oder Hilfsmittel) für die Systematik der Pflanzen gedacht ist.

c) Entwicklungsgeschichtliche und entwicklungsmechanische Analyse.

W. Fuchs[2] hat zur Behandlung biochemischer Fragen Gedankengänge entwickelt, welche die biologische Verwandtschaft der Lebewesen als gegeben voraussetzen und bei denen das phylogenetische System bzw. der Stammbaum der Organismen nicht als Forschungsziel, sondern als Forschungsmittel benutzt wird. Der wesentliche Inhalt dieser Gedanken ist folgender.

Die chemisch analogen Inhaltsstoffe verschiedener Organismen sind miteinander je nach dem Grade der biologischen Verwandtschaft der betreffenden Organismen chemisch verwandt. In solchen Stoffgruppen können je nach der statistischen Wahrscheinlichkeit oder je nach den äußeren Einflüssen im Laufe der Entwicklung neue Komponenten entstehen, alte, bereits vorhandene verändert werden, ihrer Menge nach zurücktreten, oder auch ganz verschwinden. Damit ändern sich aber auch die anatomisch-morphologischen Eigentümlichkeiten in der Reihe der Organismen und durch Mutation oder Anpassung wird zugleich mit dem Chemismus auch der botanische Charakter des pflanzlichen Organismus ein anderer.

Die chemische Konstitution und der Bildungsprozeß einer bestimmten Substanz in einer bestimmten Pflanzenart sind bedingt einerseits durch den phylogenetischen Zusammenhang der Art mit ihren Vorfahren, andererseits durch die ontogenetische Reproduktion der vererbten Methoden unter den jeweils gegebenen stofflichen, physikalischen und biologischen Umständen.

Es ist klar, daß für die praktische Arbeit nach den angegebenen Prinzipien die sorgfältige Benutzung der Ergebnisse der phylogenetischen Forschung eine Voraussetzung ist. Es genügt nicht, muß vielmehr sogar irreführen, wenn irgendwelche als hochstehend oder tiefstehend bezeichnete Formen miteinander verglichen werden. Bei Vergleichen der chemischen Stoffe verschiedener Arten lassen sich dann und nur

[1] Carnegie-Institution, Washington 1913.

[2] Vergl. Abderhalden, Handb. der biol. Arbeitsmethoden, I/11, S. 927. Berlin und Wien 1929.

dann Schlüsse auf Struktur und Bildungsprozeß dieser Stoffe ziehen, wenn die betreffenden Arten durch eine geradlinige Verwandtschaft im Sinne der Stammbaumkonstruktion verbunden sind.

Durch Untersuchung eines Pflanzenstoffes in der Ontogenie, in den verschiedenen Entwicklungsstadien einer bestimmten Pflanzenart, kann man erfahren, durch welche Eigentümlichkeiten der betreffende Pflanzenstoff in den Vorfahren der betreffenden Art sich von dem gleichen Pflanzenstoff in der völlig entwickelten Versuchspflanze unterschied. Die Pflanze muß es gewissermaßen gelernt haben, irgendeinen Stoff im Stoffwechsel entstehen zu lassen. Die Stufen dieses Lehrganges müssen ebenso auch in der Phylogenie nachzuweisen sein. Bei einer Untersuchung in der Phylogenie hat man von der untersuchten Art zu ihren tieferstehenden Verwandten in der geraden Linie überzugehen. Bei der individuellen Entwicklung in der Ontogenie können die Einzelprozesse oft sehr schnell abrollen. Bei Untersuchungen in einer phylogenetischen Reihe leistet die Entwicklungshöhe der einzelnen Arten praktisch betrachtet die Arbeit einer Stoppuhr oder der Zeitlupe des Films. An Stelle ausgestorbener Pflanzenformen kann man immer ihre heute lebenden botanisch-morphologisch als solche charakterisierten nächsten Verwandten untersuchen.

d) Die Pflanzenstoffe der Kohlenbildner.

Die für die Kohlenbildung in Betracht kommenden Pflanzenfamilien (nebst den an der Torfbildung mitbeteiligten Laubmoosen) sind nachstehend in ihren phylogenetischen Beziehungen dargestellt. Eine Linie gerader Verwandtschaft geht von Algen nach Art der Gattung Coleochaete zu Lebermoosen nach Art der Gattung Riccia und von da über ausgestorbene Zwischenstufen zu den Bärlappgewächsen, den Koniferen, den Magnolien und den höheren Laubbäumen. Die Farne, die Schachtelhalme, die Laubmoose sind Seitenzweige der Entwicklung, die in ihren heutigen Vertretern wohl schon weit entfernt sind von ihren ausgestorbenen Vorfahren in der Reihe zwischen den Lebermoosen und den Bärlappen.

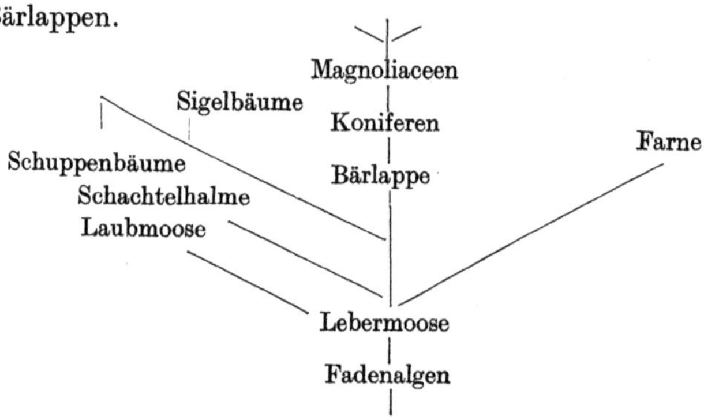

Im Hinblick auf die Fragen der Kohlenchemie interessiert besonders Menge und Konstitution der schwer hydrolysierbaren und cyclischen Substanzen in den als Brennstoffbildner in Betracht kommenden Pflanzen. Was die Eiweißverbindungen betrifft, so sind hier eigentlich nur die Eiweißarten der Getreidesorten gründlich untersucht; diese enthalten im allgemeinen 2—4, selten auch über 5% Tyrosin, sowie meist 1—2%, selten mehr, in seltenen Ausnahmefällen auch gar kein Tryptophan. Ob Farne, Schachtelhalme, Bärlappgewächse und dementsprechend die Hauptmenge der Carbonflora etwa besonders viel Eiweiß und im Eiweiß besonders viel cyclische Bausteine enthalten haben, ist nicht bekannt und nicht ausgeschlossen. Allein auch wenn dies der Fall wäre, könnte doch die Gesamtmenge dieser cyclischen Eiweißbestandteile kaum über 1—2% vom gesamten Trockenmaterial betragen haben.

Was die trocknenden Öle betrifft, so weiß man, daß gewisse Algen, besonders aus den Familien der Phäophyceen und Rhodophyceen solche enthalten. Auf diesen Umstand wird noch zurückgekommen. Farne und Bärlappe haben aber anscheinend keine trocknenden Öle. Da der ökologische Faktor dahin wirkt, daß unter rauheren klimatischen Bedingungen die Trockenfähigkeit eines Öles, d. h. sein Gehalt an mehrfach ungesättigten Glyceriden und Säuren steigt und da die Carbonpflanzen wohl unter einem wärmeren Klima gediehen als die untersuchten nordischen Farne (Aspidium) und Bärlappe (Lycopodium), dürften die Carbonpflanzen, wenn überhaupt, nur sehr wenig trocknende Öle enthalten haben.

Wachsartige Bestandteile trifft man von den niedersten bis zu den höchsten Pflanzen an, Harze dagegen scheinen erst oberhalb der Bärlappgewächse, bei den Koniferen, in merklicher Menge aufzutreten.

Das Lignin zeigt schon in ein und derselben Pflanze beträchtliche Unterschiede, je nachdem ob es sich z. B. um Lignin des Holzes oder der Blätter handelt. Das am häufigsten studierte Nadelholzlignin und ebenso das Lignin der Laubhölzer zeichnet sich durch hohen Methoxylgehalt, 15% und darüber, aus; das Lignin der Blätter hat vielfach nur 4—5% OCH_3. Nach der Tabelle von W. Fuchs[1] kennt man Ligninpräparate mit 1,3—16,3% OCH_3. Für Laubmooslignin finden sich Angaben von 0,1—0,5%. Die Lignine unterscheiden sich also zumindest durch ihren Methoxylgehalt; es können in ihnen verschieden hoch methylierte Hydroxylverbindungen vorliegen.

E. Beckmann, Liesche und Lehmann[2] haben am Beispiel des Winterroggens die Änderungen des Lignin- und Methoxylgehaltes während des Wachstums der Pflanze verfolgt. Sie untersuchten Winter-

[1] Chemie des Lignins, S. 60. [2] Biochem. Ztschr. **139**, 491 (1923).

roggen, der im Oktober gesät war, in sechs verschiedenen Wachstumsstadien. Im ersten Stadium waren die Halme noch völlig grün und zeigten keine Ährenbildung, im letzten Stadium war das Korn reif. Im ersten Stadium fanden sie 13,0% Lignin mit 3,0% Methoxyl, im zweiten Stadium 17,2% Lignin mit 11,5% Methoxyl, im letzten Stadium 20,5% Lignin mit 13,4% Methoxyl. Danach sind Ligninbildung und Methylierung zumindest keine gleichzeitig verlaufenden Prozesse. Die jungen Kornpflanzen enthalten zwar bald fast ebensoviel Lignin wie die reifen, allein der Methoxylgehalt dieses jungen Lignins beträgt nur 3% gegen 13,4% Methoxyl im Lignin der reifen Pflanze. Entweder wird also das anfänglich gebildete Lignin erst nachträglich methyliert, oder das Lignin des reifenden Korns enthält eine erst später gebildete methoxylreiche Komponente.

Mit diesen Ergebnissen stimmen die Resultate gut überein, die man bei der Untersuchung von Moosen, Schachtelhalmen, Farnen und Bärlappgewächsen gewonnen hat. Man findet in diesen Fällen reichliche Mengen unhydrolysierbare Wandbestandteile. Der Methoxylgehalt dieser Ligninpräparate beträgt bei den Moosen nicht über 1—2%, bei Schachtelhalmen etwa ebensoviel, wächst bei Farnen auf über 5% und beträgt bei den Bärlappgewächsen 8—10%. Nach den Untersuchungen des Verfassers steht das Bärlapplignin chemisch dem Fichtenlignin nahe; bei den Ligninen der Moose, der Farne und der Schachtelhalme handelt es sich dagegen um Substanzen, die untereinander und vom Fichtenlignin recht verschieden sind. Die Pflanzen der Steinkohlenzeit müssen nach den Ergebnissen und Überlegungen von W. Fuchs zwar reichlich Lignin enthalten haben, aber dieses Lignin war wesentlich ärmer an Methoxyl als das Lignin der Braunkohlenbildner sowie der rezenten Nadel- und Laubhölzer[1].

Es kann noch erwähnt werden, daß das Fichtenlignin mit den im allgemeinen merklich methoxylreicheren Ligninen der Laubbäume durch das Lignin der Magnolie mit 17% Methoxyl zusammenhängt.

Zusammenfassend kann man sagen, daß Mikroben und niederste Pflanzen relativ viel Fett und Eiweiß enthalten, daß aber bei Moosen und Gefäßpflanzen Fett, Eiweiß und Zellinhaltstoffe überhaupt gegenüber den Zellwandstoffen immer stärker zurücktreten. Das wichtigste Kohlehydrat der Wand ist die Cellulose; sie ist chemisch zumindest in vielen Pflanzen ein und dieselbe Substanz. Der wichtigste unhydrolysierbare Wandbaustein ist das Lignin. Lignin findet sich bei Moosen und Gefäßpflanzen jeder Art, nicht nur in Holzpflanzen und nicht nur im Holz. Es gibt sicherlich mehr als ein Lignin. Phylogenetisch tief stehende Lignine sind methoxylarm.

[1] Fuchs, W.: Brennstoff-Chem. **11**, 105 (1930) und früher; daselbst weitere Literaturnachweise.

4. Absterben und Zerfall der Pflanzen in der Natur.

a) Der Stoffwechsel der organischen Natur und die Tätigkeit der Mikroorganismen[1].

Die Pflanzenwelt ist in Leben und Tod den Angriffen der Tierwelt sowie der Bakterien und der Pilze ausgesetzt. Durch Tierfraß im weitesten Sinne — man darf hier die Würmer, Insekten und die ganze niedere Fauna nicht vergessen — werden ständig große Mengen organischen Pflanzenmaterials zerstört. Die Wirksamkeit der Mikroorganismen bei verschiedenen Gärungs- und Fermentationsprozessen ist bekannt. Wie leicht die Mikroben beliebiges organisches Material befallen können, ergibt sich schon aus der Notwendigkeit, Nahrungs- und Futtermittel in besonderer Weise haltbar zu machen und zu konservieren, indem man durch Trocknen, Konzentrieren, Sterilisieren und Sterilhalten die überall vorhandenen Keime abtötet und weiteren Keimen den Zutritt unmöglich macht, oder indem man durch Zusatz von Chemikalien die Keime in ihrer Entwicklung hemmt, schädigt, vernichtet. Ein auch für spätere Entwicklungen des Buches interessanter Spezialfall der letzteren Art bilden die sogenannten Einsäuerungsverfahren, bei denen im Pflanzenmaterial durch eine anfänglich begünstigte sauere Gärung soviel Milchsäure, eventuell auch andere organische Säuren gebildet werden, daß dann in dem stark sauren Medium höchstens eine sehr kümmerliche Flora von Mikroorganismen existieren kann.

In der freien Natur sind die Pflanzen schon im Leben vielfachem Angriff preisgegeben. Z. B. kommen Pilze als Erreger von Pflanzenkrankheiten in Betracht. Beim Absterben der Pflanzen ist die Tätigkeit der Bakterien und Pilze besonders wichtig. Sie bauen dann das von den grünen Pflanzen aus der Kohlensäure der Luft und anorganischen Salzen aufgebaute komplizierte organische Material wieder bis zu Kohlensäure, Wasser und anorganischen Verbindungen ab, die von neuem in den Kreislauf des natürlichen Stoffwechsels eintreten. Dieses „Mineralisieren" durch die Bodenflora ist z. B. für die Landwirtschaft besonders wichtig; man hat berechnet, daß durch die einzelligen Bodenbewohner jährlich aus organischem Material etwa ebensoviel Kohlensäure entwickelt wird, wie der Atmosphäre durch die Ernte entzogen wird.

Zwischen der nahezu völligen Zerstörung und der nahezu völligen Erhaltung des Pflanzenmaterials gibt es in der Natur zahlreiche Arten teilweiser, spezifischer Zerstörung durch Bakterien und Pilze. Für das

[1] Löhnis, F.: Landw. Bakteriologie. Berlin 1910. — Rippel, A.: Vorlesungen über Mikrobiologie. Berlin 1927.

Verständnis dieser natürlichen Zersetzungsprozesse ist die Kenntnis einiger wichtiger Ergebnisse der Bakteriologie unentbehrlich.

Soweit nicht allzu extreme äußere Bedingungen herrschen, sind Mikroorganismen überall, und oft in ungeheurer Zahl, vorhanden. Zum näheren Studium müssen sie, am besten in Reinkulturen, isoliert werden, was durch die Methoden der Anhäufungskultur oder der Plattenkultur meist gelingt. (Wie die Methoden anderer naturwissenschaftlicher Disziplinen sind natürlich auch die Methoden der Bakteriologie weiter entwicklungsfähig.)

Besonders reich an Keimen sind der Boden und die natürlichen Wässer; durch die Luft werden Keime überallhin verbreitet. Gutes Trinkwasser enthält bis zu 100 Keime im Kubikzentimeter. In sandigem Boden hat man rund 100000 Keime je Gramm gefunden, in normalem Ackerboden rund 100 Millionen, in sehr fruchtbaren Boden auch mehrere 100 Millionen.

Bei diesen Werten handelt es sich schon infolge der Grenzen der Leistungsfähigkeit der angewendeten Methoden im allgemeinen um Minimalwerte. Daß auch viel höhere Zahlen in Betracht kommen können, geht aus folgendem hervor. 1 g frischer Kot mit 25% Trockensubstanz enthielt, wie man durch Zentrifugieren und direkte Auszählung unter dem Mikroskop festgestellt hat, 20—40 Milliarden Bakterien, von denen rund die Hälfte als lebend zu bezeichnen waren. Die Bakterienmasse machte in diesem Falle die Hälfte der ganzen Trockensubstanz aus.

Derart riesige Zahlen werden in erster Linie durch die außerordentliche Kleinheit der Bakterien ermöglicht. 1 μ oder 0,001 mm ist das übliche Maß, mit dem die Bakterien gemessen werden. Maße, die unter 0,1 μ liegen, kann man mikroskopisch nicht mehr gut messen. Vielleicht gibt es aber auch noch in diesem Gebiete Lebewesen. D'Hérelles sonderbares Phänomen des Bakteriophagen — die Aufzehrung von lebenden Bakterien durch vielleicht noch kleinere ihresgleichen? — ist in diesem Sinne gedeutet worden.

Mit der Kleinheit der Bakterien hängt weiter zusammen, daß diese Lebewesen außerordentlich leicht und überallhin verbreitet werden können. Ferner ist wichtig, daß wegen dieser Kleinheit das Verhältnis der Körperoberfläche zum Körperinhalt außerordentlich hoch ist. Dieser Umstand ermöglicht schnellsten Stoffaustausch und ist ein Grund, weshalb die mikrobiologischen Vorgänge oft so überaus schnell verlaufen. Die primitive Organisation, die leichte Verbreitung, die Kleinheit, der schnelle Stoffwechsel und die große Vermehrungsfähigkeit ermöglichen es den Mikroben, günstige äußere Verhältnisse, die auch nur kurze Zeit andauern, wie etwa vorübergehende Bodenfeuchtigkeit, weitgehend auszunutzen.

b) Zur Systematik der biologischen Zersetzungen.

H. Potonié[1] hat als natürliche Zersetzungsprozesse der Pflanzen, durch welche die Bildung von Brennstoffen, oder wie er sagt, Kaustobiolithen, eingeleitet wird, Verwesung, Vermoderung, Vertorfung und Fäulnis unterschieden. Über diese Zersetzungsprozesse und die resultierenden rezenten Kaustobiolithe gibt Tabelle 5 eine Übersicht.

Tabelle 5. Zersetzungsprozesse der Pflanzen nach H. Potonié.

<table>
<tr><th></th><th>Bezeichnung der Prozesse</th><th>Verhalten des O</th><th>Verhalten des H_2O</th><th colspan="2">Es handelt sich kurz</th><th colspan="3">Entstehende Gesteine</th></tr>
<tr><td rowspan="3">Prozesse, denen besonders Land- und Sumpfpflanzen ausgesetzt sind:</td><td>Verwesung, sie findet statt..</td><td>bei voller Gegenwart von O</td><td rowspan="2">und Vorhandensein von Feuchtigkeit</td><td colspan="2">um eine vollständige Oxydation</td><td colspan="3">Es bleiben keine brennbaren C-haltigen Produkte zurück, unter Umständen höchstens Liptobiolithe</td></tr>
<tr><td>Vermoderung, sie findet statt..</td><td>bei Gegenwart von weniger O</td><td>↕</td><td rowspan="2">Inkohlung</td><td rowspan="2">Feste Verbindungen, die C-reiche Kohlenwasserstoffe ergeben</td><td>Moder</td><td rowspan="2">Humus</td></tr>
<tr><td>Vertorfung, sie findet statt..</td><td>zunächst bei Gegenwart, sodann bei Abschluß von O...</td><td>und zunächst bei Gegenwart von Feuchtigkeit, sodann in stagnierendem H_2O</td><td rowspan="2">wesentlich um Destillationen: Reduktionen</td><td>Torf</td></tr>
<tr><td>Prozeß, dem besonders die echten Wasserorganismen ausgesetzt sind:</td><td>Fäulnis, sie findet statt..</td><td>bei Abschluß von O...</td><td>und in stagnierendem H_2O</td><td>Bituminierung</td><td>Feste Verbindungen, die C-ärmere (H-reichere) Kohlenwasserstoffe liefern</td><td colspan="2">Sapropel</td></tr>
</table>

Die Einteilung Potoniés beruht u. a. auf der zweifellos richtigen Tatsache, daß für den Verlauf und das Ergebnis einer natürlichen Zersetzung von Pflanzen das pflanzliche Ausgangsmaterial sowie die Anwesenheit oder Abwesenheit von Sauerstoff sehr wichtig sind. Seither hat man in der Chemie der Pflanzenstoffe, in der Biologie und Mikrobiologie wesentliche Fortschritte erzielt, durch welche die Bedeutung

[1] Die Entstehung der Steinkohle und der Kaustobiolithe überhaupt, 5. Aufl. Berlin 1910.

weiterer Umstände für den Ablauf der Pflanzenzersetzung in der Natur klargeworden sind.

Das pflanzliche Ausgangsmaterial bildet das Substrat fermentativer und mikrobiologischer Vorgänge, die je nach den vorhandenen Pflanzenstoffen, je nach Anwesenheit oder Abwesenheit von Luft und ferner je nach den chemischen, physikalischen und biologischen Bedingungen verschieden verlaufen. Unter den chemischen Bedingungen kommt es auf die in den Pflanzen ursprünglich enthaltenen Pflanzenstoffe an, ferner auf die vorhandenen Nährsalze und ähnliches mehr. Unter den physikalischen Bedingungen des Systems ist die Wasserstoffionenkonzentration, welche die saure, neutrale oder alkalische Reaktion des Mediums bedingt, von ausschlaggebender Bedeutung. Die Eigenart der unter den gegebenen Bedingungen begünstigten Mikroorganismen bildet einen wesentlichen biologischen Umstand pflanzlicher Zersetzungen.

Man kann die Zersetzungsvorgänge in zwei Hauptgruppen, in aerobe und anaerobe Zersetzungen einteilen und jede dieser zwei Hauptgruppen auf Grund der herrschenden (sauren, neutralen oder alkalischen) Reaktion in drei Untergruppen. Je nach dem Substrat, den beteiligten Kleinlebewesen, den Umständen und dem chemischen Erfolg ihrer Tätigkeit kann jede der sechs Gruppen natürlicher Zersetzungen näher charakterisiert und nötigenfalls weiter unterteilt werden.

c) Aerobe Zersetzungen.

In der Familie der Algen sind 2 Fälle aerober Zersetzungen, nämlich die Bildung von Balchaschit[1] und Coorongit[2], in der Literatur näher beschrieben.

Balchaschit entsteht aus der ölreichen Grünalge Botriococcus Braunii. Diese Alge lebt in großen Mengen in dem etwas salzigen, flachen, sumpfigen See Ala-Kul, der die südliche Grenzpartie des Süßwassersees Balchasch bildet. Die Polster dieser Algen schwimmen infolge ihres Ölreichtums vielfach als schwarzgrüne, bewegliche Masse auf der Wasseroberfläche und geraten allmählich unter Entwicklung von Schwefelwasserstoff in Gärung. Ans Ufer gelangt, trocknen sie an der Luft schnell ein und verwandeln sich in Balchaschit, eine gelb- bis dunkelbraune, feste, elastische, gummiähnliche Substanz.

Der Coorongit entsteht aus der ölreichen blaugrünen Alge Elaeophyton coorongiana. Diese Alge lebt in flachen Salzwasserbuchten Südaustraliens. Gegen Ende des Winters sammeln sich die Kolonien der Alge als grüner Schaum auf der Wasseroberfläche, werden ans Ufer und auf

[1] Salessky, M. D.: Entstehung der Kohle. Petersburg 1914. — Nach Stadnikoff, G.: Entstehung von Kohle und Erdöl. S. 145. Stuttgart 1930.

[2] Thiessen, R.: Prof. Papers U. S. Geol. Survey Nr. 132 (1925). Zitiert nach E. Stach, Kohlenpetrograph. Praktikum. Berlin 1928.

Sandbänke getrieben und trocknen mit dem Eintreten warmer Witterung rasch ein. Die erstarrte Masse bildet beträchtliche Mengen einer dunkelbraunen, kautschukähnlichen Substanz, den sogenannten Coorongit.

Die lebenden Algen sind reich an Öl, scheinen aber im übrigen noch nicht näher quantitativ untersucht zu sein. Die Analyse von Balchaschit und Coorongit ergab nebenstehende Zahlen:

Tabelle 6. Zusammensetzung von Balchaschit u. Coorongit.

	Balchaschit[1] %	Coorongit %
C	73,8	79,7
H	10,9	12,0
S	1,0	0,1
N	0,6	0,7
O	13,7	7,5

Beide Naturprodukte enthalten verseifbare und unverseifbare Anteile, auch geben beide an organische Lösungsmittel mehr oder minder große, etwas wechselnde Mengen Substanz ab. Bei zersetzender Destillation lassen sich beide Produkte zum allergrößten Teil destillieren; die Destillate bestehen hauptsächlich aus flüssigen Kohlenwasserstoffen, daneben auch anderen Verbindungen. Die Verwandtschaft dieser beiden Naturprodukte mit Kohlen vom Charakter der Boghead- und der Cannelkohlen ist augenscheinlich. Hierauf wird noch zurückgekommen.

Was die Entstehung dieser Produkte betrifft, so ist die Annahme von Stadnikoff[2], derzufolge besonders aus den trocknenden Ölen der Algen bei ihrem Absterben an der Luft durch Oxydation und Polymerisation die beiden Zersetzungsprodukte entstanden seien, nicht unwahrscheinlich. Besonders beim Coorongit wird von Stadnikoff außer Oxydation und Polymerisation auch eine mehr oder minder merkliche Abspaltung von Carboxylgruppen angenommen.

Über die Mikroben, welche bei der Bildung von Balchaschit und Coorongit mitwirken müssen, ist nichts bekannt. Untersuchungen wären erwünscht.

Was die Zersetzung von Laubmoosen betrifft, die im Zusammenhang mit der Torfbildung von Interesse ist, so wurden bei einigen Versuchen von W. Fuchs[3] Sphagnumpflanzen untersucht, welche im Laufe eines Jahres in frisch ausgestochenen Gräben gewachsen waren. Dieselben waren in ihren unteren Teilen vergilbt und mürbe geworden, aber noch keineswegs vertorft. Zur Untersuchung wurden aus den grünen und aus den vergilbten Teilen der Pflanze Stücke ausgewählt, die jeweils gleichviele Internodien (Stengelstücke zwischen zwei Blattwirteln) umfaßten. Hierbei ergab sich für die frischen Teile der Pflanze ein mittleres Trockengewicht der Internodien von 1,1 mg, während das

[1] Zelinsky, N. D.: Brennstoff-Chem. **6**, 365 (1925). — Der Balchaschit wird dort Elaterit genannt.
[2] Stadnikoff, G., u. A. Weizmann: Brennstoff-Chem. **10**, 401 (1929).
[3] Vergl. Abh. Kohle **9**, 181 (1928).

Trockengewicht der Internodien in den morphologisch gleichwertigen unteren, bereits vergilbten Teilen der Pflanze nur 0,7 mg betrug. Im Laufe der ersten Vergilbung und bei voller Aufrechterhaltung des morphologischen Zusammenhanges der Pflanze hatte also eine Substanzabnahme des Trockengewichtes um rund 40% stattgefunden. Wenn Bakterientätigkeit ausgeschlossen ist, so müssen es die eigenen Fermente der Pflanze gewesen sein, deren Tätigkeit die hydrolysierbaren Stoffe der allmählich absterbenden Teile den jungen, grünenden Teilen der Pflanze zugute kommen ließ. Die grünen Teile der Pflanze enthielten 38,5% Cellulose und 27,4% Lignin, die vergilbten Teile 25,0% Cellulose und 36,4 % Lignin. Ähnliche Zahlen wurden erhalten, wenn die Pflanzendecke und die oberste vertorfte Schicht eines Sphagnummoores untersucht wurde.

Bei Untersuchung des Zerfalles von Adlerfarnen (Pteridium aquilinum) konnten Franz Fischer, R. Lieske und E. Hofmann[1] eine echte Vertorfung an einzelnen Stellen der freistehenden dichten Bestände des Farnes feststellen. Es war bis zu etwa 50 cm unter der Oberfläche eine dunkelbraune, dem Sphagnumtorf ähnliche Masse gebildet, die nach den Ergebnissen der mikroskopischen Untersuchung fast ausschließlich aus den Resten von Pteridium bestand. Das p_H eines wässerigen Auszuges frischer Farne betrug 4,8. Untersucht wurden die in der Tabelle 7 angegebenen Proben; die Resultate der Tabelle beziehen sich auf Werte mit Aschenkorrektur.

Tabelle 7. Zusammensetzung von Farnen und Farntorfen.

Bezeichnung	Löslich in k. W. %	Löslich in h. W. %	OCH_3 %	Lignin %	OCH_3 im Lignin %
Frische Farnwedel . . .	13,8	27,4	2,7	33,0	5,5
Frische Rhizome	—	—	—	35,4	—
Abgestorbene, 1 Jahr gelagerte Wedel	—	—	2,3	53,5	—
Torf 30 cm unter der Oberfläche	2,0	4,4	1,4	68,0	—

Ein außerordentlich reiches Material ist für die aeroben, wohl meist bei schwach saurer Reaktion verlaufenden Zersetzungen der Holzgewächse bekannt geworden. Schon das Studium der Erkrankungen der lebenden Bäume hat ein reiches hierher gehöriges Material zutage gefördert. Man kann zwei Gruppen von Krankheiten der Bäume durch Infektion mit Holzpilzen unterscheiden. In einem Falle wird das Holz zu hellen, faserigen Massen zersetzt, im anderen Falle zu zerreiblichen, mulmigen dunklen Massen. Man kann diese beiden Gruppen nach dem Aussehen der kranken Stellen als helle Rotte (Weißfäule) und als dunkle Rotte (Rotfäule, Braunfäule) unterscheiden, man kann ferner von

[1] Biochem. Ztschr. **203**, 356 (1928).

faseriger oder von mulmiger Zersetzung sprechen und man kann endlich mit R. Falck[1] die Vorgänge bei der hellen Rotte oder faserigen Zersetzung als Korrosion von der Destruktion bei der dunklen Rotte oder mulmigen Zersetzung unterscheiden.

Korrosion wird besonders durch Pilze der Gattung Polyporus hervorgerufen, während Destruktion durch Vertreter der Gattungen Merulius, Coniophora, Poria, Lenzites verursacht wird. Die Korrosion ist eine mehr schleppende, mit ganz allmählichem Abbau verbundene Erkrankung. Dabei wird das Holz zunächst heller, es bleiben schließlich weiße, aus reiner Cellulose bestehende Zellgerüste zurück und es zeigt sich weder Vermürbung noch deutlicher Schwund. Die Destruktion ist dagegen ein recht schnell verlaufender Vorgang. Sie bewirkt äußerlich kenntlichen Substanzschwund und Volumverkleinerung der Zellen. Das Holz wird erst gelb, dann braun, völlig mürbe und läßt sich schließlich zwischen den Fingern zerreiben.

Die nachfolgende Tabelle enthält einige quantitative Angaben über die Rotfäule von Fichtenholz durch Polyporus annosus nach R. Falck[1].

Tabelle 8.
Zerfall von Fichtenholz bei Rotfäule durch Polyporus annosus.

Bezeichnung	Methoxyl %	Cellulose %	Lignin %
Normal	4,06	56,00	23,55
1. Krankheitsstadium	3,82	55,20	22,18
2. ,,	3,73	55,60	20,50
3. ,,	2,88	56,00	16,08
4. ,,	3,82	48,20	15,10

Über die Korrosion von Zypressenholz haben Selman A. Waksman und K. R. Stevens[2] folgende Angaben gemacht:

Tabelle 9. Korrosion von Zypressenholz.

	Gesundes Holz %	Krankes Holz %
Löslich in Äther	3,53	6,91
Löslich in kaltem und heißem Wasser	3,18	5,61
Löslich in Alkohol	1,02	3,30
Hemicellulosen	11,16	14,43
Cellulose	37,62	27,78
Lignin	28,21	23,61
Protein	0,66	2,18
Asche	0,76	2,25
Summe	87,04	86,07

Aus den Angaben der Literatur geht hervor, daß das korrodierte Holz schließlich auch destruiert wird. Die durch Korrosion freigelegte Cellu-

[1] Falck, R., u. Haag: B. **60**, 225 (1927). — Falck, R., u. Coordt: B. **61**, 2101 (1928).
[2] Journ. Amer. chem. Soc. **51**, 1191 (1929).

lose wird ihrerseits durch Kleinlebewesen aufgezehrt, so daß schließlich das ganze Holz verschwindet.

Die Destruktion tritt nicht nur als Krankheitserscheinung auf wie die Korrosion, sondern ist nach allem, was man heute weiß, die normale, allgemein verbreitete Zersetzung des Materials der Nadel- und Laubbäume. Was zunächst die verschiedenen Hölzer betrifft, so hat schon Géneau de Lamarlière[1a] an vermodertem, aus einem Torflager stammenden Coniferenholz den chemischen Sachverhalt ziemlich klargelegt. Quantitative Angaben sind besonders in den letzten Jahren in größerer Zahl bekanntgegeben worden. Die Tabelle 10 enthält eine Zusammenfassung darüber.

Tabelle 10. Zahlenangaben über die Destruktion von Hölzern.

Bezeichnung	Stadium	Methoxyl %	Cellulose %	Lignin %	Alkalilösliches %
Douglasfichte[1] . .	1	3,9	59,0	—	10,6
	2	5,2	41,7	—	38,1
	3	7,8	8,5	—	65,3
Fichte[2]	1	4,34	44,0	24,60	43,4
	2	6,40	24,6	42,98	—
	3	8,39	7,8	56,58	74,98
Kiefer[3]	1	4,5	60,5	26,3	—
	2	8,0	15,0	73,0	47,0
Eiche[4]	1	5,7	47,6	28,5	—
	2	—	9,3	74,0	61,9
	3	9,0	6,9	76,2	62,5
Fichte[5]	1	4,9	64,0	28,2	—
	2	—	—	31,1	—
	3	—	—	36,6	—
	4	5,4	—	39,2	—
	5	—	—	59,0	—
	6	—	—	71,4	—
	7	10,0	—	73,9	—
	8	11,6	3,0	85,6	—
Kastanie[6]	1	—	32,6	22,0	—
	2	—	2,2	71,1	—

Die Untersuchungen über die Douglasfichte stammen von E. Rose und M. W. Lisse[1], welche Proben frischen, halbvermoderten und ganz vermoderten Holzes von diesem Baume untersuchten. Bei den Untersuchungen von R. Falck, Haag und Coordt[2] handelte es sich um Fichtenholz, welches durch den Pilz Merulius domesticus zersetzt worden war. Auch die Untersuchungen von C. G. Schwalbe und

[1a] Compt. rend. Acad. Sciences **131**, 511 (1900). — Der Methoxylgehalt der Humuskörper wurde auch schon von E. Michelet u. J. Sebelien festgestellt: Chem.-Ztg. **30**, 356 (1906).

[1] Ind. engin. Chem. **9**, 284 (1917). [2] B. **60**, 225 (1927); **61**, 2101 (1928).

A. van Ekenstam[3] beziehen sich auf ein durch Merulius zerfressenes Holz, und zwar Kiefernholz. Bei den Untersuchungen von A. Brandl[4] handelte es sich um Eichenmoder. Dieser Eichenmoder war beim Fällen einer „tausendjährigen" Eiche in einer Menge von etwa 16000 kg zutage getreten. Der Moder, eine rotbraune erdige Substanz, war mulmiger Braunkohle sehr ähnlich. Soweit der Eichenmoder unlöslich in Salzsäure war, ist er in der Tabelle 10 als Lignin aufgeführt und mit dem Ligningehalt gesunden Eichenholzes verglichen. In der Tat war aber dieser Eichenmoder ebenso, wie auch die Moderstoffe, die bei der Zersetzung in den vorangehenden drei Beispielen entstanden waren, teilweise löslich in Alkali, was für Lignin in gesunden Hölzern nicht gilt. Auf diesen Punkt wird noch zurückgekommen.

Franz Fischer, Lieske und Hofmann[5] untersuchten Fichtenholz aus dem Naturschutzpark im Bayerischen Wald, darunter Proben, die unter allen bisher untersuchten Holzproben am stärksten destruiert waren. Bei dem Kastanienholz, welches Waksman und Stevens[6] untersuchten, handelte es sich gleichfalls um ein typisch destruiertes Holz.

Die Verhältnisse bei der aeroben Zersetzung abgestorbener Hölzer sind also gut studiert und relativ durchsichtig: im Laufe der Zersetzung wird die Cellulose des Holzes zerstört und das Lignin angereichert und verändert, während neue Stoffe in nennenswerter Menge nicht entstehen[7]. Dies ergibt sich unter anderem aus folgenden Umständen:

a) Daß Substanz verschwindet, zeigen z. B. die Versuche von R. Falck, bei denen die in verschiedenen Zerstörungsstadien nachweisbaren Stoffmengen auf ursprüngliche Volumina umgerechnet wurden.

b) Daß merkliche Mengen neuer Substanzen nicht entstehen, ergibt sich unter anderem aus der mikroskopischen Untersuchung destruierten Holzes, welches das fast unveränderte Bild der ursprünglichen, anatomisch-morphologischen Eigentümlichkeiten gesunden Holzes zeigt. Mit der Auffassung, daß bei der Destruktion gewisse Substanzen der Zellwand verschwinden, sind diese mikroskopischen Befunde gut in Einklang zu bringen. Man weiß aus Untersuchungen von J. König und Rump[8], J. König[9], W. Harlow[10] u. a., daß man mit chemischen

---

[3] Cellulosechem. **8**, 13 (1927).

[4] Brennstoff-Chem. **9**, 89 (1928); vgl. auch Strache, H.: Brennstoff-Chem. **8**, 21 (1927).

[5] Biochem. Ztschr. **203**, 358 (1928).

[6] Journ. Amer. chem. Soc. **51**, 1191 (1929).

[7] Tierfraß kann ähnlich wie Destruktion wirken.

[8] Chemie und Struktur der Pflanzenzellmembran. Berlin 1914.

[9] Biochem. Ztschr. **171**, 261 (1926).

[10] Techn. Publicat. Syracuse University Nr. 21, 24 (1927, 1928).

Mitteln entweder die Cellulose oder das Lignin völlig entfernen kann, ohne daß das mikroskopische Aussehen von Schnitten wesentlich leidet. Holz, dem durch Hydrolyse mit starker Schwefelsäure die Cellulose entzogen wurde, und Holz, dessen Ligninanteil durch Oxydationsmittel wie Ammoniak und Wasserstoffsuperoxyd oder Bromwasser zerstört wurde, zeigen im Mikroskop ein ganz ähnliches Bild. Aus Versuchen von W. Großkopf[1] sowie von Franz Fischer und Lieske[2] weiß man ferner, daß auch Holzproben, die biologisch zersetzt sind, diesen Umstand im Mikroskop kaum erkennen lassen. Es vermag also sowohl die Cellulose als auch das Lignin die morphologisch-anatomischen Eigentümlichkeiten der verholzten Zellwand treu zu bewahren. Das unveränderte mikroskopische Bild natürlich zersetzten Holzes spricht also zwar dafür, daß keine neuen Substanzen in merklicher Menge entstanden sind, aber nicht dagegen, daß große Mengen ursprünglicher Substanzen verschwunden sind.

Daß holzzerstörende Pilze und Bakterien im destruierten Holz zum Unterschied von andersartigen zersetzten Pflanzenmaterialien nicht merklich ins Gewicht fallen, folgt gleichfalls aus den mikroskopischen Befunden, ferner auch aus speziellen Angaben. So enthielt nach S. A. Waksman und Stevens[3], die auf diesen Punkt im allgemeinen nachdrücklich hinweisen, völlig zersetztes Kastanienholz nur 1,31% Proteine gegen 0,54% im Ausgangsmaterial.

c) Daß Substanzen neu auftreten, könnte man deshalb vermuten, weil die zersetzten Hölzer zu einem mehr oder minder erheblichen Betrage löslich in Alkali sind, während gesunde Hölzer an Alkali nicht ohne weiteres Substanz abgeben. Daß diese Eigentümlichkeit zersetzter Hölzer aber nicht auf das Neuauftreten von Substanzen, sondern auf Veränderungen ursprünglich schon vorhandener Anteile des Holzes zurückzuführen ist, ergibt sich mit genügender Deutlichkeit, wenn man die verschiedenen Zahlenangaben der Literatur nach dem Vorgange von W. Fuchs[4] durch graphische Darstellung auf ihre funktionale Abhängigkeit prüft.

In dem Diagramm (Abb. 1) sind die Methoxylgehalte auf der Ordinate, die Gehalte an Lignin auf der Abszisse aufgetragen. Die Cellulosegehalte sind als besondere Funktionsskala parallel zur Ordinatenachse eingezeichnet. Parallel zur Abszissenachse ist eine weitere Skala angebracht, welche die mit zunehmendem Zersetzungsgrad im allgemeinen ständig steigende Löslichkeit des Holzes in Alkali zum Ausdruck bringt.

Nach dem Diagramm hätte reines Holzlignin ohne alle Beimengungen 15% Methoxyl. Dies ist auch in der Tat der Methoxylgehalt schonend

[1] Brennstoff-Chem. **10**, 161, 213 (1929). [2] Biochem. Ztschr. **203**, 357 (1928).
[3] Journ. Amer. chem. Soc. **51**, 1191 (1929). [4] Brennstoff-Chem. **11**, 106 (1930).

isolierter Ligninpräparate. Allerdings scheint das genuine Lignin im Holze selbst meist einen etwas höheren Methoxylgehalt zu haben. Legt man einen solchen, z. B. 17—20% zugrunde, dann wird die Diagonale des Diagramms entsprechend steiler und die Abweichungen der Werte von der Diagonale beginnen schon etwas früher. Trotzdem ist es berechtigt, nur mit einem Höchstwert von 15% OCH_3 zu rechnen, da der Mehrbetrag an Methoxyl biologisch besonders leicht abspaltbar zu sein scheint.

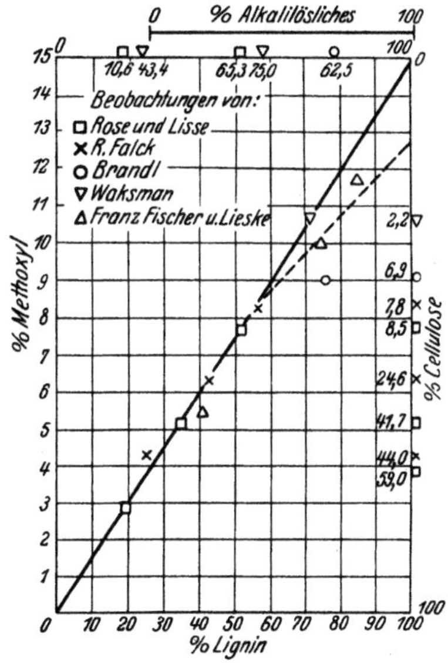

Abb. 1. Die Anreicherung des Lignins beim aeroben Holzzerfall.

Bei Berücksichtigung aller Umstände beweist das Diagramm mit genügender Deutlichkeit, daß bei der Vermoderung der Hölzer der Methoxylgehalt und der Ligningehalt anfänglich einander proportional wachsen, während gleichzeitig der Gehalt an Cellulose rasch abnimmt[1]. Abweichungen von dieser Proportionalität sind erst feststellbar, wenn die Hauptmenge der Cellulose bereits verschwunden ist. Dann wächst der Gehalt an unhydrolysierbarer Substanz stärker als der Methoxylgehalt. Dies kann durch eine allmählich einsetzende Entmethylierung des Lignins erklärt werden.

Ähnlich den Zersetzungen der Hölzer verläuft die Zersetzung von Laub und Nadeln, der schon angesichts des jährlichen Laubfalles und der Menge der produzierten Blätter und Nadeln erhebliche Bedeutung zukommt. In der Tabelle 11 sind Angaben der Literatur zusammengestellt. Eine systematische Ergänzung der Angaben wäre erwünscht.

Mehr ins einzelne gehende Angaben finden sich in den Arbeiten von S. A. Waksman und K. R. Stevens[2] sowie S. A. Waksman, F. G. Tenney und K. R. Stevens[3]. Die Tabelle 12 enthält die Angaben der Autoren über die Zusammensetzung von Fichtennadeln, reifen Eichenblättern sowie Waldhumus aus den F-Schichten, in denen die Formgebung des ursprünglichen organisierten Materiales noch wohl erkennt-

---

[1] Lieser schlug vor, Lignin biologisch aus Holz zu isolieren: Cellulosechemie **7**, 156 (1926).

[2] Soil Science **26**, 133 (1928).

[3] Vgl. Cellulosechemie **11**, 213 (1930).

Tabelle 11. Zersetzung von Laub und Nadeln.

Bezeichnung	Cellulose %	Lignin %	Lignin in der Zellwand[1] %	OCH_3 %
Frisches Buchenlaub[2] . .	—	26,5	33,7	4,2
Unzersetzte Buchenlaubstreu[3]	26	42	—	—
Abfallendes Buchenlaub[4] .	—	48,1	—	3,0
Tannennadeln[2]	—	26,2—31,9	34,0—44,3	—
Fichtennadeln[2]	27	26,0—32,4	38,6—44,6	—
Kiefernnadeln[2]	—	23,7—31,3	32,0—40,0	—
Kiefernstreu[3]	33	42	—	—

lich ist, sowie aus den H-Schichten, in denen die ursprüngliche Pflanzenstruktur vollständig verschwunden ist[5].

Diese Resultate zeigen, daß bei der Zersetzung von Laub und Nadeln eine relative Abnahme der wasserlöslichen Bestandteile, der Cellulose, der ätherlöslichen Substanzen und der Hemicellulosen stattfindet, ferner

Tabelle 12.

Chemische Bestandteile	Fichtennadeln %	Reife Eichenblätter %	Waldhumus F-Schichten %	Waldhumus H-Schichten %
Ätherlösliches	7,65	4,01	4,41	2,99
Wasserlösliches	13,02	15,32	5,80	2,73
Hemicellulosen	14,68	15,60	15,28	12,39
Cellulose	18,26	17,18	9,44	2,56
Lignin und ligninartige Komplexe .	27,63	29,66	39,30	50,39
Rohes Protein	8,53	3,47	8,29	7,51
Asche	3,08	4,33	9,20	11,61
Summe	90,85	89,57	91,72	90,18

eine relative Zunahme des Lignins, der Mineralbestandteile und der Eiweißstoffe. Das Bild der aeroben Zersetzungen von Laub und Nadeln ist also ganz ähnlich dem, welches die aerobe Destruktion des Holzes bei der natürlichen schwach sauren Reaktion bietet. Durch morphologische Untersuchung in Zersetzung begriffener Fichtennadeln konnte W. Großkopf[6] zeigen, daß die cellulosereichen Paremchymgewebe leichter zerstört werden, als die stärker verholzten und somit lignin-

[1] Die Zahlen unter „Lignin in der Zellwand“ beziehen sich auf Substanz frei von Bitumen und wasserlöslichen Stoffen, die Zahlen unter „Lignin“ auf das Gesamtmaterial.

[2] Großkopf, W.: Brennstoff-Chem. **10**, 161, 213 (1929).

[3] Falck, R.: Cellulosechemie **11**, 198 (1930).

[4] Tropsch, H.: Abh. Kohle **6**, 289 (1921).

[5] Terminologie von H. Hesselmann, zitiert bei Waksman und Reusser: Cellulosechem. **11**, 213 (1930).

[6] Brennstoff-Chem. **10**, 161, 213 (1929).

reichen Gewebe, wie Nadelrand, Zentralzylinder, Harzgänge, Spaltöffnungen und verholzte Gefäßteile. Gerade diese verholzten Gewebe gingen unter möglichster Erhaltung ihrer Struktur in Zersetzung über, indem sie ihre Ligninstoffe nach Großkopf in Humusstoffe umwandelten.

Immerhin herrschen bei der Zersetzung von Laub und Nadeln offenbar etwas kompliziertere Verhältnisse als bei der Destruktion des Holzes, was mit folgendem zusammenhängt:

a) Bei Laub und Nadeln überwiegen die Zellwandstoffe die Zellinhaltstoffe nicht in dem Maße wie beim Holz.

b) Die Menge der Mikroorganismen fällt im Vergleich zur zersetzten Substanz stärker ins Gewicht. Euler[1] führt aus, daß der Stickstoffgehalt in zersetztem Laub auf Stickstoff assimilierende Fadenpilze und Bakterien zurückzuführen ist, die auf totem Laub und Pflanzenresten massenhaft auftreten. So stieg in toten Eichenblättern, die ein Jahr unbedeckt im Freien aufbewahrt wurden, der Stickstoffgehalt von 1,1 auf 1,9% ; bei toten Buchenblättern sogar von 0,9 auf 2,2% des Trockengewichtes.

c) Durch diese beiden Umstände, das kompliziertere Ausgangsmaterial und das begünstigtere Wachstum der Mikroorganismen, ist auch die Zusammensetzung der Zerfallsprodukte komplizierter, und außer den Zellwandbestandteilen sind Wachse, Harze, Proteine und andere Stoffe in merklicher Menge anwesend.

d) Endlich macht auch der Umstand, daß das Lignin des Laubes und der Nadeln nur wenig Methoxyl enthält, die Dinge weniger durchsichtig.

Die geschilderten Untersuchungen über den natürlichen aeroben Zerfall der Substanz der Holzgewächse werden ergänzt durch eine Reihe von Untersuchungen, bei denen die betreffenden Naturvorgänge im Laboratorium nachgeahmt und studiert wurden.

Mit solchen Versuchen hat sich C. Wehmer[2] schon vor Jahren befaßt. Lignin, Cellulose und Holz wurden durch Pilzkulturen der Gattungen Merulius, Coniophora, Polyporus, Lenzites u. a. zersetzt. (Diesem Formenkreis gehören auch die sogenannten „Grubenpilze" der Bergwerke an.) Auf isoliertem Lignin gediehen die Pilze nicht; wenn ihnen genügend Nährsalze und Kohlehydratnahrung geboten wurde, so gediehen sie wohl, griffen aber das Lignin nicht an. Reine Cellulose wird von den Pilzen nur langsam und schwierig angegriffen. Holzpapier wird unter Bildung dunkler, alkalilöslicher Substanzen aufgezehrt. Das gleiche gilt für Fichtenholz, wobei etwa ebensoviel dunkle Substanzen hinterblieben, als dem ursprünglichen Lignin entsprach. Kohlehydrate hinterlassen dagegen bei der Zersetzung durch holzzerstörende Pilze keine humin-

[1] Pflanzenchemie Bd. 2, S. 128, 143. Braunschweig 1919.
[2] B. **48**, 130 (1915); Brennstoff-Chem. **6**, 101 (1925).

artigen Produkte. Die Humusbildung findet nach Wehmer auch bei saurer Reaktion statt. Die Vorgänge bei der Braunfäule seien anscheinend im wesentlichen hydrolytische Prozesse, während die Weißfäule mehr einer milden Oxydation entspreche.

Gesundes Holz enthält über 50%, die gleiche Menge zersetztes Holz nur 25% Cellulose, und, da zwei Teile gesundes Holz einen Teil zersetztes Holz geliefert hatten, bezogen auf ursprüngliches Holz sogar nur 12,5% Cellulose. Im zersetzten Holze findet man verhältnismäßig nur wenig Pilzfäden; wahrscheinlich wirken beim Abbau Fermente mit. Die Menge der sodalöslichen Anteile konnte (z. B. bei Anwendung von Kulturen von Merulius silvester) auf 60% der Gesamtmenge steigen. Bei 8—12° konnten innerhalb eines Jahres fast beliebig große Mengen Holz zersetzt werden.

M. W. Bray und T. M. Andrews[1] ließen Pilze aus der Gruppe der Hymenomyceten (Fomes und andere Arten) auf gewogene Mengen Holzschliff bei Gegenwart von Luft einwirken und prüften den chemischen Erfolg der Lebenstätigkeit der Mikroorganismen während mehrerer Jahre analytisch. Der Cellulosegehalt solcher Proben sank von 60 g in 6 Monaten auf 26,8, in einem Jahr auf 10, in drei Jahren auf 6,05 g. Die ursprünglich vorhandene Ligninmenge blieb dagegen praktisch konstant; im ganzen wurde ein Ligninverlust von z. B. 3% festgestellt. Da gleichzeitig der Methoxylgehalt des Holzes von 5,5% auf 2,7% gesunken war, konnte dieser Verlust auch nur auf Kosten des abgespaltenen Methoxyls erfolgt sein. Die Löslichkeit der Proben in Alkali im Laufe der Zersetzung stieg stark an. Die Versuche von Bray und Andrews müssen heute im Sinne der Nomenklatur von R. Falck als typische, laboratoriumsmäßig nachgeahmte Destruktionsvorgänge bezeichnet werden.

Bei Versuchen von Waksman[2] und dessen Mitarbeitern wurde besonders im Hinblick auf agrikulturchemische und bodenkundliche Probleme mit Reinkulturen oder Mischkulturen, mit ursprünglichem Pflanzenmaterial oder mit isolierten Pflanzenstoffen gearbeitet. Besonders bei andersartigem Pflanzenmaterial als Holz fällt die Substanz der Mikroorganismen selbst ins Gewicht und die Menge der Bakterienleiber, evtl. auch anderer Mikroorganismen, kann unter Umständen auf einen erheblichen Bruchteil der Gesamtsubstanz anwachsen. So verblieb bei der Zersetzung der Cellulose durch Mikroorganismen bei Anwesenheit von Nährsalzen in reinem Sand im Laboratoriumsversuch ein Gemisch von Substanzen, die zu 23—30% in kaltem, zu 7—13% in heißem Wasser und zu 24—25% in Alkali löslich waren, wobei es sich bei all diesen Stoffen um Substanz lebender oder toter Mikroorganismen handelte.

[1] Journ. Ind. and Engin. Chem. **16**, 137 (1924).
[2] Naturwiss. **15**, 689 (1927).

Auf 30—35 Teile zersetzter Cellulose können 10—25 Teile neues Protoplasma gebildet werden. Es besteht ferner ein bestimmtes Verhältnis zwischen der Menge zersetzter Cellulose und dem Betrag des zugleich verbrauchten Stickstoffes. Dieses Verhältnis ist bei reinen Pilz- oder Bakterienkulturen 30:1, bei gemischter Bodenbevölkerung 40—50:1. Auch ist es eine Bedingung andauernder Tätigkeit der Kleinlebewesen, daß der Stickstoffgehalt des Substrates, der den Mikroorganismen zur Verfügung steht, nicht unter einem gewissen Betrag, etwa 1,7%, sinkt.

Unter aeroben Bedingungen wird Cellulose nach Waksman vollständig zersetzt, ohne daß dabei dunkelgefärbte Produkte entstünden. Von den verschiedenen Pflanzenstoffen setzt das Lignin dem Abbau durch Mikroorganismen den größten Widerstand entgegen. Unter aeroben Bedingungen ist gleichwohl auch das Lignin angreifbar, wenn auch lange nicht im selben Maße wie die Cellulose. So war in einem sechs Wochen dauernden Versuche mehr als die Hälfte der Cellulose, aber nur sehr wenig Lignin verschwunden. Auch verhalten sich die Lignine verschiedener Pflanzen verschieden.

In dem verhältnismäßig bald eintretenden Zeitpunkte einer weitgehenden Zerstörung der Cellulose sind auf Kosten dieses verschwundenen Kohlehydrates in den Zellen der Mikroorganismen neue Substanzen aufgebaut worden, unter denen Hemicellulosen, harzartige Substanzen, Sterine und besonders Proteine hervortreten.

Bei Versuchen von Franz Fischer und R. Lieske[1] wurde Fichtenholz bei Zimmertemperatur mit Reinkulturen von Merulius lacrymans zersetzt. Die Resultate sind in Tabelle 13 zusammengestellt:

Tabelle 13. Zersetzung von Fichtenholz durch Merulius.

Probe	Zersetzungsdauer	p_H	Gewichtsverlust %	Wasserlösliches %	Lignin %	Methoxyl %
1	210 Tage	3,4	—	—	47,4 in d. äuß. Schicht	—
2	260 Tage	4,0	44,5	14,7	52,1	—
3	300 Tage	3,6	56,8	13,5	57,9	8,2

Der Abbau mit Hilfe von Reinkulturen verläuft nach den Autoren anders als in der freien Natur, da im letzteren Falle die entstehenden Säuren durch natürliches Auswaschen entfernt werden; unter natürlichen Bedingungen — bei einem p_H nicht über 6 — wirken besonders auch cellulosezersetzende Bakterien mit, welche gegen höhere Säurenkonzentrationen empfindlich sind.

R. Falck[2] hat die schon früher bekannte Tatsache, daß außer Pilzen besonders auch thermophile Bakterien an der Zersetzung von Pflanzenmaterial mitwirken können, an einem weiteren Beispiel bestätigt. Die

[1] Biochem. Ztschr. **203**, 351 (1928). [2] Cellulosechem. **9**, 1 (1928).

Wirksamkeit solcher Bakterien konnte von ihm bei der sogenannten heißen Gare des Düngerstrohes als Destruktion gekennzeichnet werden, da hierbei unter Aufzehrung eines großen Teiles der Pentosane und eines Teiles der Cellulose eine an Lignin entsprechend angereicherte dunkelfarbige brüchige humose Substanz entsteht.

Neuerdings studierte Falck[1] den im vorliegenden Zusammenhang besonders wichtigen biologischen Abbau von Laub und Nadeln im Laboratorium. Gewogene Mengen (je 20 g) Buchenblätter oder Kiefernnadeln wurden dem Pilzmycel von Agaricus nebularis oder von Coniophora cerebella und Coniophora tomentella dargeboten. Agaricus nebularis wird als typischer Korrosionserreger bezeichnet, während die beiden Coniophoraarten zu den Destruktionspilzen gehören; auch ist Agaricus besonders an Laub, Coniophora besonders an Nadeln angepaßt. Im Laufe der einjährigen Versuchszeit wurden von Agaricus 10% der Nadelholzsubstanz und 70% der Buchenlaubsubstanz aufgezehrt, wobei sowohl Cellulose als auch Lignin verbraucht wurden. Agaricus nebularis, der Lignin und Cellulose verzehrt, wird von Falck als ein ausgesprochener Ligninzehrer des Buchenlaubfalles bezeichnet. Dagegen ist Coniophora ein ausschließlicher Cellulosezehrer, so daß sich in den von diesem Pilz befallenen Nadeln das Lignin anreichert.

Es ist nun sehr interessant, daß die von Agaricus etwa stehengelassene Cellulose zwar ihrerseits biologisch leicht weiter angegriffen und aufgezehrt werden kann, daß aber der Ligninrest, der nach dem Verbrauch der Cellulose durch Coniophora verblieb, von Agaricus kaum noch angegriffen werden konnte.

Bei dem Korrosionsprozeß wird die Blattsubstanz mehr und mehr aufgehellt; das Blatt behält bis zuletzt ein mehr oder weniger festes Celluloseskelett. Bei Destruktion behält das Blatt zwar auch seine Struktur; allein es färbt sich dunkel, wird mürbe und zeigt Volumschwund; auch haben destruierte Blätter ihre Festigkeit eingebüßt. Die Substanz des destruierten Blattes ist wesentlich saurer als die des ursprünglichen Blattes und gibt auch an Alkali viel mehr Substanz ab.

R. Falck schließt aus seinen Versuchen auf zwei chemisch verschiedene Arten der Destruktion. In beiden Fällen wird Cellulose zerstört und Lignin angereichert, allein bei der einen Form der Destruktion nimmt die Alkalilöslichkeit der zersetzten Substanz nicht zu, vielmehr wird das Lignin in einen milden Humus verwandelt. Dieser Humus soll für Mikroorganismen leichter abzubauen sein, weshalb er in Anhäufungen nicht oder nur selten anzutreffen ist. Meist aber werden die bei der aeroben Destruktion im schwach sauren Medium verbleibenden Ligninsubstanzen nicht in milden Humus verwandelt, sondern vielmehr derart

[1] Cellulosechemie **11**, 198 (1930).

verändert, daß sie dann auch für spezifische Ligninzehrer nicht oder nur noch schwer angreifbar sind. Durch diesen Umstand ist als Folge schwach saurer aerober Destruktion die Anhäufung von etwas veränderten Ligninsubstanzen bei den natürlichen Zersetzungsprozessen von Pflanzenmaterial besonders begünstigt und solche Zersetzungsprozesse können, wie aus den mitgeteilten Untersuchungen hervorgeht, auch im Laboratorium reproduziert werden.

Wie es scheint, verlaufen die Destruktionsvorgänge unter natürlichen Bedingungen im allgemeinen bei schwach saurer Reaktion. Aerobe Zersetzungen bei neutraler Reaktion verlaufen allem Anscheine nach qualitativ in gleichem Sinne, aber noch erheblich schneller, da die neutrale Reaktion den bei saurer Reaktion lebenskräftigen Mikroorganismen anscheinend nicht schadet, dagegen überdies zahlreichen Arten säureempfindlicher Bakterien das Aufkommen ermöglicht. Eine Nutzanwendung dieser Dinge macht man bei der Urbarmachung von Hochmoorböden, bei der durch Kalkzufuhr zum passend vorbereiteten Boden eine Neutralisation der sauren Zersetzungsprodukte der Pflanzen ermöglicht wird, wodurch bei gleichzeitiger Begünstigung des Stickstoffumsatzes der Abbau der organischen Bodensubstanzen wesentlich beschleunigt wird.

Über aerobe Zersetzungen im alkalischen Medium liegen nähere Untersuchungen nicht vor. Möglicherweise spielen solche Vorgänge eine Rolle, wenn in weitgehend destruiertem Pflanzenmaterial bei fortschreitender Verschlechterung der Lebensbedingungen die Mikroorganismen allmählich absterben und gleichzeitig durch Eiweißfäulnis und durch Bildung alkalisch reagierender Salze organischer Säuren das Medium schwach alkalisch wird. Wie man aus Laboratoriumsversuchen weiß, unterliegt das Lignin bei Gegenwart von Luft und Alkali einer Autoxydation unter Bildung dunkler, methoxylarmer Säuren, die man als Ligninsäuren und Huminsäuren bezeichnen kann. Diese beiden Säuren sind vorläufig genügend charakterisiert dadurch, daß sie dem Lignin chemisch nahestehen und bei ähnlichem Grundkomplex außer Hydroxylgruppen auch Carboxylgruppen in ihrem Molekül aufweisen; die Ligninsäuren bilden durch ihren Methoxylgehalt eine Brücke zwischen dem methoxylreichen Lignin und den methoxylarmen Huminsäuren.

d) Anaerobe Zersetzungen.

Zwischen aeroben und anaeroben Zersetzungen gibt es in der Natur selbstredend Übergänge, die bei einer geringen Behinderung des Luftzutrittes durch irgendwelche lockere Überschichtungen beginnen und schließlich zu Vorgängen führen, die ganz ohne Zutritt von Luftsauerstoff verlaufen. Solche anaerobe Zersetzungen im engeren Sinne spielen sich in mit Wasser gut durchtränkten tieferen Schichten der Moore sowie überhaupt unter Wasser, auf dem Grunde von Sümpfen und Seen, ab. An den anaeroben Zersetzungen sind Bakterien, Pilze, Protozoen und verschiedene sonstige mikroskopische und makroskopische Organismen beteiligt. In den Übergangsschichten ist, wie in einzelnen Fällen festgestellt wurde, die absolute Zahl der Lebewesen kleiner als in den rein aeroben Schichten, aber auch vielfach kleiner als in den streng anaeroben Schichten. Der anaerobe Abbau von Pflanzenmaterial kann nämlich durch eine sehr große Anzahl entsprechend angepaßter Organismen vollzogen werden, Organismen, welche ihren Sauerstoffbedarf auf Kosten des chemisch gebundenen Sauerstoffes ihrer Substrate zu decken wissen.

Anaerobe Zersetzungen bei schwach saurer bis neutraler Reaktion sind die Vorgänge der Vertorfung, die sich in den tieferen Schichten der Moore abspielen und von denen abgestorbene Pflanzen aller Art, Moose, Farne, Holzgewächse, Sumpfpflanzen, Gräser ergriffen werden können. Die Richtung dieser Vorgänge in chemischer Hinsicht ist durch den Charakter der schwach sauren, anaeroben Zersetzungen gegeben. Das Tempo der biologischen Zersetzung ist in wechselndem Grade verlangsamt und vom pflanzlichen Ausgangsmaterial und den vorhandenen Nährsalzen abhängig. In den nährsalzreicheren Niedermooren und Waldmooren verläuft die Zersetzung viel schneller als in den Laubmoos-Hochmooren. Die Mitwirkung von Mikroorganismen bei der Vertorfung ist nach zahlreichen älteren Literaturangaben[1] durch die neueren Untersuchungen von R. Thiessen, von S. A. Waksman, von R. Lieske sichergestellt. Eine gewisse Unklarheit besteht noch darin, daß anscheinend die speziell cellulosezerstörenden anaeroben Bakterien mit der Tiefe merklich schneller abnehmen, als der Gehalt an Cellulose. Doch hat hier R. Lieskes Annahme einer chemischen Aufbereitung im stärker sauren Medium viel für sich. Auf alle diese Dinge wird im nächsten Kapitel eingehender zurückgekommen.

Näher behandelt seien hier die anaeroben Zersetzungen des Holzes, einmal, da die Verhältnisse aus Gründen, die schon im vorigen Absatz angegeben wurden, bei den Holzgewächsen verhältnismäßig einfach liegen, ferner deshalb, weil über die aeroben Zersetzungen der Hölzer ein reiches, gut gesichertes Material vorliegt und es von Interesse ist, die teilweise oder gänzlich anaeroben Zersetzungsprozesse der Hölzer mit den aeroben zu vergleichen.

Die betreffenden Untersuchungen beziehen sich auf Hölzer, die sehr lange Zeit unter Luftabschluß im Erdboden, in Mooren oder unter Wasser gelegen haben. Nach Untersuchungen von S. Komatsu und H. Ueda[2] zeigte das fossile Holz einer Sequoia, welches lange Zeit unter

[1] Vgl. Puchner, H.: Der Torf. Stuttgart 1922. [2] Nach C. **1924** I, 922.

Wasser gelegen hatte, folgende Eigenschaften. Nach sehr langer scharfer Trocknung betrug der Aschengehalt 2,4%, der Kohlenstoffgehalt 61,16%, der Wasserstoffgehalt 6,02%. Die Probe bestand aus 5,3—5,6% harzartigen, mit Alkohol extrahierbaren Stoffen, 29,36% Cellulose und 56,19% Lignin. Von W. Fuchs[1] untersuchtes rezentes Sequoiaholz enthielt dagegen in der bitumenfreien Substanz 56,3% Cellulose und 35,7% Lignin.

Über das Holz einer 800 Jahre alten norwegischen Hafenanlage haben J. Sebelien[2] sowie J. Sebelien und W. Fuchs[3] berichtet. Dieses Kiefernholz befand sich an einer Stelle starken Wechsels von Ebbe und Flut. Zur Untersuchung wurden zwei Stücke ausgewählt, deren eines aus der äußeren grau gefärbten und stark zerfressenen Schicht, deren anderes aus den inneren Holzschichten, die scheinbar wenig angegriffen waren, stammte. Beide Holzproben gaben die qualitativen Ligninreaktionen mit Anilin, Phloroglucin und Carbazol entweder gar nicht oder nur sehr schwach, in Übereinstimmung mit gleichartigen Erfahrungen an anderen, mehr oder weniger angegriffenen Hölzern. Die Analyse ergab folgende Werte:

Tabelle 14. Anaerob zersetztes Holz.

	Inneres Holz, scheinbar unverändert %	Äußeres Holz, stark zerfressen %
Wasser	11,66	11,41
Asche	1,47	15,69
Bitumen	8,4	1,9
Kohlenstoff	48,0	52,4
Wasserstoff	6,2	6,1
Lignin	26,8	52,11
Cellulose	64,1	17,6
Methoxyl	4,4	7,8

Aus der Zusammenstellung ergibt sich, daß auch das äußerlich normal aussehende Holz nicht mehr ganz mit normalem Holz übereinstimmt. Abgesehen davon, daß es die Ligninreaktionen nicht gibt, ist auch die Elementarzusammensetzung normalen Kiefernholzes zu 49,2% Kohlenstoff und 6,0% Wasserstoff festgestellt worden. Allem Anscheine nach hat zunächst eine Oxydation stattgefunden, worauf dann wohl durch allmähliche Entfernung der oxydierten Substanzen und Anreicherung des Ligninkomplexes der Kohlenstoffgehalt der ganzen Probe wieder stieg. Die Tatsache, daß das Holz dieser alten Hafenanlage nicht durch die Pfahlmuschel zerstört wurde, erscheint nicht unverständlich, da

[1] Brennstoff-Chem. **11**, 106 (1930).
[2] Abhandlungen der Akademie der Wissenschaften zu Oslo Nr 4, 1929.
[3] Abhandlungen der Akademie der Wissenschaften zu Oslo Nr 11, 1930.

das an Cellulose verringerte und an Lignin angereicherte Holz den Pfahlmuscheln wohl nicht mehr zusagte.

S. A. Waksman und K. R. Stevens[1] untersuchten die chemische Zusammensetzung fossiler Hölzer. Von den Proben entstammte die eine dem Torf eines Niederungsmoores aus einer Tiefe von 7—8 Fuß, die andere war eine Probe von fossilem Eichenholz aus dem Pleistocän. Die Tabelle 15 enthält die Resultate:

Tabelle 15. Anaerob zersetzte Hölzer.

	Holz aus dem Torf %	Fossiles Eichenholz %
Ätherlösliches	1,54	0,84
In kaltem u. heißem Wasser lösliches	0,87	0,56
In Alkohol lösliches	1,34	1,82
Hemicellulosen	8,15	3,79
Cellulosen	6,12	3,38
Lignine (frei von Stickstoff u. Asche)	65,02	70,74
Eiweiß	5,37	2,21
Asche	3,85	4,40

Demnach stellen auch die genannten Autoren bei anaeroben Bedingungen ganz wie bei aeroben ein allmähliches Verschwinden von Cellulose und Hemicellulose sowie eine deutliche Anreicherung des Lignins fest. Dieses Lignin ist allerdings nicht ganz unverändert geblieben, sondern während des Zersetzungsvorganges zu einem kleinen Teil löslich in Alkali geworden. Dies ergibt sich aus der Tabelle 16, in welcher die Ausbeuten an unhydrolysierbaren Substanzen zusammengestellt sind, welche Waksman und Stevens nach gewissen Vorbehandlungen der untersuchten Proben erhielten:

Tabelle 16.

Vorbehandlung	Holz aus dem Torf %	Fossiles Eichenholz %
Unbehandeltes Material	72,76	84,58
Behandelt mit Äther, Alkohol und 2% HCl	65,02	70,74
Mit 2% Natronlauge 1 Stunde bei 100°	54,52	56,61
Fällung des Alkaliauszugs mit Salzsäure	10,94	20,38

Durch Methoxylbestimmungen waren die Proben übrigens nicht charakterisiert worden.

Weiteres Material über die anaeroben Zersetzungen von Holzpflanzen enthalten die Untersuchungen von A. Brune[2], R. Lieske[3] und W. Fuchs[4] über Funde in einem alluvialen Waldmoor, welches bei der Anlage einer Anschlußbahn im Ruhr-Emschergebiet angeschnitten

[1] Journ. Amer. chem. Soc. **51**, 1187 (1929).
[2] Brennstoff-Chem. **11**, 349 (1930).
[3] Brennstoff-Chem. **11**, 350 (1930).
[4] Brennstoff-Chem. **11**, 352 (1930).

worden war. Die alluvialen Schichten bestanden vom Hangenden zum Liegenden aus 0,35 m Humusschicht, 0,55—1,5 m braunem Lehm, der zum Liegenden sandiger wird und in den unteren 0,1—0,2 m ausgebleicht ist, etwa 0,20 m Moorerde mit Holzresten (Stammstücken und Wurzeln verschiedener Pflanzen, u. a. Eichen, Eschen und Haselnußstauden), etwa 0,10—0,40 m Wurzelboden im Feinsand, etwa 0,16 m Wiesenkalk und 0,20—0,40 m blaugrünem Ton; bei 4 m wurde die Abrasionsfläche des Mergels erreicht.

Bei Ausführung der Erdaushubarbeiten wurde die Moorschicht des Profils in einer Erstreckung von etwa 200 m freigelegt. Es handelte sich um ein Waldmoor, denn es fanden sich in ihrer äußeren Form sowie auch im inneren Aufbau unveränderte Stamm- und Wurzelreste in großer Zahl vor. Die Stammstücke, vorwiegend Erlen und Eichen sowie vereinzelten Haselnußstauden angehörig, ragten zum Teil in die hangenden Schichten hinein, während die Wurzeln mehrere Dezimeter tief in die liegenden Schichten gingen. Die Pfahl- und Saugwurzeln waren noch an allen Untersuchungsstellen in ihrer ursprünglichen Lage vorhanden, so daß man für dieses Moor autochtone Entstehung annehmen muß. Die Altersbestimmung des Moores wird weiter sichergestellt durch eine Anzahl aufgefundener tierischer Knochenreste, darunter auch ein menschlicher Schädel, alles aus älterer alluvialer Zeit stammend.

Die Holzreste waren an den untersuchten Stellen in ihrer äußeren Form und Größe weitgehend erhalten; auch im Innern zeigten sich keinerlei Schwunderscheinungen, doch war die Konsistenz des Holzes eigentümlich schwammig und die Proben ließen sich mit dem Messer wie höhere Pilze oder wie Käse zerschneiden. Die Farbe der Proben war verhältnismäßig hell, wurde aber beim Liegen an der Luft allmählich dunkler. Lufttrocken waren die Proben zerreiblich.

100 ccm einer langgestreckten Wurzel wogen frisch 100 g, trocken 10 g, während 100 ccm einer frischen, in einem Moor gewachsenen Birkenwurzel 68 g, trocken 31,3 g wogen. Die Hölzer haben also bei der anaeroben Zersetzung etwa $^2/_3$ ihrer organischen Substanz verloren, gleichwohl aber ihre äußere Gestalt und ihr ursprüngliches Volumen fast unverändert behalten. Mikroskopische Schnitte durch die Hölzer ergaben außerordentlich klare Strukturbilder.

Die bakteriologische Untersuchung der Holzreste durch R. Lieske hatte das einigermaßen überraschende Ergebnis, daß aus allen zwölf untersuchten Proben Kolonien von Bacterium fluorescens, meist lebhaft gelbgrün fluorescierende Stämme, kultiviert werden konnten, dagegen keinerlei andere Bakterien. Dieser Befund spricht übrigens für eine schwachsaure Reaktion bei der Zersetzung im Boden. Wie vorgreifend bemerkt sei, hat Lieske auch in den Braunkohlenlagern fast ausschließlich Bakterien der gleichen Art feststellen können.

Bei der chemischen Untersuchung der Proben durch W. Fuchs ließ man die Hölzer an der Luft eintrocknen, worauf sie fein gemahlen, mit Benzol-Alkohol extrahiert und dann bei 14 mm und 79° über P_2O_5 und aktiver Kohle getrocknet wurden. Bestimmt wurden Asche, Bitumen, Methoxyl, Lignin, Cellulose. Tabelle 17 enthält die Ergebnisse der Untersuchung 4 verschiedener Proben.

Tabelle 17. Zusammensetzung anaerob zersetzten Holzes.

	I %	II %	III %	IV %
Asche . .	7,01	3,82	8,56	6,66
Bitumen .	6,14	2,50	0,5	2,2
Methoxyl	8,06 (8,62)	9,26 (9,52)	11,56 (12,6)	11,98 (12,9)
Lignin . .	69,18 (74,02)	70,90 (73,60)	76,54 (79,99)	77,40 (81,72)
Cellulose .	12,12 (12,96)	19,57 (20,31)	9,78 (10,62)	8,83 (9,42)

Die Werte für Methoxyl, Lignin und Cellulose beziehen sich auf entbituminierte Proben, die Werte in den Klammern auf entbitumierte aschenfreie Proben. Bei den Proben 3 und 4 wurde die alkalilösliche Substanz zu rund 10% ermittelt.

Die organische Substanz der bitumenfreien Proben besteht nach diesen Untersuchungsergebnissen zu 87—93% aus Lignin und Cellulose. Während aber im rezenten Holz das Verhältnis Lignin : Cellulose rund 1:2 beträgt, beträgt es in den anaerob zersetzten Proben mindestens 7:2 und ist meist noch stärker, bis zum Verhältnis etwa 18:2 zugunsten des Lignins verschoben. Für die Sicherheit der Feststellung ist wichtig, daß der Methoxylgehalt des Lignins beim Verschwinden der Cellulose sich nur wenig verändert hat.

Wohl sind bei der Aufzehrung der organischen Substanz sowohl Cellulose als auch Lignin angegriffen worden. Allein der Angriff auf die Cellulose erfolgte unvergleichlich schneller und energischer als der auf das Lignin. Auch bei der anaeroben Zersetzung der Hölzer verschwindet die Cellulose allmählich, während das Lignin sich anreichert.

Über anaerobe Zersetzungen von Pflanzenstoffen im Laboratorium gibt es eine außerordentlich große, Jahrzehnte zurückreichende Literatur. Aus dieser Literatur sind für Eiweißkörper, Fette und Kohlehydrate folgende allgemeine Resultate zu entnehmen:

a) Die Eiweißstoffe können in dreierlei Weise, von gärungsfähigen Hefen- und Schimmelpilzen, von nichtgärenden Schimmelpilzen sowie von anaeroben Fäulnisbakterien angegriffen werden. Sie werden in allen Fällen, wohl meist über peptonartige Zwischenstufen, zu Aminosäuren hydrolysiert. Soweit diese Aminosäuren nicht völlig verbraucht werden, liefern sie mit gärenden Hefen (und Schimmelpilzen) durch Abspaltung von Ammoniak und Kohlensäure Alkohole; diese Vergärung der Aminosäuren scheint über die Zwischenstufe der Ketosäuren zu führen und ist die Ursache der Fuselölbildung. Gewisse nichtgärende Schimmelpilze, wie Oidium lactis, spalten aus Aminosäuren Ammoniak ab und liefern ohne weiteren Angriff auf das Kohlenstoffgerüst der Aminosäuren die entsprechenden α-Oxysäuren. Die Fäulnisbakterien liefern zum Teil unter Abspaltung von Kohlensäure (großenteils flüchtige) Amine, zum Teil unter Abspaltung von Ammoniak und Reduktion gesättigte Fettsäuren; beide Reaktionen können auch kombiniert sein.

Über Faulschlammbildung ist neuerdings einiges bekannt geworden. E. Terres und W. Steck[1] haben Bierhefe (ferner auch Hühnereiweiß) einer viele Monate dauernden anaeroben gärenden Fäulnis in großen, ganz mit Wasser gefüllten und mit Gärverschluß versehenen Gärballons unterworfen. Der Fäulnisprozeß dieser eiweißhaltigen Materialien ging lebhaft vor sich. Beteiligt waren Kokken, Kurz- und Langstäbchen, Milchsäure-, Heu-, Buttersäurebakterien, ferner B. coli und B. termo, wobei ein Organismus den anderen ablöste. Anfangs entwickelten sich Kohlensäure und etwas Schwefelwasserstoff, später elementarer Stickstoff und Methan; es entstand ein Faulschlamm, den die Autoren zu Versuchen über die Entstehung von Erdöl und Steinkohle verwendeten.

b) Die Zersetzung von Fetten, Fettsäuren und Alkoholen verläuft bei ausreichender Stickstoffnahrung glatt; die höheren Fettsäuren können nur bei Gegenwart von genügend Sauerstoff einigermaßen schnell und restlos verbrannt werden.

c) Unter den Kohlehydraten hat man besonders die Zersetzung der Cellulose studiert, zumal da diese Zersetzung im Haushalt des Ackerbodens sowie bei der Verdauung unserer Nutztiere größte Wichtigkeit hat. Durch Arbeiten mit Reinkulturen im Laboratorium will man zu einheitlichen vergleichbaren Resultaten kommen; aber es ist allgemein anerkannt, daß unter natürlichen Verhältnissen gerade das Ineinandergreifen verschiedener mikrobiologischer Prozesse durch Zusammenwirken verschiedener Lebewesen zum schließlich beobachteten Erfolg führt. Im Laboratorium kommt es überdies auch nicht selten zur Degeneration der Reinkulturen oder zu einer Anpassung an besondere Versuchsbedingungen.

Es hat sich übrigens gezeigt, daß Bakterien (und Algen) im allgemeinen im Gegensatz zu Hefen und Schimmelpilzen schwach alkalische Nährböden vorziehen. Beim Abbau von Cellulose durch anaerobe Bakterien muß man durch Zugabe von kohlensaurem Kalk dafür sorgen, daß diese im Laboratorium an sich schon träger verlau-

[1] Gas- und Wasserfach **73**, Sonderheft, S. 1 (1930).

fenden Prozesse nicht scheinbar zum Stillstand kommen. Abgesehen von den aeroben Zersetzungen der Cellulose durch Pilze und Bakterien kann man als anaerobe Abbauprozesse der Cellulose folgende angeben:

1. Die Zersetzung durch Methangärung erregende Bakterien.
2. Die Zersetzung durch Wasserstoffgärung erregende Bakterien.
3. Die Zersetzung durch denitrifizierende Bakterien.
4. Die Zersetzung durch thermophile Bakterien.

Übrigens erfolgt auch im Tierkörper die Ausnutzung der Cellulose wohl stets unter Mitwirkung von Bakterien.

Die Methangärungsbakterien und die Wasserstoffgärungsbakterien sind morphologisch kaum verschieden. Die letzteren sind indessen gegen Temperaturerhöhung resistenter als die ersteren, so daß man durch Erhitzen des Impfmateriales während 15 Minuten auf 75° eine reine Wasserstoffgärung statt der sonst vorherrschenden Methangärung der Cellulose erzielen kann. Die Methangärungsbakterien erregen die Sumpfgärung der Cellulose; sowohl Methangärungsbakterien als auch Wasserstoffgärungsbakterien decken ihren Sauerstoffbedarf aus der Cellulose unter gleichzeitiger Bildung reichlicher Mengen von Fettsäuren. Beide Gärungen brauchen neutrales oder schwach alkalisches Medium und verlaufen im Laboratorium recht langsam.

Eine dritte praktisch wichtige Zersetzungsform der Cellulose ist die Zersetzung unter dem Einfluß denitrifizierender Bakterien, welche den Sauerstoff des Salpeters auf Cellulose übertragen. Die Reduktion des Salpeters scheint übrigens nur in wässerigen, anaeroben Kulturen bis zur Entbindung gasförmigen Stickstoffes zu führen, während im Erdboden der Stickstoff zum Aufbau organischer Substanz verwendet wird. Nitrifizierende Bakterien wirken den denitrifizierenden Bakterien im Erdboden stärker entgegen als in Kulturen, wo sie durch mancherlei organische Stoffe leicht gehemmt werden können. Am schnellsten kann die Cellulose durch thermophile Bakterien bei 55—60° zerstört werden; neben den anaeroben Formen der Cellulose zerstörenden thermophilen Bakterien gibt es übrigens auch aerobe[1].

Auf das Verhalten des Lignins bei den Zersetzungsprozessen im Laboratorium achtet man erst seit einigen Jahren. Neuerdings fand Waksman beim Studium anaerober Zersetzungsprozesse von Pflanzenmaterial und Pflanzenstoffen im Laboratorium gewisse Unterschiede gegenüber dem Verlauf bei Zutritt von Luft. Während die Cellulose aerob ohne Produktion intermediärer, saurer Substanzen zersetzt wird, findet unter anaeroben Bedingungen eine intermediäre Bildung organischer Säuren aus der Cellulose statt. Das Lignin ist aerob schwerer

[1] Über Cellulosegärung mit thermophilen Bakterien vgl. z. B. S. W. Scott, E. B. Fred und W. H. Peterson: Ind. engin. Chem. **22**, 731 (1930).

zersetzlich als andere Pflanzenstoffe, zeigt aber je nach dem Ausgangsmaterial und den anwesenden Mikroorganismen doch ein recht verschiedenes Verhalten. Bei Abwesenheit von Luft scheint Lignin dagegen nach Waksman fast unzersetzlich zu sein. Die organische Bodensubstanz ist nach Waksman ein Gemenge stickstofffreier Pflanzenrückstände, besonders des Lignins, mit stickstoffreichen Bestandteilen, nämlich dem von den Mikroben aufgebauten Protoplasma.

Bei der bakteriellen anaeroben Zersetzung von ligninsaurem Ammonium in wässeriger Lösung fanden H. Pringsheim und W. Fuchs[1] teilweise Zerstörung der organischen Substanz und eine Abnahme des Methoxylgehaltes im unzerstörten Anteil.

Terres und Steck[2] haben größere Mengen frisches gewaschenes Torfmoos durch einen Wolf gedreht und die gleichmäßig zerkleinerte Masse unter Luftausschluß in Glasballons 9—10 Monate lang der bakteriellen Zersetzung bei 25—30° überlassen. Schon nach kurzer Zeit setzte Gasentwicklung ein. Anfangs entwich in der Hauptsache reine Kohlensäure, wobei die Grünfärbung des Sphagnums allmählich über Hellbraun in Dunkelbraun bis Schwarz überging. Gleichzeitig mit dieser äußeren Veränderung setzte Entwicklung von Methan ein und im letzten Stadium wurde fast reines Methan entwickelt. Diese Beschreibung entspricht dem Bilde der anaeroben Methangärung der Cellulose, die, da keine Kreide zugesetzt worden war, sicherlich nicht bis zu Ende verlaufen konnte; die Versuchsbedingungen entsprachen in ihrer Wirkung annähernd einem Einsäuerungsverfahren.

Es wurden schließlich 80% des Ausgangsmateriales wiedergewonnen. Der als Produkt erhaltene Torf entsprach in seinem Aussehen einem Fasertorf mit noch deutlich erkennbarer Pflanzenstruktur. Den Ligningehalt des Ausgangsmateriales schätzen Terres und Steck auf 70% — andere Autoren finden im Sphagnum wechselnde Mengen, 10—30% —, während Fette, Harze und Eiweiß weniger als 1% ausmachten. Über die Zusammensetzung von Ausgangsmaterial und Endprodukt unterrichtet die nebenstehende Tabelle.

Tabelle 18.

	Sphagnum (Reinsubstanz) %	Trockentorf (Reinsubstanz) %
C	47,1	48,3
H	6,7	6,2
N	1,7	1,9
O	44,5	43,6

Die aeroben Zersetzungen bei schwachsaurer Reaktion kann man, wie sich noch zeigen wird, als Vorbild der Vorgänge im Braunkohlenwalde ansehen. Die anaeroben Zersetzungsvorgänge bei schwach saurer Reaktion sind beim Prozeß der Vertorfung maßgeblich. Die anaeroben Zersetzungsvorgänge bei schwach alkalischer Reaktion stehen, wie man seit einigen Jahren weiß, in Beziehung zu den Vorgängen bei der Entstehung der Steinkohle.

[1] B. **56**, 209 (1923). [2] Gas- u. Wasserfach **73**, Sonderheft, S. 1 (1930).

E. McKenzie Taylor[1], dem man die Aufdeckung dieser Beziehung verdankt, ging aus von Beobachtungen, die bei Bodenforschungen im Nildelta gemacht worden waren. Dort hatte man 2 m unter der Oberfläche ein Lager von pflanzlichen Zersetzungsprodukten (besonders von Cyperus papyrus stammend) gefunden. Dieses Lager, dessen Alter 2000 Jahre nicht überstieg und dessen Temperatur nicht über 30° war, enthält nach Taylors Angaben Torf, Fusit und teilweise in Fusit verwandeltes Material. Die mineralische Deckschicht des erwähnten Lagers erwies sich bei der Untersuchung als alkalisch. Diese Alkalität wurde als Ergebnis eines Basenaustausches erkannt; der ursprüngliche, an sich bekannte Boden hatte beim Durchsickern von Kochsalzlösung Calcium gegen Natrium ausgetauscht. Das so gebildete Natriumaluminiumsilicat war weiterhin in Frischwasser der hydrolytischen Spaltung zugänglich.

Im Anschluß an diese Beobachtungen stellte Taylor eine Anzahl Versuche im Laboratorium an[2]. Derartige Versuche wurden auch von R. Lieske im Kaiser-Wilhelm-Institut für Kohlenforschung in Mülheim-Ruhr reproduziert. Organisches Material wurde in einem Becherglase auf eine Schicht Sand oder Erde gelegt. Hernach fügte man Wasser hinzu und bedeckte die organische Substanz mit der gründlich durchfeuchteten Schicht eines Bodens, der entweder den Natrium-Aluminium-Kieselsäurekomplex oder den Calcium-Aluminium-Kieselsäurekomplex enthielt. Alles wurde während der Versuchsdauer unter Wasser gehalten.

Bei Versuchen mit Zucker, Stärke, Cellulose und jungen Buchenblättern ergab sich folgendes:

a) Zucker und Stärke in Pflanzenresten werden als erste unter anaerob-alkalischen Bedingungen zersetzt und vollständig in gasförmige Produkte verwandelt.

b) Cellulose wird unter den gleichen Umständen gleichfalls zersetzt. Die Zersetzung der Cellulose liefert keinen huminähnlichen Rückstand, sondern nur gasförmige Produkte. Bei der Zersetzung der Cellulose unter anaeroben, alkalischen Bedingungen werden die anwesenden Eisen- und Schwefelverbindungen in Ferrosulfid verwandelt.

c) Pflanzenkutikeln blieben unangegriffen, auch bei einer Versuchsdauer von 18 Monaten.

Bei diesen Versuchen bestand die Deckschicht aus Natriumton. Bei weiteren Versuchen mit der gleichen Deckschicht wurden ältere Buchenblätter und vermodertes Kiefernholz verwendet; letzteres sowohl unmittelbar, als auch nach vorheriger Extraktion der sodalöslichen Anteile. Bei Versuchen mit älteren Buchenblättern erfolgte gleichfalls schnelle Zersetzung und Bildung von Ferrosulfid. Es ergab sich, daß nur Kutikeln und verholzte Gewebe widerstandsfähig gegen Zer-

[1] Fuel **5**, 195 (1926). [2] Fuel **6**, 359 (1927).

setzung sind. Bei den Versuchen mit Holz wurden auch die verholzten Gewebe unter den Versuchsbedingungen etwas angegriffen. Die alkalilöslichen Bestandteile gingen in Lösung und verschwanden allmählich, wobei gleichfalls das Auftreten von Ferrosulfid sich zeigte. Das Lignin wird angegriffen, aber „der Vorgang ist noch nicht weit genug vorgeschritten, um eine Untersuchung des schließlichen Endproduktes zu ermöglichen".

Bei weiteren Versuchen wurde reifes Buchenlaub unter Calciumton sowie unter Natriumton zersetzt. Im ersteren Falle wurde das im Herbst gesammelte, abgefallene Laub unter Gasentwicklung angegriffen, wobei das Gas durch die Deckschicht entwich. Auch die Kutikeln blieben hierbei nicht ganz unversehrt. Der braune Rückstand bestand schließlich aus etwas Kutikeln und verholzten Gewebsresten. Unter Natriumton fand Zersetzung statt, ohne daß das gebildete Gas zu entweichen vermochte; auch färbte sich die untere Sandschicht durch Bildung von Ferrosulfid schwarz. Nach 3 Monaten und nach einem Jahr wurden Proben genommen und mit nachstehenden Ergebnissen analysiert.

Tabelle 19.

	Calciumton %	Natriumton %
3 Monate .	33,8 C, 3,4 H	47,3 C, 7,8 H
1 Jahr . .	—	58,6 C, 6,1 H

Bei der mikroskopischen Prüfung der unter Natriumton zersetzten Blätter erwiesen sich die Zellwände nach einem Jahr als angegriffen. Die Zersetzung hatte zu einer Steigerung des Kohlenstoffgehaltes und zu einer Verminderung des Sauerstoffgehaltes geführt; letzteres war bei anaeroben Bedingungen, wenn überhaupt biologische Zersetzung erfolgte, zu erwarten. Daraus wird auch geschlossen, daß die ganze Zeit hindurch bakterielle Wirkung stattfand.

Endlich wurde auch Torf in gleicher Weise zersetzt. Unter Natriumton ergab sich zuerst eine Entfernung der alkalilöslichen Anteile, die in die untere Sandschicht sickerten und dort zur Entstehung von Eisensulfid Anlaß gaben. Die Zersetzung verlief langsam, aber monatelang unter deutlicher Gasentwicklung. Unter Calciumton findet nur anfänglich eine kurze und geringfügige Zersetzung des Torfes statt. In diesem Falle entweicht das Gas durch die Deckschicht; hieraus ergibt sich, daß die Zersetzung unter Calciumton nicht streng anaerob verlaufen kann.

Die Bildung der nach Taylor für die anaeroben alkalischen Zersetzungen besonders wichtigen Deckschicht vollzieht sich in drei Stufen[1], nämlich dem Basenaustausch zwischen Ton und Kochsalzlösung, wodurch ein Natrium-Aluminium-Kieselsäurekomplex entsteht; dem Aus-

[1] Fuel 7, 230 (1928).

waschen des überschüssigen Kochsalzes durch Frischwasser und der Hydrolyse des gebildeten Komplexes im Frischwasser. Folgende Eigentümlichkeiten hebt Taylor hervor:

1. Der Komplex ist bei Gegenwart von überschüssigem Kochsalz beständig und in diesem Falle auch für Wasser und Gase durchlässig.

2. Bei Gegenwart von Frischwasser kann der Komplex unter Lieferung einer alkalischen Lösung hydrolysieren. Bei Störung des Gleichgewichtes zwischen dem unhydrolysierten Komplex und den Natriumionen in der Lösung schreitet die Hydrolyse weiter. Deshalb bietet die Anwesenheit des Natrium-Aluminiumtones ein Mittel, um dauernde Alkalität eines Mediums aufrecht zu erhalten. Ein Boden, in welchem die Hydrolyse abläuft, ist für Wasser und Gase undurchlässig.

3. Durch die beschriebene Hydrolyse entsteht ein alkalisches Medium, in welchem die Tätigkeit der Bakterien nicht durch Anhäufung saurer Produkte beschränkt ist. Die alkalische Lösung entfernt die alkalilöslichen Anteile des Humus aus der organischen Masse. Die bakterielle Zersetzung ist streng anaerob, kontinuierlich und liefert als organischen Rückstand ein Reduktionsprodukt.

4. Stärke, Zucker und Cellulose liefern bei der Zersetzung unter diesen Bedingungen anscheinend keine festen Produkte, verholztes Gewebe dagegen liefert ein Produkt, welches Taylor mit Fusit gleichsetzt.

5. Abweichend von diesen Bedingungen ist die Zersetzung unter Calciumton nicht streng anaerob, und die Rückstände einer solchen Zersetzung sind eigentlich Oxydationsprodukte.

Taylor hat weiter gefunden, daß auch Fette[1] unter den Bedingungen der von ihm gefundenen Zersetzung biologisch angegriffen werden. Sie werden teils verbrannt, teils in Paraffine verwandelt. Auf derartige Beobachtungen gestützt, hat Taylor eine Ansicht über die Entstehung des Erdöls geäußert[2], nach der das Erdöl durch Zersetzung von Algen unter Natriumton entstand.

Was die Zersetzung höherer Pflanzen und deren Zusammenhang mit der Bildung von Torf und Kohle betrifft, so hat Taylor folgende drei Sätze aufgestellt:

1. Unter sauren Bedingungen ohne Deckschicht entsteht Torf.

2. Unter sauren Bedingungen und unter einer Deckschicht von Calciumton entsteht Braunkohle.

3. Unter alkalischen und anaeroben Bedingungen findet die Bildung der Bestandteile der Steinkohle statt.

---

[1] Nature **121**, 789 (1928).

[2] Journ. Inst. Petroleum Technolog. **15**, 372 (1929); vgl. Brennstoff-Chem. **11**, 361 (1930).

Auf diese Dinge wird noch zurückgekommen. Hier sei nur darauf hingewiesen, daß das Material zur Beurteilung der Taylorschen Zersetzung in chemischer Hinsicht noch sehr lückenhaft ist; eine Ergänzung durch ein genaueres chemisches Studium wäre erwünscht.

5. Die Zersetzungsprodukte der Pflanze.

a) Der Verbleib der ursprünglichen Pflanzenstoffe bei der Zersetzung.

Die Tabelle 20 enthält eine rohe Schätzung der chemischen Zusammensetzung der brennstoffbildenden Pflanzen.

Tabelle 20.

Bezeichnung	Proteine %	Fette, Wachse, Harze %	Cellulose und Gerüst-kohlehydrate %	Lignin %
Algen	20—30	20—30	10—20	0
Laubmoose	15—20	8—10	30—40	10
Farne	10—15	3— 5	40—50	20—30
Schachtelhalme	10—15	3— 5	40—50	20—30
Bärlappe	10—15	3— 5	40—50	20—30
Koniferen	1—10	1— 2	über 50	30
Laubbäume	1—10	1— 3	über 50	30
Gräser	5—10	5—10	50	20—30

Die Reservekohlehydrate (und die sonstigen stickstofffreien, wasserlöslichen oder sonstwie flüchtigen Extraktstoffe der Pflanze) verschwinden beim Zerfall der Pflanze schnell. Die Kohlehydrate werden zu einfachen Zuckern hydrolysiert. Ob die Monosen beim Angriff der Mikroorganismen aerob völlig verbrannt oder ob sie anaerob durch eine alkoholische Gärung oder eine Milchsäuregärung oder eine Buttersäuregärung abgebaut werden, ist im vorliegenden Zusammenhang gleichgültig.

Die Fette und Öle werden bei ausreichender Stickstoffnahrung, Anwesenheit von Luft sowie genügend feiner Verteilung im Gesamtmaterial schnell aufgezehrt. Der Oxydation geht wohl immer eine Spaltung in das besonders leicht verschwindende Glycerin und Fettsäuren voraus. Die spaltenden Lipasen haben einen weiten Wirkungsbereich; die Lipasen der Samen arbeiten z. B. bei stark saurer Reaktion, die Lipasen der Pilze und Bakterien besonders gut bei p_H 7—9. Die Fettsäuren können unter den oben angegebenen Bedingungen vollständig verbrannt werden. Bei Anhäufung größerer Fettmassen unter anaeroben Bedingungen ist aber die Zersetzung sehr gehemmt, wenn nicht völlig unterbunden. Man hat Fettsäuren im Erdboden (als

Leichenwachs[1]) sowie unter Wasser[2] wiederholt in kompakten Klumpen ziemlich unverändert durch langjährige Lagerung angetroffen, doch gilt dies, wie schon angedeutet, mehr für kompakte Anhäufungen und besonders für tierische Fette, während die in den Zellen der höheren Pflanzen fein verteilten Fette meist schon aerob weitgehend zersetzt werden. Nur bei der Zersetzung einzelliger Lebewesen in größeren Massen kann angesichts des Überwiegens der Zellinhaltsstoffe über die Zellwandstoffe und angesichts der leichten Hydrolysierbarkeit der betreffenden Gesamtsubstanz gleichfalls eine schwer zersetzliche Anhäufung von Fett und Öl erfolgen.

In solchen Fällen können die gesättigten Fettsäuren und ebenso die einfach ungesättigten Säuren entweder als solche oder als Salze ziemlich unverändert bleiben oder nach Abspaltung von Kohlensäure in Kohlenwasserstoffe übergehen. Die mehrfach ungesättigten Fettsäuren können „trocknen", d. h. durch Oxydation, Polymerisation und Kondensation in cyclisch gebaute Harze höheren Molekulargewichtes übergehen. Die ungesättigten Gruppen der trocknenden Öle können entweder sogleich oder nach vorheriger Einwirkung des Sauerstoffes den Umwandlungen zu immer schwerer löslichen und schwerer schmelzbaren Bitumenstoffen erliegen. Zwischen Stoffen, die durch Polymerisation harzartige Produkte liefern und fetten trocknenden Ölen besteht weitgehende Analogie. Die fetten trocknenden Öle werden durch oxydative Umwandlungen in „Oxyne" übergeführt, die den Harzen sehr nahe stehen[3].

Die Eiweißverbindungen zerfallen beim biologischen Angriff in Aminosäuren. Aerob werden die Aminosäuren völlig oder zumindest ganz überwiegend verbrannt. Nicht ganz sicher in dieser Hinsicht ist nur das Schicksal der aromatischen Reste bei der Veratmung. Unter anaeroben Bedingungen sind besonders nachstehende vier Umsetzungen möglich:

$$
\begin{aligned}
&1.\ R \cdot CH \cdot NH_2 \cdot COOH + H_2O &&= R \cdot CH_2OH + NH_3 + CO_2\\
&2.\ R \cdot CH \cdot NH_2 \cdot COOH + H_2O &&= R \cdot CHOH \cdot COOH + NH_3\\
&3.\ R \cdot CH \cdot NH_2 \cdot COOH &&= R \cdot CH_2NH_2 + CO_2\\
&4.\ R \cdot CH \cdot NH_2 \cdot COOH + H_2 &&= R \cdot CH_2COOH + NH_3.
\end{aligned}
$$

Die Reaktionen 1 und 2 verlaufen besonders bei saurer Reaktion unter dem Einfluß von Hefen (und Pilzen), 3 und 4 besonders bei alkalischer Reaktion unter dem Einfluß von Bakterien. Die nach 4 entstehenden Fettsäuren können weiterhin zu Kohlenwasserstoffen abgebaut

---

[1] Vgl. Grün-Halden: Fette und Wachse II, S. 477, 725. Berlin 1929.

[2] Vgl. auch Stadnikoff: Entstehung von Kohle und Erdöl, S. 16, 17. Stuttgart 1930.

[3] Vgl. Scheiber, J., u. K. Sändig: Die künstlichen Harze. Stuttgart 1929. — Eibner, A.: Das Öltrocknen, ein kolloider Vorgang aus chemischen Ursachen. Berlin 1930.

werden. Wenn das Radikal R aromatisch ist, mag dieser Abbau gleich unter einem erfolgen.

Die aufgeführten Zersetzungsprodukte der Aminosäuren sind offenbar schnell zum Verschwinden zu bringen. Soweit aromatische Reste im Eiweiß vorgebildet sind, besteht Aussicht auf Erhaltung von ursprünglich aus Eiweiß stammender Substanz. Es ist hier vor allem auf die Laboratoriumserfahrung hinzuweisen, daß bei saurer Hydrolyse von Eiweiß sogenannte Humifizierung eintritt, indem ein kleiner Teil des hydrolysierten Materials in Form brauner amorpher Flocken ausfällt. An dieser Erscheinung sind, wie man festgestellt hat, besonders Tryptophan, ferner Dioxyphenylalanin und Tyrosin, weniger Cystin und Lysin beteiligt. Die Reaktion scheint an die Gegenwart von Aldehyden gebunden zu sein (man hat an Monosen und Furfurolverbindungen gedacht) und bedeutet wohl eine durch Kondensation unter Wegoxydation von Wasserstoff verlaufende Bildung komplizierter heterocyclischer Ringsysteme. In Parallele zu diesen Laboratoriumsbeobachtungen hat man die natürliche Melaninbildung gesetzt. Diese Bildung tiefdunkler Produkte scheint mit der Entstehung des Dioxyphenylalanins, des Brenzcatechinderivates unter den Aminosäuren, zu beginnen und dann durch Ringschluß zu Indol- und Pyrolderivaten zu führen, Stoffe, die weiterhin durch Luftsauerstoff in alkalischer Lösung schnell, in saurer langsam in Melanine übergehen. Vielleicht liegen den Melaninen Leukobasen zugrunde, die als Akzeptoren von Wasserstoff im Sinne der Theorie von H. Wieland wirken und die sich in Melanine verwandeln, wenn das Gleichgewicht irreversibel gegen das Oxydationsprodukt verschoben wird.

Jedenfalls haben auch die Eiweißstoffe nur zu einem kleinen Bruchteil die Aussicht, beim Zerfall des Pflanzenkörpers als schwer angreifbare, dunkle amorphe Substanzen erhalten zu bleiben. Das Verhalten bei saurer Hydrolyse und die Melaninbildung sprechen für diese Möglichkeit; dagegen spricht die Tatsache, daß die an Tryptophan, Tyrosin und Cystin reichen Spaltprodukte des Eiweißes, die sogenannte Hemigruppe, als biologisch besonders hochwertig und leicht verdaulich gelten. Eine Ergänzung des Tatsachenmateriales hinsichtlich Menge und Verhalten der aromatischen Komplexe im Eiweiß der Brennstoff liefernden Pflanzen wäre erwünscht.

Die Gerüstkohlehydrate und insbesondere die Cellulose werden beim Pflanzenzerfall gleichfalls biologisch abgebaut. Ob der entstandene Zucker aerob oder anaerob, und im letzteren Falle, ob er über eine Alkohol-, eine Milchsäure- oder eine Buttersäuregärung abgebaut wird, ist gleichgültig. Hervorzuheben wäre, daß die aerobe Gärung in der Natur viel schneller verläuft, als die anaerobe, was im Laboratorium nicht immer der Fall ist; in der Natur wird durch stete Wegschaffung gebildeter Säure aerob meist ein schwach saures Medium aufrecht erhalten. Jedenfalls verschwindet die Cellulose aber merklich langsamer als etwa die Reservekohlehydrate. Anhaltspunkte dafür, daß in der Natur beim Cellulosezerfall schwer angreifbare, dunkle, amorphe Rückstände hinterbleiben, hat man bisher kaum[1].

Im Laboratorium kann man allerdings durch starkes Erhitzen von Kohlehydraten (oder Eiweiß, oder anderen organischen Stoffen) bei mangelndem Luftzutritt mehr oder weniger erhebliche Rückstände einer solchen „Verkohlung" erhalten. Ein natürliches Analogon solcher Prozesse kann man in Vorgängen erblicken, wie sie bei Blitzschlag, bei Bränden oder auch bei den sogenannten Selbstentzündungen sich abspielen können. Was die letzteren betrifft, so kann in hochaufgeschichteten organischen Massen, wie Dünger oder Heu, die Temperatur durch die Atmung gewöhnlicher aerober Mikroorganismen steigen und schließlich durch thermophile Bakterien, wie Bacillus Calfaktor, bis etwa 80° kommen. In diesem Punkte hat man schon häufig eine plötzliche Entzündung der ganzen Masse feststellen können. Verkohlungen und Selbstentzündungen müssen hier kurz erwähnt werden, eine Regel bilden sie nicht.

Zusammenfassend kann man sagen, daß Fette, Eiweiß und Kohlehydrate als leicht hydrolysierbare und unter Energiegewinn zersetzliche Verbindungen beim natürlichen Pflanzenzerfall in biologisch möglichen Bereichen auch wirklich größtenteils zersetzt werden. Die Zersetzung ist verlangsamt oder gehemmt, soweit es sich um größere Anhäufungen kompakter Fettmassen, besonders unter anaeroben Bedingungen, handelt, oder soweit cyclisch gebaute Komplexe in Frage kommen.

Was die Wachse und Harze betrifft, so können die den Wachsen zugrunde liegenden Säuren die gleichen Schicksale erfahren, wie die Fettsäuren überhaupt. Aus Versuchsergebnissen am Montanwachs der Braunkohle hat H. Tropsch geschlossen, daß in der Natur durch bakterielle Aufzehrung der Säuren mit gradzahligen Kohlenstoffketten besonders die höheren ungradzahligen Säuren von C_{25} aufwärts erhalten bleiben. Im übrigen sind aber die Wachse, die Wachsalkohole und ihre Verwandten biologisch kaum angreifbar. Die Säuren der Wachse können mit der Zeit in Kohlenwasserstoffe und, aber schwieriger, in Ketone übergehen, die Alkohole der Wachse durch Wasserabspaltung oder Kondensationsvorgänge verändert werden. Für die Harze gilt ähnliches wie für die Wachse.

Die Lignine sind unter den mengenmäßig ins Gewicht fallenden Pflanzenstoffen die biologisch am schwersten angreifbare Gruppe[2].

---

[1] Heukelekian u. S. A. Waksman: Journ. biol. Chem. **66**, 323 (1924).

[2] Tenney, F. G., und S. A. Waksman: Soil Science **28**, 55 (1929): **30**, 143 (1930).

Aerob können sie unter Umständen zerstört werden. Die Organismen, welche Lignin abbauen können, kennt man. Über den chemischen Mechanismus dieser Zersetzung weiß man leider nichts. Im allgemeinen sammelt sich Lignin bei schwach saurer Reaktion und aerober Zersetzung aber an; es bleibt hierbei manchmal ziemlich unverändert, noch öfter wird es mehr oder minder weitgehend entmethyliert und unter Oxydation in saure, dunkle, amorphe Substanzen verwandelt. Bei anaerober, saurer und neutraler Zersetzung sammelt sich Lignin ebenfalls an und ist unter diesen Bedingungen fast unangreifbar. Bei anaerober, deutlich alkalischer Reaktion wird das Pflanzenmaterial gleichfalls an Lignin angereichert und dieses dabei allem Anscheine nach reduziert. Auch dies ist übrigens ein Punkt, von welchem man sagen kann, daß die Probleme erst in den letzten Jahren klar erkannt wurden und daß das chemische Material noch lückenhaft ist.

b) Die bei der Pflanzenzersetzung neu entstehenden Substanzen.

Durch Zerstörung und Abbau der vorhandenen Pflanzenstoffe bilden die angreifenden Lebewesen neue Substanzen in ihrem Organismus. Man rechnet, daß auf 100 Teile verzehrter Kohlehydrate bis zu 30 Teile, auf 100 Teile verzehrter Fette gar bis zu 70 Teile Mikrobensubstanz neu entstehen können. Im allgemeinen ist dies aber nicht der Fall; so verbraucht Hefe von 100% Zucker nur 1% im Baustoffwechsel, während 99% im Betriebsstoffwechsel vergoren werden. Die neu gebildeten Organismen sterben natürlich auch ihrerseits ab und können wieder zersetzt werden. Man hat zu berücksichtigen, daß bei den Mikroorganismen im Gegensatz zu den höheren Pflanzen die Zellinhaltsstoffe die Membranstoffe beträchtlich und die hydrolysierbaren Stoffe die unhydrolysierbaren bei weitem überwiegen. Man rechnet bei Bakterien mit einem Eiweißgehalt von häufig 50—75% in der Trockensubstanz.

Bei wenig üppigem Wachstum der Mikroorganismen, bei Mangel an Stickstoff, Mangel an Nährsalzen und stark saurer Reaktion, oder bei Abbauprozessen, die genügend lange dauern, um auch erhebliche Mengen neugebildeter Mikrobensubstanz zerfallen zu lassen, fällt die Bakteriensubstanz gegenüber der pflanzlichen Restsubstanz wenig ins Gesicht; sie macht hier vielleicht 1—2% der Gesamtmenge aus, wobei an eigentlich resistenten Stoffen wohl nur die Umwandlungsprodukte der Aminosäuren mit cyclischen Radikalen, ferner trocknende Öle, endlich Wachse und Harze in Frage kommen. Bei größerem Stickstoffgehalt im Substrat und anderen günstigen Bedingungen kann der Anteil der Bakterienkörper an der Masse der Zersetzungsprodukte allerdings erheblich steigen. Dies ist z. B. in gutem Ackerboden der Fall. Doch haben solche Fälle für die Chemie von Torf und Kohle weniger Bedeutung.

Auch die dunklen, amorphen, alkalilöslichen Stoffe können als beim Pflanzenzerfall neu auftretende Substanzen aufgefaßt werden, da sie ja vorher als solche nicht anwesend waren. Man hat die Frage aufgeworfen, ob es statthaft ist, diese Substanzen in der üblichen Weise als Huminsäuren zu bezeichnen. So haben schon vor Jahrzehnten A. Baumann und Gully[1] versucht, die saure Natur dieser Stoffe auf Adsorptionserscheinungen zurückzuführen. Neuerdings haben S. A. Waksman und Reusser[2] eine Anzahl schon lange bekannter Erfahrungen herausgegriffen, aus denen sie folgern, daß in den Huminsäuren keine definierten Verbindungen vorliegen, sondern nur gewisse Präparate, die durch bestimmte Prozesse erhalten worden sind. Nach den betreffenden Erfahrungen ändert sich nämlich die Zusammensetzung der Huminsäuren mit folgenden Umständen:

1. Mit der Natur der Pflanzenrückstände, aus denen sie entstanden sind,
2. mit der Natur der durch Mikroorganismen eintretenden Zersetzungsprozesse,
3. mit dem Grade der Zersetzung,
4. mit der Natur des für die Extraktion angewendeten Alkalis,
5. mit der Konzentration des Alkalis, mit der Temperatur und der Dauer der Extraktion,
6. mit der Natur der für die Fällung angewendeten Säure, der dabei herrschenden Temperatur usw.

Diese Punkte zeigen indessen nur, daß es sich nicht um eine einzige einheitliche Substanz handelt, sondern um eine Gruppe, deren Vertreter biologisch nicht völlig unangreifbar und chemisch leicht veränderlich sind. Auch der Grund, weshalb die Huminsäuren je nach dem pflanzlichen Ausgangsmaterial verschieden sind, ist heute bekannt.

In der Tat liegt in den Huminsäuren eine nicht unscharf abgegrenzte Klasse von Substanzen vor. Auf Grund von Erfahrungen, die man in den letzten Jahren beim Studium der Huminsäuren aus Pflanzenmoder, aus Torf, aus Braunkohle und aus Steinkohle gemacht hat, kann man die Huminsäuren als eine Gruppe natürlicher Oxycarbonsäuren zusammenfassen, die in der Natur durch Zersetzung von abgestorbenem Pflanzenmaterial entstehen, Wasserstoffionen liefern und Salze bilden, denen die Fähigkeit des Basenaustausches zukommt. Die untersuchten Präparate enthalten 55—65% C, 4—5% H und oft, aber nicht immer, etwas N. Durch Herstellung von Derivaten, wie Äther-Ester, durch Gruppenbestimmungen, durch die charakteristische primäre Oxydation zu acetonlöslichen Säuren sowie durch den verstärkten Abbau, der zu Benzol-Carbonsäuren und Phenolderivaten führt, sind die Huminsäuren

[1] Literatur-Nachweise bei S. Odén: Die Huminsäuren, S. 8.
[2] Cellulosechem. **11**, 209 (1930).

ausreichend als Gruppe zusammengehöriger Verbindungen von bestimmter chemischer Eigenart gekennzeichnet[1]. In den folgenden Kapiteln II—IV werden die Einzelheiten ausführlicher angegeben werden, im Kapitel V wird das ganze Material über Huminsäuren zusammenfassend behandelt werden. Dort werden auch alle auf Huminsäuren bezüglichen synthetischen Versuche zur Sprache kommen.

Zur Zurückführung der Huminstoffe auf ursprüngliche Pflanzenstoffe hat W. Großkopf[2] frische Coniferennadeln, Nadelstreu, Nadelmoder und Auflagetorf in einzelne Fraktionen zerlegt, wobei er die unveränderten Pflanzenstoffe Cellulose und Lignin von den Huminstoffen durch Behandeln mit Acetylbromid trennte; in Acetylbromid sind die Humusstoffe unlöslich. Nach diesen Versuchen nahmen bei der Umwandlung von Nadeln in Streu, Moder und Auflagetorf die wasserlöslichen Stoffe erheblich, die alkohollöslichen Stoffe weniger, die ätherlöslichen Stoffe noch weniger ab. Pentosane, Cellulose und Lignin nehmen ab, die Humusstoffe nehmen zu, und zwar ist diese Zunahme viel größer als die Abnahme der Cellulose in der gleichen Zeit. „Dagegen entspricht die in der gleichen Zeit dreimal so stark erfolgende Abnahme des Lignins viel besser der starken Zunahme der Humusstoffe, und zwar verhalten sich bei der Humusbildung Lignin und Reinhumus etwa umgekehrt proportional. Eine solche Regelmäßigkeit kann nur in einer Umwandlung des Lignins in Humusstoffe begründet liegen. Diese durchläuft zwei charakteristische Phasen: 1. Huminsäurebildung, 2. Huminbildung. An einzelnen Stufen lassen sich herausgreifen: Lignin, unbekannte Zwischenstoffe, Huminsäuren und Humine."

Mit der experimentellen Zurückführung der Moderstoffe auf ursprüngliche Holzbestandteile hat sich A. Brandl[3] an dem bereits S. 41 erwähnten Eichenmoder befaßt. Nach Vorproben waren ammoniaklösliche Huminsäuren reichlich vorhanden. Die Cellulose war zum größten Teil verschwunden, doch war sie noch an manchen Stellen, die etwa den zehnten Teil des Moders ausmachten, nachzuweisen und in dieser Cellulose war dann kein Lignin mehr zu finden.

Bei der Zerlegung dieses Moders in einzelne Substanzen bzw. Substanzgruppen bedient sich Brandl der in Tabelle 21 zusammengestellten Eigenschaften von Cellulose, Lignin, Ligninsäure und Huminsäure.

Ligninsäure und Huminsäure konnten durch Behandlung mit Sodalösung sowie durch Behandlung mit Alkohol weiter in Unterfraktionen zerlegt werden.

Die Ergebnisse der Untersuchung von 2 Moderproben sind in der Tabelle 22 zusammengestellt.

---

[1] Fuchs, W.: Kolloid-Ztschr. **52**, 248, 350 (1930); **53**, 124 (1930).

[2] Brennstoff-Chem. **7**, 293 (1926); **10**, 161, 213 (1929).

[3] Brennstoff-Chem. **9**, 89 (1928).

Tabelle 21. Zusammensetzung von Eichenmoder.

Bezeichnung	Methoxylgehalt %	Löslich in Alkali	konz. HCl	Acetylbromid	SO_2 unter Druck
Cellulose . .	0	nein	ja	ja	nein
Lignin . . .	15	nein	nein	ja	ja
Ligninsäure .	11	ja	nein	ja	ja
Huminsäure	4	ja	nein	nein	nein

Brandl stellt als Ergebnis seiner Untersuchung folgendes fest: „Durch Analyse auf alkalischem und saurem Wege wurde in recht guter Übereinstimmung das Überwiegen des Lignins, teils als solches vorhanden, teils gegen Huminsäure zu verändert, wahrscheinlich gemacht. Kohlehydrate können bei derartigen Zerstörungsprozessen der Pflanze durch Atmosphärilien und Bakterien nur durch Zersetzung verschwin-

Tabelle 22. Moderanalysen von Brandl.

Bezeichnung	Menge %	Methoxylgehalt %
Cellulose	9,3 (6,9)	0,0
In konz. HCl unlöslich . . .	74,0 (76,2)	11,0
Lignin und Ligninsäure . . .	36,7 (36,0)	Lignin: 14,2 Ligninsäure: 11,0
Huminsäure	37,3 (40,2)	3,8
In Wasser löslich	21,6 (14,8)	—

den.“ „Insbesondere wurde Humussäure gefunden, die dem entsprechenden Produkt aus Kohle, was ihr Aussehen, Verhalten, Vorhandensein gewisser Atomgruppen und verschiedene Reaktionen anbelangt, sehr ähnlich ist. Ihre Ligninnatur wurde durch Feststellung bedeutender Methoxylmengen erwiesen.“

Im Gegensatz zu diesen Ergebnissen führen A. C. Thaysen und W. E. Bakes[1] die Huminstoffe wenigstens zum Teil auf Kohlehydrate zurück. Außer durch Brandl, Fuchs, Großkopf, Waksman u. a. ist neuerdings auch durch G. Dupont und M. Soum[2] festgestellt worden, daß beim biologischen Zerfall der Pflanzen die Humusstoffe in der Hauptsache aus dem Lignin entstehen.

Mit der Untersuchung von Huminsäuren aus vermodertem Holz haben sich neuerdings auch G. Thiessen und C. J. Engelder[3] beschäftigt. Sie isolierten ein Huminsäurepräparat aus vermoderter Weißceder, Thuja occidentalis, indem sie das getrocknete Moderholz erst mit Aceton, dann mit Chlordioxydlösung behandelten, den Rückstand mit Natronlauge auszogen und diese alkalische Lösung mit Salzsäure

[1] Biochemical Journ. **21**, 895 (1927).
[2] Chim. et Ind. **23**, Sondernummer 495 (1930).
[3] Ind. engin. Chem. **22**, 1131 (1930).

fällten. Das rohe Huminsäurepräparat zerlegten sie mit Alkohol in Huminsäure und Hymatomelansäure. Die Präparate charakterisierten sie unter Bezugnahme auf Arbeiten von W. Fuchs durch Elementaranalysen, Herstellung von Nitro- und Bromderivaten, Molekulargewichtsbestimmungen und Aufnahme von Absorptionsspektren. Die Huminsäure aus dem Cedernholz hatte 58,6% C, 5,1% H, die Hymatomelansäure 59,0% C und 5,0% H; beide Präparate enthielten 0,2% N und 0,3% S. Die acetonlösliche Huminsäure hatte ein Molekulargewicht von 800, die Nitrohuminsäure 1040, die Bromhuminsäure 940 (Siedepunktserhöhung in Aceton). Bei Anwendung der Mikromethode nach Pregl[1] wurden Molekulargewichte bis 1150 erhalten.

Bei dieser Untersuchung ist anscheinend nicht genügend beachtet, daß durch Einwirkung von Chlordioxyd auf Huminsäuren eine mehr oder weniger weitgehende Primäroxydation erfolgt. In der Tat erhielten die Autoren, obwohl sie schon ursprünglich mit Aceton extrahiert hatten, um Bitumenstoffe zu entfernen, nach der Behandlung mit Chlordioxydlösung wieder acetonlösliche Säure.

c) Die Anhäufung zersetzten organischen Materials in der Natur.

Abgestorbenes, organisches Material wird in der Natur stets von Organismen, besonders Mikroorganismen, befallen. Verlauf und Ergebnis dieses Angriffes hängen ab von der botanischen Stellung und der chemischen Zusammensetzung des Ausgangsmateriales, von der Eigenart der hochkommenden Mikroben und von den anorganischen Bedingungen, wie Reaktion des Mediums, Untergrund und Deckschichten, anwesende Nährsalze und Mineralstoffe, Anwesenheit oder Ausschließung von Luft. Der Zerfall des abgestorbenen Materiales kann bis zur völligen Zerstörung der ursprünglichen Substanzen führen.

Eine solche völlige Zerstörung tritt aber nicht ein, wenn insbesondere zwei Bedingungen gegeben sind, die einzeln oder vereinigt wirksam sein können. Der Zuwachs an abgestorbenem Material muß den Abgang an wieder umgesetzten Material übersteigen und in den aufgehäuften Massen müssen die Lebensbedingungen für die ursprüngliche gemischte Bevölkerung mit zunehmender Tiefe immer schlechter werden. In beiden Fällen werden die angreifbaren, leicht hydrolysierbaren Verbindungen mehr oder weniger schnell und mehr oder weniger vollkommen verschwinden, die schwer hydrolysierbaren und schwer angreifbaren Substanzen werden sich dagegen anhäufen und als solche oder mehr oder minder verändert erhalten bleiben. Die nachfolgende Tabelle bringt eine kurze Übersicht über das, was nach der gegenwärtigen Kenntnis biochemisch möglich ist.

[1] Quant. org. Mikroanalyse, 3. Aufl., S. 225. Berlin 1930.

Tabelle 23.

	Aerobe Zersetzung			Anaerobe Zersetzung		
	sauer	neutral	alkalisch	sauer	neutral	alkalisch
Kohlehydrate	verschwinden		—	verschwinden		—
Fette	verschwinden		—	reichern sich als Fettsäuren und deren Umwandlungsprodukte an		
Eiweißkörper	verschwinden		—	verschwinden, bis auf die eventuell humifizierten arom. Reste		
Wachse, Harze	reichern sich an			reichern sich an		—
Lignine	verschwinden oder reichern sich an		reichern sich unter Oxydation an	reichern sich an, verändern sich nur langsam		reichern sich unter Reduktion an

Dort, wo ständig ein lebhafter Umsatz der organischen Substanz stattfindet, wie dies z. B. im Ackerboden der Fall ist, wird die Masse der beim Umsatz entstehenden Mikroben nicht unerheblich ins Gewicht fallen. Bei Anhäufungen zersetzten organischen Materiales vom oben skizzierten Charakter wird dies aber kaum der Fall sein. Die Eigenart solcher Anhäufungen wird von der Eigenart des abgelaufenen biologischen Prozesses stets beeinflußt sein, im wesentlichen aber von der chemischen Natur der ursprünglichen Pflanzenstoffe abhängen, die ihrerseits mit der botanischen Entwicklungshöhe der Spenderpflanzen verknüpft ist.

Aus der nachfolgenden Tabelle 24 geht hervor, welche Möglichkeiten für den chemischen Endeffekt des Pflanzenzerfalles bestehen.

Tabelle 24.

Abgestorbenes Material	Aerobe Zersetzung	Anaerobe Zersetzung
Algen	in kompakteren Massen liefern: Rückstände und Umwandlungsprodukte von Fett und Eiweiß	liefern:
Laubmoose	zerfallen bei steigendem p_H und leichterem Luftzutritt jeweils schneller und hinterlassen besonders unhydrolysierbare Zellwandbestandteile	
Farne Schachtelhalme Bärlappe Coniferen Laubbäume Gräser	zerfallen mit steigendem p_H und leichterem Luftzutritt jeweils schneller und hinterlassen Harze, Wachse, sowie hauptsächlich: mit steigendem p_H immer stärker oxydiertes Lignin	mit steigendem p_H immer stärker reduziertes Lignin

Über den Gesamtprozeß der Anhäufung organischen Materials in der Natur hat R. Lang[1] beachtenswerte Ausführungen gemacht, die im vorstehenden in manchen Einzelheiten mit berücksichtigt wurden. Nach den Ausführungen von Lang ist die biologische Zerstörung abgestorbenen Pflanzenmaterials nicht vollständig, wenn sie länger als

[1] Braunkohle **20**, 177 (1921).

ein Jahr dauert, ferner, wenn sie sich unter Wasser oder unter mineralischen Deckschichten abspielen muß. Damit sich reiche Mengen organischen Materials ansammeln können, muß viel organisches Material gebildet und wenig zerstört werden. Die Üppigkeit des Pflanzenwachstums steigt mit steigender Temperatur und steigender Feuchtigkeit, die biologische Zersetzung des abgestorbenen Materials steigt wohl auch mit der Temperatur, wird aber durch Feuchtigkeit nur anfänglich begünstigt, später aber zurückgedrängt. Große Humusanhäufungen kommen demnach in Frage:

1. In Seen und Sümpfen trockener Gebiete als oasenartige Humuslager.
2. In sehr feuchtem Klima als weithin erstreckte regionale Bildungen.

Für die Ansammlungen abgestorbenen organischen Materials pflanzlichen Ursprungs gilt nach dem derzeitigen Stande der Forschung in biologischer und chemischer Hinsicht folgendes. Biologische Zersetzung vornehmlich durch Mikroorganismen erfolgt stets, aber nicht stets mit gleicher Schnelligkeit. Verlangsamend wirken mangelnder oder gar fehlender Luftzutritt sowie steigende Acidität des Mediums. Unabhängig vom Tempo ergreift die biologische Zersetzung, von speziellen biologischen Anpassungen einzelner, besonders pathogener Organismen abgesehen, die leicht hydrolysierbaren Bestandteile der Pflanze, so daß besonders Eiweißstoffe und Kohlehydrate verschwinden und Wachse, Harze und Lignine sich anreichern. Diese angereicherten Substanzen bleiben aber auch nicht ganz unverändert. Wachse und Harze, eventuell vermehrt um die Kondensations- und Polymerisationsprodukte ungesättigter Fettsäuren, können altern, d. h. unter dem Einfluß chemischer Reaktionen ihre ursprünglichen physikalischen Eigenschaften hinsichtlich Löslichkeit und Schmelzbarkeit immer mehr verlieren; die aufgespeicherten Ligninmassen werden bei Zutritt von Luft oxydiert, bei Abwesenheit von Luft und schwach alkalischer Reaktion wahrscheinlich reduziert. Die primären, Anhäufungsprodukte des Pflanzenzerfalles können im Laufe geologischer Perioden weitere Veränderungen erleiden.

II. Der Torf[1].

1. Die natürlichen Fundstätten des Torfes und die Torfarten.

a) Definition des Torfes.

Es gibt heute kaum eine allseits anerkannte Definition des Torfes. Die Schwierigkeiten einer Definition des Torfes — und ebenso auch der anderen Brennstoffe — hängen natürlich damit zusammen, daß der Torf

[1] Hoering, P.: Moornutzung und Torfverwertung. Berlin 1921. — Haus-

ja kein philosophischer Begriff ist, sondern ein Naturprodukt. Die Eigenart und Erkennung eines solchen muß sich allerdings aus einer exakten naturwissenschaftlichen Darstellung von selbst ergeben, ohne daß eine besonders scharf zugespitzte Begriffserläuterung nötig wäre. Trotzdem sind Definitionen manchmal, z. B. aus rechtlichen und wirtschaftlichen Gründen, erwünscht. Auch wurden bei den Definitionsversuchen des Torfes irgendwelche als wesentlich erkannte Eigenschaften besonders hervorgehoben, Eigenschaften also, die auch eine vorläufige Charakteristik des Gebietes ermöglichen.

Nach der Definition von Strache[1] ist „Torf ein aus der Anhäufung und Zersetzung vorwiegend pflanzlicher Reste entstandenes braun bis schwarz gefärbtes, in grubenfeuchtem Zustand weiches, sehr wasserreiches (kolloides) organisches Gestein mit weniger als 40% anorganischer Beimengungen (bezogen auf wasserfreies Material), das bedeutende Mengen von alkalilöslichen Huminsäuren enthält".

In dieser Definition wurde der Hinweis darauf vermißt[2], daß der Zersetzungsprozeß der Pflanzen, welcher den Torf liefert, meist recht unvollständig ist, so daß sich im Torf meist noch sehr zahlreiche geformte Bestandteile der Pflanzen finden. Torf, dessen Pflanzenreste vollkommen erdig oder krümelig zerfallen sind, heißt Moder; Moder, der reichlich mit Mineralsubstanz durchsetzt ist, Moorerde.

Hebt man aus verschiedenen Definitionen die wesentlichen Punkte heraus, so kann man folgendes sagen: Der Torf ist das Produkt natürlicher, vor allem anaerober Zersetzung von Pflanzen. Die Eigenschaften dieses Zersetzungsproduktes entsprechen im großen Ganzen den in der Definition von Strache angegebenen. Ergänzend kann man hinzufügen, daß der Torf meist noch zahlreiche organisierte Pflanzenreste enthält, daß sein geologisches Alter verhältnismäßig gering und sein Bildungsprozeß noch nicht abgeschlossen ist.

b) Die Fundstätten des Torfes.

Die Moore, die wichtigsten Fundstätten des Torfes, sind nicht nur die hauptsächlichsten Lagerstätten, sondern auch die hauptsächlichsten Bildungsstätten dieses Brennstoffes.

Was die geographische Verbreitung der Torfmoore betrifft, so hat man früher geglaubt, daß sie sich nur in kühleren Gegenden finden. Dies trifft indes nicht zu. Man hat z. B. auf Ceylon und im ehemaligen Deutsch-Ostafrika Moore gefunden. Im Nildelta in Ägypten hat Taylor[3]

ding, A.: Torfgewinnung und Torfverwertung. Berlin 1921. — Puchner, H.: Der Torf. Stuttgart 1920. — Steinert, J.: Der Torf. Berlin und Leipzig 1925. — Stadnikoff, G.: Neuere Torfchemie. Dresden 1930.

[1] Brennstoff-Chem. **3**, 311 (1923).

[2] Vgl. z. B. Stadnikoff: Kolloidchem. Beih. **30**, 199 (1930).

[3] Fuel **6**, 359 (1927).

Torfbildung studieren können. Über brasilianische Moore hat Lieske[1] folgendes berichtet: „Sphagnummoore werden dort seltener, meist in höheren Lagen beobachtet, dagegen können zahlreiche andere Pflanzen auf sumpfigem Gelände eine echte Torfbildung verursachen. In Brasilien auf der Hochebene von St. Paulo finden sich z. B. echte Sphagnummoore mit typischen Hochmoorpflanzen, wie Drosera und Utricularia, weit verbreitet aber im Innern des Landes sind meilenweit ausgedehnte Flächen von Mooren, die in der Hauptsache aus Pontederia crassipes gebildet wurden, einer außerordentlich rasch wachsenden Wasser- bzw. Sumpfpflanze, welche die Wasserläufe in kurzer Zeit völlig zuwachsen lassen kann. Typische Tropenmoore sind in Brasilien weiter die Eriocauleensümpfe, deren Hauptvegetation aus verschiedenen Arten von Eriocaulon und Paepalanthus besteht. Auch kommen ausgedehnte Waldmoore in den Tropen vor."

Angesichts der Mannigfaltigkeit der Fundorte ist es nicht verwunderlich, daß auch die Pflanzenwelt der Moore überaus mannigfaltig sein kann. Der Rasen des in nördlichen Gegenden häufig besonders vom Laubmoose Sphagnum gebildeten Hochmoors erscheint zwar recht eintönig; allein man muß schon hier bedenken, daß das Hochmoor nicht der einzige Moortypus und das Sphagnum-Hochmoor nicht die einzige Art des Hochmoores ist, sowie ferner, daß die Pflanzengemeinschaft, in welcher Sphagnum vorherrscht, das sogenannte Sphagnetum, selbst erst nach anderen Pflanzen, die im Zuge einer Sukzession von Pflanzengemeinschaften allmählich abstarben, hochgekommen ist.

An der Torfbildung nehmen übrigens nicht nur Moose und höhere Pflanzen teil. Auch ganz niedrige Organismen nach Art der Algen können das Material zu Vertorfungsprozessen geben. So sagt Stadnikoff[2]: „Die Hauptstoffe zur Bildung der Torfe lieferten verschiedenartige Pflanzenorganismen, angefangen von den Baumgruppen (Nordamerika, das Moor Ssukino bei Moskau) bis zu den Moosen und Planktonbildungen bei Überwiegen der Algen hinab. Die Beteiligung des Planktons an der Bildung mancher Moore bewirkt die zuweilen beobachtete scharfe Differenz in der Torfart zwischen der oberen und unteren Schicht derselben Lagerung."

Demnach können die verschiedensten Pflanzen als Torfbildner auftreten, so: Algen und andere einzellige Lebewesen, Laubmoose, Farne und Schachtelhalme, Nadelhölzer, Laubhölzer, Gräser, sonstige Pflanzen, wie Moosbeere, Heidekraut u. a.

Was die geologischen Verhältnisse der Torfmoore betrifft, so besteht die oberste Schicht der Lager meistens aus einer lebenden Pflanzendecke. Der Untergrund solcher Moore ist alluvial. Verschiedentlich hat

[1] Brennstoff-Chem. **11**, 101 (1930). [2] Kolloidchem. Beih. **30**, 200 (1930).

man aus Funden im Moor, wie Leichen, Waffen, Straßenanlagen, die Bildungsgeschwindigkeit des Torfes erschließen können. Für eine 1 m starke Hochmoortorfschicht hat man eine Bildungszeit von einem Jahrtausend, also ein jährliches Wachstum von 1—2 mm angenommen[1].

Außer den alluvialen Mooren scheint es aber auch diluviale Torfbildungen zu geben. Die sogenannten Schieferkohlen des Alpengebietes sind hier zu nennen. Diluviale Moore scheinen in der Zwischeneiszeit entstanden zu sein, als sich die Gletscher bei zeitweiliger Temperaturzunahme vorübergehend zurückzogen und auf den dadurch freiwerdenden Flächen verschiedene Gewächse zu leben vermochten. Der Untergrund der diluvialen Moore war Lehm- und Kalktuff. Solche Moore wurden teilweise später wieder von mineralischen Decken überlagert. Ein Inkohlungsprozeß unter der Deckschicht konnte diese diluvialen Torfe in die heutigen Schieferkohlen verwandeln.

In bezug auf die biologischen Bildungsbedingungen kann man mehrere Haupttypen der Torfbildung unterscheiden. Besonders müssen Niedermoore und Hochmoore hervorgehoben werden.

a) Das Niedermoor (auch Niederungs-, Flach-, Grünlands-, Wiesen- oder Verlandungsmoor genannt) kommt durch Erblinden oder Verlanden von Wasserflächen beim Vorrücken der Uferflora zustande. Diese Moorbildung wird durch nährstoff-, besonders kalkreichen Boden und ruhige, von Zu- und Abflüssen kaum durchströmte Wasserfläche begünstigt. Zuunterst in den verlandenden Wasserbecken, bis 10 m Tiefe leben Algen, in höheren Lagen finden sich flutende und schwimmende Pflanzen, wie Wasserpest, Hornblatt und Laichkraut, auf der Wasserfläche Seerosen, über dem Wasser allerlei Schilf- und Rohrarten. Den Rand des Beckens säumen Riedgräser und deren Verwandte ein. Beim Fortschreiten der Moorbildung rückt die Uferflora ständig vor, die im Wasser lebenden Pflanzengenossenschaften sterben ab, sinken zu Boden und füllen das Becken allmählich aus. Der Torf erhält also sein Material von ganzen Pflanzengenossenschaften.

Wenn z. B. das Riedgras Carex bei seinem Vorrücken die Wasserfläche völlig verdrängt hat, so nennt man diese Pflanzengemeinschaft Caricetum; die Gemeinschaft wird also nach dem Namen der hauptsächlich vorwaltenden Art in der obigen Weise bezeichnet.

Nach den Gräsern pflegt, wenn der Boden nicht allzusehr an Mineralstoffen verarmt ist, Bruchwald mit Birke und Erle sich anzusiedeln. Bei mineralstoffarmem Boden kommt als letzte Pflanzengemeinschaft auf ihren abgestorbenen Vorgängern im völlig verlandeten Niederungsmoor Laubmoos hoch.

---

[1] Vgl. dagegen K. Müller (Z. für Forst- u. Landwirtsch. **1916**, 393), der für ein Hochmoor im Schwarzwald den jährlichen Zuwachs zu 9,25 mm annimmt.

b) Das Hochmoor entwickelt sich vielfach, wenn auch nicht immer aus dem Niedermoor. Diese Moorbildung beginnt im Gegensatz zum Niedermoor meist in der Mitte des zum Hochmoor werdenden Gebietes. Während die Niedermoore eine ebene oder oft sogar etwas konkave Form zeigen, ist der Name des Hochmoores mit Bezug auf die deutliche Wölbung gebildet, welche diese Moore urglasartig gegen die Mitte hin zeigen. Sehr nasser Untergrund, weiches nährstoffarmes Wasser, stickstoff- und kalkarmer Boden läßt anspruchsvollere Pflanzen zugrunde gehen und gestattet außer den Torfmoosen nur noch mehrjährigen Arten, die unempfindlich gegen Nässe, Mangel an Nährstoffen, Frostgefahr und dauernde Erhöhung der Bodenoberfläche durch den Vegetationszuwachs sind, ein bescheidenes Fortkommen.

Torfähnliche Massen können außer in den Niedermooren und in den Hochmooren auch auf Waldboden entstehen. Abgestorbenes Pflanzenmaterial kann sich in allmählich wachsender Menge unter der oberflächlichen Waldstreuschicht ansammeln. Derartige Trockentorfbildungen findet man besonders auf dem Untergrund mancher Bäume, z. B. der Buche; sie werden begünstigt durch bestimmte Bodenpflanzen des Waldes, wie Farne, Heidekraut, Preißelbeere. Ähnliche Bildungen können im Hochgebirge durch die Pflanzengemeinschaften des Seggens und der Alpenrose zustande kommen.

Die Trockentorfbildungen, wohl besser Auflagetorfbildungen genannt, stehen in mancherlei natürlichen Zusammenhängen mit Niedermooren und Hochmooren. Sie können z. B. als Zwischenstufe beim Übergang eines Niedermoores in ein Hochmoor auftreten. Auf dem Niederungsmoor angesiedelter Bruchwald kann bei sinkendem Grundwasserspiegel und begünstigter Entwicklung eine Schicht von Trockentorf liefern. Bei wieder steigendem Grundwasserspiegel können Laubmoosarten in allmählich versumpfenden Waldungen dem Wald den Boden abgewinnen. Der Wechsel der klimatischen Verhältnisse kann überhaupt gewisse Pflanzenformationen bald begünstigen und bald vergehen lassen.

Vom botanischen und biologischen Standpunkte kann man jedenfalls zwei Hauptgruppen von Mooren unterscheiden, nämlich die Flachmoore und die Hochmoore. Die Flachmoore sind kenntlich an ihrem Graswuchs oder an Beständen von Laubholz und Strauchwerk über den vertorften Massen. Die Hochmoore sind bedeckt von einer Torfmoosflora, die mit Wollgras, Heidekraut und oft auch spärlichen und verkümmerten Holzgewächsen durchsetzt ist. Neben der Torfbildung im Niederungsmoor und im Hochmoor kommt noch als Übergangs- und Zwischenform die Torfbildung im Waldmoor als Bildung von Trockentorf oder Auflagetorf in Betracht.

Ergänzend kann noch auf manche andere torfähnliche Bildungen hingewiesen werden, die sich vielleicht als Schlammtorfe zusammenfassen lassen. Hier wären zu nennen der Fimmenit oder Pollenschlamm, eine zerreibliche Masse, entstanden aus dem Pollenstaub von Erlen, der durch Wind und Regen in vertorfende Wasserbecken geführt wurde, der Lebertorf oder Leberschlamm, entstanden aus Algen, der Seeschlick aus Kieselalgen, endlich die Mudde, ein strukturloser Niederschlag in verlandenden Seen.

Im einzelnen Torflager finden sich, je mehr man in die Tiefe steigt, immer stärker zersetzte Pflanzenreste vor, welche abgestorbenen Pflanzengenerationen oder verdrängten Pflanzengemeinschaften ihren Ursprung verdanken. Torf kann eben unter sehr wechselnden biologischen Bedingungen und aus sehr verschiedenartigem Pflanzenmaterial entstehen.

Der Vertorfungsprozeß verläuft unter Mitwirkung von Mikroben. Für die oberste Moorschicht ist die Anwesenheit einer verhältnismäßig reichen Bakterien- und Pilzflora schon lange festgestellt. Bereits vor mehr als 30 Jahren fand Ramann[1] in einem Sphagnumhochmoortorf je Gramm Trockensubstanz in 0—3 cm Tiefe folgende Werte:

Tabelle 25.

Bezeichnung der Torfschicht	Bakterien	Fadenpilze
Oberfläche der wachsenden Sphagnumdecke . . .	2 600 000	2 160 000
Schicht unter der Oberfläche	2 081 000	426 000
Darauf folgende Schicht	1 930 000	2 760 000
Schicht unter der lebenden Sphagnumschicht . . .	200 000	2 145 000

In 1 g Boden aus unkultiviertem Hochmoor fand Lemmermann[2] rund 180000—360000 Schimmelpilze. Hagem[3] hat 16 verschiedene Pilzarten des Moores beschrieben, ebenso hat Ritter[4] die Bakterien von Hoch- und Niedermooren studiert. Nach G. H. Earp-Thomas[5] soll 1 g fruchtbare Torferde mindestens 30 Billionen nützlicher („crop-producing") Bakterien enthalten.

In größeren Tiefen der Torflager haben White und R. Thiessen[6] schon 1913 Bakterien nachgewiesen. Thaysen[7] und seine Mitarbeiter haben später auf Agarkulturen von Torfproben die aus verschiedenen Tiefen eines Moores entnommen wurden, weder Pilzarten noch Cellulose zerstörende Bakterien gefunden. R. Thiessen und Johnson[8]

[1] Ztschr. Forst- u. Jagdwesen **1899**, 582.
[2] Landwirtschaftl. Jahrbch. **38**, 319 (1909).
[3] Zitiert bei Puchner: Der Torf. S. 134.
[4] Ztrbl. Bakteriol. **34**, 577 (1912).
[5] Amer. Fertilizer **56**, Nr. 1, S. 79 (1922).
[6] Bulletin Bureau of Mines Washington Nr. 38, 1913. [7] Fuel **5**, 217 (1926).
[8] Ind. engin Chem. Analytical Edition **1**, 216 (1929).

konnten bei der Analyse eines amerikanischen Waldmoores in allen Schichten der untersuchten Stelle eine arten- und formenreiche Lebwelt nachweisen. Ihre Untersuchung bezog sich auf ein Waldmoor, welches mit Thuja, Tamarisken,. Eichen und Fichten bewachsen war. Die untersuchte Stelle hatte eine Mächtigkeit von über 3 m und ließ biologisch drei Schichten erkennen, deren oberste dem freien Zutritt der Luft ausgesetzt war, deren mittlere halb im Grundwasser lag und deren unterste ganz unter Grundwasser stand. In der obersten Zone fanden sich zahlreiche Pilze, Bakterien und Strahlenpilze, in der mittleren Zone fehlten echte Pilze, während neben den aeroben Bakterien und Strahlenpilzen anaerobe Arten auftraten, in der untersten Zone fanden sich ausschließlich anaerobe Bakterien.

Nach den Untersuchungen von S. A. Waksman und R. Stevens[1] und seinen Mitarbeitern kommen im Niederungsmoor an der Oberfläche bis zu 90 cm Tiefe aerobe, Cellulose zerstörende sowie nitrifizierende Bakterien vor. Pilze und aerobe Cellulosezerstörer nehmen mit der Tiefe rasch ab und verschwinden bei 75—90 cm vollständig. Strahlenpilze (Actinomyceten) sind in den obersten Schichten häufig, nehmen gleichfalls, aber weniger schnell nach der Tiefe zu ab und finden sich vereinzelt noch in 120—150 cm Tiefe. Im Hochmoor gedeiht ebenfalls eine spezifische Bakterienflora. Es handelt sich dabei um säureresistente Formen, denen saure Reaktion vom p_H 4,0 nicht schadet. In solchen Hochmooren nimmt die Gesamtzahl der Bakterien mit der Tiefe zuerst ab und dann wieder zu, so daß man bei 570 cm mehr Bakterien findet als an der Oberfläche.

Die nachstehende Tabelle nach S. A. Waksman[2] zeigt das Vorkommen von Mikroorganismen in verschiedenen Tiefen eines Niederungsmoorprofiles von den Averglades (Florida), auf frischen Torf bezogen, zahlenmäßig an.

Tabelle 26.

Tiefe der Schicht ca	p_H	Wassergehalt in %	Bakterien (aerobe u. fakultativ anaerobe) sowie Actinomyceten	Actinomyceten %	Pilze	Cellulosezerstör. Bakterien	Nitrifizierende Bakterien	Anaerobe Bakterien
Oberfläche	6,2	66,8	9 600 000	35	26 000	++	+++	+
26—40	6,4	71,4	32 800 000	22	2 000	++	++	++
50—62	6,5	85,0	3 000 000	23	0	++	++	++
110—120	6,3	83,4	1 600 000	0	0	+	+	+++

Zwischen der organischen Substanz des Torflagers und den mineralischen Nachbar- und Unterschichten bestehen Beziehungen, die in einer speichernden, einer aufschließenden und in einer reduzierenden

[1] Soil Science **28**, 316 (1929).

[2] Vgl. dagegen Thaysen, Fuel **9**, 563 (1930).

Wirkung zum Ausdruck kommen. Unter diesem Gesichtspunkt seien Eisen, Kalk und Kieselsäure kurz betrachtet.

Das besonders durch eisenhaltiges Grundwasser herbeigeschaffte Eisen kann in der Torfmasse an Huminsäuren, an Schwefelsäure oder Phosphorsäure gebunden werden, es kann mit Schwefel, der als Schwefelwasserstoff Eiweißkörpern entstammen mag, zusammentreten, oder sich als Hydroxyd anreichern. Man hat in Mooren Vivianit (Eisen-2-phosphat), Eisenvitriol, Schwefeleisen, Limonit, Raseneisenerz gefunden. Die Bildung von See-, Sumpf- und Raseneisenerz hat enge Beziehungen zur Chemie des Humus[1].

Kalk wird aus mergeligem kalkreichen Untergrund von der Torfmasse aufgenommen. Silikate werden aufgeschlossen. Puchner[2] fand wiederholt beim Ausheben von Gräben im Moor aus Kieselsäure und Silikaten bestehende Steine, die sich zwischen den Fingern wie Schmierseife zerquetschen ließen. R. Guillin[3] stellte fest, daß in Humusböden die Humussäuren und CO_2 zur vollständigen Umsetzung der Mineralbestandteile führen können.

Nicht im Moore selbst, sondern im Untergrunde findet die Bildung von Bleicherde und Ortstein statt. Beim Tiefersickern huminsäurehaltigen Wassers wird in der zuerst durchsetzten Bodenschicht dunkelfärbendes Eisen ausgelaugt und reduziert. Dies führt zur Bildung der Bleicherde. In noch größerer Tiefe werden die anorganischen Bestandteile unter Mitwirkung wieder ausgeflockter Humusteilchen zum harten Ortstein verkittet und verbacken. Alle diese Dinge ergeben sich aus der analytischen Bearbeitung von Moorprofilen.

c) Einteilung der Torfarten.

Es ist schwierig, eine Einteilung der Torfarten anzugeben, die allen vorkommenden Typen gerecht wird. Geht man von praktischen Beobachtungen aus, dann kann man unter Benutzung älterer Einteilungen etwa zu folgender Übersicht gelangen:

Tabelle 27. Einteilung des Torfes.

Art	Vorkommen	Durchmoderung	Farbe	Relatives Gewicht
Fasertorf	jüngere Schichten	gering	hell	leicht
Modertorf	tiefere Schichten	gut	braun	schwer
Specktorf	noch tiefere Schichten	weit vorgeschritten	tiefdunkel	sehr schwer
Lebertorf	unterste Schichten	sehr weit vorgeschritten	pechglänzend	am schwersten

Diese Einteilung bringt im wesentlichen ganz allgemein zum Ausdruck, daß ein Torflager in seinen obersten Schichten den pflanzlichen

[1] Odén: Die Huminsäuren. S. 160. [2] Der Torf. S. 47.
[3] Compt. rend. Acad. Sciences **187**, 673 (1928).

Ursprung ohne weiteres verrät, während beim Heruntersteigen in größere Tiefen dieses klare Bild immer stärker verdeckt wird. Berücksichtigt man nun weiter, daß Torf aus ganz verschiedenen Pflanzen entstehen kann, daß aber in jedem Torflager sich das erwähnte allgemeine Bild zeigt, so kann man auch auf eine Namengebung ganz verzichten und die Torfarten einfach auf Grund des erreichten Zersetzungsgrades unterscheiden. So hat v. Post[1] eine zehnteilige Skala der Huminosität oder des Zersetzungsgrades aufgestellt, bei der vom Aussehen des Torfes, seinem Verhalten beim Auspressen in der Faust und dem Aussehen des Rückstandes Gebrauch gemacht wird.

Tabelle 28.
Charakteristik der Torfarten nach der Huminosität (H).

Bezeichnung	Aussehen	Preßwasser	Rückstand
H 1	völlig unhumifiziert	klar, farblos	—
H 2	fast völlig unhumifiziert	schwach gelblich	—
H 3	sehr wenig humifiziert	trüb, braun, ohne Trockensubstanz	nicht breiartig
H 4	schwach humifiziert	stark trüb, ohne Torfsubstanz	etwas breiartig
H 5	ziemlich humifiziert, Pflanzenstruktur noch erkennbar	trüb, braun, mit etwas Torfsubstanz	stark breiartig
H 6	ziemlich humifiziert, Struktur undeutlich	$^1/_3$ der Torfsubstanz geht mit dem Preßwasser ab	stark breiartig mit deutlich. Torfresten
H 7	stark humifiziert, Struktur kaum erkennbar	$^1/_2$ der Torfsubstanz geht ab	fast wie bei H 6
H 8	sehr stark humifiziert, Struktur sehr undeutlich	$^2/_3$ Torfsubstanz gehen ab	Wurzelfasern, Holzreste
H 9	fast ganz humifiziert, fast ohne Struktur	fast die ganze Torfsubstanz geht ab	—
H 10	völlig humifiziert, strukturlos	die ganze Masse geht ab	—

Außer auf die Huminosität achtet man bei der Beschreibung der Torfarten noch auf die Farbe beim Heraufholen aus dem Lager, das Verhalten an der Luft (Nachdunkeln), die Konsistenz, den Geruch, den Gehalt an geformten Pflanzenresten, wie Moosen, Gräsern und Hölzern in der Gesamtmasse, endlich auch den Mineralgehalt (Sand, Ton u. ä.).

Natürlich lassen sich überhaupt alle Eigenschaften der Torfarten für eine Systematik verwerten. So hat man die Torfe in nährstoffreiche, nährstoffärmere und nährstoffärmste eingeteilt, etwa entsprechend der Einteilung in Niedermoor-, Waldmoor- und Hochmoortorfe; ferner in limnische, telmatische und terrestrische Torfe, je nachdem ob

[1] Vgl. Bülow, K. v.: Grundlagen d. angewandten Moorgeologie, S. 6. Halle (Saale) 1928.

der Torf auf dem Grunde von Gewässern, in Sümpfen oder über dem Grundwasserspiegel entstanden ist.

Man könnte daran denken, die Einteilung der Torfarten zunächst auf den botanischen Charakter der torfbildenden Pflanzenwelt zu gründen. Eine solche Einteilung ist möglich, aber nicht streng durchzuführen. Wohl wird in verhältnismäßig kürzeren Zeiträumen der Torf meist von einer einzigen Pflanzengemeinschaft gebildet. Für einzelne Schichten des Torflagers ist daher auch oft ein einheitlicher botanischer Ursprung sicher oder wahrscheinlich. Meist aber ist es im Laufe der Bildung des Torflagers zu einer Sukzession sehr verschiedenartiger Pflanzengemeinschaften gekommen. Immerhin kann man in großen Zügen etwa Riedtorfe, Waldtorfe und Moostorfe unterscheiden. Natürlich gibt es auch gemischte Torfe, unter denen in unseren Gegenden besonders der Moos-Wollgrastorf und der Moos-Heidetorf von Wichtigkeit sind.

2. Physikalische und chemische Untersuchung des Torfes.

a) Physikalische „Konstanten", Wasserbindung und kolloide Natur des Torfes.

Frisch gestochener Torf hat (schon wegen seines sehr hohen Wassergehaltes) durchschnittlich das spezifische Gewicht 1. Sogenannter technischer Trockentorf mit etwa 25% Wasser hat im Durchschnitt ein spezifisches Gewicht von 0,45; Moostorf (Weißtorf) 0,1—0,25, Schwarztorf 0,5—1,2, aschenreiche Sorten noch mehr. Das Schüttgewicht kann im Mittel zu 300 g/l angenommen werden, schwankt aber natürlich im einzelnen sehr.

Die spezifische Wärme wasserfreien Torfes wird mit 0,148 angegeben. Die Wärmedurchlässigkeit des Torfes ist sehr gering. Die Verbrennungswärme des Torfes beträgt 2000—4200 Calorien; nach Kühn[1] hatten Trockentorfproben 4500—5500 Calorien.

Natürlicher Torf ist überaus wasserreich; er enthält rund 90% Wasser, das er z. T. nur schwer abgibt. Dieser Umstand ist eine große Schwierigkeit für die technische Aufbereitung und Verwertung des Torfes. Man muß danach trachten, die Kolloide des Torfes, deren Dispersitätsgrad zwischen dem der echten Lösung und dem einer grobflockigen Suspension liegt, entweder durch Ausflockung (Koagulation) in größere, leichter filtrierbare Partikel zu verwandeln oder sie bis zur Peptisation in Lösung zu verteilen. Koagulation, aber auch Dissolution können durch Zusatz von Salzen wie Eisenchlorid oder Gips bewirkt werden, ferner durch Erhitzen oder Gefrieren u. a. mehr.

[1] Vgl. Brennstoff-Chem. **11**, 116 (1930).

Über den Wassergehalt von Torf- und Humusproben bei verschiedenen Dampftensionen hat Odén[1] Versuche gemacht. Er ließ seine Einwagen in Exsiccatoren über Schwefelsäure verschiedener Konzentration — entsprechend den gewünschten Wasserdampftensionen — bis zur Gewichtskonstanz stehen. Die Resultate waren folgende:

Tabelle 29. Wassergehalte von Humusproben bei verschiedenen Dampfdrucken in %.

Dampfspannung in mm Hg	15,0	14,5	13,9	12,9	11,6	6,3	0,7
Saurer Waldhumus	17,4	15,6	14,0	12,2	10,8	6,0	1,9
Saurer Moorhumus	34,8	32,2	29,7	26,8	23,1	14,1	5,1
Humusboden	49,2	45,0	40,7	35,7	30,5	19,0	6,8
Sphagnumhumus	43,0	37,7	34,0	28,5	24,1	13,9	4,4

In gleicher Weise hat Odén übrigens auch das Verhalten von gekalkten Torfhumusproben untersucht und dabei eine Steigerung des Wasserbindungsvermögens festgestellt.

Für die praktische Verwendung des Torfes ist begreiflicherweise möglichste Entwässerung wichtig. Vielerlei Wege wurden vorgeschlagen, um dieses Ziel in technisch und wirtschaftlich möglicher Weise zu erreichen. Die direkte Entfernung des Wassers wurde durch Pressen, durch Elektroosmose oder durch Erhitzen angestrebt; auch Unterdruck bietet, wie aus Odéns obigen Versuchen hervorgeht, einen Weg. Man hat ferner an die Verdrängung des Wassers durch Öl gedacht. Indirekt kann man die wasserbindenden Kräfte durch Beeinflussung des kolloiden Zustandes des Torfes schwächen; durch chemische Zusätze, wie Halogene, Säuren oder Salze ($FeCl_3$) kann Torf geflockt werden[2], so daß er seine schleimige Beschaffenheit verliert und durch Pressen beträchtlich leichter von einem erheblichen Bruchteil des Wassers befreit werden kann. Auch durch Zufügung getrockneten Torfes oder Gefrieren wird der natürliche Zustand des Torfes so geändert, daß nachher die Entfernung des Wassers erleichtert ist.

Mit der Wasserbindung im Torf, dem kolloidchemischen Zustand der Torfteilchen und den Änderungen der beiden sowohl bei natürlichem als auch bei künstlich entwässertem Torf haben sich Wolfgang Ostwald und seine Mitarbeiter beschäftigt. Ein nach dem Verfahren von A. ten Bosch entwässerter Torf wurde näher untersucht. Bei diesem Verfahren wird das Rohmaterial etwa 30 Minuten bei 140—160° mit überhitztem Wasserdampf behandelt. Aus einem Rohtorf mit 85—90% Wasser wurden im besten Falle 65% Torf mit etwa 70% Wasser gewonnen; das aus dem Torf entfernte Wasser enthielt dunkle Stoffe gelöst.

---

[1] Kolloidchem. Beih. **11**, 248 (1919).

[2] Vgl. Farbwerke vorm. Meister, Lucius und Brünig A. G., D.R.P. 160938 (1903).

Rohtorf und gedämpfter Torf zeigten schon äußerlich ziemliche Unterschiede. Der Rohtorf fühlte sich deutlich feucht an, war schmierig und klebrig, bildete zerrieben eine lehmartige Masse und gab beim Anrühren mit Wasser eine sehr dunkel gefärbte Flüssigkeit. Gedämpfter Torf fühlte sich mehr trocken an, war sandig, wurde beim Zerreiben locker, voluminös, und gab beim Anrühren mit Wasser eine kaum gefärbte Flüssigkeit. Im Gegensatz zu Rohtorf wurde gedämpfter Torf beim Stehen an der Luft stets von Schimmelpilzen befallen, was auf Entstehung von zuckerartigen Nährstoffen durch Hydrolyse beim Dämpfen zurückzuführen ist.

Die Untersuchungen von Wo. Ostwald und Wolski[1] betrafen das Verhalten der verglichenen Proben beim Trocknen über Calciumchlorid, beim Trocknen bei 120°, bei der Sedimentation, beim Zentrifugieren und bei der Quellung, das Adsorptionsvermögen (gegen Methylenblau), die Viscosität von Dispersionen sowie den Humus- und Huminsäuregehalt. Die rohen Proben waren, verglichen mit anderen, schwerer zu trocknen. Nach scharfer Trocknung hatten sie kleineres Schüttvolumen, aber größeres Sedimentier- und Zentrifugiervolumen. Beim Verreiben mit gleichen Mengen von krystallisiertem Chlorcalcium blieb der Rohtorf (kolloid gebundenes Wasser!) unverändert, der gedämpfte Torf zerfloß zu einer feuchten lehmigen Masse.

Nach all dem findet bei der Dämpfung eine teilweise Zerstörung oder Verminderung quellungsfähiger Substanzen, ein Übergang dunkel gefärbter Stoffe in das Abwasser sowie eine Abnahme des kolloid gebundenen Wassers statt. Durch das Dämpfen wird das Wasserbindungsvermögen sowie der Gehalt an adsorbierenden Gelen vermindert.

Wo. Ostwald und A. Wolf[2] haben später auch schon unter 100° die angegebenen kolloidchemische Veränderungen im Rohtorf nachweisen können. Schon durch Trocknen unter 100° werden mit der Zeit die Humusgele zerstört und das kolloidgebundene Wasser wird gelockert.

G. Keppeler und F. Kranz[3] haben Dampfdruck-Konzentrationsdiagramme von Torfproben aufgenommen. Sie arbeiteten in dem Apparat von Zsigmondy und Bachmann; die Proben bleiben bis zum Eintreten der Gewichtskonstanz mit einem Gefäße in Verbindung, das mit Schwefelsäure bestimmter Konzentration gefüllt ist; durch Bestimmung der Konzentration der Schwefelsäure zu Ende des Versuches wird die Wasserdampftension für den betreffenden Zustand ermittelt.

---

[1] Kolloid-Ztschr. **30**, 119, 187 (1922).

[2] Kolloid-Ztschr. **31**, 197 (1922); **32**, 137 (1923); **43**, 336 (1927).

[3] Kolloid-Ztschr. **36**, Zsigmondy-Festschrift Erg.-Bd, 318 (1925). Vgl. auch Ztschr. V. D. I. **68**, 585 (1924).

Als Versuchsmaterial diente 1. möglichst unveränderter, 2. gefrorener, 3. auf 100° und 4. auf 230° erhitzter Torfhumus. Gut zersetzter älterer Sphagnumtorf wurde mit viel Wasser aufgeschlemmt; die groben Pflanzenteile ließ man zurück, das abgegossene Wasser ließ man absitzen. Der so erhaltene Bodensatz wurde zur Entfernung anorganischer Bestandteile mit Salzsäure behandelt und dann bis zum Verschwinden der Chlorreaktion ausgewaschen. Das Material enthielt 85,3% Wasser. Dieses Präparat sowie die durch Gefrieren und Erhitzen daraus gewonnenen wurden nun näher untersucht.

Die Kurven in den Dampfdruck-Konzentrationsdiagrammen waren sehr ähnlich denen, welche van Bemmelen[1] und besonders Zsigmondy[2] und seine Mitarbeiter bei der Untersuchung des Kieselsäuregels erhalten hatten. Die Veränderungen entsprechen einem Alterungsvorgang, wie er besonders beim Kieselsäuregel genau untersucht ist. Die Torfquellung ist zum größten Teil irreversibel. Die Autoren geben folgende Tabelle an.

Tabelle 30. Mindestwassergehalte von Torfproben in technisch wichtigen Zuständen nach Keppeler.

Wassergehalt (in %) in	Nach Absickern	Abgepreßt	Lufttrocken	Erneut stark benetzt
Torfhumus, unverändert .	85	75—80	18	43
Torfhumus, gefroren . . .	84	70	15	40
Torfhumus, auf 100° erhitzt	83	70	8	33
Torfhumus, auf 230° erhitzt	61	50	2,5	10

In jüngster Zeit hat sich G. Stadnikoff mit dem Wasser im Torfe[3] sowie mit der Entwässerung des Torfes[4] befaßt. Nach seinen Angaben gibt der Torf bei Aufbewahrung in einem mit Wasserdampf gesättigten Raume allmählich die Hauptmenge des Wassers ab; dieses Wasser nennt Stadnikoff Quellungswasser, den Rest Adsorptionswasser oder Capillarwasser. Letzteres läßt sich bestimmen, indem man Torf, der mit gesättigtem Dampf ins Gleichgewicht gekommen ist, bei 60—70° im Vakuum bis zur Gewichtskonstanz trocknet. Für russischen Sphagnumtorf fand Stadnikoff 34,6—37,7% Adsorptionswasser.

Bei weiteren Versuchen wurden Einwagen von etwa 40 g in großen Exsiccatoren bei bestimmten Dampfspannungen mehrere Monate bis zur Erreichung der Gewichtskonstanz stehen gelassen. Hierbei wurden folgende Werte erhalten:

---

[1] Die Adsorption, ges. Arbeiten. Herausgeg. von Wo. Ostwald. Dresden 1910.
[2] Ztschr. anorgan. Chem. **75**, 189 (1912).
[3] Kolloidchem. Beih. **30**, 197 (1930). [4] Kolloidchem. Beih. **30**, 297 (1930).

Tabelle 31. Wassergehalt vom Torf im Gleichgewichtszustand.

Dampfspannung in mm Hg	9,95	6,1	3,4	0,4
Wassergehalt in Prozenten	20,8	13,8	10,7	5,3

Über einer 2% igen Lösung von Schwefelsäure, praktisch also in der Atmosphäre des gesättigten Dampfes, entwässerte sich Torf bis zu einem Wassergehalt von 35—37%. Da die Abnahme des Wassergehaltes des Rohtorfes in der Atmosphäre des gesättigten Dampfes erfolgte, scheint es, daß ein Teil des Wassers im Torfe eine größere Dampfspannung besitzt, als reines Wasser. Bei diesem Phänomen handelt es sich um das sogenannte Paradoxon von P. v. Schröder[1], dessen Ursachen in der mechanischen Auspressung flüssigen Wassers beruhen. Wolff und Büchner[2] haben gegen die Arbeit Schröders Einwände erhoben, die aber bei Stadnikoffs Versuchen nach dessen Angabe widerlegt sind.

Die verschiedenen Bindungsformen des Wassers im Torfe luden zu einer begrifflichen Systematik ein. Wo. Ostwald[3] hat schon zu Beginn seiner Untersuchungen folgende Bindungsformen des Wassers im Torfe unterschieden:

1. Okklusionswasser (Schwamm- und Wabenwasser): in Hohlräumen von 1 mm oder mehr.
2. Capillarwasser: in offenen, geschlossenen, konvexen und konkaven Capillarräumen.
3. Kolloidwasser: gebunden von Humus-, Huminsäure-, Cellulose-, Lignin-, Pektin- und anderen Gelen.
4. Osmotisch gebundenes Wasser.
5. Chemisch gebundenes Wasser.

Stadnikoff unterscheidet neuerdings anscheinend nur:

1. Quellungswasser: dieses wird vom Rohtorf beim Aufbewahren in einem mit Wasserdampf gesättigten Raum abgegeben.
2. Adsorptionswasser: dieses macht den Restbetrag des gesamten Wassergehaltes aus.

Mit der Zunahme des Alters des Torfes geht das Quellungswasser in Capillarwasser über. Der Quellungsgrad der Torfkolloide nimmt ab, die Torfkolloide „altern“ langsam (und irreversibel).

Es wurde bereits erwähnt, daß der natürliche Kolloidzustand des Torfes durch Zusatz gelöster Elektrolyte verändert werden kann. Das Studium dieser Erscheinung bietet die Möglichkeit, den Kolloidzustand des Torfes überhaupt zu beschreiben und ist außerdem technisch für das Problem der Torfentwässerung wichtig. Denn es ist vorauszusehen, daß Torf um so schnellere Filtration gestatten wird, je geringer sein Dispersitätsgrad ist, oder mit anderen Worten, je gröber die Torfteilchen sind.

---

[1] Ztschr. physikal. Chem. **45**, 109 (1903).
[2] Ztschr. physikal. Chem. **89**, 271 (1915).
[3] Kolloid-Ztschr. **29**, 316 (1921).

Die Geschwindigkeit der Filtration von rohem und geflocktem Torf, die Geschwindigkeit, mit welcher der Filtrationsrückstand sein Wasser abgibt, sowie die Beschaffenheit des Trockenkuchens, den der Filtrationsrückstand liefert, haben Wo. Ostwald und Anna Steiner[1] studiert. Zur Untersuchung wurde eine Torfsuspension bereitet, indem ein Kilogramm wasserreicher Rohtorf mit etwa 7 Liter Wasser 20 Minuten in der Kolloidmühle vermahlen wurde. Die erhaltene Suspension hatte 2,2% Trockensubstanz; sie war ziemlich stabil und sedimentierte auch nach mehreren Monaten nicht. Die Torfteilchen waren wohl so vollständig gequollen, daß sie praktisch die Dichte des Wassers hatten, denn die Suspension war eigentlich relativ grob dispers; sie konnte schon durch Filtration über ein Papierfilter zerlegt werden.

Als Flockungsmittel wurden Chlorwasser, Eisenchlorid, Kaliumchlorid und Salzsäure verwendet; letztere, weil sich zeigte, daß die gute Wirkung des Chlorwassers auf die durch chemische Umsetzung entstandene Salzsäure zurückzuführen war. Die geflockten Torfsuspensionen filtrierten schneller, gaben in gleichen Zeiten bei gleichem Saugdruck größere Mengen Filtrat, als die ungeflockten. Dabei war aber der Wassergehalt der Filtrationsrückstände stets gleich dem des Ausgangsmaterials. Durch Zusatz von Elektrolyten und besonders von Chlorwasser wurde also nur die Geschwindigkeit der Filtration erhöht. Mit Wasser angerührter Torfbrei verhielt sich ebenso.

Zur Messung der Viscosität von Torfsuspensionen wurde an Stelle der üblichen Capillarviscosimeter eine achtmal spiralförmig gewundene Capillare von 2 mm Durchmesser und 20—25 cm Länge verwendet. Torfsuspensionen zeigten unmittelbar nach Flockung durch Elektrolyte einen jähen, starken Anstieg der Viscosität, der nach einiger Zeit, etwa nach einer Stunde, auf einen konstanten Wert abfiel.

Beim vergleichenden Trocknen geflockter und roher Proben lieferten die geflockten Präparate erheblich härtere und dichtere Trockenkuchen. Geflockter Torf schrumpft auch beim Trocknen viel mehr als Rohtorf.

Beim Anrühren mit Wasser gibt Torf eine kolloide Masse (Hydromasse), deren Teilchen negativ geladen sind. Aus der Hydromasse des Sphagnumtorfes trennte A. Dumanski[2] ein Hydrosol als Fraktion erhöhten Dispersitätsgrades ab. Alkalilaugen und Carbonate peptisieren das Hydrosol, Neutralsalze und Säuren koagulieren sowohl das Hydrosol als auch die Hydromasse. Bei der Koagulation durch Metallsalze kommt es vor allem auf die Wertigkeit des Metalles an; die koagulierende Kraft von Natrium, Magnesium und Aluminium verhält sich wie 1 : 14 : 2700. Noch größer ist die Koagulationskraft starker Säuren,

[1] Kolloidchem. Beih. **21**, 98 (1925).
[2] Bull. Soc. chim. France [4] **41**, 166 (1927).

so daß man in der obigen Reihe das Wasserstoffion mit 5600 einsetzen kann. Auch positive Kolloide, wie kolloides Eisenoxyd, fällen sowohl das Hydrosol als auch die Hydromasse.

I. Shukow, E. Kremlewa und A. Tichomirow[1] haben die Koagulation des Torfes unter Benutzung der Arbeiten von Wo. Ostwald studiert. Sie fanden, daß bei Koagulationsversuchen mit Salzsäure, Calciumchlorid, Aluminiumsulfat und Thoriumnitrat die Filtrationsgeschwindigkeit mit der Wertigkeit des zugesetzten Kations wuchs. Ein Einfluß der Anionen, der auch am Beispiel des Kaliumnitrates und des Kaliumsulfates untersucht wurde, ergab sich nicht. Wie vorauszusehen war, erhöhte Ferrisulfat die Filtrationsgeschwindigkeit etwas mehr als Ferrosulfat. Noch günstiger als Ferrisalze und sogar Thorium-4-Salze wirkte kolloides Eisenhydroxyd.

Auch G. Stadnikoff[2] hebt die gute Koagulationswirkung des kolloiden Eisenhydroxydes hervor. Unter den Elektrolyten findet er natürlichen Gips am wirksamsten und billigsten. Bei seinen Untersuchungen über den Wassergehalt von Torf im Gleichgewichtszustand bei bestimmten Dampfspannungen verwendete Stadnikoff „Hydrotorf", einen Torf, der nach der Methode von R. Klasson und W. Kirpitschnikoff durch Abbau mit einem Wasserstrahl unter hohem Druck gewonnen worden war. Neben dem nichtkoagulierten Torf, dessen wichtigste Untersuchungsergebnisse bereits mitgeteilt wurden, wurde stets auch koagulierter Torf untersucht. Für den koagulierten Torf ergaben sich nun praktisch ganz die gleichen Zahlen, die in der Tabelle für (nichtkoagulierten) Torf angegeben sind. „Der nichtkoagulierte und der mit Gips koagulierte Hydrotorf befinden sich in bezug auf Wassergehalt im Momente des Gleichgewichts in einem gleichen Zustande[3]." Die Koagulation gewährleistet indessen eine schnellere Entwässerung und ermöglicht auch eine bequemere Arbeit.

b) Der saure Charakter des Torfes[4].

Torf ist meist sauer, seltener neutral. Die aktuelle Wasserstoffionenkonzentration ist gering. Dies geht aus den elektrometrischen Messungen von Sven Odén[5] hervor, welche nach der Methode von L. Michaelis[6] ausgeführt worden sind. Die Proben wurden mit 0,1 n-Kochsalzlösung angerührt. Die Ergebnisse waren z. B. folgende:

---

[1] Shurnal prikladnoj Chimii [russ.] **2**, 257 (1928).
[2] Kolloidchem. Beih. **30**, 297 (1930).
[3] Kolloidchem. Beih. **30**, 305 (1930).
[4] Hoering: S. 180.
[5] Die Huminsäuren. S. 154. 1919.
[6] Die Wasserstoffionenkonzentration. Berlin 1914.

Tabelle 32. Acidität von Torfen.

Nr.	Torf	p_H	Normalität, bezogen auf Wasserstoffionen
1	Subatlantischer Torf	3,46	0,00035
2	Subborealer Torf	3,31	0,00049
3	Sumpfniedermoortorf	3,47	0,00034
4	Torf aus 20 m Tiefe	3,74	0,00018
5	Torf aus 90 m Tiefe	3,18	0,00066
6	Jüngerer Sphagnumtorf	4,09	0,00008
7	Älterer Sphagnumtorf	3,94	0,00012

Torfproben aus größerer Tiefe waren bei diesen Versuchen saurer als solche aus geringerer Tiefe.

Bei stark kalkhaltigem Untergrund kann Torf fast neutral reagieren. A. Demolon und V. Dupont[1] haben den p_H-Wert von Torfen kreidigen Untergrundes aus den Tälern der Souche und der Somme potentiometrisch zu 6,45—6,95 bestimmt, also sehr nahe am Neutralitätspunkte gefunden. Bei Behandlung des Torfes mit Lösungen von Calciumbicarbonat stieg der p_H-Wert auf 7,1, bei Behandlung mit Kalkwasser auf 10,1; der überschüssige Kalk ließ sich aber durch Wasser, am besten durch kohlensäurehaltiges Wasser, wieder entfernen.

Den p_H-Wert von direkt abgehebertem oder ausgepreßtem Torfwasser hat P. Allorge[2] für verschiedene Torfarten bestimmt. Die Werte lagen von 3,9 bis 6,8 und betrugen im einzelnen folgendes:

Torfmoor mit überwiegendem Bestand von	p_H
Sphagnum acutifolium, medium u. ä.	3,9—4,6
Carex vulgaris, Sphagnum recurvum	4,9—5,4
Rhynchosphora alba	4,9—5,6
Potamogeton polygonifolium	5,2—5,9
Montia rivularis	5,7—6,8

Torfarten und Humusböden zeigen oft die Fähigkeit, Neutralsalze zu zersetzen. Es liegt nahe, diese Fähigkeit mit den sauren Bestandteilen des Torfes, den auch in Straches Definition hervorgehobenen Huminsäuren, in Zusammenhang zu bringen. Ein großes Tatsachenmaterial, das beim Studium der Huminsäuren in den letzten Jahren gesammelt werden konnte, stellt diese Auffassung auch auf eine sichere Grundlage. Es ist interessant, daß historisch dies die älteste Auffassung überhaupt gewesen zu sein scheint.

Die Neutralsalzzersetzung hat schon frühzeitig die Agrikulturchemiker interessiert[3] und sie wurde so gedeutet, daß die in den Humus-

[1] Compt. rend. Acad. Sciences **179**, 72 (1923).

[2] Compt. rend. Acad. Sciences **181**, 1154 (1925).

[3] Vgl. Eichhorn: Landwirtschaftl. Jahrbch. **4**, 21 (1875). — König: Landwirtschaftl. Jahrbch. **11**, 36 (1882). — Fleischer u. Hess: Landwirtschaftl. Jahrbch. **20**, 899, 1905 (1891).

substanzen wie im Torfe vorhandene Humussäure das Metall der Salze binden und deren Säure freimachen sollte. Bei einer solchen Auffassung konnte man sich später auch auf die Untersuchungen von Berthelot und André[1] berufen, welche u. a. die Zersetzung von Kaliumchloridlösungen durch ihre künstlichen Huminsäuren aus Zucker unter Entstehung unlöslicher saurer Salze angegeben hatten.

Im Gegensatz zu dieser Auffassung haben dann Baumann und Gully[2] die Meinung ausgesprochen, daß die säureartige Wirkung des Torfes nicht auf eine chemisch definierte Säure im Torf, sondern auf die kolloide Natur des ganzen Systems zurückzuführen sei. Die Erscheinung der Neutralsalzzersetzung deuten sie als Adsorptionszersetzung: dadurch, daß die Base eines Salzes stärker adsorbierbar sein solle als dessen Säure, käme beim Schütteln mit Neutralsalzen saure Reaktion zustande.

Zur Kritik dieser Theorie der Adsorptionszersetzung führte Odén[3] folgenden Versuch an: 100 g naturfeuchter Sphagnumtorf mit etwa 10 g Trockensubstanz wurden in einem großen Trichter auf gehärtetem Filtrierpapier allmählich mit insgesamt 5 Liter reinster 2 n-Kaliumchloridlösung ausgewaschen. Im Filtrat zeigte sich allerdings eine geringe Acidität, nämlich ein p_H-Wert von 5—6, allein diese Acidität war keineswegs auf freie Salzsäure zurückzuführen. Denn als das Filtrat bis zur beginnenden Eintrocknung des Kaliumchlorids abdestilliert wurde, zeigte das Destillat mit Indikatoren weder saure noch alkalische Reaktion; dagegen wurden beim Anfeuchten und folgendem Abpressen des Salzrückstandes im abgepreßten Wasser $^9/_{10}$ der ursprünglichen Acidität wieder gefunden. Diese Acidität führt Odén darauf zurück, daß im Torf einfache Säuren, wie Oxalsäure oder Zitronensäure, adsorbiert seien, welche durch das Neutralsalz verdrängt würden. Odén spricht von Adsorptionsverdrängung und lehnt die Befähigung der Humussäuren zur Zersetzung der Neutralsalze ab.

Im Anschluß an Versuche von Daikuhara hat H. Kappen folgende Möglichkeit hervorgehoben, durch welche bei der Umsetzung von Humusstoffen mit Neutralsalzlösungen saure Reaktion auftreten kann. Beim Behandeln huminsäurehaltiger Böden mit Alkalichloridlösungen treten nämlich Eisen und Aluminium in die Lösung ein, während Alkali in die Böden übergeht. Die Lösungen des Sesquioxyde reagieren aber sauer. Kappen nennt die Erscheinung Austauschacidität.

Bei weiteren Untersuchungen von H. Heimann und H. Kappen[4]

---

[1] Compt. rend. Acad. Sciences **141**, 433 (1905); Ann. Chim. Phys. [6] **25**, 364 (1892); **27**, 196 (1892).

[2] Mitt. bayer. Moorkult.-Anstalt **1910**, 4.

[3] Die Huminsäuren. S. 70.

[4] Ztschr. Pflanzenernährg A **1**, 345 (1922). — Daselbst zahlreiche Literaturnachweise.

konnten die oben erwähnten Angaben von Bertelot und André auch für natürliche Huminsäuren bestätigt werden. Durch wiederholte Umsetzung isolierter Huminsäuren mit Alkalisulfatlösung ließ sich das Auftreten von Säure in der Lösung und die Aufnahme von Alkali durch Huminsäure nachweisen; auch ließ sich zeigen, daß die bei der Herstellung der Huminsäure verwendete Salzsäure höchstens in Spuren zu einer Adsorptionsverdrängung im Sinne Odéns Anlaß geben konnte. Nach Heimann und Kappen reagieren die natürlichen sauren Humusböden mit Neutralsalzlösungen in genau derselben Weise, wie die aus ihnen isolierten Humusstoffe. Dabei sind zweierlei Wirkungsweisen zu unterscheiden:

1. Es kann echte Neutralsalzzersetzung vorliegen nach folgender Gleichung: Humussäure + Kaliumchlorid $\rightleftarrows$ Kaliumhumat + Salzsäure. Der Gleichgewichtszustand dieser Reaktion wird in erster Linie durch die erreichte Säure- oder Wasserstoffionenkonzentration bedingt; die freigewordene Säure sucht das entstandene Humat wieder zu zerlegen.

2. Die an Humussäure gebundenen dreiwertigen Kationen des Aluminiums und des Eisens können nach den Gesetzen des Ionen- oder Basenaustausches mit den Neutralsalzlösungen reagieren nach der Gleichung: Aluminiumhumat + Kaliumchlorid $\rightleftarrows$ Kaliumhumat + Aluminiumchlorid. In diesem Falle wird das erreichte Gleichgewicht besonders von der erreichten Konzentration der Schwermetallionen abhängen.

Es kann hier noch erwähnt werden, daß auch Macgregor Skene und Gladys L. Stuart[1] beim Schütteln von Torf mit Salzlösungen das Auftreten der freien Säure der Salze beobachtet haben. Mit dem sauren Charakter des Torfes hat sich auch D. Prianischnikow[2] befaßt. Er sieht in den Bodenhuminsäuren sogenannte Acidoide, d. h. Stoffe, welche echte Säuren wären, wenn sie eine größere Löslichkeit im Wasser hätten und mehr zur Dissoziation befähigt wären.

Nach den Untersuchungen von W. Fuchs zersetzen die Huminsäuren des Torfes Neutralsalze und bilden Humate, wodurch Säure frei wird. Die freien Säuren können also Salze bilden; diese Salze können ihre Basen gegen andere austauschen. Das Verhalten einer Torfprobe gegen Neutralsalzlösungen muß demnach davon abhängen, ob und wieviel freie Huminsäuren sowie ob, wieviel und welche Humate vorhanden sind. Nur wenn freie Huminsäuren vorliegen, wird man die Erscheinung der Neutralsalzzersetzung erwarten können; besonders wenn Aluminium- oder Eisenhumate da sind, wird man auf die Erscheinung der Austauschacidität stoßen.

[1] Nature **115**, 605 (1925).

[2] Fortschr. d. Landwirtsch. **1**, 1 (1926); C **1927 I**, 171.

Der Torf ist also sauer, weil und soweit er Huminsäuren enthält. Auf Grund dieser Auffassung läßt sich die Verwirklichung sehr verschiedener Möglichkeiten vorher sagen, auf die noch bei Besprechung der Huminsäuren im Zusammenhang zurückgekommen wird. Hier sei nur noch auf die bereits erwähnte Untersuchung von Prianischnikow verwiesen, die sich mit der aufschließenden Wirkung von Moostorf auf Phosphorit beschäftigt. Durch Umsetzung von Gips mit Humus muß etwas freie Schwefelsäure entstehen, die auf den Phosphorit aufschließend wirkt. In der Tat konnte durch Zusatz von Gips zu einem Gemenge von Torf und Phosphorit die Menge der wasserlöslichen Phosphorsäure erheblich gesteigert werden. Diese Befunde ließen sich auch durch Vegetationsversuche bestätigen; unter geeigneten Bedingungen konnte Torf zum vollständigen Aufschließen von Phosphorit benutzt werden.

c) Kurzanalyse und Elementarzusammensetzung des Torfes.

Man bestimmt im Torf Wasser, Asche und organische Substanz durch sogenannte Kurzanalyse (Immediatanalyse) und weiterhin die Elementarzusammensetzung der Trockensubstanz des Torfes.

Die Hauptmenge des natürlichen Torfes ist, wie schon erwähnt, Wasser; frischer Torf enthält 85—90% Wasser, lufttrockener Torf 15 bis 25%. Junger, wenig zersetzter Torf kann nach Höring[1] das 20- bis 24fache seines Gewichtes an Wasser aufsaugen. Hochmoortorf enthält im allgemeinen mehr Wasser als Niedermoortorf.

Die mineralischen Bestandteile des Torfes werden üblicherweise als Aschengehalt durch Veraschen der getrockneten Proben bestimmt. Niederungsmoore haben oft viel, Hochmoore oft wenig Asche, Waldtorfe stehen im Aschengehalt zwischen Niedermoortorfen und Hochmoortorfen. Man kann zwischen natürlichem Aschengehalt oder richtiger mineralischer Substanz, die aus den Torfbildnern stammt, und solchen Mineralsubstanzen, die sekundär durch Einschwemmung u. ä. in den Torf geraten sind, unterscheiden. Die primäre Asche ist wohl zum größten Teil in Salzsäure löslich. Der analytisch gefundene Aschengehalt schwankt mengenmäßig in weiten Grenzen, von wenigen Prozent bis zu sehr hohen Werten.

Die Veränderungen des Aschengehaltes mit steigendem Vertorfungsgrade sind unter anderem von Zailer und Wilck[2], von Fischer, Schrader und Friedrich[3], von Schneider und Schellenberg[4] und von Stadnikoff[5] geprüft worden.

[1] Höring: S. 183.
[2] Ztschr. f. Moorkultur. u. Torfverwertg **1911**, 851.
[3] Abh. Kohle **5**, 530 (1920). [4] Abh. Kohle **5**, 94 (1920).
[5] Kolloidchem. Beih. **31**, 59 (1930).

Zailer und Wilck prüften das Ossiacher Moor in Kernten, ein stellenweise 11,5 m mächtiges Lager von Carextorf, dessen botanisch einheitliches Profil nach den Autoren keine Störung durch Einschlemmung anorganischer Bestandteile aufwies. Die Resultate waren folgende:

Aschengehalt in der Trockensubstanz des Ossiacher Carextorfes.

Tiefe in m	0,5	1,5	3,5	5,5	7,5	9,5	11,5	Untergrund
Reinasche in %	5,8	6,3	7,4	6,8	10,7	12,7	36,7	97,2

Rezente Arten, wie Carex stricta und acuta hatten 6,03 und 5,57% Asche; der Aschengehalt des Torfes in dem botanisch einheitlichen Moore stieg also mit der Tiefe, d. h. mit dem Alter erst allmählich, dann schneller an.

Franz Fischer, Schrader und Friedrich fanden bei Velener Torf keinen und bei Lauchhammer Torf nur einen sehr geringen Unterschied im Aschengehalt des Torfes aus verschiedenen Tiefen. Der Velener Torf ist ein Moos- oder Schilftorf, der Lauchhammer Torf ein Buchen- oder Föhrenwaldtorf. Schneider und Schellenberg fanden in der obersten Schicht von Velener Torf 1,8% und in 0,9 m Tiefe 1,7% Asche. Stadnikoff hat gelegentlich bei russischen Torfen ein Anwachsen des Aschengehaltes bis zu einem Maximalgehalt in mittleren Schichten gefunden.

Je nach den Umständen scheint also der Aschengehalt mit der Tiefe ständig zunehmen, abnehmen oder über ein Maximum (vielleicht auch Minimum ?) gehen zu können.

Über die Bestandteile der Torfaschen (in % des Torfes) unterrichten die Tabellen 33 und 34.

Tabelle 33[1].

	Stickstoff %	Mineralstoffe %	K_2O %	CaO %	Phosphorsäure %
1. Hochmoor. Obere Schicht (durch Verwitterung und Planzenwuchs angereichert)	1,2	3,0	0,05	0,35	0,10
Tiefere Schicht (jüngerer u. älterer Moostorf).	0,8	2,0	0,03	0,25	0,05
2. Übergangsmoor	2,0	5,0	0,10	1,00	0,20
3. Niedermoor	2,5 und mehr	10,0	0,10	4,00	0,25 und mehr

Als Beispiel mehr ins einzelne gehender Daten seien einige Analysen von Tacke[2] angegeben:

[1] Tacke-Keppeler: Die Niedersächsischen Moore. Hannover 1930. — Vgl. auch Fleischer: Landwirtschaftl. Jahrbch. **1891**, 374.

[2] Mitt. des Ver. zur Förderg d. Moorkultur im Deutschen Reiche **1904**, 136.

Tabelle 34.

Torfart	In Salzsäure lösl. Mineralstoffe %	Kalk %	Magnesia %	Eisenoxyd u. Tonerde %	Kali %	Phosphorsäure %
Jüngerer Sphagnumtorf	1,60	0,36	0,12	0,42	0,10	0,05
Älterer Sphagnumtorf	1,36	0,53	0,07	0,26	0,03	0,04
Übergangswaldtorf . .	3,50	1,81	0,13	0,82	0,05	0,05
Bruchwaldtorf	6,34	2,86	0,15	2,05	0,04	0,05
Schilftorf	3,10	0,51	0,14	1,50	0,09	0,10

Die untersuchten Proben enthielten im allgemeinen neben Kalium etwa ebensoviel Natrium. Besonders viel Kochsalz enthält submariner Torf, wie z. B. der Tuul genannte Salztorf der Insel Sylt.

Mit dem Fortschreiten der Vertorfung fanden Zailer und Wilck[1] an einer ganzen Anzahl von Torfarten, wie Riedtorfen, Moostorfen, Waldtorfen, Heidetorfen, darunter auch diluvialen Torfen in der Asche eine Abnahme von Kalium und Phosphorsäure. Die Werte für Kalk, Kieselsäure und Eisen schwankten dagegen ganz unregelmäßig.

Die organische Substanz des Torfes schwankt je nach Torfart und Lagertiefe in der Elementarzusammensetzung etwa um 50—60% C, 5—7% H, 1—4% N, 0,2—2% S und 30—40% O.

Zailer und Wilck fanden bei ihren bereits erwähnten Untersuchungen über das Carexmoor von Ossiach die Zahlen der folgenden Tabelle:

Tabelle 35.

Zusammensetzung von Carextorf bei steigendem Vertorfungsgrad.

Tiefe in m . .	0,5	1,5	3,5	5,5	7,5	9,5	11,5
% C	56,33	56,68	57,22	58,56	61,39	59,16	57,33
% H	5,33	5,85	5,55	5,72	5,71	5,82	5,59
% N	2,35	2,39	2,40	2,58	3,05	2,84	2,69
% O	35,99	35,08	34,83	33,14	29,85	32,18	34,39

In Velener Hochmoortorf, der nur geringe Mengen Asche enthält, fanden W. Schneider und A. Schellenberg[2] in einer Probe aus der obersten Schicht 51,3% C und 5,2% H, in einer Probe aus 0,9 m Tiefe 54,5% C und 5,2% H.

Torf aus dem Torfmoor Elektroperedatscha, dessen obere Schicht reiner Sphagnumtorf ist, dem in den unteren Schichten Wollgrastorf beigemengt war, haben G. Stadnikoff und Baryschewa[3] mit nebenstehenden Resultaten untersucht.

Tabelle 36.

Tiefe in m. . .	0,5	1,0	1,5
% C	50,63	53,61	56,63
% H	5,68	6,01	6,08
% N	1,54	1,40	0,94
% S	0,35	0,20	0,13

[1] Ztsch. f. Moorkultur u. Torfverwertg **1911**, 158.

[2] Abh. Kohle **5**, 94 (1920).

[3] Brennstoff-Chem. **11**, 21 (1930).

Man kann sagen, daß im allgemeinen mit zunehmender Tiefe der Gehalt an Kohlenstoff im Torfe wächst und der Gehalt an Sauerstoff abnimmt. Dieses Bild kann natürlich durch das Auftreten von Torfschichten in größeren Tiefen, welche aus irgendwelchen botanischen, biologischen oder geologischen Gründen schwächer zersetzt sind, oder aus andersartigem Ausgangsmaterial entstanden sind, verändert werden. Der Gehalt an Wasserstoff zeigt in verschiedenen Tiefen keine wesentlichen Unterschiede.

Der Stickstoff liegt im Torfe nur zum geringen Teil in Form anorganischer Salze, größtenteils in organischer Bindung vor. Die Vermutung, daß die stickstoffhaltigen Bestandteile des Torfes zu den Eiweißverbindungen gehören oder sich von ihnen ableiten, konnte auch durch Untersuchungen bekräftigt werden, bei denen Methoden der Eiweißchemie angewendet wurden und auf die später zurückgekommen wird. Der organisch gebundene Stickstoff des Torfes kann auf (abgebautes) Pflanzeneiweiß, auf Chlorophyll, auf tierische Reste, auf die beim Vertorfungsprozeß tätigen Pilze und Bakterien zurückgeführt werden.

Der Schwefelgehalt der Hochmoortorfe beträgt meist 0,5—1%, der Schwefelgehalt der Niedermoortorfe ist höher. Am schwefelreichsten sind nach Minßen[1] die Phragmitestorfe. Auch der Schwefel scheint zum großen Teil organisch gebunden zu sein und auch für ihn kommt Ursprung aus Eiweißverbindungen, wenigstens zum Teil, in Frage. Nach Untersuchungen von Krämer und Spilker[2] hat man auch Anwesenheit und Wirkung von Schwefelbakterien in Betracht zu ziehen.

d) Methoxylgehalt und Vertorfungsgrad.

Der Torf enthält Methoxyl. A. Pictet und M. Gaulis[3] fanden im Torfe von Avenches 3,34% OCH_3. Nach P. Karrer und Bodding-Wiger[4] sind die Methoxylgehalte einiger Schweizer Torfarten nebenstehende.

Tabelle 37.
Methoxylgehalt von Torfen.

	Torf von	Methoxylgehalt %
Niedermoor	Bavois	1,75
	Ins	3,51
	Ramsen	2,03
Hochmoor	Les Ponts de Martel	1,65
	Huswil (Diluvialtorf)	1,34

Odén und Lindberg[5] fanden in einem Carextorf, dessen Alter sie auf mehr als 4—5000 Jahre schätzen, 1,9% OCH_3; ferner in einem jüngeren Sphagnumtorf 0,61, in einem älteren 1,4 und in einem jüngeren Carextorf 2,6% OCH_3.

Die Änderung des Methoxylgehaltes mit der Tiefe haben Franz

[1] Österr. Moorztschr. **1913,** 59.
[2] B. **35,** 1212 (1902).
[3] Helv. chim. Acta **6,** 627 (1923).
[4] Helv. chim. Acta **6,** 817 (1923).
[5] Brennstoff-Chem. **7,** 167 (1926).

Fischer, Schrader und Friedrich[1] am Velener Torf und am Lauchhammer Torf geprüft. Die Ergebnisse waren folgende:

Tiefe in m	0,0	0,9	1,8	zunehmend			
Velener Torf	0,49	1,22	1,67				
Lauchhammer Torf	—	—	—	2,97	2,73	1,66	% OCH_3.

Der Velener Torf ist hauptsächlich aus Sphagnum entstanden, dessen Methoxylgehalt 0,2—0,4 beträgt. Die Zahlen für Lauchhammer Torf sind nicht ohne nähere botanische Untersuchung zu deuten.

G. Stadnikoff[2] hat Torf zuerst mit Lauge zur Entfernung des Alkalilöslichen behandelt, dann den Rückstand durch saure Hydrolyse von Kohlehydraten befreit und im verbliebenen unhydrolysierbaren Ligninrückstand den Methoxylgehalt bestimmt. Das Torflager, aus dem der Torf stammte, hatte sich in den oberen Schichten bis zu 1 m aus Sphagnum gebildet, von da ab trat besonders Eriophorum auf.

Tiefe in m	0,5	1,0	1,5	2,0
Ausbeute an Lignin, % Trockensubstanz	2,65	1,55	2,70	7,61
% Methoxyl im Lignin	2,2	4,28	6,39	3,57

Auch diese Zahlen sind nicht ohne weiteres diskutierbar.

Spezielle chemische Kennzahlen außer dem Methoxylgehalt scheinen bisher zur Charakteristik des Torfes kaum verwendet worden zu sein. Vielfach hat man sich aber um eine allgemeine Kennzahl zur Angabe des „Vertorfungsgrades“ bemüht.

Im Laufe des Vertorfungsprozesses wird die organisierte Struktur des Torfes geschädigt, die Menge der Faserelemente wird vermindert, die ursprünglichen Pflanzenstoffe nehmen ab, neue strukturlose Stoffe, Huminsäuren und Humine genannt, treten auf. Grundsätzlich kann nun jede Größe, die sich während des Vertorfungsprozesses ändert, unter Berücksichtigung des ursprünglichen Zustandes in der torfbildenden Flora, dem Zersetzungsgrad der Torfbildner proportional genommen, irgendwie als Vertorfungsgrad bezeichnet und als Maß dafür angesehen werden, wieweit der Vertorfungsprozeß gediehen ist. Da der Zustand des Torfes von einer ganzen Anzahl Faktoren abhängt, kann er offenbar durch Bestimmung einer einzigen Veränderlichen nicht genügend beschrieben werden. Dies ist nicht immer klar gewesen.

Bestimmungen des Vertorfungsgrades gründete man auf:

1. die Menge der unveränderten Pflanzenteile oder Pflanzenstoffe, besonders der unveränderten Zellwandbestandteile;

2. die Menge irgendeines genauer definierten Bestandteiles der ursprünglichen Pflanzen (z. B. Kohlehydrate oder Cellulose);

[1] Abh. Kohle **5**, 530 (1920).
[2] Neuere Torfchemie. S. 98. Dresden und Leipzig 1930.

3. die Menge der unverzuckerbaren Stoffe. (An diesen haben sowohl ursprüngliche Pflanzenstoffe, vor allem das Lignin, als auch Produkte der Vertorfung, vor allem die Huminsubstanzen, teil);

4. die Menge der entstandenen Huminsäure.

1. Durch Abschlemmen der zersetzten Substanzen und Wägen der wohlerhaltenen Pflanzenfaser suchte man den Vertorfungsgrad auf mechanischem Wege zu bestimmen.

Die Trennung der vertorften Anteile von den nichtvertorften haben P. Karrer und Bodding-Wiger[1] auf chemischem Wege mit Hilfe von Acetylbromid[2] versucht. Gemahlene lufttrockene Torfproben wurden zweimal mit Acetylbromid und etwas Eisessig behandelt, wobei die Temperatur bis auf 50° gesteigert wurde. Lignin und Cellulose gingen in Lösung; man saugte ab, wusch und trocknete. Nach dieser Methode untersuchte Nieder- und Hochmoortorfe zeigten keine merklichen Unterschiede, wie aus der folgenden Tabelle hervorgeht:

Tabelle 38.

Torfart	Torf von	In Acetylbromid unlösliche Substanz	davon Asche	Aschefreie vertorfte Anteile
		%	%	%
Niedermoortorfe	Bavois	31,0	40,60	19
	Ins	31,0	6,7	28
	Ramsen	32,0	1,7	33
Hochmoortorfe	Les Ponts de Martel . .	26,0	9,5	23
	Huswil (Diluvialtorf) . .	27,0	3,5	26

2. Nach G. Keppeler[3] bestimmt man die Menge aller in einer Torfprobe vorhandenen verzuckerungsfähigen Substanzen, indem man erst in der Kälte mit Schwefelsäure von 72%, dann nach dem Verdünnen in der Hitze hydrolysiert. Die Summe der entstandenen einfachen Zuckerarten wird durch Bestimmung der Gesamtreduktion (GR.) nach Fehling-Bertrand ermittelt. Für Sphagnummoos betrug die so gefundene Gesamtreduktion 68%. Für den Zersetzungsgrad von Sphagnumtorf und weiterhin angenähert von Torf überhaupt hat man dann die Formel: $100 - \frac{\text{GR.} \times 100}{68}$. Aus der folgenden Tabelle ergibt sich die Abnahme der Gesamtreduktion mit dem Alter des Torfes, sowie auch die Tatsache, daß Niedermoortorfe viel schneller vertorfen als Hochmoortorfe.

---

[1] Helv. chim. Acta **6**, 817 (1923). — Vgl. auch Karrer und Widmer: Helv. chim. Acta **4**, 700 (1922).

[2] Die Acetylbromidmethode verwendeten ferner W. Großkopf: Brennstoff-Chem. **10**, 161, 218 (1929); U. Springer: Ztschr. Pflanzenernährg A **11**, 346 (1928). — Vgl. auch W. Großkopf: Brennstoff-Chem. **11**, 116 (1930).

[3] Journ. f. Landw. **68**, 43 (1920).

Tabelle 39.

Nr.	Torfart	Herkunft	Gesamtreduktion %
1	Jüngerer Sphagnumtorf	Poggenmoor	57,3
2		Velen.	54,9
3		Gifhorn.	53,8
4		Poggenhagen	50,3
5		Velen.	47,5
6		Elisabethfehn	34,7
7	Älterer Sphagnumtorf	Elisabethfehn	19,9
8		Dänemark	14,4
9	Seggentorf	Pommern	19,3
10		Mecklenburg.	18,6
11		,, ...	16,8
12		,, ...	12,8
13		Ostrach.	16,2
14	Bruchwaldtorf	Schwege	13,6
15	Submariner Scheuchzeriatorf	Flandern	18,1

Die Abnahme der Kohlehydrate bei der Vertorfung betrifft im einzelnen besonders die Pentosane, nicht ganz so schnell die Cellulose. G. v. Feilitzen[1] fand im Hochmoortorf je nach dem Alter 12,75 bis 2,18% Pentosane; die Abnahme des Pentosangehaltes mit dem Alter wird auch durch die neueren Untersuchungen von W. Großkopf[2] sowie von Springer und Abele[3] bestätigt. Was die Cellulose betrifft, so fanden Tollens und v. Feilitzen[4] in Sphagnum cuspidatum 20,8—21,42% Cellulose, in Torf aus dem Speckener Moor in der Tiefe von 0,2—1 m 15,37, in 1—2 m Tiefe 6,64 bis 7,1% Cellulose. Qualitativ finden R. Potonié und W. Benade[5] in Torf außer verholzter Cellulose nach ihrer Angabe ebenso wie in Schieferkohlen auch noch nicht inkrustierte, wie sie sagen, reine Cellulose, nach ihrem Hinweis wie diejenige der Zellwände krautiger Pflanzen. Nach ihrer Arbeitsvorschrift hat man mit Kupferoxyd-Ammoniak (Cuoxam) zu extrahieren, die Cellulose mit Schwefelsäure wieder zu fällen und zu zentrifugieren.

Eine genaue quantitative Durchbildung zum Zwecke der Bestimmung des Vertorfungsgrades hat die Cellulosebestimmung im Torf durch K. Hess und Komarewsky[6] sowie Komarewsky[7] gefunden. Lufttrokkene gemahlene und gesiebte Proben werden durch Behandlung mit organischen Lösungsmitteln von bituminösen Substanzen, durch Behandlung

[1] Dissertation Göttingen 1897.
[2] Brennstoff-Chem. **7**, 293 (1926); **10**, 161, 213 (1929).
[3] Brennstoff-Chem. **8**, 117 (1927).
[4] Journ. f. Landw. **1898**, 17.
[5] Braunkohle **28**, 335 (1929).
[6] Ztschr. angew. Chem. **41**, 541 (1928).
[7] Ztschr. angew. Chem. **42**, 336 (1929).

mit Natronlauge von Huminsäuren und schließlich durch Behandlung mit Chlordioxydlösung und hernach Natriumsulfitlösung nach E. Schmidt von Lignin befreit. Die verbleibende rohe Cellulose wird über ihre Lösung in Schweizers Reagens (Cuoxam) gereinigt. Wenn die Cellulose vergleichsweise nach Cross und Bevan bestimmt wurde, wurden um 2—3% höhere Werte erhalten. Als Beispiel für die Resultate von Komarewsky diene die nachstehende Tabelle:

Tabelle 40. Cellulosegehalte von Torf aus dem Torfmoor Sinjavinskoje.

Tiefe in m	0,5	1,0	1,5	2,0
Rohe Cellulose in % . .	15,81	14,01	11,76	9,78
Reine Cellulose in % . .	14,40	12,49	10,16	7,80

3. Bei der Hydrolyse von Torfproben mit Hilfe von Mineralsäuren kann man an Stelle des in Lösung gehenden Zuckers die Menge der Unverzuckerbaren bestimmen. Aus diesem Befunde kann man dann unter Berücksichtigung des Unverzuckerbaren im Ausgangsmaterial den Vertorfungsgrad berechnen. Dies ist von G. Keppeler geschehen; den Ligningehalt im Sphagnum gibt Keppeler mit 11% an. Demnach stiege für Sphagnumtorf beim Ansteigen der unhydrolysierbaren Bestandteile von 11—100 der Vertorfungsgrad von 0—100. Nach dieser Methode hat G. Kühn[1] an 30 Humusproben eines Preußischen Forstrevieres bei Bremen den Vertorfungsgrad von Modern im Mittel zu 52,4, von Trockentorfen im Mittel zu 58,4, von Brenntorf im Mittel zu 70,2% bestimmt. Auch nach anderen Angaben[2] steigt die Menge des Unhydrolysierbaren von höchstens 11% im Sphagnum auf 70—85% im Torf aus größerer Tiefe.

4. Um den Vertorfungsgrad durch die Menge der gebildeten Huminsäure zu kennzeichnen, kann man sich prinzipiell jeder zur Bestimmung der Huminsäure vorgeschlagenen Methode bedienen. Durch Extraktion mit Lauge erhielten E. Melin und G. Larsson[3] durch wiederholte Extraktion bei 100° folgende Mengen roher Huminsäure:

Tabelle 41. Huminsäuregehalt von Torfen.

Torfart	Ausgezogen mit	Huminsäure %
Subatlantischer Sphagnumtorf . . .	Natronlauge von 10%	6,6
Subatlantischer Sphagnumtorf . . .	Natronlauge von 20%	8,9
Subborealer Sphagnumtorf	Natronlauge von 10%	18,6
Subborealer Sphagnumtorf	Natronlauge von 20%	21,4

W. Schneider und A. Schellenberg[4] behandelten Velener Torf aus der obersten Schicht, aus 0,9 und 1,8 m Tiefe mit Ammoniak sowie mit Natronlauge. Bei Zimmertemperatur erhielten sie mit Ammoniak

[1] Dissertation Hann.-Minden 1929. [2] Vgl. z. B.: Abh. Kohle **5**, 530 (1920).
[3] Zitiert nach Odén: Huminsäuren. S. 83. [4] Abh. Kohle **5**, 377 (1920).

der Reihe nach 4,6, 11,6 und 21,5%, mit 5%iger Natronlauge 10,7, 19,5 und 34,8% Huminsäure. Das Steigen des Huminsäuregehaltes mit zunehmender Vertorfung ist ebenso unverkennbar wie die Abhängigkeit der absolut betrachteten Ausbeute von den Arbeitsbedingungen.

Man könnte an eine Bestimmung der Huminsäure durch Bestimmung der Acidität der Proben denken. Aus Zahlenangaben von Odén[1] ist aber ersichtlich, daß Acidität, Humifizierung und Gehalt an Huminsäure in einer Ablagerung zwar mit dem Alter wachsen, aber keineswegs einander proportional. Dies ist schon deshalb verständlich, da die Humussäure je nach den äußeren Umständen mehr oder weniger durch Salzbildung neutralisiert werden kann.

Nach dem Vorgange von Sven Odén[2] bestimmt man die Huminsäure kolorimetrisch, indem man die Farbenintensität eines alkalischen Torfauszuges mit einer Stammlösung des käuflichen Präparates Acidum huminicum Merck vergleicht. C. Blacher[3] hat darauf hingewiesen, daß Verschiedenheiten im Farbcharakter der Huminsäuren zu verschiedenen Werten für an sich gleiche Gewichtsmengen führen müssen; diese Abweichungen sollen unter Umständen allerdings auch wertvolle Anhaltspunkte zur Beurteilung des Torfes geben. Nach der kolorimetrischen Methode haben auch G. Stadnikoff und S. Mehl[4] gearbeitet. Fehler dieser Methode sind schon deshalb vorauszusehen, weil die Huminsäuren in alkalischer Lösung vom Luftsauerstoff chemisch angegriffen werden. Auf die starke Aufhellung alkalisch reagierender Huminsäurelösungen hat neuerdings U. Springer[5] hingewiesen. Unter konventionell festgelegten Bedingungen wäre die Methode für Vergleichszwecke brauchbar.

Es seien hier nur noch kurz Arbeiten von Y. Kauko[6] erwähnt. Dieser Autor kommt auf Grund von Elementaranalysen verschieden stark zersetzter Torfproben sowie auf Grund rechnerischer Überlegungen zu dem Schlusse, daß bei der Vertorfung sich sowohl Kohlensäure als auch Wasser bilden, und zwar anfangs mehr Kohlensäure, später mehr Wasser. Für den Vertorfungsgrad n stellt Kauko folgende Gleichung auf:

$$n = \frac{27\,h_0 + 11\,c_0 + 300}{27\,h + 11\,c - 300}.$$

In dieser Gleichung bedeuten c_0 und h_0 den Prozentgehalt des „unzersetzten" Torfes (soll wohl heißen des ursprünglichen Materiales) an Kohlenstoff und Wasserstoff, c und h die entsprechenden Prozentgehalte des Torfes, der sich beim Fortschreiten der Vertorfung gebildet hat. Abweichungen von dieser Gleichung zeigten sich besonders bei

[1] Odén: Huminsäuren. S. 83.
[2] Odén: Huminsäuren. S. 106.
[3] Brennstoff-Chem. **6**, 49, 86 (1925).
[4] Brennstoff-Chem. **6**, 317 (1925).
[5] Brennstoff-Chem. **8**, 17 (1927).
[6] Acta Commentationes Univ. Dorpatensis 1924, Nr. 5.

stark zersetztem Carex- und Phragmitestorf. Diese Abweichungen erklärt Kauko damit, daß in diesen Fällen bei der Vertorfung auch Kohlenwasserstoffe (wie z. B. Methan) entstehen.

C. Blacher[1] hat ausgeführt, daß die Summe aus den Prozentgehalten an unzersetzten Fasern, Asche, Wasser und Humussäure bei Vorliegen einer brauchbaren Huminsäurebestimmung gleich Hundert sein müßte. Es ist aber zu bedenken, daß der Vertorfungsprozeß ein allmählicher Vorgang ist, bei dem es Übergänge zwischen unzersetzter Faser und Huminsäure gibt und bei dem es zur Neubildung von Substanzen in den Bakterienleibern kommt. Außerdem muß sich auch das Verschwinden ursprünglicher Pflanzenstoffe analytisch irgendwie bemerkbar machen.

Bei den Arbeiten über den Vertorfungsgrad hat sich ein Tatsachenmaterial angesammelt, welches als Ganzes betrachtet ein brauchbares erstes Bild über die Vorgänge bei der Entstehung des Torfes liefert.

e) Systematische Zerlegungsanalyse.

Der Torf ist ein Gemenge der verschiedensten chemischen Verbindungen und Stoffgruppen. Zur Zerlegung dieses Gemenges in seine wichtigsten Komponenten haben unter Benutzung der vorliegenden Literatur Sven Odén und S. Lindberg[2], J. Marcusson[3], G. Stadnikoff[4], S. A. Waksman[5] sowie R. Thiessen und R. C. Johnson[6] Arbeitsgänge angegeben.

Odén und Lindberg arbeiten wie folgt:

1. Zur Bestimmung von Wachs, Harz und ähnlichen Stoffen wird getrocknetes und fein zerkleinertes Material bei 110° bis zu annähernd konstantem Gewicht getrocknet und dann im Soxlethapparat mit Äther 6—8 Stunden extrahiert. Der Ätherextrakt wird getrocknet und gewogen.

2. Zur Bestimmung des Lignins werden mit Äther extrahierte Proben mit der mehr als 30fachen Menge von n-schwefliger Säure 12 Stunden auf 130° erhitzt. Das Reaktionsgemisch wird filtriert; das gelbe bis braune Filtrat enthält Lignin, welches, wie durch das Verhalten gegen Naphthylamin festgestellt werden kann, in Ligninsulfonsäure übergegangen ist; daneben noch hydrolysierte Pentosane und Hexosane.

3. 1—2 g des nach 2 verbliebenen Rückstandes werden mit 300 ccm 2 n-Ammoniak in einer Sodawasserflasche unter mehrmaligem Umschütteln längere Zeit auf dem Wasserbade erwärmt und hierauf noch 3—5 Stunden im Autoklaven auf 110° erhitzt. Man läßt erkalten und zentrifugiert; nötigenfalls wiederholt man die Behandlung. Die dunkle

[1] Brennstoff-Chem. **6**, 49, 86 (1925). [2] Brennstoff-Chem. **7**, 165 (1926).
[3] Ztschr. angew. Chem. **40**, 48 (1927). [4] Kolloidchem. Beih. **31**, 80 (1930).
[5] Brennstoff-Chem. **11**, 279 (1930). [6] Fuel **9**, 367 (1930).

Lösung enthält außer den Huminsäuren auch Substanzen der Kohlehydratgruppe, besonders Pektinsäuren. Durch Furfurolbestimmungen kann man die Pentosen bestimmen.

4. 1—2 g des Rückstandes von 3. werden mit Schweizers Reagens 3 Stunden digeriert; die trübe Lösung wird durch Silikafilter filtriert, der Rückstand gewaschen, getrocknet und gewogen. Die in Lösung gegangene Cellulose wird mit Alkohol ausgefällt, nach 24 Stunden abzentrifugiert, erst mit Salzsäure, dann mit Wasser gewaschen und gewogen. Die so gewonnene Cellulose enthielt etwa 5% Asche. Tabelle 42 enthält Ergebnisse von Torfanalysen.

Tabelle 42. Torfanalysen nach Odén und Lindberg.

Botanischer Charakter	Grad der Humifizierung kolorimetrisch bestimmt [1]	Äther-extrakt	SO_2-Extrakt (Lignin)	NH_3-Ex-trakt	Cellu-lose	Unlös-licher Rest
		in % der organischen Substanz				
Sphagnumtorf . .	9,0	—	71,0	21,1	—	7,9
Sphagnumtorf . .	9,0	—	61,6	15,3	9,5	13,6
Sphagnumtorf . .	18,3	3,7	58,3	16,8	7,5	13,7
Heidetorf	20,3	0,2	50,0	25,9	5,9	18,0
Sphagnumtorf . .	22,0	3,3	47,4	28,5	7,5	13,3
Carextorf	—	2,6	38,7	36,7	4,0	18,0
Sphagnumtorf . .	—	4,9	36,1	32,8	5,1	21,0
Birkentorf	—	1,4	37,2	41,0	3,5	16,9
Carextorf	29,8	—	32,4	59,0	—	8,6
Waldmoortorf . .	49,9	—	15,4	77,0	—	7,6
	Mittlerer Gehalt zus.		80,2			

Die Arbeitsweise von Odén und Lindberg ist in manchen Einzelheiten anfechtbar, liefert aber im ganzen betrachtet gewiß kein falsches Bild. Die Verfasser untersuchten mit ihrer Methode zwei Torfarten, die aus Eriophorum vaginatum, Andromeda polyfolia und Sphagnum balticum entstanden waren und ferner eine dritte Torfprobe, die mehr aus Carex gebildet worden war. Torf Nr. 1 war etwa 500, Torf Nr. 2 etwa 4—5000 Jahre alt, Torf Nr. 3 dürfte etwas älter gewesen sein als Nr. 2. Tabelle 43 enthält die Ergebnisse (in % der org. Substanz).

Tabelle 43.

Torf Nr.	Fett, Harz Wachs	Lignin (mit gewissen Pentosanen)	Huminsäuren (und Pektinsäuren)	Lignin, Huminsäuren, Pektinsäuren	Cellulose	Unlösl. Rest
1	4,3	43,4	25,4	68,6	4,7	22,2
2	6,6	30,2	38,2	68,4	3,3	21,7
3	n. b.	35,8	53,8	89,6	Spur	10,4

J. Marcusson[2] hat folgenden Analysengang eingeschlagen:

[1] Nach Melin, E., S. Odén: Internat. Mitteil. f. Bodenkunde 9, 391 (1920).
[2] Ztschr. angew. Chem. 40, 48 (1927).

1. Harze und Wachse werden durch Extraktion erst mit Äther, dann mit Benzol-Alkohol 2:1 ausgezogen.

2. Cellulose wird nach Cross und Bevan bestimmt.

3. Huminsäuren und Glucuronsäure werden durch Erwärmen mit Natronlauge von 1% auf dem Wasserbade während einer Stunde in Lösung gebracht. Das alkalische Filtrat wird angesäuert, wobei glucuronsäurehaltige Huminsäuren ausfallen, während andere teils flüchtige, teils nichtflüchtige Säuren in Wasser gelöst bleiben. Die letzteren sollen Tollens Reaktion auf Glucuronsäure mit Naphtoresorcin und Salzsäure geben.

4. Im Rückstand des alkalischen Auszuges nach 3 wird das Lignin mit überkonzentrierter Salzsäure bestimmt. Die Resultate eines solchen Ganges in % sind der nachfolgenden Tabelle zu entnehmen:

Tabelle 44. Zerlegungsanalyse von Torfen nach Marcusson.

Torfart	Äther löslich	Benzol-Alkohol lösl.	Cellulose (pentosanhaltig)	Lignin	Huminsäuren	Wasserlösl. nichtflüchtige Säuren	Flüchtige Säuren	Wasser	Asche
Weißmoostorf vom Kehdinger Moor	2	1,5	43,8	6,3	14	14,5	1,7	14,5	0,9
Jüngerer Sphagnumtorf vom Memeldelta	1,8	2,5	40,1	10,6	15	12	3,0	11,4	0,6
Älterer schwarzer Brenntorf	4	8,4	10,7	10,6	33,7	11,3	1,2	12,8	1,8

G. Stadnikoff[1] hat neuerdings die vorliegenden Analysengänge kritisch behandelt und bei seinen eigenen Untersuchungen folgenden Arbeitsgang eingehalten:

1. Bitumenstoffe wurden mit Benzol-Alkohol 1:1 extrahiert.

2. Die bitumenfreien Torfproben wurden mit Wasser auf dem siedenden Wasserbade ausgezogen. Der wässerige Extrakt enthielt Zucker und Zuckersäuren. Seine Menge wurde durch Eindampfen bestimmt.

3. Die von Bitumen und wasserlöslichen Substanzen befreiten Proben wurden auf dem Wasserbade mit Natronlauge von 1% erschöpfend extrahiert. Beim Ansäuern des alkalischen Auszuges mit Salzsäure fielen die Huminsäuren aus; deren Filtrat lieferte beim Eindampfen eine erhebliche Menge in Äther und Alkohol löslicher Säuren.

4. Im Rückstand des alkalischen Auszuges wurde das Lignin mit hochkonzentrierter Salzsäure nach Willstätter bestimmt; die Differenz wurde als Cellulose in Rechnung gestellt.

[1] Kolloidchem. Beih. **31**, 80 (1930).

Über die Resultate gibt Stadnikoff die nachstehende Tabelle, die sich auf das schon S. 92 erwähnte Lager bezieht.

Tabelle 45. Zerlegungsanalyse von Torfen nach Stadnikoff.

Tiefe der Lagerstätte	Asche	Bitumen	Wasserextrakt	Huminsäuren	Extrakt aus dem sauren Filtrat der Huminsäuren		Lignin	Cellulose	Summe
					Äther	Alkohol			
m	%	%	%	%	%	%	%	%	%
0,5	3,13	10,89	14,89	31,90	7,00	22,50	2,65	9,90	102,86
1,0	2,04	17,01	12,70	33,90	6,70	23,00	1,55	5,61	102,51
1,5	2,49	19,02	13,11	31,10	3,0	24,0	2,70	4,80	100,22
2,0	—	22,68	—	—	—	—	7,61	7,41	—

S. A. Waksman und K. R. Stevens[1] haben für die Analyse von Torf (und Pflanzenmaterial überhaupt) folgenden Gang angegeben:

1. 2 Proben zu je 5 g werden lufttrocken 16—24 Stunden im Soxleth mit Äther extrahiert; der Extrakt wird 12—24 Stunden bei 100° getrocknet und gewogen. Der Rückstand wird eventuell ebenso mit Alkohol extrahiert; die beiden Extrakte können vereinigt werden.

2. Sodann wird 24 Stunden mit 150 ccm Wasser in der Kälte behandelt. Man wäscht 2—3mal, füllt auf, bestimmt in $^1/_{10}$ der Stammlösung den Zucker nach Bertrand, dampft einen zweiten Teil in einer Quarzschale ein, wiegt ab, verascht und wägt wieder. Man bekommt so Gesamtlösliches und lösliche Asche. $^1/_3$ des Filtrats wird eingeengt und zu einer Stickstoffbestimmung nach Kjeldahl benutzt. In einem weiteren Teil der Lösung kann eine Schwefelbestimmung erfolgen.

3. Der Rückstand der Kaltextraktion wird mit 150 ccm heißem Wasser 3 Stunden auf dem Wasserbade oder unter Rückfluß erwärmt. Auch in diesem Auszug werden Gesamtrückstand, lösliche Asche und Stickstoff bestimmt.

4. Nunmehr wird mit 150 ccm Alkohol von 95% 2—3 Stunden unter Rückfluß auf dem siedenden Wasserbad ausgezogen. Der Rückstand der alkoholischen Lösung wird gewogen.

5. Jetzt werden die Proben 5 Stunden mit 150 ccm Salzsäure von 2% gekocht. In der Lösung wird der reduzierende Zucker bestimmt; durch Multiplikation mit 0,9 erhält man die Menge der Hemicellulosen.

6. Je 1 g der beiden Rückstände dient zur Cellulosebestimmung, Waksman und Stevens empfehlen die Methode von Kiesel und Semiganowski[2]; man erhält nach ihr wohl nur 90—95% der vorhandenen Cellulose, doch soll sie bequemer sein als andere.

7. Der Rückstand der Verzuckerung von 6. wird gewogen; er stellt das rohe Lignin dar. Die Lignine werden noch zwecks Anbringung der nötigen Korrekturen auf Aschengehalt und N-Gehalt untersucht.

[1] Ind. engin. Chem. analyt. Edition **2**, 167 (1930). [2] B. **60**, 333 (1927).

8. Der Gesamt-N-Gehalt der Probe weniger dem in wäßriger Lösung gefundenen Stickstoff mal 6,25 liefert das vorhandene Rohprotein.

Die Ergebnisse von Untersuchungen nach diesem Gange sind nachstehend in zwei von Waksman[1] angegebenen Tabellen dargestellt.

Tabelle 46. Chemische Zusammensetzung eines Niedermoor-Torfprofils (Newton, N. Y.) in % der Trockensubstanz.

Tiefe der Schicht cm	p_H	Äther-löslich	Wasser-löslich	Hemi-cellulosen	Cellulose	Torf-Lignin, Asche- u. N-frei	Rohprotein	Asche
12	5,9	0,66	3,08	10,31	0	38,35	22,48	13,22
18	6,3	1,10	1,24	8,95	0	50,33	18,72	10,13
160—180	6,3	0,49	2,31	7,02	0	57,83	14,81	10,15
160	6,7	0,78	1,14	7,51	0	42,10	19,81	15,00
See (Lake)-Torf	6,8	0,67	0,81	12,14	0	33,25	19,38	24,87
Gyttja-Schicht	8,0	0,36	1,24	5,92	0	15,62	9,81	59,55

Tabelle 47. Chemische Zusammensetzung eines Hochmoor-Torfprofils (Cherryfield, Maine) in % der Trockensubstanz.

Tiefe der Schicht cm	p_H	Äther-löslich	Alkohol-löslich	Hemi-cellulosen	Cellulose	Torf-Lignin	Proteine	Asche
1—8	4,05	2,35	1,45	26,45	16,86	27,18	4,08	2,00
8—20	3,95	2,62	1,92	25,24	14,74	29,21	4,28	1,14
20—30	3,85	2,82	1,83	24,55	15,97	28,85	5,11	1,02
30—46	3,86	2,57	2,08	22,25	13,69	32,23	5,24	0,90
46—61	3,73	2,96	3,20	18,48	14,66	33,24	4,81	1,06
183—214	4,47	3,97	3,15	15,94	15,55	37,43	4,41	0,99
460—480	4,71	4,89	4,29	12,69	11,85	44,83	4,73	1,10
550—580	5,18	5,97	5,06	5,96	5,06	54,11	11,53	2,83

Zum Arbeitsgang von Waksman und Stevens bemerkt Stadnikoff, daß die von den erwähnten Forschern gefundenen Werte für Lignin sich auf eine Mischung von Lignin, Huminsäuren und auch Bestandteilen des Bitumens beziehen müssen. Waksman äußert Bedenken gegen das Verfahren von Stadnikoff, für die Extraktion der Bitumenfraktion Benzol-Alkohol zu verwenden, da er glaubt, daß dadurch auch Substanzen der „Torflignin"-Gruppe entfernt werden. Doch sagt er selbst, daß dies keinen erheblichen Unterschied in den Ergebnissen hervorrufen kann.

R. Thiessen und Johnson[2] untersuchten das Profil des Waldmoores Hawk Island Swamp in Wisconsin nach der Methode von Odén und Lindberg, sowie nach ihrer eigenen Methode. Dieses Moor ist heute ein Waldmoor mit einem Bestande von Weißcedern, Thuja occidentalis, ferner Tamarisken, Birken usw. Die Zerfallsprodukte des Waldmoores reichen bis in eine Tiefe von 1,2 m. In den unteren Schichten ist der

[1] Brennstoff-Chem. **11**, 279 (1930). [2] Fuel **9**, 367 (1930).

Baumtorf mit Laubmoostorf vermischt, welcher anschließend an die Schicht von 1,2 m eine typische Moostorfschicht von 0,30 cm bildet. Daran schließt sich Riedgrastorf in einer Mächtigkeit von 0,9—1,5 m an. Die letzte Schicht von 0,3 m besteht aus einer Art Lebertorf.

Proben aus verschiedenen Tiefen wurden wie folgt analysiert:

1. 5 g bei 105° getrocknetes Material wurden 48 Stunden mit kaltem Wasser behandelt; im Filtrat werden organische und anorganische Bestandteile bestimmt.

2. Der Rückstand von 1. wird in gleicher Weise 3 Stunden mit Wasser gekocht, filtriert usw.

3. Der Rückstand von 2. wird 8 Stunden im Soxleth mit Äther extrahiert.

4. Der Rückstand von 3. wird mit Chlordioxydlösung behandelt; unter Berücksichtigung der gelösten Aschenbestandteile wird die Gewichtsabnahme als Lignin in Rechnung gestellt.

5. Der Rückstand von 4. wird 5 Tage mit 2n-Ammoniaklösung stehen gelassen und schließlich 3 Stunden auf 110° erhitzt. Man filtriert und stellt die Gewichtsabnahme als Huminsubstanz in Rechnung.

6. Dem Rückstand von 5. wird die Cellulose durch Schweizers Reagens entzogen.

7. Unlöslich bleiben dann noch organische Anteile (Sporen, Kutikeln) und Aschenbestandteile.

Die folgende Tabelle 48 enthält eine Übersicht der Resultate; die erste Zahl bezieht sich stets auf Thiessens Methode des Bureau of Mines, die zweite Zahl in der Klammer auf Odéns Methode.

Die wasserlöslichen Substanzen bestehen aus Kohlehydraten, organischen Stickstoffverbindungen und auch Huminsubstanzen, die ätherlöslichen Stoffe aus Fetten, Wachsen und Harzen. Das eigentliche Waldmoor zeigt ein verhältnismäßig schnelles Verschwinden der Cellulose, eine allmähliche Abnahme des Lignins und eine allmähliche Zunahme der Huminsubstanzen und des unlöslichen Restes. In der Moostorfschicht zeigt sich dagegen eine bemerkenswerte Resistenz der Cellulose. Im Riedtorf ist die Cellulose fast ganz verschwunden. Thiessen und Johnson teilen noch mit, daß die Menge der wasserlöslichen reduzierenden Zucker von 3,7% in der obersten Schicht bis auf 13,9% bei 2,44 m Tiefe anwachse. Hierauf wird noch zurückgekommen.

Über Torflager von Sachalin haben Komatsu und Hiki[1] Angaben gemacht.

Die weitere Verbesserung der chemischen Zerlegungsmethoden und weitere Untersuchungen an botanisch und mikrobiologisch gut charakterisierten Torfprofilen wären erwünscht. Die Ergebnisse der Unter-

[1] Nach C **1928** I 2327.

suchung der chemischen Einzelbestandteile des Torfes, die bisher erzielt worden sind, werden im folgenden Abschnitt behandelt.

Tabelle 48. Zusammensetzung von Torfproben aus dem Hawk Island Moor in %.

Tiefe in m	Heiß-wasser-Extrakt	Äther-löslich	Lignin	Humin-substanz	Cellulose	Unlöslicher Rest
0,08	—	1,8 (2,9)	36,5 (42,3)	9,9 (7,0)	25,0 (44,7)	4,1 (2,0)
0,15	—	3,8 (3,0)	21,3 (27,3)	15,2 (19,6)	38,9 (38,5)	8,5 (10,6)
0,23	2,48	3,8 (3,2)	18,1 (23,6)	14,6 (21,8)	38,8 (37,2)	12,9 (15,2)
0,30	—	5,3 (4,1)	11,5 (21,7)	17,3 (22,8)	33,0 (40,5)	12,8 (12,0)
0,38	—	— (3,0)	— (52,6)	— (12,2)	— (23,3)	— (9,0)
0,45	—	3,6 (2,8)	33,4 (43,4)	14,7 (25,0)	22,3 (11,3)	9,8 (18,3)
0,53	4,25	3,5 (3,9)	41,3 (34,8)	15,5 (30,8)	14,5 (9,0)	10,5 (21,1)
0,61	—	1,4 (2,9)	22,3 (38,3)	32,1 (39,2)	7,4 (11,6)	23,7 (18,5)
0,76	—	1,3 (2,8)	29,6 (16,7)	18,0 (43,9)	9,6 (7,2)	30,5 (—)
0,91	3,55	8,6 (6,0)	21,3 (—)	33,2 (—)	9,2 (—)	18,3 (—)
1,06	5,80	7,3 (4,2)	16,4 (20,3)	35,4 (45,9)	2,5 (5,0)	13,6 (23,4)
1,22	3,08	4,7 (3,7)	27,7 (15,1)	38,5 (53,2)	6,7 (3,6)	14,4 (25,2)
1,37	—	3,0 (2,7)	20,3 (17,5)	35,8 (51,8)	5,0 (18,2)	19,5 (9,4)
1,52	4,46	2,9 (2,0)	20,2 (10,3)	31,0 (56,4)	20,4 (22,1)	15,4 (10,8)
1,67	—	2,5 (2,2)	12,6 (18,6)	36,6 (50,2)	23,0 (10,4)	19,2 (15,6)
1,83	2,3	4,3 (2,1)	28,8 (11,7)	37,7 (43,9)	7,2 (—)	23,7 (20,2)
1,98	—	1,7 (0,8)	30,2 (17,6)	31,1 (50,2)	10,1 (4,8)	20,2 (10,4)
2,13	1,3	3,5 (1,5)	24,0 (34,2)	38,6 (47,3)	4,0 (1,1)	24,1 (15,3)
2,28	—	1,8 (1,7)	19,4 (21,8)	35,9 (54,6)	2,2 (2,0)	— (20,4)
2,44	0,9	5,7 (8,2)	20,2 (17,4)	42,9 (59,8)	0,9 (0,0)	21,5 (18,4)
2,59	—	4,1 (0,6)	18,3 (—)	48,0 (53,7)	0,4 (0,0)	23,4 (21,1)
2,74	—	1,5 (3,5)	15,8 (16,3)	49,5 (65,8)	1,0 (2,2)	18,3 (23,5)
2,89	—	2,2 (5,2)	18,3 (13,1)	47,8 (60,3)	— (—)	19,4 (26,3)
3,04	—	4,5 (6,6)	10,0 (15,2)	51,1 (61,0)	— (0,0)	20,4 (28,4)

3. Chemie der Bestandteile des Torfes.

a) Proteine.

Beim Absterben von Pflanzen verschwinden die Proteine erfahrungsgemäß sehr bald. Doch werden in den auf Kosten der zersetzten Pflanzen wachsenden Kleinlebewesen Eiweißstoffe neu gebildet. Im Torf ist stets etwas Eiweiß enthalten.

Wenn man den Stickstoffgehalt des Torfes mit 6,75 multipliziert, findet man den Maximalgehalt an Eiweiß. Genauer ist es, den wasserlöslichen Stickstoff für sich zu bestimmen und vom Gesamtstickstoff vor der Berechnung abzuziehen. Auf diese Weise ermittelt S. A. Waksman das vorhandene Rohprotein.

Durch Hydrolyse von Humusböden, Huminsäurepräparaten und Torf mit Mineralsäuren und nachfolgende passende Aufarbeitung kann man Aminosäuren erhalten, welche die Bausteine der Eiweißverbindungen sind. So fanden Suzuki[1], O. Schreiner[2] und seine Mitarbeiter, sowie

[1] Nach C. **1907 II,** 1650.

[2] U. S. A. Bureau of Soils Bull. **53** (1909); **74** (1910); **90** (1912).

Ch. S. Robinson[1] Eiweißbausteine wie Alanin, Leucin, Isoleucin, Prolin, Asparaginsäure, Glutaminsäure, Spuren von Thyrosin und Histidin. S. L. Jodidi[2] konnte bei einem Torf aus Michigan mit 2,5% N durch passend geleitete Hydrolyse bis zu 70% des Gesamtstickstoffes in Lösung bringen. In dieser Lösung konnte der Stickstoff in der für Eiweißverbindungen ausgearbeiteten Art differenziert werden. Es handelte sich um 2,5% Ammoniak, 26,8% Amidstickstoff, 5% Diaminostickstoff, 65,7% Monoaminostickstoff. Schreiner und Shorey[3] erhielten auch aus Humusböden Eiweißbausteine wie Arginin, Histidin und Lysin. Auch C. W. Shacklock und T. L. Drackeley[4] haben sich mit dem Stickstoffgehalt von Torf beschäftigt und besonders Monoaminosäuren gefunden.

Es sei nochmals hervorgehoben, daß Aminosäuren vielfach aus Torf nach vorhergehender Hydrolyse erhalten wurden, daß sie aber ursprünglich in ihm nicht enthalten waren. Schon Suzuki hat die Möglichkeit beachtet, daß das Protein entweder von den vertorften Pflanzenteilen oder von den Bodenbakterien stammt.

Schreiner und Shorey[1] haben übrigens aus Humus auch Pikolincarbonsäuren, Purinbasen und Pyrimidinderivate, ferner auch mancherlei andere Verbindungen in geringen Mengen isolieren können.

b) Bitumenstoffe.

Die Summe aller in Wasser unlöslichen, mit organischen Lösungsmitteln extrahierbaren, verhältnismäßig tiefschmelzenden Substanzen (Kohlenwasserstoffe, ihre Sauerstoffderivate Ester usw., Fette, Wachse, Harze) kann man als Bitumen bezeichnen.

Die Bitumenstoffe sind im Torf entweder gleichmäßig verteilt oder aber in Form harziger Konkretionen zu finden. Hier sind zu nennen der Fichtelit, F. P. 46°, nach Bamberger und Strasser[5] Perhydroreten der Formel $C_{18}H_{32}$; ferner Thekoretin, F. P. 45°, Phyloretin, F. P. 87,5° u. a. mehr. Auf dem Boden von Torflagern finden sich vielfach bituminöse Schichten von Sapropelcharakter wie Mudde, Gyttja, Schlick u. a.

Meist sind die Bitumenstoffe gleichmäßig in der ganzen Torfmasse verteilt und müssen durch Extraktion mit Lösungsmitteln isoliert werden. Menge und Art der Ausbeute hängen außer vom Charakter des Torfes von der Vorbehandlung des Torfes, vom angewendeten

[1] Journ. Amer. chem. Soc. **33**, 564 (1911). — Miller, E. J., u. Ch. S. Robinson: Soil Science **11**, 457 (1921).

[2] Journ. Amer. chem. Soc. **32**, 396 (1910).

[3] Journ. Amer. chem. Soc. **32**, 1677 (1910); ferner U. S. A. Bureau of Soils Bull. **74** (1910).

[4] Journ. Soc. chem. Ind. **46**, 478 (1927). [5] B. **22**, 3361 (1898).

Lösungsmittel und von den Arbeitsbedingungen hinsichtlich Druck und Temperatur ab.

Die Ausbeute bei der Extraktion von Torf mit organischen Lösungsmitteln wechselt je nach der Torfart, der Entstehung und dem Alter des Torfes, der Vorbehandlung des Torfes und je nach den Extraktionsbedingungen sehr. Beim Arbeiten mit niedrig siedenden Lösungsmitteln auf dem Wasserbade erzielt man Extraktausbeuten von 1—10%. Für manche Torfe sind auch erheblich höhere Extraktausbeuten angegeben; so von Aschan[1] für finnischen Torf 13%, von de Molon und Durin[2] für einen französischen Sphagnumtorf 17—18%, von Stadnikoff[3] für russische Torfe bis über 20%, für Torf von den Chataminseln[4] 25%.

Nach Schwalbe[5] gibt Torf nach vorhergehender Behandlung mit Salzsäure höhere Extraktausbeuten. Nach Stadnikoff[6] lieferte Sphagnumtorf z. B. 18,8% Bitumen, nach Behandlung mit 10% iger Salzsäure aber 26,8%. Eine andere Probe mit 18,2% Bitumen gab nach Extraktion dieses Bitumens, Behandlung mit Salzsäure und neuerlicher Extraktion nochmals 5,5% Extrakt.

Nach Schneider und Schellenberg[7] sinkt die Extraktausbeute durch Vortrocknung des Torfes bei 100°. Auch nach Stadnikoff, R. Mehl und W. Putzilo[8] nimmt mit steigender Temperatur beim Trocknen an der Luft die Menge des extrahierbaren Bitumens ab. Gleichzeitig wächst die Säurezahl und sinkt die Jodzahl des Bitumens. Das Trocknen in Kohlensäureatmosphäre bei 105° und 150° hat ebenfalls eine Verminderung der Ausbeute an Bitumen zur Folge; die Abnahme ist geringer als beim Trocknen an der Luft; auch diese Bitumina zeigen erhöhte Säurezahl und verminderte Jodzahl.

Zur Extraktion hat man aliphatische und aromatische Kohlenwasserstoffe, chlorierte Kohlenwasserstoffe, Schwefelkohlenstoff, Äther, Aceton und Alkohole verwendet. Besonders günstig erwiesen sich Alkohol und Benzol in Mischung. So erhielten W. Schneider und A. Schellenberg durch Extraktion von Torf mit Benzol oder Alkohol allein bis zu 12% Extrakt, mit einem Gemisch von Benzol und Alkohol dagegen bis zu 15,5% [9].

Die Ausbeute an Extrakt steigt sehr, wenn man bei erhöhter Temperatur, oberhalb der Siedetemperatur des angewendeten Lösungsmittels, also unter erhöhtem Druck arbeitet. Dies hat schon Holde[10]

[1] Nach Strache-Lant, Kohlenchemie. S. 180. Leipzig 1924.
[2] Compt. rend. Acad. Sciences **92**, 139 (1881). [3] Kolloidchem. Beihefte **31**, 84 (1930).
[4] Nach C. **1927 II**, 2729. [5] Brennstoff-Chem. **3**, 80 (1922).
[6] Neuere Torfchemie. S. 117. Dresden und Leipzig, 1930.
[7] Abh. Kohle **5**, 1 (1920). [8] Brennstoff-Chem. **6**, 333 (1925).
[9] Ähnliches z. B. bei Tokmanow, W.: C. **1930 II**, 2205.
[10] Mitt. K. Materialprüfungs-Amt Groß-Lichterfelde-West **27**, 23. — C. **1909 I**, 1942.

angegeben. F. Fischer und M. Kleinstück[1] erhielten z. B. aus zwei Torfproben mit Benzol im Soxlethapparat 4,4 und 4,5% Bitumen, mit Benzol im Autoklaven bei 250° durch wiederholte Extraktion 10,9 und 10,5% Extrakt. Nach den Angaben von Schneider und Schellenberg[2] gab z. B. Velener Torf an Benzol bei Siedetemperatur im Durchschnitt etwa 4% ab, bei 200° dagegen 12%; mit Alkohol bei 250° konnten sogar mehr als 30% Extrakt gewonnen werden. Unter solchen Arbeitsbedingungen dürfte aber wohl die Torfsubstanz so verändert werden, daß dadurch Substanzen, die ursprünglich in organischen Lösungsmitteln nicht löslich waren, erst löslich werden.

Das bei gewöhnlichem Druck erhaltene Bitumen wird auch Bitumen A genannt, zum Unterschied vom Bitumen B, welches unter erhöhtem Druck anfällt. Als Bitumen C bezeichnet Stadnikoff Bitumen, welches erst nach Vorbehandlung des Torfes mit Salzsäure erhalten wird.

Bei anderen Brennstoffen wirken Pyridin und Phenol als spezifische Extraktionsmittel. Beim Torf wurde Phenol von W. Schneider und A. Schellenberg[3] angewendet. 50 g Velener Brenntorf wurde zwei Tage im Luftbad mit 100 g Phenol am Rückflußkühler zum Sieden erhitzt; dann wurde abgenutscht, mit heißem Phenol nachgewaschen und das Phenol aus dem Rückstand mit Wasserdampf entfernt. Der Rückstand betrug 36,3%, der phenolfreie Extrakt 18,2%. Der Rest auf 100 war nicht mehr nachweisbar. Dies war wesentlich mehr als bei Anwendung anderer Lösungsmittel. Die Phenolextrakte schmolzen bedeutend höher als die mit Alkohol oder Benzol erhaltenen Auszüge.

Niedermoortorfe enthalten mehr Bitumen als Hochmoortorfe. Als Quellen des Bitumens kommen torfbildende Pflanzen und Mikroben in Betracht. Sporen und Pollen, ferner Wasserpflanzen enthalten viel Bitumen. Krämer und Spilker[4] haben schon vor Jahren im Protoplasma von Kieselalgen Rohwachs liefernde Öltröpfchen nachgewiesen. Kieselalgen (Diatomeen, Bacillariaceen) finden sich in großen Mengen im Bodenschlamm von Seen und Flußmündungen, am Boden der Meere und auch in Torfmooren, besonders in Niedermooren, doch besteht kein allgemeiner Zusammenhang zwischen dem Gehalt an Bitumen und dem Gehalt an Diatomeen.

Das Bitumen der Pflanze verschwindet bei der Vertorfung nicht; der Bitumengehalt wächst mit dem Alter[5]. So erhielten z. B. Stadnikoff und Baryschewa[6] aus Torf durch Extraktion mit Benzol-Alkohol im Soxleth folgende Mengen Bitumen:

Tiefe in m	0,5	1,0	1,5	2,0
Extrakt in %	10,9	17,0	19,0	22,7

[1] Abh. Kohle **3**, 301 (1918).
[2] Abh. Kohle **5**, 1 (1920).
[3] Abh. Kohle **5**, 34 (1920).
[4] B. **32**, 2940 (1899); **35**, 1212 (1902).
[5] Vgl. Höring: S. 237.
[6] Brennstoff-Chem. **11**, 21 (1930).

Rohes Torfbitumen ist gelb bis braun, gereinigtes farblos. Das Torfbitumen ist ein Gemisch von Substanzen, die je nach dem botanischen Ursprung recht verschieden sein können und z. T. empfindlich gegen Luft und Wärme sind; durch Oxydation, Polymerisation und Hydrolyse von Estern wird das Bitumen verändert.

Der Schmelzpunkt des gereinigten Torfwachses wird zu etwa 78—88° angegeben. H. Ryan und Th. Dillon[1] erhielten aus irischem Torf ein gelbliches krystallinisches Wachs vom F. P. 76°; ferner ein anderes, das bei 95—97° schmolz und sich vom ersteren durch einen Gehalt an montansaurem Natrium unterscheiden soll. Schneider und Schellenberg[2] geben für ihre rotbraunen, wachsartigen spröden Extrakte einen Schmelzpunkt von 75—110° nach vorhergehendem Erweichen an. Die Extrakte der Druckextraktion werden als dunkelbraune, weiche, etwas klebrige Stoffe beschrieben, die unter 100° schmelzen.

Zur ersten Charakteristik des Rohbitumens kann man Kennzahlen, wie Säurezahl, Verseifungszahl und Jodzahl, bestimmen und weiterhin das Bitumen in einzelne Stoffe oder Stoffgruppen zerlegen. Krämer und Spilker zerlegten ihr „Diatomeenwachs" in eine in kaltem Alkohol lösliche wachsartige Substanz, ein in heißem Alkohol lösliches helles Pulver (F. P. 79°, S. Z. 51, V. Z. 116) und einen schwarzen bituminösen Rückstand. Bei Verseifung mit alkoholischem Kaliumhydroxyd wurden Säuren erhalten, nach den Autoren wohl ein Gemisch von Arachinsäure, Behensäure und Lignocerinsäure. Nach Andés[3] besteht das Diatomeenwachs aus 16,1% Wachsalkoholen (F. P. 76°) und 81,7% hochmolekularen Säuren, unter letzteren möglicherweise Geocerinsäure $C_{28}H_{56}O_2$ vom F. P. 83—84°.

H. Ryan und Th. Dillon[1] geben für ihr „Montanawachs" vom F. P. 76° aus irischem Torf die Jodzahl 16,0, die S. Z. 73,3 und die V. Z. 73,9 an. Nach diesen Zahlen liegt allerdings Wachs im chemischen Sinne überhaupt nicht vor. In der Tat bestand das Präparat aus 47% Unverseifbarem und 53% freier Säure; Harz und Cholesterin waren nicht vorhanden. Die Säure (F. P. 83°) ist Montansäure; auf diese vermeintlich einheitliche Säure wird noch zurückgekommen. Das Unverseifbare krystallisierte aus Benzol in feinen Nadeln vom F. P. 58—59°; es bestand aus 83,56% C, 14,0% H und 2,44% O. Den geringen Sauerstoffgehalt möchte man auf eine geringfügige Beimengung zurückführen, denn das Produkt reagierte nicht mit Essigsäureanhydrid, enthielt also keine merklichen Mengen von primären oder sekundären Alkoholgruppen und veränderte sich nicht beim Erhitzen mit Kali-Kalk auf 250°.

---

[1] C. **1913 II**, 2048. [2] Abh. Kohle **5**, 1 (1920). [3] C. **1919 I**, 241.

W. Schneider und A. Schellenberg geben für eines ihrer mit Benzol bei gewöhnlichem Druck gewonnenen Präparate eine V. Z. 202,5 und eine S. Z. 73,3 an. Andere Benzolextrakte hatten Säurezahlen von 34,5 und 51,1. Mit Alkohol wurde bald mehr, bald weniger Extrakt gewonnen wie mit Benzol. Die Alkoholextrakte waren zu 36—48% in Benzol, zu 42—61% in Alkali löslich. Von den Produkten der Druckextraktion hatte ein aus Velener Brenntorf bei 250° in einer Ausbeute von 12% gewonnenes Produkt eine V. Z. 187, S. Z. 60 und war zu 70% in Äther löslich; andere Produkte gaben wieder andere Daten.

Nach Stadnikoff und Titoff[1] ist das Bitumen russischer Torfe ein kompliziertes Gemisch verschiedener, hauptsächlich sauerstoffhaltiger Verbindungen, die durch Behandlung mit Alkohol und Äther in krystalline, gelb oder hellbraun gefärbte Wachsarten und nichtkrystalline schwarze Harze getrennt werden können. Es sind Gemenge von freien Säuren, verseifbaren Estern, gesättigten und ungesättigten Verbindungen. Durch zwölfstündiges Erwärmen auf 180° in einer Kohlensäure-Atmosphäre werden die Bitumina durch Polymerisation in Substanzen verwandelt, die in Chloroform und Schwefelkohlenstoff unlöslich sind. Dabei werden die Harze polymerisiert, während die in Benzin löslichen Teile unverändert bleiben.

Nach Stadnikoff[2] kann man das Bitumen fraktionieren, indem man den Torf erst mit Benzin und dann mit Benzol im Soxleth auszieht. Der benzinlösliche Anteil enthält hauptsächlich Wachsarten und nur geringfügige Mengen Harz, während der benzollösliche Anteil fast ausschließlich aus Harzen besteht. 2 russische Torfe enthielten im Bitumen rund 45% Wachs und 55% Harz. Nach Stadnikoff liegen Gemenge von freien Säuren, den entsprechenden Estern und vielleicht Anhydriden gesättigter und ungesättigter Verbindungen vor. Die Tabelle 49 enthält eine Anzahl Daten über Bitumina russischer Torfe.

Tabelle 49.

Torfmoor	Botanische Charakteristik	Schmp. nach Krämer-Sarnow °C	Ausbeute %	Säurezahl	Verseifungszahl	Jodzahl	C %	H %
Elektroperedatscha	Sphagnum u. Eriophorum vaginatum	86—87	16,8	21,0	43,3	23,0	71,1	10,1
Elektroperedatscha	Carex	86—87	22,4	50,0	139	28,5	69,5	9,5

[1] Brennstoff-Chem. 9, 357 (1928).
[2] Neuere Torfchemie. S. 107. Dresden und Leipzig 1930.

Bei der trockenen Destillation ergab sich, daß die Torfbitumina und die entbituminierte organische Substanz des Torfes im Gemisch und isoliert das gleiche Verhalten zeigen.

Tabelle 50.

Torfmoor	Man erhält aus	Gramm			
		Zersetzungswasser	Teer	Halbkoks	Gas
Morosowskoje	18 g Bitumen . .	2,9	9,2	3,4	2,5
Tiefe 1 m	82 g entbitum. Torf	20,0	8,9	35,8	18,0
	100 g Torf	22,9	18,1	39,2	20,5

Zur Isolierung chemischer Individuen aus dem Bitumen kann man entweder die unter möglichst gelinden Bedingungen gewonnenen Maximalausbeuten an Bitumen mit chemischen oder physikalischen Mitteln zerlegen, oder man kann von vornherein versuchen, nur einzelne Bestandteile des Bitumens in die Hand zu bekommen. So haben Zaloziecki und Hausmann[1] aus Torf mittels Alkohol rund 0,2% einer gelben, wachsartigen Substanz isoliert, die durch Äther in ein grünes ätherlösliches Wachs und einen braunen Rückstand zu zerlegen war. Bei Verseifung mit Natronlauge gaben beide Fraktionen anscheinend denselben ungelöst bleibenden Alkohol (F.P. 124—130°; 70,1% C, 11,6% H, 18,3% O; MG. durch Gefrierpunktserniedrigung in Phenol rund 340). Die Säuren aus den beiden Fraktionen hatten praktisch dieselbe Elementarzusammensetzung, die auf Oxysäuren hinweist (64,1% C, 8,4% H, 27,6% O). Der Schmelzpunkt der Säure aus der ätherunlöslichen Substanz lag oberhalb 260°, ihr MG. betrug 406, der Schmelzpunkt der Säure aus der ätherlöslichen Substanz war 184° und ihr MG. 294.

Schreiner und Shorey[2] haben aus Torfböden eine Säure, „Lignocerinsäure", ein Sterin „Agrosterin" $C_{26}H_{44}O$ (F.P. 237°, gibt Liebermanns Reaktion) und einen Kohlenwasserstoff Hentriacontan $C_{31}H_{64}$ (F.P. 68°, D. 0,780) isoliert. O. Aschan[3] hat aus dem Benzolextrakt von Knollen, die sich im finnischen Torfe finden, eine ungesättigte Säure, „Humocerinsäure", $C_{19}H_{34}O_2$ (F. P. 72—73°) isoliert.

Die Vielfältigkeit der Substanzen des Torfbitumens und die Möglichkeit, hier mit den überkommenen Methoden der organischen Chemie Erfolge zu erzielen, hat offenbar zahlreiche Forscher veranlaßt, sich mit dem Bitumen des Torfes zu befassen.

[1] Ztschr. angew. Chem. **20**, 1141 (1907).
[2] Journ. Amer. chem. Soc. **31**, 116 (1909); **32**, 1674 (1910); **33**, 81 (1911).
[3] Brennstoff-Chem. **2**, 316 (1921).

c) Cellulose und andere Kohlehydrate.

Unter den Kohlehydraten des Torfes einschließlich der Pektinstoffe hat man sich bisher wohl nur mit Cellulose etwas näher beschäftigt.

Cellulose ist schon mehrfach aus Torf isoliert worden[1]. Neuerdings haben K. Hess und W. Komarewsky[2] Torf mit Natronlauge ausgezogen und den Rückstand nach E. Schmidt mit Chlordioxyd aufgeschlossen. Die erhaltene rohe Cellulose reinigten sie durch Auflösen in Cuoxamlösung und Wiederausfällen mit Alkohol und Essigsäure. Das aschefreie Präparat ergab in Cuoxamlösung den Drehwert

$$[\alpha]_{435,8}^{18^\circ} = -3{,}42^\circ,$$

während reinste Cellulose unter den gleichen Bedingungen — 3,43° zeigte. Zur Identifizierung wurde ferner das Acetat bereitet, dessen Drehwerte

$$[\alpha]_D^{22^\circ} = -23{,}8\ (CHCl_3);\quad [\alpha]_D^{22^\circ} = -30{,}1\ (\text{Pyridin-Aceton } 4:1),$$

mit denen reiner Triacetylcellulose übereinstimmten.

Die Hemicellulosen, von der Cellulose bekanntlich durch die geringe Widerstandsfähigkeit gegen verdünnte Mineralsäuren unterschieden, verschwinden beim Vertorfungsprozesse zunächst, werden aber in den Organismen der Bakterien zum Teil wieder neu gebildet. Spezielle Untersuchungen liegen nicht vor.

d) Lignin.

Stadnikoff und Baryschewa[3] haben Lignine untersucht, die sie aus Proben von Sphagnumtorf verschiedener Tiefen mit überkonzentrierter Salzsäure bereitet hatten. Sie charakterisierten diese Präparate außer durch die analytische Untersuchung auch durch Derivate, indem sie sowohl Methoxylderivate (durch Behandlung mit Methanol und Salzsäure sowie durch Behandlung mit Dimethylsulfat) als auch Acetylderivate (durch Acetylierung nach W. Fuchs[4]) herstellten und analysierten. Die Ergebnisse ihrer Untersuchungen sind der Tabelle 51 zu entnehmen.

Tabelle 51.

Tiefe in m	Ausb. in %	C %	H %	OCH_3 %	CH_3CO %
0,5	2,65	68,74 (68,06)	6,47 (6,46)	2,2 (3,08)	—
1,0	1,55	61,58 (61,14)	6,85 (6,89)	4,28 (6,19)	—
1,5	2,7	64,46 (64,8)	6,33 (6,4)	6,39 (6,2)	5,14 (4,3)
2,0	7,61	66,63 (66,0)	5,41 (5,4)	3,57 (3,1)	2,34 (4,3)

[1] Vgl. Tollens u. v. Feilitzen: Journ. Landw. **1898**, 17. — Potonié, R., u. W. Benade: Braunkohle **28**, 335 (1929). — Vgl. S. 96.

[2] Ztschr. angew. Chem. **41**, 541 (1928). — Vgl. S. 96, 97.

[3] Brennstoff-Chem. **11**, 169 (1930).

[4] B. **61**, 948 (1928).

Die in den Klammern befindlichen Daten sind berechnet für Formeln, die der nachfolgenden Übersicht zu entnehmen sind:

$$C_{56}H_{62}O_{15}(OCH_3)$$

$$C_{49}H_{63}O_{18}(OCH_3)_2$$

$$C_{50}H_{55}O_{15}\begin{matrix}(OCH_3)_2\\(CH_3CO)\end{matrix}$$

$$C_{52}H_{48}O_{16}\begin{matrix}(OCH_3)\\(CH_3CO)\end{matrix}$$

Die Untersuchung der methylierten und acetylierten Präparate gestattete eine weitere Auflösung der obigen Formeln. Für das Lignin aus 1,5 m Tiefe ergab sich nach Methylierung und Acetylierung die Formel $C_{49}H_{52}O_{10}(OCH_3)_4(COOCH_3)(CH_3CO)$, für das zugrundeliegende Lignin demnach die Formel $C_{49}H_{52}O_{10}(OCH_3)_2(COOH)(CH_3CO)(OH)_2$. Auf gleiche Weise wurde für das Lignin aus 2 m Tiefe die Formel $C_{53}H_{46}O_{11}(OCH_3)(COOH)(OH)_4$ aufgestellt. Diese beiden Ligninpräparate waren dem Wollgraslignin ähnlich.

e) Huminsäuren[1].

Die Huminsäuren, der besonders charakteristische Bestandteil des Torfes, machen in gut zersetztem Torf den relativ größten Teil aus. Bei Arbeiten mit Huminsäure benutzt man vielfach das käufliche Präparat Acidum huminicum Merck, ein hellbraunes, amorphes Pulver, welches nach Angabe der Firma durch Ausziehen von Torfstreu mit Alkali und Fällen des alkalischen Auszuges mit Salzsäure hergestellt wird. In ähnlicher Weise haben oft auch Forscher gearbeitet, die sich die Huminsäure selbst herstellten.

So hat S. Odén folgende Vorschrift empfohlen. Die am besten naturfrische und nicht getrocknete Probe wird, wenn nötig, zuerst mit sehr verdünnter Salzsäure von löslichen Aschenteilen befreit und hernach mit reinem Wasser zu einem dicken Brei verrührt und unter Rühren etwa $^1/_2$ Stunde erhitzt. Sodann fügt man 4n-Ammoniak oder Natronlauge im Überschuß hinzu, läßt über Nacht bei 30—80° stehen, zentrifugiert und wiederholt die Behandlung. Erst nach 15—20 maliger Behandlung sind die ammoniaklöslichen Bestandteile praktsich entfernt.

Die vereinigten Ammoniakextrakte werden mit Kochsalz bis zur Konzentration einer 2n-Lösung versetzt. Beim ruhigen Stehen flocken aus der braunen, tiefdunklen Flüssigkeit im Laufe einer Woche kolloide Substanzen aus, von denen man vorsichtig abhebert. Die abgeheberte Flüssigkeit wird zentrifugiert, mit Salzsäure angesäuert, nach einigem Stehen abermals zentrifugiert und ausgewaschen.

Die auf diese oder ähnliche Weise erhaltenen Huminsäurepräparate sind nicht einheitlich. Sie bestehen zum Teil aus wasserlöslichen, zum

[1] Odén, Sven: Die Huminsäuren. Dresden und Leipzig 1919.

Teil aus alkohollöslichen Substanzen. Auf diesen Tatsachen gründet sich die Unterscheidung der Huminsäuren in unlösliche Humussäuren, alkohollösliche Hymatomelansäuren und wasserlösliche Fulvosäuren. Odén gibt darüber folgende Übersicht[1]:

Tabelle 52.

Name	Verhalten gegen			Salze	Farbe	Sonstige charakteristische Eigenschaften
	Wasser	Alkohol	Lauge			
Humussäure	Schwer löslich, aber dispergierbar, wobei Suspensionen entstehen	Nicht löslich, aber etwas dispergierbar	Löslich	Alkalisalze in Wasser löslich, in Alkohol dispergierbar	Schwarzbraun mit einem Stich ins Rote	Äquivalentgewicht etwa 340, Kohlenstoffgehalt etwa 58%
Hymatomelansäure	Schwer löslich, aber leicht dispergierbar, wobei suspensoide bis kolloide Lösungen entstehen	Echt löslich	Löslich	Andere Salze schwer löslich, aber im Wasser dispergierbar	Braun mit Stich ins Gelbe	Äquivalentgewicht etwa 250, Kohlenstoffgehalt etwa 62%
Fulvosäure	Geben echte leicht diffundierende Lösungen	Echt löslich	Löslich	Die meisten wasserlöslich	Goldgelb bis blaßgelb	Kohlenstoffgehalt 55%

Zur Herstellung von Humussäure im eigentlichen Sinne kocht daher Odén das aus dem ammoniakalischen Auszug durch Fällen mit Salzsäure gewonnene Produkt mehrmals mit siedendem Alkohol aus, wodurch die Hymatomelansäure entfernt wird; 5—6 Auskochungen mit 100 ccm Alkokol je g Huminsäure sind erforderlich.

Mercks Huminsäure enthält noch alle Bestandteile eines rohen Präparates. Stadnikoff und Korschew[2] behandelten das käufliche Präparat erst mit Alkohol, dann mit kaltem und heißen Wasser. Sie erhielten 25% Hymatomelansäure, 13% wasserlösliche Substanz und 62% „Resthuminsäure". Nach Kreulen[3] enthält Mercks Huminsäure unbedeutende Mengen wasserlösliche Huminsäuren (Fulvosäuren), 27% alkohollösliche Huminsäure, (Hymatomelansäure) und neben der Resthuminsäure, die sowohl in Wasser als auch in Alkohol unlöslich ist, 9% einer Huminsäure, die zwar in Phenol, aber nicht in Alkohol löslich ist und Pyrohymatomelansäure genannt wurde. Eine ähnliche Verbindung entstand auch beim Erhitzen einer alkoholischen Lösung von Hymatomelansäure.

R. Thiessen und Johnson[4] haben die aus Waldtorf mit 2 n-Ammoniaklösung isolierte Huminsäure in eine wasserlösliche Fraktion, die Fulvosäure, eine in heißem Alkohol lösliche Fraktion, die Hymato-

[1] Odén: S. 33.
[2] Kolloid-Ztschr. **47**, 136 (1929).
[3] Brennstoff-Chem. **9**, 197 (1928).
[4] Fuel **9**, 371 (1930).

melansäure, und in eine unlösliche Fraktion, die eigentliche Huminsäure, zerlegt. Die letztere kann weiter in eine in Soda lösliche und in eine in Soda unlösliche Fraktion zerlegt werden. Die sodalösliche Fraktion läßt sich nach der Fällung mit Pyridin weiter in eine lösliche und eine unlösliche Fraktion unterteilen.

Was die Beziehungen zwischen Huminsäure und Hymatomelansäure — letztere Bezeichnung geht auf Hoppe-Seyler zurück — betrifft, so hat schon vor Jahren R. Miklauz[1] angegeben, daß eine in Alkohol unlösliche Huminsäure durch Lösen in Alkali und Wiederausfällen zum Teil löslich in Alkohol wird; auch wird die Hauptmenge des in Alkohol unlöslichen Teiles löslich in Pyridin. Wieviel alkohollösliche Huminsäure aus der in Alkohol unlöslichen Säure entsteht, hängt ab von der Natur des Humuskörpers, von der Zeit der Einwirkung und von der Konzentration des Alkalis. Nach Odén[2] entsteht die Hymatomelansäure vielleicht durch Zersetzung der Humussäure und kommt stets mit dieser nicht alkohollöslichen Säure vermischt vor; beide Säuren gehen leicht ineinander über. Mit den allmählich sehr weitgehenden Veränderungen, denen Huminsäuren in alkalisch reagierender Lösung bei Gegenwart von Luft unterliegen, hat sich ausführlich H. Schrader[3] und neuerdings auch U. Springer[4] befaßt. Man kann demnach übrigens, worauf schon R. Miklauz hingewiesen hat, „chemisch reine" Huminsäurepräparate nicht gut mittels Alkalien erhalten.

Bei eigenen, nichtpublizierten Versuchen mit Mercks Huminsäure wurde das mit Salzsäure vorbehandelte Präparat mit Hilfe von Aceton in zwei Fraktionen zerlegt, deren eine etwa 25%, deren zweite etwa 60% vom Ausgangsmaterial ausmachte. Durch kurze Behandlung mit 5n-Salpetersäure bei 60° wurde die in Aceton unlösliche Säure ohne wesentliche Gewichtsabnahme löslich in Aceton.

Die bei diesen Versuchen hergestellte Beziehung zwischen den in organischen Lösungsmitteln löslichen und unlöslichen Huminsäuren hat vermutlich allgemeine Bedeutung. Bei den in Alkohol und Aceton löslichen Säuren handelt es sich um primäre Oxydationsprodukte der Huminsäuren, die als Dehydrohuminsäuren aufgefaßt werden können; zu ihnen zählt auch die Hymatomelansäure.

Über die prozentische Elementarzusammensetzung der Huminsäuren, bezogen auf aschenfreie Substanz, unterrichtet Tabelle 53.

Odén[5] konnte in seinen Präparaten den Stickstoffgehalt durch sorgfältige Reinigung von 1—2% auf 0,7% herunterdrücken. Zwischen Humussäure und Hymatomelansäure bestünde nach den obigen Zahlen auch in der Elementarzusammensetzung ein erheblicher Unterschied. Dies

---

[1] Ztschr. f. Moorkultur u. Torfverwertg **1908**, 285. — C. **1909** I, 837.
[2] Odén: S. 32.
[3] Brennstoff-Chem. **3**, 161, 181 (1922).
[4] Brennstoff-Chem. **8**, 17 (1927).
[5] Odén: S. 101.

Tabelle 53.

Bezeichnung	C	H	N	S	Autor
Acidum huminicum Merck	60,2	4,9	1,2	—	W. Fuchs[1]
Acidum huminicum Merck	58,6	4,9	3,55	0,0	G. Stadnikoff und P. Korschew[2]
Humussäure	58,2	4,27			S. Odén[3]
Hymatomelansäure . . .	62,2	5,28			S. Odén[4]

scheint zumindest nicht immer der Fall zu sein. Auch nach den alten Angaben von R. Miklauz unterscheiden sich alkohollösliche und alkoholunlösliche Huminsäuren in ihrer Elementarzusammensetzung kaum.

Wohl aber liefert nach R. Miklauz ein mit Säure und Alkohol ausgekochter Torf bei wiederholter Behandlung mit verdünnten Alkalien Huminsäuren und Hymatomelansäuren, welche ständig steigende Kohlenstoff- und Wasserstoffgehalte aufwiesen. Hierin zeigt sich die vielfach beobachtete Abhängigkeit der Elementarzusammensetzung eines Huminsäurepräparates von seiner Entstehungsgeschichte[1]. Zu dieser Entstehungsgeschichte im weitesten Sinne gehört auch die Vorbereitung zur Analyse; schon bei 100° im Trockenschrank treten Veränderungen ein[6], die man durch Trocknen bei tieferer Temperatur unter vermindertem Druck oder in einer indifferenten Gasatmosphäre vermeiden kann.

Um Verlauf und Ergebnis der Herstellung eines Präparates zu kontrollieren, wäre es erwünscht, die Huminsäure unmittelbar in ihrem natürlichen Vorkommen quantitativ bestimmen zu können; an einer solchen quantitativen Bestimmung besteht auch sonst, z. B. in der Bodenkunde, großes Interesse. Man hat solche Bestimmungen auf den Säurecharakter der Huminsäuren zu gründen versucht, indem man entweder direkt titrierte oder eine durch Huminsäure in Freiheit gesetzte Säure (Kohlensäure, Essigsäure) bestimmte, oder das durch Huminsäure aus einem Jodid-Jodatgemisch in Freiheit gesetzte Jod ermittelte; man hat ferner versucht, die Huminsäure durch Oxydation, z. B. mit Permanganat oder Chlorkalk, zu bestimmen[7]. Nach O. Schaile[8], der sich neuerdings mit den älteren Bestimmungsmethoden befaßt hat, erhält man nach den Methoden von Tacke-Süchting (Zersetzung von Calciumcarbonat) und Albert (Zersetzung von Lithiumcarbonat, Titration mit Baryt) Werte, die innerhalb der Fehlergrenzen übereinstimmen. E. Sauer und H. J. Steinmetz[9] bestimmen die Huminsäuren im Torf mit Calciumbicarbonatlösung. Viel benutzt ist die bereits erwähnte kolorimetrische

[1] Über Naturprodukte. Hönig-Festschrift. S. 98. Dresden und Leipzig 1923.
[2] Kolloid-Ztschr. **47**, 136 (1929). [3] Odén: S. 99.
[4] Odén: S. 110. [5] Odén: S. 101. [6] Vgl. Odén: S. 90.
[7] Über diese älteren Methoden vgl. z. B. die Zusammenstellung bei Odén, S. 52.
[8] Landw. Vers.-Stat. **105**, 209 (1927). [9] Kolloid-Ztschr. **53**, 218 (1930).

Methode. Diese ist mit den schon angegebenen Fehlern behaftet. Die Bestimmungsmethode von W. Fuchs[1] ist auf Torf noch nicht angewendet worden. Man kann jedenfalls heute die Gesamtmenge von Humussäure in Torf nur sehr angenähert angeben; sie wechselt von 10 bis 50% [2].

Für die chemische Bearbeitung der Huminsäuren des Torfes stehen demnach immer nur Präparate zur Verfügung, an deren Reinheit und Einheitlichkeit man keine allzuhohen Ansprüche stellen darf. „Aber auf verschiedenem Wege hergestellte Huminsäuren von verschiedenem Alter und verschiedener biologischer Herkunft zeigen sowohl betreffs ihrer chemischen Zusammensetzung und chemischen Konstanten als auch ihrer wichtigsten chemischen Eigenschaften so große Übereinstimmung untereinander", wie dieses eben bei „Stoffen von bestimmter Konstitution und Eigenschaften[3]" der Fall ist.

Man hat jedenfalls die Fragen nach dem Äquivalent- und Molekulargewicht, den konstituierenden Gruppen und Bausteinen, kurz alle Fragen der Konstitutionsforschung mit den gegebenen Präparaten behandelt.

Eine Vorfrage der Bestimmung des Äquivalentgewichtes ist es, ob die Huminsäuren echte Säuren sind, die echte ionisierte (molekulardisperse) Salzlösungen geben. Daß dies der Fall ist, hat Odén wie folgt beweisen können. Die elektrische Leitfähigkeit einer wässerigen Ammoniaklösung ist gering im Vergleich mit der einer Ammoniumsalzlösung gleicher Normalität. Versetzt man einerseits eine wässerige Suspension irgendeines Körpers, andererseits ein gleiches Volumen Wasser mit gleichen Volumina Ammoniak, so wird, je nachdem überhaupt keine Einwirkung stattfindet oder Adsorption der Base oder aber Salzbildung erfolgt, die Leitfähigkeit der Suspension gleich, kleiner oder größer sein als die der wässerigen Ammoniaklösung.

Nun wurden ansteigende abgemessene Mengen Ammoniak einerseits zu 100 ccm einer Huminsäuresuspension aus gut humifiziertem Sphagnum-Eriophorumtorf, enthaltend 0,1775 g organische Trockensubstanz, andererseits zu reinem Wasser hinzugesetzt und die Leitfähigkeiten bei 17° gemessen[4]. Es wurde bei Zusätzen bis zu 10 ccm Ammoniak eine 2—3fache Leitfähigkeit gefunden, wodurch die Bildung von Humat-Ionen in der Huminsäuresuspension erwiesen ist.

Diese Resultate konnte Odén[5] auch durch Untersuchung der molaren Leitfähigkeit von Natriumhumatlösung, die zu 83/15° und 90/17° angegeben wird, bestätigen. „Infolge der Schwierigkeit, eine mäßig konzentrierte, reine und neutrale Huminsäurelösung herzustellen, sind die Ergebnisse als provisorisch anzusehen. Sie zeigen jedoch, daß sich das

---

[1] Brennstoff-Chem. 8, 337 (1927). [2] Weitere Angaben S. 97.
[3] Odén: S. 94. [4] Odén: S. 73. [5] Odén: S. 89.

Natriumhumat nicht abnorm, sondern analog den anderen organischen Natriumsalzen hochmolekularer Säuren verhält."

Die Ergebnisse von Odén werden durch neuere Untersuchungen von Wo. Ostwald und Rödiger[1] ergänzt und bestätigt. Beim Auflösen von Humussäure in Alkali kommt es wohl außer zur Salzbildung auch zur Peptisation; allein letztere ist auf ein bestimmtes kleines Gebiet beschränkt, welches man bei Berücksichtigung der Resultate der Autoren gegebenenfalls vermeiden kann.

Odén[2] findet als Äquivalentgewicht der Huminsäure aus Sphagnumtorf mittels Titration durch Leitfähigkeitsmessung etwa 339, mittels potentiometrischer Titration 345—330. Für Hymatomelansäure wurde etwa 250 gefunden. Verschiedene Packungen von Merckscher Huminsäure lieferten Äquivalentgewichte von 285—320.

Die Salze der Huminsäuren, die im vorstehenden den Gegenstand physikochemischer Untersuchungen bildeten, können auch unmittelbar der Charakteristik der Huminsäuren dienen. Man erhält aus den Torfhuminsäuren wasserlösliche Ammonium- und Alkalisalze, wasserunlösliche Calcium-, Barium- und Eisensalze. H. Erdtmann[3] hat aus gotländischer „Pulvererde" Huminsäure und Hymatomelansäure bereitet und daraus durch Umsetzung mit Natriumäthylat in Alkohol Na-Salze hergestellt. Am einfachsten erhält man Alkalisalze der Huminsäuren, wenn man nach dem Vorgange von W. Fuchs und O. Horn[4] die Präparate mit alkoholischen Lösungen von Alkaliacetaten schüttelt.

Odén fand durch Analyse des Calciumhumates ein Äquivalentgewicht von 332—320, des Bariumhumates von 330. Stadnikoff und Korschew[5] haben neuerdings das Äquivalentgewicht gereinigter, von wasser- und alkohollöslichen Substanzen befreiter, Merckscher Huminsäure zu bestimmen versucht. Durch Messung der Aufnahme von Bariumhydroxyd durch ihr Präparat kommen sie zu einem Äquivalentgewicht von 147; sie erklären diesen gegenüber dem Werte Odéns auffallend niedrigen Wert durch Mitwirkung von Phenolgruppen bei der Salzbildung. Dies ist freilich nicht überzeugend, da ja auch Odén ein Bariumhumat direkt analysiert hat. H. Erdtmann[3] hat ein Bariumhumat mit 24,0% Ba und ein Bariumhymatomelanat mit 30% Ba hergestellt; das Äquivalentgewicht des ersteren betrug 218, das des letzteren 153. Es sei hier noch erwähnt, daß K. Mack[6] aus Versuchen mit Torfhuminsäure den Schluß zieht, daß die Huminsäuren und Humate durch einen Gehalt an OH-Gruppen Komplexverbindungen mit Metalloxyden geben, welche das Metall im Anion enthalten.

[1] Kolloid-Ztschr. **49**, 314 (1929). [2] Odén: S. 86.
[3] Svensk. Kem. Tidskr. **38**, 201 (1926). — Vgl. C. **1926 II**, 2065.
[4] Brennstoff-Chem. **11**, 372 (1930).
[5] Kolloid-Ztschr. **47**, 136 (1929). [6] Chem.-Ztg. **46**, 73 (1922).

Ein natürlich vorkommendes Calciumsalz der Huminsäuren ist der sogenannte Dopplerit. Man findet ihn abgetrennt von der eigentlichen Torfsubstanz oder auch in Schichten im Torf als gallertartige schwarze Masse hohen Wassergehaltes, die unter starkem Schrumpfen zu glänzenden Brocken mit muscheligem Bruch eintrocknet. Die Härte wird zu 2 bis 2,5 angegeben, das spezifische Gewicht des von H. Winter[1] untersuchten Dopplerites von Raubling zu 1,458. Der Dopplerit löst sich bis auf den Aschengehalt unter starkem Aufquellen völlig in Natronlauge[2]. Nach älteren Analysen 3, 4, 5 besteht die organische Substanz des Dopplerits von Aussee aus 51,6—56,5% C und 5,2—5,8% H.

F. V. Tideswell und R. V. Wheeler[6] haben neuerdings Dopplerit aus irischem Torf genau untersucht. In die Konstitution wollen sie durch Vakuumdestillation des Materials Einblick gewinnen; hierbei entstanden zwar viele, aber wenig charakteristische Substanzen, wie Ammoniak, Methylalkohol, Säuren, Basen, Phenole, Furol, Neutralöle, hauptsächlich aber Kohlensäure und Wasser. Die Verfasser sehen im Dopplerit ein Gemisch von Säureanhydriden; sie bringen ihn in Beziehung zum Vitrit der Steinkohlen. Hierauf wird noch zurückgekommen.

Die Entstehung des Dopplerits hat Miklauz[7] so erklärt, daß freie Huminsäuren aus ihren leichtentstehenden kolloiden Lösungen in weichem Wasser beim Hinzutreten von Kalk an geeigneten Stellen niedergeschlagen und abgelagert werden können.

Mit wasserlöslichen Alkalisalzen der Huminsäuren hat man eine Anzahl physikochemischer Bestimmungen ausgeführt, von denen hier die mit Torfhuminsäuren angestellten Untersuchungen über Molekulargewicht und Basizität dieser Präparate besprochen seien.

Sven Odén hat zuerst unter vorsichtiger Benutzung einer empirischen Regel von W. Ostwald geschlossen, daß die Huminsäure eine 3- bis 4basische Säure sei. Später hat er[8] in interessanter Weise die Viscosimetrie zur Entscheidung der Frage heranziehen können. Zu 4 Proben Humussäuresuspension mit 0,860 g organischer Substanz in 100 ccm Wasser wurden wachsende Mengen 0,157 n-Lauge von NaOH, KOH, LiOH und NH_4OH zugesetzt und die innere Reibung mittels des Viscosimeters von Ostwald gemessen. Die geringe Volumänderung durch den Zusatz von 3—5 ccm Alkali wurde vernachlässigt. Nach

[1] Glückauf **58**, 1533 (1922). Dort u. a. auch Angaben über Urverkokung des Dopplerits im Aluminiumschwelapparat.
[2] Schneider, W.: Abh. Kohle **5**, 524 (1920).
[3] Schrötter, Ber. Wien. Akad. **1849**, 285.
[4] Kaufmann, Jahrbch. geol. Reichsanst. Wien **15**, 283 (1865).
[5] Dehmel, Monatsh. **3**, 763 (1882).
[6] Journ. chem. Soc. London **71**, 2345 (1922).
[7] Ztschr. f. Moorkultur u. Torfverwertg **1908**, 285. — C. **1909 I**, 837.
[8] Odén: S. 92.

jedem Laugenzusatz erfolgte eine Abnahme der inneren Reibung. Beim Stehenlassen der einzelnen Proben nimmt die innere Reibung mit der Zeit weiter ab; zur Erreichung vergleichbarer Werte und zur Ausschaltung dieser Alterserscheinungen wurden die Messungen eine Stunde nach dem Laugenzusatz ausgeführt. Die erhaltenen Werte zeigen, daß die innere Reibung bis zum Zusatz von etwa 0,7 Milliäquivalent Lauge schnell abnimmt und dann einen konstanten Wert erreicht, der auch bei viel größeren Konzentrationen bestehen bleibt. Bei Annahme eines Äquivalentgewichtes von 300 für Huminsäure entspricht dieser Alkalizusatz etwa $^1/_4$ der zur vollständigen Neutralisation erforderlichen Menge. Oden deutet den Vorgang dahin, daß durch Neutralisation einer von vier Carboxylgruppen ein lösliches saures Salz NaH_3R_{Hum} entsteht, die Huminsäure demnach vierbasisch ist. Die innere Reibung der Humat-Lösungen ist übrigens ungefähr gleich der des Wassers, die der wässerigen Suspension fast doppelt so groß.

Schon aus den physikochemischen Bestimmungen ergibt sich, daß die Huminsäuren des Torfes COOH- oder phenolische OH-Gruppen enthalten. Durch erschöpfende Methylierung mit Dimethylsulfat und Alkali erhielten W. Fuchs und H. Leopold[1] aus Huminsäure Merck ein Produkt mit 6,9% OCH_3, was etwa 3 methylierbaren OH-Gruppen in einem Molekül von 1300—1400 entspricht. W. Fuchs[2] hat weiterhin, wie bereits erwähnt, Huminsäure Merck nach Vorbehandlung mit Salzsäure durch Aceton in zwei Fraktionen getrennt und beide Fraktionen durch Herstellung von Kaliumsalzen, Überführung der Kaliumsalze in Ammoniumsalze, Herstellung von Äther-Estern sowie Umwandlung der in Aceton unlöslichen Säure in eine acetonlösliche Säure charakterisiert.

Die Huminsäuren des Torfes enthalten ferner, wenn auch nur sehr wenig, Methoxyl. In Mercks Huminsäure fand W. Fuchs[3] 0,80% OCH_3, W. Fuchs und H. Leopold[1] fanden später in einer anderen Packung 1,9%. Nach den Angaben von Franz Fischer, H. Schrader und Friedrich[4] enthielt natürliche Huminsäure aus frischem Waldtorf 2,48, natürliche Huminsäure aus Velener Torf I 1,49, aus Velener Torf II 1,33, aus Velener Torf III 1,35% OCH_3.

H. Leopold[5] bestimmte den Carbonylgehalt von Mercks Huminsäure nach Strache[6] sowie nach K. Hoepner[7]. Nach der Methode von Strache wurden 2,2, nach der von Hoepner nur 0,4% CO gefunden.

Durch die vorliegenden Gruppenbestimmungen wird nur ein Teil, etwa die Hälfte des vorhandenen Sauerstoffes funktionell erfaßt. Man kann auf

[1] Brennstoff-Chem. **8**, 73 (1927). [2] Vgl. S. 115.
[3] Über Naturprodukte. Hönig-Festschrift. S. 104. Dresden u. Leipzig 1923.
[4] Abh. Kohle **5**, 530 (1920). [5] Brennstoff-Chem. **9**, 215 (1928).
[6] Monatsh. **13**, 299 (1892).
[7] Ztschr. Unters. Nahr-. u. Genußmittel **34**, 453 (1917).

etwa 3—4 COOH-, 3—4 methylierbare OH-, eine OCH_3- und eine CO-Gruppe schließen. Unter den restlichen Sauerstoffatomen mögen sich cyclisch gebundene befinden, eine Vermutung, die sich u. a. auch auf die Ergebnisse beim Studium der Einwirkung von Ammoniak auf Huminsäuren stützen kann.

In Bestätigung älterer Angaben fanden W. Fuchs[1] bei Mercks Huminsäure (und P. Stamberger[2] bei synthetischen Huminsäuren), daß Ammoniak von den Präparaten auf zweierlei Weise gebunden wurde, nämlich in einer durch Alkali austreibbaren und in einer durch Alkali nicht austreibbaren Form. Beim Studium dieser Erscheinung erwärmten später W. Fuchs und H. Leopold[3] Mercks Huminsäure wiederholt je 6 Stunden lang auf einem mäßig warmem Wasserbade mit der 20fachen Menge konzentrierten Ammoniaks am Rückflußkühler, brachten sodann in einer Porzellanschale auf dem gleichen Wasserbade zur Syrupdicke und trockneten schließlich im Vakuum vorsichtig und lange über Schwefelsäure. Das Präparat enthielt schließlich 7,2% Gesamtstickstoff, 4,2% abspaltbaren Stickstoff, also 3% durch Alkali nicht austreibbaren Stickstoff. Es ist wahrscheinlich, daß der nichtabspaltbare Stickstoff im Molekül chemisch gebunden ist, und daß seine Aufnahme durch Ersatz von cyclisch gebundenem Sauerstoff durch Stickstoff erfolgte.

Diese Beobachtungen sind von Interesse auch im Zusammenhang mit der Erfahrung, daß natürliche Huminsäuren meist etwas Stickstoff enthalten, der sehr schwer aus dem Molekül zu entfernen ist. Es kann sich dabei um adsorptive Bindung irgendwelcher Stickstoffverbindungen, z. B. aus Eiweiß[4], durch ein an sich stickstofffreies Molekül handeln, aber auch um chemische Bindung durch Umsetzung cyclisch gebundenen Sauerstoffes mit Ammoniak im obigen Sinne.

Zum Studium der Kohlenstoffunktionen kann man zunächst an das Studium der Einwirkung von Halogenen auf die Huminsäuren des Torfes denken. Wiederholt hat man[5] durch Einwirkung von Chlor auf verschiedene Huminsäurepräparate schlecht definierte chlorierte Verbindungen erhalten. W. Fuchs und H. Leopold[6] ließen Brom nach der Vorschrift von Mc. Ilhiney auf Mercks Huminsäure einwirken; es wurde so gut wie gar kein Brom addiert, 26,3% Brom wurden substituiert. Durch Einwirkung von Thionylchlorid wurde ein Produkt mit 7,1% Chlor erhalten.

[1] Über Naturprodukte. Hönig-Festschrift. S. 98. Dresden und Leipzig 1923.

[2] Über Naturprodukte. Hönig-Festschrift. S. 108.

[3] Brennstoff-Chem. **8**, 73 (1927).

[4] Mulder: Journ. prakt. Chem. **21**, 354 (1840). — Sostegni: B. **18** (R), 569 (1865). — Potter, R. S., u. R. S. Snyder: Journ. Amer. chem. Soc. **37**, 2219 (1915).

[5] Vgl. Thaysen u. a. Fuel **5**, 217 (1926). [6] Brennstoff-Chem. **8**, 73 (1927).

Beim Angriff von Oxydationsmitteln werden die in organischen Lösungsmitteln unlöslichen Huminsäuren zunächst in lösliche verwandelt. Ein solches Produkt vom Charakter einer Hymatomelansäure (oder Dehydrohuminsäure) mag z. T. in dem Präparat vorliegen, welches Marcusson[1] durch Einwirkung von Wasserstoffsuperoxyd und Ferrosulfat auf Mercks Huminsäure erhielt und als Karamelsäure beschrieb; nach den Untersuchungen von W. Fuchs[2] ist die angebliche Karamelsäure von der ursprünglichen Huminsäure wenig verschieden.

Durch Einwirkung von Chlordioxyd auf Mercks Huminsäure erhielten W. Fuchs und H. Leopold[3] ein kompliziertes Reaktionsgemisch, in welchem Kohlehydrate jedenfalls nicht nachzuweisen waren. Durch energischen Abbau der gleichen Huminsäure mit Chlordioxyd in Gegenwart von etwas Vanadiumchloridlösung sowie von gefälltem Calciumcarbonat im Überschuß erhielten E. Schmidt und M. Atterer[4] 7—11% Maleinsäure als Abbauprodukt.

Bei Untersuchungen über verstärkten oxydativen Abbau hat man aus den Huminsäuren Benzolcarbonsäuren und Nitrophenole erhalten können. Die betreffenden Untersuchungen wurden allerdings nicht mit Huminsäuren aus Torf angestellt, die Resultate haben aber vermutlich auch für diese Geltung.

Über die speziellen physikalischen Eigenschaften der Huminsäuren des Torfes liegt ein umfangreiches, besonders von S. Odén sowie von Wo. Ostwald und deren Mitarbeitern beigebrachtes Material vor. In kolloiden Lösungen der Huminsäuren, wie man sie z. B. durch langandauernde Dialyse von Alkalihumatlösungen erhalten kann, sind negativ geladene Kolloidteilchen in stark hydratisiertem Zustand enthalten. Solche Lösungen zeigen die für emulsoide Kolloide typischen Alterungserscheinungen. Auch gereinigte Alkalihumatlösungen, die an sich optisch leer sind, zeigen nach einiger Zeit das Auftreten von Submikronen. Geflockte Huminsäuren haben starkes Adsorptionsvermögen. Die beim Ansäuern alkalischer Lösungen ausfallenden Primärteilchen schätzt Odén[5] auf etwa 20 $\mu\mu$ und nimmt weiter an, daß jedes Primärteilchen aus etwa 1500—2000 Molekülen besteht.

Die negative Ladung der Humussäureteilchen ermöglicht deren Reinigung und Konzentrierung durch Elektrophorese[6].

Zur Bestimmung der Oberflächenspannung kolloider Huminsäurelösungen verwenden Ostwald und Steiner[7] ein ganz frisch dialysiertes Sol, aus welchem durch Zentrifugieren die klare Flüssigkeit zur

[1] Ztschr. angew. Chem. **40**, 1233 (1927).
[2] Ztschr. angew. Chem. **41**, 85 (1928).
[3] Brennstoff-Chem. **8**, 101 (1927).
[4] B. **60**, 1671 (1927).
[5] Odén: S. 60.
[6] Ostwald u. Steiner: Kolloidchem. Beih. **21**, 108 (1925/1926).
[7] Kolloid-Ztschr. **36**, 342 (1925).

Untersuchung gewonnen worden war. Je 100 ccm des Sols wurden mit je 10 ccm Wasser bzw. 10 ccm 2n-NaOH oder 10 ccm 2n-HCl versetzt und über Nacht stehen gelassen. Bei der anschließenden Untersuchung im Stalagmometer wurde die Oberflächenspannung der Huminsäuresole immer gleich der des Wassers gefunden. Dies ist bemerkenswert, zumal alle Präparate stark schäumten.

Odén[1] hat die innere Reibung einer Humussäuresuspension von 3,78%, deren Teilchen einen Durchmesser von etwa 1 μ hatten, zu 8,86, bezogen auf Wasser gleich 1, bestimmt. Die große Viscosität der verdünnten Lösung eines Kolloides weist auf eine starke Neigung zur Gelbildung hin.

Wo. Ostwald und A. Steiner[2] haben den Einfluß von Temperatur, Konzentration und Zeit, sowie von Kochen und Gefrieren auf die Viscosität von Huminsäurelösungen untersucht. Die Temperatur-Viscositätskurven von elektrolytarmen, salzsauren oder alkalischen Huminsäurelösungen von 1,07% fielen beinahe zusammen und verliefen ziemlich parallel denen des Wassers. Die Viscosität reiner Humussäurelösung wächst sehr schnell mit der Konzentration, was auf starke Solvatation hinweist.

Ostwald und Steiner[3] haben ein Ultrafiltrat von Huminsäure gewonnen, indem sie ein durch Dialyse gewonnenes Präparat im Pergamentbeutel stehen und abtropfen ließen. 3 l Humussäuresol gaben so in 4 Wochen etwa 0,5 l Ultrafiltrat; dieses war klarer und gegen Flockungsmittel weniger empfindlich als das ursprüngliche Sol. Das Ultrafiltrat enthielt nach der colorimetrischen Bestimmung 0,103 g Huminsäure in 100 ccm; die Oberflächenspannung war gleich der des Wassers. Beim Stromdurchgang wanderte das Sol infolge negativer Ladung zur Anode. Das Ultrafiltrat war sehr beständig; nach 8 Monaten war es noch ganz klar geblieben. Da es nicht in 3%ige Gelatinegallerte diffundierte, enthielt es keine molekulardisperse Huminsäure. Im Dispersitätsgrad steht es zwischen der hochdispersen alkalischen Huminsäurelösung und dem Humussäuresol.

Sowohl kolloide Humussäure als auch Humatlösung können als Schutzkolloid wirken. Darüber gibt es Angaben bei Odén[4] und bei A. v. Buzagh[5]. Drückt man die Schutzwirkung zahlenmäßig in mg Huminsäure pro g Tonsubstanz aus, dann erhält man Zahlen in der Größenordnung z. B. der Goldzahl der Eiweißkörper. Die Schutzwirkung der Humuskolloide ist durch ihre Empfindlichkeit gegen Elektrolyte beschränkt.

Flockung (Koagulation) und Auflösung (Peptisation, Dissolution)

---

[1] Odén: S. 121.
[2] Kolloidchem. Beih. **21**, 98 (1925/26).
[3] Kolloid-Ztschr. **36**, 342 (1925).
[4] Odén: S. 131.
[5] Kolloid-Ztschr. **44**, 156 (1928).

von Huminsäure sind eingehend bearbeitet worden. Odén[1] stellte diejenigen Mengen verschiedener Elektrolyte fest, durch deren Zusatz (in n-Lösung) eine Huminsäurelösung mit etwa 0,02 g im Liter innerhalb 2 Stunden deutlich geflockt wurde. Diese Mengen kann man als Koagulationswerte γ bezeichnen. Bei den halben Schwellenwerten sind die Sole noch unbegrenzt haltbar. Dies ist für natürliche Humuslösungen von Interesse.

Elektrolyt	$NaCl$	NH_4NO_3	$Ca(CO_3)_2$	$Fe(HCO_3)_2$	HCl
γ	0,25	0,05	0,007	0,004	0,008

Wo. Ostwald und Steiner[2] verwendeten zum Studium der Flockung gelöster Huminsäuren besonders die Viscosimetrie. Die Huminsäuresole verhalten sich wie negativ geladene Hydroxydsole nach Art des Molybdän- und Vanadinoxyds. Die Flockungswirkung äußert sich sowohl in einer Steigerung der Viscosität als auch in einer Vergrößerung der Filtriergeschwindigkeit, was auf die Bildung von Sekundärteilchen zurückgeführt wird. Ostwald und Steiner geben folgende Übersicht:

Elektrolyt	$Fe(NH_4)_2(SO_4)_2$	H_3PO_4	H_2SO_4	HCl	$CuSO_4$	$CaCl_2$	$Fe(NH_4)(SO_4)_2$
γ	0,07	0,06	0,035	0,020	0,012	0,010 (ungenau)	0,0065,

Elektrolyt	$Al(NH_4)(SO_4)_2$	$Al_2(SO_4)_3$	$Th(NO_3)_4$
γ	0,006	0,0044	0,002

Diese Resultate gestatten auch eine technische Anwendung, die bereits im Abschnitt über die kolloiden Eigenschaften des Torfes klargeworden ist.

Flockungsversuche an alkalischen oder mit Ammoniak oder Natriumcitrat peptisierten Humussäurelösungen verliefen bei Anwendung der meisten Reagenzien negativ.

Peptisation von Humussäure wird nach Odén bewirkt durch geringe Mengen von Essigsäure, Citronensäure, citronensaures Kalium usw., vor allem aber durch Humat-Ionen, so daß kleine Alkalimengen stark peptisieren. Nach Wo. Ostwald und A. Steiner wirken alle von ihnen geprüften gegen Lackmus alkalisch reagierenden Kalium- und Natriumsalze, wie Natriumcarbonat, Natriumbicarbonat, Dinatriumphosphat, Cyankalium, Natriumacetat und Natriumcitrat, ferner Pyridin peptisierend. Aber auch deutlich saure Gemische von Natriumcitrat bzw. Natriumacetat mit Citronensäure und Essigsäure peptisieren.

Die Peptisationsgeschwindigkeit von Huminsäure hat A. v. Buzagh[3] studiert. In Wasser suspendierte Huminsäure wurde mit Natriumhydroxydlösung verschiedener Konzentration versetzt; von Zeit zu Zeit wurden Proben gezogen, filtriert und im Filtrat der Huminsäuregehalt colorimetrisch bestimmt. Die erhaltenen Geschwindigkeitskurven weisen nach Buzagh auf Autokatalyse hin.

[1] Odén: S. 116. [2] Kolloidchem. Beihefte **21**, 98 (1925/26).
[3] Kolloid-Ztschr. **44**, 156 (1928).

Die vorstehenden Untersuchungen betrafen besonders gelöste Huminsäure sowie die Verhältnisse bei ihrer Abscheidung und Auflösung. Weniger eingehend ist die Huminsäure als solche physikalisch untersucht worden.

Das Adsorptionsvermögen der Huminsäure spielt eine Rolle bei ihrer Salzbildung, Flockung, Wirkung als Schutzkolloid u. a. m. Als ein auch technisch wichtiger Spezialfall hat das Wasserbindungsvermögen der Huminsäure und ihrer Salze zu gelten. Odén[1] hat nach dem Vorgang von van Bemmelen Proben von Torfhuminsäure im Exsiccator über verschiedenen Schwefelsäure-Wasser-Mischungen bis zur Gewichtskonstanz aufbewahrt; das dann noch zurückgehaltene Wasser hat er durch Trocknen über P_2O_5 bei 100° bestimmt. Die nachfolgende Tabelle gibt an, wieviel Prozent Wasser, berechnet auf Trockensubstanz, bei verschiedenen Drucken zurückgehalten wurde.

Dampfdruck in mm Hg	15,0,	14,5,	13,9,	12,9,	11,6,	6,3,	0,7
Humussäure	72,8,	57,6,	39,7,	31,5,	24,2,	13,8,	3,6% H_2O
Calciumhumat.	62,3,	52,8,	41,4,	35,7,	29,3,	18,9,	6,6% H_2O

Die Huminsäure des Torfes vermag, ohne gelöst zu werden, topochemische Reaktionen einzugehen. So kann man nach den Untersuchungen von W. Fuchs durch Schütteln der in Alkohol unlöslichen Huminsäure (aus dem Präparat von Merck) mit alkoholischer Kaliumacetatlösung ein wasserlösliches neutrales Salz bereiten. Dieses Salz vermag sein Metall gegen Ammonium auszutauschen, zeigt also Permutitcharakter.

f) Sonstige Torfbestandteile.

Auf die im Torf als akzessorische Bestandteile aufgefundenen anorganischen Salze, auf die Humate, auf organische Fundstücke vom Charakter des Fichtelits und ähnlicher Stoffe wurde bereits hingewiesen.

Ebenso wurde auch schon das Vorkommen organisierter Pflanzenreste, Sporen, Kutikeln u. dgl. gestreift.

Über Huminsubstanzen des Torfes, die sich in Alkali nicht lösen, scheint nichts Rechtes bekannt zu sein. Falls sie vorkommen sollten, so würde man solche in Alkali unlösliche Huminsubstanzen nach dem derzeitigen Sprachgebrauch als Humine zu bezeichnen haben. Es wäre aber in solchen Fällen zu untersuchen, ob nicht alkaliunlösliche Huminsäuren im Sinne von W. Fuchs vorliegen.

4. Verhalten des Torfes bei chemischen Einwirkungen.

a) Luft.

Die Einwirkung von Luft auf Rohtorf verrät sich z. B. durch das Nachdunkeln frisch angestochenen Torfes. Bei dieser Erscheinung

[1] Odén: S. 117.

handelt es sich um eine quantitativ wohl nur geringe Veränderung der Torfsubstanz, die vielleicht durch Peroxydasen vermittelt wird.

Nach Franz Fischer und Schellenberg[1] wurde siedender Torfbrei beim Einleiten von Preßluft selbst bei 54stündiger Versuchsdauer und bei Zusatz von Kupfersulfat als Katalysator nur wenig angegriffen; 4% des vorhandenen Kohlenstoffs wurden zu Kohlensäure oxydiert; in der vom fast unveränderten Torf abfiltrierten Lösung waren Säuren kaum nachzuweisen.

b) Wasser.

Nach früheren gelegentlichen Angaben hat man jetzt in den bei der Zerlegungsanalyse gewonnenen Daten ein genügendes Material über die Menge der wasserlöslichen Substanzen in den einzelnen Torfarten.

Marcusson[2] konnte aus Torf, der unter Atmosphärendruck mit Wasser erschöpfend extrahiert worden war, durch Behandeln mit Wasser unter Druck weitere 10% Substanz isolieren. W. Schneider und A. Schellenberg[3] erhitzten Torf mit Wasser 2 bzw. 8 Stunden auf 250° und erhielten 67,5 bzw. 62,9% wasserunlöslichen Rückstand, sowie 6,3 bzw. 13,7% wasserlöslichen Trockenrückstand.

Bei den in Lösung gehenden Substanzen handelt es sich wohl hauptsächlich um Produkte der Hydrolyse von Kohlehydraten. Über die Zusammensetzung des beim Erhitzen von Torf im Autoklaven mit Wasser verbleibenden Rückstandes unterrichten folgende Daten von F. Bergius[4]:

Tabelle 54.

Temperatur	Zeit in Std.	C %	O %	H %	N %
250°	8	74,3	19,4	5,2	1,07
300°	8	77,0	16,9	5,0	1,07
340°	8	81,2	13,3	4,65	0,89
340°	24	84,0	10,4	4,62	0,96
340°	61	83,5	10,98	4,55	0,97

c) Säuren.

Durch die Behandlung mit Säuren werden, wie aus den Angaben über Vertorfungsgrad und Zerlegungsanalyse hervorgeht, die Kohlehydrate des Torfes in Zucker verwandelt, während die nicht hydrolysierbaren Bestandteile ungelöst bleiben. Die Ausbeute an Zucker hängt sowohl von der Zusammensetzung des Torfes wie auch von den

[1] Abh. Kohle **5**, 132 (1920). [2] Ztschr. angew. Chem. **38**, 339 (1925).
[3] Abh. Kohle **5**, 377 (1920).
[4] Die Anwendung hoher Drucke bei chemischen Vorgängen und eine Nachbildung des Entstehungsprozesses der Steinkohle, Halle a. S. 1913.

besonderen Arbeitsbedingungen ab. W. Schneider[1] brachte mit hochkonzentrierter Salzsäure nur 10—13% der Torfsubstanz einschließlich der mineralischen Bestandteile in Lösung. Diese reduzierte Fehlings Lösung, zeigte bei Destillation mit Salzsäure im Destillat die Furolreaktionen, Rotfärbung mit essigsaurem Anilin, tiefgrüne Färbung und Niederschlag mit Phloroglucin.

Andere Autoren, T. v. Feilitzen[2], Eckstrand[3], A. Moser[4], E. v. Petzold[5] haben mit verdünnter Schwefelsäure hydrolisiert; sie erhielten dabei neben Pentosen soviel gärfähigen Zucker, daß man mit einer Ausbeute von 5—6% der Trockensubstanz an Alkohol rechnen kann. Bei Hydrolyse mit Salzsäure erhielten neuerdings P. P. Budnikoff und A. I. Sworykin[6] aus zerkleinertem lufttrockenem wenig zersetztem Torf (Carex limosa und Sphagnum medium) 33—34% Zucker.

d) Alkalien.

Nach R. Miklauz[7] erhält man, wenn man mit Säuren und Alkohol ausgekochten Torf wiederholt mit verdünnten Alkalien extrahiert, nicht die gleichen Huminsäuren wie aus dem Torf, der nicht mit Säure ausgekocht wurde. Hierauf wird noch zurückgekommen.

Bei Behandlung von Torf mit Alkalien gehen die Huminsäuren nicht ohne Veränderung durch Luftsauerstoff in Lösung. Außer ihnen werden auch noch andere Substanzen von Alkali aufgelöst, worauf z. B. Marcusson[8] hingewiesen hat.

Nach den Untersuchungen von Schneider und Schellenberg[9] besitzen die verschiedenen Alkalien bei Zimmertemperatur und Wasserbadtemperatur gegenüber der gleichen Torfprobe verschiedene Lösungsfähigkeit. Bei Druckerhitzungen entstehen neben Gas und Wasser auch wasserlösliche Produkte in erheblicher Menge. Mit zunehmendem Alter des Torfes steigt die Menge der bei höherer Temperatur in Lösung gehenden Huminsäuren. Es gibt bei der Einwirkung von wässerigen Alkalien auf Torf ein Temperaturoptimum für die Maximalausbeute an Huminsäuren; steigert man die Temperatur über letzteres hinaus, dann geht die Ausbeute wieder zurück.

Nach einer Angabe von Strache und Lant[10] gibt Torf bei der Alkalischmelze die Abbauprodukte der Cellulose, der Huminsäuren und Humine, also Oxalsäure, niedrige Fettsäuren, Protocatechusäure und

---

[1] Abh. Kohle **5**, 324, 541 (1920). [2] Dissertation Göttingen 1897.
[3] Nach Ullmanns Enzyklopädie. 2. Aufl. Bd. 1. S. 714.
[4] C. **1923 IV**, 466. [5] C. **1923 II**, 1035.
[6] Ztschr. angew. Chem. **35**, 677 (1922).
[7] Ztschr. f. Moorkultur u. Torfverwertg **1908**, 285. — C. **1909 I**, 837.
[8] Ztschr. angew. Chem. **38**, 339 (1925). [9] Abh. Kohle **5**, 377 (1920).
[10] Kohlenchemie. S. 286. Leipzig 1924.

Brenzcatechin. In der Tat hat F. Hoppe-Seyler[1] anscheinend aus Torfhuminsäure durch Kalischmelze etwa 0,5% Protocatechusäure erhalten.

Nach patentierten Verfahren von P. Brat[2] wird Torf im Autoklaven bei 170—120° und wenigstens 6 at in Gegenwart von Alkalien oder Erdalkalien erhitzt; hierbei entweicht Ammoniak und entstehen wasserlösliche Salze von wasserlöslichen Säuren.

M. Popp[3] hat aus so hergestellten Kalksalzen eine neue Säure isoliert, die bei einigen Reaktionen das Verhalten eines Aldehydes zeigte, und die Popp deshalb Humalsäure genannt hat. Zur Reindarstellung der Säure wurde die wässerige Lösung der Kalksalze erst mit Bleiacetat, dann im Filtrat des Bleiniederschlages mit Oxalsäure gefällt; das Filtrat des oxalsauren Kalkes enthält außer Essigsäure der Hauptsache nach die neue Säure, die nach dem Eindampfen der Flüssigkeit bis zur Sirupdicke mit Alkohol isoliert wird. Die mit Tierkohle entfärbte Säure stellt eine schwachgelb gefärbte Masse dar, welche Fehlings Lösung und ammoniakalische Silbernitratlösung sowie auch Permanganatlösung reduziert und mit Eisenchlorid in alkalischer Lösung eine blutrote Färbung gibt, ohne daß Eisen gefällt wird. Die freie Säure gibt in alkoholischer Lösung mit freiem Phenylhydrazin einen krystallinen Niederschlag vom F. P. 168°. Die Krystalle sind in heißem Wasser, in Alkalien und Säuren leicht löslich; fällt man ihre ammoniakalische Lösung in Alkohol, so entsteht ein neuer krystallinischer Körper vom F. P. 215°.

Das Äquivalentgewicht der Humalsäure wurde zu rund 350 bestimmt, die Elementaranalyse ergab rund 43% C, 6% H und 51% O. Humalsäure ist eine ziemlich starke Säure; ihre Salze sind wasserlöslich.

Die Humalsäure konnte aus allen Torfarten hergestellt werden, aber nicht aus humoser Braunkohle. Sie ist zum Teil vergärbar und steht nach Ansicht von Popp den Zuckerarten nahe. Mit dieser wohl zutreffenden Ansicht ist die Meinung von Popp, daß die Humalsäure ein Abbauprodukt der Humussäure darstellt, allerdings nicht verträglich.

e) Oxydation.

Torf zeigt bei Gegenwart von Wasser und Alkali eine außerordentlich beschleunigte Sauerstoffaufnahme, wobei nach Schrader[4] aus Stoffen, die in Alkali unlöslich sind, alkalilösliche Huminsäuren entstehen, die selbst wieder weiter oxydiert werden. Die Oxydation wird wesentlich verstärkt, wenn man bei erhöhtem Druck und erhöhter Temperatur Luft durch das Reaktionsgemisch streichen läßt. Bei einer solchen Druck-

[1] Ztschr. physiol. Chem. **13**, 66 (1889).
[2] C. **1921 IV**, 1193, 1247; **1922 IV**, 194.
[3] Brennstoff-Chem. **1**, 58 (1920). [4] Brennstoff-Chem. **3**, 161, 181 (1922).

oxydation erhielten F. Fischer und Schrader[1] aus 100 g Oldenburger Baggertorf rund 8 g festen Rückstand, 24 g wasserunlösliche Säuren, 6 g ätherlösliche Säuren, 3 g in 90%igem Alkohol lösliche Natriumsalze. Auf die Fortführung umfangreicher ähnlicher Versuche durch F. Fischer und W. Schneider[2] sei nur verwiesen.

Druckoxydation von Torf in Gegenwart von Wasser ohne Alkali bietet nach F. Fischer und W. Schneider[3] keinerlei Vorteile. Vielmehr war in diesem Falle schon nach 6stündiger Versuchsdauer die Hälfte des im Ausgangsmaterial vorhandenen Kohlenstoffes zu Kohlensäure oxydiert, die Menge des unangegriffenen Torfes und der Huminsäuren war noch beträchtlich, die von erwünschten Zwischenprodukten des Abbaues aber sehr gering.

F. Fischer und H. Niggemann[4] ließen Ozon auf Torf in wässeriger Suspension einwirken, ohne erwähnenswerte Resultate zu erzielen.

f) Reduktion.

In einer Arbeit über die Umwandlung der Kohle in Öle durch Hydrierung haben Fischer und Schrader[5] Baggertorf (Elisabethfehn, Oldenburg) mit 1,2% Asche und 13,1% Wasser hydriert. 3,43 g organische Substanz lieferten 0,83 g oder 24,2% Ätherlösliches und 0,59 g Rückstand, der 0,43 g Asche und 0,16 g oder 4,7% der angewandten organischen Substanz ausmachte.

Auch auf die Arbeit von Waterman und Perquin[6] über die Reduktion von Sphagnum durch Hydrierung nach Bergius sei nur hingewiesen.

5. Verhalten des Torfes bei physikalischen Einwirkungen.

a) Elektrizität.

Unter der Einwirkung eines elektrischen Feldes findet eine Entmischung der Torfmasse in die negativ geladenen Torfteilchen und Wasser statt. Diese Elektroosmoose (Elektrophorese der Torfteilchen) hat Graf Schwerin[7] zur Entwässerung des Torfes benutzt. Technisch ist das Verfahren gut ausgebildet, wirtschaftlich konnte es sich aber nicht durchsetzen.

b) Erhitzen.

Beim Erhitzen des Torfes unter Luftabschluß kommt es zunächst zu einer Entwässerung, dann zur Verschwelung und Verkokung. Die

[1] Abh. Kohle **4**, 342 (1919).
[2] Abh. Kohle **5**, 135 (1920).
[3] Abh. Kohle **5**, 135 (1920).
[4] Abh. Kohle **1**, 30 (1915/16).
[5] Brennstoff-Chem. **2**, 161 (1921).
[6] Brennstoff-Chem. **9**, 57 (1928).
[7] Vgl. Ullmann: **4**, 404 (1929).

trockene Destillation des Torfes ist in der Hoffnung, eine entsprechende Industrie ausbilden zu können, vielfach studiert worden. Nach Hoering[1] kann man im allgemeinen drei Perioden bei der Destillation unterscheiden:

1. 100—150°: Entweichen des hygroskopischen Wassers.
2. 150—500°: eigentliche Verkohlung unter Bildung von Teer, Essigsäure, Methylalkohol, Kohlensäure, Kohlenoxyd, Ammoniak.
3. 500° und höher: völliges Garwerden des Torfkokses unter Bildung von Kohlenoxyd, Wasserstoff und Ammoniak.

Bei einer mittleren Temperatur von 450° erzielte man 5—7% Teer, geringe Mengen Essigsäure und noch geringere Mengen Ammoniak; die Hauptmenge der ursprünglichen Trockensubstanz des Torfes liefert im Durchschnitt zu annähernd gleichen Teilen Wasser, Gas und Koks.

W. Schneider und A. Schellenberg[2] haben an Proben von Velener und Lauchhammer Torf aus verschiedenen Schichten den Einfluß des Alters auf die Teerausbeute untersucht. Der Torf gab beim Erwärmen auf 200—250° außer Wasser nur spurenweise Teer ab; erst oberhalb 270° setzte Teerbildung ein und bei 300° ging Öl über. Die Teerausbeute und der Paraffingehalt des Teeres stiegen mit dem Alter des Torfes. Die Hauptteerbildner beim Torf dürften (wie bei Braunkohle) wachs- und harzartige Stoffe sein. Die größere Teerausbeute beim Verschwelen älterer Torfproben hängt wohl mit der Anreicherung des Bitumens in den unteren Schichten zusammen.

Die Torfproben gaben (ähnlich gewöhnlichen Schwelbraunkohlen) 13—27% Teer; der Teer enthielt verhältnismäßig wenig saure Bestandteile, im Mittel etwa 14%; er hatte also den Charakter eines Urteeres mit geringem Phenol-, aber hohem Neutralöl- und Paraffingehalt.

Nach den Ergebnissen von Höring findet die Bildung eines guten Kokses unter völlig ausreichender Verkohlung des Torfes vorteilhaft bei etwa 525° statt. G. Stadnikoff[3] hat neuerdings russische Torfproben in der Aluminiumretorte destilliert. Torf des Moores Elektroperedatscha gab bei 550—600° 41% Halbkoks, 18% Teer, 22% Zersetzungswasser und 19% Gas und Verlust. G. Stadnikoff und W. Sabawin[4] haben den Teer eines Sphagnumtorfes näher untersucht. Durch Wasserdampfdestillation entfernten sie 14—16% flüchtige Bestandteile; diese gaben bei Extraktion mit Natronlauge 15—20% saure Bestandteile ab; und aus diesen ließen sich durch dreimalige Extraktion mit Natriumbicarbonatlösung 1,5% Carbonsäuren, entsprechend etwa 0,2—0,3% des Torfteeres, gewinnen. Die Carbonsäuren wurden in Äthylester verwandelt und diese durch fraktionierte Destillation getrennt. Die einzelnen Säuren wurden durch Jodzahl, Elementaranalyse und Molekulargewicht

---

[1] Hoering: S. 264.
[2] Abh. Kohle **5**, 94 (1920).
[3] Kolloidchem. Beih. **31**, 76 (1930).
[4] Brennstoff-Chem. **10**, 1 (1929).

charakterisiert. Nach Ansicht der Autoren handelt es sich um gesättigte und ungesättigte Säuren der Fettreihe mit 6—9 Kohlenstoffatomen, die wahrscheinlich schon im Torfe selbst vorgebildet waren.

Der Torfteer ist dem Braunkohlenteer ähnlich, manchmal auch dem Laubholzteer. Dies hängt mit den Arbeitsbedingungen zusammen; auch die Asche des Torfes hat Einfluß, da nach Stadnikoff eisenreicher Torf einen relativ phenolarmen Teer liefert. Die Analysen des Torfteeres von P. Höring sind neuerdings von Stadnikoff[1] kritisch betrachtet worden. Nach Abraham[2] hat entwässerter Torfteer folgende Eigenschaften:

Farbe	schwarz
Spez. Gewicht bei 25°	0,90—1,05
Löslichkeit in Schwefelkohlenstoff	98—100%
Asche	0—1%
Löslichkeit in Benzin	95—100%
Schwefel	weniger als 1%
Paraffin	5—15%
Verseifbares	5—15%

Torfteerpech hat ähnliche Eigenschaften wie Braunkohlenteerpech.

Nach Stadnikoff erhält man aus Sphagnumtorf mit 13% Wasser, 2,8% Asche und 60% C, 6,2% H und 0,3% S in der organischen Substanz, in der Drehtrommel 12% Teer, 42% Halbkoks, 21,5% Zersetzungswasser und 24,5% Gas. Die Zerlegung des wasser- und aschenfreien Teeres in einzelne Gruppen ist aus folgender Tabelle ersichtlich:

1. Organische Basen	0,32%
2. Saure Produkte	9,7 %
3. Leichte Neutralöle	15,0 %
4. Schwere Neutralöle	16,6 %
5. Rohparaffin	11,2 %
6. Destillationsrückstand	12,7 %
7. Asphaltene	11,6 %
8. Silikagel-Harze	13,8 %
9. Mit Äther ausfällbare Substanzen	6,0 %

Die organischen Basen sind noch wenig untersucht. Die sauren Produkte bestehen aus Carbonsäuren, darunter gesättigte und ungesättigte Fettsäuren mit 6—9 C-Atomen sowie Phenol, die drei isomeren Kresole, Xylenole und Guajacol. Die neutralen Öle enthalten Ketone sowie aliphatische, hydroaromatische und aromatische Kohlenwasserstoffe. Nachgewiesen sind u. a. Aceton und Hexylen. Das Rohparaffin kann man nach Stadnikoff zerlegen, indem man es mit Silikagel vermischt und im Soxleth mit Benzin extrahiert. Im Silikagel bleiben dann Harze zurück, die sich mit Benzol extrahieren lassen. Die Leichtöle

[1] Neuere Torfchemie, S. 147. Dresden u. Leipzig 1930.
[2] Asphalts and allied substances. New-York 1920.

lassen sich aus dem Teere mit Wasserdampf entfernen. Der Rückstand der Wasserdampfdestillation scheidet beim Verdünnen mit Leichtbenzin Asphaltene ab. Nach deren Abscheidung kann man durch Lösen des Rückstandes im fünffachen Volumen Aceton und Kühlen in Eis das Rohparaffin abscheiden. Nach Entfernung des Acetons aus dem Filtrat und Verdünnen mit dem 5fachen Volumen Benzol kann man mit Schwefelsäure die Basen und mit Lauge die sauren Bestandteile extrahieren.

6. Verhalten des Torfes bei biologischen Einwirkungen.

Über die Versuche von Taylor, Torf unter einer Decke von Natriumton anaerob weiter zu zersetzen, wurde bereits berichtet. Auch die Versuche von Terres und Steck zur anaeroben Zersetzung von Sphagnumtorf unter Wasser wurden bereits erwähnt. An sonstigen Versuchen ist folgendes bekannt:

H. H. Müller[1] hat versucht, Torf in Gärung zu bringen, um so einen leichter entwässerbaren Torf zu erhalten. H. Schrader[2] versetzte Velener Torf mit einer Nährlösung und mit einem wässerigen Auszug von Gartenerde und bewahrte im Brutschrank bei 37° auf. Hierbei konnte er keine Spur von Zersetzung beobachten.

E. Melin, S. Norrbin und S. Odén[3] haben Gärungsversuche mit vier Torfarten, einem jüngeren und einem älteren Sphagnumtorf sowie einem jüngeren und einem älteren Carextorf ausgeführt. Die Proben wurden mit Klärschlammbakterein unter Zusatz von Pferdemist bei 25—30° stehen gelassen. Der Zusatz von Pferdemist war für eine erfolgreiche Gärung notwendig, machte aber die Analysen insbesondere in quantitativer Hinsicht unsicher.

Als Gärgefäße dienten Kolben, die einerseits mit einer Vorratsflasche für Knopsche Nährlösung verschiedener Acidität bzw. Alkalität (p_H 3,5 bis 8,5), andererseits mit einem Meßzylinder zum Auffangen von Gas in Verbindung waren. Bei 30° und fast neutraler Reaktion (p_H 6,5) wurden die günstigsten Ergebnisse erzielt. Der meist nur geringe Effekt der Gärung konnte durch Zusatz von Calciumacetat (0,05—1% des Torfes) bis auf das Dreifache gesteigert werden. Die nachstehende Tabelle enthält quantitative Daten für den älteren Sphagnumtorf.

Tabelle 55. Gärversuche mit Sphagnumtorf.

	Menge in g	C g	H g	O g
Ursprüngliche Substanz	100,00	55,15	5,99	38,86
Substanz nach der Gärung	81,34	44,88	4,88	31,58
Entwickeltes Gas	8,58	1,25	0,36	6,97
Löslich gewordene Substanzen u. Verluste	10,08	9,02	0,75	0,31

[1] D. R. P. 347 813 (1921). [2] Abh. Kohle 6, 173 (1921).
[3] Vgl. Odén u. Lindberg, Brennstoff-Chem. 7, 169 (1926).

Die gebildeten Gärungsgase enthielten 62—78% Methan und 30 bis 13% Wasserstoff. Sowohl die ursprünglichen Proben als auch die Rückstände der Vergärung wurden analytisch charakterisiert. Die Elementarzusammensetzung vor und nach der Vergärung war übrigens fast die gleiche. Odén und Lindberg ziehen aus den Ergebnissen der Zerlegungsanalyse den Schluß, daß die Cellulose und die anderen Kohlehydrate es waren, welche einer verhältnismäßig geringen Vergärung anheimfielen.

Die Einwirkung von Bakterien auf Torf[1] ist besonders bei kulturtechnischen Maßnahmen wichtig; die Beziehungen der Kleinorganismen in den Böden zum Pflanzenwachstum spielen bei der Urbarmachung und Verbesserung der Moorböden eine wichtige Rolle. Die Nutzbarmachung der Moore ist eng mit dem Verhalten des Torfes gegen biologische Einwirkungen verknüpft. Nach G. H. Earp-Thomas[2] sollen in einem gut vorbereiteten, mit Stickstoffbakterien geimpften Moorboden innerhalb 2—6 Wochen an den Wurzeln eingepflanzter Leguminosen die charakteristischen Knöllchen sichtbar werden.

Über die Erzeugung von Alkohol aus Torf durch Vergärung nach vorheriger Hydrolyse der Polysaccharide gibt es eine Zusammenstellung in Ullmanns Enzyklopädie 2. Aufl., Bd. 1, S. 714 (1928).

7. Die Entstehung des Torfes.

a) Der Wechsel der Pflanzengemeinschaften während der Torfbildung seit dem Diluvium.

Soviel man weiß, begann die Torfbildung nach dem Aufhören der letzten großen Eiszeit mit Anhäufungen von Sapropelcharakter auf dem Grunde von Seen und Wasseransammlungen überhaupt. Mit steigender Verlandung der Wasserflächen entwickelten sich die Niederungsmoore mit ihrer Sumpfflora. In dem Maße, in welchem der Boden trockener wurde, kam es dann zur Waldmoorbildung. Wenn aber der durch das Niedermoor gegebene Untergrund infolge eines Steigens des Grundwasserspiegels wieder stärker durchnäßt wurde, konnte es auch sogleich zur Entstehung eines Hochmoores kommen. Bei entsprechenden Schwankungen des Grundwasserspiegels konnten Hochmoor und Waldmoor einander mannigfach ablösen.

Der Aufbau der gut untersuchten norddeutschen Moore wird durch die nachfolgende Übersicht von C. A. Weber[3] wiedergegeben:

---

[1] Vgl. hierzu noch Th. Arnd, Ztschr. Pflanzenernährg. A **4**, 53 (1925). — I. A. Makrinow. Nach C **1930** II, 3488.

[2] Amer. Fertilizer **56**, Heft 1, S. 79 (1922).

[3] Englers Bot. Jahrbücher **40**, Heft 1 (1907).

	1. Diluvialboden	Limnische Bildung
	2. Tonmudde	
	3. Kalkmudde	
	4. Lebermudde	
Eutrophe Torfbildung	5. Torfmudde	
	6. Phragmitetumtorf	telmatische Bildung
	7. Alnetumtorf	semiterrestrische
Mesotrophe Torfbildung	8. Pineto-Betuletumtorf	terrestrische
	9. Eriophoretumtorf aus E. vaginatum	semiterrestrische
	Scheuchzerietumtorf oder Cariceto-Sphagnetumtorf	telmatische
	10. Älterer Sphagnumtorf	semiterrestrische
Oligotrophe Torfbildung	11. Grenzhorizont: Callunetum- oder Eriophoretumtorf	terrestrische
	12. Scheuchzerieto-Sphagnetumtorf	telmatische oder semiterrestrische
	Jüngerer Sphagnumtorf	terrestrische Bildung

Wie man sieht, folgt auf die im Wasser abgelagerte limnische Bildung der Mudden der im Sumpfe entstandene Schilfrohr-(Phragmites-)Torf, darauf in mehr oder weniger sumpfigem Land (semiterrestrisch, terrestrisch) gebildeter Baumtorf aus Erle (Alnus), Kiefer (Pinus), Birke (Betula), hernach entsprechend Schwankungen des Grundwasserspiegels besonders Wollgras-(Eriophorum-) und Laubmoos-(Sphagnum-)Torf. Die wachsende Verarmung des Bodens an Nährstoffen kommt darin zum Ausdruck, daß die ältesten Schichten nährsalzreich (eutroph), die jüngsten nährsalzarm (oligotroph) sind.

Etwas anders scheinen die Verhältnisse in dem von R. Thiessen und Johnson[1] untersuchten nordamerikanischen Torflager zu liegen. Dort lagert über einer mächtig entwickelten Schicht von Riedgrastorf eine verhältnismäßig bescheidene Schicht von Sphagnumtorf — eine Art „Grenzhorizont"; auf diesem Untergrund gedeiht seit mehr als einem Jahrtausend ein Waldmoor.

b) Die botanischen, chemischen und biologischen Voraussetzungen der Torfbildung.

Die jeweilige torfbildende Flora muß offenbar für die Zusammensetzung des entstehenden Torfes von großer Bedeutung sein.

Die Elementarzusammensetzung von Sphagnum ist nach H. J. Waterman und J. N. J. Perquin[2] 44% C und 6,3% H. Die Elementarzusammensetzung der Hölzer ist im Mittel 50% C und 6% H. Die Zu-

[1] Fuel 9, 367 (1930). — Vgl. S. 103.

[2] Brennstoff-Chem. 9, 57 (1928). Die von den Autoren geäußerte Meinung, Sphagnum sei als eine nur wenig verunreinigte Cellulose zu betrachten, denn Cellulose besteht aus 44,4% C und 6,2% H, trifft allerdings nicht zu.

sammensetzung von Laub, Nadeln, krautigen Pflanzen dürfte meist zwischen diesen Daten liegen.

Sphagnum cuspidatum hat nach Fr. Fischer, Schrader und Friedrich[1] fast kein Methoxyl, Spahgnum medium etwa 0,3%. Holz enthält 5—6% OCH_3. Der Methoxylgehalt von Laub, Nadeln, krautigen Pflanzen liegt auch hier zwischen den Werten für Moose und Hölzer.

Was die Zerlegungsanalyse der torfbildenden Pflanzen betrifft, so hat man für krautige Pflanzen nach den älteren Analysen von S. Stefánsen und W. Soederbaum[2] nachstehende Tabelle von Waksman[3], in der die Daten dieses Forschers für die Zusammensetzung verschiedener Torfe mitbelassen sind.

Tabelle 56.

Pflanzliche Bestandteile in %	Carex, Stengel und Blätter	Carex, Rhizome und Wurzeln	Sphagnum, junge Pflanze, Sproß	Sägetorf, Saw-grass Florida 7—20 cm Tiefe	Lagertorf, Florida 62—70 cm Tiefe	Waldtorf, New York	Junger Sphagnumtorf, Deutschland	Alter Sphagnumtorf, Deutschland
Ätherlöslich . .	2,5	1,7	1,5	3 0	—	3,2	3,1	5,7
Wasserlöslich . .	12,7	3,2	3,9	1,7	1,1	—	—	—
Hemicellulose. .	18,4	20,9	30,8	6,4	2,2	5,4	16,9	9,1
Cellulose	28,2	11,8	21,1	0,3	—	2,7	19,4	12,4
Lignin	21,1	41,7	7,0	46,1	19,3	60,7	34,0	52,5
Protein	7,1	14,6	5,9	23,1	3,0	14,3	5,2	5,8
Asche	3,3	4,6	3,2	10,0	59,6	3,9	1,7	1,4

Die Zusammensetzung von Laub und Nadeln ist im allgemeinen wohl der mittleren Zusammensetzung des Carexgrases ähnlich. Die prozentuale Zusammensetzung der Hölzer ergibt sich aus den Beispielen der Tabelle 57.

Tabelle 57. Zusammensetzung einiger Hölzer.

	Fichte[4] (Picea excelsa) %	Birke[4] (Betula verrucosa) %	Weißceder[5] (Thuja occidentalis) %
Ätherextrakt	0,8	0,7	1,6
Alkohol-Benzol-Extrakt. .	2,3	1,7	—
Wasserlöslich	—	—	4,0
Pentosane	11,3	27,1	10,6
Cellulose	64,0	64,2	57,0
Lignin	28,3	19,6	28,9
Proteine	0,7	0,7	—
Asche.	0,8	0,4	0,4

[1] Abh. Kohle **5**, 530 (1920). [2] Vgl. Puchner: Der Torf, S. 17. Stuttgart 1920.
[3] Brennstoff-Chem. **11**, 279 (1930).
[4] Nach Schwalbe, C. G., u. E. Becker: Ztschr. angew. Chem. **32**, 229 (1919).
[5] Nach Ritter, G. J., u. L. C. Fleck: Journ. Ind. and Engin. Chem. **18**, 608 (1926).

Die Methoden der Zerlegungsanalyse von Pflanzenmaterial sind noch vielfach verbesserungsfähig und im einzelnen Gegenstand von Meinungsverschiedenheiten. Verschiedene Methoden können zu recht verschiedenen quantitativen Resultaten führen. Dies erkennt man, wenn man z. B. die Zahlen für Sphagnum von Waksman mit den von S. Kurbatow[1] nach Tab. 58 bei Stadnikoffs Gang erhaltenen vergleicht.

Tabelle 58.

Benzol-Alkohol-Extrakt	9,5%
Wasserextrakt bei 50°	5,0%
Wasserextrakt bei 100°	41,1%
Cellulose	35,2%
Lignin	9,2%

Was die chemische Konstitution der Pflanzenstoffe im einzelnen betrifft, so wurde bereits auf den Zusammenhang mit der entwicklungsgeschichtlichen Stellung der Spenderpflanzen hingewiesen. Nähere Untersuchungen über die Eiweißstoffe niederer Pflanzen wären erwünscht. Fette, Wachse und Harze, kurz als Bitumenstoffe zusammengefaßt, schwanken mengenmäßig sehr. Laubmoose und Sumpfpflanzen können erhebliche Mengen, bis zu 10%, enthalten. Hölzer, Blätter und Rinden haben meist nur wenig Bitumen; doch gaben Kiefernnadeln 8% Benzolextrakt[2] und Sequoiaholz 16% Benzol-Alkohol-Extrakt[3]. Die Bitumenstoffe sind eine heterogene Gruppe; Fette sind unter Umständen leicht zersetzlich, Harze und Wachse reichern sich beim Absterben der Pflanze an.

Die Kohlehydrate der Zellwand sind auch nicht überall dieselben; die Cellulose im Sphagnum ist viel schwerer angreifbar als die Cellulose der anderen torfbildenden Gewächsen. Die neben der Cellulose vorhandenen Wandkohlehydrate, Pektinsubstanzen usw. sind noch wenig erforscht.

Die in starken Mineralsäuren unhydrolysiert bleibende Substanz der Zellwand darf analytisch als Lignin bezeichnet werden. Die Lignine der verschiedenen Pflanzen sind aber miteinander nicht identisch; enthält doch sogar eine und dieselbe Pflanze verschiedene Lignine. Die Lignine der Laubmoose zeigen keine Ligninreaktionen.

G. Stadnikoff und A. Baryschewa[4] haben die aus Tabelle 59 ersichtlichen Angaben über die Lignine einiger torfbildender Pflanzen gemacht.

In der Tabelle beziehen sich die Daten der Elementaranalyse auf die gefundenen Werte, die Daten in den Klammern auf Werte, welche auf Grund von Formeln berechnet wurden. Diese Formeln wurden durch Untersuchungen nach Art der S. 112 besprochenen gewonnen.

[1] Stadnikoff: Kolloidchem. Beih. **31**, 80 (1930).
[2] Fischer, Fr., u. Kleinstück: Abh. Kohle **3**, 308 (1918).
[3] Fuchs, W.: Brennstoff-Chem. **11**, 107 (1930).
[4] Brennstoff-Chem. **11**, 21 (1930).

Tabelle 59.

	Sph. parvifolium %	Sph. medium %	Eriophorum vaginatum %
Gehalt an Lignin in der Trockensubstanz	9,2	16,4	32,6
Aschegehalt des Lignins.	3,3	8,08	18,8
In der org. Subst. des Lignins: C	55,85 (55,40)	59,58 (59,58)	63,6 (63,6)
H	6,13 (5,9)	5,46 (5,46)	5,9 (6,0)
OCH_3	1,40 (3,08)	1,92 (3,07)	6,4 (6,2)

Nach den genannten Forschern enthält das Eriophorum-Lignin 2 OCH_3-, 1 COOH- sowie 4 acetylierbare OH-Gruppen und entspricht der Formel $C_{50}H_{49}O_{11}(COOH)(OCH_3)_2(OH)_4$.

Unter den biologischen Voraussetzungen des Vertorfungsprozesses ist die wichtigste die Allgegenwärtigkeit der Mikroorganismen; die Mikroben können unter den verschiedensten Bedingungen im lebensmöglichen Temperaturbereich existieren. Sie finden im Niedermoor reichliche, im Waldmoor genügende, im Hochmoor nur spärliche Mengen Nährsalze; in den obersten Schichten sind die Bedingungen aerob und sauer, in den tieferen anaerob und sauer.

Als wesentliche biologische Bedingung ist hervorzuheben, daß der Vertorfungsprozeß sich unter Wasser abspielt und deshalb schon in geringen Tiefen ganz vorwiegend anaerob verläuft. Die chemischen Verbindungen, die in den Pflanzen vorhanden sind, bilden das Substrat für die Lebenstätigkeit der Mikroben, welche unter Umständen das Pflanzenmaterial, wie man weiß, auch vollständig aufzehren können. Für die Entstehung von Torf ist es nun eine weitere wesentliche Bedingung, „daß das Pflanzenmaterial so gelagert wird, daß die bei der natürlichen Zersetzung durch Mikroorganismen auftretenden Stoffwechselprodukte, in erster Linie Säuren, in der Pflanzenmasse erhalten bleiben, und nicht durch Auswaschung oder Diffusion in die weitere Umgebung gelangen können. In Teichen oder anderen Wasseransammlungen kommt es trotz Anhäufung großer Mengen von organischer Substanz nicht zur Torfbildung, wenn das Wasser dauernd oder oft durch Zu- und Abfluß erneuert wird. Ausgedehnte Waldflächen bilden keinen Torf, da die entstehenden sauren Verbindungen unbehindert in dem Boden diffundieren und dort biologisch zersetzt bzw. chemisch gebunden werden. Natürlich ist es wichtig, daß die gebildeten Säuren den Fortschritt der Zersetzung nur hemmen, keineswegs aber ganz aufheben"[1].

c) Der Verlauf der Torfbildung.

In die Bildung der untersten Schichten eines Torflagers geben einen gewissen Einblick ältere Untersuchungen von Kraemer und Spilker[2]

[1] Lieske, R.: Brennstoff-Chem. 11, 102 (1930). [2] Vgl. S. 13.

über einen sogenannten Seeschlick. Ein ehemaliger See bei Ludwigshof war erfüllt von einer bis 14 m mächtigen Schicht einer graubraunen, sich etwas fettig anfühlenden Masse und überwachsen von einer etwa 1 m starken Torfdecke. In diesem See hatte man es nach den Autoren mit einem großen Leichenfeld von Bacillariaceen zu tun, die viele Jahrhunderte aufeinander wuchsen und den See endlich ganz ausgefüllt haben. Schließlich wurde die Masse von Torfgewächsen überwuchert. Man erhielt aus ihr durch Extraktion mit Toluol 3,6% eines schwarzbraunen Harzes von fettigem Glanz und asphaltartigem Bruch. Bei späteren Untersuchungen fanden die Autoren, daß außer den Kieselalgen auch eine beträchtliche Anzahl von Grünalgen als Organismen in Betracht kommen, welche derartige Faulschlamm- oder Sapropelbildungen entstehen lassen können.

Viel besser unterrichtet sind wir übrigens über den Vertorfungsprozeß der Gefäßpflanzen. Nach deren Absterben wird die Zellwand alsbald mechanisch und chemisch beschädigt, die Gesamtmenge des Pflanzenmaterials nimmt ab und die einzelnen chemischen Pflanzenstoffe fallen je nach ihrer chemischen Eigenart und biologischen Resistenz verschiedenen Schicksalen anheim.

An der Materialverminderung können mitwirken: Luft, Wasser, Mikroben und verschiedene Kleintiere, wie Würmer, Tausendfüßler, Milben, die leicht zerstörbare Substanzen angreifen und schwer zerstörbare, eventuell auch durch Abscheidung nach der Verdauung, anreichern; endlich auch die weiter gedeihenden Torfbildner selbst.

Die Materialverluste bei der Vertorfung können rechnerisch ermittelt werden. So führt z. B. Stadnikoff folgendes aus: „Der Cellulosegehalt gut zersetzter Sphagnumtorfe steigt nicht über 10%, indessen erreicht der Huminsäuregehalt 50%, das Bitumen nicht selten 20% der Trockensubstanz des Torfes. Wenn man berücksichtigt, daß die Trockensubstanz von Sphagnum parvifolium 35% Cellulose, 6—7% Harze und Wachse und 9% Lignin enthält, so ist leicht zu berechnen, daß sich aus solchem Material Torf mit 20% Bitumen nur bei Verlust von 65% des Ausgangsmaterials hat bilden können . . ." Experimentelle Untersuchungen über die Materialverluste bei der Vertorfung wären übrigens erwünscht.

Das Schicksal der einzelnen Pflanzenstoffe bei der Vertorfung erhellt aus den zahlreichen Untersuchungen über den Vertorfungsgrad sowie aus den Untersuchungen an Moorprofilen, die bereits besprochen wurden. Mit zunehmendem Vertorfungsgrade nimmt der Kohlenstoffgehalt des Torfes zu, der Sauerstoffgehalt ab. Der Gehalt an unhydrolysierbaren Substanzen und der Gehalt an Bitumenstoffen wachsen, der Gehalt an Cellulose und Wandkohlehydraten überhaupt sinkt. Dieses Bild ist gestört, wenn man im Torflager von einer Pflanzengemeinschaft zur anderen übergeht und es ist etwas modifiziert dadurch, daß auf Kosten der verschwindenden Pflanzensubstanz Substanz der Mikroben neu gebildet wird.

Die Schnelligkeit, mit der der Vertorfungsprozeß vorwärts schreitet, ist im Niedermoor viel größer als im Hochmoor. In beiden Fällen werden Eiweißverbindungen sowie Kohlehydrate aufgezehrt. Im Niedermoor verläuft die Zersetzung von Cellulose und Hemicellulose erheblich schneller als im Hochmoor; infolge des im Niederungsmoor besonders begünstigten Wachstums der Mikroorganismen ist der Eiweißgehalt von Niedermoortorf sogar höher als im Ausgangsmaterial. Das Hochmoor enthält nur wenig Eiweiß; die Entwicklung der Mikroorganismen und Hand in Hand damit die Zersetzung der Cellulose kann auch im Hochmoor beschleunigt werden, wenn man, wie dies bei Meliorierungen der Fall ist, dem Boden Kalium, Calcium, Phosphorsäure und Stickstoffdünger zuführt.

Bei der mikrobiologischen Erforschung der Moore hat man in Ergänzung und starker Erweiterung ältere Ergebnisse in den letzten Jahren die Tätigkeit von Mikroorganismen bis in die tiefsten Schichten hinein nachweisen können. In den obersten Schichten gedeihen Pilze, Strahlenpilze und aerobe Bakterien, in den tieferen Schichten leben anaerobe Bakterien, deren Zahl manchmal die Zahl der aeroben Bakterien in den oberen Schichten übertreffen kann.

Eine Meinungsverschiedenheit besteht in der Frage der Wirksamkeit der anaeroben Bakterien. Nach der einen Ansicht sollen sie am Abbau der Cellulose beteiligt sein. Doch hat man unter den anaeroben Bakterien entweder keine oder nur wenige Cellulosezerstörer nachweisen können. Darum führt A. C. Thaysen[1] in einer Diskussion mit Waksman[2] aus, daß er die Anwesenheit von Mikroben bis in große Tiefen von Torflagern als eine Anomalie betrachtet und sagt, daß ihre Gegenwart nicht als Beweis dafür angenommen werden soll, daß die Zersetzung des Pflanzenmaterials von der Oberfläche des Torflagers bis zur vollkommenen Zersetzung mit einer lebhaften Bakterientätigkeit zusammenhängt. Speziell die Tätigkeit cellulosezerstörender Bakterien sei auf die obersten Torfschichten beschränkt, nehme in dem Maße, in dem das zerfallene Material von Wasser bedeckt wird, an Intensität sehr ab und höre in sauren Torfen völlig auf, lange ehe alle Cellulose aus dem zerfallenen Material entfernt worden sei.

Dieser Widerspruch kann nach Versuchen von R. Lieske[3] vielleicht so aufgeklärt werden, daß die saure Reaktion der Torfmasse bei sehr lange dauernder Wirksamkeit genügt, um nennenswerte Mengen

[1] Fuel **9**, 563 (1930).

[2] Vgl. Waksman: Soil Science **26**, 239 (1928). — Brennstoff-Chem. **11**, 277 (1930).

[3] Privatmitteilung. (Publikation vorbereitet).

Cellulose chemisch zu hydrolysieren; die entstehenden einfachen Zucker dienen dann den anaeroben Bakterien zur Nahrung. Damit würde übereinstimmen, daß Thiessen und Johnson in tieferen Schichten des von ihnen untersuchten Torflagers erheblich mehr reduzierenden Zucker fanden als in den oberen Schichten[1].

Auch das, was man heute über die Entstehung der Huminsäuren während der Vertorfung weiß, ist mit der Annahme einer allmählich vollständigen Zerstörung der Cellulose während der Vertorfung vereinbarlich. Man hat die Entstehung der Huminsäuren immer schon auf die ursprünglichen Bestandteile der Pflanze zurückgeführt. Sowohl Proteine als auch Cellulose und Lignin wurden als Muttersubstanzen der Huminsäuren in Betracht gezogen.

Eiweiß liefert, wie schon angegeben, sowohl im Laboratorium als auch in der Natur unter Umständen geringe Mengen humifizierter Substanz. Da von vornherein nicht viel Eiweiß zur Verfügung steht, da Eiweiß ferner besonders leicht angegriffen und vielleicht überhaupt nur in seinem aromatischen Anteil humifizierbar ist, kann die Entstehung der Huminsäuren des Torfes nur in untergeordnetem Maße auf Eiweiß zurückgeführt werden.

Die Cellulose hat lange als Muttersubstanz der Huminsäure gegolten. Diese Auffassung hat in neuerer Zeit besonders Marcusson[2] vertreten. Nach seiner „Oxycellulosetheorie" soll die Cellulose erst in „Oxycellulose", dann in „Humalsäure" und schließlich in Huminsäure übergehen. Die Tätigkeit von Mikroorganismen scheint hier ganz außer Betracht zu bleiben. Marcussons Theorie bietet chemisch große Schwierigkeiten. Auch im Laboratorium entsteht nach den von W. Fuchs[3] mitgeteilten experimentellen Untersuchungen unter den von Marcusson besonders angegebenen Versuchsbedingungen aus Cellulose nur eine sehr geringe Menge — bis zu 6% — huminsäureähnlicher Substanz.

Fr. Fischer und H. Schrader haben als erste die Entstehung der Huminsäuren auf das Lignin zurückgeführt. Diese Theorie hat sich in der Folgezeit zumindest insofern allgemein durchgesetzt, als heute wohl niemand mehr die Teilnahme des Lignins an der Entstehung der Huminsäure bezweifelt. Allerdings werden von einigen Seiten Cellulose und Lignin als gleichberechtigte stoffliche Faktoren der Humifizierung angesehen.

Dies tat z. B. J. Marcusson und dies tun neuerdings auch Aage Ch. Thaysen und E. Bakes. Thaysen, Bakes und Bunker[4] haben ihre Untersuchungen zum Teil an recht abwegigen Materialien, so an Humus einer menschlichen Mumie, an Geweben aus altägyptischen

[1] Vgl. S. 103.
[2] Ztschr. angew. Chem. **38**, 339 (1925); **39**, 898 (1926); **40**, 1233 (1927).
[3] Brennstoff-Chem. **9**, 400 (1928).
[4] Fuel **5**, 217 (1926).

Gräbern (Leinen aus der Zeit der 16. Dynastie) ausgeführt. Die Huminstoffe, die sie aus derartigen Substanzen, aber auch aus Torf, durch Extraktion mit Laugen und nachheriges Fällen mit Säuren erhalten, charakterisieren sie durch Herstellung chlorierter Derivate unter Benutzung der Arbeiten von Eller und seiner Mitarbeiter. Nach deren Angaben erhält man aus Huminsäuren, die künstlich durch Kochen von Kohlehydraten mit Mineralsäuren bereitet werden können, ätherunlösliche Chlorderivate mit 22,8% Chlor, aus natürlichen Huminsäuren aus Braunkohlen ätherlösliche Chlorderivate mit 44,5% Chlor.

Thaysen, Bakes und Bunker konnten nun, wie schon erwähnt, aus Torf Pilze und cellulosezersetzende Bakterien nicht isolieren; sie haben in Fällen, in denen sie Veränderungen nur durch das Alter, aber nicht durch Mikroorganismen annehmen zu dürfen glauben, alkalilösliche Huminstoffe isolieren können und sie haben endlich bei der Chlorierung von Torfhumin ein Produkt mit 34,9—36,9% Chlor gewonnen, das sich durch Äther in zwei Teile zerlegen ließ, einen in Äther unlöslichen Teil mit 20,6—22,4 und einen in Äther löslichen Teil mit 40,4—41,7% Chlor. Sie folgern, daß im Torf zwei verschiedene Typen von Huminstoffen enthalten sind, die zum Teil aus Lignin, zum Teil aus Kohlehydrate entstanden wären.

Eine Berechnung der Angaben über den Chlorgehalt des Torfhumins und seiner Komponenten nach der Mischungsregel ergibt übrigens, daß das fragliche Torfhumin aus drei Teilen Ligninhumin und einem Teil Kohlehydrathumin bestehen müßte. Im übrigen entstehen aber aus Lignin und aus Huminsäuren bei Einwirkung von Chlor Produkte, die je nach den Umständen im Chlorgehalt und in den anderen Eigenschaften doch ziemlich schwanken, so daß die scharfe Unterscheidbarkeit der Komponenten einer in der Natur humifizierten Masse mit Hilfe der Chlorierungsprodukte nicht sehr sicher erscheint.

Fr. Fischer und H. Schrader[1] haben die Entstehung der Huminsäure aus dem Lignin folgendermaßen zu beweisen gesucht:

1. Lignin liefert im Gegensatz zur Cellulose aromatische Abbauprodukte.

2. Bei vermoderndem Holz oder bei Torflagern reichert sich tatsächlich das Lignin mit dem Alter an.

3. Mit zunehmendem Alter nimmt der Methoxylgehalt wieder ab.

4. Die Unlöslichkeit in hochkonzentrierter Salzsäure nimmt von Beginn der Vertorfung an dauernd zu.

5. Im Torf nimmt die alkalilösliche Humussäure zunächst zu und später infolge der Huminbildung wieder ab.

6. Im Laboratoriumsversuch liefert durch Autoxydation bei gewöhn-

[1] Entstehung und chemische Struktur der Kohle. 2. Aufl. Essen 1922.

licher Temperatur oder durch Einwirkung wässeriger Alkalien in der Wärme nicht die Cellulose, sondern das Lignin methoxylhaltige Huminsäuren; bei dieser Behandlung wird Methoxyl zum Teil abgespalten.

7. Sowohl das Lignin als auch die nach Fischer und Schrader aus ihm entstandenen natürlichen Huminsäuren liefern durch Nitrierung aromatische Nitroverbindungen.

8. Natürliche Huminsäuren enthalten im Gegensatz zu künstlichen, aus Zucker gewonnenen, Methoxyl.

9. Natürliche Huminsäuren liefern bei der Kalischmelze viel größere Ausbeuten an aromatischen Säuren als künstliche, doch kann die Kalischmelze wegen der Mitwirkung von Nebenreaktionen nicht ohne weiteres zur Entscheidung über die aromatische Struktur verwendet werden.

10. Die Druckoxydation der Cellulose einerseits, des Lignins andererseits verläuft durchaus verschieden; aus Lignin entstehen vorübergehend Huminsäuren und schließlich aromatische Carbonsäuren, aus der Cellulose aber nicht.

11. Durch Druckoxydation der Cellulose und der künstlichen Huminsäuren werden vielmehr Furancarbonsäuren erhalten, welche Lignin nicht liefert.

12. Es sind Analogien bekannt, wonach man annehmen kann, daß die als phenolartige Körper zu betrachtenden alkalilöslichen Huminsäuren durch Oxydation in unlösliche humin- bzw. kohleartige Substanzen übergehen können.

Im einzelnen führen Fr. Fischer und Schrader dann aus, daß Cellulosegärung und Huminsäurebildung nicht in ursächlichem Zusammenhang stehen. Sie verweisen auf die Arbeiten von Hoppe-Seyler, von Ehrenberg, von Stoklasa, von Omeliansky, von Walter, von Hutchinson und Clayton, von E. W. Schmidt, von Rose und Lisse; später verwies Fr. Fischer noch ganz besonders auf die mittlerweile erschienenen Untersuchungen von Bray und Andrews[1]. Fischer und Schrader schließen auf eine auswählende Tätigkeit der Bakterien bei der Zersetzung abgestorbenen Pflanzenmaterials in der Natur, welche die völlige Zerstörung der Cellulose zur Folge haben soll, während unabhängig davon das Lignin die Huminsubstanzen liefert. Fr. Fischer und Schrader sagen: „Daß auch das Lignin da, wo die Bildung für die Moore ungünstig ist . . . zerstört wird, ist uns durchaus einleuchtend;“ ebenso aber, daß „andererseits das Lignin durch die schnellere Auszehrung der Cellulose durch Bakterien . . . sich anreichert und so die Ausgangssubstanz für die Huminsäuren abgeben kann“. Sie weisen besonders auf die gleichartige

[1] Ind. and engin. Chem. **16**, 137 (1924).

Struktur des Lignins und der Huminsäuren hin, die sie durch das gleichartige Verhalten bei der Autoxydation, bei der Nitrierung, bei der Druckoxydation und auch bei der Kalischmelze stützen.

Den verhältnismäßig geringen Methoxylgehalt der natürlichen Huminsäuren im Vergleich zum Lignin führen Fischer und Schrader auf die verhältnismäßig leichte Abspaltbarkeit der Methoxylgruppe zurück, zumal H. Schrader durch Autoxydation des Lignins bei gewöhnlicher Temperatur nach einigen Monaten Produkte mit 8% Methoxyl an Stelle der rund 14 % im ursprünglichen Lignin erhielt.

In der Folge wurde von mehreren Seiten der aromatische Charakter des Lignins bezweifelt oder zumindest für nicht bewiesen erachtet. Im weiteren Verlauf der Konstitutionsforschung hat sich dann gezeigt, daß Lignin und Huminsäuren nicht nur gleiche, sondern auch verschiedene Züge aufweisen; so sind z. B. die bei Einwirkung von Salpetersäure auf Fichtenlignin sowie auf Huminsäuren aus Braunkohlen entstehenden primären Oxydationsprodukte bei aller Gleichartigkeit im allgemeinen Charakter doch im einzelnen recht verschieden. Endlich erschien auch der meist nur geringfügige Methoxylgehalt natürlicher Huminsäuren trotz der gegebenen Erklärung zumindest sonderbar.

Um diese Schwierigkeiten zu vermeiden, hat W. Fuchs[1] eine Ableitung der Lignintheorie angegeben, in welcher, ohne den Ergebnissen der Konstitutionserforschung vorzugreifen, das Hauptgewicht gleichmäßig auf das chemisch-analytische sowie auf das biologische Material gelegt wurde. Die Beweisführung von W. Fuchs betrifft folgende Punkte:

1. Cellulose und Lignin sind zwei verschiedene und wohlunterscheidbare Komponenten der pflanzlichen Zellwand. „Lignin unterscheidet sich von der Cellulose durch seine Unlöslichkeit in hochkonzentrierter Salzsäure und in 72%iger Schwefelsäure, weiter durch seine Fähigkeit, mit Calciumbisulfit lösliche Sulfonsäuren zu geben, ferner durch seinen Methoxylgehalt und endlich durch die bei vergleichenden Untersuchungen zutage getretenen Eigentümlichkeiten." Dazu kommt noch der große Unterschied in der Elementarzusammensetzung — Cellulose besteht aus 44,4% C, 6,2% H und 49,6% O, Lignin dagegen aus 63,1%C, 5,9% H und 31% O — sowie das biologisch verschiedene Verhalten von Lignin und Cellulose, „so daß an der besonderen Individualität des Lignins in diesem Zusammenhange ein begründeter Zweifel gar nicht bestehen kann".

2. Das Lignin ist nicht überall das gleiche im ganzen Pflanzenreich; vielmehr tritt sowohl in der Einzelentwicklung als auch in der Stammes-

[1] Die Chemie des Lignins. Berlin 1926. — Brennstoff-Chem. **11**, 106 (1930).

entwicklung zunächst ein sehr methoxylarmer unhydrolysierbarer Bestandteil der Zellwand auf.

3. Die bevorzugte Aufzehrung von Cellulose und Kohlehydraten in der Natur ist durch die Sache selbst gegeben, sie ist ferner bewiesen durch Laboratoriumsversuche und endlich durch den Nachweis der Bakterien- und Pilztätigkeit sowohl bei aeroben, als auch bei anaeroben Zersetzungsprozessen, sowohl bei der natürlichen Vermoderung von Holz und anderen Pflanzenstoffen als auch im natürlichen Leben der Moore.

4. Die Anreicherung des Lignins bei Vorgängen nach 3. wurde unmittelbar bewiesen durch den Nachweis der funktionalen Abhängigkeit von Methoxylgehalt und Ligningehalt sowohl bei der Destruktion rezenter Hölzer als auch in der Zusammensetzung der Lignite.

Die aus dem Lignin entstehenden Huminsäuren müssen dann je nach dem Ausgangslignin bald mehr und bald weniger Methoxyl enthalten. Außer dem Lignin können andere Substanzen der Zellwand wie Eiweißstoffe oder Kohlehydrate wohl auch an der Entstehung der Huminstoffe beteiligt sein, aber doch nur in untergeordnetem Maße. In der Tat haben die Huminsäuren speziell mit dem Lignin auch bei systematischer Betrachtung und ganz abgesehen von den genetischen Beziehungen vieles gemeinsam, so die Elementarzusammensetzung, die Unhydrolysierbarkeit, das Verhalten bei Abbauversuchen, den Besitz von Phenolhydroxylgruppen u. a. m.

Zur weiteren Beurteilung der Sache sei noch auf die in den letzten Jahren erschienenen Einzeluntersuchungen über die Umwandlung des Lignins in Huminsäuren eingegangen. So hat W. Großkopf[1] bei Untersuchungen über die Bildung von Humus aus Nadelholzresten gefunden, daß Cellulose und Lignin, welche die Hauptmenge der zur Zersetzung kommenden Pflanzenreste ausmachen, bei der Humusbildung sich sehr verschieden verhalten. Die Cellulose geht in wenig beständige Zwischenprodukte eines gehemmten Oxydationsvorganges über; sie soll sich allmählich in einen schwarzen, von Großkopf vorläufig als „Humoid“ bezeichneten Stoff umwandeln, der weder Oxycellulose- noch Humusstoff- noch Kohleeigenschaften besitzt. Die Abnahme des Lignins bei der Humifizierung sei viel stärker als die der Cellulose, entspreche viel besser der starken Zunahme der Humusstoffe, „und zwar verhalten sich bei der Humusbildung Lignin und Reinhumus etwa umgekehrt proportional“. Diese Regelmäßigkeit liegt nach Großkopf nur in einer Umwandlung des Lignins in Humusstoffe begründet.

Später hat W. Großkopf[2] bei Untersuchungen über das stoffliche und morphologische Verhalten ligninreicher Nadelholzgewebe bei der

[1] Brennstoff-Chem. **7**, 293 (1926). [2] Brennstoff-Chem. **10**, 161, 213 (1929).

Bildung von Waldhumus sowie auch von Fichtenholztorf gezeigt, daß cellulosereiche Gewebe leichter zerstört werden als ligninreiche, stärker verholzte Gewebe. Die verholzten Gewebe wandeln sich nach Großkopf unter weitgehender Erhaltung der Struktur und Zerstörung ihres Kohlehydratanteiles in Humusstoffe um. Bei den Coniferenhölzern setzen die Spätholzgewebe der Zersetzung den größeren Widerstand entgegen. Die chemische Zerlegung zeigt, daß Fichtenholztorf chemisch viel weiter vom Zustande unzersetzten Holzes entfernt ist, als man nach den morphologischen Befunden schließen möchte; Fichtenholztorf enthält z. B. nur noch 24% Cellulose, aber 20% Humusstoffe. Der Überschuß der Abnahme der Cellulose gegenüber der Zunahme der Humusstoffe in der gleichen Zeit ist nach Großkopf ein positiver Beweis dafür, daß die Cellulose bei der Zersetzung durch Abbau verschwindet.

Die Veränderungen der Lignine während des Vertorfungsprozesses haben Stadnikoff und Baryschewa[1] studiert. Das Lignin des Sphagnum enthält etwa 2%, das des Eriophorum etwa 6% Methoxyl. Die Lignine verlieren schon im Anfang des Inkohlungsprozesses Methoxyl, denn das Lignin aus 2 m Tiefe hatte im Vergleich mit dem Lignin aus 1,5 m Tiefe eine Methoxylgruppe weniger.

Die Ähnlichkeit der Torflignine mit dem Lignin des Wollgrases führte zu dem Schluß, daß das Lignin des Sphagnum sich unvergleichlich schneller in Huminsäuren verwandelt als das Wollgraslignin. Diese Tatsache erscheint den Verfassern nicht verwunderlich, da die Stengel eines ausgewachsenen Wollgrases das Lignin in keinem Falle in gequollenem Zustand enthalten. Ein derartiges Lignin wird nach den Autoren weniger reaktionsfähig sein und deshalb in einem Torflager länger unverändert bleiben. Das Sphagnumlignin hingegen ist stets mit Wasser getränkt, stark gequollen und zeigt dadurch ausgeprägte Reaktionsfähigkeit. Demzufolge verwandle sich ein derartiges Lignin verhältnismäßig schnell in Huminsäuren. Mit dieser Schlußfolgerung stimme die Tatsache überein, daß Holz sich sehr langsam zersetzt. Nach Meinung der Verfasser muß die Ursache der langsamen Vertorfung von Holzlignin und Wollgraslignin in der kolloiden Beschaffenheit der Lignine liegen. Mit einer etwa möglichen antiseptischen Wirkung von Harzen der Holz- und Wollgrassubstanz hänge sie nicht zusammen; überdies besitzt Sphagnum parvifolium mehr mit Benzol-Alkohol extrahierbare Substanzen als Wollgras.

Zur Beurteilung des biologischen Mechanismus und auch des Chemismus des Vertorfungsprozesses sind die Arbeiten von S. A. Waksman wichtig. Schon früher fanden sich Angaben über die Bakterientätigkeit

[1] Brennstoff-Chem. **11**, 21 (1930). — Vgl. S. 112.

im Torf gar nicht selten vor. So hat bereits H. R. Christensen[1] im Jahre 1914 hervorgehoben, daß Niederungsmoore Eiweiß viel schneller zersetzen als Hochmoore und ferner reich an Nitritbildnern und Cellulosezersetzern sind, aber diese und ähnliche Angaben sind anscheinend vergessen oder übersehen worden.

Waksman hat jedenfalls die Unterschiede von Niederungs- und von Hochmoor ausführlich behandelt[2], er hat ferner gezeigt, daß sowohl unter aeroben, als auch unter anaeroben Bedingungen Bakterientätigkeit stattfindet, wobei keinerlei Anzeichen dafür gefunden werden konnten, daß die Bildung des Humus aus Cellulose über Oxycellulosen als Zwischenprodukte erfolgt[3].

Faßt man die Ausführungen des vorliegenden Abschnittes zusammen, dann kann zunächst der negative Hinweis erfolgen, daß die Torfbildung kein Reduktionsprozeß ist, wie dies gegenwärtig anscheinend in allen Büchern über Torf angenommen wird. Vielmehr kommt die Zunahme des Kohlenstoffgehaltes und die Abnahme des Sauerstoffgehaltes im Laufe der Vertorfung so zustande, daß kohlenstoffarme und sauerstoffreiche Substanzen der ursprünglichen Pflanzen (Eiweißkörper, Kohlehydrate) von Mikroorganismen aufgezehrt werden und die unverdaulichen kohlenstoffreichen und sauerstoffarmen, unhydrolysierbaren Lignine sich anreichern.

Die Tendenz des Vertorfungsprozesses wäre also, durch Zerstörung aller hydrolysierbaren Substanzen eine Masse zu ergeben, die praktisch nur aus Huminsäuren, Lignin und Bakterienleibern besteht. Allein diese Tendenz führt bei rezentem Torf wohl niemals zum Ziele. Dort, wo sich die Zusammensetzung des Torfes, etwa nach Überlagerung durch gewisse Deckschichten oder unter Mitwirkung geologischer Faktoren überhaupt, dem Ziele zu nähern scheint, dort wird auch bereits die Unterscheidung solcher Torfe von den Braunkohlen schwierig.

III. Die Braunkohle[4].

1. Die Braunkohlenlager und die Braunkohlenarten.

a) Definition der Braunkohle.

Nach Strache[5] ist Braunkohle ein aus der Anhäufung und Zersetzung vorwiegend pflanzlicher Reste entstandenes, braun bis schwarz gefärbtes, kompaktes oder erdiges organisches Gestein mit weniger als 40% an-

[1] Nach Puchner: Der Torf. S. 130. Stuttgart 1926.
[2] Soil Science **26**, 113, 239 (1928).
[3] Journ. Amer. chem. Soc. **51**, 1187 (1929).
[4] Erdmann-Dolch: Die Chemie der Braunkohle. Halle 1927. — E. Graefe in Ullmanns Enzyklopädie. 2. Aufl. Bd 2. S. 569 (1928).
[5] Brennstoff-Chem. **3**, 312 (1922).

organischer Beimengungen (bezogen auf wasserfreies Material), das noch beträchtliche Mengen von alkalilöslichen Huminsäuren enthält.

Die Definition von W. Gothan[1] lautet: „Braunkohlen sind Kohlen von erdig-lockerer bis fester Beschaffenheit mit glanzlosem bis glänzenden Bruch, die Farbe ist meist braun, bei glänzendem Bruch bis schwarz."

Zur Unterscheidung von Braunkohle und Torf geben Gothan, Pietzsch und Petrascheck[2] folgende Merkmale an:

1. Im Torf sind (eventuell nach Aufweichung mit verdünnten Alkalien und Aufschwemmung) sehr viele Fasern und Gewebeteile sichtbar, in der Braunkohle bei gleicher Behandlung nur wenige oder keine. Hierbei darf man natürlich nicht besondere, noch faserige Teile der Braunkohle heraussuchen, sondern muß eine Durchschnittsprobe nehmen.

2. Aus bergfeuchtem Torf ist durch gelinden Druck (etwa in der Faust) Wasser ausquetschbar, aus Braunkohle nicht.

3. Torf ist stechbar, Braunkohle nicht. (Gewisse Umwandlungsprodukte wie Schmierkohle, die eventuell Wasser abgeben und sich stechen lassen, sind bei der Probenahme auszuschalten). Das Zusammentreffen von wenigstens zwei dieser Merkmale wird verlangt.

Wie die genannten Autoren betonen, sind brauchbare chemische Reaktionen zur Unterscheidung der beiden Materialien noch nicht gefunden. Chemische Reaktionen auf so komplexe und verschiedenartige Gemische zu finden, wie es die natürlichen Braunkohlen sind, muß dem Chemiker wohl auch als ziemlich aussichtsloses Unternehmen erscheinen. Dies wird letzten Endes auch durch eine Untersuchung von E. Donath und A. Lissner[3] bestätigt, welche Elementarzusammensetzung, Zersetzungs- bzw. Vertorfungsgrad, Adsorptionsvermögen, Gehalt an Pentosanen und anderen ähnlichen Stoffen, sowie spezifische Reaktionen auf Torf untersuchten und schließlich nur eine Probe gelten ließen, die auf dem geringen reduzierenden Verhalten wässeriger Torfauszüge beruhte. Zu dieser Reaktion bemerken Gothan, Pietzsch und Petrascheck[4], daß sie außer bei Torfen auch bei den Schieferkohlen, glacialen Braunkohlen des alpinen Gebietes positiv auszufallen scheint, daher für derartige Materialien, die die Kohlengeologen zu den Braunkohlen rechnen (manche Autoren aber auch als diluviale Torfe auffassen!), nicht brauchbar sei. Als Hilfsreaktion für sonstige Torfe und Braunkohlen sei sie benutzbar.

b) Die Braunkohlenlager.

Braunkohlenlager finden sich in allen Erdteilen. Den Braunkohlenvorrat der Erde hat man auf etwa 3000 Milliarden Tonnen geschätzt. Von diesem Gesamtvorrat besitzen die Vereinigten Staaten von Nord-

[1] Braunkohle **25**, 1128 (1926/27).
[2] Braunkohle **26**, 669 (1927).
[3] Braunkohle **27**, 257 (1928).
[4] Braunkohle **26**, 669 (1927).

amerika, in deren Wirtschaft Braunkohlen übrigens keine große Rolle spielen, nach den Schätzungen anscheinend den größten Teil, nämlich etwa 2800 Milliarden Tonnen. Das deutsche Vorkommen von etwa 20 Milliarden Tonnen ist zwar das größte in Europa, erscheint demgegenüber aber nur bescheiden.

Die deutschen Braunkohlenvorkommen liegen fast ausschließlich im Tertiär. Geologisch jüngere Lager, aus dem Diluvium, sind selten. Ältere Lager finden sich in der mesophytischen Periode, besonders in der Kreide, aber auch sogar in der paleophytischen Periode; im russischen Carbon von Moskau findet sich Kohle vom Charakter der Braunkohle.

Die Braunkohlen lagern unter sandigen Deckschichten meist mäßiger Mächtigkeit, etwa 5—100 m. Im Kölner Becken hat man neuerdings auch Braunkohle bis zu 500 m Tiefe nachweisen können. Weniger starke Deckschichten können verhältnismäßig bequem abgeräumt werden, so daß die darunter liegende Braunkohle im Tagebau gewonnen werden kann.

Die Deckschichten sind chemisch meist als Calcium-Aluminiumsilicate zu bezeichnen. Das Calcium in ihnen kann gegen andere Metalle ausgetauscht werden. Auf diese Eigentümlichkeit der Deckschicht hat E. McKenzie Taylor[1] hingewiesen. Die p_H-Werte des Hangenden der Braunkohlenlager hat Taylor meist, aber nicht immer, niedriger gefunden als bei Steinkohlenflözen; das Hangende der Braunkohlenlager ist nach Taylor meist sauer.

In der Grundmasse der Braunkohlen eingebettet finden sich mancherlei anorganische und organische Beimengungen (Salze, fossile Harze); auch Gasvorkommen sind beobachtet worden. Nach E. Graefe[2] enthielten Grubengase aus Braunkohle 4,6% CO_2. H. Fleißner[3] hat über das mehrfache Vorkommen von Methan in Braunkohlengruben berichtet und seine Angaben auch gegen die Einwände von E. Erdmann[4] aufrecht erhalten.

Nach Vondráček und Hlawica[5] gab böhmische Braunkohle beim Entgasen mit einer Quecksilberpumpe bei verschiedenen Temperaturen etwas Methan, Kohlensäure und Stickstoff; letzteren aus der Luft, deren gleichfalls adsorbierter Sauerstoff chemisch verbraucht worden war. Wasserstoff war nicht nachweisbar, Kohlenoxyd höchstens in Spuren, ungesättigte Kohlenwasserstoffe zu 0,5%, höhere Methanhomologe zu 5% des Gases.

Unter den botanischen Funden, welche Einblick in die Pflanzenwelt der Braunkohlenbildner geben, seien die Lignite hervorgehoben, holz-

[1] Fuel **7**, 227 (1928).
[2] Nach Ullmann: 2. Aufl. Bd. 2. 570 (1928).
[3] Brennstoff-Chem. **5**, 299 (1924); **6**, 106 (1925).
[4] Brennstoff-Chem. **6**, 20 (1925). [5] Nach Brennstoff-Chem. **8**, 348 (1928).

ähnliche Überreste der Braunkohlenflora, die man heute noch in größeren oder kleineren Stücken in den Gruben findet. Ferner sind hier die sogenannten Torfdolomite zu erwähnen, Dolomitknollen, die größtenteils aus kohlensaurem Kalk bestehen; bei der Untersuchung im Schliff zeigen sie die wohlerkennbare Struktur versteinerter Pflanzen.

Die aus mancherlei Funden erschlossene Flora der Braunkohlenzeit hat sich natürlich im Laufe der Entwicklung sehr gewandelt. Soweit die deutschen Lager des Tertiärs in Frage kommen, so finden sich im Eocän Gingko- und Cryptomeria-Arten, Fächerpalmen und Lauraceen, im Oligocän Sequoia-, Quercus-, Boehmeria- und Ficusarten, im Miocän Pinus, Salix, Betula, Alnus, Ficus, Tilia, also Arten, die heute noch in der lebenden Flora vertreten sind. Sequoia, für manche deutschen Braunkohlenlager charakteristisch, gedeiht in Deutschland nicht mehr, wohl aber in Nordamerika. Unter der Flora des Pliocäns sind Abies, Larix, Picea, Aesculus und Juglans zu erwähnen. Die deutsche Braunkohlenflora war also wesentlich eine Baumflora aus den Reihen der Gymnospermen und Angiospermen. Doch hat man auch Sumpfgewächse, wie z. B. Seerosen, nachgewiesen. Braunkohlenlager aus anderen Erdzeitaltern als dem Tertiär sind natürlich auch von anderen Floren gebildet worden, carbonische Braunkohlen z. B. von der Flora des Carbons, aus der sonst hauptsächlich Steinkohlen hervorgegangen sind.

In Ligniten und Braunkohlen hat man häufig die Überreste holzzerstörender Pilze gefunden und an den ersteren besonders auch deren Wirkung erkennen können[1]. Bode[2] hat in den holzähnlichen Bestandteilen (Ligniten) Pilzfäden (Hyphen) und in der Grundmasse von Braunkohlen Sklerotien eingebettet gefunden.

Abgesehen von den schon äußerlich erkennbaren inhomogenen Bestandteilen der Braunkohle ist aber auch die Grundmasse der Braunkohlen keineswegs so homogen, wie man glauben könnte. Nach entsprechender Vorbehandlung lassen sich organisierte Reste aus der Grundmasse abscheiden und im Dünnschliff oder Anschliff, deren Herstellung allerdings für manche Braunkohlen nicht leicht ist, sind zahlreiche weitere Einzelheiten zu erkennen, die mit dem pflanzlichen Ursprung der Braunkohlen zusammenhängen.

Außer auf Sporen, Hoftüpfel der Holzgefäße und Reste von Blatthäuten sei hier noch besonders auf die Pollen hingewiesen, die für verschiedene Pflanzen und damit auch für verschiedene Lager und Schichten charakteristisch verschieden sind („Pollenanalyse").

Man kann fragen, ob die Braunkohlenlager dort, wo man sie findet,

---

[1] Vgl. Potonié, H., u. W. Gothan: Lehrbuch der Paleobotanik. S. 31. Berlin 1921.

[2] Vgl. Bode, H.: Braunkohle **27**, 459 (1928).

auch entstanden, d. h. autochthon sind, oder ob sie ähnlich Sedimentgesteinen, mit denen sie im Schichtenverband auftreten, an anderer Stelle entstanden und erst später in ihre heutigen Lager geschwemmt wurden.

Nach den Untersuchungen französischer Forscher, unter denen besonders Grand'Eury genannt sei, nimmt man für einzelne Braunkohlenvorkommen auf dem französischen Zentralplateau Allochthonie als möglich an. Für die meisten Lager wird aber Autochthonie als nachgewiesen betrachtet.

Gothan[1] äußert sich zu dieser Frage wie folgt: „Für die eigentlichen Kohlen ist man heute im allgemeinen zur Annahme einer autochthonen Entstehung, also Herkunft der Kohle aus torfigem Urmaterial und Moorbildungen, gekommen. Diese Anschauung gründet sich auf die unverkennbaren Analogien mit den heutigen Humuslagerstätten, als welche nennenswerterweise eben nur Torflager in Frage kommen. Die Hauptpunkte dieser Analogien sind: regelmäßige, weithin erstreckte Ausdehnung, relative Reinheit des Materiales, häufiges Vorkommen von aufrechten Stämmen (nur in den jüngeren Kohlungsstadien sichtbar), Vorkommen von Wurzelböden bei kohlenbildenden Pflanzen unter der Kohle (auch in der Kohle noch unter günstigen Bedingungen sichtbar), Zusammensetzung der Kohle nach Art des Torfes; schließlich chemische und biologische Gründe, von den letzteren besonders der Nachweis, daß die kohlenbildenden Pflanzen vielfach nach Art der heutigen Moorpflanzen gebaut waren und daher solche gewesen sind. Der Nachweis der torfartigen Zusammensetzung der Kohle wird noch durch die Ergebnisse der Kohlenpetrographie unterstützt und durch die gelegentlich strukturierte Konservierung des torfigen Stadiums der betreffenden Kohlen, wie z. B. in den Dolomitknollen der Steinkohle."

Was die Bildungszeit der Braunkohlenflöze betrifft, so können nach Lang[2] allgemein gültige Normen nicht aufgestellt werden. Ein gut studierter Einzelfall betrifft das von Keilhack, Teumer sowie R. Lang untersuchte Senftenberger Braunkohlenlager. Bei Senftenberg in der Niederlausitz werden zwei übereinander liegende Braunkohlenflöze abgebaut. In jedem dieser beiden befinden sich eine Reihe, je ungefähr 10—12, von Stubbenhorizonten, d. h. von Lagen fossiler Baumstümpfe. Diese Stubbenhorizonte nähern sich manchmal bis auf 40 cm, haben manchmal einen Abstand bis zu 2 m und liegen durchschnittlich 1 m voneinander entfernt. An den Stubben ist deutlich erkennbar, daß sie sich noch an der ursprünglichen Stätte ihres Wachstums befinden; denn sie haben sich stets senkrecht zur alten Bodenfläche erhalten, ihre Wurzelung im alten Untergrund kann noch verfolgt

[1] Ztschr. f. prakt. Geologie **38**, 65 (1930).
[2] Braunkohle **20**, 369 (1921/22).

werden und durch ihre horizontweise Erstreckung sind weithin ausgedehnte alte Bodenoberflächen nachgewiesen. Jeder Stubbenhorizont entspricht also einem alten Wurzelungsboden und bei der Bildung des Flözes, dessen Mächtigkeit im Unterflöz etwa 12 m, im Oberflöz etwa 16 m beträgt, wurde eine Reihe von alten Bodenoberflächen übereinander geschichtet.

Die Stubben messen oft 2—3 m, manchmal auch bis 4 m im Durchmesser an der Basis. Die Länge der infolge Verwesung abgefaulten und umgestürzten und im Flöz eingelagert gefundenen Baumstämme beträgt bis zu 60 m; es hat sich also um riesige Waldbäume, ähnlich den heutigen Mammutbäumen in Nordamerika, gehandelt. Manche dieser Baumriesen lebten nach der Zahl ihrer Jahresringe mehr als 1000 Jahre. „Man darf daher die Zeitdauer, in der eine solche gewaltige Baumstümpfe tragende, fossile Bodenoberfläche existierte, zu vielleicht 1200—1500 Jahren veranschlagen."

Nach Teumer[1] haben tektonische Bewegungen bzw. Bewegungen des Wasserspiegels sicher mitgewirkt, da sonst das Abfaulen der Stämme in jeweils völlig gleicher Höhe nicht erklärt werden könnte. Nach einer Zeit gigantischen Waldwachstums stieg der Grundwasserspiegel periodisch an und die Bäume faulten entlang der Wasseroberfläche ab. Der Zwischenraum zwischen den Baumstümpfen wurde allmählich wieder mit organischer Substanz erfüllt, eine neue Bodenoberfläche entstand und damit eine erneute Möglichkeit für den Waldwuchs. Die Bildung der Humusmasse zwischen zwei Horizonten von Baumstümpfen muß nach R. Lang eine erheblich längere, jedenfalls um ein Vielfaches höhere Zeitspanne erfordert haben, „als die Jahresringe, diese fossilen Kalender, uns ausweisen".

Die Zeit, die durchschnittlich zwischen der Bildung zweier benachbarter Stubbenhorizonte liegt, in der also Substanz für etwa 1 m Braunkohle abgelagert wurde, wird auf mindestens 3000 Jahre geschätzt. Für beide Flöze ergibt sich eine Bildungszeit von mindestens 30000—40000 Jahren. Berücksichtigt man die zwischen beiden Flözen liegende Schicht, deren Mächtigkeit ursprünglich etwa 40 m betrug, dann muß der Zeitraum vom Beginn der Bildung dieses Lagers bis zu seiner Beendigung auf mindestens 100000 Jahre, wahrscheinlich aber noch erheblich mehr geschätzt werden. Für die Braunkohlenablagerung im Geißeltal südlich Halle schätzt Lang die Bildungszeit auf etwa 300000, für die Braunkohlenablagerungen bei Köln gleichfalls auf mehrere 100000 Jahre. Die Zeit, in der in Deutschland überhaupt Braunkohlenlager sich entwickelten, muß Millionen Jahre gedauert haben.

So reich entwickelt die Flora war, welche in verflossenen Erdepochen

[1] Braunkohle 18, 577 (1919/20).

das Material zur Bildung der Braunkohlenlager geliefert haben muß, so spärlich ist heute die Vegetation, die sich auf Braunkohlenlagern findet. R. Lieske und E. Hofmann[1] äußern sich hierüber wie folgt: „Die wachstumshemmende Wirkung der Braunkohle tritt überall auffällig in Erscheinung. An einzelnen Stellen der untersuchten Grube trat die natürlich lagernde Kohle bis an die Oberfläche. Auf solchen Stellen fehlte fast jeder Pflanzenwuchs. Dasselbe Bild ergaben die Stellen, an denen die Braunkohle nicht vollkommen abgetragen war, also namentlich der Grund und die Wände der Gruben. Auch hier siedelte sich im Laufe der Jahre fast keine Vegetation an. Ist die Dicke der Kohlenschicht gering (etwa 10—30 cm), so gelingt es einigen höheren Pflanzen, diese zu durchdringen und in dem darunter liegenden Boden Wurzel zu fassen. Auch hierzu sind aber nur wenige Pflanzen fähig. In den untersuchten Gruben wurden beobachtet Juncus conglomeratus (gemeine Binse) und Salix caprea (Weide), daneben einige sehr kümmerliche Exemplare von Epilobium und Hieracium. Die einzige Pflanze, die in allen untersuchten Gruben auch dann ein leidliches Wachstum zeigte, wenn die Wurzeln sich vollkommen in Kohle befanden, war der gemeine Huflattich (Tussilago farfara). Von niederen Pflanzen ließen sich an einzelnen Stellen, aber auch nur sehr spärlich, auf freiliegender Kohle beobachten: einzellige Algen (Stichococcus vulgaris), eine kümmerliche Moosvegetation (Funaria hygrometrica, meist nur Protonema) und merkwürdigerweise einige gut ausgebildete Exemplare der Lorchel (Gyromitra esculenta). Besonders auffällig war in allen untersuchten Gruben in manchen Wasseransammlungen eine sehr dichte Vegetation von Eisenbakterien (Leptothrix ochracea).“

Diese wachstumshemmende Wirkung kompakter Braunkohle mag wohl auch die Veranlassung gewesen sein, weshalb man die Braunkohlenlager lange Zeit anscheinend überhaupt für steril gehalten hat. Allein schon Beobachtungen von T. Iwasaki[2], besonders aber von Fr. Fischer und W. Fuchs[3] waren mit dieser Vorstellung nicht ganz in Einklang zu bringen. Fr. Fischer und W. Fuchs beobachteten erst im Laboratorium und dann auch in der Natur das Wachstum verschiedener Pilze und Hefen auf Braunkohle; diese Beobachtungen konnten willkürlich reproduziert werden. Eine genaue Untersuchung über die Mikrobiologie der Kohlen unmittelbar in ihren natürlichen Lagerstätten durch R. Lieske und E. Hofmann[4] hat die überraschende Tatsache ergeben, daß in den Braunkohlenlagern eine zwar kümmerliche, aber durchaus charakteristische Mikroflora gedeiht. Die genannten Forscher haben sowohl von der Oberfläche der Braunkohlen-

[1] Brennstoff-Chem. **9**, 174 (1928).
[2] Technol. Reports of the Tôhoku Imp. Univ. **6**, 85 (1926). — C. **1926 II**, 139.
[3] Brennstoff-Chem. **8**, 231, 293 (1927).
[4] Brennstoff-Chem. **9**, 174 (1928).

lager, wie auch aus kompakten Kohlenmassen im Innern der Flöze unter Einhaltung aller Vorsichtsmaßnahmen Bakterien isolieren und kultivieren können. Diese Bakterien ließen sich auch auf reiner Kohle im Laboratorium zum Wachstum bringen, wobei die spezifischen Braunkohlenbakterien auf reiner Kohle ein besseres Wachstum zeigten als andere allgemein verbreitete Bakterien und Pilze. Die wichtigsten Ergebnisse dieser Untersuchung sind:

1. Die Mikroflora frei an der Oberfläche liegender Braunkohle stimmt nicht mit der der normalen Erdböden überein. Die grampositiven Erdbacillen treten in der Braunkohle sehr zurück. Vorherrschend sind Fluorescenten und verschiedene sporenlose Pilze. Regelmäßig gefunden wurde ein Mucor und eine Fusariumform, ein Verticilium sowie Rosahefen.

2. Kompakte, im Innern der Flöze liegende Braunkohle, in die ein rein mechanisches Eindringen von Keimen nicht stattfinden kann, ist nicht steril. Fast alle aseptisch entnommene Proben enthielten Bakterien der Fluorescensgruppe. In zwei Fällen wurden grampositive Bacillen mit abnormen Wachstumsformen gefunden. Andere Bakterien wurden in kompakter Braunkohle nicht beobachtet, Pilze wurden nicht gefunden.

Was die Menge der aufgefundenen Bakterien betrifft, so enthält die Braunkohle kaum soviel Bakterien wie normales Trinkwasser. Die hauptsächlich charakteristischen Fluorescenten sind verhältnismäßig säurebeständige Formen, Vertreter eines Formenkreises, der sich beispielsweise in saurer Milch findet.

Zwischen den Braunkohlenlagern und den Gesteinen, mit denen sie im Schichtenverband auftreten, bestehen Beziehungen ähnlich denen bei Torflagern. Die Sande und Tone, die mit Braunkohlen in Berührung sind, sind im allgemeinen praktisch farblos, während sonst derartige Sedimente meist gefärbt sind. Die färbenden Bestandteile, Eisen und Mangan, sind aus den betreffenden Schichten verschwunden[1].

Dies hängt damit zusammen, daß Huminsubstanz sich in Regenwasser zum Schwarzwasser auflösen kann. Schwarzwasser ist eine kolloide Lösung von Huminsäure, und diese löst die chemisch angreifbaren Oxyde des Eisens und Mangans aus den Schichten heraus und läßt nur Tonerde und Kieselsäure übrig.

Die Humuswässer der Tertiärzeit haben den eisenhaltigen Quarzporphyr in Kaolin umgewandelt. Die herausgelösten Eisenmengen wurden an anderer Stelle als tertiäre Raseneisenerze wieder abgelagert. Die Erzlager der Lindener Mark in der Nähe von Gießen stehen nach Lang im engsten Zusammenhang mit der Kaolinverwitterung der

[1] Braunkohle **20**, 753 (1921/22).

Tertiärzeit; auch die subrezenten Kohlen, die Lang in tropischen Zinngruben antraf, zeigten diesen Zusammenhang zwischen den Kohlenlagern und der Bleichung von Sand und Ton.

c) Einteilung der Braunkohlenarten.

Zu den Braunkohlen rechnet man Kohlen von sehr verschiedenem Aussehen und Verhalten, wie etwa den gelblichen, wachs- und harzartigen Pyropissit, die erdige, weiche Braunkohle und die oft fast schwarze, harte Glanzbraunkohle. Diese großen Verschiedenheiten sind zurückzuführen auf die Verschiedenheit des Ausgangsmaterials, des ersten Zersetzungsprozesses sowie der weiteren Schicksale unter dem mehr oder weniger wirksamen Einfluß geologischer Kräfte.

Vom rein praktischen Gesichtspunkte der technischen Verwendbarkeit unterscheidet man[1] bituminöse (1,2) und Verbrauchskohlen (3—5), und zwar:

1. Extraktions- oder Montanwachskohle, die sich durch Extrahieren auf Montanwachs verarbeiten läßt,
2. Teer- oder Schwelbraunkohle, die sich nur für die Teergewinnung (Schwelerei- bzw. Generatorbetrieb) eignet,
3. Magerkohle, für Brikettfabrikation verwertbar,
4. Carbozitkohle, Kohle, die durch geeignetes Erhitzen (zu „Braunkohlencarbozit“) veredelt werden kann,
5. Feuerkohle, die unter den Kesseln verfeuert wird.

Auf die Möglichkeit, Braunkohle zu vergasen, wird noch zurückgekommen.

Unter Berücksichtigung auch wissenschaftlicher Gesichtspunkte haben Hinrichsen und Taczak[2] die in Tabelle 60 folgende Übersicht der Braunkohlen gegeben.

H. Potonié[3] hat die Braunkohlen nach ihrer Entstehung wie folgt eingeteilt:

1. Braunkohle, die aus Humussubstanzen hervorgegangen ist,
2. Pyropissit, der sich aus harz- und wachsartigen Stoffen gebildet hat,
3. pyropissitische Braunkohle als Übergang und Gemenge.

Neuerdings teilt W. Gothan[4] die Braunkohlen folgendermaßen ein:

1. Weichbraunkohlen (Braunkohlen mit Einschlüssen von sichtlich holziger Beschaffenheit).

a) Erdige Weichbraunkohlen oder Erdbraunkohlen,

b) Schiefrige Weichbraunkohlen.

---

[1] Vgl. Schulz, P.: Probenehmen von Braunkohlen. Halle 1921.
[2] Die Chemie der Kohle. S. 147. Leipzig 1916.
[3] Die Entstehung der Steinkohle. 5. Aufl. S. 206. Berlin 1910.
[4] Gothan, W., K. Pietzsch u. W. Petrascheck: Braunkohle **26**, 669 (1927).

Tabelle 60. Übersicht der Braunkohlenarten.

	Art	Farbe	Gefüge (Struktur)	Bruch
Humuskohlen	1. Holzartige Braunkohle, fossiles oder bituminöses Holz, Lignit	gelblich-braun bis schwarz	deutlich holzartig	holzartig
	2. Gemeine Braunkohle	hell- bis schwarzbraun	derb mit Spuren von Holzstruktur	dicht bis erdig
	3. Erdige Braunkohle	dunkelbraun bis schwärzlichbraun oder braunrot, etwas abfärbend	erdig zusammengebacken, amorph, zerreiblich, ohne vegetabilische Struktur	staubartig, matt
	4. Pech- oder Glanzkohle	schwarzbraun bis pechschwarz	fest und hart	muschelig
Faulschlammkohlen	1. Blattkohle	durchglänzend	übereinanderliegende dünne Platten	blätterig
	2. Papierkohle	grau, gelblich, blaß- bis dunkelbraun	—	—
	3. Moorkohle	schwärzlichbrauu bis schwarz	derb, zerborsten	eben und schimmernd bis zu schwachem Fettglanz
	4. Gagat (Jet)	samt- bis pechschwarz	dicht, fest, politurfähig	muschelig, von wachsartigem Glanz

2. Hartbraunkohlen (Braunkohlen ohne Einschlüsse sichtlich holziger Beschaffenheit).

c) Mattbraunkohlen,

d) Glanzkohlen (Glanzbraunkohlen).

Diese Kohlen werden im einzelnen wie folgt kurz beschrieben:

a) Die Erdbraunkohlen sind Braunkohlen mit typisch erdigem, unebenem stumpfem Bruch, von fester bis lockerer Konsistenz, meist leicht abfärbend und leicht staubbildend. Hierher gehören viele deutsche Braunkohlen.

b) Die schieferigen Weichbraunkohlen haben schieferigen, nicht abfärbenden Bruch und stauben nicht oder kaum. Hierher gehört z. B. die Köflacher Kohle, sowie die diluvialen sogenannten Schieferkohlen, die man auch als alte Torfe auffassen kann.

c) Die Mattbraunkohlen sind feste, kompakte Braunkohlen, die auf dem Vertikalbruch Mattglanz zeigen, auf dem Horizontalbruch oft weniger glänzen; der Bruch ist würfelig, seltener mehr schieferig oder muschelig. Die Farbe ist immer deutlich braun; diese Kohlen stauben nicht und färben nicht ab. Die meisten böhmischen Kohlen des Dux-Brüxer Beckens gehören hierher.

d) Die Glanzkohlen oder Glanzbraunkohlen werden als Braunkohlen von äußerlich steinkohlenartiger Beschaffenheit beschrieben, deren Farbe schwarz, sehr selten bräunlich und deren Bruch glänzend, würfelig bis muschelig ist. Hierher gehören z. B. die oberbayerischen Pechkohlen, Kohlen, die von manchen Autoren auch zu den Steinkohlen gerechnet werden. Auch Gagat oder Jet ist hier zu nennen, eine sehr harte und zähe Pechkohle ohne Struktur.

Die Erdbraunkohlen kann man mit Bezeichnungen von Handel und Bergbau als Stückbraunkohle, Knorpel- oder Knabbenkohle sowie als Klarbraunkohle, Klarkohle, Rieselkohle, Mulmkohle, Gruskohle u. dgl. unterscheiden; die erstere fällt in größeren Stücken an, die letztere ist erdig oder mulmig.

Auch bei der obigen neuesten Systematik sind einige Abarten der Braunkohle noch besonders zu erwähnen.

1. Lignit. Unter Lignit versteht man in der deutschen wissenschaftlichen Literatur die noch holzähnlichen Überreste der Braunkohlenbildner, die sich heute noch in leicht isolierbarer Form als mehr oder weniger große Stücke in den Braunkohlengruben finden[1].

In der französischen, sowie der englisch-amerikanischen Literatur verwendet man die Bezeichnung „lignite“ für Braunkohle überhaupt. Dies hat schon mancherlei Mißverständnisse veranlaßt.

2. Pyropissit, ein gelblichweißes bis bräunliches Bitumen, das allein oder meist mit Humusbraunkohle vermischt vorkommt. Solche „pyropissitische Braunkohle“ enthält manchmal große Mengen Pyropissit. Reiner Pyropissit — in Deutschland praktisch abgebaut — soll mindestens 50% mit Benzol extrahierbare Substanz enthalten. In vielen Braunkohlenlagern kommen gute Schwelkohlen, d. h. besonders pyropissitreiche Braunkohlen, lagenweise im Flöz vor.

3. Dysodil. Dieses auch Papierschiefer, Ölschiefer, Papierkohle usw. genannte organogene Gestein ist grau bis dunkelgrau, mehr oder weniger reich an Bitumen und Asche; es findet sich häufig im Liegenden der Braunkohlenlager.

4. Cannelbraunkohle. Diese Kohle ist braun, ziemlich glänzend, kompakt, mit muscheligem Bruch und sehr reich an Bitumen. Sie findet sich in einzelnen Braunkohlenflözen als teilweises Vorkommen. Man nimmt an, daß sie der paläozoischen Cannelkohle entspricht.

5. Rußkohle. Sie erinnert in Aussehen und Eigenschaften an Holzkohle; im Zwickauer Revier kommt Rußkohle im lagenweisen Wechsel mit Glanzbraunkohle vor.

---

[1] W. Fuchs, Brennstoff-Chem. **11**, 205 (1930).

2. Petrographische Untersuchung der Braunkohle[1].

Die petrographische Untersuchung der Braunkohle bezweckt die genaue Beschreibung und Deutung des mikroskopischen Bildes; sie kann sich sowohl auf die Braunkohle selbst, als auch auf die in den Braunkohlengruben gefundenen Beimengungen, Einschlüsse und ähnliches beziehen. Die Kohlenpetrographen prüfen überdies gern das mikrochemische Verhalten ihrer Präparate.

Schon durch den makroskopischen Befund sowie durch eine Voruntersuchung mit dem Aufbereitungsmikroskop erzielt der Petrograph die ersten Resultate. Die Braunkohle kann zur mikroskopischen Untersuchung nach vorhergehender Maceration oder Behandlung mit Alkalien oder in Form von Schnitten oder Schliffen verwendet werden.

Die Maceration dient dazu, alle störenden amorphen Bestandteile durch Oxydation zu beseitigen. Man hat zur Maceration u. a. Chromsäure verwendet; die verschiedenen Braunkohlenarten gehen bei Behandlung mit diesem Oxydationsmittel rasch in eine gelbliche und zuletzt nach mehrfachem Auswaschen fast farblose Masse über, die sich unter dem Mikroskop als ein Haufwerk von Gewebefetzen aus feinsten organisierten Pflanzenresten, auch widerstandsfähigen Harzen und Bitumenstoffen erweist. Man kann ferner mit Schulzes Reagens (einer gesättigten Lösung von Kaliumchlorat in konzentrierter Salpetersäure) oder mit E. Schmidts Reagens (einer Lösung von Chlordioxyd in Essigsäure, als Diaphanol im Handel) macerieren, oder auch mit manchen anderen Oxydationsmitteln, die zum selben Erfolg führen, wie oben für Chromsäure angegeben.

Man kann die bei der mikroskopischen Untersuchung unerwünschten Substanzen oft schon ausreichend durch Behandlung mit Ammoniak oder Alkalien entfernen. Als Beispiel sei erwähnt, daß die (dem Carbon entstammende) aus dem Bärlappgewächs Porodendron hervorgegangene russische Papierkohle bei Behandlung mit Ammoniak und Alkali bis zu 20% Kutikeln hinterläßt[2].

Die mikroskopische Untersuchung kann an manchmal herstellbaren Dünnschnitten oder an Dünnschliffen im durchfallenden Licht oder an Reliefschliffen im auffallenden Licht erfolgen. Für die Braunkohlen kommt nach Stach besonders die Anwendung der Reliefschliffmethode in Frage. Die zur Untersuchung bestimmten erdigen Braunkohlen werden mit Paraffin getränkt oder in Canadabalsam oder Thiessenscher Mischung (3 Teile Canadabalsam, 2 Teile Marineleim) vorsichtig eingekocht und passend weiterbehandelt. In den Reliefschliffen kann man dann die anatomischen Einzelheiten der angeschliffenen pflanz-

[1] Vgl. Stach, E.: Kohlenpetrographisches Praktikum. Berlin 1928.

[2] Legg, H. V., u. R. V. Wheeler: Journ. chem. Soc. London **1929**, 2449.

lichen Überreste deutlich erkennen; manche Braunkohlenreliefschliffe geben ebenso gute Bilder, wie etwa Dünnschliffe von Dolomitknollen.

Die mikrochemischen Untersuchungen des Petrographen können sich sowohl auf den Nachweis anorganischer, wie auch organischer Bestandteile (Cellulose, Lignin, Cutin und Suberin, Wachs und Harz) beziehen. Zu chemischen Schlüssen sollten die Ergebnisse derartiger bestenfalls als qualitative Vorproben zu bewertender Versuche erst verwendet werden, wenn sie auch quantitativ mit den Methoden der Chemie selbst geprüft worden sind.

Wie bereits erwähnt, bezieht sich die petrographische Untersuchung nicht nur auf die homogene Braunkohlenmasse, sondern auch auf die mechanisch aus der Braunkohle abtrennbaren Beimengungen. Von diesen sind die Dolomite bereits erwähnt worden, Mineralien, welche kaum noch organische Substanz enthalten, aber die organisierten Strukturen der Vertreter verschwundener Floren mit Treue bewahren.

Gebilde wie die Dolomite entstehen durch Versteinerung fossiler Pflanzenreste in den Braunkohlen. Besonders sind die fossilen in den Braunkohlen steckenden Coniferenhölzer „prädestinierte Niederschlagszentra für die Lösungen von Mineralien“, durch welche die Versteinerungsvorgänge verursacht werden.

Gothan[1] hat in rheinischer Braunkohle Gebilde ähnlich den Dolomitknollen gefunden, bei denen aber das Versteinerungsmittel Sphärosiderit war. In märkischer Braunkohle fanden W. Gothan und W. Bennhold[2] kieselige pflanzenführende Geschiebe, die gleichfalls als echte Versteinerungszentra erkannt wurden; es handelte sich also nicht um Gerölle, sondern um autochthone Gebilde. Im Dünnschliff waren Pflanzenreste zu sehen, bei denen es sich um den mehr oder weniger schlecht erhaltenen, echt versteinerten, intuskrustierten Urtorf der Braunkohle handelte. Die nachweisbaren Pflanzenreste gehörten zum Teil schilfähnlichen sowie grasartigen Gewächsen an; hervorzuheben sind die wohl kenntlichen Reste von Seerosenwurzeln.

Die Lignite sind bereits erwähnt worden; nach der Definition von W. Gothan sind es die Hölzer, die man in den Braunkohlen findet, nach der Definition von W. Fuchs sind es die noch holzähnlichen Überreste der Braunkohlenbildner in den Braunkohlengruben. Diese Lignite zeigen im Schnitt unter dem Mikroskop meist vorzügliche Holzstruktur; nach der genauen chemischen Untersuchung ist in ihnen aber immer das methoxylhaltige Lignin im Gegensatz zur Cellulose angereichert; diese Anreicherung kann so weit gehen, daß nur noch 3% und weniger Cellulose in einem Fundstück nachzuweisen sind[3]. Besonders reich an Cellulose sind z. B. die sogenannten „Faserlignite“, die von Gothan

[1] Braunkohle **24**, 579 (1925/26). [2] Braunkohle **28**, 809 (1929).
[3] Fuchs, W.: Brennstoff-Chem. **11**, 205 (1930).

und Benade[1] als Stücke des Rindenbastes von Coniferen erkannt worden sind.

Auf Kautschukfunde in der Braunkohle („Affenhaare") sei hier nur verwiesen; näheres findet man bei E. Kindscher[2], W. Gothan[3] und K. A. Jurasky[4]. Auch die „Siegellackhölzer" aus der Braunkohle seien erwähnt[5].

Als eine der Holzkohle äußerlich ähnliche Beimengung findet sich Fusit, auch fossile Holzkohle oder Faserkohle genannt, ziemlich regelmäßig, wenn auch meist nur in geringer Menge als Gefügebestandteil in Steinkohle, manchmal aber auch in Braunkohle. Fusit tritt entweder in Lagen auf, die einige Zentimeter dick in der Schichtung liegen und Brandlagen genannt werden, oder er erscheint sporadisch in Form kleiner Splitter, die unregelmäßig oder nestartig vereinigt in der Kohle liegen[6].

3. Die physikalische Charakteristik der Braunkohle.

a) Physikalische „Konstanten."

Die physikalischen Eigenschaften der Braunkohle werden natürlich von ihrem Wassergehalt sehr beeinflußt. Grubenfeuchte Kohle kann bis zu 60% Wasser enthalten, der Wassergehalt lufttrockener Kohle beträgt etwa 15%. Einzelne Braunkohlenarten, wie Glanzkohle und Gagat, sind übrigens nahezu wasserfrei.

Das spezifische Gewicht steigt von Ligniten, stark bitumenhaltigen und erdigen Braunkohlen zu bitumenarmen Hartbraunkohlen von 0,8—0,9 bis zu 1,5. Proben von Jet aus dem Jura hatten nach E. H. C. Craig[7] ein spezifisches Gewicht von 1,18—1,28.

Die spezifische Wärme wasser- und aschefreier Braunkohle hat Coles in Bunsens Eiscalorimeter für lignitische Braunkohle zu 0,255 und für rheinische Braunkohle zu 0,274 ermittelt. Die spezifische Wärme steigt mit dem Wassergehalt, ferner mit der Menge der flüchtigen Bestandteile und mit steigendem Verhältnis C:H. Die Werte von Coles[8] stimmen mit den auf Grund des Satzes von Kopp berechneten überein, wonach die Molekularwärme einer festen Verbindung gleich der Summe der Atomwärmen der Einzelbestandteile ist.

Die Wärmeleitfähigkeit von Braunkohlen steigt mit steigendem Aschegehalt und mit sinkendem Wassergehalt[9].

---

[1] Braunkohle **29**, 274 (1930). [2] B. **57**, 1152 (1924).
[3] Ztrbl. f. Min. u. Geol. A **1927**, 209. [4] Braunkohle **27**, 1130 (1928).
[5] Gothan, W.: Braunkohle **24**, 1002 (1925).
[6] Stutzer, O.: Fusit. Stuttgart 1929. [7] Nach C. **1927 II**, 1914.
[8] Journ. Soc. chem. Ind. **42**, T. 435 (1923).
[9] Sinnatt u. Macpherson: Fuel **3**, 12 (1924).

Der Heizwert von Reinkohle beträgt 6000—7400 Calorien. W. Schneider[1] sagt über die Heizwerte folgendes: „Für die untersuchten deutschen Braunkohlen liegen die Werte durchschnittlich bei oder unter 7000 Calorien (nur wenige zeigen wesentlich höhere Werte, von untersuchten 46 Kohlenproben etwa 5; der höchste angegebene Wert beträgt 7800 Calorien), für gewöhnliche böhmische Braunkohlen liegen sie über 7000 Calorien, im Durchschnitt bei 7500. Die Verbrennungswärmen der Pech- und Gaskohlen sind dagegen noch bedeutend höher, nämlich etwa 8300—8700 Calorien, was bei diesen älteren Kohlen neben dem etwas höheren Kohlenstoffgehalt mit großer Wahrscheinlichkeit vor allem auf den auffallend weit über dem Durchschnitt liegenden Wasserstoffgehalt zurückzuführen ist. Die Verbrennungswärmen für Steinkohlen betragen durchschnittlich etwa 8000—8500 Calorien."

Braunkohlen leiten den elektrischen Strom nicht.

Die Dielektrizitätskonstante trockener Braunkohle ist gering und steigt mit dem Wassergehalte[2]. Hierauf wurde neuerdings eine quantitative Bestimmung des Wassergehalts von Braunkohle gegründet[3].

b) Die Braunkohle als Kolloid.

Für die kolloide Natur der Braunkohle[4] sprechen ihre Adsorptionseigenschaften, besonders ihr Verhalten gegen Wasser, Salze, Farbstoffe und Gase.

Nach Kegel[5] ist die wasserhaltige Braunkohle ein unelastisches Gel. Aus den Dampfdruckisothermen ergab sich, daß die Braunkohle von einer Fülle von Capillaren von sehr verschiedenem Durchmesser durchzogen ist. Eine beobachtete Hysteresis bei der Wasseraufnahme wurde durch Alterungsprozesse erklärt. Mit den theoretischen Grundlagen der Wasserbindung haben sich auch Berl und Immel[6] sehr eingehend befaßt.

I. Lavine und A. W. Gauger[7] haben die Dampfdrucke der lignitischen Braunkohlen von Dakota näher untersucht. In der bereits beim Torf näher behandelten Weise wurde Aufnahme und Abgabe von Wasser durch Kohle mit Hilfe von Dampfdruckmessungen an Kohlen verschiedenen Wassergehalts untersucht. Es wurde je eine Versuchsreihe bei 20° und bei 40° ausgeführt. Mit abnehmendem Wassergehalt nimmt der Wasserdampfdruck der Kohle ab; wahrscheinlich hat die Braunkohle eine schwammähnliche Struktur mit ultramikroskopischen Ca-

[1] Abh. Kohle **3**, 152 (1918).
[2] Bielenberg, V., u. O. Zdralek: Braunkohle **28**, 41 (1929).
[3] Vgl. Hirz, H.: Braunkohle **28**, 101 (1929).
[4] Vgl. Winter, H.: Kolloidztschr. **42**, 42, 233 (1927).
[5] Vgl. Brennstoff-Chem. **9**, 287 (1928).
[6] Kolloidchem. Beih. **24**, 181 (1927).
[7] Brennstoff-Chem. **10**, 386 (1929).

pillaren. Aus der Abnahme der Dampfdrucke lassen sich nach der Gleichung von Thompson die Radien der Capillaren, aus denen das Wasser verdampft, berechnen. Sie haben etwa gleiche Größe wie die Radien von Silicagel, die durch Zsigmondy bestimmt wurden.

Die Verhältnisse bei der Wasserbindung der Kohle haben eine große Bedeutung für das technische Problem der Braunkohlentrocknung. Bei Trocknung unter Atmosphärendruck hängt das Ergebnis vom Wassergehalt der Atmosphäre mit ab. Gauger und Lavine haben eine psychrometrische Tabelle ausgearbeitet, um die Berechnung der Trockentemperatur der Durchsätze zu erleichtern.

Auf kolloidchemischer Grundlage beruht das Trocknungsverfahren für lignitische Braunkohlen von H. Fleißner[1]. Es erinnert an die Trocknung von wasserhaltigen Substanzen mit kolloidem Charakter nach Art keramischer Rohmaterialien und sei hier kurz geschildert. Der Trocknungsvorgang besteht aus drei Perioden. Zuerst wird mittels Dampfes von 10 atü eine Trocknung der Kohleteilchen von innen nach außen herbeigeführt und Kolloidwasser wird als Flüssigkeit ausgetrieben, ohne daß die Oberfläche rissig wird und die Kohlenstücke zerspringen. Durch diese Erwärmung werden die kolloiden Eigenschaften der Rohkohlen zerstört, als Folge davon findet eine Schrumpfung der Kohle statt und Wasser wird ausgepreßt. Nach etwa 2 Stunden sind Durchwärmung und Schrumpfung beendet. Das entstandene Kondensat wird abgelassen, und man läßt jetzt den Dampf in ein zweites Gefäß mit Rohkohle abströmen. In der letzten Periode wird schließlich die Kohle im Luftstrom fertig getrocknet.

Eine ähnliche Wirkung wie durch die Bedingungen des Fleißner-Prozesses kann man übrigens auch durch bloßes Kochen der Kohle mit Wasser erzielen[2].

Aus einer Arbeit von E. Berl und Immel folgt, daß man außer an die unmittelbare Entfernung des Wassers auch an eine Adsorptionsverdrängung von Wasser durch Öle denken kann.

Die Adsorptionsfähigkeit von Braunkohlen für gelöste Stoffe, wie Salze, Farbstoffe und ähnliches, ist nicht groß. Das Verhalten der Braunkohlen bei der Adsorption von Eisenchlorid, Methylenblau, Oxalsäure ist von B. Pentegow und R. Njankowskaja[4] untersucht worden. Braunkohlen adsorbierten bis 27,2 mg Eisenchlorid, 40,3 mg Oxalsäure und 45,1 mg Methylenblau. Diese von 1 g der Kohle adsorbierten Mengen werden als Adsorptionszahl (AZ.) bezeichnet.

[1] Berg- u. Hüttenm. Jahrb. **74**, 194 (1926). — Vgl. auch P. Rosin, Braunkohle **28**, 649 (1929).
[2] Brauneis, F.: Montan. Rundsch. **20**, 285 (1927).
[3] Kolloidchem. Beihefte **24**, 181 (1927).
[4] C. **1928 II**, 2762.

Auch Stadnikoff und Proskurnina[1] haben Braunkohle durch Adsorption von Eisenchlorid charakterisiert. V. Krym und S. Pantschenko[2] haben aber gezeigt, daß bei dieser Reaktion eine Reduktion der Eisenchloridlösung durch die Kohle mitspielt.

Was die Adsorption von Gasen durch Braunkohlen betrifft, so hat hier die Fähigkeit der Braunkohle, Sauerstoff zu adsorbieren, ein besonderes Interesse. Der anfänglich adsorbierte Sauerstoff tritt indes bald in chemische Reaktion mit der Kohle.

Dem Kasselerbraun haben E. Wedekind und W. Garre[3] eine spezielle kolloidchemische Untersuchung gewidmet. Sie fanden Peptisierbarkeit durch Soda, Kaliumcyanid und geringste Mengen Ammoniak. Das Kasselerbraun ist ein Sol von negativem Charakter, welches basische Stoffe irreversibel adsorbiert. Saure Stoffe werden zum Teil schwächer absorbiert, Salze nur dann, wenn es sich um saure Salze handelt. Jod wird in großen Mengen aufgenommen, aber beim Behandeln mit Jodkalium und Thiosulfat zum größten Teil wieder abgegeben. Das Sorptionsvermögen ist im allgemeinen das gleiche wie beim Lignin, für welches der bei ähnlichen Versuchen erreichte irreversible Endzustand betrachtet wurde als Ergebnis „einer der normalen Sorption überaus schnell folgenden sekundären Reaktion, welche zu stabilen Sorptionsverbindungen bzw. Molekularverbindungen zwischen Substrat und Sorbendum führt"[4].

4. Die chemische Charakteristik der Braunkohle.

a) Wasser, Asche und Reinkohle.

Der Wassergehalt der Braunkohlen kann von nahezu 0 bis 60% wachsen und beträgt bei erdigen Braunkohlen im lufttrockenen Zustand 10—15%, manchmal auch mehr.

Der Aschengehalt der Braunkohlen, oder richtiger ihr Gehalt an mineralischen Bestandteilen, ist zurückzuführen auf den Gehalt der braunkohlenbildenden Pflanzen an mineralischen Bestandteilen sowie ferner auf die im Laufe der Braunkohlenbildung und während der Lagerung sekundär in die Braunkohle geratenen anorganischen Substanzen.

Die Bestimmung der mineralischen Bestandteile in der Braunkohle erfolgte bisher meist als Bestimmung des Glührückstandes der Kohlen. Die so ermittelte Asche besteht vorwiegend aus Kalk, Tonerde, Eisenoxyd und Kieselsäure, in geringen Mengen Magnesia, Alkalien, Schwefelsäure und Phosphorsäure. Wasserlösliche Anteile sind in der Asche

---

[1] Brennstoff-Chem. **10**, 65 (1929) und früher. [2] Brennstoff-Chem. **10**, 63 (1921).
[3] Kolloid-Ztschr. **44**, 205 (1928).
[4] Wedekind u. Garre: Ztschr. angew. Chem. **41**, 107 (1928).

nur sehr selten[1] enthalten. Die Braunkohlenaschen reagieren im allgemeinen basisch.

Es ist von vielen Seiten erkannt worden und sehr zu beachten, daß der Glührückstand keineswegs dem wahren Aschenwerte entspricht, da die mineralischen Substanzen der Kohle beim Veraschen Veränderungen erleiden, welche manchmal zu hohe, manchmal auch zu geringe Aschenwerte bedingen. Man hat versucht, den wirklichen Aschengehalt zu berechnen, indem man die Bestandteile des Glührückstandes, welche sich beim Veraschen verändert haben (Fe_2O_3 und SO_3) abzieht und das in der ursprünglichen Kohle vorhandene lösliche Eisenoxydul, den Eisenkies sowie die in der Regel geringen und meist überschätzten Mengen SO_3 und CO_2 hinzurechnet. Sehr ausführliches über diese Dinge findet sich bei Erdmann-Dolch, die Chemie der Braunkohle, S. 93ff. Follmann[2] stellt jedoch die „Präexistenz" von Sulfatschwefel in der Braunkohle durchaus in Abrede.

Zur Vermeidung der angegebenen Übelstände verfährt man am besten nach den Angaben von Follmann, nach welchen die meisten Braunkohlen sich durch Behandlung mit verdünnter Salzsäure in Mineralbestandteile und organische Substanz zerlegen lassen. Silicat- und tonerdehaltige Aschen lassen sich durch verdünnte Flußsäure aufschließen. Man dampft in diesem Falle zur Trockne und nimmt den Rückstand mit verdünnter Salzsäure unter Zusatz von Chlorammonium, um etwa gebildetes Calciumfluorid in Lösung zu bringen, auf. Die Kohle wird auf ein gewogenes Filter gesammelt und zur Prüfung auf etwa noch vorhandene Aschenteile verascht. Stets fand Follmann nach der Säurebehandlung weniger als 1% Asche. Wenn man dieses Verfahren auf Lignite anwendet, so hat man zu berücksichtigen, daß durch Salzsäure Polysaccharide hydrolisiert werden. In solchen Fällen behandelt Follmann nacheinander mit Salzsäure und Flußsäure, dampft die Filtrate zur Trockne, wägt, oxydiert mit Wasserstoffsuperoxyd und dampft nach Zusatz von Salzsäure nochmals ein. Die Differenz der beiden Wägungen gibt die organische Substanz, die in Lösung gegangen war.

Wie groß die Unterschiede gegen die frühere Arbeitsweise sind, ergibt sich aus den Zahlen von Follmann; er fand in Braunkohlenbriketts „Hallore" 7,28% Asche nach seiner Methode gegen 10,50% bei der Bestimmung als Glührückstand.

In ähnlicher Weise hat später K. Mayer[3] gearbeitet; seine Arbeitsweise scheint gegenüber der Arbeit von Follmann, die ihm übrigens entgangen war, keine Vorteile zu bieten[4].

---

[1] Vgl. Limberg: Feuerungstechnik **9**, 205 (1921).
[2] Brennstoff-Chem. **6**, 205 (1925). [3] Brennstoff-Chem. **10**, 377 (1929).
[4] Vgl. auch Brennstoff-Chem. **10**, 496 (1929).

Der Gehalt der Braunkohle an unverbrennlichen Beimengungen wechselt natürlich sehr; die Verhältnisse liegen ja hier ähnlich, wie dies im Abschnitt über Torf ausgeführt wurde. Rheinische Braunkohle hat beispielsweise 3—4% Asche in der Trockensubstanz, mitteldeutsche Braunkohle 8—10%, Rosenthalkohle und Kasseler Kohle 10—16%.

Die qualitative Zusammensetzung der Asche wurde bereits erwähnt. Eine Kasseler Kohle mit 10% Gesamtasche enthielt 5,8% Kalk und 1,7% Eisen- und Aluminiumoxyd[1]. Die Asche mitteldeutscher Braunkohle hat K. Mayer sowohl aus dem Glührückstand als auch im salzsauren Auszug bestimmt. Er erhielt folgende Werte:

Tabelle 61. Vergleich zwischen Asche und Mineralsubstanz von Braunkohle.

	Glührückstand %	Mineralsubstanzen in der urspr. Brk. %
Kieselsäure	0,91	0,61
Eisen- und Aluminiumoxyd	0,27	0,34
Kalk	2,68	2,85
Magnesia	0,49	0,41
Summe der Oxyde	4,35	4,21
Schwefelsäureanhydrid	3,71	0,04

Aus der Analyse der Mineralbestandteile der Braunkohle ersieht man übrigens, daß die Summe der unverbrennlichen Säuren zur Bindung der vorhandenen Basen nicht ausreicht. F. Fischer und W. Fuchs[1] haben gezeigt, daß die Mineralsubstanzen der Braunkohlen zumindest zum Teil chemisch an Huminsäuren zu permutitähnlichen Salzen gebunden sind. Die betreffenden Metalle lassen sich durch Salzsäure bequem entfernen. Auch ließ sich das Calcium durch Schütteln der Kohlenproben mit Kochsalz oder Eisenchloridlösung zum großen Teil durch Natrium bzw. durch Eisen ersetzen.

Der nach Abzug des Wassers und des Glührückstandes bzw. der wahren Asche, oder am besten der Mineralbestandteile, verbleibende Rest wird als Reinkohle bezeichnet.

b) Elementarzusammensetzung.

Über die Elementarzusammensetzung der Braunkohle gibt es in der Literatur zahlreiche Angaben. Die nachfolgende Tabelle von Graefe[2] enthält eine Auswahl älteren Zahlenmaterials.

Die vorliegenden Werte können allerdings nicht als sehr genau gelten, da bei der Berechnung die Mineralbestandteile als Glührückstand in Rech-

[1] Brennstoff-Chem. 8, 291 (1927).

[2] Ullmann, 2. Bd., S. 575 (1928) — Zahlreiche Analysendaten bei Apfelbeck, H., in: Entstehung, Verwertung und Veredelung der Kohle, S. 22. Berlin 1930.

Tabelle 62. Elementarzusammensetzung von Braunkohlen.

Kohlensorte	Herkunft	% C	% H	% O (inkl. N u. flücht. S)
Lignit	Laubach	57,62	6,07	36,31
Erdige Kohle (Feuerkohle) . .	Grube v. d. Heydt bei Halle-Ammendorf	65,16	6,67	28,17
Förderkohle . . .	Costebran (Bergrevier West-Kottbus)	66,72	5,10	28,18
Förderkohle . . .	Leonhard (b. Meuselwitz, Bergrevier Zeitz)	68,47	5,51	26,02
Gemeine Braunkohle	Schönfeld i. Böhmen	69,82	5,90	24,28
Blätterkohle . . .	Grube Wilhelmsfund (Westerwald)	70,57	7,60	21,83
Pechkohle	Pensberg i. Bayern	73,47	4,89	21,64
Pyropissit	—	77,07	12,60	10,32
Gaskohle	Falkenau	77,50	7,33	15,17
Glanzkohle . . .	Meißner i. Hessen	89,03	4,56	6,41

nung gesetzt und die Proben nicht vorsichtig getrocknet wurden. Besonders bei aschenreichen Braunkohlen waren bei der Berechnung der Elementaranalysen Fehler unvermeidlich, Fehler, welche mehrere Prozente zuviel Kohlenstoff ausmachen können. Dies ergibt sich auch aus den Angaben von K. Mayer[1], der eine größere Anzahl von Braunkohlen nach der alten Methode, sowie nach Extraktion mit Salzsäure anaylsiert hat. Für die Reinkohlensubstanz von drei mit Salzsäure von 2% vorbehandelten mitteldeutschen Braunkohlenproben gibt er folgende Werte in Prozent an:

Tabelle 63.

Braunkohle	C	H	N + O	S
Grube Altenburg .	68,16	6,01	19,88	5,95
Grube Concordia .	72,18	7,53	17,68	2,61
Grube Leopold . .	68,49	6,31	22,19	2,01

Follmann hat in seiner bereits erwähnten Arbeit die Zusammensetzung mitteldeutscher Braunkohle zu 54,28% Kohlenstoff, 4,92% H, 3,41% S, 30,11% O + N und 7,28% Asche angegeben.

W. Fuchs[2] fand für aschenarme Lignite aus rheinischer Braunkohle folgende Werte:

Tabelle 64. Zusammensetzung von Ligniten in Prozent.

Nr.	Lignit	C	H	O (Differenz)
1	nichtextrahiert[3]	58,2	5,6	36,2
2	extrahiert	61,7	5,6	32,7
3	extrahiert	62,5	6,0	31,5

[1] Brennstoff-Chem. **10**, 381 (1929). [2] Brennstoff-Chem. **11**, 205 (1930).

[3] Die extrahierten Proben waren zum Unterschied von der nichtextrahierten durch Behandlung mit Benzol-Alkohol 1 : 1 von Bitumen befreit worden.

Zusammenfassend kann man sagen, daß erdige bitumenarme Braunkohlen 60—65% C und 5—6% H enthalten. Der Kohlenstoffgehalt steigt mit steigendem Gehalt an Bitumen und mit steigender Inkohlung; der Wasserstoffgehalt steigt mit dem Gehalt an Bitumen; steigende Inkohlung kann erst ein Steigen und schließlich auch ein Sinken des Wassergehaltes bewirken. Kohlen nach Art der Pech- und Glanzkohlen scheinen übrigens so gut wie gar keine Huminsäuren zu enthalten. Aus diesem Grunde sind sie chemisch betrachtet den Steinkohlen sehr ähnlich, von denen sie sich aber durch ihren wohl immer merklich höheren Wasserstoffgehalt (und durch ihren OH-Gehalt) unterscheiden.

Der Stickstoffgehalt der Braunkohlen beträgt 0,4—2,5%. Als Quelle des Stickstoffes kommen Eiweißzersetzungsprodukte oder Proteine von Pflanzen und Mikroben in Frage, ferner Stickstoffverbindungen, die von Huminsäuren adsorbiert wurden, vielleicht auch Ammoniak, den die Huminsäuren salzartig oder cyclisch gebunden haben.

Der Schwefelgehalt[1] der Braunkohlen schwankt in sehr weiten Grenzen, von Spuren bis zu mehreren Prozenten. Die sehr schwefelreiche Arsakohle, von manchen Autoren zu den Braunkohlen gerechnet, ist nach E. Donath[2] eine Steinkohle. Als Bindungsformen des Schwefels kommen in Frage organisch gebundener Schwefel, Pyrit- (in Braunkohlen meist Markasit-) bzw. Sulfidschwefel, sowie Sulfatschwefel. Freier Schwefel kommt wohl nicht vor. Padovani und Schiavi[3] unterscheiden als vierte Form abdestillierbaren Schwefel, worunter der bei 1000° in N-Atmosphäre verbrennliche S gemeint ist. Sulfatschwefel ist in Braunkohlen meist kaum vorhanden.

c) Bestimmung von Kennzahlen.

R. Benedikt und M. Bamberger[4] fanden in einem Lignit von Wolfsberg 5,02, in einer nordböhmischen Braunkohle 0,53% Methoxyl. A. Pictet und M. Gaulis[5] fanden in einer Braunkohle 3,30% Methoxyl.

Fr. Fischer und seine Mitarbeiter haben weitere Methoxylbestimmungen ausgeführt. Sie benutzten die von Kirpal und Bühn modifizierte Methode von Zeisel, da bei dieser Modifikation ein ungünstiger Einfluß des Schwefels auf die Ergebnisse ausgeschaltet wird. Fischer und Tropsch[6] erhalten nebenstehende Werte.

Tabelle 65. Methoxylgehalt von Braunkohlen.

Kohlenart	% OCH_3
Lignitkohle	3,87
Unionbriketts	1,65
Rosenthalkohle (vollkommen alkalilöslich)	0,45
Riebecksche Schwelkohle	0,20

[1] Muhlert, F.: Der Kohlenschwefel. Halle 1930. [2] Chem.-Ztg. **36**, 118 (1912).
[3] Nach C. **1928 I**, 2889. [4] Monatsh. **11**, 260 (1890).
[5] Helv. chim. Acta **6**, 627 (1923). [6] Abh. Kohle **2**, 151 (1917).

Bei der Untersuchung von Ligniten fand W. Fuchs[1] in deren entbituminierter, wasser- und aschenfreier Substanz 6,10—10,4% OCH_3.

Fr. Fischer, Schrader und Friedrich[2] haben die Veränderungen des Methoxylgehaltes mit der Tiefe in einem Braunkohlenlager studiert. Sie geben zwei Reihen von Bestimmungen an, die in Tabelle 66 enthalten sind.

Tabelle 66.

Probenahme	% OCH_3	% OCH_3
36 m über dem Liegenden . . .	1,89	2,16
29 m über dem Liegenden . . .	2,45	2,34
22 m über dem Liegenden . . .	1,33	1,31
15 m über dem Liegenden . . .	3,39	3,76
14 m über dem Liegenden . . .	2,26	2,49
7 m über dem Liegenden . . .	1,39	1,67

Mit dem Carbonylgehalt der Braunkohlen haben sich H. Strache und R. Harnoncourt[3] sowie H. Strache und A. Brandel[4] befaßt. Sie finden bei Braunkohle 3—4% Carbonyl.

Zur Bestimmung des Hydroxylgehaltes behandelte W. Fuchs[5] Braunkohlen mit einem Überschuß wässeriger oder alkoholischer Kalilauge und titrierte das überschüssige Alkali mit Säure zurück. Die bei Titration in wässeriger Lösung erhaltenen Werte waren, wohl als Folge hydrolytischer Erscheinungen, manchmal niedriger als die bei Titration in alkoholischer Lösung erhaltenen. Es ergaben sich die folgenden Hydroxylgehalte als Mittel von je zwei Versuchen. In der Arbeit selbst sind die mit 10 multiplizierten Hydroxylzahlen der Kohle angegeben.

Tabelle 67. Hydroxylgehalte von Braunkohlen.

Kohlenart	Titriert in wässriger Lösung % OH	Titriert in alkoholischer Lösung % OH
Kasseler Braunkohle	5,0	6,6
Rheinische Braunkohle	7,8	7,3
Mitteldeutsche Braunkohle . . .	5,2	5,6
Rosenthalkohle	6,8	8,6
Oberbayer. Pechkohle	2,5	1,7

Die Hydroxylzahlen können auch als Säurezahlen aufgefaßt werden und als ein Maß der vorhandenen Carboxylgruppen gelten. Durch die Titration allein kann man aber zwischen phenolischen Hydroxyl- und Carboxylgruppen nicht unterscheiden. Aus dem Umstande, daß man beim Arbeiten in der Kälte fast dieselben Resultate erhält wie in der Wärme, ist zu schließen, daß Huminsäureanhydride, falls sie

[1] Brennstoff-Chem. **11**, 205 (1930).
[2] Abh. Kohle **5**, 530 (1920).
[3] Brennstoff-Chem. **5**, 530 (1924).
[4] Brennstoff-Chem. **7**, 341 (1926).
[5] Brennstoff-Chem. **9**, 198 (1928).

überhaupt vorliegen, bei der Bestimmung der Hydroxylzahl nach der eingehaltenen Arbeitsweise jedenfalls keine merkliche Rolle spielen. Die Hydroxylzahl wird vielmehr darauf zurückgeführt, daß die Kohlen neben den in den jüngsten Kohlen vorhandenen Carboxylgruppen weitere Hydroxylgruppen enthalten, die weniger sauer sind als erstere, aber unter bestimmten Bedingungen sowohl in wässeriger als auch in alkoholischer Lösung titriert werden können.

Es ist bemerkenswert, daß die Pechkohlen, die kaum noch Carboxylgruppen zu enthalten scheinen, doch eine Hydroxylzahl geben; diese Kohlen lassen sich auch methylieren.

Den ungesättigten Charakter von Braunkohlen könnte man durch Bestimmung von Jodzahlen sowie durch quantitative Verfolgung des Verhaltens gegen Halogen überhaupt beschreiben. Doch gibt es hierüber in der Literatur nur spärliche Angaben. W. Fuchs[1] erhielt beim kurzen Kochen von entbituminierter und getrockneter Kasseler Braunkohle mit einer Lösung von Brom in Tetrachlorkohlenstoff bei Gegenwart von etwas Jod ein Produkt mit 10,8% Brom; 6,2% Brom waren durch kurzes Kochen mit einer Lösung von Calciumacetat wieder abspaltbar. Das Kasselerbraun enthielt also substituierbaren Wasserstoff — während der Bromierung entwich auch Bromwasserstoff — sowie Doppelbindungen. Nach der Abspaltung der Bromwasserstoffsäure mit der Acetatlösung ließ sich Addition von Brom und Abspaltung von Bromwasserstoff nochmals durchführen, eine Tatsache, die auf dehydrierbaren Wasserstoff gedeutet werden kann.

Die Menge des in Alkali löslichen Anteils einer Braunkohle hat man früher für eine charakteristische Größe gehalten. Verschiedene Autoren haben mit Alkali aus verschiedenen Braunkohlen kleinste bis größte Mengen in Lösung gebracht. Nach W. Schneider[2] ließ sich die Riebecksche Schwelkohle durch wiederholte Alkalibehandlung völlig in Lösung bringen. Die Löslichkeit in Alkali hängt jedenfalls von der Temperatur sowie der Konzentration und Einwirkungsdauer des Alkalis ab. Die Peptisierbarkeit von Huminsäuren in Alkali scheint ferner nach neueren Untersuchungen auch auf einem bestimmten Kolloidzustand der Huminsäure zu beruhen und an sich überhaupt nicht allzu charakteristisch zu sein; es läßt sich aber sagen, daß mit steigendem Inkohlungsgrade die Peptisierbarkeit zurückgeht.

d) Zerlegungsanalyse.

Die Braunkohle kann man bei der ersten rohen Zerlegung in Wasser, Asche, Bitumen und Restkohle sondern.

Das Bitumen, die Summe der mit organischen Lösungsmitteln ex-

---

[1] Brennstoff-Chem. 9, 348 (1928). [2] Abh. Kohle 3, 329 (1918).

trahierbaren Substanzen, hängt als Gemenge verschiedenartiger Stoffe in seiner Quantität und Beschaffenheit außer vom Ausgangsmaterial auch sehr von den angewandten Arbeitsbedingungen, wie Lösungsmittel oder Lösungsmittelgemisch, Temperatur, Druck, Zustand der Kohlenprobe, Vorbehandlung usw. ab.

Die verbleibende entbituminierte Kohle kann in alkalilösliche Huminsäure sowie in alkaliunlösliche Restkohle zerlegt werden.

W. Schneider[1] faßte als Bestandteile der Braunkohle Montanharz, eigentliches Montanwachs, Bitumen B, Huminsäure und Kohlerückstand auf. Zu diesen Bestandteilen kommt er durch folgende Behandlung:

1. Schwelkohle der Riebeckschen Montanwerke wurde bei etwa 70—75° mit Benzol extrahiert, bis kaum noch Substanz in Lösung ging. Die bei lange dauernder Extraktion noch in Lösung gehende Substanz hatte übrigens den Charakter von Bitumen B. Die Ausbeute an Bitumen A betrug rund 15%. Das Bitumen A wurde mit Hilfe von Äther in 2% durchsichtiges Harz von dunkelgelber Farbe sowie in 13% äther- und alkoholunlösliches Wachs zerlegt.

2. Der Rückstand der Benzolextraktion bei 70—75° wurde wiederholt mit Benzol unter Druck bei 250—260° extrahiert. Die Gesamtausbeute an Bitumen B betrug 8%.

3. Es verblieben 77% entbituminierte Kohle, die in Huminsäure und Kohlerückstand zerlegt wurde. Es ergab sich bei Vorversuchen, daß durch wiederholtes Auskochen von Kohle mit 5%iger wässeriger Natronlauge die Hauptmenge der Kohle in Lösung ging.

4. Die in Lösung gebrachte Huminsäure nach 3. machte etwa 80% der Kohlesubstanz aus. Der ungelöste Rückstand bestand zu über einem Drittel aus Asche und zu etwas mehr als der Hälfte aus organischer Substanz, die sich nach den Angaben von Schneider deutlich von der Huminsäure unterschied und nicht etwa ungelöst gebliebene Huminsäure darstellte. Auch Versuche mit rheinischer Braunkohle ließen ähnliche Verhältnisse erkennen.

J. Marcusson[2] berücksichtigt in seinem Analysengang für Braunkohle außer Wasser und Asche folgende Komponenten des organischen Anteils: Wachse, Harze, freie Huminsäuren, Huminsäureanhydride, Huminketone, wasserlösliche Carbonylsäuren, Essigsäure, Lignin und Cellulose. Der Analysengang ist folgender:

1. Wachse und Harze werden mit CCl_4 ausgezogen; durch Behandlung mit Äther-Alkohol bei niedriger Temperatur werden die löslichen Harze abgetrennt.

2. Man zieht hernach mit Ammoniak aus und fällt die Lösung mit Salzsäure: „Freie Huminsäuren.“

---

[1] Abh. Kohle **3**, 325 (1918). [2] Ztschr. angew. Chem. **40**, 1104 (1927).

3. Eine Probe wird ferner eine Stunde auf dem Wasserbade mit Natronlauge von 1% erwärmt, filtriert, angesäuert: „Summe der freien Huminsäure und Huminsäureanhydride."

4. Der Rückstand von 3 besteht nach Marcusson aus Cellulose, Lignin und Huminketonen. Die Cellulose wird durch Behandlung mit hochkonzentrierter Salzsäure entfernt, das verbleibende Lignin-Humingemisch bei 170° 10 Minuten mit Resorcin verschmolzen. Beim darauffolgenden Aufnehmen in Alkohol soll nur Lignin in Lösung gehen.

5. Die wasserlöslichen Carbonylsäuren sind in dem salzsauren Filtrate der nach 3. gefällten Huminsäuren enthalten und können da bestimmt werden, indem man im Vakuum bei 40° eindampft, den Rückstand in Alkohol von 70—80% aufnimmt, filtriert und wieder eindampft. Das Produkt gibt die Glucuronsäure-Reaktion nach Tollens.

6. Cellulose wird in der entbituminierten Kohle nach Cross und Bevan bestimmt.

7. Zur Bestimmung der flüchtigen Säuren wird die ursprüngliche Kohle mit Lauge verseift, die Lösung mit Schwefelsäure angesäuert und mit Wasserdampf destilliert.

Marcusson gibt folgende Übersicht über die Resultate:

Tabelle 68. Bestandteile von Braunkohlen nach Marcusson in % der Rohkohlen.

Art der Kohle	Fundort	Bitumen	Freie Huminsäuren	Huminsäure-anhydride	Huminketone	Cellulose	Lignin	Wasserl. Carbonylsäuren	Flüchtige Fettsäuren (Essigs.)	Wasser	Asche
Lignit	Niederlausitz (Miocän)	0,7	4,5	12,5	4,5	26	28	7,4	3,2	9	1,5
		0,7	2,5	37,5	1,4	10	30,6	3,1	1,4	7,3	1,7
Erdige Braunkohle	Grube Ilse	5,3	29,0	32,9	4,3	0,6	6,9	2,6	0,6	9,7	10,5
Hochwertige böhm. Braunkohle	Kaaden b. Komotau	1,2	Spuren	19,6	51,9	2,6	6,3	0,9	1,0	11	6,2
Alkalilösliche Braunkohle	Wellmitz (Lausitz)	6,9	63,0	0	0,7	1	1	1,5	1,4	13,6	9,5
	Schermeisel (Mark)	1,5	33,0	0	0,6	15,3	0,9	2,2	0,7	41	1,6

Die von Marcusson neu angenommenen Substanzgruppen sind z. T. sehr unsicher. Über die Huminketone heißt es nur ganz flüchtig, daß sie sich mit salzsaurem Phenylhydrazin und Semikarbazid kondensieren sollen, daß sie durch schmelzendes Kali in Huminsäuren umgewandelt werden und daß sie beim Erhitzen Kohlensäure abgeben.

Nach diesen älteren Gängen nimmt W. Fuchs neuerdings auf Grund des experimentellen Materiales an, daß die Braunkohlen in der Hauptsache aus Asche, Bitumen und Huminsäuren bestehen. Diese Huminsäuren liegen als Gemenge freier Huminsäuren und huminsaurer Salze vor. Die Zerlegung gestaltet sich dann wie folgt:

1. Durch wiederholte Behandlung mit Salzsäure in der Kälte entfernt man die Hauptmenge der Mineralbestandteile, insbesondere sämtliche an Huminsäuren gebundene Metalle.

2. Nach dem Auswaschen und Trocknen wird mit Hilfe von Benzol-Alkohol 1:1 das Bitumen weitgehend extrahiert.

3. Die verbleibende Substanz ist in der Hauptsache Huminsäure, daneben organisierte Pflanzenreste, vielleicht auch manchmal Umwandlungsprodukte der Huminsäuren nach Art der Humine usw. Die Zerlegung dieses Hauptanteils in reine Huminsäuren und Beimengungen steht noch aus.

Die durch Zerlegung erhaltenen Stoffgruppen bilden das geeignete Ausgangsmaterial für die näheren chemischen Untersuchungen, welche die Chemie der Bestandteile der Braunkohle betreffen.

5. Chemie der Bestandteile der Braunkohle.

a) Bitumen.

Die Bitumenstoffe sind gewöhnlich in der Braunkohle gleichmäßig verteilt. Häufig aber finden sich in den Kohlenlagern bituminöse Zwischenschichten oder auch verschieden gestaltete Konkretionen bituminöser organischer Mineralien, die sich rein mechanisch abtrennen lassen[1]. Der Pyropissit deutscher Braunkohlenlager wurde bereits erwähnt. L. H. James[2] fand in neuseeländischen Braunkohlen ein durchsichtiges, brüchiges Harz, das gewöhnlich in der Braunkohle gleichmäßig verteilt war, manchmal aber auch in kugelförmigen Klumpen von rund 20 cm Durchmesser oder in Zwischenschichten vorkam. Dieses Harz war durchsichtig, brüchig, äußerlich dem Kopal ähnlich und bestand fast nur aus freien Säuren; seine Säurezahl war 44,5, seine Verseifungszahl 45,5. In amerikanischen Braunkohlen fand H. K. Benson[3] ein Harz, welches der Kopalgruppe nahestand. R. Wigginton[4] untersuchte Harzeinschlüsse in Wealdonbraunkohle. Die mittlere Zusammensetzung der fossilen Harze der Braunkohlen wird mit 78,6% C, 11,4% H angegeben. Hier zu nennen sind auch chemisch recht einheitliche Einschlüsse von Harzcharakter, wie Fichtelit und Scheererit; ersterer ist

[1] Über Harze in den begleitenden Schichten der Braunkohlen vgl. z. B. Fuchs, W., und G. Landsmann, B. **60**, 246 (1927).

[2] Journ. Soc. Chem. Ind. **44**, T. 241 (1925).

[3] Ind. engin. Chem. **17**, 21 (1925).

[4] Fuel **7**, 118 (1928).

Perhydroreten, letzterer Reten. Die meisten fossilen Coniferenharze, wie Retinit u. a., sind chemisch noch wenig aufgeklärt. Hartit ist identisch mit Josen[1], einem bei 73,4° schmelzenden Retenderivat der Formel $C_{20}H_{34}$.

Im allgemeinen müssen die Bitumenstoffe chemisch durch Extraktion mit Lösungsmitteln aus den Braunkohlen isoliert werden. Man erhält nicht nur bei verschiedenen Braunkohlensorten, sondern auch bei einer und derselben Braunkohle je nach den Arbeitsbedingungen ein nach Menge und Beschaffenheit sehr verschiedenes Produkt. Es gehen daher auch die Definitionen des Bitumens weit auseinander. So z. B. versteht Erdmann[2] unter Bitumen die Summe der in siedendem Benzol löslichen Stoffe. Schneider und Tropsch[3] bezeichnen diese Körper als Bitumen A und unterscheiden weiterhin ein Bitumen B, welches bei weiterer Behandlung mit Benzol unter Druck in Lösung geht. Man hat unter Bitumen auch die Summe aller Bestandteile, die bei der trockenen Destillation der Kohle Teer, Wasser und Gas liefern, zusammengefaßt. Im allgemeinen wird man unter Bitumen am besten die Summe aller verhältnismäßig niedrig schmelzenden, mit organischen Lösungsmitteln extrahierbaren Kohlenbestandteile verstehen. Mit Pyridin und mit Phenol lassen sich auch Huminsäuren mehr oder weniger in Lösung bringen; diese sind aber zum Unterschied von den eigentlichen Bitumenstoffen unschmelzbar.

Die lösende Kraft organischer Lösungsmittel für Bitumen ist sehr verschieden, und man kann auch nicht hoffen, mit einem Lösungsmittel alle in organischen Lösungsmitteln überhaupt löslichen Kohlebestandteile erfassen zu können. Man hat als Lösungsmittel für Bitumen Vertreter der verschiedensten Körperklassen verwendet. Kohlenwasserstoffe, wie Benzin, Benzol oder Toluol, Tetralin und Dekalin, chlorierte Kohlenwasserstoffe wie Chloroform oder Tetrachlorkohlenstoff, Alkohole wie Äthylalkohol, Butylalkohol, Amylalkohol, Ketone wie Aceton, Äther wie Äthyläther, Basen wie Pyridin, Phenol u. a. m. Es sei hier bemerkt, daß in den letzten Jahren neue Lösungsmittel wie Furfurol und die verschiedensten Verbindungen aus der Glykolgruppe im Handel erschienen sind, an deren Verwendung zur Extraktion des Bitumens man denken könnte, die aber bis jetzt noch kaum probiert worden sind. Im einzelnen hat man wohl am häufigsten Benzol verwendet. Pyridin löst nicht nur Bitumenstoffe, sondern auch freie Huminsäuren in größerem oder geringerem Betrage. Sonst scheint es aber entgegen anderslautenden Vermutungen keine chemischen Veränderungen in der Kohlensubstanz hervorzurufen. Nach einer Angabe von J. Péter[4] vermag nicht nur die Base, sondern auch das Chlor-

[1] Soltys, A.: Monatsh. **53/54**, 175 (1930). [2] Ztschr. angew. Chem. **34**, 309 (1921).
[3] Abh. Kohle **2**, 58 (1916). [4] C. **1929 II**, 676.

hydrat des Pyridins Kohlensubstanz in gewissem Ausmaße zu dispergieren, was dafür spricht, daß das Pyridin nicht vermöge seiner basischen Natur allein die Kohle angreift. Für das technische Verhalten ist es beachtlich, daß die entbituminierte Braunkohle Lösungsmittel energisch festhält. Nach H. Steinbrecher und B. Bielenberg[1] konnte das Benzol aus extrahierter Kohle selbst beim Trocknen auf 105° nicht völlig entfernt werden. Beim Anfeuchten mit Wasser zeigte eine solche Kohle deutlichen Geruch nach Benzol.

Es sei hier noch eingeschaltet, daß man als anorganisches Lösungsmittel flüssige schweflige Säure zur Extraktion besonders des Harzanteiles der Bitumenkörper verwenden konnte[2].

Vorteilhaft verwendet man zur Extraktion nicht reine Lösungsmittel, sondern Gemische, die erfahrungsgemäß ihre Wirkung mehr als additiv steigern. Es kommen natürliche Gemische wie Petroleum, Ligroin oder Braunkohlenteeröle in Frage, besonders wird aber ein Gemisch von Benzol-Alkohol 1:1 verwendet. Mit einem solchen Gemisch kann unmittelbar feuchte Kohle extrahiert werden, wobei man um 20—25% mehr Extrakt erhält als mit Benzol[3].

Die Ausbeuten an Bitumen können von wenigen Prozenten der Kohle bis zu recht beträchtlichen Werten ansteigen. Schwelkohle hat heute oft nur 5—10%, seltener über 15%, sehr selten 20—30% Bitumen. Pyropissit, der bis zu 70% Extraktausbeute gibt, ist schon seit mehreren Jahrzehnten abgebaut und kommt praktisch kaum noch in Frage. Kohlen, die viel Bitumenstoffe enthalten, sind oftmals an einer eigentümlich hellen Farbe zu erkennen. Ebenso wie die Braunkohlen haben auch die Lignite Bitumengehalte, die von sehr geringen Beträgen bis zu beträchtlichen Mengen, über 30%, anwachsen können[4]. Pechglanzkohle von Wattenbach gab nach C. Staemmler[5] an Benzol 8,7, an Tetralin 36,3, an Anilin 53,3% Extrakt bei den betreffenden Siedepunkten ab. Ins Anilin sind nach Staemmler auch Huminsäuren gegangen.

Bei derart hohen Extraktausbeuten dürfte es sich ähnlich wie beim sogenannten Bitumen B zumindest teilweise um Zersetzungsprodukte und nicht um ursprünglich vorhandene Bitumenstoffe handeln.

Die Vorbehandlung des Extraktionsgutes ist nicht ohne Einfluß auf die erzielte Ausbeute. A. Grün und E. Ulbrich[6] haben eine bessere

[1] Braunkohlenarchiv Nr. 3, S. 31 (1922).
[2] Fischer, Franz, u. Gluud: Abh. Kohle **1**, 65 (1915/16).
[3] Bube, K.: Jahrbuch d. Hall. Verb. **2**, 231 (1920); A. Riebecksche Montanwerke A.G.: D. R. P. 305349 (1916); D. R. P. 325165 (1919).
[4] Fuchs, W.: Brennstoff-Chem. **11**, 205 (1930).
[5] Brennstoff-Chem. **11**, 281 (1930).
[6] Ztschr. Öl- und Fettindustrie **40**, 743 (1920); C. **1921 II**, 998.

Abtrennung des Bitumens durch eine Vorbehandlung mit Mineralsäure erzielt. Als Säuren wurden vorwiegend Abfallflußsäure und Schwefelsäure verwendet. Die Kohle wird stark zerkleinert und bei 100—120° 1—2 Stunden in dünnem Brei mit den Säuren turbiniert, dann mit Wasser verdünnt, ausgewaschen, getrocknet und extrahiert. Die Extraktion geschah mit Benzol, Toluol, Xylol oder einer Mischung von Benzin und Benzol. Bei den in der Arbeit untersuchten drei Schwelkohlen ergaben sich Vorteile dieses Verfahrens. Diese sollen nach Ansicht der Autoren auf einer Zersetzung wachs- und harzsaurer Salze, vielleicht auch lediglich auf einer Entkittung der Kohlen, d. h. einer Freilegung eingehüllter Bitumenteilchen beruhen. Schwalbe[1] hat indes früher eine solche Vorbehandlung bei Riebeckscher Schwelkohle unwirksam gefunden. G. Stadnikoff hat aber gleichfalls durch Vorbehandlung mit Salzsäure eine Erhöhung der Ausbeute an Bitumen festgestellt; er bezeichnet das nur nach Säurebehandlung erhältliche Bitumen als Bitumen C, zum Unterschied von dem Bitumen A, welches aus dem Rohmaterial durch Extraktion bei Atmosphärendruck gewonnen werden kann und von Bitumen B, welches dem Rohmaterial durch Lösungsmittel bei erhöhtem Druck und erhöhter Temperatur entzogen wird.

Durch vorheriges Erhitzen im evakuierten Einschlußrohr konnten R. v. Walther und H. Steinbrecher[2] die Menge des Benzolextraktes einer Schwelkohle beträchtlich steigern; die stärkste Steigerung wurde durch fünfstündiges Erhitzen auf 250° erzielt. Gleichzeitig stieg auch die Teerergiebigkeit der Kohle; ferner ging anorganisch gebundener Schwefel in organische Bindung über.

Die Ausbeuten an Bitumen sind auch davon abhängig, ob man vorgetrocknete oder lufttrockene bzw. vorgetrocknete und wieder befeuchtete Kohle extrahiert. Die folgende Tabelle nach Fr. Fischer und W. Schneider[3] zeigt je nach den Bedingungen verschiedene Werte.

Tabelle 69.

Kohle	bei 105° getrocknet %	lufttrocken mit etwa 10% Wasser %	bei 105° getrocknet u. wieder angefeuchtet %
Mitteldeutsche Schwelkohle I	11,5	15,5	14,2
Mitteldeutsche Schwelkohle II	11,1	14,9	14,4
Niederlausitzer Kohle	11,1	14,0	—

Durch genügend lange Dauer der Extraktion kann man die Ausbeuten nicht unbeträchtlich steigern. Eine besondere Vermehrung erfährt die Menge des gewonnenen Bitumens, wenn man unter Druck bei erhöhter Temperatur extrahiert.

[1] Brennstoff-Chem. 3, 80 (1922). [2] Braunkohlenarchiv Nr. 4, S. 25 (1923).
[3] Abh. Kohle 3, 315 (1918).

Die Extraktion des Bitumens mit Lösungsmitteln unter Druck wurde von Fr. Fischer und W. Gluud studiert. Es wurde z. B.[1] eine mitteldeutsche Schwelkohle (Braunkohle der Riebeckschen Montanwerke), welche bei der Extraktion im Soxleth 11% Extrakt geliefert hatte, mit Benzol in einer stählernen Bombe mit Drahteinsatz, der das freie Durchtreten des Lösungsmittels gestattete, bei 200° und 60 atü eine Stunde erhitzt. Derselbe Vorgang wurde mit dem verbleibenden Rückstand noch zweimal wiederholt. Insgesamt wurden 25% der Kohle als wachsartige feste Masse gewonnen; das gleichzeitig auftretende Gas enthielt Schwefelwasserstoff.

Fr. Fischer und W. Schneider[2] haben rheinische Unionbriketts, die im Soxleth 3—3,5% Extrakt lieferten, fünfmal bei 250° und 50 atü mit Benzol extrahiert. Sie erhielten 7,2% Extrakt, die Hauptmenge davon bei den ersten zwei Extraktionen. Ein Versuch bei 150° und 10—11 atü ergab bei viermaliger Extraktion 4,4% Extraktausbeute. Scharf getrocknete Schwelkohle lieferte auch bei der Druckextraktion eine geringere Ausbeute als wasserhaltige Kohle. Weitere Angaben über die Druckextraktion von Braunkohlen finden sich bei W. Schneider und H. Tropsch[3], sowie bei W. A. Bone[4].

E. Berl und Schmid[5] haben Braunkohle vergleichend mit Benzol, Chloroform, Tetralin und Dekalin ausgezogen. Tetralin im Autoklaven bei etwa 250° erwies sich als bestes Extraktionsmittel. Bei dieser Temperatur soll Zersetzung der bituminösen Substanz gerade noch nicht stattfinden. H. Novák und J. Hubáček[6] extrahierten zwei Braunkohlen 8 Stunden bei 300° und 18 atü mit Tetralin und erzielten 26 und 24% Extrakt.

Die Mehrausbeute an Bitumenstoffen bei der Druckextraktion betrifft zumindest nicht nur die ursprünglich vorhandenen Substanzen, sondern eher eine Neubildung von Stoffen unter den eingehaltenen Arbeitsbedingungen. Fr. Fischer und W. Schneider[7] haben rheinische Unionbriketts, die bei der Extraktion im Soxleth 3—3,5%, bei der erschöpfenden Druckextraktion 7,2% Extrakt gaben, sowohl unmittelbar als auch in Form des druckextrahierten Materials ohne Lösungsmittel in gleicher Weise erhitzt. Die Ausbeute bei nachheriger Soxlethextraktion betrug 3,1 bzw. 0,3%. Hieraus wird geschlossen, daß die Mehrausbeute bei der Druckextraktion nur auf vollständiger Extraktion und nur zu sehr geringen Teilen auf der Neubildung vor-

[1] Fischer, F., u. W. Gluud: B. **49**, 1460 (1916).
[2] Abh. Kohle **1**, 204 (1915/16). [3] Abh. Kohle **2**, 57 (1917).
[4] Proc. Royal Soc. London A **127**, 480 (1930); vgl. auch Journ. Soc. chem. Ind. **44**, T. 291 (1925).
[5] Brennstoff-Chem. **7**, 149, 181 (1926).
[6] Paliva a Topení **9**, 185 (1927); C. **1929 II** 3200.
[7] Abh. Kohle **1**, 204 (1915/16).

her in Benzol unlöslicher Stoffe beruht. Nach C. Engler und I. Tausz[1] soll dagegen die große Bitumenausbeute bei Extraktion unter Druck mit Depolymerisation infolge der erhöhten Temperatur zusammenhängen. Die beiden Autoren verweisen zur Stützung ihrer Ansicht auf gewisse Versuche mit Ölschiefer sowie auf Versuche von A. Kronstein[2], denen zufolge bis zur völligen Erhärtung polymerisierte Produkte beim Erhitzen wieder niedrig molekulare Substanzen geben.

Zur Beurteilung des Sachverhaltes ist es offenbar nicht unwichtig zu wissen, ob der Rückstand der Druckextraktion im Vergleiche zum ursprünglichen Huminanteil der Kohle einigermaßen unverändert geblieben ist. Dies scheint nicht der Fall zu sein, wie aus Versuchen von W. Fuchs und W. Stengel[3] hervorgeht. Bei diesen Versuchen wurde mit Salzsäure möglichst von Aschenbestandteile befreite rheinische Braunkohle und Kasseler Braunkohle bei 40—50° getrocknet und dann etwa 14 Tage lang mit Benzol-Alkohol 1:1 im Soxlethapparat extrahiert. Die rheinische Braunkohle gab dabei rund 8,4, die Kasseler Braunkohle rund 15,6% an das Lösungsmittelgemisch ab. Die Rückstände gaben bei anschließender Druckextraktion die in Tabelle 70 angegebenen Ausbeuten.

Tabelle 70.

Präparat	Höchst-temp.	Höchst-druck at	Angew. Substanz g	Rück-stand g	Benzol-löslich g	flüchtig geworden g
Kasseler Huminsäure	258°	49	9,5	5,0	0,586	3,9
Rheinische Huminsäure . .	250°	42	9,6	7,4	0,147	2,0

Die von Asche und Bitumen befreiten Produkte sind in der Tabelle entsprechend der Originalarbeit als Huminsäuren bezeichnet. Ihre Druckextraktion war mit sehr bedeutenden Substanzverlusten verknüpft, wodurch erwiesen ist, daß unter den Bedingungen der Druckextraktion der Huminanteil der Braunkohlen nicht unverändert bleibt.

Je nach dem Ausgangsmaterial und den Arbeitsbedingungen wechseln die Eigenschaften der Bitumenpräparate beträchtlich. Praktisch am wichtigsten ist das sogenannte Montanwachs, welches in der Industrie seit den Arbeiten v. Boyens[4] durch Extraktion bitumenreicher Braunkohlen mit Lösungsmitteln gewonnen wird. Es handelt sich um dunkelbraune, ziemlich harte Stücke von glänzender Oberfläche und mattglänzendem Bruch. Das spezifische Gewicht ist etwa 1, geschmolzen etwa 0,89. Der Schmelzpunkt beträgt meist etwa 80°, steigt

[1] Ztschr. angew. Chem. **34**, 208 (1921). [2] B. **35**, 4150 (1902).
[3] Brennstoff-Chem. **10**, 303 (1929).
[4] Vgl. Ztschr. angew. Chem. **12**, 64 (1899); **14**, 1110 (1901).

manchmal bis 90°; Extrakt aus Pyropissit schmolz gegen 100°. Der Flammpunkt wird mit 300°, die Verbrennungswärme mit 9700 Calorien angegeben[1].

Die Elementarzusammensetzung des rohen Montanwachses und auch anderer Bitumenpräparate aus Braunkohle beträgt rund 78—80% C und 9—10% H; meist sind auch Stickstoff und Schwefel nachzuweisen. Der Aschengehalt, der wenigstens zum Teil in Form harzsaurer Salze vorliegen dürfte, kann mehrere Prozente betragen.

Die erste Charakteristik des Bitumens wird ermöglicht durch die Bestimmung von Kennzahlen. Die nachfolgende Zusammenstellung enthält eine Übersicht von Literaturangaben.

Tabelle 71. Kennzahlen von Montanwachspräparaten.

Autor	Säurezahl	Verseifungszahl	Esterzahl	Ätherzahl	Jodzahl	Unverseifbares
Ed. Graefe[2] . .	29,8	85,8	—	56,0	—	—
	32,7	72,8	—	71,8	—	—
	29,6	43,6	—	14,0	—	—
J. Marcusson u. Smelkus[3] . .	25	78	—	53	17,6	36,4
R. Pschorr u. Pfaff[4] . . .	22,7	59,4	36,7	—	13,9	—
F. Patzschke[5] .	—	160	—	—	38,4	—

Ähnliche Angaben aus letzter Zeit von H. Steinbrecher[6] sind in der Tabelle 72 zusammengestellt.

Tabelle 72.

Bezeichnung	Säurezahl	Verseifungszahl	Esterzahl	Ausbeute %
Fürstenberg.	28,6	97,8	69,2	23,7
Phönix.	34,4	157,8	123,4	9,4
Werminghoff	34,5	154,6	120,1	8,0
Kassel	68,6	262,4	193,6	9,2
Fortuna	31,8	130,9	99,1	6,3
Corona.	30,4	134,4	104,1	33,9
Hirschfelde	9,4	119,7	110,3	36,6

Bei Anwendung von Benzol-Alkohol bekommt man Produkte mit höheren Verseifungszahlen als bei Anwendung von Alkohol allein. Weitere Daten finden sich z. B. bei Tropsch und Kreutzer[7], sowie Tropsch und Dilthey[8]. Nach W. Schneider enthält Bitumen Spu-

[1] Ausführliche Literaturzusammenstellung über Montanwachs bei Halden, W.: Fette und Wachse, Bd. 2, S. 768, Berlin 1929.

[2] Graefe, E.: Laboratoriumsbuch für die Braunkohlenteerindustrie, S. 152. Halle 1923.

[3] Chem.-Ztg. **41**, 129 (1927).

[4] B. **53**, 2147 (1920).

[5] Brennstoff-Chem. **2**, 59 (1921).

[6] Brennstoff-Chem. **10**, 198 (1929).

[7] Brennstoff-Chem. **3**, 177 (1922).

[8] Brennstoff-Chem. **6**, 65 (1925).

ren Methoxyl. P. Walden[1] fand im Bitumen rechtsdrehende Substanzen.

Das rohe Bitumen ist natürlich kein einheitlicher Stoff; es ist eine Mischung von Säuren, verseifbaren und unverseifbaren Verbindungen, also Säuren, Estern und neutralen Körpern. Zur ersten Trennung hat man sich vielfach bemüht, das Rohbitumen in Wachs und Harz zu zerlegen. Die Harze scheinen die niedriger schmelzenden Anteile zu sein; sehr harzreiche Sorten von Rohmontanwachs haben einen tieferen Schmelzpunkt. Mitteldeutsche Braunkohlen geben ein harzarmes, hochbewertetes Produkt; aus einer schlesischen Braunkohle erhielt Graefe ein bei 65° schmelzendes Bitumen, aus einer böhmischen Kohle einen dicken Sirup. Der Harzgehalt soll von 20 bis 80% anwachsen können.

Bei den Bemühungen zur Zerlegung des Rohbitumens in Wachs und Harz ging man von der Erfahrung aus, daß manche Lösungsmittel das Bitumen nur zum Teile lösen. So kann man durch Behandlung mit Äther oder durch Fällung einer alkoholischen Lösung die Harzsäurefraktion bis zu einem gewissen Betrage anreichern[2]. Für die quantitative Harzbestimmung empfiehlt Graefe das Ausschütteln mit Äther, in welchem das Wachs unlöslich ist. Nach Marcusson und Smelkus[3] ist das Harz wohl in allen organischen Lösungsmitteln, besonders in Alkohol, Äther, Aceton und Toluol leichter löslich als das Wachs, jedoch fand in keinem Falle eine scharfe Trennung von Harz und Wachs statt. Marcusson[4] behilft sich so, daß er zur Gewinnung wachsfreier Harzstoffe mit Äther auszieht, mit dem gleichen Raumteil Alkohol versetzt, auf —20° abkühlt und die in Lösung bleibenden Substanzen als Harz anspricht. H. Steinbrecher[5] zerlegt das Bitumen in benzolunlösliches Wachs, benzollösliches, acetonunlösliches Wachs und in Benzol und Aceton lösliches Harz.

Erwähnt seien hier noch einige Versuche, Harz und Wachs mit Hilfe von flüssiger schwefliger Säure zu trennen. W. Schneider hat 1 g feingepulvertes und entharztes Montanwachs, Montanharz und extrahiertes Bitumen B mit 20 ccm flüssiger schwefliger Säure 5 Minuten in der Kälte durchgeschüttelt und dann filtriert. Reines Montanwachs ist völlig unlöslich, Bitumen B war zu 78% unlöslich, Montanharz ließ sich durch zweimalige Behandlung fast völlig in Lösung bringen.

Man findet das rohe Montanwachs bei solchen Bestimmungen aus den allerverschiedensten Mengen Harz und Wachs zusammengesetzt. Von Produkten, die aus wenigen Prozent Harz und hauptsächlich aus Wachs bestehen, bis zu Produkten, die nur wenig Wachs neben viel Harz enthalten, muß es nach den Literaturangaben alle Übergänge

[1] Chem.-Ztg. **30**, 1167 (1906).
[2] Vgl. Graefe: Braunkohle **3**, 242 (1904).
[3] Chem.-Ztg. **41**, 129 (1917).
[4] Chem.-Ztg. **46**, 701 (1922).
[5] Braunkohlenarchiv Nr. 12, S. 40 (1926).

geben. So enthielt nach Graefe Montanwachs aus Pyropissit 6,64% Harz, Bitumen aus Riebecker Schwelkohle 16,54%, Bitumen der Firma Heimann 46,66%, Montanwachs aus böhmischer Kohle 31,54%, schlesisches Montanwachs 65,90% Harz. Nach Patzschke[1] bestand Bitumen aus Oberlausitzer Braunkohle zu 80—82% aus Harz und nur zu 18 bis 20% aus Wachs.

Auf die durch die Trennung des rohen Montanwachses gelieferten Rohharz- und Rohwachspräparate hat man natürlich alle Untersuchungsmethoden anwenden können, die man überhaupt als Hilfsmittel der Bitumenuntersuchung benutzen kann; man hat also Schmelzpunkte, spezifische Gewichte, Kennzahlen u. a. mehr bestimmt.

Um einige Beispiele zu geben, sei erwähnt, daß Graefe Harz und Wachs durch Behandeln mit siedendem Alkohol aus Rohmontanwachs auszog; es hinterblieb ein Rückstand, während beim Erkalten des heißen alkoholischen Filtrates das Wachs, wenn auch nicht ganz vollständig, auskrystallisierte. Die drei Präparate beschreibt Graefe wie nebenstehend:

Tabelle 73. Kennzahlen von Bitumenfraktionen der Braunkohle.

	Harz	Wachs	Rückstand
Spez. Gewicht b. 15°	1,063	1,008	1,013
Schmelzpunkt . . .	72°	76°	82°
Säurezahl	27,5	49,5	28
Esterzahl	28	61,6	30
Verseifungszahl . . .	55,5	111,1	58

Neuerdings hat H. Steinbrecher[2] Wachs und Harz aus Rohbitumen näher untersucht. Die Ergebnisse seiner Untersuchung sind in der nachstehenden Tabelle zusammengefaßt.

Tabelle 74.

Herkunft der Kohle	Bitumen % d. K.	Reinwachs % (S. Z.)	Acetonwachs % (S. Z.)	Reinharz % (S. Z.)
Fürstenberg	23,7	74,7 (32,9)	9,4 (12,5)	15,9 (10,0)
Phönix	9,4	62,0 (35,1)	8,6 (36,0)	29,4 (24,5)
Werminghoff	8,0	59,7 (27,6)	10,0 (14,5)	30,3 (20,9)
Kassel	9,2	55,3 (—)	7,6 (19,9)	37,1 (25,7)
Fortuna	6,3	54,8 (24,7)	15,1 (16,8)	30,1 (20,9)
Corona	33,9	39,3 (44,5)	6,0 (26,9)	54,7 (14,4)
Hirschfelde	36,6	13,2 (22,9)	7,2 (17,5)	79,6 (6,5)

Es sei noch erwähnt, daß Fr. Fischer und Gluud das durch Benzoldruckextraktion aus Braunkohle gewonnene Bitumen in besonderer Weise in Fraktionen zerlegten. Der Druckextrakt wurde zur Aufarbeitung in viel Benzol gelöst; beim Eingießen in Benzin schieden sich etwa 40% der Ausbeute als feste Substanz ab. Die Benzinlösung wurde um Vakuum eingedampft, wobei etwas helles, unangenehm riechendes Öl überging; der Destillationsrückstand wurde in heißem

[1] Brennstoff-Chem. **2**, 59 (1921).

[2] Brennstoff-Chem. **10**, 198 (1929).

Aceton gelöst; beim Erkalten fielen 7% eines krystallisierten sauerstoffhaltigen Körpers aus dem Aceton aus. Die Hauptmenge der acetonlöslichen Substanz ist eine in der Kälte feste schellack- oder harzähnliche Masse.

E. Berl und W. Schmid[1] zerlegten ein Bitumenpräparat, das durch Extraktion von böhmischer Braunkohle mit Tetralin unter Druck bei 250° gewonnen worden war, in 11,2% wachsartige Körper, 40,5% Harz, 20,8% Pech und 12,3% saure Bestandteile (Phenole und Säuren).

Die eigentliche wissenschaftliche Aufgabe bei der Erforschung des Bitumens ist die, dieses Gemenge verschiedenartiger Substanzen in chemisch einheitliche, reine Verbindungen zu zerlegen. Als Ausgangsmaterial für die Isolierung chemischer Individuen kann man entweder das rohe Bitumen als solches verwenden, oder wie dies bisher stets mit Vorteil geschah, entweder von der Harzfraktion (Montanharz) oder von der Wachsfraktion (Montanwachs) ausgehen.

Das Ausgangsmaterial kann man durch Verseifung zerlegen. Die weitere Arbeit bezieht sich dann auf die Entwirrung einerseits eines Gemisches von Säuren, andererseits eines Gemisches von Alkoholen und neutralen Verbindungen.

Die Montanharze werden von Steinbrecher[2] zu den Resinolsäureharzen gerechnet. Aus den neutralen Harzanteilen haben S. Ruhemann und Wichterich[3] krystallisierte Verbindungen, darunter eine Substanz der Formel $C_{31}H_{50}O_3$, F. P. 340°, gewonnen. Bei diesen Substanzen scheint es sich um Verbindungen mit cyclischem oder ätherartig gebundenen Sauerstoff zu handeln, was insbesondere aus dem hohen Schmelzpunkt und der geringen Reaktionsfähigkeit abgeleitet wird.

Als Ausgangsmaterial der Untersuchung diente eine mitteldeutsche Braunkohle, die an Benzol-Alkohol 23% Extrakt, und zwar 15% benzollösliches Wachs und 8% Harz, abgab. Nach Befreiung des Harzes von freien Säuren und Estern wurde aus der verbleibenden alkoholischen Lösung neutraler Anteile die Verbindung vom Schmelzpunkt 340° isoliert. OH- und CO-Gruppen waren nicht nachweisbar.

Eine Verbindung vom Schmelzpunkt 265° gewannen die Autoren aus einem technisch durch Extraktion von Braunkohlenbitumen mit flüssiger schwefliger Säure gewonnenen Harz. Diese Verbindung war dem Körper vom Schmelzpunkt 340° sehr ähnlich, doch im Gegensatz zu ihm ungesättigt. Bei der Einwirkung von Brom entstand ein Mono- und ein Disubstitutionsprodukt, bei der Einwirkung von Jodwasserstoffsäure unter Druck ein krystallisierter Körper der Zusammensetzung C_nH_{2n}.

Was das Montanwachs betrifft, so wurde dieses von verschiedenen

---

[1] Brennstoff-Chem. **7**, 149, 181 (1926). [2] Brennstoff-Chem. **10**, 199 (1929).

[3] Von den Kohlen und Mineralölen, 1. Bd. S. 65, Berlin 1928. — Privatmitteilungen von S. Ruhemann.

Autoren mit wässerigem oder alkoholischem Kali verseift; in letzterem Falle häufig bei Anwesenheit von Lösungsmitteln, wie Benzol oder Xylol. Bei den verschiedenen Arbeitsweisen erhält man einen Niederschlag aus den Salzen der vorhandenen Säuren, dem außerdem auch Alkohole und neutrale Verbindungen beigemengt sind. Alkohole und neutrale Verbindungen entfernt man, indem man die rohen Kaliumsalze entweder sogleich oder nach einer mit Hilfe von Calciumchlorid bewirkten Umwandlung in Calciumsalze mit Lösungsmitteln wie Benzol oder Aceton gründlich auswäscht, sodann mit Mineralsäuren zerlegt und die weitere Arbeit nunmehr auf die erhaltenen freien Säuren richtet. Die nichtsauren Bestandteile können aus den von den Salzen abfließenden Lösungen isoliert und für sich untersucht werden.

H. Meyer und Brod[1] haben raffiniertes Montanwachs mit alkoholischem Kali bei Gegenwart von Xylol am Rückflußkühler verseift, das trockene Kaliumsalz mit siedendem Benzol gewaschen und dann mit konzentrierter Salzsäure zersetzt. Pschorr und Pfaff[2] haben rohes Montanwachs zunächst durch Behandlung mit Äther und Aceton in drei Fraktionen zerlegt, deren jede für sich, ähnlich wie dies Meyer und Brod taten, verseift und aufgearbeitet wurde; sie verseiften bei Gegenwart von Benzol, verwandelten die Kaliumsalze mittels Chlorcalcium in Calciumsalze und wuschen diese mit heißem Aceton, wodurch sie als Rückstand die Calciumsalze der Säuren und in der Lösung die Alkohole und unverseifbaren Bestandteile erhielten. Tropsch und seine Mitarbeiter Kreutzer[3], Dilthey[4] und Koch[5] haben Montanwachs mit wässeriger 5 n-Kalilauge im Schüttelautoklaven bei 160—170° verseift. Nach der Trennung von der Lauge wurde mit Benzol extrahiert; es ergab sich eine Lösung, welche die Alkohole enthielt und ein Rückstand aus Kaliumsalzen der vorhandenen Säuren. Holde, Bleiberg und Vohrer[6] haben rohes Montanwachs ohne Vorzerlegung durch Lösungsmittel nach der Methode von Pschorr und Pfaff verseift und aufgearbeitet.

Den bei der Verseifung erhältlichen Salzen soll nach den älteren Anschauungen im wesentlichen eine einzige Fettsäure, die Montansäure, zugrunde liegen. Die Formel dieser Säure wurde u. a. von Hell[7] sowie von Boyen[8] mit $C_{29}H_{58}O_2$, von anderen Autoren mit $C_{28}H_{56}O_2$ angenommen.

Tropsch und Kreutzer haben dann 1922 zeigen können, daß die

[1] Monatsh. **34**, 1143 (1913). [2] B. **53**, 2147 (1920).
[3] Brennstoff-Chem. **3**, 49, 177, 193, 212 (1922).
[4] Brennstoff-Chem. **6**, 65 (1925). [5] Brennstoff-Chem. **10**, 82, 403 (1929).
[6] Brennstoff-Chem. **10**, 101, 124 (1929).
[7] Ztschr. angew. Chem. **13**, 526 (1900).
[8] Ztschr. angew. Chem. **14**, 1110 (1901).

als Montansäure beschriebene Substanz nicht einheitlich ist, sondern ein Gemenge von einander sehr ähnlichen, chemisch eng verwandten Fettsäuren darstellt. Sie haben ihre Rohsäuren durch Erwärmen mit Methylalkohol bei Gegenwart von Schwefelsäure in Methylester verwandelt und diese Ester im Vakuum fraktioniert destilliert. Die einzelnen Fraktionen wurden einer neuerlichen Rektifikation unterworfen, wobei unter einem Druck von etwa 5 mm Hg von 250—305° die jeweils innerhalb von 5° übergehenden Anteile besonders aufgefangen wurden. Bei einer dritten Fraktionierung wurden die Destillate von 2,5 zu 2,5° getrennt.

Die einzelnen Esterfraktionen wurden mit alkoholischem Kali verseift, die zugrunde liegenden Säuren wurden aus Essigester umkrystallisiert und durch Schmelzpunkte sowie Titrationen charakterisiert. Die freien Säuren wurden ferner in alkoholischer Lösung durch Fällung mit Magnesiumacetat nach Heinz[1] in Fraktionen zerlegt und so die Einheitlichkeit der Produkte noch weiter geprüft.

Aus dem Ergebnis dieser Untersuchungen geht nach Tropsch hervor, daß die Säuren der untersuchten Bitumina zur Hauptsache aus Carbocerinsäure $C_{27}H_{54}O_2$ und Montansäure $C_{29}H_{58}O_2$ bestehen. Diese beiden Säuren liegen etwa im Verhältnis 1:1 vor. Neben ihnen finden sich geringere Mengen von Cerotinsäure $C_{25}H_{50}O_2$, sowie höchstwahrscheinlich Mellissinsäure $C_{31}H_{62}O_2$. Die Menge dieser letzteren Säure mit 31 C-Atomen beträgt etwa 5% der gesamten Säuren. Bezogen auf ursprüngliches Montanwachs waren insgesamt etwa 12% in Form der angegebenen vier Säuren erhalten worden.

Säuren mit gerader Kohlenstoffzahl wurden nicht gefunden. Soweit Fraktionen erhalten wurden, deren titrimetrisch ermittelte Äquivalentgewichte auf derartige Säuren zu stimmen schienen, konnten sie durch Magnesiumacetat so fraktioniert werden, daß die Unstimmigkeit mit der Annahme von Tropsch verschwand.

Tropsch weist auf den interessanten Zusammenhang hin, der nach diesen Untersuchungen zwischen den Säuren des Braunkohlenbitumens und den Bienenwachssäuren besteht, die von Gascard und Damoy[2] als die Säuren $C_{25}H_{50}O_2$, $C_{27}H_{54}O_2$, $C_{29}H_{58}O_2$ und $C_{31}H_{62}O_2$ erkannt wurden. Nach Holde, Bleyberg und Vohrer handelt es sich aber in allen Fällen um gradzahlige und zwar normale Säuren.

Zu einem anderen Schlusse über die Konstitution der Bitumensäuren kamen Kliegel, Schmidt und Merkel[3]. Diese erhielten durch Abbau der Montansäure Cerotinsäure, $C_{26}H_{58}O_2$ und durch Aufbau um zwei Kohlenstoffatome Melissinsäure. Da für die Cerotinsäure auf Grund

[1] Journ. prakt. Chem. (1) **66**, 3 (1855).
[2] Compt. rend. Acad. Sciences **177**, 1222 (1923).
[3] Chem.-Ztg. **45**, 201 (1921).

ihrer Beziehungen zum Cerylalkohol die Isostruktur angenommen werden muß, wäre auch für die Bitumensäuren Isostruktur wahrscheinlich.

Mit den Säuren des Montanwachses haben sich nach den Untersuchungen von Tropsch und Kreutzer Holde, Bleyberg und Vohrer[1] befaßt. In Übereinstimmung mit Tropsch und Kreutzer erwies sich auch bei ihrer Untersuchung die „Montansäure" als ein Gemenge mehrerer Säuren. Zur Trennung des Säuregemisches fraktionierten sie die Äthylester der Säuren, reinigten dann die freien Säuren durch Umkrystallisieren bis zur Übereinstimmung der Schmelzpunkte mehrerer Krystallfraktionen und prüften weiter die Einheitlichkeit ihrer Präparate durch Fällung mit Lithiumacetat. Doch konnte eine endgültige Reinigung der Fettsäuren erst durch ein besonderes verfeinertes Verfahren der Mikrodestillation im Hochvakuum erzielt werden.

Holde und seine Mitarbeiter fanden bei den in Mikrosäbelkölbchen im Hochvakuum gereinigten Präparaten höhere Schmelzpunkte als ihre Vorgänger. Aus ihren Ergebnissen schließen sie, daß im Montanwachs nur Säuren mit gerader Kohlenstoffzahl und normaler Struktur, und zwar vielleicht angefangen von n-Behensäure $C_{22}H_{44}O_2$ bis zur Säure $C_{32}H_{64}O_2$ vorkommen. Insbesondere schreiben sie der Montansäure die Formel $C_{28}H_{56}O_2$ zu, geben für diese Säure den Schmelzpunkt 89° an und finden ihren Schluß, daß Montansäure n-Oktokosansäure sei, auch durch die röntgenographische Untersuchung von F. Francis (vgl. S. 10) sowie durch einen Misch-Schmelzpunkt mit synthetischer n-Oktokosansäure (F. P. 90,5°) betätigt.

Demnach ist es sicher, daß die Säuren des Montanwachses nicht einheitlich sind; ob sie aber, was wahrscheinlich ist, alle normale Struktur besitzen, ferner ob sie eine Reihe geradzahliger oder ungeradzahliger Säuren bilden, muß als noch unentschieden bezeichnet werden[2]. Neben den normalen Fettsäuren könnten nach manchen Literaturangaben auch Oxysäuren anwesend sein.

Viel weniger eingehend als die Säuren des Bitumens sind die Alkohole und die anderen nichtsauren Bestandteile bearbeitet worden. Bei den Alkoholen handelt es sich um Verbindungen, die etwa ebenso viele Kohlenstoffatome enthalten, wie die anwesenden Säuren. Marcusson und Smelkus[3] haben aus dem Ergebnis einer Acetylierung ein mittleres Molekulargewicht des Alkoholgemisches von 365 berechnet.

Pschorr und Pfaff[4] haben durch Herstellung von Acetaten, durch fraktionierte Krystallisation und Verseifung Tetrakosanol, Cerylalkohol

[1] Brennstoff-Chem. **10**, 101, 124 (1929); **11**, 128, 146 (1930).

[2] Zu den Arbeiten von Holde, Bleyberg u. Vohrer: vgl. Tropsch: Brennstoff Chem. **10**, 403 (1929).

[3] Chem-Ztg. **41**, 129, 150 (1917).

[4] B. 53, 2147 (1920); Pschorr, Pfaff u. Berndt: Ztschr. angew. Chem. **34**, 334 (1921).

und Myricylalkohol in reiner Form isolieren können. In dem nach der Äther- und Acetonextraktion von Rohmontanwachs verbleibenden Rückstand wurden 5% Tetrakosanol, 30% Myricylalkohol und 30% Cerylalkohol gefunden. Der Ätherextrakt bestand hauptsächlich aus Tetrakosanol und Cerylalkohol, der Acetonextrakt aus fast reinem Cerylalkohol. Nach Pschorr und Pfaff besteht Montanwachs aus harzfreier Montansäure, Estern der Montansäure mit aliphatischen Alkoholen und zwar Tetrakosanol, Cerylalkohol und Myricylalkohol sowie etwa 30% Körpern unbekannter Zusammensetzung. Dieses spezielle Montanwachs enthielt vermutlich 17% freie Montansäure und 53% Montansäureester, so daß sich die Gesamtmenge der Montansäure zu etwa 45%, die der gebundenen aliphatischen Alkohole zu 25% ergab.

Auch Tropsch und Dilthey[1] haben durch Acetylierung der Alkohole und fraktionierte Destillation der Acetate Myricylalkohol und den Alkohol $C_{32}H_{66}O$, schätzungsweise im Verhältnis 1:5 aufgefunden. Die Gesamtausbeute an rohen Alkoholen war 13%, an reinen Alkoholen 5,6% vom Montanwachs.

Im Unverseifbaren des Montanwachses hat man auch Kohlenwasserstoffe gefunden. Hübner[2] erhielt ein festes Paraffin, wohl Dekosan, vom Schmelzpunkt 52—53°. Ciusa und Galizzi[3] haben im Ätherextrakt der Braunkohle von Fognano nach Entfernung von Säuren und basischen Anteilen ein Neutralöl gewonnen, aus welchem eine krystallisierte Verbindung $C_{15}H_{20}$, „Simonellit", ferner die drei Kohlenwasserstoffe $C_{15}H_{28}$, $C_{15}H_{26}$ und $C_{22}H_{34}$ isoliert wurden. Es handelt sich um Gemische, die z. T. aus gesättigten und z. T. ungesättigten Kohlenwasserstoffen bestehen. A. Soltys[4] gewann aus Köflacher Braunkohle ein bei 265° siedendes Öl der Formel $C_{15}H_{26}$, wohl ein völlig hydriertes Sesquiterpen.

Aus manchen Farbenreaktionen hat man erkannt, daß im Bitumen der Braunkohlen auch Phytosterine anwesend sein müssen. Eine vielleicht den Sterinen nahestehende Verbindung $C_{30}H_{50}O$, F. P. 256°, fand A. Soltys[4].

Während aus den verschiedensten Literaturangaben mit Sicherheit hervorgeht, daß das Braunkohlenbitumen zur Hauptsache aliphatischen Charakter hat, gibt neuerdings Bone[5] an, daß die aus zwei Braunkohlen bei 250° mit Benzol unter Druck erhaltenen Bitumenextrakte zum überwiegenden Teil (57—66%) aus einfachen Phenolen, wie Phenol, Kresol, Brenzcatechin, sowie aus Phenoläthern bestehen sollen.

---

[1] Brennstoff-Chem. **6**, 65 (1927). [2] Diss. Halle 1903.

[3] Nach C. **1926 I**, 278.

[4] Monatsh. **53/54**, 175 (1930). — Ähnl. Substanzen fanden auch S. Ruhemann und H. Rand. (Unveröffentlicht.)

[5] Proc. Royal Soc. London A **127**, 480 (1930).

Die Zerlegung des Bitumens der Braunkohle in chemische Einzelverbindungen hat derzeit vorwiegend wissenschaftliches Interesse. Praktisch interessieren das Verhalten des Rohbitumens bei der Reinigung sowie das Verhalten des gereinigten Produktes bei chemischen und physikalischen Einwirkungen.

Schon E. v. Boyen[1] gewann aus rohem Bitumen oder auch direkt aus Kohle durch ein Dampfschwelverfahren bei 250—300° ein raffiniertes Montanwachs. Das extrahierte Produkt kann man durch mehrfache Wasserdampfdestillation, durch Pressen, durch Behandeln mit organischen Lösungsmitteln, mit Hilfe von Oxydationsverfahren und Entfärbungsmittel in eine harte, weiße, zwischen 70 und 80° schmelzende Masse verwandeln. Im Zuge der Reinigungsverfahren geht fast ein Drittel des rohen Montanwachses verloren. Die Kennzahlen der handelsüblichen gereinigten Motanwachspräparate schwanken übrigens ebenso sehr wie die Kennzahlen der rohen Bitumina. Man findet z. B. Säurezahlen von 40—120, Verseifungszahlen von 60—130, Jodzahlen von 10—12 angegeben. Neben Präparaten, die 30% Unverseifbares und 70% Montansäure enthalten, findet man auch Angaben über Präparate, in denen dieses Verhältnis umgekehrt ist.

Im Unverseifbaren von raffiniertem Montanwachs fanden A. Grün und E. Ulbrich[2] ein Keton Montanon, neben welchem gelegentlich eine ungesättigte Verbindung vom unscharfen Schmelzpunkt 28—32° und der Jodzahl etwa 59, vielleicht ein Kohlenwasserstoff $C_{27}H_{54}$, auftritt. Kohlenwasserstoff und Keton können mit Hilfe von Diäthylanilin getrennt werden, wobei in der Kälte nur das Keton in Lösung bleibt.

Das Keton schmilzt bei 59,6°. Es enthält keine Hydroxylgruppe, hat die Formel $C_{55}H_{112}O$ und liefert bei Reduktion mit Amylalkohol und Natrium einen sekundären Alkohol entsprechend der Gleichung: $(C_{27}H_{54})_2CO + H_2 = (C_{27}H_{54})_2CHOH$. Dieser sekundäre Alkohol, Montanol, schmilzt bei 59—60°, krystallisiert aus Essigester in Nädelchen und liefert auch ein krystallinisches Acetat. Grün und Ulbrich stellten das Montanon auch synthetisch aus Montansäure nach Easterfield und Taylor[3] her und fanden, daß synthetisches und natürliches Produkt sowie die aus den beiden gewinnbaren Montanole übereinstimmen.

Es sei hier bemerkt, daß nach den seitherigen Untersuchungen über die Montansäure das Keton Montanon nicht gut eine einheitliche Verbindung sein kann. Im rohen Montanwachs findet sich diese Verbindung anscheinend nicht und sie scheint sich erst bei der Destillation desselben zu bilden.

---

[1] Ztschr. angew. Chem. **14**, 1110 (1901).

[2] Chem. Umschau d. Fett- u. Harzind. **23**, 57 (1916); **24**, 45 (1917); C. **1916 II**, 402; **1917 I**, 1165.

[3] Journ. chem. Soc. London **99**, 2298 (1912).

Die Veränderungen, die das Bitumen der Braunkohle beim Erhitzen erleidet, sind auch von Interesse im Zusammenhang mit dem Umstand, daß beim Verschwelen der Braunkohle erhebliche Mengen Paraffin entstehen. Da Paraffin im ursprünglichen Bitumen nicht enthalten ist, liegt es nahe anzunehmen, daß es sich erst bei der Destillation aus dem Bitumen bildet. Dies konnte auch experimentell bestätigt werden. Bei der Destillation von Montanwachs entstehen Paraffin, Montansäure sowie ein sauerstoffhaltiger, unverseifbarer Bestandteil. E. Graefe erhielt bei der Destillation von Montanwachs unter Atmosphärendruck 81,1% Destillat, welches 48,2% Paraffin vom Schmelzpunkt 55,4° enthielt. Aus dem vom Wachs abgetrennten Harz wurde bei der gleichen Bewirkung nur 3,3% Paraffin erhalten; aus dem Rückstand der alkoholischen Extraktion, welche Gräfe zur Gewinnung seines Harzes und seines Wachses anwendet, 32% Paraffin.

Schneider und Tropsch[1] beobachteten bei der Destillation von Braunkohlenbitumen im Vakuum die Bildung von Paraffin, Öl und Gas, sowie ferner von Pech oder Koks.

J. Marcusson[2] beobachtete im Destillat von Rohmontanwachs das Auftreten von Ketonen, die er durch Bestimmung von Acetylzahlen unmittelbar sowie nach Hydrierung nachwies. Vermutlich handelt es sich hierbei um das schon früher von Grün und Ulbrich gefundene und unter anderem in gleicher Weise charakterisierte Keton Montanon.

Mit dem Verhalten der Einzelbestandteile des Montanwachses beim Erhitzen haben sich R. v. Walther und K. Ellsmann[3] beschäftigt. Nach ihren Versuchen ist der in kaltem Petroläther unlösliche Anteil der Hauptlieferant des Paraffins. Bei der Verseifung des Rohmontanwachses werden in Aceton lösliche Alkohole, ätherlösliche Säuren und benzollösliche Säuren erhalten. Die Ausbeute an Paraffinen aus den benzollöslichen Säuren ist beträchtlich höher als die Ausbeute aus dem rohen Montanwachs. Das Destillat der Alkohole kann nicht als Paraffin angesprochen werden, da aus den Alkoholen nur ungesättigte Kohlenwasserstoffe hervorgehen können. Wahrscheinlich entstehen ungesättigte Kohlenwasserstoffe cyclischer Natur, die keine Jodreaktion geben.

Es sei hier noch kurz erwähnt, daß die durch Druckextraktion mit Benzol erhaltenen Produkte nach den spärlichen Literaturangaben viel empfindlicher zu sein scheinen, als das gewöhnliche Rohbitumen. Nach W. Schneider[4] wurde in heißem Benzol völlig lösliches Bitumen B durch 10tägiges Erhitzen auf 105° zu 55% in heißem Benzol unlöslich. Das Ausgangsmaterial hatte 75,54% Kohlenstoff und 10,95% Wasserstoff, das in Benzol unlöslich gewordene 74,25% Kohlenstoff und 9,38% Wasserstoff. Nach der Analyse scheint eine Sauerstoffaufnahme statt-

[1] Abh. Kohle **2**, 33 (1917). [2] Ztschr. angew. Chem. **37**, 35 (1924).
[3] Braunkohlenarchiv Nr. 13, S. 46 (1926). [4] Abh. Kohle **5**, 49 (1920).

gefunden zu haben. Da keine Gewichtszunahme festzustellen war, dürfte gleichzeitig ein Teil der Substanz zerstört worden sein.

Ebenso wie das Verhalten des Rohbitumens bei der Destillation ist auch sein Verhalten gegen Oxydationsmittel praktisch von Interesse. Die verschiedensten Oxydationsmittel wie Salpetersäure, Chlor, Kaliumpermanganat und Kaliumbichromat greifen Montanwachs in saurer und alkalischer Lösung leicht an. F. Fischer und H. Tropsch[1] ließen Ozon auf in Tetrachlorkohlenstoff suspendiertes Montanwachs einwirken; es erfolgte tiefgreifende, aber nicht weiter aufgeklärte Reaktion. F. Fischer und W. Schneider[2] erzielten durch Druckoxydation von Montanwachs einen Abbau zu Gemischen höhere, mittlere und niedere Fettsäuren.

Wie man aus der vorstehenden Darstellung sieht, besitzen wir eigentlich nur über das Bitumen der Mitteldeutschen Braunkohle und auch da wieder nur besonders über das Montanwachs einigermaßen nennenswerte Kenntnisse. Es wäre von Interesse, auch über das Bitumen anderer Braunkohlenarten etwas zu wissen. Über das Bitumen einer älteren, russischen Braunkohle, der mesozoischen Kohle von Tscheljabinsk, die der Steinkohle sehr nahesteht, berichtet G. Stadnikoff[3] nach einer Arbeit von R. A. Wähner folgendes: Das Bitumen, mit Benzol-Alkohol in einer Ausbeute von 2,7% erhalten, enthält kein Montanwachs und ist auch äußerlich dem Bitumen mitteldeutscher Braunkohlen nicht ähnlich. Der Schmelzpunkt des schwarzen, brüchigen Stoffes beträgt 165—170°, die Elementarzusammensetzung 72,5% C und 7,5% H, die Säurezahl 86, die Verseifungszahl 150, die Jodzahl 87. „Die angeführten Eigenschaften des Bitumens zeigen, daß in den Tscheljabinskschen Kohlen die Harze einen Polymerisationsprozeß erlitten (hoher Schmelzpunkt), ihre Karboxyle jedoch nicht verloren haben.“

b) Huminsäuren.

Die Literatur über die Huminsäuren der Braunkohlen enthält Angaben über den qualitativen Nachweis und die quantitative Bestimmung, Herstellung (sowie Zerlegung und Reinigung) von Huminsäurepräparaten, Elementarzusammensetzung, konstituierende Gruppen, Derivate, Bausteine und Molekulargröße der Huminsäuren. Die Aufstellung von Konstitutionsformeln muß auch hier das Ziel der chemischen Aufklärungsarbeit sein.

Zum qualitativen Nachweis der Huminsäuren genügt nicht immer die Feststellung, daß die betreffende Braunkohle an wässriges Alkali dunkle, amorphe, mit Säuren ausfällbare Substanzen abgibt. Nach

[1] Abh. Kohle **2**, 169 (1917). [2] Abh. Kohle **4**, 180 (1919).
[3] Entstehung von Kohle und Erdöl, S. 115. Stuttgart 1930.

den Untersuchungen von W. Fuchs kann als derzeit bester qualitativer Nachweis das Schütteln der natürlichen, nicht weiter vorbehandelten Braunkohle mit wässriger Natriumacetatlösung gelten. Bei Gegenwart von freien Huminsäuren und Calciumhumaten treten im Filtrat freie Essigsäure (saure Reaktion) und Calciumacetat (Nachweis durch Fällung mit Ammoniumoxalat) auf.

Zur quantitativen Bestimmung hat man gravimetrische, kolorimetrische und maßanalytische Methoden vorgeschlagen. Die Bestimmungsmethoden sind vielfach so angelegt, daß sie nur die Menge der in Alkali löslichen Huminsäuren annähernd erkennen lassen.

Folgendes Beispiel einer gravimetrischen Methode sei angegeben[1]. 2 g Kohle werden mit HCl vorbehandelt und dann mehrmals mit einer Sodalösung von 0,2% ausgekocht. Man läßt absitzen, hebert die Sodalösungen ab und wiederholt das Auskochen mit schwacher Sodalösung und das Abhebern der geklärten Lösungen so oft, bis letztere kaum noch gefärbt sind. Gewöhnlich genügen 6 Auskochungen. Die vereinigten Lösungen werden in einem Schüttelzylinder mit Kochsalz versetzt, bis die Lösung rund 12% Salz enthält. Dadurch werden kolloide oder feinsuspendierte Humusstoffe ausgeflockt. In einem Teil der klaren braunen Lösung werden dann die Huminsäuren mit Salzsäure ausgefällt; man saugt ab, wäscht aus und trocknet erst bei 80°, schließlich bei 105° im Kohlensäurestrom und wägt. Nach der Wägung verascht man das Präparat, um den Aschengehalt berücksichtigen zu können.

Nach J. Marcusson[2] geht man von Kohlenproben aus, die mit Tetrachlorkohlenstoff von Bitumenstoffen befreit sind. Man zieht diese Kohlenproben bei Zimmertemperatur mit Ammoniak aus und fällt die Lösung hernach mit Salzsäure. Die Summe der freien Huminsäuren und der Huminsäureanhydride wird in einer besonderen Probe durch einstündiges Erwärmen mit Natronlauge von 1% auf dem Wasserbade, Filtrieren, Ansäuern des Filtrates, Abfiltrieren der erhaltenen Fällung, Auswaschen, Trocknen und Wägen bestimmt. Die Mineralbestandteile werden durch Veraschung ermittelt und berücksichtigt.

Eine kolorimetrische Methode, bei der eine alkalische Lösung von Huminsäure Merck als Vergleichspräparat dient, hat Odén[3] bei seinen Untersuchungen über Torf beschrieben. Diese Methode ist von Kaunert[4] auf Braunkohlen angewendet worden. Kaunert bestimmt den Huminsäuregehalt von Braunkohle kolorimetrisch in ammoniakalischer Lösung

---

[1] Erdmann-Dolch: Die Chemie der Braunkohle, 2. Aufl., S. 120. Halle a. S. 1927.

[2] Ztschr. angew. Chem. **40**, 1104 (1927).

[3] Odén: Die Huminsäuren, S. 135 (1919); vgl. S. 98.

[4] Braunkohlenarchiv, Nr. 10, S. 87 (1926).

gegen eine aus Mercks Huminsäure bereitete Standardlösung. Nach seinen Versuchen begünstigt Ammoniak nicht so wie Natronlauge die oxydative Veränderung der Huminsäuren während der Extraktion.

Alkalische Lösungen der Huminsäure erfahren nach U. Springer[1] unter dem Einfluß der zu ihrer Lösung und Extraktion zumeist angewendeten Basen mit der Zeit eine beträchtliche Schwächung ihrer Farbintensität. Dies deutet auf eine Zersetzung unter den Bedingungen der kolorimetrischen Bestimmung. Der Grad der Zersetzung hängt von der Konzentration und der chemischen Natur der verwendeten Base ab. Es wird vermutet, daß alle chemischen Stoffe, welche in wässeriger Lösung unter Abspaltung von Hydroxylionen dissoziieren, einen zerstörenden Einfluß auf die Humusstoffe ausüben. Der Einfluß der Zeit äußert sich wie folgt: die Zersetzung ist in den ersten Stunden und Tagen am stärksten, kommt jedoch auch nach Monaten anscheinend nicht völlig zum Stillstand.

Die maßanalytische Bestimmung der Huminsäuren ist häufig von Boden- und Agrikulturchemikern studiert worden. Methoden von Bornträger[2], Tacke[3], Süchting[4] beruhen auf der Fähigkeit der freien Huminsäuren, Kohlensäure aus Calciumcarbonat auszutreiben, eine Methode von Baumann und Gully[5] beruht auf der Fähigkeit, Jod aus Kaliumjodat in Freiheit zu setzen. Nach Albert[6] kann man die freien Huminsäuren mit Barytlösung titrieren. Schaile[7] hat kürzlich die älteren Methoden kritisch besprochen.

Die angenäherte Bestimmung der Huminsäuren in der Braunkohle nach W. Fuchs[8] beruht auf den Beobachtungen, daß die natürlichen Braunkohlen Gemenge von freien Huminsäuren und huminsauren Salzen enthalten, daß die freien Huminsäuren Acetate zersetzen können und daß die huminsauren Salze die Fähigkeit des Basenaustausches zeigen. Wenn man die Proben einerseits mit Natriumacetatlösung, andererseits mit Calciumacetatlösung schüttelt, dann spielen sich folgende Reaktionen ab, welche eine angenäherte Bestimmung der freien Huminsäure, der an Calcium gebundenen Huminsäure und der an andere Metalle außer Calcium gebundenen Huminsäure gestatten:

1. $2\ \text{Hum. H} + \text{Ca}\ (CH_3\ COO)_2 = (\text{Hum})_2\ \text{Ca} + 2\ CH_3COOH$

2. $2\ \text{Hum. Na} + \text{Ca}\ (CH_3\ COO)_2 = (\text{Hum})_2\ \text{Ca} + 2\ CH_3COONa$

3. $\text{Ca}\ (\text{Hum})_2 + 2\ CH_3\ COONa = 2\ \text{Hum. Na} + \text{Ca}\ (CH_3COO)_2$

---

[1] Brennstoff-Chem. **8**, 17 (1927). [2] Chem.-Ztg. **20**, 223 (1896).
[3] Chem.-Ztg. **21**, 174 (1897). [4] Ztschr. angew. Chem. **21**, 151 (1908).
[5] Ztschr. angew. Chem. **22**, 537 (1909).
[6] Ztschr. angew. Chem. **22**, 533 (1909).
[7] C. **1927 II**, 1752. [8] Brennstoff-Chem. **8**, 337 (1927).

Man geht von Proben zu 10 g aus, die im feuchten Zustand verwendet werden und deren Wasser- und Aschengehalt besonders ermittelt wird. Eine Diskussion der Fehlerquellen der Methode ergibt, daß die drei Zahlen, die man erhält, mit Fehlern behaftet sind, die sich bei der Addition zu einem Werte für die Gesamthuminsäure bis zu einem gewissen Grade ausgleichen. In den untersuchten Braunkohlen (Kasseler Braunkohle, rheinische Braunkohle, Rosenthalkohle, mitteldeutsche Braunkohle) wurden insgesamt 67—73% Huminsäuren gefunden; in der oberbayerischen Pechkohle konnte dagegen bei diesem Verfahren nur 1% Huminsäure festgestellt werden.

Bei der Isolierung der Huminsäuren aus den Braunkohlen kann man die analytischen Verfahren in größeren Maßstab übertragen. Man kann Huminsäuren isolieren, indem man sie durch Behandlung mit wässerigen Alkalien in wasserlösliche Salze überführt, die wässerige Lösung vom Rückstand trennt und die Huminsäuren durch Ansäuern ausfällt. Bei dieser Arbeitsweise besteht die Gefahr undefinierter chemischer Zersetzungen in um so höherem Grade, je stärker das angewendete Alkali ist und je länger die Huminsäuren in der alkalischen Lösung bei Gegenwart von Luft verbleiben. Man kann auch sicher nicht alle Huminsäuren in alkalische Lösung bringen. Trotzdem hat man bisher fast immer die Huminsäuren der Braunkohle durch Ausziehen mit Alkali zu gewinnen versucht.

Die Ausbeute bei der Extraktion der Braunkohle mit Alkali ist abhängig vom Ausgangsmaterial, von der Vorbehandlung des Ausgangsmaterials und den Arbeitsbedingungen der Extraktion. Durch Vorbehandlung der Kohle mit Sauerstoff oder durch vorherige Erhitzung der Kohle nimmt nach Kaunert[1] die Menge der leichter löslichen Huminsäuren ab, die der schwerer löslichen zu. Die Auflösung der Huminsäuren in Alkali braucht Zeit. Bei Anwendung verschiedener alkalischer Lösungsmittel, wie Ätzalkali, Sodalösung oder Ammoniak wird vom stärkeren Alkali in der Zeiteinheit mehr Substanz aufgelöst. Extrahiert man portionsweise, dann erhält man Präparate mit immer größeren Säurezahlen. Huminsäuren, die nicht unmittelbar mit Alkali extrahierbar sind, können mindestens manchmal durch Erhitzen unter Druck löslich gemacht werden. Die Ausbeute an extrahierten Huminsäuren steigt durch starkes Verdünnen der Lauge vor der Filtration[2].

Daß die durch Alkali extrahierten Huminsäuren in manchen Punkten von den ursprünglich vorhandenen verschieden sind, wurde vielfach ausgesprochen. Man hat früher die ursprünglichen Huminsäuren als Protohuminsäuren von den präparativ mit Alkali gewonnenen Huminsäuren unterschieden.

---

[1] Braunkohlenarchiv, Nr. 10, S. 50 (1926).

[2] Eigene Beobachtungen; vgl. auch Förster, R.: C. **1929 II**, 958.

Zur Gewinnung von Huminsäuren verwendet man besonders Braunkohlen, die an Alkali reichliche Mengen Substanz abgeben. So haben H. Tropsch und A. Schellenberg[1] als Ausgangsmaterial für die Herstellung von Huminsäuren die Braunkohle von Rosenthal benutzt, welche nach Versuchen von W. Schneider bereits in der Kälte zu 85% in Alkali löslich ist. Die ersten orientierenden Versuche ergaben, daß durch die Extraktion mit Benzol im Soxleth die vollständige Entfernung des Bitumens nicht erreicht werden kann; durch Extraktion mit Alkohol werden wesentlich mehr bituminöse Substanzen gelöst, wahrscheinlich aber auch viel Hymatomelansäure. Am besten wirkte Benzol-Alkohol 1:1; mit diesem Lösungsmittel wurden in 8 Stunden etwa 30% der bei 105° getrockneten Kohle gelöst; die gelösten Stoffe verblieben als glänzendes bis mattes, bei 100° teilweise schmelzendes Produkt, welches in Benzol nur zu 6% löslich war.

Es wurde festgestellt, daß man nahezu die gleichen Resultate erhält, wenn man zuerst das Bitumen extrahiert, dann mit Salzsäure behandelt und den Rückstand mit Alkalien aufnimmt, oder wenn man die Salzsäurebehandlung voranschickt. Die Verfasser extrahierten zunächst die lufttrockene Kohle bei 70—80° solange mit Benzol-Alkohol 1:1, bis eine Probe an das Lösungsmittelgemisch nur noch 0,5—1% Extrakt abgab. Der Kohlerückstand wurde dann mit Salzsäure von 1% und warmem Wasser mehrmals digeriert, darauf mit dem dreifachen Volumen 2n-Alkali 1 Stunde bei Zimmertemperatur geschüttelt und das Gemisch schließlich zentrifugiert. Aus der zentrifugierten und filtrierten Lösung wurden die Huminsäuren mit Salzsäure gefällt und mit Wasser bis zum Kolloidwerden gewaschen. Die Ausbeute betrug 60% Huminsäure (mit 10% Asche).

Prinzipiell ganz ähnlich gingen W. Eller und A. Schöppach[2] bei der Herstellung von Huminsäuren aus der Niederlausitzer Braunkohle mit 95% alkalilöslicher Substanz vor. Sie lösten in Alkali, fällten schließlich mit Salzsäure, trocknen aber ihre Präparate besonders vorsichtig; erst 14 Tage bei 70°, dann noch bis zur Gewichtskonstanz 4—6 Tage über P_2O_5 bei 60°.

Kaunert[3] befreite Braunkohlen zur Herstellung von Huminsäure durch Extraktion mit Benzol-Alkohol zunächst von Bitumenstoffen; sodann wurden durch Behandlung mit Salzsäure die Humate zerlegt und die freien alkohollöslichen Säuren mit Alkohol entfernt. Schließlich wurde eine diskontinuierliche Extraktion der Huminsäuren mit Ammoniak vorgenommen. Die einzelnen Extraktfraktionen wurden durch Ultrafiltration gereinigt. Aus den gewonnenen Humatlösungen wurden

[1] Abh. Kohle **6**, 191 (1921). [2] Brennstoff-Chem. **7**, 19 (1926).
[3] Braunkohlenarchiv Nr. 10, S. 39 (1926).

die Huminsäuren durch Salzsäure gefällt und schließlich gegen fließendes Wasser dialysiert.

Die bei der Isolierung von Huminsäure mit Hilfe von Alkali, Ammoniak, Soda oder auch Pyridin[1] bestehenden Bedenken entfallen bei Verfahren, bei denen alkalisch reagierende Stoffe im Laufe der Darstellung nicht verwendet werden. Bei derartigen Darstellungen kann man Asche und Bitumen sicher gut entfernen; unsicher ist, ob in dem Produkt neben den Huminsäuren nicht auch Humine vorhanden sind — auf die Unterscheidung dieser beiden wird noch im 5. Kapitel zurückgekommen; organisierte pflanzliche Reste verbleiben aber in den Präparaten.

W. Fuchs und W. Stengel[2] stellten Huminsäuren folgendermaßen her. Braunkohle wurde mit Salzsäure von 25% übergossen und 48 Stunden unter häufigem Umrühren stehen gelassen. Dann wurde abgesaugt und bis zum Verschwinden der Chlorreaktion ausgewaschen. Das ausgewaschene Material wurde bei 40—50° getrocknet und dann mit Benzol-Alkohol 1:1 im Soxlethapparat extrahiert.

Die auf die eine oder andere Weise gewonnenen Huminsäurepräparate sind hellbraune bis schwarzbraune amorphe Substanzen von fraglicher Reinheit und fraglicher Einheitlichkeit; denn es ist meist nur allzu wahrscheinlich, daß Verunreinigungen irgendwelcher Art in einem Präparat enthalten sind und ferner, daß die einzelnen Präparate Mischungen von einander mehr oder weniger nahestehenden Substanzen darstellen. Zur Reinigung von Huminsäurepräparaten haben Biesalsky und Berger[3] die Elektroosmose benutzt. Ihr Apparat besteht aus einem Glasgefäß, in welchem zwei ineinandergestellte poröse Tonzylinder sich befinden. Der äußere Zylinder enthält die Lösung der Huminsäuren in einer gerade hinreichenden Menge Ammoniak, der innere Zylinder bildet den Anodenraum und wird ebenso wie der Kathodenraum zwischen Glaswand und äußerem Tonzylinder mit destilliertem Wasser gefüllt. Die Elektroden bestehen aus Magnetit. Sie werden mit einer Gleichstromleitung von 220 Volt unter Zwischenschaltung eines Lampenwiderstandes verbunden, so daß der Spannungsabfall zwischen Anode und Kathode mehr als 160 Volt beträgt. Die Anode wird zum Schutz der Humussäuren vor Oxydation mit einem Pergamentschlauch umgeben. Die Humussäuren scheiden sich fest an der Außenwand des inneren Tonzylinders ab. Durch Aufschlemmen der ausgeflockten Humussäure mit frischem destillierten Wasser kann die Osmose immer wieder in Wirkung treten, so daß nach 5—6maliger Behandlung der Aschengehalt der Humussäuren nur etwa

[1] Vgl. Piettre, M.: Compt. rend. Acad. Sciences **176**, 1329 (1923).
[2] Brennstoff-Chem. **10**, 303 (1929).
[3] Braunkohle **23**, 197 (1924/25); vgl. auch Piening: Braunkohle **22**, 508 (1923/24).

0,1% beträgt. Oxydationswirkung ist bei der Vorgangsweise von Biesalsky und Berger allerdings nicht ausgeschlossen; auch fällt der niedrige Kohlenstoffgehalt des sehr aschenarmen Präparates in Tabelle 75 auf.

Nach den Darlegungen von Eller müssen Huminsäurepräparate unterhalb 80° getrocknet werden, da sonst Zersetzungen stattfinden. Nach Biesalsky und Berger spalten Huminsäuren Kohlensäure erst beim Erhitzen auf 245—250° ab; die Kohlensäureabspaltung bei tieferen Temperaturen, z. B. bei 70°, betrifft nach diesen Autoren die adsorbierte Kohlensäure. Nach Brandl[1] ist die vollständige Trocknung von Huminsäurepräparaten bei 80° sehr zeitraubend, „andererseits wurde wiederholt gezeigt, daß Humusstoffe schon bei der Herstellung durch das Alkali und durch bloßes Liegen an der Luft so stark verändert werden, daß ein allzu ängstliches Vermeiden höherer Temperaturen überflüssig erscheint, solange nicht Methoden gefunden werden, Humusstoffe unter völliger Schonung zu gewinnen". Brandl trocknet 2—3 Tage bei 70—80° und vor der Analyse noch 2—3 Stunden bei 105 bis 110°. Nach W. Fuchs erzielt man schnell und schonend Gewichtskonstanz, wenn man bei z. B. 56° (siedendes Aceton) unter Anwendung einer mit A-Kohle beschickten und mit flüssiger Luft gekühlten Vorlage trocknet. Über den Effekt der einzelnen Darstellungsvorschriften für Huminsäuren gehen die Meinungen etwas auseinander, wie schon im vorigen Kapitel gezeigt wurde. Odén sagt: „Es kann zwar kein Forscher behaupten, er habe ein ganz reines Huminsäurepräparat in Händen gehabt, erstens weil kein eindeutiges Kriterium des Einheitsgrades für amorphe Stoffe existiert, sodann weil eben das stoffliche Auftreten derselben als amorphe, stark hydratisierte Kolloide bedingt, daß alle möglichen Verunreinigungen hartnäckig adsorbiert werden. Ein scheinbarer Reinigungsprozeß, z. B. wiederholte Lösung und Ausfällung, kann daher tatsächlich eine Anreicherung von Fremdstoffen bedeuten." Aber Odén fügt trotzdem hinzu: „Auf verschiedenem Wege hergestellte Huminsäuren von verschiedenem Alter und verschiedener biologischer Herkunft zeigen betreffs ihrer Zusammensetzung und chemischen Eigenschaften so große Übereinstimmung untereinander, daß es nach meinem Dafürhalten keinem Zweifel unterliegt, daß wir es mit Stoffen bestimmter Konstitution und Eigenschaften zu tun haben, welche mit verschiedenen Fremdstoffen verunreinigt sind." Ähnliche Auseinandersetzungen finden sich in Erdmann-Dolchs Chemie der Braunkohle, wo es aber schließlich heißt: „Alle Wahrscheinlichkeit spricht dafür, daß die Huminsäuren ein kompliziertes Gemenge bilden, welches infolge seiner besonderen kolloidalen Fähigkeiten auch noch organische Fremdkörper ganz anderer Art adsorbiert halten kann."

[1] Brennstoff-Chem. **9**, 89 (1928).

Angesichts solcher Erwägungen ist es klar, daß man vorläufig bei der Reindarstellung der Huminsäuren möglichst wenig und möglichst harmlose chemische Operationen anwenden soll.

Bei der Bereitung von Huminsäuren mit Hilfe von Alkalien bekommt man wohl immer Gemenge von schwächer oder stärker oxydierten Präparaten in die Hand. Dies ist bei der Bewertung quantitativer Angaben stets zu berücksichtigen. Es könnte sein, daß man bisher Zerlegungsmöglichkeiten mit Hilfe von Lösungsmitteln noch nicht genügend studiert hat. Wasserlösliche Huminsäuren (Fulvosäuren) sowie alkohollösliche Hymatomelansäuren sind in den Huminsäuren der Braunkohle allerdings nur selten anzutreffen. Hymatomelansäure aus Braunkohle ist auch in Aceton löslich[1]. Huminsäure ist oftmals sehr weitgehend in Pyridin löslich. Außer durch organische Lösungsmittel kann man nach manchen Literaturangaben auch an eine Zerlegung von Huminsäurepräparaten mit wässeriger schwefliger Säure oder Sulfiten unter Druck denken; doch sind auch da sekundäre Veränderungen natürlich keineswegs ausgeschlossen.

B. G. Simek[2] gibt an, eine Trennung von Huminsäure aus böhmischer Braunkohle (Kapuzinerkohle) in 4 Gruppen erzielt zu haben. Das Ausgangsmaterial enthielt 76% alkalilösliche Substanzen; es wurde mit Sodalösung ausgezogen; das schließlich durch Abdampfen der Sodalösung gewonnene Produkt wurde wieder unter Zusatz von Kalilauge in Wasser gelöst und zwecks „Oxydation der Protohuminsäuren" mehrere Wochen an der Luft stehen gelassen. Dieses Produkt muß ziemlich oxydiert gewesen sein. Simek zerlegte es in ätherlösliche Harzsäuren, alkohollösliche Säuren, pyridinlösliche, alkoholunlösliche Huminsäure und einen unlöslichen Rest.

Die Elementarzusammensetzung von Huminsäure aus mitteldeutscher Braunkohle, die durch Extraktion mit Natronlauge, Ansäuern, Auswaschen und Nachwaschen mit Äther erhalten worden war, fand F. Hoppe-Seyler[3] im Mittel von 5 Versuchen zu 63,3% C, und 4,4% H. Huminsäuren enthalten ferner meist etwas Stickstoff und Schwefel. Die Menge jedes von beiden kann unter Umständen mehrere Prozent betragen, doch lassen sich Stickstoff und Schwefel manchmal durch weitgehende Reinigung praktisch völlig entfernen.

Die Tabelle 75 bringt eine Zusammenstellung einiger Analysenresultate.

Um von den Analysendaten zu einer Formel zu kommen, muß man die Molekulargröße kennen. Odén hat für sein Präparat einer Torfhuminsäure aus Leitfähigkeits- und potentiometrischen Messungen einen Wert von etwa 1400 abgeleitet. Einen Schluß auf die Molekulargröße

[1] Vgl. Podbreznik: C. **1929**, I 1701. [2] Brennstoff-Chem. **9**, 381 (1928).
[3] Ztschr. physiol. Chem. **13**, 66 (1889).

Tabelle 75. Elementarzusammensetzung von Huminsäuren aus Braunkohle in %.

Autoren	Huminsäuren aus	C	H	O	N	S	Sonstiges
Biesalsky u. Berger	Wellmitzer Kohle	56,3	3,9	37,97	1,0	0,8	0,1 Asche
		54,18	3,98	41,87	0,0	0,0	0,03 Cl
Eller u. Schöppach	Niederlausitzer Kohle	59,6	3,3	—	1,2	1,2	1,4 Asche
		60,2	3,9	—	2,0	1,9	2,4 Asche
W. Fuchs u. O. Horn	Kasseler Kohle	59,47	4,53	—	—	—	6,50 Asche
	Rhein. Kohle	62,26	4,71	—	—	—	0,08 Asche
	Mitteld. Kohle	64,12	6,17	—	—	—	1,77 Asche

der Huminsäuren der Braunkohle ermöglichen neuere Untersuchungen, die von W. Fuchs, W. Stengel und F. Bangert[1] mit sogenannten Nitrohuminsäuren und deren Methylderivaten angestellt worden sind. Es handelt sich bei diesen Säuren um primäre, den ursprünglichen Huminsäuren noch sehr nahestehende Oxydationsprodukte. Molekulargewichtsbestimmungen durch Siedepunktserhöhung in Aceton lieferten Werte von 1200—1400. Damit stimmen Ergebnisse überein, die mit der gleichen Methode ganz kürzlich von G. Thiessen und C. Engelder[2] bei einer Huminsäure aus vermodertem Thujaholz und deren Derivaten erhalten wurden und zu Werten von 800—1 200 führten.

Neuerdings haben M. Samec und B. Pirkmaier[3] das Molekulargewicht von Huminsäuren aus Braunkohle bestimmt. Sie erhielten ihre Präparate, indem sie mehrere südslawische Kohlen entbituminierten und sodann mit Ammoniak extrahierten. Die durch Fällung mit Säure aus den ammoniakalischen Auszügen isolierten Säuren wurden durch Alkohol in Huminsäure und Hymatomelansäure zerlegt. Die isolierten Präparate wurden schließlich durch Elektrodialyse gereinigt. Vor den Analysen wurden die Präparate im Vakuum bei 50—60° getrocknet.

Zur Bestimmung des Molekulargewichtes wurde der osmotische Druck von Lösungen der Ammoniumsalze gemessen. 0,1—0,2%ige Lösungen gaben gut reproduzierbare Steighöhen (von 70—500 mm). Nach Beendigung der Bestimmung wurde der Trockengehalt der Innen- und Außenflüssigkeit, die Konzentration der H-Ionen (potentiometrisch) und der N-Gehalt der Trockensubstanz (Mikro-Kjeldahl) bestimmt. Für die 3 untersuchten Huminsäuren ergaben sich Molekulargewichte von 1235, 1344, 1445, für die 3 Hymatomelansäuren 855, 761, 739.

Die Stickstoffgehalte waren in beiden Fällen mit 4,3—5,7% ziemlich gleich und wiesen in Übereinstimmung mit den Ergebnissen und Annahmen von Odén darauf hin, daß sowohl Huminsäuren als auch Hymatomelansäuren vierbasische Säuren sind. Die Lösungen wurden praktisch neutral gefunden; deshalb wird ein Einfluß hydrolytischer

[1] Brennstoff-Chem. **9**, 181 (1928). [2] Ind. engin. Chem. **22**, 1131 (1930).
[3] Kolloid-Ztschr. **51**, 96 (1930).

Spaltung auf die Werte nicht anerkannt. Aber auch eine, wenn auch nur partielle Teilnahme elektrolytisch abdissoziierter Ammoniumionen am osmotischen Druck wird nicht als wahrscheinlich betrachtet. Merkwürdig ist folgendes: die Ammoniumhumate haben nach Sven Odén normale elektrolytische Leitfähigkeit. Bei völliger Ionisation hätte z. B. in einem bestimmten Falle ein osmotischer Druck von 624 mm statt des gemessenen Druckes von 232 mm gefunden werden müssen. Ferner zeigen die Humate und Hymatomelanate sehr verschiedene osmotische Drucke, obwohl ihr Gehalt an Ammoniak nur sehr wenig verschieden ist. Samec und Pirkmaier verweisen auf die Erscheinung, „daß die mit Kolloid-Ionen im Gleichgewicht stehenden Kristalloid-Ionen für den osmotischen Druck nicht recht in Betracht kommen (Hamarsten-Effekt)[1]".

Auf Grund der Ergebnisse der Molekulargewichtsbestimmungen kann man aus den Elementaranalysen Formeln ableiten, wie etwa $C_{69}H_{52}O_{30}$. Die weitere Auflösung solcher Formeln ist mit Hilfe von Gruppenbestimmungen, Herstellung von Derivaten und Abbauversuchen in Angriff zu nehmen.

Bei den Gruppenbestimmungen kann man zunächst an die Bestimmung der sauren Gruppen herangehen. Die Frage, ob die saure Natur der Huminsäure durch phenolische Hydroxylgruppen oder durch Carboxylgruppen bedingt sei, war lange strittig, kann jedoch heute als geklärt gelten. Durch erschöpfende Methylierung erhält man Methylderivate, in denen man durch Bestimmung des Gesamtmethoxylgehaltes und des Estermethoxylgehaltes Phenol- und Carboxylgruppen unterscheiden kann. Die erschöpfende Methylierung erfolgt nach W. Fuchs und W. Stengel[2], indem man die Huminsäuren zuerst mit Methanol und Salzsäure behandelt und schließlich die Methylierung mittels einer Lösung von Diazomethan in Äther beendet. Die nebenstehende Tabelle 76 enthält einige Resultate[3].

Tabelle 76.

Huminsäure aus	Gesamt-methoxyl %	Ester-methoxyl %
Kasseler Kohle . . .	17,1	7,7
Rheinischer Kohle . .	19,3	3,9
Mitteldeutscher Kohle	12,6	3,5

Die untersuchten Huminsäuren sind also alle Oxycarbonsäuren.

Mittels der Methode von W. Fuchs hat kürzlich R. Oda[4] Huminsäure aus einem japanischen Lignit als Oxycarbonsäure (mit 12,1% Gesamt- und 7,7% Estermethoxyl im Methylderivat) charakterisiert;

[1] Vgl. Pauli, Wo.: Elektrochemie der Eiweißkörper, S. 258. Wien 1929.
[2] Brennstoff-Chem. **10**, 303 (1929).
[3] Fuchs, W., u. O. Horn: Brennstoff-Chem. **11**, 372 (1930). — Vgl. auch H. Stach, Ztschr. angew. Chem. **44**, 118 (1931).
[4] Journ. Soc. chem. Ind. Japan **33**, B 304 (1930).

danach enthielt diese alkalilösliche Huminsäure 1,9% OH und 11,7% COOH.

Als quantitative Angabe für den sauren Charakter der Huminsäuren kann ihre Säurezahl bestimmt werden. Hierzu benutzen Kaunert[1] und Brandl[2] die Methode von Salvaterra[3]. Hierbei wird die Säure in titriertem Alkali gelöst, die Lösung wird mit Calciumchlorid (oder nach anderen Autoren[4] Bariumchlorid) versetzt und so in doppelter Umsetzung unlösliches Erdalkalihumat und Kochsalz gebildet. Man filtriert und titriert im Filtrat das unverbrauchte Alkali zurück. Die gefundenen Säurezahlen liegen zwischen 40 und 80. Nach Kaunert steigen bei diskontinuierlicher Extraktion von Braunkohle mit Ammoniak die Säurezahlen der erhaltenen Huminsäuren an.

Im wesentlichen übereinstimmend mit der Säurezahl verläuft die Bestimmung der Hydroxylzahl nach W. Fuchs[5]. Man kann hierbei entweder unter Benutzung der Angaben von Salvaterra bzw. von F. Fischer und H. Tropsch[4] in wässeriger Lösung arbeiten oder in alkoholischer Lösung titrieren, ähnlich wie dies bei der Bestimmung der Verseifungszahl der Fette üblich ist. Die nebenstehende Tabelle 77 enthält einige Hydroxylzahlen von Braunkohlen. Man sieht, daß sie mit den Säurezahlen der Huminsäuren ziemlich übereinstimmen.

Tabelle 77.
Hydroxylzahlen einiger Braunkohlen.

Bezeichnung	Hydroxylzahl in Alkohol	Hydroxylzahl in Wasser
Kasseler Braunkohle . . .	65,7	50,2
Rheinische Braunkohle . .	73,5	77,6
Rosenthalkohle	86,2	67,7
Mitteldeutsche Braunkohle	56,4	52,5
Oberbayerische Pechkohle	25,5	17,0

Es ist nicht ausgeschlossen, daß die Huminsäuren außer den sauren Hydroxylgruppen nach Art von Phenolhydroxyl- und Carboxylgruppen auch primäre und sekundäre OH-Gruppen nicht sauren Charakters enthalten; Erfahrungen bei unveröffentlichten Acetylierungsversuchen deuten daraufhin.

Nach Strache und Brandl[6] haben Braunkohlen eine Carbonylzahl von 3—4%. Der Carbonylgehalt der Huminsäuren entspricht nach Untersuchungen von H. Leopold[7] sowie besonders von W. Fuchs und W. Stengel[8] 1—2 Carbonylgruppen, wahrscheinlich in der Gruppierung als Methylenketon, in einem Molekül von etwa 1400.

[1] Braunkohlenarchiv, Nr. 10, S. 97, (1926).
[2] Brennstoff-Chem. **9**, 91 (1928). [3] Chem.-Ztg. **44**, 129 (1920).
[4] Fischer, Franz, u. H. Tropsch: Abh. Kohle **6**, 285 (1921). — Fuchs, W.: Brennstoff-Chem. **9**, 198 (1928). [5] Brennstoff-Chem. **9**, 198 (1928).
[6] Brennstoff-Chem. **7**, 341 (1926). — Simek fand bei seinen Präparaten CO-Werte von 3,7—4,8%; bei seiner „Harzsäure" 2,6%. Brennstoff-Chem. **9**, 381 (1928). — R. Oda fand in Huminsäure 3,3% CO.
[7] Brennstoff-Chem. **9**, 215 (1928). [8] Brennstoff-Chem. **10**, 304 (1929).

Die natürlichen Huminsäuren enthalten meist Methoxylgruppen. Die Tabelle 78 enthält eine Zusammenstellung von Literaturangaben.

Tabelle 78.
Methoxylgehalt von Huminsäuren aus Braunkohlen in %.

Bezeichnung	Methoxylgehalt	Autor
Huminsäure aus entbituminierter Braunkohle	0,94	Fischer, Schrader u. Friedrich[1]
Huminsäure aus sächs. Lignitkohle	3,32	A. Schwalenberg[2]
Huminsäure aus mitteldeutscher Schwelkohle	0,21	A. Schwalenberg
Huminsäre aus Kasseler Kohle . .	2,38	W. Fuchs und O. Horn[3]
Huminsäure aus rheinischer Braunkohle	3,79	W. Fuchs und O. Horn
Huminsäure aus mitteldeutscher Braunkohle	1,18	W. Fuchs und O. Horn
Huminsäure aus jap. Lignit	1,2	R. Oda[4]

Die nachgewiesenen Carboxyl-, Phenol-, Keton- und Methoxylgruppen reichen übrigens nicht aus, um den Sauerstoffgehalt der Huminsäuren der Braunkohlen völlig zu decken. Manches spricht dafür, daß auch cyclisch gebundener Sauerstoff im Huminsäuremolekül enthalten ist. In diesem Sinne kann vielleicht die Tatsache gedeutet werden, daß die Huminsäuren beim Kochen mit Methylglykol und Salzsäure[5], sowie beim Erwärmen mit Phenol und etwas Salzsäure[6] mit den genannten Hydroxylverbindungen chemisch verknüpft werden; ferner auch das Ergebnis unveröffentlichter Versuche von W. Fuchs und F. Bangert über die Einwirkung von Ammoniak auf Huminsäuren aus Braunkohlen[7].

Aus dem Studium der Bromierung hat W. Fuchs[8] auf Doppelbindungen, substituierbaren und dehydrierbaren Wasserstoff geschlossen.

Als Derivate der Huminsäuren sind zunächst deren Salze zu nennen. Als einfachste Herstellungsart von Alkalisalzen dient nach W. Fuchs und O. Horn[9] das Schütteln der unlöslichen Huminsäurepräparate (oder die Umsetzung der in Alkohol löslichen Huminsäuren) mit alkoholischen Alkaliacetatlösungen. Die genannten Autoren erhielten ferner Kaliumsalze auch durch Verseifung der erschöpfend methylierten

[1] Abh. Kohle **5**, 530 (1920). [2] Diss. Halle a. S. 1922.
[3] Brennstoff-Chem. **11**, 372 (1930).
[4] Journ. Soc. chem. Ind. Japan **33**, B 304 (1930).
[5] Unveröffentlichte Versuche von W. Fuchs und O. Horn.
[6] Soum, M., u. F. Podbreznik: Bull. Inst. Pin **1929**, 61; C **1929** I, 2194.
[7] Vgl. S. 121. [8] Brennstoff-Chem. **9**, 348 (1928).
[9] Brennstoff-Chem. **11**, 372 (1930). Durch Schütteln der K-Salze mit NH_4Cl-Lösungen konnte das Kalium quantitativ gegen Ammonium ausgetauscht werden.

Huminsäuren mit alkoholischem Kali. Die Tabelle 79 bringt eine Übersicht über die Verhältnisse.

Tabelle 79.

Huminsäuren	Kaliumgehalt des Salzes aus der freien Säure %	Gesamt-methoxyl %	Ester-methoxyl %	Kaliumgehalt, berechnet aus dem Ester-methoxyl %	Kaliumgehalt des durch Verseifung erhaltenen Salzes %
Kasseler . . .	13,0	17,1	7,7	9,9	10,4
Rheinische . .	5,0	19,3	3,9	5,2	5,0
Mitteldeutsche.	6,4	12,6	3,5	4,5	4,6

Die beiden letzten Spalten zeigen eine sehr gute Übereinstimmung zwischen Berechnung und Versuch. Aus der ersten Spalte ersieht man, daß diese Übereinstimmung im Falle der rheinischen Huminsäure sich auch auf das Kaliumsalz bezieht, das unmittelbar aus dieser Säure mit Kaliumacetat gewonnen worden war. Dagegen sind die Kaliumgehalte nach Spalte 1 in den Fällen der Kasseler und der mitteldeutschen Huminsäure etwas höher als nach Spalte 4 und 5. In diesen beiden Fällen kann man an eine Mitbeteiligung phenolischer Hydroxylgruppen denken, die beim Vorliegen freier Säuren möglich, beim Vorliegen methylierter Säuren aber ausgeschlossen ist. Demnach können bei der Salzbildung entweder gar keine oder nur 1—2 phenolische Hydroxylgruppen (in einem Molekül von etwa 1400) in Reaktion treten[1].

Durch Schütteln der Alkalisalze mit neutralen Schwermetallsalzlösungen können weitere Salze bereitet werden. Ein Bariumsalz aus Braunkohlenhuminsäure mit 21,3% Barium hat Hoppe-Seyler hergestellt. Weiteres über Salze findet man z. B. bei Biesalsky und Berger[2].

Durch Behandlung mit Dimethylsulfat und Alkali liefern die Huminsäuren, wie zuerst von W. Fuchs und H. Leopold[3] angegeben wurde, Methylderivate. Neuerdings hat B. G. Simek[4] seine Huminsäure auf gleiche Weise bis zu rund 10% methyliert; das Methylierungsprodukt hat er durch Behandlung mit Alkohol und Fällung der filtrierten alkoholischen Lösung mit Äther in Fraktionen zerlegt. Dieses Methylierungsverfahren ist wohl überholt durch die Methode der erschöpfenden Methylierung nach W. Fuchs[5]. Nach dieser Methode erhält man Äther-Ester als hellbraune, amorphe Produkte, die meist in organischen Lösungsmitteln unlöslich sind und an Äther nur geringe Mengen harziger Substanzen abgeben.

An sonstigen Sauerstoffderivaten wäre auf die Methylglykolderivate,

---

[1] Vgl. auch G. Stadnikoff u. Korschew: Kolloid-Ztschr. **47**, 136 (1930).
[2] Braunkohle **23**, 197 (1924/25). [3] Brennstoff-Chem. **8**, 73 (1927).
[4] Brennstoff-Chem. **9**, 381 (1928). [5] Brennstoff-Chem. **9**, 178 (1928).

ferner auf die Phenolderivate nach M. Soum und F. Podbreznik[1] zu verweisen. Über die Herstellung von wasserlöslichen Derivaten der Huminsäuren von Sulfonsäurecharakter gibt es Angaben von O. Löw Beer[2], der wasserlösliche Huminsäurederivate erhält, indem er „Huminsäuren oder ihre Alkalisalze in Gegenwart oder in Abwesenheit von Aldehyden unter gewöhnlichem oder erhöhtem Druck mit schwefliger Säure, neutralen oder sauren Sulfiten und gegebenenfalls mit Chlor oder chlorentwickelnden Mitteln" behandelt. Hinzuweisen ist ferner auf Angaben von Marshall und Page[3], sowie von Melamid[4].

Stickstoffhaltige Derivate der Huminsäuren entstehen sowohl durch Einwirkung von Ammoniak, als auch durch Einwirkung von Salpetersäure.

Ähnlich wie Mercks Huminsäure[5] nehmen auch Huminsäuren aus Braunkohle bei Behandlung mit Ammoniak Stickstoff auf, den sie nachher beim Erwärmen in Kali nur zum Teil wieder abgeben[6].

Bei Einwirkung von konzentrierter Salpetersäure auf Huminsäuren entsteht nach A. Schellenberg[7], der die ältere Literatur kritisch zusammengestellt hat, primär ein Nitrokörper. W. Eller, H. Meyer und H. Saenger[8] erhielten bei Einwirkung von Salpetersäure der Dichte 1,5 auf natürliche Huminsäure ein Produkt mit 5,2% N. Nach Simek entsteht bei Einwirkung von konzentrierter Salpetersäure auf seine rohe Huminsäure ein Gemenge von Nitroderivaten, aus denen durch Reduktion mit Natriumhydrosulfid in alkalischer Lösung diazotierbare und kupplungsfähige Aminoderivate entstanden. Bei der Einwirkung der Diazoniumsalze finde auch Oxydation statt.

Die Einwirkung von Halogenen auf Huminsäuren ist neuerdings besonders von W. Eller, ferner von H. Tropsch und Schellenberg, sowie von W. Fuchs untersucht worden. W. Eller, E. Herdieckerhoff und H. Saenger[9] erhielten orange- bis rotgefärbte Chlorierungsprodukte mit 42,3% Chlor. Tropsch und Schellenberg[10] prüften die Einwirkung von Chlor — auch in statu nascendi — in Acetylentetrachlorid, in Wasser und in Natronlauge, sowie von Brom in Wasser, Natronlauge und konz. Schwefelsäure. In allen Fällen entstanden rot- bis dunkelgefärbte, manchmal auch recht helle, schlecht definierbare Produkte mit wechselndem Halogengehalt. W. Fuchs[11] erhielt durch Einwirkung von Brom in Tetrachlorkohlenstoff bei Gegenwart von etwas Jod Bromierungsprodukte, in denen Brom zum Teil

[1] Bull. Inst. Pin **1929**, 61; C. 1929 I, 2194.
[2] D. R. P. 443 329 (1923).
[3] Nature **119**, 393 (1927).
[4] D. R. P. 478 272 (1923).
[5] Vgl. S. 121.
[6] Fuchs, W.: Unveröffentlichte Versuche.
[7] Brennstoff-Chem. **2**, 384 (1921).
[8] Liebigs Ann. **431**, 162 (1923).
[9] Liebigs Ann. **431**, 133 (1923).
[10] Abh. Kohle **6**, 242 (1921).
[11] Brennstoff-Chem. **9**, 348 (1928).

substituiert, zum Teil addiert war. Das addierte Brom ließ sich durch Behandeln mit wässeriger Natriumacetatlösung größtenteils als Bromwasserstoff abspalten.

Bei Einwirkung von Oxydationsmitteln werden die Huminsäuren schon unter sehr gelinden Bedingungen verändert. Bei Gegenwart von Alkali sind sie autoxydabel, d. h. sie werden schon durch bloßes Stehen an der Luft angegriffen. Dieser Abbau durch Autoxydation kann nach H. Schrader[1] bis zu allereinfachsten krystallisierten Verbindungen führen. Bei geeigneter Arbeitsweise können aber Oxydationsprodukte gefaßt werden, die den ursprünglichen Huminsäuren noch sehr nahe stehen und die in allen mit Alkali bereiteten Huminsäurepräparaten mit vorliegen dürften.

K. Berlin[2] erhielt bei der Oxydation von Huminsäuren aus Wellmitzer Braunkohle mit Wasserstoffsuperoxyd oder Kaliumpermanganat aus dem Ausgangsmaterial mit 60,40% C und 3,87% H ein Oxydationsprodukt, welches in Alkohol löslich geworden war und aus 60,15% C und 3,76% H bestand. Die Elementarzusammensetzung der beiden Präparate war also nahezu dieselbe. Nach W. Fuchs[3] entstehen durch Einwirkung beliebiger Oxydationsmittel auf Huminsäuren primäre Oxydationsprodukte, die unter geeigneten Arbeitsbedingungen praktisch quantitativ erhalten werden. Diese primären Oxydationsprodukte sind zum Unterschied von den ursprünglichen Huminsäuren in organischen Lösungsmitteln, besonders in Aceton, löslich und werden von W. Fuchs als Dehydrohuminsäuren, als wasserstoffärmere Verbindungen, aufgefaßt. Je nach ihrem Reduktionsgrad gehen die natürlichen Huminsäuren unmittelbar oder nach Durchschreitung von Zwischenstufen in diese Dehydrohuminsäuren über.

Am bequemsten sind Präparate vom Charakter der Dehydrohuminsäuren durch Oxydation mit verdünnter Salpetersäure zugänglich. Zur Umsetzung mit Salpetersäure läßt man Huminsäure mit der sechsfachen Menge 5n-Salpetersäure 15 Minuten in der Kälte, sodann 30 Minuten bei 60° reagieren; nach dem Erkalten wird verdünnt, abgesaugt und ausgewaschen. Die Ausbeute beträgt rund 100% vom Ausgangsmaterial; das Produkt ist bei Zusatz von etwas Wasser spielend in Aceton löslich, ferner auch in Pyridin, Alkohol und anderen Lösungsmitteln.

Derartige acetonlösliche Präparate entsprechen Produkten, die schon früher in der Literatur, z. B. als Nitrohuminsäuren, beschrieben worden sind. Auch die sogenannten Hymatomelansäuren sind Dehydrohuminsäuren; sie dürften in der Natur durch nachträgliche Oxydation von Huminsäuren entstehen.

In diesen Produkten hat die Untersuchung der Stickstoffunktionen

[1] Abh. Kohle **6**, 27 (1921). [2] Diss. Jena 1926.

[3] Brennstoff-Chem. **9**, 178 (1928).

besonderes Interesse. Der Stickstoffgehalt betrug z. B. bei der verwendeten Kasseler Braunkohle rund 1% und stieg bei vorsichtig geleiteter Reaktion bis auf 2,5%. Dieser Stickstoff konnte nicht zu Aminostickstoff reduziert werden, ließ sich aber durch Kochen mit KOH oder Mineralsäure zum großen Teil als Ammoniak abspalten. Wenn man die ursprüngliche Oxydation der Braunkohle mit Salpetersäure bei Gegenwart von Harnstoff ablaufen ließ, dann erhielt man gleichfalls ein acetonlösliches Produkt, welches aber nicht mehr Stickstoff enthielt als das Ausgangsmaterial. Der Stickstoffgehalt dieses Präparates konnte aber durch nachfolgende Behandlung mit gasförmiger salpetriger Säure so erhöht werden, wie es dem Ergebnis der Oxydation mit Salpetersäure allein entsprach. Diese Erfahrungen berechtigen zu dem Schlusse, daß die ursprüngliche Huminsäure die Gruppe CH_2CO enthält und daß diese Gruppe bei der Einwirkung von Salpetersäure in die Isonitrosoketongruppe übergeht. Die Oxydation ist also von einer spezifischen Wirkung der entstehenden salpetrigen Säure begleitet, durch welche eine Methylenketongruppe in eine Isonitrosoketongruppe verwandelt wird.

Die sogenannte Nitrohuminsäure aus Kasseler Braunkohle wurde von W. Fuchs durch Elementaranalysen und Gruppenbestimmungen sowie ferner durch Molekulargewichtsbestimmungen sowohl der freien Säure als auch ihres erschöpfend methylierten Derivates charakterisiert. Die Analysendaten sind in der Tabelle 80 zusammengestellt.

Tabelle 80.

	C %	H %	N %	Gesamt-methoxyl %	Ester-methoxyl %	Äther-methoxyl %	CO %	OH %
Nitrohuminsäure .	53,8	3,6	2,2	—	—	—	8,4	10,62
Methylderivat (Gef.)	59,1	4,0	2,3	15,2	9,0	6,2	1,9	—
$C_{72}H_{58}O_{31}N_2$ (Ber.)	59,6	4,0	1,9	15,0	8,6	6,4	1,9	—

Die Molekulargewichtsbestimmungen durch Siedepunktserhöhung in Aceton ergaben die Werte der Tabelle 81.

Tabelle 81.

	Nitrohuminsäure			Methylderivat			
Mittleres Molekulargewicht	1245	1288	1240	1520	1670	1250	1700
Zahl der Ablesungen . . .	6	6	7	10	7	9	10
Größte Abweichung vom Mittel	±90	40	30	50	70	50	50

Die knappste Zusammenfassung des gesamten experimentellen Materials bietet nachstehende Formel:

$$C_{59}H_{36}O_{17}N(COOCH_3)_4(OCH_3)_3(C{:}NOH)(CO).$$

Bei weiteren Untersuchungen von W. Fuchs und W. Stengel[1] wurde außer der Kasseler Huminsäure auch die rheinische Huminsäure in sogenannte Nitrohuminsäure übergeführt. Das neu hergestellte Derivat aus der Kasseler Huminsäure hatte fast die gleiche Elementarzusammensetzung wie früher, aber einen etwas höheren Methoxyl- und Carbonylgehalt. Nach den Autoren kann der letztere Umstand mit „vermehrten Erfahrungen bei Herstellung, Reinigung und Untersuchung der Präparate zusammenhängen, aber auch damit, daß bei verschiedenen Darstellungen der Nitrohuminsäure keineswegs immer ein in allen Einzelheiten gleiches Präparat entstehen muß". Vor den Analysen wurden alle Präparate sorgfältig mit Äther gewaschen und hernach in genau angegebener Weise weiterbehandelt. Die Resultate sind in Tabelle 82 zusammengestellt.

Tabelle 82. Methylderivate von Huminsäuren und Nitrohuminsäuren aus Braunkohlen.

Methylderivat der	C %	H %	N %	Gesamt-meth-oxyl %	Ester-meth-oxyl %	Äther-meth-oxyl %	CO %
Kasseler Huminsäure	62,2	4,3	1,7	17,1	7,7	9,4	3,3
Rheinische Huminsäure . . .	66,2	5,8	1,0	19,3	3,9	15,4	2,9
Kasseler Nitro-Huminsäure .	59,9	4,3	2,9	19,0	9,6	9,4	2,8
Rheinische Nitro-Huminsäure	57,7	5,1	4,3	19,0	8,6	10,4	2,4

Die rheinische Huminsäure ist reicher an Kohlenstoff und Wasserstoff, sie ist gewissermaßen reduzierter als die Kasseler Huminsäure. Ein Unterschied zwischen beiden Produkten besteht auch im Stickstoffgehalt, der bei der oxydierten rheinischen Huminsäure um 1,5% höher ist als bei der oxydierten Kasseler Säure. Eine Untersuchung der Stickstoffunktionen in der ersteren steht noch aus. Doch sieht man aus der Tabelle 82 ohne weiteres, daß bei rechnerischer Eliminierung der Stickstoffgehalte die Unterschiede zwischen diesen beiden Präparaten noch geringer werden. Dies spricht dafür, daß beiden Oxydationsprodukten sehr ähnliche Grundkörper zuzuschreiben sind, Grundkörper, deren Elementarzusammensetzung, konstituierende Gruppen und allgemeines Verhalten in beiden Fällen weitgehend übereinstimmen.

Schon 1928 hob W. Fuchs[2] hervor, „daß man das acetonlösliche Oxydationsprodukt nicht nur mittels Salpetersäure, sondern auch mit Hilfe zahlreicher anderer Oxydationsmittel aus Huminsäuren entstehen lassen kann. Diese ersten Oxydationsprodukte stehen alle den ursprünglichen Huminsäuren noch sehr nahe, insbesondere ist sowohl

[1] Brennstoff-Chem. **10**, 303 (1929).

[2] Von den Kohlen und Mineralölen I, 58. Berlin 1928.

ihre Elementarzusammensetzung wie auch ihre Molekulargröße im wesentlichen dieselbe".

In Fortführung dieser Untersuchungen haben W. Fuchs und W. Stengel[1] den oxydativen Angriff der Salpetersäure so weit verstärkt, daß dadurch eben erst eine Zerschlagung des Moleküls der Dehydrohuminsäure in Bausteine erfolgte. Durch $1^1/_2$stündige Einwirkung der sechsfachen Menge Salpetersäure 1:1 bei 90° unter gutem Rühren wurde die sogenannte Nitrohuminsäure aus Kasseler Braunkohle zu 70% ihres Gewichtes in wasserlösliche nichtflüchtige Abbauprodukte verwandelt; von diesen nichtflüchtigen Säuren waren mehr als 70% in Äther löslich, so daß also etwa 50% nichtflüchtige ätherlösliche Säuren aus der Nitrohuminsäure erhalten werden konnten.

Zur Aufarbeitung wurde die wässerige Lösung der Reaktionsprodukte erst mit Kalkmilch neutralisiert, das Filtrat der Kalkfällung wurde mit Silbernitrat gefällt und das Filtrat der Silberfällung mit Äther extrahiert oder mit der Lösung eines Acridinsalzes gefällt. Die zuerst erhaltene Kalkfällung lieferte bei der Aufarbeitung weitere Mengen von Silbersalzen sowie von Nitrophenolen. Die Verteilung der organischen Substanz auf die Produkte war so, daß vom Kohlenstoff des Ausgangsmaterials 43,4% in den Silbersalzen, 4,5% in den Nitrophenolen, 2,8% im Calciumoxalat und 22,5% im unlöslichen Rückstand wieder gefunden wurden.

Die Silbersalze wurden erst mit Methanol und Salzsäure behandelt und sodann mit Diazomethan weiter methyliert. Die erhaltenen Ester ließen sich durch Äther in zwei Fraktionen trennen, die beide in annähernd gleicher Menge anfielen und zusammen rund 40% des Ausgangsmateriales ausmachten. Die in Äther löslichen Ester ließen sich im Hochvakuum fraktionieren und ergaben wohlausgebildete Krystalle, die durch Schmelzpunkt, Mischschmelzpunkt und Eigenschaften mit nachfolgenden Benzolcarbonsäuren identifiziert werden konnten: Mellithsäure, Benzolpentacarbonsäure, Pyromellithsäure, Mellophansäure, Trimesinsäure. Die in Äther unlöslichen Ester ließen sich im Vakuum nicht destillieren und konnten noch nicht weiter aufgeklärt werden.

Aus den von den Silberfällungen ablaufenden Filtraten wurden, wie bereits erwähnt, durch Extraktion oder in Form von Acridinverbindungen Nitrophenole isoliert. Identifiziert wurde durch ihre bei 256 bis 258° schmelzende Acridinverbindung Pikrinsäure, die in einer Menge von rund 5% anfiel. Diese Untersuchungen sind unter so gelinden Arbeitsbedingungen ausgeführt, daß die Ergebnisse zu Schlüssen auf die Konstitution der Huminsäuren berechtigen.

F. Fischer und H. Schrader[2] erhielten durch Druckoxydation

[1] Liebigs Anm. **478**, 267 (1930). [2] Abh. Kohle **5**, 200 (1920).

von Braunkohlen mit Luft bei Gegenwart von Alkali rund 2% Ameisensäure, 6% Essigsäure, 3% Oxalsäure, 1% Bernsteinsäure, 1% Benzoesäure, ferner Mellithsäure, Pyromellithsäure, Isophthalsäure und Terephthalsäure. Auf die Einzelheiten wird noch im Abschnitt über die Oxydation der Braunkohle zurückgekommen. Das gleiche gilt für die Arbeiten von Bone, Horton und Ward[1]. Diese Forscher arbeiteten mit Rückständen, welche verblieben, als sie Braunkohlen mit Benzol unter Druck bei 250° extrahierten. Diese Rückstände ergaben bei der Oxydation mit verdünnter Kaliumpermanganatlösung in der Wärme gleichfalls sämtliche Benzolcarbonsäuren.

Von sonstigen für die Beurteilung der Konstitution der Huminsäuren wichtigen Arbeiten sei noch erwähnt, daß H. Tropsch und Schellenberg[2] bei Oxydation von Huminsäuren mit konzentrierter Salpetersäure bis zu 5% eines Trinitrodioxybenzols unbekannter Konstitution erhielten. Tropsch und Schellenberg[3] erhielten ferner bei der Druckerhitzung von Huminsäuren mit Alkali sowie bei der Kalischmelze von Huminsäuren neben huminsäureartigen Produkten in geringen Mengen Oxalsäure, Essigsäure, ferner ein aromatisches Säuregemisch mit rotvioletter Eisenchloridreaktion, darunter Isophthalsäure, m-Oxybenzoesäure und 1,3,5-Oxy-Isophthalsäure.

Überblickt man alle für die Struktur der Huminsäuren wesentlichen Ergebnisse der vorliegenden Untersuchungen, so ergibt sich folgendes: es existieren offenbar verschiedene Huminsäuren von fraglicher Einheitlichkeit. Im Hinblick auf die konstituierenden Gruppen verhalten sich aber die verschiedenen Huminsäuren recht ähnlich, so daß man nach W. Fuchs[4] für eine, wenn man so sagen darf, Durchschnittshuminsäure zu nebenstehenden quantitativen Angaben kommt.

Konstituierende Gruppen einer Huminsäure, Mol.-Gew. etwa 1400.

Bezeichnung	Zahl	Gehalt in %
COOH . . .	4	ca. 13
OH.	4	5
CH_2CO . . .	1	3
—O— . . .	2	2
CH:CH. . .	1	2
H (subst.) . .	1	0,1
H (dehydr.) .	4—8	0,4

Aus den Abbauversuchen geht weiter hervor, daß die letzten Bausteine der Huminsäuren Benzolkerne und Phenolkerne sein müssen. Unter den Benzolkernen müssen sich solche befinden, die an allen 6 C-Atomen mit anderen Kohlenstoffatomen verknüpft sind. Auf die Möglichkeit eines Strukturbildes wird im Schlußkapitel eingegangen.

Versuche von H. Tropsch und A. Schellenberg[5] über die Einwirkung von Mineralsäuren, von Natronlauge und Zinkstaub auf

[1] Proc. Royal Soc. London A **127**, 480 (1930).
[2] Abh. Kohle **6**, 225 (1921).
[3] Abh. Kohle **6**, 191 (1921).
[4] Brennstoff-Chemie **11**, 332 (1930).
[5] Abh. Kohle **6**, 235, 196 (1921).

Huminsäuren, Versuche von J. Marcusson[1] über Furolbildung und von O. Burian[2] über Pyrrolbildung beim Verschwelen von Braunkohle (bzw. beim Erhitzen mit Kalk) seien nur erwähnt.

Auch die Versuche von W. Eller[3] sowie von H. Tropsch und A. Schellenberg[4] über die Einwirkung von Jodwasserstoffsäure und rotem Phosphor auf Huminsäuren hatten keine sehr klaren Ergebnisse. Bei der Zinkstaubdestillation von Huminsäure erhielten Tropsch und Schellenberg 3% eines beweglichen Öles, in welchem wahrscheinlich Benzol enthalten war.

Im Hinblick auf technische Prozesse ist das Verhalten der Huminsäuren bei der thermischen Spaltung von Interesse. Bei der trockenen Destillation geben die Huminsäuren nach Erdmann[5] von 225—300° Kohlensäure und etwas Methan ab und verlieren dabei ihre Löslichkeit in Soda. Ob das Unlöslichwerden von Huminsäuren beim Erhitzen auf höhere Temperatur auch in Gegenwart von Wasser auf Anhydridbildung beruht, ist fraglich.

Die Huminsäuren scheinen bei der trockenen Destillation keinen Teer zu liefern. Im Gegensatz zu diesen Ergebnissen von W. Schneider[6] erhielt Erdmann[7] aus Huminsäuren aus Schwelkohlen 8% Teer mit verhältnismäßig viel Kreosot. Auch Huminsäuren, die C. Staemmler[8] in einer Ausbeute von 5—10% aus der Pechglanzkohle von Wattenbach gewann, gaben nur Spuren Teer beim Erhitzen.

H. Tropsch und A. Schellenberg[9] erhielten aus Huminsäuren der Rosenthalkohle sowohl bei trockener Destillation als auch bei Destillation im Vakuum keinen Teer; dagegen konnten 8% Teer gewonnen werden, als die Huminsäuren vor der Destillation einer Druckerhitzung auf 300° unterworfen worden waren. Aus dem Teer wurde als definierte Verbindung eine Substanz vom Schmelzpunkt 62° gewonnen, welche nach einer unveröffentlichten Feststellung von W. Fuchs mit dem Melen von Pictet[10] identisch sein dürfte. Tropsch und Schellenberg nehmen an, daß die Huminsäuren durch die Druckerhitzung eine Umlagerung im Molekül erfahren haben, wodurch sie befähigt werden, beim Erhitzen teerige Produkte zu liefern. Nach Versuchen von W. Fuchs und W. Stengel[11] muß man aber schließen, daß beim Erhitzen unter Druck auf erhöhte Temperatur eine thermische Spaltung der Huminsäuren eintritt, welche zum Teil tiefer-schmelzende und mit oder ohne Zersetzung destillierbare Abbauprodukte

[1] B. **58,** 869 (1925).
[2] Brennstoff-Chem. **6,** 52 (1925).
[3] Liebigs Ann. **431,** 165 (1923).
[4] Abh. Kohle **6,** 196 (1921).
[5] Ztschr. angew. Chem. **34,** 310 (1921).
[6] Abh. Kohle **3,** 333 (1918).
[7] Ztschr. angew. Chem. **34,** 309 (1921).
[8] Brennstoff-Chem. **11,** 281 (1930).
[9] Abh. Kohle **6,** 248 (1921).
[10] Vergl. S. 311.
[11] Brennstoff-Chem. **10,** 303 (1929).

liefert. Mit dieser Auffassung wäre dann auch die Angabe von Bone, Horton und Ward[1] in Einklang zu bringen, welche durch Druckerhitzung von Braunkohlen mit Benzol ein Bitumen erhielten, in welchem sie Phenole nachweisen konnten, sehr im Gegensatz zu dem, was man sonst über das Bitumen der Braunkohle weiß.

Die physikalische Chemie der Huminsäuren der Braunkohle ist im Gegensatz zur Chemie der Huminsäuren aus Torf bisher nur sehr wenig bearbeitet worden. Dies hängt damit zusammen, daß die Huminsäuren der Braunkohle nur in wenigen Fällen befriedigend schnell und leicht in wässerigen Alkalien löslich sind, während andererseits die physikalisch-chemischen Untersuchungen sich bisher meistens auf Lösungen bezogen.

E. Wedekind und Garre[2] haben die Huminsäuren des Kasselerbrauns mit Soda, Kaliumcyanid, sowie geringsten Mengen Ammoniak peptisiert; die dialysierten Kolloidlösungen gaben keine Ammoniakreaktion mehr. M. Samec und Pirkmaier[3] haben aber aus den alkalilöslichen Huminsäuren südslawischer Braunkohlen Ammoniumsalze bereitet, deren nichtdialysierende Lösungen von ihnen in der bereits besprochenen Weise zu Molekulargewichtsbestimmungen benutzt wurden.

Wedekind und Garre[3] haben das Adsorptionsvermögen des Kasselerbrauns untersucht und gleich dem des Lignins gefunden. Jod wird in großen Mengen aufgenommen und kann (im Gegensatz zum Verhalten des Lignins) mit Kaliumjodid und Thiosulfat zum allergrößten Teil wieder entfernt werden.

Eine gemeinsame Eigenschaft der verschiedenen Huminsäuren ist ihr hygroskopischer Charakter. Der Wassergehalt der Huminsäuren wechselt allerdings sehr. Die Aufnahmefähigkeit für Wasser tritt mit steigendem Alter, mit verstärktem Reduktions- und Inkohlungsgrade allmählich zurück.

Eine (unveröffentlichte) Untersuchung der Lichtabsorption von Humaten in wässeriger Lösung und von Huminsäuren in acetonischer Lösung im Ultraviolett hat nichts Charakteristisches ergeben. Das gleiche gilt für die Absorption im Sichtbaren[4].

c) Sonstige Bestandteile.

Man findet in der Literatur häufig die Namen Humine oder Restkohle für Bestandteile der Braunkohle verwendet. Man versteht darunter den Rest, der verbleibt, wenn man Bitumen, alkalilösliche Huminsäuren und eventuell auch die Asche aus der Braunkohle entfernt hat. Zur Restkohle können folgende Substanzen gehören:

---

[1] Proc. Royal Soc. London A **127**, 480 (1930).
[2] Kolloid-Ztschr. **44**, 205 (1928). [3] Kolloid-Ztschr. **51**, 96 (1930).
[4] Vgl. Odén, S.: Die Huminsäuren, S. 96. — Thiessen, G., u. Engelder: Ind. engin. Chem. **22**, 1131 (1930).

1. Organisierte Pflanzenreste resistenter Art, wohl in allen Braunkohlen.

2. Alkaliunlösliche Huminsäuren, Huminsäuren also, die durch Zersetzung von Acetaten, Salzbildung und Basenaustausch, Methylierung, primäre Oxydation und verstärkten Abbau als cyclische Oxycarbonsäuren erkannt werden können, deren Alkalisalze aber in Wasser nicht löslich sind. In manchen Braunkohlen können die in Alkali unlöslichen Huminsäuren die Hauptmasse der Kohlensubstanz darstellen.

3. Humine, d. h. unschmelzbare, cyclische Substanzen, die den Huminsäuren nahestehen, sich zu den gleichen einfachen Verbindungen abbauen lassen wie diese, aber keine Carboxylgruppen enthalten, kommen bei Kohlen von der Art der Pechkohlen in Frage.

4. In lignitischen Braunkohlen, d. h. Braunkohlen, die noch reichliche holzähnliche Überreste enthalten, kommt die Anwesenheit von Lignin in Frage. Solches Lignin gibt im allgemeinen keine Ligninreaktionen, ist kaum in Alkali löslich, zeigt aber noch die morphologischen Eigentümlichkeiten des Holzes und hat hohen Methoxylgehalt.

5. In den gleichen Fällen, in denen Lignin sich ohne sehr tiefgehende Veränderungen erhalten konnte, kommt auch die Anwesenheit von Cellulose in Frage[1]. In der Tat hat man in einzelnen Ligniten bis zu 40% Cellulose nachweisen können[2].

6. Verhalten der Braunkohle bei chemischen Einwirkungen.

a) Luft.

An der Luft dunkeln Braunkohlen, die anfangs recht hell waren, allmählich nach. Petrascheck[3] erwähnt u. a. auch von der Carbonbraunkohle von Tula, sowie von der Glanzbraunkohle von Leoben, daß deren Aussehen beim Lagern und auch schon beim oberflächlichen Trocknen während ganz kurzer Zeit sich beträchtlich ändert.

Mit der Zeit zeigen viele Braunkohlen beim Lagern an der Luft sichtbare Veränderungen, die Kohle wird brüchig und bekommt ein erdiges Aussehen.

Nach Erdmann[4] adsorbierten 10 g erdige Braunkohle in 6 Tagen 4 ccm Sauerstoff. Die chemischen Veränderungen durch diese Sauerstoffaufnahme sind anfänglich gering, werden aber, wie die Tabelle 83 zeigt, nach längerem Lagern sehr beträchtlich.

---

[1] Vgl. Gothan, W.: Braunkohle **25**, 986 (1926). — Potonié, R., u. W. Benade: Braunkohle **28**, 335 (1929).

[2] Vgl. Fuchs, W.: Brennstoff-Chem. **11**, 205 (1930).

[3] Braunkohle **25**, 761 (1925/26).

[4] Brennstoff-Chem. **3**, 257 (1921).

Tabelle 83. Veränderung der Elementarzusammensetzung von Braunkohle beim Lagern.

	Frisch gelagerte Kohle	5 Jahr gelagerte Kohle		
		unterste Schicht	mittlere Schicht	oberste Schicht
% C . .	58,94	55,58	55,61	52,65
% H . .	5,7	5,02	4,96	4,78
% O . .	22,60	23,95	24,08	24,75
% Asche	12,76	15,18	15,35	17,82

Bei höherer Temperatur steigt die Sauerstoffaufnahme beträchtlich an. Beim Durchsaugen von Luft durch grubenfeuchte Braunkohle wurde schon bei 15° Sauerstoff aufgenommen und etwas Kohlensäure abgeschieden; 500 g Braunkohle lieferten in 24 Stunden 8 mg CO_2. Bei 35—40° fand bereits die 8fache, bei 80—85° die 25fache, bei 150° die 800fache Kohlensäurebildung statt. Neben Kohlensäure bildet sich auch Wasser.

Die Sauerstoffaufnahme ist, falls es nicht geradezu zur Selbstentzündung kommt, nicht unbegrenzt. Nach geringer anfänglicher Gewichtsverminderung kann das Gewicht der Kohle schließlich etwas zunehmen, wenn die Sauerstoffaufnahme den Substanzverlust durch Abgabe von Kohlensäure, Wasser (und auch etwas Kohlenoxyd) überwiegt.

Durch die Sauerstoffaufnahme wird der saure Charakter der Huminsäure verstärkt; die stärker sauren Huminsäuren vermögen mehr Mineralbestandteile aus Wasser, Staub und ähnlichem aufzunehmen. Zum Teil damit, zum Teil mit dem wenn auch geringen Substanzverlust durch Verwitterung hängt der vermehrte Aschengehalt verwitterter Braunkohlen zusammen. Eine durch 5jähriges Lagern verwitterte Braunkohle zeigte eine Heizwertabnahme um 12,5%[1]. Beim Verwittern sinkt auch die Gasergiebigkeit sowie der Kohlenstoff- und Wasserstoffgehalt. Graefe[2] fand Verwitterungserscheinungen besonders bei Braunkohle, welche der Feuchtigkeit ausgesetzt war. Nach 7monatlichem Lagern war der Heizwert von 7164 auf 6880 Kalorien, die Teerergiebigkeit um mehr als 20% gesunken.

Neben der verhältnismäßig harmlosen Erscheinung der Verwitterung kann es beim Lagern von Braunkohle an der Luft zur gefürchteten Selbstentzündung kommen. Die Selbstentzündung beginnt mit einer Adsorption von Sauerstoff durch die Braunkohle. Durch Adsorption von Gas, unter Umständen auch von Feuchtigkeit, erwärmt sich die Kohle und die durch die Adsorptionswärme eintretende Temperaturerhöhung kann ihrerseits das Eintreten chemischer Reaktionen, durch

[1] Zahlreiche Literaturnachweise bei Hinrichsen-Taczak, Chemie der Kohle. Leipzig 1916.

[2] Braunkohle **6**, 714 (1907/08).

welche die Kohle oxydiert wird, ermöglichen. Da alle Oxydationsprozesse exotherm verlaufen, findet eine weitere Erhitzung der Substanz statt, die unter Umständen bis zur Selbstentzündung der Kohle steigt.

Man kann den Schluß ziehen, daß die Selbstentzündung unterbleibt, wenn die primären Adsorptions- und Oxydationsvorgänge so langsam verlaufen, daß die dabei auftretende Wärme niemals eine allzu starke und plötzliche Erhitzung der Kohlensubstanz bewirken kann, bzw. wenn es stets zur Ableitung der auftretenden Reaktionswärmen kommt. In der Tat konnte Braunkohle, welche 8 Tage in fein zerriebenem Zustande an der Luft gelegen hatte, auch durch Sauerstoff, welcher 28% Ozon enthielt, nicht mehr entzündet werden[1].

Vielfach hat man versucht, die Selbstentzündlichkeit auf bestimmte Substanzen zurückzuführen, die in der Braunkohle enthalten sind. Man hat den Pyritgehalt mit den zur Entzündung führenden Oxydationsvorgängen in Beziehung gebracht, die Bitumensubstanz, und endlich besonders die Huminsäure. Auch in der Gasphase hat man nach Ursachen der Selbstentzündung gesucht und die Mitwirkung von Ozon bei dem Vorgang vermutet.

Erdmann[2] hat den Einfluß der Gaskonzentration, der Oberfläche, des Wassergehaltes, der Verwitterung und der einzelnen Bestandteile der Kohle auf die Selbstenzündlichkeit untersucht. Als Maß der Selbstentzündlichkeit benutzte er die Zeit, in welcher beim Überleiten von ozonhaltigem Sauerstoff die Substanz sich entzündete, bzw. die Temperatur des Zündpunktes der Substanz in Sauerstoffatmosphäre. Zündpunkt und Selbstentzündlichkeit müssen einander allerdings nicht parallel gehen. Die Entzündlichkeit der Braunkohle wächst mit der Feinheit des Kornes, also mit der Vergrößerung der adsorptionsfähigen Oberfläche. Regenerierung adsorptiv gesättigter Oberfläche begünstigt gleichfalls das Eintreten von Selbstentzündung; eine solche Regenerierung kann durch Wegspülen schützender Gasschichten, wie Kohlensäure, etwa unter dem Einfluß von Regengüssen, erfolgen.

Erdmann fand, daß mit Soda extrahierte Huminsäuren in Sauerstoff, der 2% Ozon enthielt, sich überhaupt nicht erwärmten. Dagegen wurde die mit Soda extrahierte Kohle immer leichter entzündlich. Am leichtesten entzündlich war Restkohle, welche mit starker Salzsäure vorbehandelt war[3].

---

[1] Erdmann: Brennstoff-Chem. **3**, 293 (1922).

[2] Brennstoff-Chem. **3**, 257, 278, 293 (1922).

[3] Über Entzündbarkeit und Explosionsfähigkeit von Braunkohle vgl. ferner H. Steinbrecher, Braunkohlenarchiv Nr. 11, 41 (1926); Braunkohle **29**, 977 (1930). — K. Gärtner, nach C. **1930** II 3486.

Zur Bestimmung der Selbstentzündlichkeit hat Dennstedt[1] einen Apparat angegeben, der auch von E. Mildner[2] verwendet wurde.

Nicht nur Braunkohle, sondern auch Braunkohlenbriketts und Braunkohlenhalbkoks sind selbstentzündlich. Nach R. von Walther und W. Bielenberg[3] vermindert die Brikettierung die Selbstentzündlichkeit. Über Selbstentzündlichkeit von Schwelkoks aus Braunkohle hat P. Rosin[4] eine besonders wichtige Arbeit veröffentlicht. Rosin nimmt 3 Ursachen der Selbstentzündung an, nämlich Adsorption, Autoxydation und Feuchtigkeitsaufnahme.

Versuche zeigten, daß die Adsorption von Kohlensäure durch kalten Schwelkoks allein schon genügte, um die Temperatur auf 70° zu erhöhen. Schwelkoks aus Kohle, die mit Salzsäure vorbehandelt war, zeigte nach Rosin keine Selbstentzündlichkeit; unter Hinweis auf Untersuchungen von F. Fischer und W. Fuchs[5] kommt Rosin zu der Vermutung, daß Humate weit eher einen selbstentzündlichen Schwelkoks liefern als Huminsäure. Zur Vermeidung der Selbstentzündung läßt Rosin den Schwelkoks sich hygroskopisch, adsorptiv und oxydativ sättigen, indem er ihn bei Gegenwart von etwas Wasserdampf entweder direkt oder nach vorheriger Adsorption von Kohlensäure mit Luft behandelt, oder endlich indem der Schwelkohle selbst 0,5—1% Ammoniumchlorid zugesetzt wird.

Da nicht nur Braunkohle, sondern auch Steinkohle und Koks selbstentzündlich sind, kann man folgendes sagen: Selbstentzündung wird durch ein Zusammenwirken physikalischer und chemischer Faktoren hervorgerufen, indem eine bestimmte Oberflächengestaltung, bestimmte reaktionsfähige Atomgruppierungen und eine gewisse Wärmeisolierung die Selbstentzündung begünstigen.

Damit die Selbstentzündung wirklich eintritt, sind vielleicht anorganische Katalysatoren nötig. Vielleicht kann vermutet werden, daß die zur Selbstentzündung führende Reaktion in einer durch Peroxyde eingeleiteten und durch Katalysatoren erleichterten Spaltung mehrfacher Bindungen in oder zwischen cyclischen Ringsystemen besteht; die Spaltung mehrfacher Kohlenstoffbindungen liefert ja viel Wärme.

b) Wasser, Säuren, Alkalien.

Die Beeinflussung des kolloiden Zustands von Braunkohle durch kochendes Wasser oder Wasserdampf wurde bereits erwähnt. Durch

---

[1] Ztschr. angew. Chem. **35**, 193 (1922).

[2] Braunkohlenarchiv Nr. 15 (1927). [3] Braunkohle **26**, 825, 853 (1927).

[4] Von den Kohlen und Mineralölen **1**, 26 (1928); vgl. auch Jäppelt, A.: Braunkohlenarchiv Nr. 20 (1928).

[5] Brennstoff-Chem. **8**, 291 (1927).

Wasserdampf können auch Anteile des Bitumens aus der Kohle ausgetrieben werden. Auf die Wassergasreaktion braucht hier nicht weiter eingegangen zu werden.

Bei Behandlung von Braunkohle mit Mineralsäuren entstehen geringe Mengen flüchtige organische Säuren, aber nur selten reduzierende Stoffe. Die Hauptmasse der Braunkohlen bleibt aber unlöslich.

W. Schneider[1] destillierte Braunkohle mit verdünnter Salzsäure und erhielt begreiflicherweise nur bei Ligniten im Destillate die Furfurolreaktionen.

Auf das Verhalten der Braunkohle gegen Salpetersäure wird unter c), Oxydation, zurückgekommen.

Bei Behandlung mit Alkalien gehen die Huminsäuren der Braunkohle nach und nach in Lösung. In diesen alkalischen Lösungen vollzieht sich zunächst ein Übergang von Huminsäure in alkohollösliche Hymatomelansäure und weiterhin unter unverkennbarer Oxydation (Autoxydation) stärkerer Abbau. Den Übergang von Huminsäure in alkohollösliche Hymatomelansäure haben bei Braunkohle E. Donath und H. Ditz[2] beobachtet. Diese Beobachtungen decken sich mit den bei Torf besprochenen späteren Resultaten von R. Miklauz.

F. Fischer und H. Schrader[3] haben durch Druckerhitzung mit starker Natronlauge einen chemischen Abbau von Braunkohlen erzielt. Sie erhitzten je 200 g gepulverte Unionbriketts mit 800 ccm 10 n-KOH im Autoklaven auf nahezu 300°. Bis auf etwa 10% ging alles in Lösung. Die alkalische Lösung war tiefbraun und enthielt braune Krusten. Die Aufarbeitung ergab Ameisensäure, Essigsäure sowie Säuren der Phthalsäuregruppe, nachgewiesen durch Fluoresceinreaktion. Unter den Phenolen wurden Protocatechusäure bzw. Brenzcatechin durch die Eisenchloridreaktion erkannt.

Bei weiteren Versuchen von Fischer und H. Schrader[4] wurden gepulverte Unionbriketts mit einer wässerigen Lösung von Ätznatron bzw. entsprechenden Mengen Soda, Kalk oder Baryt im Druckgefäß 3 Stunden auf 400 g erhitzt. Bei 400° werden organische Säuren leicht ihrer Carboxylgruppe beraubt; aus dem Bitumen bildet sich Teer; bei Gegenwart oder Bildung von Ameisensäure in stark alkalischer Lösung ist mit Wasserstoffentwicklung zu rechnen und daher auch Hydrierung zu erwarten.

Zur Aufarbeitung wurde mit Wasser verdünnt und ausgeäthert. Das ausgeätherte Reaktionsgemisch wurde abgesaugt, der Rückstand mit heißem Wasser gewaschen, getrocknet und mit Äther ausgezogen. Die

[1] Abh. Kohle 5, 524 (1920).
[2] Österr. Ztschr. f. Berg. u. Hüttenwesen 51, 310 (1903). — Vgl. auch Donath, E.: Ztschr. angew. Chem. 22, 1491 (1909).
[3] Abh. Kohle 5, 360 (1920). [4] Abh. Kohle 5, 366 (1920).

vereinigten Ätherauszüge hinterließen teerig riechende Öle, deren Menge bei den Versuchen mit Soda und Ätzkali gering, bei denen mit Ätznatron und Bariumhydroxyd größer war, so daß in den beiden letzten Fällen hydrierende Wirkung angenommen wurde. In den Reaktionsprodukten vom Ätznatronversuch konnte etwas Formiat nachgewiesen werden. Die Tabelle 84 enthält die Ölausbeuten sowie die Mengen an unverbrauchter Reinkohle in Prozenten der angewandten Reinkohle.

Tabelle 84.

Nr.	Zusatz	Öl-ausbeuten %	Reinkohle im Rückstand %
1	Na_2CO_3	7,3	25
2	NaOH	25,6	6
3	CaO	9,8	23
4	$Ba(OH)_2$	26,2	10

Alkalischmelze: Schinnerer und Morawski[1] haben 200 g Traunthaler Kohle mit 600 g Ätznatron bis zum Aufhören der Wasserstoffentwicklung geschmolzen. Das in Wasser aufgenommene und angesäuerte Reaktionsprodukt gab bei der Destillation ein weißes, kristallinisches Sublimat, nach der Eisenchloridreaktion Brenzcatechin, sowie ein gelbes Öl. Mit Äther vollständig extrahierte Kohle soll bei der Kalischmelze kein Brenzcatechin gegeben haben. Durch Alkalischmelze wird in Alkali unlösliche Substanz der Braunkohle leicht in Alkali lösliche („Huminsäuren") übergeführt.

c) Oxydation.

Feuchte Braunkohle wird durch Sauerstoff, welcher 1% Ozon enthält, nach Erdmann[2] in kurzer Zeit bis zur Entzündung erhitzt. Es wurde vermutet[3], daß der Sauerstoff bei Einwirkung auf Kohle von dieser zuerst zu Superoxyden addiert wird, die dann oxydierend wirkenden Sauerstoff abspalten.

F. Fischer und H. Niggemann[4] haben die Einwirkung von Ozon auf verschiedene und verschieden vorbehandelte, besonders auch mit Salzsäure ausgekochte oder mit Benzol extrahierte rheinische und mitteldeutsche Braunkohlen studiert. Sie konnten bis zu 50% der Kohle in Lösung bringen; 33—38% der Kohlen wurden in nichtflüchtige, wasserlösliche Substanzen übergeführt. F. Fischer und H. Tropsch[5] haben später die Ozonisierung von Braunkohle auch in Eisessig versucht. Die entstehenden Produkte wurden nicht weiter aufgeklärt.

Die Einwirkung von Sauerstoff auf Kohle ist, wie schon lange bekannt, bei Gegenwart von Natronlauge außerordentlich begünstigt. Die Veränderungen von Braunkohle durch Autoxydation, d. h. durch allmähliche Aufnahme von Sauerstoff bei Gegenwart von Alkali, sind

[1] B. 5, 185 (1872).
[2] Braunkohle 7, 69 (1908/09).
[3] Braunkohle 7, 72 (1908/09).
[4] Abh. Kohle 1, 30 (1915/16).
[5] Abh. Kohle 2, 160 (1917).

von H. Schrader[1] näher untersucht worden. Die Sauerstoffaufnahme wurde durch stärkeres (Natronlauge war wirksamer als Ammoniak) und konzentrierteres Alkali sowie durch Temperaturerhöhung begünstigt. Der Sauerstoffverbrauch je Gramm stieg in 24 Stunden bei Gegenwart der 6fachen Menge 5 n-NaOH und Erhitzen auf dem Wasserbade bis auf 160 ccm Sauerstoff.

Die Beobachtungen Schraders wurden u. a. von v. Walther und Bielenberg[2] bestätigt; auch nach ihren Beobachtungen verbraucht mit feuchtem Alkali versetzte Braunkohle sehr lebhaft Sauerstoff; Rohbraunkohlen und extrahierte Braunkohlen verhielten sich dabei insofern verschieden, als letztere in der gleichen Zeit und unter sonst gleichen Bedingungen mehr Sauerstoff aufnehmen als Rohkohlen. Dies ist wegen des erhöhten Huminsäuregehaltes der extrahierten Braunkohlen verständlich; in der Tat hat sich gezeigt, daß die Huminsäuren der Braunkohlen deren autoxydierbaren Bestandteil ausmachen.

Nach v. Walther und Bielenberg[3] geht übrigens die Autoxydierbarkeit der Kohlen bei Gegenwart von Alkali mit ihrer Selbstentzündlichkeit nicht parallel.

Die Oxydation von Kohlen mit Luft unter Druck bei Gegenwart von wässerigen Alkali (Druckoxydation) wurde im Kaiser-Wilhelm-Institut für Kohlenforschung in Mülheim a. d. Ruhr mehrere Jahre lang studiert. Was speziell Braunkohle betrifft, so haben F. Fischer und W. Schneider[4] zahlreiche Versuche methodischer Art über die Druckoxydation von Braunkohlen bei Gegenwart von Alkali mit Sauerstoff oder Luft angestellt. F. Fischer und H. Schrader[5] sowie F. Fischer, H. Schrader und W. Treibs[6] haben Apparaturen für die Druckoxydation beschrieben und den Verlauf derselben in Gegenwart von Alkali, Soda, Kalk, Magnesiumoxyd, Zinkoxyd und Bariumhydroxyd, endlich auch den Einfluß von Katalysatoren, wie Kupfer oder Eisen, geprüft. Durch Druckerhitzung der alkalischen Lösungen, die bei der Druckoxydation von Kohlen erhalten wurden, haben F. Fischer, Schrader und Treibs[7] weitere Einblicke über den Verlauf und das Ergebnis der Druckoxydation von Braunkohle gewonnen. Der Kohlenstoff verteilte sich bei einer 6 Stunden dauernden Druckoxydation bei 200° so, daß 47% im Gas, 2% im unlöslichen Rückstand, 14% in wasserunlöslichen Säuren (hauptsächlich Huminsäure) und 24% in wasserlöslichen Produkten wiedergefunden wurden, während 13% verloren gingen.

[1] Brennstoff-Chem. **3**, 161, 181 (1922). [2] Brennstoff-Chem. **3**, 97 (1922).
[3] Braunkohlenarchiv Nr. 3, S. 32 (1922); Nr. 4, S. 43 (1923).
[4] Abh. Kohle **5**, 135, 160, 186 (1920). [5] Abh. Kohle **5**, 235, 292 (1920).
[6] Abh. Kohle **5**, 200 (1920). [7] Abh. Kohle **5**, 319 (1920).

Die Aufarbeitung schwach oxydierter Lösungen bis zu identifizierbaren Produkten gestaltet sich indes ziemlich schwierig. Dies war der hauptsächlichste Grund, weshalb die verstärkte Druckoxydation ins Werk gesetzt wurde. Hierbei wurde solange oxydiert, bis die abziehende Luft ein Minimum an Kohlensäure (0,1—0,3%) aufwies. Bei einem Arbeitsgange wurde 1 kg rheinische Braunkohle mit 2 l 2,5 n-Sodalösung bei 200° und 45 atü 82 Stunden erhitzt. Der Luftdurchgang betrug 400 l in der Stunde. Nach 20 Stunden war alles bis auf die Mineralsubstanzen in Lösung gegangen. Die Säuren wurden durch Destillation mit Wasserdampf in flüchtige und nichtflüchtige geschieden; letztere wurden in wasserunlösliche und wasserlösliche Säuren getrennt; diese Produkte wurden entweder gleich im Vakuum sublimiert oder mittels der Bleisalze und der Kalksalze in Fraktionen geschieden. Besonders die Kalksalze erwiesen sich geeignet, da eine Gruppe von ihnen die charakteristische Eigenschaft hatte, in der Hitze unlöslich zu sein; so konnte vor allem die Benzolpentacarbonsäure abgeschieden und identifiziert werden. Eine Aufrechnung der Autoren für 100 g rheinische Braunkohle liefert folgendes Bild:

Insgesamt gebildete Säuren	0,39 Äqu.
Wasserdampfflüchtige Säuren	0,13 „
Darunter Ameisensäure	0,02 „
Benzoesäure	geringe Meng.
Mit Wasserdampf nichtflüchtige Säuren	0,25 Äqu.
Oxalsäure	1,23 g
Mellithsäure	0,14 „
Bernsteinsäure	0,06 „
Pyromellithsäure	0,19 „
In der Hitze schwerlösliches Calciumsalz der Benzolpentacarbonsäure	1,80 „
Säuren aus in Essigsäure leichtlöslichen Kalksalzen	1,91 „
Säuren aus wasserlöslichen Kalksalzen und in Essigsäure löslichen Kalksalzen	1,53 „

Durch Variierung von Druck, Temperatur und Reaktionsdauer kann man schwächer oder stärker oxydieren. Bei schwächerer Oxydation erhält man in Alkali unlösliche Kohlensubstanz, alkalilösliche, aber wasserunlösliche Säuren, die in einen alkohollöslichen und alkoholunlöslichen Anteil zerfallen, sowie wasserlösliche Produkte, in der Hauptsache Säuren. Verstärkt man die Oxydationsbedingungen allmählich, so verschwindet zuerst die alkaliunlösliche Substanz, dann verschwinden die wasserunlöslichen und alkoholunlöslichen Säuren; setzt man die Oxydation lange und energisch fort, dann hat man es nur noch mit wasserlöslichen Substanzen zu tun. Stark inkohlte Braunkohlen sind begreiflicherweise unter sonst gleichen Umständen schwer angreifbar. Ob das Bitumen früher entfernt wird oder nicht, bedingt keine allzu bemerkenswerten Unterschiede.

Bei einer Reihe von Versuchen wurde die Substanz mit der 5fachen Menge einer etwa 14%igen Sodalösung bei einem Luftdurchgang von 400 l je Stunde, 43—45 atü und 200° 7 Stunden erhitzt. Der Verlauf der Oxydation wurde auch durch Gasanalysen der entweichenden Gase verfolgt. Eine Übersicht der aus 100 g Kohle erhaltenen Produkte gibt Tabelle 85.

Tabelle 85.
Ausbeuten bei der Druckoxydation von Braunkohle in %.

Braunkohlen-gattung	ungelöster Rückstand	wasserunlösl. Säuren		wasserlösliche Säuren		
		alkohol-unlösl.	alkohol-lösl.	äther-lösl.	Säuren mit alkohol-lösl. Alkalisalzen	alkohol-lösl. nach Ansäuern
Zittauer Lignitkohle. .	6,0	0,3	2,8	10,3	9,1	8,3
Rhein. Rohbraunkohle.	13,4	0,8	3,7	9,7	7,7	25,7
Rhein. Unionbriketts .	12,3	1,7	4,8	9,4	6,3	19,7
Mitteld. Schwelkohle .	33,1	—	7,4	7,7	0,8	22,8
Niederlausitzer alkalilösliche Braunkohle .	29,1	—	4,3	9,1	1,1	19,7
Böhmische Rohbraunkohle (Skodawerke) .	20,3	5,1	12,3	5,1	4,0	13,7
Druckextrahierte rheinische Unnionbriketts	8,7	3,7	10,0	5,1	5,1	25,7
Druckextrahierte Schwelkohle	16,7	0,3	5,7	7,7	7,7	27,7

Die Aufarbeitung stellte an die Geschicklichkeit und Geduld der damit befaßten Chemiker große Anforderungen, doch kam es nicht zur Ausbildung eines stets eingehaltenen und stets brauchbaren Ganges.

Mit unterchloriger Säure haben Frémy[1], ferner Bartoli und Papasogli[2] oxydiert und dabei etwas Mellithsäure erhalten. Neuere Versuche von Stengel[3] ergaben keine definierten Abbauprodukte.

Mit der Oxydation von Braunkohle in alkalischer Lösung haben sich in mehrjährigen Untersuchungen Bone und Quarendon[4], sowie neuerdings Bone, Horton und Ward[5] befaßt. Ihre Untersuchungen bezogen sich u. a. auf eine tertiäre im Anfangszustand der Reife stehende australische Braunkohle (Morwell) sowie auf eine tertiäre und viel reifere Braunkohle aus Canada. Beide wurden nicht als solche, sondern nach vorheriger Benzoldruckextraktion verwendet; beide ergaben bei der Oxydation fast dieselben gewichtsmäßigen Ausbeuten krystallisierter organischer Säuren, hauptsächlich Benzolcarbonsäuren, deren Ausbeuten von Kohle zu Kohle nicht sehr wesentlich schwankten, sowie etwas kleinere Beträge von Oxalsäure und Essigsäure.

Die Oxydation mit Permanganat wurde in der Weise ausgeführt, daß beispielsweise 500 g trockene und feingepulverte, mit Benzol bei 250°

[1] Compt. rend. Acad. Sciences **52**, 114 (1861). [2] B. **19**, 249 (1886).
[3] Abh. Kohle **9**, 125 (1928/29). [4] Proc. Royal Soc. A **110**, 537 (1926).
[5] Proc. Royal Soc. A **127**, 480 (1930).

extrahierte Morwellbraunkohle (entsprechend 478 g aschenfreier Substanz) in einem offenen Kessel in einer Lösung von 345 g KOH in 34,5 l Wasser suspendiert wurde. Nachdem auf 60—70° erhitzt worden war, wurden 3896 g Kaliumpermanganat allmählich hinzugefügt. Als noch besser erwies sich später ein Verhältnis Alkali zu Kohle 1,6:1 und ganz langsames Hinzufügen der angegebenen Menge Permanganat als Lösung bei der bestimmten Temperatur. Die Heizung wurde fortgesetzt, bis die Temperatur zum Siedepunkt gestiegen war, was gewöhnlich nach Zufügung von einem Viertel bis einem Drittel des Permanganats der Fall war. Hernach reichte die Reaktionswärme aus, um das Gemisch im Sieden zu erhalten. Nach Zugabe von drei Viertel des Permanganats mußte wieder angeheizt werden. Die ganze Operation dauerte 2—3 Stunden. Das Erhitzen wurde bis zum Verbrauch des Permanganats fortgesetzt; dann wurde filtriert, abgesaugt und mit siedendem Wasser gut gewaschen. Hierauf wurde eingeengt, mit der notwendigen Menge Schwefelsäure neutralisiert und sodann mit Wasserdampf von flüchtigen Säuren befreit. Schließlich wurde alles zur Trockne gebracht, gemahlen, bei 80° unter vermindertem Druck getrocknet und nachher erst mit Äther, dann mit Aceton im Soxleth extrahiert. Die so gewonnenen Rohsäuren enthielten geringe Mengen Oxalsäure, welche entfernt und bestimmt wurde. Ebenso wurde die im Kaliumsulfat verbliebene Hauptmenge der Oxalsäure festgestellt. Es wurden nebenstehende auf 100 g aschenfreie Substanz berechnete Ausbeuten erhalten.

Tabelle 86.

Kohlenart	flüchtige Säuren	Oxalsäure	Benzol-„rohsäuren“
Morwell-Braunkohle	4,6	19,3	33,2 g
Estevan-Braunkohle	6,8	21,4	47,3 g

Die Mischung der rohen „Benzol-Carbonsäuren“ der Morwellkohle enthielt 50,9% C, 3,25% H und 45,85% O. Durch rechnerische Überlegungen auf Grund der Zusammensetzung von Säuren, ferner aus dem Äquivalentgewicht von 77,5, das durch nachfolgende kurze Behandlung mit Permanganat auf 71 fiel, schließen die Autoren, daß die Ausbeute fast völlig aus Benzolcarbonsäuren, mit der mittleren Zusammensetzung einer Tricarbonsäure, bestand.

Diese Rohsäuren wurden mit konzentriertem Ammoniak behandelt und durch Filtration vom ausgefallenen mellithsauren Salz getrennt. Die löslichen Ammoniumsalze wurden in Silbersalze und weiter in Methylester verwandelt und diese fraktioniert destilliert. Angaben über die schließlich erhaltenen Ausbeuten an reinen Substanzen werden nicht gemacht.

Abgesehen von den Wägungen der Ausbeuten im Großversuch wurden 10 g Morwellkohle besonders auf ihr Verhalten geprüft. Vom Kohlenstoff der organischen Substanz wurden als Kohlensäure 41,3%, als Essigsäure 2,5%, Oxalsäure 7,7% Bernsteinsäure 0,8% und in den Benzolcarbonsäuren 47,4% gefunden. Den 47,4% Kohlenstoff entspricht gewichtsmäßig etwa ein Drittel der als Carbonsäuren betrachteten Rohsäuren.

Nach Bone und seinen Mitarbeitern geht die Oxydation über Huminsäuren als Zwischenprodukt vor sich. Es wurde nämlich festgestellt, daß bei Behandlung mit einer geringeren Menge Permanganat, als dem 8fachen Kohlengewicht entsprach, bei gleichzeitiger Bildung von Huminsäuren ein Teil der Kohle unverändert bleibt. Aus Estevankohle wurden bei einem Verhältnis Permanganat zu Kohle wie 3:1 45% Huminsäuren erhalten, welche in üblicher Weise isoliert wurden. 60 g dieser Huminsäuren wurden mit der 5fachen Menge Kaliumpermanganat oxydiert, wobei 2,9% Essigsäure, 17,7% Oxalsäure, 1,0% Weinsäure und 62,0% „Benzolrohsäuren" erhalten wurden. Aus letzteren wurden Terephthalsäure, Mellophansäure, Pyromellithsäure, Pentacarbonsäure und Mellithsäure isoliert, jedoch nicht mengenmäßig bestimmt.

Einwirkung von Salpetersäure: Die älteren Angaben, unter denen solche von Berthelot[1] nicht fehlen, haben heute wohl nur noch historisches Interesse. Das Studium der Einwirkung verdünnter Salpetersäure hat in der Hand von E. Donath[2] wichtige Ergebnisse gezeitigt. Dieser Forscher benutzte das Verhalten gegenüber Salpetersäure 1:10 zur Unterscheidung von Braunkohlen und Steinkohlen. Durch die Probe von Donath erwiesen sich einige bis dahin als Steinkohlen bezeichnete Vorkommen als Braunkohlen, andere als Braunkohlen angesehene wieder als Steinkohlen. Donath führt das Eintreten der Reaktion in einem Falle, das Nichteintreten im anderen Falle darauf zurück, daß die Braunkohlen Ligninabkömmlinge seien, während die Steinkohlen aus ligninfreiem Material entstanden sein sollen.

Die Probe wird folgendermaßen ausgeführt:

Ein Gewichtsteil der pulverisierten Kohle wird in einem mit Kühlrohr und Vorlage versehenen Kolben mit 10 Gewichtsteilen einer verdünnten Salpetersäure (ein Teil konzentrierte HNO_3 vom spezifischen Gewicht 1,4 und 9 Teile Wasser) übergossen und auf dem Wasserbade erwärmt. Bei etwa 70° zeigen reichlich aufsteigende Gasbläschen den Beginn einer Reaktion an, die bei weiterem Erhitzen immer lebhafter wird und unter Selbsterwärmung des Reaktionsgemisches bis zur Siedetemperatur zu einem andauernden Aufschäumen des ganzen Kolbeninhaltes führt, das auch ohne äußere Wärmezufuhr bei Verarbeitung

---

[1] Vgl. B. 2, 57 (1869).

[2] Vgl. Donath, E.: Unterscheidung, Einteilung und Charakteristik der Mineralkohlen, S. 10. Halle 1924. — Donath, E., u. F. Bräunlich: Chem.-Ztg. 28, 180 (1904).

größerer Mengen stundenlang anhält. Im Verlaufe der Reaktion kondensiert sich in der Vorlage ein wässeriges Destillat, während gleichzeitig Gase und rotbraune Dämpfe nitroser Verbindungen in Strömen entweichen.

Als Produkte des Abbaues ergaben sich Kohlensäure, Oxalsäure, Essigsäure, Propionsäure, Buttersäure und Capronsäure. Die Salpetersäure wird zu salpetriger Säure und vermutlich Hydroxylamin reduziert. Es treten, vielleicht aus letzterem, Stickoxydul, ferner Stickstoff und Blausäure auf. Die Blausäure entsteht vielleicht aus Oximidoverbindungen im Sinne von Hantzsch und Pröpper[1].

Aus dem organischen Rückstand wurden stickstoffhaltige, in Alkohol, Aceton und Alkali lösliche Produkte gewonnen, vielleicht Nitroso-Verbindungen, denn beim Erwärmen mit Phenylhydrazin in essigsaurer Lösung entwickelt sich Stickstoff und die braunroten Lösungen sind mit Zinkstaub oder Eisenstaub zu farblosen Flüssigkeiten reduzierbar.

J. Marcusson[2] hat bei Einwirkung von Salpetersäure auf Braunkohlen acetonlösliche Substanzen erhalten, die er für Nitroverbindungen hält. Es sind amorphe Produkte, die er je nach Umständen in wechselnden Ausbeuten gewann. Ein Gemisch von 7,5 Teilen konzentrierte Schwefelsäure und 5 Teilen Salpetersäure der Dichte 1,42 ergab bei Zimmertemperatur 100% lösliche Nitrokörper. Das Produkt ist rotbraun, heller als Braunkohle und löslich in organischen Lösungsmitteln.

Bei Einwirkung von Salpetersäure hat man aber auch definierte Abbauprodukte erhalten können. Schon E. Guignet[3] hat hierbei die Reaktion auf Trinitroresorcin erzielt. Häufig ist Mellithsäure, wenn auch stets nur in geringer Menge, aus Braunkohle hergestellt worden[4]. H. Meyer und K. Steiner[5] konnten durch Einwirkung rauchender Salpetersäure auf Braunkohle entweder keine oder nur sehr geringe Mengen Mellithsäure erhalten.

Die Arbeiten von Tropsch und Schellenberg sowie von Fuchs und Stengel[6] über Oxydation mit Salpetersäure sind bereits im Abschnitt Huminsäure behandelt.

d) Reduktion.

Die ältesten Versuche über die Reduktion von Braunkohlen dürften von Berthelot[7] stammen; Berthelot hydrierte verschiedene Kohlen mit Jodwasserstoffsäure in der Bombe. Diese Arbeiten sind von

---

[1] Liebigs Anm. **61**, 222 (1884).
[2] Ztschr. angew. Chem. **34**, 521 (1921); Braunkohle **17**, 246 (1918).
[3] Compt. rend. Acad. Sciences **88**, 590 (1879).
[4] Vgl. die Zusammenstellung von Horn, O.: Brennstoff-Chem. **10**, 362 (1929).
[5] Monatsh. **35**, 163, 475 (1914). [6] Abh. Kohle **9**, 88, 111, 130 (1928/29).
[7] Berthelots Arbeiten, übersetzt bei Tropsch: Abh. Kohle **1**, 156 (1916).

F. Fischer und H. Tropsch[1] wieder aufgenommen worden; bei ihren Versuchen wurde mit Jodwasserstoffsäure und rotem Phosphor gearbeitet.

Es wurden z. B. 1,2 g Schwelkohle von den Riebeckschen Montanwerken mit 1,2 g rotem Phosphor und 5 ccm Jodwasserstoffsäure der Dichte 1,7 12 Stunden in der Bombe auf 200° erhitzt. Das Reaktionsgemisch wurde schließlich mit Wasserdampf destilliert; der Rückstand der Wasserdampfdestillation erwies sich zu 60% als löslich in Chloroform.

Die Umwandlung von Kohlen in flüssige Brennstoffe durch Reduktion der Kohlensubstanz mit Hilfe von Wasserstoff ist von F. Bergius in jahrelangen Arbeiten studiert worden. Bergius erhitzt die Kohlen unter erhöhtem Druck und bei erhöhter Temperatur mit Wasserstoff und erzielt dabei eine mehr oder weniger weitgehende Bildung von flüssigen Substanzen, oder wie man es kurz zu nennen pflegt, eine Verflüssigung der Kohle. Seine Versuche bezogen sich besonders auf Steinkohle und werden im Kapitel über Steinkohlen genauer besprochen; doch hat man in der Folge auch Braunkohle häufig mit Wasserstoff reduziert.

Während bei dem Verfahren von Bergius wohl bei Gegenwart von Eisenoxyd, aber grundsätzlich doch ohne Katalysator gearbeitet wird, sind beim Ausbau der Methode von der I. G. Farbenindustrie katalytische Druckhydrierungsverfahren ausgebildet worden. Auch hierauf, ferner auf die Theorie des Prozesses wird noch zurückgekommen.

Die Verfahren von Bergius, der I. G. Farbenindustrie usw. sind zum Teil in verschiedenen Patentschriften niedergelegt, zum Teil sind die betreffenden Einzelheiten wohl noch gar nicht alle bekannt. In der wissenschaftlichen Literatur finden sich folgende Angaben, die bei der Nachprüfung des Bergiusverfahrens an Braunkohle gewonnen wurden. F. Fischer und Frey[2] erhitzten Unionbriketts $4^1/_2$ Stunden bei 65 bis 100 atü Wasserstoff auf 455—465° und erhielten so 73,7% Schwelteer, 37% Gase und leichtflüchtige Stoffe sowie 23,7% Rückstand; das Ausgangsmaterial hatte bei dieser Temperatur 7,7% Schwelteer und 59,3% Rückstand geliefert. Braunkohlenhalbkoks konnte durch einmalige Hydrierung etwa zur Hälfte in gasförmige und flüssige Produkte verwandelt werden, aber auch durch fünfmalige Behandlung nicht ganz verflüssigt werden; insgesamt waren 35,7% Öl und 38,3% Rückstand entstanden. Dieser Rückstand konnte aber durch Niedrighalten der Anfangstemperatur und sehr allmähliche Steigerung auf 468° in 14 Stunden fast ganz verflüssigt werden. Das schwarze, dickflüssige Endprodukt bestand aus 45,2% Öl; ein verbleibender Rückstand von 16% erwies sich als zu $^2/_3$ aus Asche bestehend. 30% des Halbkokses

[1] Abh. Kohle **2**, 154 (1917).

[2] Brennstoff-Chem. **6**, 69 (1925).

waren in gasförmige Kohlenwasserstoffe übergegangen. Das Öl enthielt viele Phenole. Auch aus den Arbeiten von Watermann und Kortland[1] sowie von Shatwell und Graham[2] sind Einzelheiten über das Verhalten von Braunkohle bei der Hydrierung nach Bergius zu entnehmen.

D. G. Skinner und J. I. Graham[3] haben sich u. a. mit der Hydrierung von Braunkohle aus dem Rheinland und aus Devonshire sowie mit der Hydrierung von Halbkoks aus letzterer befaßt. Die Versuche wurden einmal in Stickstoff, ein andermal in Wasserstoff bei gleichen Maximaldrucken vorgenommen. Die weitgehendste Verflüssigung bzw. Hydrierung erfolgte bei der rheinischen Braunkohle, eine geringere bei der aus Devonshire, eine noch geringere bei einem jüngeren Lignit. Die Druckbehandlung unter Stickstoff liefert durchgehend schlechtere Ausbeuten als die Hydrierung. Die Halbkokse ließen sich weniger gut hydrieren als die zugehörigen Lignite. Daß Fischer und Frei[4] Halbkokse besser hydrierbar fanden, wäre teilweise dadurch erklärlich, daß sie geringere Drucke angewendet haben.

I. von Makray[5] erhielt bei Hydrierung ungarischer Braunkohle 53,4% vom Kohlenstoff der Kohle in Form von Öl, 21,7% im Gas und 24,6% im Rückstand. Auch über den Schwefel und den Stickstoff der Kohle macht Makray genaue Angaben.

Zur Hydrierung mit Wasserstoff liefernden Substanzen oder Substanzgemischen hat man mit Kohlenoxyd und Wasser sowie mit Ameisensäure unter verschiedenen Bedingungen gearbeitet. Kohlenoxyd und Wasser liefern beim Erhitzen unter Druck auf 400° Kohlensäure und Wasserstoff; als diese Umsetzung in Gegenwart rheinischer Braunkohle durchgeführt wurde, entstanden aus dieser 35% ätherlösliche Substanzen[6]. Durchführung der Reaktion in Gegenwart von Ammoniak und Pyridin verbesserte die Ausbeuten nicht.

Beim 8stündigen Erhitzen von rheinischer Braunkohle mit Natriumformiat auf 400° im Autoklaven konnten Fr. Fischer und Schrader[7] 44—45% ätherlösliche Substanzen erzeugen. Bei 450° wurden nur 18%, bei 350° nur 64% dieser Menge erzielt. Aus dem Halbkoks einer sächsischen Schwelkohle wurden 32,4% Öl gewonnen. Die ätherunlöslichen Hydrierungsrückstände der Braunkohlen betrugen bei Ligniten 5—10%, bei dem oben erwähnten Halbkoks 36,7%. Nach F. Fischer und J. Jäger[8] ist es besser, anstatt mittels Natrium-

[1] Rec. Trav. chim. Pays-Bas **43**, 691 (1924).
[2] Fuel **4**, 25, 75 (1925).
[3] Fuel **4**, 474 (1925).
[4] Brennstoff-Chem. **6**, 69 (1925).
[5] Brennstoff-Chem. **11**, 61 (1930).
[6] Fischer, F., u. H. Schrader: Brennstoff-Chem. **2**, 257 (1921).
[7] Brennstoff-Chemie **2**, 161 (1921).
[8] Abh. Kohle **7**, 141 (1922/1923).

formiat oder Kohlenoxyd und Wasser mit Wasserstoff unter Druck bei Gegenwart von Natriumbicarbonatlösung zu hydrieren.

Beim Erhitzen von Kohle mit wässriger Lauge unter Druck auf erhöhte Temperatur entsteht u. a. Ameisensäure, die hydrierend wirkt. Man kann daher unter diesen Umständen, wie bereits S. 212 angegeben, Hydrierung feststellen.

e) Einwirkung von Halogenen.

Bei der Einwirkung von Halogenen auf Braunkohle hat man je nach den Umständen mit Oxydation, Substitution, Anlagerung und Dehydrierung der verschiedenen chemischen Bestandteile der Braunkohle zu rechnen. Deshalb hat man denn auch bei der Einwirkung von Halogenen sehr verschiedenartige halogenhaltige, schlecht definierte Produkte bekommen. Man könnte daran denken, die Einwirkung von Halogenen zur Charakteristik der Kohlen heranzuziehen (etwa nach Art der Jodzahlen), man könnte ferner daran denken, die Halogenierung als dehydrierende, substituierende oder sonstwie vorbereitende Operation etwa des oxydativen Abbaues anzuwenden. Wer solche Überlegungen anstellt, wird allerdings lieber mit irgendwelchen Einzelbestandteilen der Kohlen arbeiten, als mit der unzerlegten Braunkohlensubstanz.

Bei Einwirkung von Brom in wasserfreiem Tetrachlorkohlenstoff fand W. Fuchs[1], daß das aufgenommene Brom zum Teil substituiert, zum Teil addiert ist; das addierte Brom konnte durch Behandlung mit einer wässerigen Lösung von Natriumacetat als HBr abgespalten werden, wonach neue Brommengen in gleicher Weise aufgenommen und als Bromwasserstoff wieder abgespalten werden konnten.

f) Rückblick.

Bei den chemischen Umsetzungen mit Braunkohle reagieren alle im vorigen Abschnitt behandelten Bestandteile der Braunkohle in ihrer eigenen Weise, je nach den Umständen auch miteinander. Wasser und wohl auch Säuren können in der Hitze verseifbare Komponenten verseifen, vor allem aber den physikalischen Zustand der Braunkohle als Kolloid beeinflussen. Auch Alkalien wirken verseifend und begünstigen weiter die Autoxydation. Die Oxydation führt zu einem komplizierten Gemenge aliphatischer und aromatischer Säuren und liefert auch Phenole. Die Reduktion ergibt Kohlenwasserstoffe mannigfacher Art. Über die Halogenierung ist noch nicht viel zu sagen.

Für wissenschaftliche Zwecke wird man chemische Umsetzungen besser als mit der Gesamtsubstanz der Braunkohle mit ihren Bestandteilen anstellen. Schon die Entaschung und Entbituminierung von

[1] Brennstoff-Chem. 9, 348 (1928).

Rohbraunkohle, etwa im Sinne der Arbeitsvorschrift von W. Fuchs und W. Stengel, schafft einfachere und klarere Arbeitsbedingungen. Im Hinblick auf technische Ziele bleiben die Umsetzungen der Rohkohle selbst natürlich wichtig.

7. Verhalten der Braunkohle beim Erhitzen[1].

a) Allgemeines und Physikalisches.

Beim Erhitzen von Braunkohle entweicht zunächst das adsorbierte Wasser. Geringe chemische Zersetzung beginnt bereits wenig oberhalb 100°, wobei sich Kohlensäure bildet und Abspaltung von Wasser aus chemischer Bindung anfängt. Diese Erscheinungen sowie Entweichen von Schwefelwasserstoff werden von 200 bis 340° schon sehr merklich.

Durch diese Veränderungen wird die Kohle reicher an Kohlenstoff, ihr Heizwert steigt und das Verfahren kann als Veredelungsverfahren gelten (Bertinierung, Carboziterzeugung). Nach den Ausführungen von A. Fürth[2] ist es wesentlich, daß die Erhitzung bei derartigen Veredelungsverfahren bis zur beginnenden Teerbildung getrieben wird; es muß aber vermieden werden, daß der Teer die Kohle dampfförmig verläßt, vielmehr muß er innerhalb der Poren der Kohlen stehenbleiben und sie verstopfen. Dadurch wird die Kohle nach dem Abkühlen zur Wasseraufnahme ungeeignet.

Beim Erhitzen auf etwa 400—500° spricht man von Tieftemperaturdestillation oder Urdestillation, wenn man die Temperatur möglichst langsam steigert und nicht über 500° hinausgeht. Bei vorsichtiger Leitung der Operation kann der Teer beträchtliche Anteile der ursprünglichen Bitumenstoffe als Destillat enthalten. Meist sind es allerdings nur Zersetzungsprodukte des ursprünglichen Bitumens, die in den Teer gelangen.

Die Art der Erhitzung und die Steigerung der Temperatur während des Schwelvorganges kann übrigens in sehr verschiedener Weise durchgeführt werden; je nachdem, ob die Endtemperatur bei der Verschwelung höher oder niedriger ist, ob mit einem Strom inerter Gase oder mit überhitztem Wasserdampf destilliert wird oder nicht, ob schneller oder langsamer verschwelt wird, können aus ein und derselben Kohle sehr verschiedene Zersetzungs- und Destillationsprodukte entstehen.

Es ist klar, daß zwischen den Produkten der Urdestillation und denen der eigentlichen Verschwelung ein allmählicher Übergang besteht.

Die Verschwelung und die mit ihr verbundene Entgasung der Braunkohle stellen einen exotermen Prozeß dar. H. Strache und H. Grau[3]

[1] Vgl. Thau, A.: Die Schwelung von Braun- und Steinkohle, Halle 1927.
[2] Braunkohle und ihre chemische Verwertung, S. 38. Dresden u. Leipzig 1926.
[3] Brennstoff-Chemie **2**, 97 (1921).

bestimmten die obere Entgasungswärme verschiedener Braunkohlen zu 49—210 Kalorien.

Es wird hierbei als obere Entgasungswärme im Einklang mit Jüptner, der in diesem Falle von Vergasungswärme spricht, jene Wärmemenge, bezogen auf flüssiges Wasser und flüssigen Teer von 0° C, definiert, welche durch den chemischen Prozeß bei der Entgasung entweder gebunden oder erzeugt wird (Zersetzungswärme), vermehrt um jene kalorische Energie, welche zur Überwindung von äußerer Arbeit bei Gasentstehung notwendig ist. Die positive Wärmetönung der Verschwelung gilt nach Strache und Frohn[1] für alle Brennstoffe mit mehr als etwa 17% O.

Ähnliche Resultate ergaben sich auch bei Versuchen von Ruhemann und Zeller[2], bei denen beim Erhitzen von Braunkohle auf über 500° ein exotermer Verlauf festgestellt wurde.

Über die Arbeiten von E. Terres wird im Kapitel IV. berichtet.

Aus diesen Feststellungen ergibt sich die praktisch bedeutsame Tatsache, daß der eigentliche Schwelprozeß keine besondere Wärmezufuhr erfordert, ein Umstand, der vor allem bei Anwendung vorgetrockneter Braunkohle wirtschaftlich und technisch wichtig geworden ist.

b) Chemische Einzelheiten.

Auf das Ergebnis der Destillation der Kohle haben Einfluß: die Vorbehandlung der Kohle (wie Vortrocknung, langes Lagern usw.), die chemische Atmosphäre — man kann mit Spülgasen arbeiten —, die Wärmeübergangs- und Wärmeleitverhältnisse sowie Temperatur und Druck.

Bei der üblichen Braunkohlenschwelerei erhält man aus nicht weiter vorbehandelter Kohle 50—60% Schwelwasser, 25—35% Koks, 5—10% Teer und 1—1,5% Gasbenzin; der Rest ist Schwelgas.

Nach manchen Literaturangaben führen Vortrocknung, langes Lagern und Einwirkung von Sauerstoff zu einer Verminderung der Teerausbeute. Nach Graefe[3] liefert gut gelagerte Braunkohle zwar weniger Teer, aber Teer von besserer Qualität, da vor allem der Phenolgehalt des Teeres im Zusammenhang mit der Voroxydation durch das Lagern sinke.

F. Fischer, W. Schneider und A. Schellenberg[4] haben geprüft, welchen Einfluß lange Lagerung und kurze Trocknung der Braunkohle unter verschiedenen Bedingungen auf die Ausbeute an Teer beim Verschwelen der Kohle haben. Ihre Resultate zeigt Tab. 87 (am Beispiel der rheinischen Braunkohle). Die Zahlen beziehen sich auf % der Trockensubstanz.

[1] Brennstoff-Chem. **3**, 337 (1922). [2] Ztschr. angew. Chem. **35**, 725 (1922).
[3] Braunkohlen-Industrie, S. 8. Halle 1906. [4] Abh. Kohle **5**, 76 (1920).

Tabelle 87.

	Koks	Teer	Waser	Gas und Verlust
Grubenfeucht	59,3	10,6	8,6	21,5
Lufttrocken	61,8	9,2	9,6	19,4
Bei 105° getrocknet (in Luft)	61,5	7,3	8,7	22,5
Bei 105° getrocknet (in CO_2)	60,4	10,7	11,2	17,7

Diese Versuche wurden im Aluminiumschwelapparat ausgeführt; die Temperatur wurde während einer Stunde allmählich von 320 auf 500° gesteigert und dann 15 Minuten konstant gehalten. Aus den Resultaten geht hervor, daß die Teerausbeute beim Vortrocknen der Kohle an der Luft sinkt, während sie beim Vortrocknen im Kohlensäurestrom annähernd gleich bleibt.

Im Gegensatz zu den aus diesen Resultaten sich ergebenden Schlüssen empfahl R. von Walther[1] vorgetrocknete und auf 300° vorerhitzte Braunkohle zu verschwelen. P. Rosin und H. Just[2] verschwelten Rohkohle, ferner Kohlen, die im Vakuum, in Kohlensäureatmosphäre, in Luftatmosphäre und in Sauerstoffatmosphäre getrocknet worden waren, im Aluminiumschwelapparat und fanden, daß bei völliger Trocknung in Kohlensäure überhaupt keine Verminderung der Teerausbeute eingetreten war, und daß bei Trocknung an Luft die Teerausbeute um höchstens 4, bei Trocknung in Sauerstoff die Teerausbeute um höchstens 8% gesunken war[3].

Die Möglichkeit, ohne wesentliche Einbuße an Teer vorgetrocknete Braunkohle zu verschwelen, ist wichtig, da hierdurch an Stelle der mit etwa 15% Wasser angewendeten Schwelbraunkohle eine Kohle verwendet werden kann, die nur $^1/_3$ des sonst anfallenden, durch Phenolgehalt lästigen Schwelwassers liefert.

In Tabelle 88 sind einige Schwelanalysen wasserfreier mitteldeutscher und hessischer Braunkohlen nach Sander[4] zusammengestellt.

Tabelle 88.
Ausbeuten beim Verschwelen von Braunkohlen in %.

Nr.	Schwelkoks	Schwelteer	Schwelwasser	Schwelgas
1	52,4	20,0	8,4	19,2
2	52,3	22,6	7,6	17,5
3	58,9	16,5	6,4	18,2
4	56,9	20,0	8,5	14,6

Unter den Arbeitsbedingungen der trockenen Destillation selbst sei zunächst der Druck betrachtet. Beim Arbeiten unter vermindertem Druck kann man mehr und „geschonteren“ Teer erhalten, als bei der gewöhnlichen Arbeitsweise; beim Arbeiten unter erhöhtem Druck geht

[1] Nach Brennstoff-Chem. **9**, 287 (1928).
[2] Braunkohle **28**, 893, 915 (1929).
[3] Vgl. auch Bahr, Th.: Brennstoff-Chem. **11**, 31 (1930).
[4] Von den Kohlen und Mineralölen I, 221. Berlin 1928.

die Teerausbeute weiter zurück und man kann in einigen Fällen an Stelle des sonst in der Blase verbleibenden mehr sandigen Grudekokses einen verbackenen Koks erhalten.

Mit der Destillation von Braunkohle im Vakuum haben sich W. Schneider und H. Tropsch[1] befaßt. Bei einem Druck von wenigen Millimeter Quecksilber begann die Destillation bei 155—160° und war bei 300—330° so gut wie beendet. Zuerst sublimierte eine gelbe Substanz, bei etwa 290° ging flüssiger Teer über. Auch wurden geringe Mengen eines leichtflüssigen, unangenehm riechenden Öles erhalten. Das Destillationswasser reagierte sauer und enthielt Schwefelwasserstoff. Die Tab. 89 enthält die Ergebnisse von drei Destillationsversuchen.

Tabelle 89. Destillation von Braunkohle im Vakuum.

	I	II	III
Durchschnittlicher Druck	3 mm	9 mm	9 mm
Versuchsdauer in Stunden	2	$2^1/_2$	2
Gewicht der angewandten Kohle in g	107,3	132,3	145,6
Destillationsrückstand in %	49,4	46,8	41,1
Teer in %	27,1	28,1	27,5
Öl in %	3,2	2,0	1,7
Wasser in %	n. b.	8,7	8,3
Gas und Verlust in %	n. b.	14,4	11,4

Die Verhältnisse beim Erhitzen von Kohlen bei Temperaturen von 400 bis 1000° im Vakuum besonders im Hinblick auf die entweichenden Gase hat in den letzten Jahren P. Lebeau[2] in einer Anzahl Arbeiten studiert. Auf Grund der Ergebnisse dieser Arbeit unterscheidet er lignitische und anthrazitische Braunkohlen, von denen die ersteren wohl mit erdigen und lignitischen Braunkohlen, die letzteren mit Glanzbraunkohlen übereinstimmen dürften.

Bei den lignitischen Braunkohlen beginnt die Gasentwicklung mit der Entwicklung von Kohlensäure schon bei 200—300°; die Entwicklung der Kohlensäure erreicht ihr Maximum bei 400° und fällt dann sehr schnell. Das Maximum der Gasentwicklung überhaupt liegt für die lignitischen Braunkohlen bei 700°. Die lignitischen Braunkohlen lassen sich zu 39—72% verflüchtigen. Beim Maximum der Gasentwicklung sind mindestens 75%, meist 80—90% des Gases verbrennlich; das Gas besteht hierbei hauptsächlich aus Wasserstoff und Kohlenoxyd im Verhältnis etwa wie 2 : 1.

Bei den anthrazitischen Braunkohlen beginnt die Gasentwicklung erst oberhalb 300°. Bei 800° zeigen diese Braunkohlen ein scharf ausgeprägtes Maximum der Gasentwicklung; es entweichen reichlich

[1] Abh. Kohle **2**, 28 (1917).
[2] Proc. int. Conf. Bit. Coal **1928**, I 670. Pittsburgh 1928.

Wasserstoff und Kohlenoxyd. Die Kohlensubstanz ist hierbei zu 32—50% flüchtig.

F. Fischer, Th. Bahr und H. Sustmann[1] verschwelten bitumenarme rheinische Braunkohle und bitumenreiche mitteldeutsche Schwelkohle unter einem Gasdruck von 50 atü bei 600°. Rheinische Braunkohle lieferte auch unter Druck nur einen pulverförmigen Halbkoks; Briketts aus rheinischer Braunkohle gaben bei Verschwelung unter 50 atü Gasdruck einen sehr harten, verbackenen Halbkoks. Mitteldeutsche Schwelkohle lieferte einen harten, stückigen, schwach silberglänzenden Koks. Wie aus der Tabelle 90 hervorgeht, lieferte die Verschwelung unter Gasdruck im Vergleiche mit der gewöhnlichen Verschwelung weniger Teer, mehr Gas und mehr Koks.

Tabelle 90.

	Atmosphärendruck %	50 at %
Urteer.	21,9	8,2
Wasser	18,5	17,7
Gas und Verlust	17,3	27,2
Gas 0°; 760 mm.	11,47	21,29
Halbkoks . . .	42,3	46,9

R. von Walther, W. Bielenberg und W. Jentzsch[2] erhitzten Braunkohle im Autoklaven bei geöffnetem Ventil bis kurz unterhalb der Entteerungstemperatur und verschwelten sodann unter Druck von 15 bis 20 atü mit nachfolgenden Resultaten (Tab. 91):

Tabelle 91.

	Verschwelung ohne Druck %		Verschwelung mit Druck %
Teer	41,2	Öl	23,3
Wasser	12,1	Wasser	20,1
Koks	33,4	Koks	40,8
Gase und Verluste . .	13,3	Gase und Verluste . .	15,8

Über den Teer und das Öl der Tab. 91 unterrichtet Tab. 92.

Tabelle 92.

	Teer aus der Verschwelung	Öl aus der Druckverschwelung
$D\frac{15°}{4°}$	0,930	0,828
Kreosote	8,7 %	3,9 %
Paraffin	14,9 %	0,8 %
Ungesättigte Kohlenwasserstoffe . . .	16,8 %	33,5 %

Der „Teer" läßt sich bis 300° nur zu 34% destillieren, das „Öl" vollständig. Die Druckverschwelung liefert einen stückigen, festen Koks vom Heizwert 7120 Kalorien.

[1] Brennstoff-Chem. **11**, 1 (1930). [2] Ztschr. angew. Chem. **43**, 1009 (1930).

Von sonstigen Modifikationen der Arbeitsbedingungen sei die Zuhilfenahme von Wasserdampf zur vorsichtigen Destillation der Braunkohle im Laboratorium erwähnt. Derartige Versuche von Ramdohr können vielleicht als Vorläufer der sogenannten Spülgasschwelung angesehen werden, bei welcher der Erfolg der thermischen Zersetzung der Kohle durch das Arbeiten in einem indifferenten Gasstrom gesteigert werden soll[1]. M. Dunkel[2] destillierte Braunkohle im Vakuum mit Wasserdampf. R. Ciusa und Galizzi[3] haben bei der Destillation italienischer lignitischer Braunkohle mit Wasserdampf einzelne komplizierte Kohlenwasserstoffe erhalten.

Ähnlich wie F. Fischer, A. Pranschke und H. Sustmann[4] Steinkohle verschwelte C. Staemmler[5] Braunkohle unter Zusatz von gewöhnlichem und oxydiertem Braunkohlen-Generatorteer, um die Qualität des Grudekokses zu verbessern, was aber nicht ausreichend gelang[6].

c) Die Produkte der trockenen Destillation der Braunkohle.

Im Urgas aus Braunkohle finden sich nach Fritzsche[7] folgende Bestandteile: Kohlensäure, Kohlenoxyd, Wasserstoff, Acetylen, Ätylen, Propylen, Butylen, Methan, Äthan, Propan, Butan, Pentan, Hexan, Stickstoff, Sauerstoff und Schwefelwasserstoff.

Das Schwelwasser enthält etwa 1% Substanzen gelöst, die folgenden Gruppen angehören:

1. Neutralverbindungen, und zwar Methylalkohol und andere Alkohole, Aldehyde wie Acetaldehyd, Ketone wie Aceton und Methyl-äthylketon, Nitrile wie Acetonitril.
2. Säuren; Essigsäure und höhere gesättigte und ungesättigte Fettsäuren, vielleicht bis zur Capronsäure und Undecylsäure.
3. Phenole, und zwar außer Phenol besonders Brenzcatechin sowie hochsiedende Phenole.
4. Basen, wie Ammoniak und Pyridinbasen.
5. Schwefelverbindungen, wie Schwefeldioxyd und Schwefelwasserstoff.

Das Gas aus den Rolleöfen hat nach Graefe die in Tabelle 93 angegebene Zusammensetzung.

---

[1] Vgl. das S. 223 zitierte Buch von Thau.
[2] Mitt. a. d. Schles. Kohlenforschungsinstitut **2**, 201 (1925).
[3] Nach C. **1926 I**, 278.
[4] Brennstoff-Chem. **10**, 480 (1929).
[5] Brennstoff-Chem. **11**, 413 (1930).
[6] Vgl. Seidenschnur: Brennstoff-Chem. **11**, 468 (1930).
[7] Brennstoff-Chem. **3**, 19 (1922).

Tabelle 93. Zusammensetzung von Braunkohlengas aus Rolleöfen in %.

	I	II	III
Dampfförmige Kohlenwasserstoffe	0,4	0,7	0,2
Kohlensäure	23,4	17,8	17,5
Ungesättigte Kohlenwasserstoffe	1,3	2,2	1,8
Sauerstoff	0,0	0,0	0,0
Kohlenoxyd	12,5	14,4	13,7
Wasserstoff	31,8	32,8	36,4
Methan	28,4	19,4	10,3
Äthan	nicht bestimmt	nicht bestimmt	3,2
Stickstoff	2,2	12,7	17,3
Heizwert	4520 Cal.	—	2870 Cal.

Bei dem modernsten Verfahren der vollständigen Vergasung von Braunkohle erhält man nach Privatmitteilung von Dr. A. Thau ein Gas nachstehender Zusammensetzung:

Tabelle 94. Zusammensetzung von Braunkohlengas nach A. Thau.

	%	%	%	%	%
Gasausbeute je kg Brennstoff in m³	2,23	1,53	1,48	1 11	2,45
$CO_2 + H_2S$	5,8 (7,7)	6,5 (2,6)	9,0	11,3	5,4
C_nH_m	— (0,2)	— (0,2)	—	—	—
CO	14,6 (25,5)	8,6 (29,4)	13,5	10,7	17,1
H_2	26,7 (15,7)	21,9 (13,2)	21,2	16,6	26,2
CH_4	4,8 (3,8)	2,2 (4,0)	2,3	1,6	3,5
O_2	— (—)	— (0,3)	—	0,8	0,4
N_2	48,1 (47,1)	60,8 (50,3)	54,0	58,8	47,4
Heizwert kCal/m³	1598 (1575)	1087 (1647)	1186	895	1510

Die Spalten beziehen sich der Reihe nach auf mitteldeutsche Briketts, mitteldeutsche Rohbraunkohle, Lausitzer Lignitkohle, Schwandorfer Förderkohle und Böhmische Stückbraunkohle. Die Zahlen in Klammer betreffen das bei gleichzeitiger Teergewinnung erhaltene Gas.

Technischer Braunkohlenteer ist bei gewöhnlicher Temperatur meist eine dunkelbraune Masse von butterartiger Konsistenz und zuweilen unangenehmem Geruch nach Schwefelwasserstoff. Das spezifische Gewicht bei 50° beträgt 0,850—0,920; der Stockpunkt liegt von 25 bis 35° und höher, die Siedegrenzen sind 100—400°. Über die Zusammensetzung der beiden technisch in Betracht kommenden Braunkohlenteere, des Braunkohlenschwelteeres und des Braunkohlengeneratorteeres unterrichten nachstehende Angaben nach Graefe. Aus der Tab. 95 sind auch die Punkte zu ersehen, auf die man praktisch Wert legt.

Braunkohlenteer von Urteercharakter unterscheidet sich von Schwelteer durch höheres spezifisches Gewicht, höheren Erstarrungspunkt, höheren Gehalt an Stoffen, die in Petroläther unlöslich sind sowie,

Tabelle 95.

	Schwelteer mittlerer	Schwelteer guter	Schwelteer schlechter	Teer von Schwelgeneratoren von Rositz	Mondgasteer aus böhmischer Braunkohle Komotau
Spez. Gew. bei 50°	0,886	0,867	0,917	0,915	1,046
Siedeanfang	130°	190°	174°	—	—
Rohöl %	37,5	30,0	24,1	22,0	29,0
Kreosotgehalt des Rohöles %	15,0	11,0	19,5	17,0	44,0
Paraffinmasse %	55,5	63,0	68,9	66,5	57,0
Deren Kreosotgehalt %	6,0	9,0	7,0	9,0	34,0
Deren Erstarrungspunkt	25,8°	29,8°	26,1°	—	—
Paraffingehalt des Teeres %	12,5	14,67	12,53	13,1	3,7

infolge der Anwesenheit unzersetzter Anteile des Montanwachses, durch höhere Verseifungszahlen. Er ist ferner frei von Naphthalin, während Schwelteer stets etwas Naphthalin enthält. Die Tab. 96 enthält einige Beispiele für die Zusammensetzung von Urteeren.

Tabelle 96.
Prozentische Zusammensetzung von Braunkohlen-Urteeren.

Kohle	Benzine	Nichtviskose Öle	Rohparaffin	Schmieröle	Neutrales Harz	Pech	Phenole und Kresole	Basen	Autoren
Rheinische Braunkohle	3,4	15,9	11,5	16,5	2,6	9,5	26,6	1,0	Fischer und Schneider
Mitteldeutsche Schwelkohle	6,1	25,5	22,2	18,8	2,4	3,5	10,5	1,0	Abh. Kohle **3**, 282 (1919)
Braunkohle von Komotau	—	19,7	6,5	26,8	—	20,2	25,1	1,7	Strache und Dolch, Montan. Rundsch.
Nordböhmische Braunkohle	—	15,9	11,9	36,8	—	13,1	20,6	1,8	**11**, 611 und früher (1919)

Die Zerlegung der Teere in den vorangehenden Tabellen geschah, wie die Tabellen selbst zeigen, hauptsächlich im Hinblick auf die praktischen Verwendungsmöglichkeiten. Nach ähnlichen Gesichtspunkten sind die in der Praxis anfallenden Braunkohlenteere natürlich vielfach untersucht worden. Bei der Destillation des üblichen Schwelteeres entstehen etwa 2% Gas und etwa 2% Teerkoks, während die Hauptmenge in flüssigen Fraktionen anfällt.

Die Zerlegung des Teeres in chemisch definierte Gruppen kann zur Trennung in saure (phenolische), basische und neutrale Teile führen, wobei die sauren Anteile mit Laugen, die basischen Anteile mit Säuren ausgezogen werden können und die neutralen Anteile übrigbleiben. In der Praxis wurden auch Verfahren ausgebildet, bei denen der Teer durch Behandlung mit organischen Lösungsmitteln zerlegt wird. Insbesondere kann man mit Alkohol Kreosote und Harze entfernen. Die in den Alkohol gehenden Phenole sind als Kresol im Handel. Auch mit

Aceton, mit flüssiger schwefliger Säure usw. hat man Trennungen in der Technik ausgeführt.

Bei der wissenschaftlichen Untersuchung des Teeres sind mehrere, bisher nur wenig bearbeitete Fragen zu erkennen. Diese Fragen sind:

1. Welchen Substanzen der ursprünglichen Braunkohle verdankt der Teer (weiterhin die einzelnen Bestandteile des Teeres) seine Entstehung.

2. Aus welchen chemisch definierten Verbindungen besteht der Braunkohlenteer.

3. Wie verändert sich Art und Menge der chemischen Bestandteile des Teeres mit dem Ausgangsmaterial, dessen Vorbehandlung, der Arbeitsweise usw.

Zur Beantwortung der ersten Frage hat W. Schneider[1] die bei seinem bereits besprochenen Zerlegungsgang der Braunkohle erhaltenen Komponenten jede für sich in Mengen zu je 50 g aus einer kleinen Glasretorte verschwelt. Hierbei erhielt er die Werte der Tab. 97.

Tabelle 97.

Es gaben:	Ursprüngl. Kohle %	Harz %	Wachs %	Bitumen B %	Huminsäuren u. Kohlerückstand %
Teer	23	77	78	66	7
Wasser	9	nicht vorh.	3	4	9
Koks	49	8	9	20	60
Gas (bestimmt aus der Differenz)	19	15	10	10	24

In ähnlicher Weise und mit ähnlichen Resultaten hat E. Erdmann[2] die Sache behandelt. Als Versuchsmaterial diente 1. eine Schwelkohle der Riebeckschen Montanwerke, 2. entbituminierte Kohle der gleichen Firma, 3. Montanwachs, ein aus mitteldeutscher Schwelkohle extrahiertes Handelsprodukt, sowie 4. Huminsäure, die aus der entbituminierten Braunkohle mit Sodalösung extrahiert und mit Salzsäure gefällt worden war.

Die Tab. 98 enthält die Resultate von Erdmann.

Tabelle 98.

	Asche in Trockensubst. %	Destillate in % d. trockenen u. aschefreien Ausgangsmaterials				Im Teer			
		Wasser	Teer	Koks	Schwelgas	Rohparaffin	% vom Teer	Kreosot	% vom Teer
1. rohe Schwelkohle	8,63	9,0	29,2	33,4	28,4	9,99	34,2	1,33	4,6
2. entbituminierte Schwelkohle	10,95	8,6	20,6	36,8	34,0	2,36	11,5	1,40	6,8
3. Restkohle	23,03	3,8	33,2	30,0	33,0	5,44	16,4	2,03	6,1
4. Montanwachs	1,6	19,5	66,1	5,9	8,5	31,09	47,0	1,83	2,8
5. Huminsäuren	0,79	16,5	8,2	52,4	22,9	1,07	13,1	1,38	16,8

[1] Abh. Kohle **3**, 325 (1918). [2] Ztschr. angew. Chem. **34**, 309 (1921).

Aus den Arbeiten von Schneider und von Erdmann ergibt sich, daß die Teerbildung vorwiegend auf das Bitumen zurückgeführt werden kann.

Was die Zerlegung des Braunkohlenteers in chemische Einzelverbindungen betrifft, so kann hier trotz der sicherlich großen Anzahl von Einzelverbindungen in den verschiedenen Braunkohlenteeren keine so eingehende Liste aufgestellt werden, wie dies etwa für den Steinkohlenteer der Technik möglich ist.

Von den Phenolen des Braunkohlenteeres sind nur die bis etwa 230° destillierbaren wenigstens einigermaßen studiert. W. Gluud und Breuer[1] haben zur Trennung von Phenolen die mit Chloressigsäure entstehenden Phenoxyessigsäuren verwendet, H. Brückner[2] hat später eine Trennung ausgearbeitet, die auf der Sulfonierung der Phenole (aus Steinkohlenteer) und der Spaltung der Phenolsulfonsäuren beruht.

Andere Forscher haben die Phenole durch Überführung in Phenylurethane, Carbaminsäureester u. a. mehr zerlegt. G. Schulz und H. Mengele[3] konnten durch fraktionierte Destillation, Benzoylierung, Chlorierung, Kuppeln mit diazotierter Sulfanilsäure keine Trennung der Braunkohlenteerphenole in identifizierbare Einzelverbindungen erreichen. Dagegen konnten sie durch Methylierung mit Dimethylsulfat die ursprünglichen Siedeintervalle der Ausgangsfraktionen von 5° auf 17—30° ausdehnen. Unter Zuhilfenahme von Bromierung sowie Trennung bromierter Äther und bromierter Phenole — mit der Bromierung parallel läuft nämlich eine selektive Verseifung — identifizierten sie, zum Teil in Übereinstimmung mit schon bekanntem, Phenol, m-Kresol, o-Äthylphenol, m-Äthylphenol, verschiedene Xylenole, o-Isopropylphenol und Brenzcatechin. F. von Hessert[4] schützte die bis 228° siedenden Phenole durch Überführung in Phenolschwefelsäuren vor zerstörendem Abbau und oxydierte dann die Seitenketten mit Alkali und Kaliumpermanganat zu Carboxylgruppen. Die Oxycarbonsäuren waren dann leichter zu identifizieren. Die höher siedenden Phenolfraktionen enthielten auch Naphthole.

Die geringen Anteile basischer Verbindungen in den Braunkohlenteeren sind kaum untersucht.

Unter den neutralen Verbindungen sind vor allem aliphatische, vorwiegend gesättigte Kohlenwasserstoffe, hydroaromatische Verbindungen

---

[1] Abh. Kohle **2**, 236 (1917).

[2] Von den Kohlen und Mineralölen I, 173 (1928). Daselbst weitere Literaturnachweise.

[3] Ztschr. angew. Chem. **43**, 277 (1930).

[4] Ztschr. angew. Chem. **43**, 771 (1930).

und aromatische Verbindungen zu erwähnen[1]. Ruhemann[2] und seine Mitarbeiter haben im Schwelteer hydroaromatische, im Generatorteer rein aromatische Naphthalinderivate nachweisen können. Durch Dehydrierung mit Schwefel konnten die einen in die anderen übergeführt werden. Es handelte sich dabei besonders um zwei Substanzen, $C_{13}H_{14}$ und $C_{14}H_{16}$, vermutlich Methylisopropylnaphthalin und Trimethylnaphthalin.

Durch Behandlung mit Ferrocyanwasserstoffsäure konnte Ruhemann aus Braunkohlenteer ein blaues, ein Pikrat gebendes Öl, das den Sesquiterpenen nahestehenden Azulen $C_{15}H_{18}$, isolieren. Im Teeröl sind nach Ruhemann geringe Mengen tricyclischer Sesquiterpene vom Typus des Gurjunens vorhanden, durch deren Dehydrierung während des Schwelprozesses Azulen entsteht. Die substituierten Naphthalinderivate, z. B. nach Art des Eudalins $C_{14}H_{16}$, dürften nach dem Ergebnis von Oxydationsversuchen jeweils nur in einem Kern substituiert sein.

Die neutralen Anteile des Teeres bestehen zu etwa 10—15% aus Alkoholen, Estern und Ketonen. Durch fraktionierte Destillation, Behandlung mit Ferrocyanwasserstoffsäure und Herstellung von Semicarbazonen und andere Operationen konnte eine ganze Anzahl von Ketonen aus dem Braunkohlenteer isoliert werden.

Was die Zurückführung der Destillationsprodukte auf die ursprünglichen Bestandteile der Braunkohle betrifft, so ist das Paraffin auf das Montanwachs zurückzuführen. Die hydroaromatischen, ringförmigen Kohlenwasserstoffe entstammen nach S. Ruhemann und W. Fischer[3] dem Harzanteil des Bitumens; dies konnte durch Versuche mit besonders vorsichtig bereitetem Teer aus Kohle, Kohlebitumen und entbituminierter Kohle gezeigt werden. Die Phenole des Braunkohlenteers entstammen vermutlich wenigstens zum Teil aus den Huminsäuren; die Formeln konstitutionell aufgeklärter Harze im Kap. I lassen aber wohl erkennen, daß auch die Harze als Ursubstanzen der Phenole in Frage kommen.

Aus diesen Bemerkungen geht bereits hervor, wie sich ein Teer unter sonst gleichen Umständen mit der Zusammensetzung der destillierten Braunkohle ändern kann. Eine oxydierende Vorbehandlung der Braunkohle kann, aber muß nicht die Menge der erhaltenen, aus den Huminsäuren stammende Phenole herabsetzen. Bei vorsichtigem Arbeiten, wie tiefe Temperatur, langsame Destillation, verminderter Druck, erhält man im reichlicher anfallenden Teer besonders höhere aliphatische Kohlenwasserstoffe und auch hydroaromatische Verbindungen; Ver-

[1] Vgl. auch Dolch, M.: Braunkohle **24**, 218 (1925/1926); ferner Ciusa und Galizzi, nach S. 186, 228.

[2] Braunkohle **26**, 526, 558 (1927). — Vgl. auch die neuesten Angaben von Herzenberg, J. und E. v. Winterfeld: B. **64**, 1025, 1036 (1931).

[3] Von den Kohlen und Mineralölen, I 63. Berlin 1928.

schärfung der Arbeitsbedingungen hinsichtlich der Temperatur und des Druckes führen zu einer Krackung der aliphatischen Verbindungen, einer Dehydrierung der hydroaromatischen Verbindungen und einer Reduktion und Zerstörung der Phenole. Auf diese Dinge wird noch im Kapitel Steinkohle zurückgekommen.

8. Einwirkung biologischer Agenzien auf Kohle.

Das Wachstum von Pilzen auf Kohle ist von T. Iwasaki[1] gefunden worden, der auch angab, daß die Pilze um so ungünstigere Lebensbedingungen finden, je weiter vorgeschritten der Inkohlungsprozeß des Substrates ist. Iwasaki wies drei Arten nach, Aspergillus minimus Wehmer, Aspergillus oryzae Cohn, Citromyces Pfefferianus Wehmer.

F. Fischer und W. Fuchs[2] zeigten, daß Schimmelpilze sich auf roher, auf mit Benzol-Alkohol extrahierter und auf durch Elektrodialyse gereinigter Braunkohle, sowohl bei Zufügung als auch ohne Zufügung von Nährsalzen entwickeln konnten. Im Verlaufe der Versuche[3] ergab sich, daß Pilze eines nicht zu engbegrenzten Formenkreises auf Kohle zum Wachsen gebracht werden können. Anscheinend war auch unter anaeroben Bedingungen ein Wachstum von Pilzen (Aspergillus niger) möglich. Die beobachteten Pilze gehörten den Arten Mucor, Penicillium, Aspergillus, ferner Hefen wie Torula, an.

Das Wachstum von Bakterien auf Braunkohlen in der Natur ist zuerst von R. Lieske und E. Hofmann[4] festgestellt worden. R. Lieske hat dann auch im Laboratorium Bakterienwachstum auf Braunkohle unter den verschiedensten Bedingungen feststellen können.

Obwohl besonders bei den Versuchen von F. Fischer und W. Fuchs die hochgekommene Pilzvegetation den Eindruck einer kräftigen Flora machte, konnte doch bei allen bisherigen Versuchen keine nennenswerte Aufzehrung der Kohlensubstanz erzielt werden.

9. Die Entstehung der Braunkohle.

a) Die botanischen, chemischen und biologischen Voraussetzungen der Braunkohlenbildung.

Pflanzengemeinschaften der Carbonzeit haben das Material zur Entstehung der ältesten Braunkohlenlager geliefert. Die Carbonflora hat indessen ganz überwiegend Steinkohlen entstehen lassen. Die hauptsächlichsten Braunkohlenlager sind im Tertiär entstanden.

---

[1] Technol. Reports Tôhoku Imp. Univ. **6**, 85 (1925/1926).

[2] Brennstoff-Chem. **8**, 231 (1927). [3] Brennstoff-Chem. **8**, 293 (1927).

[4] Brennstoff-Chem. **9**, 174 (1928).

Besonders die deutschen Braunkohlenlager sind gut untersucht. Aus den botanischen Funden ergibt sich für das ältere Tertiär, daß zu den Braunkohlenbildnern Palmen, Magnolien, Myrten und Lorbeerbäume zählen; weiterhin Platanen; ferner im jüngeren Tertiär Pappeln, Eichen, Buchen, Linden, Ahorne, Ulmen, Erlen, Weiden, Birken und andere mehr. Der Menge nach treten aber besonders Nadelbäume hervor, vor allem 2 Arten, von denen die eine Art wahrscheinlich mit dem heute noch lebenden Taxodium mexicanum identisch ist, während die andere wahrscheinlich mit der Sequoia sempervirens des südlichen Nordamerika übereinstimmt und mit Sequoia gigantea, dem Mammutbaum Kaliforniens, nahe verwandt war. Auch Gräser und krautige Pflanzen sind, wenn auch spärlich, unter den Braunkohlenbildnern gefunden worden. In der Hauptsache bestand die Flora, aus der die tertiären Braunkohlenlager hervorgegangen sind, aus Wäldern von Nadelhölzern, Laubhölzern und Palmen.

Die Gesamtdauer des Tertiärs ist auf Millionen Jahre zu schätzen. Eine vollständige Tafel aller Pflanzengemeinschaften, die an der Braunkohlenbildung mitgewirkt haben, etwa im Sinne der Übersicht von Weber für die Aufeinanderfolge der torfbildenden Pflanzengemeinschaften der norddeutschen Moore, kann natürlich nicht gegeben werden. Die Folge der tertiären Pflanzengemeinschaften ist außer durch die jeweils ereichte entwicklungsgeschichtliche Höhe auch durch die ökologischen Faktoren, besonders den Klimawechsel, mitbedingt worden. Im Eocän herrschte tropisches und subtropisches Klima, während später im Miocän ein Abfall der mittleren Jahrestemperatur erfolgte, der in Pliocän praktisch ein Klima zur Herrschaft brachte, welches im wesentlichen mit dem heutigen übereinstimmte.

Die Braunkohlen sind auf dem Festlande entstanden. Auf deutschem Boden sind besonders mächtige Braunkohlenlager im älteren Tertiär, im Eocän, und im jüngeren Tertiär, im Miocän, gebildet worden. Zwischendurch im Oligocän waren weite Gebiete des heutigen Deutschland vom Meere überflutet. Damals entstanden in diesen Gebieten keine Braunkohlen.

Die Braunkohlenlager, um die es sich hier handelt, sind autochthon entstanden. Der Zerfall der Pflanzensubstanz, der den Anfang der Braunkohlenbildung darstellt, betraf besonders Nadelbäume und Laubbäume. Holz, Laub und Nadeln waren demnach das chemische Ausgangsmaterial, ihre chemische Zusammensetzung die chemische Voraussetzung der Braunkohlenbildung. Wie die nachstehende Tab. 99 zeigt, haben im Ausgangsmaterial Cellulose und Lignin mit zusammen rund 60 bis 90% die Hauptmenge ausgemacht. Das Bitumen konnte seiner Menge nach sehr wechseln; die sonstigen Bestandteile treten mengenmäßig durchaus zurück.

Tabelle 99. Zusammensetzung von Holz, Nadeln und Laub in %.

Nr.	Bezeichnung	Bitumen	Methoxyl	Cellulose	Lignin	Methoxyl im Lignin	Sonstige Bestandteile
1	Rotholz, Sequoia sp. . .	16,0	4,8	47,3	30,5	14,6	6,2
2	Fichtenholz, Picea sp. .	0,5	4,7	60,5	26,6	15,4	12,4
3	Fichtennadeln	14,2	—	26,3	37,6	—	22,5
4	Buchenlaub	—	—	—	26,5	—	—

Über den Anteil, den die Holzsubstanz einerseits, die Substanz von Laub und Nadeln anderseits an der Braunkohlenbildung hatte, gibt es bemerkenswerte Ausführungen von W. Großkopf[1]. Danach hängt die Beteiligung der Pflanzensubstanz an der ursprünglichen Humusbildung von ihrer Zersetzbarkeit und von ihrer absoluten Menge ab. Die Zersetzbarkeit kann zahlenmäßig nach Großkopf durch das Verhältnis des Ligningehaltes zum Cellulosegehalt ausgedrückt werden. Dieses Verhältnis beträgt für Fichtenholz 1 : 2, für Fichtennadeln aber 3 : 2. Für die Menge der Nadelstreu in den betreffenden Braunkohlenwäldern ergibt sich folgende Schätzung. Für das Senftenberger Braunkohlenvorkommen kann man nach Untersuchungen von Teumer[2] mit einer Waldproduktion durch mindestens 20000 Jahre rechnen, bei der im Durchschnitt auf dem Hektar 200—250 Stämme verschiedenen Alters und verschiedener Größe standen. Nach den Untersuchungen von Ebermayer[3] werfen Fichtenbestände haubaren Alters jährlich etwa 3000 kg lufttrockene Streu je Hektar Bodenfläche ab. Dies würde für 20000 Jahre Waldwuchs einen Nadel- und Blattabfall von 60000 t je Hektar ergeben. Was die Holzproduktion betrifft, so kann man diese nach der von Großkopf berücksichtigten Literatur um etwa 10% größer annehmen als die Streuproduktion, und für das Senftenberger Beispiel bei Zugrundelegung einer Mindestbestockungszeit von 20000 Jahren mit etwa 70000 t je Hektar in Rechnung setzen. Für die Braunkohlenbildung standen dann in der angegebenen Zeit 130000 t Material zur Verfügung, welche unter Zugrundelegung der Zahlen für die Fichte aus 60000 t Cellulose und 30000 t Lignin als Hauptkomponenten je Hektar bestanden.

Für das Schicksal des chemischen Ausgangsmateriales sind die biologischen Bedingungen von besonderer Bedeutung. Nach der älteren Theorie hat es sich bei den Waldmooren des Braunkohlen bildenden Tertiärs hauptsächlich um Sumpfmoore gehandelt, in denen primär eine Torfbildung unter dem Grundwasserspiegel stattfand. Nach der neueren Theorie, die besonders auf W. Gothan[4] zurückgeht, erfolgte die

[1] Brennstoff-Chem. **10**, 215 (1929).
[2] Jahrbuch des Halleschen Verbandes Bd. 3 (1922).
[3] Die gesamte Lehre der Waldstreu usw., S. 46. Berlin 1876.
[4] Braunkohle **23**, 493, 511 (1924/1925).

Bildung des Torfes im Braunkohlenwald dagegen z. T. über dem Grundwasserspiegel. Lang[1] hält an der ursprünglichen Annahme von H. Potonié fest, daß die einzigen Moore, aus denen die Braunkohle hervorgegangen ist, echte Sumpfmoore waren; ähnlich äußerte sich auch O. v. Linstow[2]. Nach R. Kräusel[3] braucht die Auffassung von der Sumpfmoornatur der Braunkohlenwälder zwar in einzelnen Fällen nicht bestritten zu werden, kann aber keine allgemeine Geltung beanspruchen. Die Humusbildung ist nach Kräusel in der Mehrzahl der Vorkommen über dem Grundwasserspiegel erfolgt, wofür das Fehlen von Resten höherer Wasserpflanzen und Sapropeliten, das häufige Vorkommen von Pilzfäden, die im Naßtorf kaum auftreten, in der Braunkohle sowie die Erhaltungsweise vieler Lignite sprechen.

Die Bedingungen für die Entstehung und Erhaltung der Humusanhäufungen, welche die Braunkohlen gebildet haben, sind mehrfach von R. Lang[4] behandelt worden. Üppige Vegetation im warmen feuchten Klima ist eine Voraussetzung, sehr verlangsamte Zerstörung der abgestorbenen Pflanzen eine weitere. Eine solche Verlangsamung des Zerstörungsprozesses der abgestorbenen Pflanzensubstanz ist biologisch besonders dann begünstigt, wenn Moore auf dauernd sinkendem Boden wachsen, oder wenn der Grundwasserspiegel ständig steigt, so daß die entstandenen Humusmassen allmählich unter Wasser geraten. Auf diese Weise sei Humuserhaltung in großem Umfang möglich.

Solche Moore müssen im allgemeinen Flach- und Waldmoore gewesen sein. Hochmoore kommen für die Bildung der Braunkohlenlager schon deshalb nicht in Frage, weil auf ihnen keine reichliche Baumflora gedeihen kann.

Nach Lang werden die Waldmoore mit abnehmender geographischer Breite die herrschende Moorform. In den Tropen und Subtropen haben die Waldmoore überragende Bedeutung. Das klassische Gebiet des subtropischen Sumpfwaldes ist Virginien, in welchem ein den Senftenberger Sequoien nahe verwandter Charakterbaum, die Sequoia gigantea in den sogenannten Swamps vorkommt. Nach W. Gothan waren die tertiären Braunkohlenmoore allerdings weniger naß als etwa die Swamps. Auf der Halbinsel Malakka fand Lang in den Zinnminen im tropischen Gebiet junge Kohlenflöze, die in allen Einzelheiten den Braunkohlenflözen der Tertiärzeit entsprechen sollen. „Hier bekommt man im Gegensatz zu den Horizontalschnitten, die allein man in den jetzigen tropischen Waldsumpfmooren mit dem Auge zu beobachten Gelegenheit hat, Vertikalschnitte an den stehengebliebenen Wänden der riesigen Zinnseifengruben. Hier sieht man daher nach abgeschlossener Bildung eines

[1] Braunkohle **22**, 49 (1923/1924). [2] Braunkohle **23**, 1009 (1924/25).
[3] Naturwissenschaften **13**, 22 (1925).
[4] Braunkohle **20**, 177, 529 (1921/1922).

Torflagers nicht nur die weiche, schwammig feuchte Grundmasse, sondern auch alle die größeren Pflanzenbestandteile, die zwischen der Grundmasse verstreut eingebettet sind, Palmblätter, Baumstämme, Wurzelstümpfe. Oft ragen einzelne Teile von der Verwesung tiefschwarz oder dunkelbraun gefärbt wie angekohlte Trümmer einer Brandstätte an der Torfwand in die Luft. Nicht etwa eine Pflanzenart gibt in den subrezenten Kohlenflözen den Ton an, sondern entsprechend der Fülle der im tropischen Sumpfwald wachsenden Pflanzen, alter Bäume, Schlinggewächse, Schmarotzerpflanzen, Sträucher, Kräuter und Gräser ist der Torf aus den verschiedensten Pflanzenformen aufgebaut, und diese Pflanzen sind in den verschiedensten Erhaltungszuständen eingebettet." Auch diese subrezenten Kohlen aus den Zinngruben liegen übrigens in gebleichten Sanden und zeigen so den Zusammenhang zwischen Humuskohlenlagern und der Bleichung von Sand und Ton.

b) Die Zusammensetzung der Lignite.

In den Braunkohlengruben findet man vielfach Holzreste, die von den Braunkohlenbildnern stammen und äußerlich wohl erhalten scheinen. Sie werden Lignite genannt; ihre Untersuchung hat ergeben, daß der Zerfall der Bäume in den tertiären Wäldern ein Destruktionsprozeß war.

Die Holzähnlichkeit der Lignite hat viele Autoren zur Auffassung gebracht, die Lignite seien nur wenig verändertes „mumifiziertes Holz[1]". Eine solche Auffassung konnte sich scheinbar, aber auch nur scheinbar, auf mikroskopisch-anatomische Befunde stützen, welche das Bild einer kaum veränderten Holzstruktur ergaben[2].

Die systematische, chemische Untersuchung der Lignite ist bisher nur von wenigen Seiten in Angriff genommen worden. Angaben qualitativer Art findet man z. B. bei K. Ohara[3], der die Mikrochemie der Lignite bearbeitet hat. Auf Grund seiner qualitativen Befunde sagt er, daß „sowohl Lignin als auch Cellulose starke Veränderungen bei der Inkohlung" erfuhren, „so daß sie nicht als solche wie im rezenten Holz in den Ligniten vorkommen". Nach M. Dolch[4] gibt die Mehrzahl der holzigen Einschlüsse der lignitischen Braunkohlen erfahrungsgemäß recht erhebliche Teerausbeuten, die nach den Erfahrungen Dolchs weit hinausgehen über die normale Teerausbeute aus solchen Kohlen. Dolch meint, daß durch den Harzgehalt eine Konservierung der Holzstücke stattgefunden hat. Eine systematische Untersuchung hat allerdings ergeben, daß der Harzgehalt der Lignite in sehr weiten

[1] Vgl. die Hinweise bei Fuchs, W.: Brennstoff-Chem. **11**, 110 (1930).
[2] Vgl. Potonié, R.: Braunkohle **21**, 365 (1922/1923).
[3] Braunkohle **24**, 816 (1925/1926); **28**, 1 (1929).
[4] Erdmann-Dolch: Die Chemie der Braunkohle, S. 47. Halle 1927.

Grenzen schwankt. Nach R. O. Herzog und W. Jancke[1] gab ein miocäner Lignit aus dem Tagebau der Braunkohlengrube Ilse „ein allerdings von amorphen Begleitern stark überschleiertes und von anorganischen Anteilen überlagertes“ Röntgenbild der Cellulose.

Bei quantitativen Untersuchungen haben F. Schulz und J. Hamack[2] einige jüngere holzähnliche Lignite aus dem Miocän und Pliocän mittels der Methode von Cross und Bevan auf den Gehalt an Cellulose untersucht. Cellulose fanden sie nur in Ligniten, die noch vollkommen holzähnliches Aussehen besaßen, und zwar bis zu 12% bezogen auf Reinlignit. Ferner haben Marcusson und Wisbar[3] sowie Marcusson[4] die Zusammensetzung mehrerer Lignite untersucht. Zwei von ihren Proben hatten das Aussehen von Holz, eine dritte Probe wird als pechkohliger Lignit bezeichnet. Diese Proben waren arm an Harz, während weitere, später untersuchte Proben überaus harzreich waren. Es wurden Wasser, Asche, Bitumen, mit Ammoniak sowie mit Natronlauge von 10% extrahierbare Substanz bestimmt; der in Natronlauge unlösliche Rückstand, nach Marcusson und Wisbar aus Cellulose, Lignin und Huminen bestehend, wurde durch Erhitzen mit Lauge im Autoklaven bei 150° bis auf die unlöslich bleibende Cellulose in Lösung gebracht. Als wesentliche, wenn auch in ihrer Menge wechselnde Bestandteile der Lignite wurden freie Huminsäuren, Huminsäureanhydride, neutrale Humine, Lignin und Cellulose bezeichnet. Die von den Autoren angewendeten Analysenmethoden sind übrigens z. T. nicht üblich und daher von fraglichem Wert.

W. Großkopf[5] untersuchte Senftenberger Lignit sowie Holzreste aus Kasseler Braunkohle, indem er nach Entfernung der in Äther und Alkohol löslichen Stoffe den Cellulosegehalt nach Cross und Bevan[6], den Ligningehalt nach Willstätter und Zechmeister[7] und den Gehalt an Humusstoffen mit Acetylbromid nach Karrer und Bodding-Wiger[8] bestimmte. Großkopf hat seine Proben besonders morphologisch gut untersucht.

Neuerdings haben Gothan und Benade[9] die stark zerfaserten, zähen „Faserlignite“ als Stücke des Rindenbastes von Coniferen erkannt. Die auffallende Zähigkeit und Biegsamkeit wird auf den sehr hohen Cellulosegehalt der Proben („über 30%“) zurückgeführt. Direkte Cellulosebestimmungen wurden übrigens von den Autoren nicht aus-

[1] Ztschr. physikal. Chem. A **139**, 246 (1928).
[2] Bull. Soc. chim. France [4] **35**, 183 (1924).
[3] Ztschr. angew. Chem. **37**, 917 (1924). [4] Braunkohle **25**, 729 (1925/1926).
[5] Brennstoff-Chem. **10**, 161, 213 (1929).
[6] Vgl. Hess, K.: Chemie der Cellulose, S. 236. Leipzig 1928.
[7] B. **46**, 2403 (1913). [8] Helv. chim. Acta **6**, 817 (1923).
[9] Braunkohle **29**, 274 (1930).

geführt; die quantitativen Daten sind vielmehr durch indirekte Bestimmungen erschlossen.

Es ist auffällig, daß sich in der Literatur so gut wie gar keine Angaben über den Methoxylgehalt der Lignite fanden. K. Hrdlička[1] untersuchte einen Lignit aus Dubňaň, der aus tiefschwarzen, stark verkohlten Teilen und hellbraunen Teilen mit deutlicher Holzstruktur bestand. Bezogen auf trockene organische Substanz enthielt dieser Lignit 6,12% Methoxyl.

Von W. Fuchs[2] wurden Lignite aus der Braunkohlengrube Türnich bei Köln genauer untersucht. Es handelte sich dabei um Überreste von Zypressen, Sequoia- und Pinus-Arten, kurz überwiegend Coniferen. Die verschiedenen Proben zeigten schon äußerlich große Unterschiede. Neben Proben, die im Griff von rezentem Holz kaum zu unterscheiden, nur eben dunkler waren, wurden Proben gefunden, die trotz größter Holzähnlichkeit, heller Farbe und kaum verändertem mikroskopischen Bilde zwischen den Fingern zerrieben werden konnten, außerdem Proben, die helle Farbe mit auffallender Leichtigkeit verbanden und in der Reibschale zerreiblich waren, ferner Proben, die recht dunkel, hart und derb erschienen, aber gleichfalls zerrieben werden konnten, endlich auch Proben pechkohligen Lignits. Letzterer erinnert im Aussehen an Pechkohlen oder selbst Steinkohlen; er fand sich nur an einigen Stellen der Grube Türnich, wo er lange, horizontale Streifen bildet; die einzelnen Stücke sind in Längs- und Querrichtung deutlich verschieden, zeigen in der Längsrichtung faserige, holzähnliche Struktur und lassen sich senkrecht zu dieser Richtung mit tiefschwarzem, glänzendem muscheligen Bruch brechen.

Die Farbe der Lignite wechselte also von hellbraun über braun zu schwarzbraun, die mechanischen Eigenschaften veränderten sich von Zähigkeit wie bei rezentem Holz zu Zerreiblichkeit wie bei vermodertem Holz einerseits, harten Kohlen anderseits.

Die chemische Untersuchung der passend vorbereiteten Proben bezog sich auf die Bestimmung von Wasser, Asche, Bitumen, Methoxyl, Cellulose, Lignin sowie auf den Methoxylgehalt des Lignins. Der Wassergehalt der Proben war bei den am stärksten zersetzten, d. h. von der Zusammensetzung ursprünglichen Holzes am weitesten entfernten Ligniten am größten. Die Aschengehalte waren stets recht niedrig, zumindest zum Teil chemisch an Huminsäuren gebunden.

Die Bitumengehalte, bestimmt durch erschöpfende Extraktion mit Benzol-Alkohol 1 : 1 im Soxleth wechselten sehr; von 3 bis 5% bis zu 18, ja sogar 36% Bitumen.

Zur Bestimmung von Methoxyl, Cellulose und Lignin wurde von entbituminierten Proben ausgegangen. Die Bestimmung des Methoxyl-

[1] Paliva a Topení **9,** 185 (1927); C. **1929 II,** 3200.
[2] Brennstoff-Chem. **11,** 205 (1930).

gehaltes erfolgte in bekannter Weise nach Zeisel,[1] die Bestimmung der Cellulose nach E. Schmidt[2], die Bestimmung des Lignins als Bestimmung der in Schwefelsäure von 70% unhydrolysierbaren Substanz nach W. Fuchs[3]. Es wird hervorgehoben, daß es sich hierbei kaum um ein ganz unverändertes Lignin handeln kann. In der Tat zeigten die Proben die Ligninreaktionen manchmal deutlich, meist abgeschwächt. In einigen Fällen wurden aus entbituminierten Proben Ligninpräparate nach der Vorschrift von Kalb und Lieser[4] isoliert und durch Methoxylbestimmungen charakterisiert. Die Tab. 100 enthält eine Übersicht der Resultate.

Tabelle 100. Zusammsetzung von Ligniten in %.

Probe	1	2	3	4	5	6	7	8	9	10	11
Asche.	1,15	0,67	1,46	1,05	0,8	1,2	0,92	0,38	1,92	3,23	2,0
Bitumen	4,6	2,5	8,5	4,5	3,5	5,0	18,0	36,4	5,4	4,4	4,6
Methoxyl	6,1	6,3	6,02	7,32	7,94	7,7	8,9	10,4	9,07	8,6	9,05
Cellulose	39,87	39,19	34,74	—	—	19,58	—	15,93	3,83	1,8	1,8
Lignin	57,58	63,0	63,66	73,7	77,72	—	—	79,27	95,90	97,3	96,2
Methoxyl im Lignin nach Kalb-Lieser	11,02	—	10,66	—	—	—	—	12,32	9,83	7,4	—

Die Zahlen für Asche und Bitumen beziehen sich auf absolut trockenes Material, die übrigen Zahlen auf absolut trockenes Material frei von Bitumen. Nr. 10 betrifft den pechkohligen Lignit.

Man kann in den Proben auch das Hervortreten des Huminsäurecharakters quantitativ beschreiben. Die Proben enthielten allerdings nur geringe Mengen alkalilöslicher Substanz. Nun gibt es freilich, wie man heute weiß, auch Huminsäuren, die in Alkali unlöslich sind. Ferner liegen die Huminsäuren in der Natur entweder als freie Huminsäuren oder als huminsaure Salze vor; die freien Huminsäuren haben die Fähigkeit, Acetate zu zersetzen, die Humate haben die Fähigkeit, ihre Basen gegen andere auszutauschen. Als von diesen Eigenschaften nach den Angaben von W. Fuchs[5] bei der Untersuchung der Lignite Gebrauch gemacht wurde, ergaben sich für den Gesamthuminsäuregehalt Zahlen von 10 bis 30%, wobei das Ansteigen der Werte in dem Maße erfolgte, in welchem die Lignite nach ihren sonstigen Analysendaten als stärker zersetzt erscheinen. Vielleicht ist der Sachverhalt auch der, daß die ganze Substanzmenge durch die verschiedenen Lignite hindurch allmählich die Eigenschaften der Huminsäure annimmt, ohne

[1] Vgl. Houben-Weyl: Methoden der org. Chemie, **3**, 144. Leipzig 1923.
[2] B. **58**, 1394 (1925) und früher.
[3] B. **60**, 780 (1927).
[4] B. **61**, 1007 (1928).
[5] Brennstoff-Chem. **8**, 337 (1927).

daß die Lignite, solange sie als solche kenntlich sind, mit den Huminsäuren völlig identisch würden.

Um den inneren Zusammenhang der Analysendaten zu erkennen, hat W. Fuchs die Darstellung der Resultate im Diagramm gewählt. Hierbei wurden die Methoxylgehalte auf der Ordinate, die Ligningehalte auf der Abszisse eingetragen. Die Cellulosegehalte wurden als besondere Funktionsskala parallel zur Ordinatenachse eingezeichnet. Endlich wurde, um die Verstärkung des Huminsäurecharakters der Proben mit der Zersetzung zum Ausdruck zu bringen, parallel zur Abszisse eine Skala angebracht, die das analytisch zum Ausdruck kommende Ansteigen des Huminsäuregehaltes von rund 10%, bei den am wenigsten zersetzten Ligniten bis zu 30% im Punkte Cellulose 0, Lignin 100, versinnbildlicht. Das Diagramm (Abb. 2) zeigt mit aller Klarheit den Zusammenhang der Methoxylgehalte und der Ligningehalte und damit überhaupt die allgemeine Richtung des natürlichen Umwandlungsprozesses, dem die Lignite unterworfen sind.

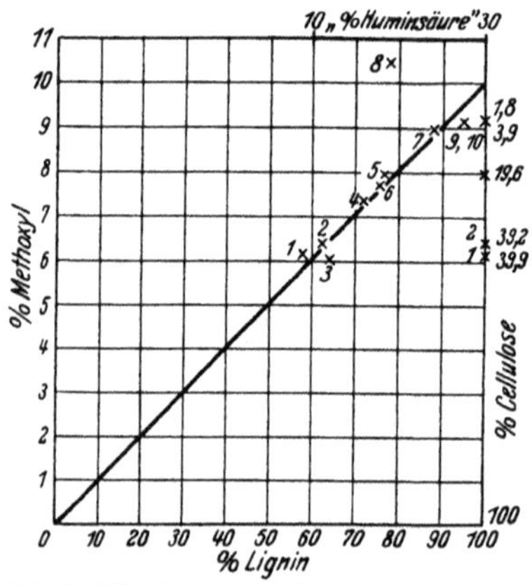

Abb. 2. Die Zusammensetzung der Lignite.

Nur kurz sei darauf hingewiesen, daß die Probe Nr. 8 die stärkste Abweichung vom allgemeinen Bilde zeigt. In diesem Falle ist einerseits das Lignin weniger angegriffen als in den anderen Fällen, anderseits ist der Cellulosegehalt (16%) höher als aus dem Diagramm zu schließen wäre. Da diese Probe einen auffallend hohen Bitumengehalt hatte — sie wies mit 36,4% Bitumen den weitaus größten Gehalt an Extraktstoffen auf —, so mag hier im Sinne einer Vermutung von Dolch[1] der hohe Harzgehalt sowohl eine gute Konservierung des Lignins als auch eine merklich verzögerte Zersetzung der Cellulose mitverursacht haben.

Die großen Schwankungen im Gehalt an Bitumen, welche die Lignite zeigen, scheinen überhaupt auffällig zu sein. Diese Erscheinung verliert aber ihre Sonderbarkeit angesichts der Beobachtungen, die W. Fuchs bei der Analyse des Rotholzes, am Kernholz von Sequoia sempervirens, gemacht hat. Wie aus Tab. 99 hervorgeht, enthielt das Stück 16% Bitumen. Es ist klar, daß ein solches Holz bei der Aufzehrung der Cellulose Bitumenwerte geben muß, die über 30% liegen.

Quantitativ läßt sich der Zustand der Lignite am besten durch Bestimmung von Bitumen, Methoxyl, Lignin und Cellulose beschreiben. Was die Tab. 100 in Zahlen und das Diagramm in graphischer

[1] Erdmann-Dolch: Chemie der Braunkohle. S. 47. Halle 1927.

Darstellung zum Ausdruck bringt, bedeutet in Worten folgendes: mit steigendem Zersetzungsgrade eines Lignites steigen sein Methoxylgehalt und sein Ligningehalt und sinkt sein Cellulosegehalt. Ein ganz ähnliches Bild bieten die Beobachtungen, welche über die sogenannte Destruktion des Holzes der heute lebenden Holzgewächse von verschiedenen Forschern gemacht wurden und die bereits zusammenhängend dargestellt worden sind. Es sei hier nur auf eine Einzelheit hingewiesen, die den Sachverhalt völlig klar macht. Bei Untersuchungen über vermodertes Fichtenholz hatten R. Lieske und E. Hofmann[1] eine Probe in Händen, deren Methoxylgehalt 11,6, deren Ligningehalt 85,6 und deren Cellulosegehalt unter 3% betrug. Dieses anatomisch-morphologisch wenig veränderte Moderholz ist offenbar ein Gegenstück zu den am stärksten zersetzten Ligniten. In der Tat könnte man die beiden Proben leicht miteinander verwechseln.

Auf Grund dieser Tatsachen kann man schließen, daß die Lignite mit fortschreitender Zersetzung in ihrer Elementarzusammensetzung dem Lignin ähnlich werden müssen. Für die entbituminierten Lignite folgt hieraus, daß ihre Zusammensetzung zwischen der des Holzes und der des Lignins liegen muß. Die Tab. 101 enthält die prozentische Elementarzusammensetzung der Cellulose, einiger Lignite sowie des Lignins.

Tabelle 101.

Bezeichnung	C	H	O
Cellulose	44,4	6,2	49,6
Holz	49,5	6,1	45,4
Lignit 3, nicht extrahiert	58,2	5,6	36,2
Lignit 7, extrahiert	61,7	5,6	32,7
Lignit 8, extrahiert	62,5	6,0	31,5
Lignin	63,1	5,9	31,0

Wie man sieht, enthalten die Lignite in der Tat mehr Kohlenstoff und weniger Sauerstoff als das Holz, weniger Kohlenstoff und mehr Sauerstoff als das Fichtenlignin. In anschaulicher Weise kann man die theoretische Forderung betreffend die Elementarzusammensetzung des Lignins auch im Diagramm darstellen (Abb. 3).

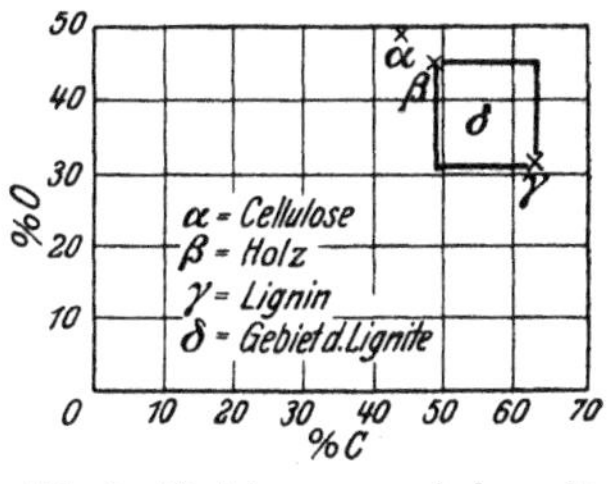

Abb. 3. Beziehungen zwischen der Elementarzusammensetzung der Cellulose, des Holzes, des Lignins und der Lignite.

Es wird hervorgehoben, daß Ausnahmen von dieser Festsetzung durch Aschen- oder Bitumengehalte vorgetäuscht werden oder Proben nach Art des pechkohligen Lignits betreffen können; bei der Bildung pechkohliger Lignite mögen Prozesse abgelaufen sein, welche eine verstärkte Reduktion des durch Zerstörung der Cellulose freigelegten Lignins bewirkten. Dies ist übrigens nur eine Vermutung, die noch besonders geprüft werden müßte.

[1] Biochem. Ztschr. **203**, 357 (1928).

Einen gewissen Unterschied zwischen destruierten Hölzern und Ligniten in quantitativer Hinsicht könnte man in dem im allgemeinen etwas geringeren Methoxylgehalt der Lignite erblicken. W. Fuchs hat darauf hingewiesen, daß die Entmethylierung des Lignins ein ausgesprochenes Zeitphänomen ist; ferner darauf, daß die Flora des Braunkohlenwaldes, soweit sie phylogenetisch unter der Fichte stand, doch ein deutlich methoxylärmeres Lignin besaß als diese. Dies geht z. B. auch aus der Analyse von Sequoia sempervirens hervor.

Soweit die Braunkohlen aus Holz und nicht aus Laub, Nadeln oder anderen organischen Materialien entstanden sind, bietet es keine Schwierigkeit, nach all dem die Lignite als Vorstufe der Braunkohlenbildung anzusehen. Zur Frage, wieso es kommt, daß diese Vorstufen in einer und derselben Grube in so verschiedenem Erhaltungszustand sich finden, hat W. Fuchs[1] folgende Hypothese geäußert: „Bei der Entstehung der Braunkohle haben biologische Prozesse in allen Fällen im wesentlichen in gleicher Richtung, aber nicht immer und nicht überall mit gleicher Intensität und bis zum prinzipiell möglichen Enderfolg gewirkt. Die Lebensbedingungen der Mikroben mußten schon aus gewissermaßen statistischen Gründen etwas schwanken. Bald hier, bald dort, bald früher, bald später konnten Bedingungen eintreten, welche die Lebenstätigkeit der Mikroben hemmten oder ganz unmöglich machten."

c) Die Entstehung der erdigen und lignitischen Braunkohlen[2].

Die Ableitung der Huminsäuren, des Hauptbestandteiles der erdigen Braunkohlen, aus dem Lignin der ursprünglichen Pflanzen kann heute unmittelbar auf Grund des vorliegenden experimentellen Materials erfolgen. Die Auffassung, daß das Lignin die hauptsächlichste Stammsubstanz der Humuskohlen ist, wurde zuerst von F. Fischer und H. Schrader als Lignintheorie der Kohle 1920 ausgesprochen.

Aus der Huminsäure entsteht nach der Theorie von Fischer und Schrader unter Vergrößerung des Moleküls, vielleicht durch Wasseraustritt oder durch Oxydation, die alkaliunlösliche Humussubstanz, das sogenannte Humin. Aus dem Humin entstehe durch weitere Abspaltung von Wasser und Kohlensäure und wohl auch von Methan, d. h. durch den Vorgang der Inkohlung, bei gewöhnlicher Temperatur die Braunkohle (und Steinkohle).

Einzelne Punkte der Beweisführung von F. Fischer und Schrader sind bereits bei der Entstehung des Torfes besprochen worden. Zu ergänzen ist zu den S. 141 angeführten 12 Punkten noch folgendes:

[1] Brennstoff-Chem. **11**, 110 (1930).

[2] Vgl. auch S. 147—154; ferner Weissermel, W.: Ztschr. Dt. Geol. Ges. **82**, 433 (1930).

13. Entbituminierte Braunkohle liefert durch die Druckoxydation nicht Furancarbonsäure, sondern Benzolcarbonsäuren wie das Lignin; 14. auch Halbkoks, der elektrisch noch nicht leitet, läßt sich ebenfalls zu aromatischen Carbonsäuren abbauen. 15. Endlich sind Analogien bekannt, wonach man annehmen kann, daß die als phenolartige Körper zu betrachtenden alkalilöslichen Huminsäuren durch Oxydation in unlösliche humin- bzw. kohleartige Substanzen übergehen können.

Von den Pflanzenstoffen Cellulose, Lignin, Wachs und Harz verschwindet demnach im Laufe der Zeit die Cellulose hauptsächlich durch bakterielle Tätigkeit und es bildet sich die Kohle im wesentlichen durch den Übergang des Lignins in Huminstoffe, ferner aus den durch das Verschwinden der Cellulose prozentisch angereicherten Beimengungen von Wachsen und Harzen.

Sowie das Verschwinden der Cellulose das eine Hauptstück der Lignintheorie ist, so ist der Übergang des Lignins in Huminsäuren das zweite. Fischer und Schrader weisen darauf hin, daß Lignin bei der Druckoxydation von Lignin oder Holz in Gegenwart von Sodalösung eine tiefbraune Lösung bildet, aus welcher Säuren reichliche Mengen von Huminsäuren fällen, während die Druckoxydation der Cellulose unter gleichen Bedingungen nur eine schwachgelbliche Lösung lieferte, aber keine Huminsäuren. Auch durch Behandlung mit Ätzalkalilösungen bei etwa 200° unter Druck geht Lignin unter Bildung von Huminsäuren mit tiefbrauner Farbe in Lösung, während die Cellulose, soweit sie überhaupt löslich wird, helle Lösungen bildet, aus welchen beim Ansäuern nur wenig ausfällt. Für die braunen alkalischen Lösungen der Lignin-Huminsäure und auch für mit Alkali befeuchtetes Lignin ist die Fähigkeit zur Autoxydation charakteristisch. Die Lösungen der Lignin-Huminsäuren verbrauchten bei 100° und 30 atü im Autoklaven den Sauerstoff der Luft in kurzer Zeit quantitativ; das gleiche trat ein, als bei 200° mit einer Strömungsgeschwindigkeit der Luft von 50 l in der Stunde gearbeitet wurde.

Das Verhalten der Braunkohlen geht nun dem Verhalten des Lignins bei der Autoxydation durchaus parallel. Die Tab. 102 gibt eine Übersicht der betreffenden Versuche von H. Schrader[1].

Aus der Tabelle ergibt sich, daß das bei der Autoxydation von Lignin oder Holz in Gegenwart von Natronlauge bei gewöhnlicher Temperatur entstandene Produkt vom Charakter der Huminsäure viel weniger Methoxyl enthielt als das ursprüngliche Lignin. So enthielt das angewandte Lignin 13,6% Methoxyl, während die daraus entstandenen löslichen Huminsäuren nur noch 7,6% enthielten. Aber auch der Methoxylgehalt des unlöslichen Rückstandes, der eine dunkelbraune, leicht zerreibliche Substanz darstellte, war auf 10,7% zurückgegangen.

[1] Brennstoff-Chem. **3**, 161, 181, 189 (1922).

Tabelle 102. Autoxydation von Cellulose, Lignin, Holz und Kohle in Gegenwart von Alkalihydroxyd. Dauer der Versuche 41 Tage. (Die Zahlen gelten für 1 g Substanz.)

Stoff	Aufnahme von Sauerstoff ccm	Aufarbeitung der autoxyd. Substanz			Methoxylgehalt (% OCH_3)		
		Ansäuern, ausgefallen g	in Äther löslich g	Rückstand g	des ursprünglich angewandt. Stoffes	des beim Ansäuern ausgefallenen Stoffes	des Rückstandes
Cellulose (Filtrierpapier)	28	0,06	0,01	0,75	—	—	—
Lignin (Willstätter)	82	0,21	0,04	0,59	13,6	7,6	10,7
Kiefernsägemehl	50	0,04	0,04	0,64	5,8	9,0	5,8
Braunkohle	48	0,10	0,04	0,17	2,7	2,0	4,0
Steinkohle	6,7	0,01	0,01	0,99	—	—	—

Beim Holz enthielten die in Alkali löslich gewordenen und durch Säuren fällbaren Stoffe 9% Methoxyl, das ursprüngliche Holz dagegen nur 5,8%. Daraus geht hervor, daß es im wesentlichen Bestandteile des Lignins waren, die bei der Autoxydation zu in Alkali löslichen, wasserunlöslichen Substanzen geworden waren.

Fischer und Schrader nehmen an, daß der Methoxylgehalt des Ligninkomplexes, ebenso wie er sich bei dem autoxydativen Übergang in Huminsäure verringert, unter dem Einfluß der in der Natur wirkenden Kräfte, darunter auch der Tätigkeit der Kleinlebewesen, sich leicht weiter vermindern und immer mehr den Zahlen nähern dürfte, welche die natürlichen Vermoderungsprodukte zeigen. Die später von W. Fuchs hervorgehobene Verschiedenheit der Lignine verschiedener Pflanzen war damals noch nicht bekannt. Fischer und Schrader heben hervor, daß ihre Versuche über die Autoxydation des Holzes und des Lignins mit den Vermoderungsvorgängen in der Natur nicht ohne weiteres identifiziert werden können, aber sie stünden doch mit den letzteren sicherlich in naher Beziehung, da der Verlauf des Prozesses und die entstehenden Produkte in beiden Fällen große Ähnlichkeit miteinander aufweisen. Die Vorgänge der Vermoderung, die den Übergang von Lignin in Huminsäure bewirken, sollen aber keine grundsätzliche Umgestaltung des Kerns des Ligninmoleküls bedingen, sondern nur einfachere chemische Vorgänge sein, wie Verseifung, Oxydation, und weiterhin Kondensation[1].

In chemischer Hinsicht wurde das Hauptgewicht auf sehr umfangreiche Arbeiten mit Druckoxydation gelegt. Indessen sind die betreffenden Ergebnisse dürftig und nicht überzeugend. Man fand, daß durch Druckoxydation aus Cellulose, Zucker und künstlichen Huminsäuren aus Zucker Furan-Carbonsäuren erhalten wurden, während Cellulose und Zucker keine, künstliche Huminsäuren aus Zucker

[1] Über die heutigen Vorstellungen vgl. Kap. V.

geringe Mengen Benzolcarbonsäuren lieferten. Dagegen ergaben Lignin, natürliche Huminsäure, Braunkohle und Steinkohle keine Furanverbindungen, wohl aber Benzolcarbonsäuren. Einige Ergebnisse sind in der Tab. 103 zusammengefaßt.

Tabelle 103. Produkte der Druckoxydation von Cellulose, Lignin und Braunkohle.

	Flüchtige Säuren %	Nichtflücht. Säuren %	Davon bis jetzt identifiziert	
			Menge %	Art
Cellulose . .	etwa 28	etwa 14	0,7	Fumarsäure, Bernsteinsäure
			5,0	Oxalsäure
Lignin . . .	7	etwa 13 davon nur der 14.Teil Oxalsäure	etwa 1	Mellithsäure
			etwa 5	Säuren mit in der Kälte wasserlöslichem, beim Erhitzen ausfallenden Kalksalz (Benzolpentacarbonsäure u. a).
			0,4	Pyromellithsäure
			0,05	Isophthalsäure
			0,06	Benzoesäure
			0,2	Bernsteinsäure
			0,9	Oxalsäure
Braunkohle .	etwa 14	etwa 34		Mellithsäure
				Benzolpentacarbonsäure
				Pyromellithsäure
				Trimellithsäure
				Terephthalsäure
				Phthalsäure
				Benzoesäure

In dem Jahrzehnt, das seit Aufstellung der Lignintheorie verflossen ist, hat die Lignintheorie allerdings ebensooft Widerspruch als Zustimmung gefunden. Dieser Widerstreit der Meinungen hat zu einer lebhaften Forschungstätigkeit geführt, durch welche eine Anzahl von Fragen geklärt und Widersprüche beseitigt werden konnten.

R. Potonié[1] hat besonders morphologische Befunde gegen die Theorie ins Feld geführt. Es hat sich aber gezeigt (vgl. S. 41), daß beim Pflanzenzerfall sowohl die Cellulose als auch das Lignin formbewahrend wirken können.

An Stelle der Lignintheorie der Kohle hat J. Marcusson[2] eine Oxycellulosetheorie aufgestellt, derzufolge die Huminsäuren und die Moderstoffe überhaupt aus der Cellulose entstanden sein sollten. Nach dieser Theorie sollen beim Absterben der Pflanzen Oxycellulose aus Cellulose

---

[1] Braunkohle **21**, 365 (1922/1923).

[2] Ztschr. angew. Chem. **38**, 339 (1925); **39**, 898 (1926).

entstehen, worauf weiterhin aus der Oxycellulose Huminsäuren würden. Bei dieser Theorie ist außer acht gelassen, daß der primäre Zersetzungsprozeß der Pflanzen in der Natur sich normalerweise stets unter Mitwirkung von Mikroorganismen vollzieht und daß diese Mikroorganismen auf Kosten und unter Zerstörung des Pflanzenmateriales gedeihen. Dieser primäre, biologische Prozeß mochte ursprünglich mehr theoretisches Postulat als erwiesene Tatsache sein — obwohl schon F. Fischer und Schrader zugunsten dieser Auffassung eine Anzahl Literaturstellen ins Feld führen konnten —, kann aber heute auf Grund zahlreicher seitheriger Arbeiten von Waksman, von R. Falck, von F. Fischer und Lieske, W. Fuchs[1] u. a. als nachgewiesen betrachtet werden.

Marcusson hat den von ihm angenommenen Übergangsprozeß im Laboratorium synthetisch zu verwirklichen gesucht, indem er die Cellulose zuerst durch mehrstündiges Kochen mit starker Salpetersäure in Oxycellulose verwandelte, die Oxycellulose sodann mehrere Stunden mit Natronlauge kochte, die alkalische Lösung mit Salzsäure zersetzte und die salzsaure Flüssigkeit schließlich bis zur Abscheidung von braunen, amorphen Flocken eindampfte.

Nach den Untersuchungen von W. Fuchs[2] kann man wohl aus Cellulose rund 6% Huminsäure erhalten. Es ergab sich aber auch, daß das Zwischenstadium bei der Umwandlung von Cellulose in huminsäureartige Substanz höchstwahrscheinlich Traubenzucker ist, eine Verbindung, die in freier Natur weit eher aufgezehrt als humifiziert werden kann. Auch weitere Einzelheiten der Arbeiten Marcussons müssen heute als überholt gelten[3].

Im Sinne der Ausführungen von R. Potonié und Marcusson hat dann auch H. Weyland[4] sich geäußert. Nach seiner Meinung bieten die kohligen Pflanzenabdrücke der Schiefertone einen direkten Beweis dafür, daß auch die Cellulose am Inkohlungsprozeß teilgenommen hat. Nach Weyland könne man mit Sicherheit annehmen, daß der Ligningehalt z. B. der fossilen Farne ebenso wie der der heutigen Farne sehr niedrig war. Nach Weyland sollen auch die Zellwände des Mesophylls aus reiner Cellulose bestehen. Diese Ansichten sind irrig. Wie alle anderen Gefäßpflanzen enthalten auch die Farne reichliche Mengen unhydrolysierbarer Zellwandbestandteile, und auch das Mesophyll enthält erhebliche Mengen Lignin. Auch H. Bode[5] hat sich gegen die Lignintheorie gewendet.

Die geäußerten Einzelbedenken und Angaben sind in der Zwischenzeit ausreichend experimentell geprüft worden. So haben sich mit den

[1] Vgl. Kap. I, 4.
[2] Brennstoff-Chem. **9**, 400 (1928).
[3] Vgl. Brennstoff-Chem. **11**, 110 (1930).
[4] Naturwissenschaften **15**, 327 (1927).
[5] Brennstoff-Chem. **11**, 81 (1930).

Arbeiten von Marcusson W. Fuchs[1] und später auch S. A. Waksman[2] beschäftigt, zu dem Artikel von H. Weyland haben sich H. Tropsch[3] und W. Fuchs[4] geäußert, zu dem Artikel von H. Bode R. Lieske[5] und S. A. Waksman[6]. Auch war inzwischen der Substanzverlust beim Zerfall und Absterben der Pflanzen und die bevorzugte Aufzehrung der Cellulose im Laboratorium von Bray und Andrews, in der freien Natur von R. Falck, S. A. Waksman u. a. gezeigt worden. Die experimentelle Zurückführung der Huminsubstanzen auf das ursprüngliche Lignin bildete den Gegenstand von Untersuchungen von A. Brandl und W. Großkopf.

Die chemische Verwandtschaft zwischen Huminsäuren und Lignin ergibt sich ferner aus den Untersuchungen von W. Fuchs über die vergleichende Einwirkung von Salpetersäure[7] und von Brom[8] auf Huminsäuren und Lignin. Bei der Einwirkung von Salpetersäure unter den Bedingungen, die für die primäre Oxydation der Huminsäuren eingehalten worden waren, wurden direkt aus Fichtenholz, ferner aus Willstätter-Lignin sowie aus technischem Lignin sogenannte Nitroligninpräparate erhalten, die durch ihre Löslichkeitsverhältnisse, durch analytische und präparative Untersuchung als Substanzen erkannt wurden, welche chemisch mit der sogenannten Nitrohuminsäure in eine Klasse gehören. Es sind sämtlich Isonitroso-Keto-Oxycarbonsäuren eines Radikals der Molekulargröße 1200—1400 und, wie aus dem Verhältnis zwischen Kohlenstoff und Wasserstoff geschlossen werden kann, vorwiegend cyclischer Natur. Die Unterschiede zwischen den einzelnen Präparaten, insbesondere zwischen den Ligninderivaten und dem Huminsäurederivat, betreffen hauptsächlich den Stickstoffgehalt, der bei den Ligninderivaten höher ist als bei der Nitrohuminsäure. Dieser Unterschied kann entweder mit Doppelbindungen im Ligninmolekül zusammenhängen oder auch damit, daß die Ligninderivate mehr Hydroxylgruppen und weniger Carboxylgruppen enthalten, als das Derivat der Huminsäure und durch diesen verstärkten phenolischen Charakter vielleicht auch zu einer teilweisen echten Nitrierung Anlaß geben können.

Die Resultate der Untersuchung der erschöpfend methylierten Derivate, die durch kombinierte Einwirkung von Methanol und Salzsäure sowie nachher Diazomethan auf die ursprünglichen Präparate erhalten worden waren, sind der Tab. 104 zu entnehmen.

---

[1] Ztschr. angew. Chem. **41**, 85 (1928).
[2] Journ. Amer. chem. Soc. **51**, 1191 (1929).
[3] Naturwissenschaften **15**, 625 (1927).
[4] Ztschr. angew. Chem. **41**, 85 (1928).
[5] Brennstoff-Chem. **11**, 86 (1930).
[6] Brennstoff-Chem. **11**, 277 (1930).
[7] Brennstoff-Chem. **9**, 298 (1928).
[8] Brennstoff-Chem. **9**, 349 (1928).

Tabelle 104.

1		2		3		4	
gef.	ber.	gef.	ber.	gef.	ber.	gef.	ber.
53,3	53,5	55,1	55,0	55,8	55,7	59,1	59,6 % C
4,9	4,8	4,9	4,9	4,8	4,8	4,0	4,0 % H
4,5	4,9	3,1	3,0	3,1	3,0	2,3	1,9 % N
37,3	36,8	36,9	37,1	36,3	36,5	34,6	34,5 % O
2,0	2,0	2,3	2,0	2,2	2,0	1,9	2,0 % CO
17,5	17,3	15,2	15,3	15,4	15,5	15,2	15,0 % OCH_3
6,2	6,5	3,7	4,4	4,7	4,4	9,0	8,6 % OCH_3 (als Ester)
11,3	10,8	11,5	10,9	10,7	11,1	6,2	6,4 % OCH_3 (als Äther)

Bei der Molekulargewichtsbestimmung durch Siedepunktserhöhung in Aceton ergaben sich im Mittel nachstehende Molekulargewichte der vier Präparate:

1	2	3	4
1400	1375	1750	1535

Als knappste Zusammenfassung des gesamten experimentellen Materials können nachstehende vier Formeln gelten.

$$C_{51}H_{45}O_{20}N_4 \cdot \begin{matrix}(COOCH_3)_3 \\ (OCH_3)_5 \\ (CO \cdot C{:}NOH)\end{matrix} \qquad C_{54}H_{48}O_{27}N_2 \cdot \begin{matrix}(COOCH_3)_2 \\ (OCH_3)_5 \\ (CO \cdot C{:}NOH)\end{matrix}$$

$$C_{54}H_{45}O_{21}N_2 \cdot \begin{matrix}(COOCH_3)_2 \\ (OCH_3)_5 \\ (CO \cdot C{:}NOH)\end{matrix} \qquad C_{58}H_{35}O_{17}N \cdot \begin{matrix}(COOCH_3)_4 \\ (OCH_3)_3 \\ (CO \cdot C{:}NOH)\end{matrix}$$

Bei der Einwirkung von Brom im wasserfreien Medium zeigen Lignin und Huminsäure gleichfalls ein recht ähnliches Verhalten. Während Cellulose unter diesen Umständen mit Brom nicht reagiert, nehmen Lignin und Kasseler Huminsäure in CCl_4-Lösung beträchtliche Mengen Brom auf. Dieses Brom ist zum Teil fest gebunden und wie auch die Entwicklung von Bromwasserstoff während der Bromierung zeigt, substituiertes Brom. Zum anderen Teil ist es aber nur locker gebunden und läßt sich durch Behandlung mit einer wässerigen Natriumacetatlösung wieder als Bromwasserstoff abspalten, so daß es sich bei diesem Teil um addiertes Brom handelt. Nach erfolgter Abspaltung dieses Broms können Bromaufnahme und Bromabspaltung wiederholt werden. Die Tab. 105 stellt die Resultate für Cellulose, Lignin und entbituminierte Kasseler Braunkohle zusammen.

Tabelle 105.

Bezeichnung	1. Bromierung			2. Bromierung		
	Gesamt-Brom %	Abspaltbares Brom %	Fest gebundenes Brom %	Gesamt-Brom %	Abspaltbares Brom %	Fest gebundenes Brom %
Cellulose . . .	—	—	—	—	—	—
Lignin	11,4	9,2	2,2	10,2	5,8	4,4
Braunkohle . .	10,8	6,2	4,6	22,7	16,8	5,9

E. Wedekind und G. Garre[1] haben die Kolloidnatur von Ligninsäure und Huminsäure aus Kasseler Braun untersucht und werten ihre Ergebnisse im Sinne der Lignintheorie von F. Fischer und H. Schrader aus. „Das Kasseler Braun ist eine typische Huminsäure rein kolloiden Charakters, die sich von der Ligninsäure nur durch die auf Autoxydationserscheinungen beruhenden Änderungen und die hiermit verbundene Farbvertiefung unterscheidet."

Gegenwärtig kann auf die ursprüngliche Beweisführung der Lignintheorie von Fischer und Schrader völlig verzichtet werden. Unmittelbar aus den Tatsachen kann heute die Rolle des Lignins bei der Entstehung der Braunkohlen hypothesenfrei abgeleitet und abgegrenzt werden. Diese Ableitung gestaltet sich wie folgt:

Beim Absterben von Pflanzenmaterial in nicht allzu nassen Waldmooren kommt es zuerst zu einer aeroben, schwach sauren Zersetzung, bei der Pilze und aerobe Bakterien mitwirken. Der Zerfallsprozeß wird langsamer in dem Maße, in dem neues Pflanzenmaterial die bereits zersetzten Schichten bedeckt, verläuft aber auch jetzt noch erhebliche Zeit unter nicht streng anaeroben Bedingungen. Das Tempo der Zersetzung hängt auch von der Eigenart der beteiligten Mikroorganismen ab. Sie verläuft schneller bei erhöhter Temperatur; hieraus ergibt sich, daß im älteren Tertiär die anfängliche Zersetzung sogleich weitergegangen sein muß als in den späteren kühleren Zeiten. Die Zersetzung von Laub und Nadeln verläuft etwas langsamer als die Zersetzung von Holz. Bei einigermaßen günstigem Klima kann aber durch eine aerobe, ganz schwach saure Zersetzung das abgestorbene Pflanzenmaterial sehr schnell zersetzt werden. Dieser Zersetzungsprozeß ist morphologisch als mulmige Zersetzung, biochemisch als Destruktion zu bezeichnen.

In der Theorie der Entstehung der erdigen Braunkohlen und der Lignite muß man heute folgendes berücksichtigen:

1. Die Untersuchung über die Destruktion der Hölzer und anderer Pflanzenmaterialien. Diese Untersuchungen sind bereits im Kapitel 1 zusammenfassend dargestellt worden und haben ergeben, daß, besonders deutlich im Falle der Hölzer, bei der aeroben, schwachsauren Zersetzung von Pflanzenmaterial die Cellulose verschwindet und das Lignin, anfänglich unter Schonung seines Methoxylgehaltes, sich anreichert.

2. Die Untersuchungen über die Lignite. Aus diesen geht hervor, daß auch im Braunkohlenwaldmoor die Destruktion der vorherrschende biologische Abbauprozeß gewesen sein muß.

3. Untersuchungen über Waldmoore. R. Thiessen und Johnson[2] konnten das Torflager eines amerikanischen Waldmoors untersuchen,

[1] Kolloid-Ztschr. **44**, 205 (1928). [2] Fuel **9**, 367 (1930).

welches vielleicht als einziges der bisher untersuchten Torflager Aufschlüsse über die Verhältnisse bei der Braunkohlenbildung geben kann. Die betreffende Untersuchung ist wohl noch ergänzungsbedürftig. Das Waldmoor, „Swamp", trug einen Bestand von Weißcedern, Tamarisken, Birken usw., deren Zerfallsprodukte unterhalb der Wurzelschicht bis in eine Tiefe von 1,2 m reichten. Die noch tiefer unten anschließenden Schichten stammten aus der Zersetzung von Laubmoosen und Riedgräsern und können hier außer Betracht bleiben.

Die Bildungszeit der Waldtorfschicht kann größenordnungsmäßig als Jahrtausend bezeichnet werden. In dieser Zeit blieb die relative Menge des Lignins und der alkalilöslichen Huminsäuren annähernd mit 50—60% konstant, die Menge der Cellulose sank auf 3—5%, während die Menge der unlöslichen Huminsubstanz stieg.

Würde aus diesem Waldmoor ein Braunkohlenlager, dann hätte man es gerade mit der Ausbildung des ersten Stubbenhorizontes zu tun. Es ist daher von Interesse, aus diesem rezenten Prozeß der Waldtorfbildung eine Stoffbilanz abzuleiten. Man kann dies, wenn man folgendes annimmt: Als torfbildend komme vor allem der jährliche Streufall in Betracht, dessen Menge wohl zu niedrig nach Zahlen von W. Großkopf mit 3 t je Hektar angenommen werde. Die in 1000 Jahren gebildete Schicht betrage 1 m, der Wassergehalt des Torfes betrage überall 85 bis 90%, sein spezifisches Gewicht rund 1. Dann wären aus rund 3000 t Pflanzensubstanz 1000—1500 t Torf geworden, und rund 50—60% der ursprünglichen Pflanzensubstanz wären bei dem ersten Vertorfungsprozeß verschwunden.

Für die Bildung der erdigen Braunkohlen und der Lignite ergibt sich als wahrscheinlichste Auffassung nach alledem die, daß das abgestorbene Pflanzenmaterial, welches den Braunkohlenbildnern entstammte, hauptsächlich durch eine schwach saure, aerobe Zersetzung unter Mitwirkung von Mikroorganismen abgebaut wurde. Hierbei verschwanden die Eiweißstoffe und die leicht hydrolysierbaren Kohlenhydrate sehr schnell, die Cellulose etwas langsamer; übrig blieb das Lignin, welches größtenteils in Huminsäuren überging. Die Huminsäuren bilden den Hauptbestandteil der erdigen Braunkohlen.

Der Begriff Huminsäure darf dabei nach W. Fuchs nicht auf alkalilösliche Huminsäuren beschränkt bleiben. Abgesehen von Bitumenstoffen und einem Teil der organisierten Pflanzenreste entstammt die organische Substanz der erdigen und lignitischen Braunkohlen in der Hauptsache dem Lignin der Braunkohlenbildner.

Es sei noch erwähnt, daß Kohlen nach Art der Farbkohlen (Kasseler Braun) von R. Potonié als Oxydationsprodukte aufgefaßt werden. Diese Auffassung kann durch Nachweis von acetonlöslichen Dehydrohuminsäuren nach W. Fuchs bestätigt werden.

d) Das Bitumen der Braunkohle und die bituminösen Braunkohlen.

Für die bituminösen Anteile der Braunkohlen und für die häufig schichtenweise in Braunkohlenlagern vorkommenden Bitumensubstanzen von der Art des Pyropissits kann man verschiedene Ausgangsmaterialien und verschiedene Entstehungsweisen in Betracht ziehen.

1. Das Ausgangsmaterial kann aus Gefäßpflanzen normaler Zusammensetzung bestanden haben, bei deren Destruktion die Bitumenstoffe sich ebenso anreicherten wie das Lignin. Auf diese Weise ist wohl der größte Teil der in den Braunkohlen homogen im Huminanteil verteilten Bitumenstoffe in die Lager gekommen.

2. Das Ausgangsmaterial, Gefäßpflanzen normaler Zusammensetzung, kann einer Zersetzung erlegen sein, bei der sowohl Cellulose als auch Lignin zerstört worden sind und nur Harze und Wachse sich angereichert haben.

3. Das Ausgangsmaterial kann aus Gefäßpflanzen bestanden haben, die besonders reich an Wachsen, vielleicht auch Harzen gewesen sind. Dies könnte fürs ältere Tertiär gelten.

4. Das Ausgangsmaterial kann aus (Pflanzen und überhaupt) organischem Material bestanden haben, in dem, wie z. B. in Algen oder Sapropelbildungen, die Menge der Zellwandbestandteile von vornherein gering war.

Was die Entstehung besonderer Bitumenschichten betrifft, so kann man 3 Möglichkeiten unterscheiden:

1. Die Bitumenschichten sind allochthon entstanden, indem bei der Abschwemmung und dem Transport zersetzter Pflanzenmassen eine Trennung leichter bituminöser Bestandteile von den schwereren Geweben erfolgte.

2. Die Bitumenschichten sind autochthon entstanden, indem Pflanzengemeinschaften, die vielleicht auch reicher an Harz und Wachs waren als andere früher oder später auftretende, unter besonderen Bedingungen zerfielen. „Die gleiche Pflanzengesellschaft, aus der bei langsamer Senkung des Grundes nur Feuerkohle gebildet wird, kann bei längeren Stillstandslagen Schwelkohle liefern, weil die neu erzeugten Pflanzenmassen dauernd der Verwesung anheimfallen und dabei eine Anreicherung der schwer zersetzlichen wachs- und harzartigen Bestandteile eintritt[1]."

Bei dieser Art der autochthonen Entstehung kann man auch an die Mitbeteiligung von im Wasser lebenden Organismen denken; freilich werden der Pyropissit und ähnliche Bildungen als Liptobiolithe von den eigentlichen Sapropeliten scharf unterschieden. Fossiler

[1] Pietzsch, K.: Die Braunkohlen Deutschlands, S. 85. Berlin 1925.

Faulschlamm kann sich aber manchmal an der Basis von Braunkohlenlagern finden.

3. Autochthone Entstehung bituminöser Zwischenschichten kann außer mit Zuhilfenahme der unter 2 angegebenen biologischen Gesichtspunkte auch durch eine kolloidchemische Betrachtungsweise erklärt werden, wie sie G. Stadnikoff[1] vor kurzem gegeben hat. Danach kann es zur Abscheidung harziger Schichten nur in einem „stark bewässerten" Torfmoor kommen. Stadnikoff vermutet, daß ein ursprünglich trockenes Torfflöz vorliegen muß, welches einst eine starke Bewässerung erlitt. Für das Abscheiden der Harze bei der Verdünnung mit Wasser ist es notwendig, daß das System nur eine sehr geringe Viscosität besaß; dies kann nach Stadnikoff nur in Suspensionen gelten, die verhältnismäßig wasserarme und nicht gequollene kolloide Partikel enthielten.

Nach Witt[2] sollen Farnsporen, nach Kraemer und Spilker[3] wachsbildende Algen für die Bildung des Pyropissits verantwortlich sein. Nach Heinholdt[4] sind aber Pyropissit, Schwelkohle und Feuerkohle aus ein und demselben Pflanzenmaterial gebildet worden. Im Zusammenhang mit der Bildung der Liptobiolithe ist die Biologie des südafrikanischen Kerzenstrauches (Sarcocaulon) und das ostafrikanische Dehnhardtit-Vorkommen von Interesse[5]. Die genannte Geraniengattung wasserarmer Gebiete bildet zum Schutz gegen austrocknende Winde einen starken Wachspanzer aus. Beim Absterben der Pflanze verschwindet allmählich die ganze Pflanzensubstanz, während die Wachspanzer übrig bleiben. Wo derartige Materialien durch Wind und Wasser zusammengetrieben werden, können Lager von Liptobiolithen entstehen. Das Dehnhardtit-Vorkommen in Brit.-Ostafrika dürfte derartigen Pflanzen seine Enstehung verdanken.

Nach H. Potonié[6] sind die Pyropissitlager als allochthone Bildungen aufzufassen. Nach den Untersuchungen von F. Raefler[7] sind aber die mitteldeutschen Schwelkohlenvorkommen und Pyropissitlager autochthon. Nicht durch Verschiedenheit der biologischen Zersetzungsbedingungen ist die Verschiedenheit im Bitumengehalt der Schichten von Braunkohlenlagern zu erklären, sondern schon in der Zusammensetzung der torfbildenden Pflanzenvereine sind nach Raefler floristische

[1] Stadnikoff, G.: Die Entstehung von Kohle und Erdöl, S. 188. Stuttgart 1930.

[2] Prometheus **13**, 95 (1901).

[3] B. **35**, 1212 (1902).

[4] Braunkohle **4**, 357 (1905).

[5] Nach E. Gilg und P. Schürhoff, in Ubbelohdes Handbuch der Chemie und Technologie der Öle und Fette, 2. Aufl. 1. Bd. S. 16. Leipzig 1929.

[6] Jahrbuch der Preuß. Geol. Landesanstalt 1908, S. 539.

[7] Braunkohle **11**, 49 (1912); **19**, 1 (1920/21).

Unterschiede vorhanden gewesen, wie sie in ähnlicher Weise bei der Bildung von Niederungsmooren in den verschiedenen Vegetationszonen verlandender Wasserflächen sich zeigen. Auch bei rezenten Mooren zeigen sich infolge einer Änderung der Vegetationsbedingungen und Änderung der herrschenden Pflanzengemeinschaften schichtweise bitumenreichere und bitumenärmere Lagen.

Braunkohlenlager mit Schichten von Bitumen sind außer in Mitteldeutschland auch in Neuseeland[1] und Amerika (Washington[2]) bekannt geworden. Besonders gut untersucht sind die deutschen Vorkommen, unter denen vor allem das Zeitz-Weißenfelser Revier durch eine auffällige Anreicherung des Bitumengehaltes in seinen westlichen Randteilen hervorsticht. Die Braunkohle dieses Reviers ist in der Hauptsache als ein einziges Flöz im älteren Tertiär zum Absatz gelangt. Das Flöz setzt sich aus einer Reihe von helleren und dunkleren Lagen zusammen, in dessen helleren Lagen eine besonders bitumenreiche Kohle vorliegt; die ziemlich reinen Pyropissitlager sind allerdings schon abgebaut. Nach den älteren Angaben soll das Vorkommen von Pyropissit auf die hangendsten Flözteile beschränkt sein. Nach den Untersuchungen von Raefler[3] besteht im Vertikalschnitt des Flözes eine gewisse Gesetzmäßigkeit, wonach die beste Schwelkohle vorwiegend in den tieferen Flözteilen oder an der Basis des Flözes liegt. In horizontaler Erstreckung liegt die bitumenreichste Kohle im Süden des Hauptlagers und in westlich vorgelagerten Randbecken. In diesen Becken sind die Kohlenvorkommen größtenteils von hochprozentiger pyropissitischer Braunkohle und Pyropissit geradezu umsäumt. „Besonders in den flachen, durch die zunehmenden kuppenförmigen Unebenheiten des Untergrundes mehr oder weniger abgesonderten Spezialbecken ist der Gehalt an liptobiolithischem Material aufs höchste gesteigert; sie sind oder vielmehr waren fast nur von reinster Schwelkohle und von Pyropissit erfüllt."

Nach Pietzsch[4] kann man diese Verhältnisse vielleicht dann erklären, „wenn man bedenkt, daß der Untergrund eines Braunkohlenmoores sich nicht immer in seiner ganzen Ausdehnung gleichmäßig gesenkt hat, und daß überhaupt stets die randlichen Teile sich nur wenig oder gar nicht senken. Allerdings ist in den östlichen Randgebieten des sächsisch-thüringischen Braunkohlenreviers eine ähnliche Anreicherung des Bitumengehaltes nicht bekannt".

Nach alledem ergibt sich, daß auch die Schichten bituminöser Braunkohlen von den Schwelkohlen bis zum Pyropissit autochthon entstanden sind. An der speziellen schichtenweisen Ausbildung sind wahr-

[1] James, L. H.: Journ. Soc. chem. Ind. **44**, T 241 (1925).
[2] Benson, H. K.: Ind. engin. Chem. **17**, 21 (1925).
[3] Braunkohle **11**, 49 (1912).
[4] Die Braunkohlen Deutschlands, S. 85. Berlin 1925.

scheinlich besonders biologische Verhältnisse hinsichtlich der Pflanzengemeinschaften usw. schuld; daß kolloidchemische Kräfte bei Ausbildung der Schichtung mitgewirkt haben, ist nicht unmöglich.

Eine wesentliche Klärung würden alle berührten Fragen hinsichtlich der Liptobiolithschichten übrigens erfahren, wenn es gelänge, beispielsweise das Montanwachs, welches ja durch die neueren Arbeiten von Tropsch, von Holde, von Grün u. a. gut bekannt ist, mit Wachs aus rezenten Pflanzen zu identifizieren.

e) Die geologischen Veränderungen der Braunkohle und die Glanzbraunkohlen.

Vielfach wird die Meinung vertreten, daß mit der Zeit Kohlen vom Charakter der Braunkohlen durch den Inkohlungsvorgang reicher an Kohlenstoff und ärmer an Wasserstoff und Sauerstoff würden und dadurch Ähnlichkeit mit den Steinkohlen bekämen.[1] Es scheint indessen, daß allein durch die Wirkung der Zeit kein Inkohlungsvorgang abrollen kann. Die einmal gebildeten Huminsäuren der Braunkohlen können, wie es scheint, unendlich lange Zeiträume unverändert liegen bleiben, wenn sie nicht besonderen Einwirkungen ausgesetzt sind.

Der Schluß von der praktisch unendlichen Haltbarkeit von Huminsäure unter den Bedingungen ihrer ursprünglichen Lagerung kann sich hauptsächlich auf die carbonischen, russischen Braunkohlen stützen. Es wäre besonders erwünscht, wenn der Huminanteil dieser Braunkohlen (mit 67,3% C in der organischen Substanz), der zu 50% in Alkali löslich ist[2], mit den neueren Methoden der Huminsäureforschung, besonders also durch Acetatzersetzung, Salzbildung, Basenaustausch, erschöpfende Methylierung, primäre Oxydation, Molekulargewichtsbestimmung, verstärkten Abbau, charakterisiert würde.

Es ist ja kein Zweifel, daß carbonische Braunkohlen aus Pflanzengemeinschaften entstanden sind, die phylogenetisch viel tiefer standen als die tertiären Braunkohlenbildner. Es ist daher auch nicht verwunderlich, daß das Bitumen dieser älteren Braunkohlen nicht mit Montanwachs übereinstimmt. Ob aber hierin ein Alterungsprozeß des betreffenden Bitumens durch Polymerisation und andere Veränderungen der ursprünglichen Bitumenstoffe vorliegt, muß fraglich erscheinen, solange die Möglichkeit besteht, daß die an sich empfindlicheren Huminsubstanzen keinen „Alterungsprozeß" mitgemacht haben.

Die Belastung von Braunkohlenlagern durch die Schichten des Hangenden kann die Braunkohlenmassen wohl kompakter machen, aber nicht chemisch verändern. Ähnliches gilt für den Gebirgsdruck

---

[1] Vgl. z. B. Manouschek, Braunkohle 8, 73 (1909).

[2] Stadnikoff: Entstehung von Kohle und Erdöl. S. 108. Stuttgart 1930. Vgl. auch Kap. IV, 9.

überhaupt, der die physikalischen Eigenschaften der Kohlen, wie Härte, Glanz und spezifisches Gewicht, beeinflußt, aber keine chemischen Änderungen herbeiführt.

Chemische Änderungen in der Braunkohlenmasse können aber eintreten, wenn durch Gebirgsbewegungen oder sonstige geologische Kräfte Temperaturerhöhungen verursacht werden. Die Temperatursteigerung durch Lagern in größerer Tiefe (höherer „geothermischer Tiefenstufe") verursacht allerdings nur eine Erhöhung um wenige Grade, eine Erhöhung, die wohl kaum große Folgen haben kann[1].

Eine stärkere, aber mehr oder weniger vorübergehende Erhitzung können Braunkohlen erleiden, die im Verlaufe von Faltungen der Erdrinde einem starken Gebirgsdruck ausgesetzt waren. Dies ist z. B. der Fall bei den oberbayrischen Pechkohlen des Alpenvorlandes.

Diese tertiären Kohlen sind ursprünglich vorwiegend im Süßwasser, zum kleinen Teil wohl auch im Brackwasser, aus einer Baumflora, aber nicht ohne Beteiligung von (auch tierischen) Süßwasserorganismen entstanden. Die Kohle gibt die Erkennungsreaktionen der Braunkohle, ist aber nach Gümbel eine vollständig homogene, der echten Steinkohle äußerlich ähnliche Kohle, rabenschwarz, pechartig glänzend, mit dunkelbraunem Strich. Sie scheint durch und durch aus meist texturierten Pflanzen- und Holzteilen zusammengesetzt zu sein, doch findet man in ihr keine sichtbaren Pflanzenreste. Auch E. Stach[2] hat die Holzstrukturen, daneben auch Gerinnungsstrukturen in der Pechkohle beschrieben.

Der Kohlenstoffgehalt der Reinkohle beträgt rund 69,9%—75,7% C und 5,5—5,8% H. Der hohe Wasserstoffgehalt ist bemerkenswert. Salzbildende COOH-Gruppen scheinen nicht vorhanden zu sein[3]. Für eine hessische Pechkohle hat C. Staemmler[4] beträchtliche Bitumengehalte angegeben. Auch Erdöl hat man gelegentlich in der Pechkohle gefunden.

Von den Vorgängen bei der sogenannten „Inkohlung" der Pechkohle kann man sich nach alledem noch kein rechtes Bild machen. Auffällig ist unter anderem der hohe Wasserstoffgehalt. Eine nach modernen Gesichtspunkten durchgeführte Zerlegungsanalyse, die Bestimmung der Funktionen des Sauerstoffs im Huminanteil u. a. m. wären erwünscht.

Die Umwandlung von erdigen und lignitischen Braunkohlen in solche von höherem Kohlenstoffgehalt erfolgt sehr markant durch

[1] Über „Kohlungswärme" vgl. H. Höfer v. Heimhalt, Naturwissenschaften **10**, 113 (1922).

[2] Ztschr. Dtsch. Geol. Ges. A **77**, 260 (1925).

[3] Fuchs, W.: Brennstoff-Chem. **9**, 200 (1928).

[4] Brennstoff-Chem. **11**, 281 (1930).

Wärmewirkung, die durch Eruptionsvorgänge hervorgerufen wird. Im Westerwald und in Hessen, ferner auch in Neuseeland, haben sich vielfach Eruptivgesteine, besonders Basalt, über oder in tertiäre Braunkohle ergossen. Da Basalt bei 1250° schmilzt, so hat bei unmittelbarem Kontakt eine sehr starke Erhitzung der Kohlen stattfinden müssen. Aber auch bei größerer Entfernung von den heißen Eruptivmassen müssen Umwandlungen durch Hitze erfolgt sein.

Am Meißner in Hessen ist ein Braunkohlenflöz durch einen Basaltstrom in einer Mächtigkeit von mehreren Metern verändert worden. Bei Annäherung der Braunkohle an das Eruptivgestein tritt nach Uthemann[1] an Stelle des erdigen Äußeren der Braun- und Schwarzkohlen ein mehr mineralischer, metallartiger oder schlackiger, seltener Steinkohlen ähnlicher oder anthrazitischer Habitus. Unmittelbar am Kontakt mit dem über das Flöz hinweggeflossenen Basaltstrom ist auch eine direkte Verkokung der Kohlen erfolgt. Die chemischen Änderungen in der Elementarzusammensetzung ergeben sich aus den Angaben von A. v. Lasaulx[2]:

	I	II	III	IV
% C	80,40	78,14	62,20	59,92
% H	3,30	3,73	5,28	5,66

Bei I handelt es sich um eine anthrazitähnliche, metallglänzende Kohlenprobe nahe vom Eruptivkontakt, bei II um eine „glänzende Stangenkohle“, bei III um eine noch weiter vom Kontakt entfernte Glanzkohle und bei IV um unveränderte Braunkohle.

H. Winter[3], der neuerdings die Veränderung der Braunkohle durch den Kontakt mit Basalt, wie er am Meißner in Hessen vorkommt, analytisch verfolgt hat, vergleicht den Vorgang mit dem der Urverkokung, wenn auch die veränderte Braunkohle reicher an flüchtigen Substanzen und besonders Wasserstoff ist, als Steinkohlenhalbkoks. Auf den Gehalt an flüchtigen Substanzen führt H. Winter auch die Erscheinung zurück, daß die veränderte Braunkohle den elektrischen Strom nicht leitet. In den mikroskopisch untersuchten Proben, selbst solchen aus der Nähe geschmolzen gewesenen Basaltes, lassen sich immer noch Reste von pflanzlichen Geweben erkennen.

Besonders mit petrographischen Methoden hat neuerdings W. P. Evans[4] neuseeländische Braunkohlen untersucht, die unter der Wirkung von Feuereinbrüchen, ausgehend von angrenzendem Dolerit, gestanden haben. Das Material ist dadurch in ein „subanthrazitähnliches Stadium“ gebracht worden.

Bei den durch natürliche Erhitzung in der Braunkohle ablaufenden

[1] Abh. Preuß. Geol. Landesanst., 1892, Nr. 7.
[2] Poggendorfs Ann. **141,** 145 (1870).
[3] Braunkohle **24,** 653 (1925/1926).
[4] Fuel **7,** 75, 402 (1928).

Veränderungen kann es sich um sehr verschiedene Dinge handeln. Man hat Veränderungen der Huminsäuren und der Bitumenstoffe zu unterscheiden. Die besonders empfindlichen Huminsäuren können auf zweierlei Art zerfallen, indem die Moleküle entweder Bruchstücke sehr verschiedener oder annähernd gleicher Größe liefern. Im ersten Falle werden Kohlensäure und Wasser abgespalten und die verbleibenden Reste erscheinen dann als solche oder nach Zusammentritt zu noch größeren Komplexen stärker inkohlt oder gar unter Umständen verkokt. Im zweiten Falle sind mittelgroße Bruchstücke bituminöser Art gebildet. In der gleichen Weise können auch die Bitumenstoffe entweder mehr den Charakter von Kohlenwasserstoffen annähernd gleicher Molekulargröße annehmen oder unter Krackung zersetzt und bei der Verkokung verbraucht werden. Das Verhalten des Bitumens im Einzelfalle kann übrigens, wenigstens in großen Zügen, eher vorausgesagt werden als das Verhalten der Huminsäuren. Hier wäre noch eine umfangreiche Forschungsarbeit zu leisten, die im Hinblick auf die Struktur und Entstehung der Steinkohlen doppelt erwünscht wäre.

IV. Die Steinkohle.

1. Die Steinkohlenlager und die Steinkohlenarten.

a) Definition der Steinkohle.

Nach Strache[1] ist Steinkohle ein aus der Anhäufung und Zersetzung vorwiegend pflanzlicher Reste entstandenes, schwarzgefärbtes, kompaktes oder erdiges organisches Gestein mit weniger als 40% anorganischen Beimengungen (bezogen auf wasserfreies Material), das keine beträchtlichen Mengen von alkalilöslichen Huminsäuren enthält. Den Anthrazit, der eine kompakte, besonders kohlenstoffreiche Steinkohlenart ist, definiert Strache zum Unterschied von der eigentlichen Steinkohle damit, daß bei letzterer der Sauerstoffgehalt der Reinkohlensubstanz über 4%, beim Anthrazit aber unter 4% liegt und überdies damit, daß Anthrazit gegen chemische Reagenzien besonders widerstandsfähig ist.

W. Gothan[2] definiert wie folgt: Steinkohlen sind Kohlen von fester Beschaffenheit mit glänzendem, meist würfeligem Bruch von schwarzer Farbe. (Bei Cannelkohle und ähnlichen Kohlen ist der Bruch matt und muschelig.)

Manche Kohlenarten stehen zwischen Braunkohlen und Steinkohlen. Für diese sind weitere Unterscheidungsmerkmale erwünscht. In dieser

---

[1] Brennstoff-Chem. **3**, 311 (1922).

[2] Braunkohle **24**, 1128 (1925/1926). Ferner W. Gothan, K. Pietzsch und W. Petraschek: Braunkohle **25**, 669 (1926/1927).

Hinsicht kann man die Strichprobe, das Kochen mit Kalilauge sowie die Probe von Donath[1] heranziehen. Steinkohlen geben einen schwarzen, Braunkohlen einen braunen Strich. Einen braunen Strich gibt übrigens auch die Arsakohle, die Donath zu den Steinkohlen rechnet, sowie die Kohle von Lunz, ferner palaeozoische Sapropelkohlen. Es wird erwähnt, daß die Glanzbraunkohlen meistens einen braunen Strich geben, die Kohle von Leoben dagegen, obwohl Braunkohle, einen schwarzen Strich. Manche Kohlen aus der oberen Kreide in Nordamerika vereinigen die Eigenschaften von Braun- und Steinkohlen.

Beim Kochen mit Kalilauge liefern Braunkohlen dunkle Lösungen, Steinkohlen nur schwachgefärbte, da sie eben keine Huminsäuren enthalten.

Bei der Probe von Donath, deren Ausführung bereits behandelt ist, geben Steinkohlen zum Unterschied von den Braunkohlen keine Rotfärbung. Manche Braunkohlenarten sollen übrigens die Reaktion nicht geben. Weitere Unterschiede im Verhalten der beiden Kohlensorten zeigen sich bei der Oxydation, wobei Braunkohle unter Bildung löslicher Zwischenprodukte allmählich zerstört, Steinkohle weniger angegriffen wird; bei der Extraktion, wobei Steinkohlen stark fluorescierende Benzolextrakte, Braunkohlen aber braungelbe Lösungen geben; endlich bei der trockenen Destillation, wobei die Braunkohlen sich früher zersetzen und ein saures Destillat liefern, während Steinkohlen erst oberhalb 325° Schwelgase abgeben und ein ammoniakalisches Destillat liefern. Der Braunkohlenteer enthält besonders aliphatische Verbindungen und Paraffin, der Steinkohlenteer aromatische Verbindungen; dieser Unterschied ist allerdings bei den Verfahren der „Tieftemperaturverkokung" verwischt. Steinkohle liefert in der Regel einen „gebackenen" Koks als Rückstand, Braunkohle nicht.

Humusbraunkohlen, Humussteinkohlen und Sapropelkohlen können nach den neueren Arbeiten von W. Fuchs[2] dadurch unterschieden werden, daß Braunkohlen die Huminsäurereaktionen sogleich, die Steinkohlen nach vorheriger Oxydation, die Sapropelkohlen (und die Anthrazite) überhaupt nicht geben.

b) Die Steinkohlenlager.

Steinkohlenlager finden sich über die ganze Erde verbreitet, vorwiegend in der gemäßigten Zone. Das Gesamtvorkommen an Steinkohle wird etwa so hoch eingeschätzt wie das Braunkohlenvorkommen und mit über 3000 Milliarden Tonnen angenommen. Davon besitzt

---

[1] Braunkohle **25**, 315 (1926/1927). — Unterscheidung, Einteilung und Charakteristik der Mineralkohlen, Halle 1924.

[2] Brennstoff-Chem. **8**, 337 (1927). — W. Fuchs u. O. Horn: Brennstoff-Chem. **12**, 65 (1931).

Amerika rund die Hälfte. Vom europäischen Vorkommen, das auf 560 Milliarden Tonnen geschätzt wird, entfällt auf Deutschland fast die Hälfte. Am wenigsten ist Afrika mit Steinkohle versehen; sein Besitz an Steinkohlen wird auf 29 Milliarden Tonnen geschätzt.

Die ältesten Steinkohlenvorkommen liegen im Präcambrium; der finnische und russische Schungit gilt als älteste Kohle. Auf der nördlichen Halbkugel ist die Steinkohle am mächtigsten im Carbon entwickelt. Die nachcarbonischen Steinkohlen sind da von geringer Bedeutung. Anders auf der südlichen Halbkugel, wo Kohlenlager, deren Alter zwischen Carbon und Jura liegt, als Vorkommen der sogenannten Gondwanastufe, eine wichtige Rolle spielen.

Steinkohlen und Anthrazite finden sich bis zu 2000 m und noch tiefer in der Erde. Man unterscheidet meeresferne (limnische) und meeresnahe (paralische) Ablagerungen; doch sind diese beiden Begriffe nicht streng durchführbar. Die Steinkohlen treten meist in Schiefertonen, Sandsteinen oder Konglomeraten auf, die auf dem Lande entstanden sind. Dies gilt besonders für die flözführenden Schichten des sogenannten produktiven oberen Carbon der deutschen Reviere. An anderen Stellen finden sich Steinkohlen im Schichtenverband mit im Meere gebildeten Kalksteinen.

Die Steinkohle durchsetzt das Sedimentgestein in Lagen, deren Mächtigkeit von wenigen Zentimetern bis zu mehreren Metern wachsen kann. Der ursprüngliche Verlauf der Flöze ist meistens durch die Wirksamkeit geologischer Kräfte mannigfach gestört.

Das Hangende und das Liegende der Flöze, Bettschicht und Deckschicht, sind häufig verschieden. Im produktiven Carbon besteht das Liegende meist aus Schieferton, der häufig von den versteinerten Wurzeln der Steinkohlen bildenden Pflanzen durchsetzt ist; das Hangende der Flöze ist vielfach Sandstein.

McKenzie Taylor hat neuerdings darauf hingewiesen, daß das Hangende der Steinkohlenflöze Natriumsilicat enthält, dessen Natrium an Wasser unter Auftreten schwach alkalischer Reaktion abgegeben werden kann, etwa nach der Gleichung

$$Na_2SiO_3 \cdot Al_2(SiO_3)_2 + H_2O = NaHSiO_3 \cdot Al_2(SiO_3)_2 + NaOH.$$

An Hangendgesteinen von Anthrazitlagern stellte Taylor p_H-Werte von 8,4—9 fest. Auch diese Hangendgesteine enthielten viel Natrium, aber wenig oder gar kein Calcium als austauschbare Base.

Eine Eigentümlichkeit derartiger von Taylor studierter Deckschichten ist ihre Undurchlässigkeit für Gase. Vielleicht hängt es besonders damit zusammen, daß in den Steinkohlenflözen Gasvorkommen eine viel größere Bedeutung haben als in den Braunkohlenlagern.

Die in der Kohle enthaltenen Gase sind teils in mannigfachen Hohlräumen eingeschlossen, teils adsorbiert. Graham[1] untersuchte die Adsorption von Methan und anderen Gasen durch Kohle und fand, daß Steinkohle besonders unter höheren Drucken Gase adsorbieren kann. Die Kurve, welche die Beziehung zwischen Gasdruck und Menge an adsorbiertem Gas ausdrückt, ist nach den Versuchen von Graham bei den nur schwach adsorbierbaren Gasen Sauerstoff, Wasserstoff und Stickstoff fast eine gerade Linie. Bei leichter adsorbierbaren Gasen wie Kohlensäure zeigt sich dagegen eine stärkere Abweichung von der Geraden. Geradlinige Kurven entsprechen dem, was auf Grund des Gesetzes von Henri für die Aufnahme von Gasen durch Flüssigkeiten festgestellt ist. Eine andere Gesetzmäßigkeit ist die, daß Gase, die leichter zu verflüssigen sind, auch in größerer Menge von Kohle adsorbiert werden.

Im einzelnen hängt die adsorbierte Gasmenge vom herrschenden Druck, von der Feuchtigkeit und von der Korngröße der Kohle ab; sie wächst mit steigendem Druck, verminderter Korngröße und sinkt mit steigendem Feuchtigkeitsgehalte. Noch besser als getrocknete Kohle adsorbierte nach Graham Kohlenstaub, der mit Pyridin erschöpfend extrahiert worden war. Die Verringerung der Korngröße bedingt nach Graham kein proportionales Steigen der Adsorptionsfähigkeit. Die aktive Oberfläche ist schon bei gewöhnlicher Steinkohle bedeutend größer als die äußere Oberfläche. So nahmen Kohlenstückchen von 10 ccm Volumen schon 70% des Betrages an Methan an, den durch ein 14-Maschen-Sieb gebrachter Staub adsorbierte. Weitere Zerkleinerung bis zum Durchgang durch ein 30-Maschen-Sieb erhöhte die adsorbierte Gasmenge nur unbedeutend. Graham berechnet aus seinen Versuchsergebnissen, daß bei Steinkohle die aktive Oberfläche mindestens 400mal so groß sein muß wie die äußere. 100 g trockener Kohlenstaub nahmen bei 30 atü 5600 ccm CO_2, 2200 ccm CH_4 und 900 ccm N_2 auf.

Nach K. Patteisky[2] entstehen beim Inkohlungsprozeß Methan und Kohlensäure; letztere werde teils an Carbonate gebunden, teils entweiche sie mit der Gebirgsfeuchtigkeit. Dadurch finde eine starke Anreicherung von Methan statt. Mit den von den Steinkohlen adsorbierten Gasen haben sich auch R. Vondráček und B. Hlavica[3] beschäftigt.

Das Methan, auch Grubengas und Sumpfgas genannt, verbrennt mit Luft zu Kohlensäure und Wasser. Diese Verbrennung kann explosionsartig erfolgen; die explosionsbereiten Mischungen sind die gefürchteten schlagenden Wetter der Bergleute. Nicht weniger gefährlich als die schlagenden Wetter können Kohlensäureausbrüche werden.

[1] Nach Brennstoff-Chem. **3**, 122 (1922).

[2] Glückauf **62**, 1609, 1641 (1926).

[3] Nach C. **1927 II**, 1776.

Das Methan der Gruben könnte auch biologischen Ursprungs sein. Die Kohlensäure der Flöze stammt dagegen nach den Arbeiten von S. v. Bubnoff[1] und den Ausführungen von R. Potonié[2] aus dem Erdinnern und wäre nicht etwa ein Produkt normaler oder abnormaler Inkohlung.

Nach O. Ruff[3] vermögen Steinkohlen die Kohlensäure in erheblicher und in einer für die Ausbrüche wohl immer zureichenden Menge aufzunehmen, wenn das Gas mit einigen Atmosphären Überdruck die Flöze trifft. Bei 10 atü werden 8—22 cbm CO_2 je Tonne mineralstofffreie Kohlensubstanz aufgenommen. „Ein ausbruchgefährliches Kohlenflöz ist durchzogen von einem langsamen Kohlensäurestrom mit Druckgefälle aus dem Inneren des Flözes nach dem Ort. In diesem Flöz ist zur Zeit des Ausbruches ein Kohlensäurenest vorhanden; die Nestkohle vermag ihre Kohlensäure schneller aufzunehmen und abzugeben als die übrige Flözkohle.“

Die Kohlensäure wird auf vulkanische Kohlensäurequellen im Gebirge zurückgeführt. Die Kohle der Nester ist im ausbruchgefährlichen Zustand zugleich fein verteilt („zermürbt“, „zerreiblich“) und in bestimmtem Umfang gelockert. Feine Zerreiblichkeit der Kohlen kann durch tektonische Ursachen, aber auch durch eine bestimmte Beschaffenheit oder Entwicklungsgeschichte einzelner Kohlen veranlaßt sein; doch hat man besonders in letzterer Hinsicht keine Tatsachen, auf die man sich stützen kann.

Methan wird nach Ruff von den Kohlen in ähnlicher Weise, aber in wesentlich geringerer Menge aufgenommen als Kohlensäure, bei 10 atü je Tonne 1,2—5,4 cbm CH_4. Dementsprechend ist die Gefahr von Methanausbrüchen kleiner; die geringere Dichte des Methans verringert, die Brennbarkeit steigert die Gefahren eines Methanausbruches.

Nach R. Potonié steigt der Kohlensäuregehalt der Kohlen in den „Kohlensäuregebieten“ vom normalen Betrag von z. B. 6,5% bis auf 61%. Zwischen der Menge flüchtiger Bestandteile und der Ausbruchsgefährlichkeit besteht keine feste Gesetzmäßigkeit. Ausbruchgefährliche Flöze führen Kohlensäure, welche nicht stetig abgegeben wird, sondern erst bei Erschütterungen in spontanen Ausbrüchen. Besonders gefährlich sind Flöze, welche Kohlensäure speichern, aber kaum „entgasen“. Die Unterschiede der Flöze beruhen auf Unterschieden in mechanischem Zusammenhang der Teilchen, in der Durchsetzung mit Klüften, Rissen, capillaren Hohlräumen usw. Die Kohle in Ausbruchsgebieten ist mürbe und zerreiblich, „so daß der Übergang von hart zu weich direkt als Indikator der Ausbruchsgefahr dient“.

Zur Frage, warum die Entgasung der Flöze nicht stets allmählich,

---

[1] Literaturnachweise bei [2]. [2] Ztschr. angew. Chem. **43**, 767 (1930).
[3] Ztschr. Berg-, Hütten- u. Salinenwesen B **78**, 22 (1930).

sondern oft katastrophal erfolgt, wird vor allem auf das intermittierende Aufgehen der Schlechten hingewiesen, jener feinsten Klüfte der Kohlen, „die namentlich die Glanzstreifen der Kohle (Vitrit) in viele parallelepipedische Stückchen teilen“. Das Aufgehen der Schlechten erfolgt niemals völlig stetig, sondern mehr oder weniger ruckweise. „Es handelt sich für den Bergbau vielleicht um die Frage: Wie veranlasse ich die Schlechten, sich allmählich zu öffnen?“

Im Gegensatz zu dieser Auffassung setzt neuerdings O. Ruff[1] folgendes auseinander. Kohlensäure wird von Steinkohlen, ganz gleich welcher Herkunft, ähnlich wie vom Wasser gelöst. (Der Lösungsvorgang ist dadurch gekennzeichnet, daß sich die einzelnen Moleküle des Gases an einzelne Moleküle des Lösungsmittels durch und durch in gleichmäßiger Verteilung und in einer vom Druck des Gases abhängigen Menge anlagern). Es handelt sich dabei um echte Lösung und nicht um Adsorption; denn die Menge der bei einem bestimmten Druck aufgenommenen Kohlensäure erwies sich als unabhängig von der Korngröße der Kohlen. Durch die Korngröße wird nur die Geschwindigkeit der Aufnahme und Abgabe des Gases beeinflußt.

Im Gegensatz zu v. Bubnoff und R. Potonié wird die Meinung vertreten, daß eine natürliche Zermürbung von Kohle gelegentlich vorkommen mag, daß aber eine nesterweise Lokalisierung von Kohlensäure unmöglich ist. Fällt die Möglichkeit einer natürlichen Bildung der Nester weg, so kann ihre Entstehung nach Ruff nur eine Folge der Maßnahmen des Abbaus sein.

Im Beispiel des Neuroder Gebietes durchzieht ein langsamer Kohlensäurestrom mit einem Druckgefälle von etwa 3 Atü von der Grenze des unverritzten Flözes bis vor Ort das Flöz. Die durch den Abbau veranlaßten Druck- und Zugspannungen führen vor Ort meist zu grober Zermürbung des Flözes. Dahinter findet sich eine Zone, in welcher die zur Zerstörung des Flözzusammenhalts nötige Grenzspannung noch nicht erreicht ist. In der Zone noch nicht erreichter Grenzspannung genügt das Hinzukommen kleiner Zusatzspannungen, um die Zerstörung der Flözstruktur zu veranlassen. Diese wird um so stärker, je rascher die Grenzspannung überschritten wird. Hinreichend rasch auftretende Zusatzspannungen können durch Gebirgsschläge, vor allem aber durch Erschütterungen, die von Sprengschüssen herrühren, geliefert werden.

Der Zeitraum, in dem sich Steinkohlenlager gebildet haben, ist nach Millionen Jahren zu bemessen. Die Bildungszeit der einzelnen Flöze ist schwer zu schätzen, dürfte aber der Größenordnung nach zumindest nicht kleiner sein als die für einzelne Braunkohlenlager berechnete.

---

[1] Ztschr. angew. Chem. **43**, 1038 (1930).

Ähnlich wie die Braunkohlenlager sind aller Wahrscheinlichkeit nach auch die meisten Steinkohlenlager autochthone Bildungen.

Die Steinkohlen bildende Pflanzenwelt ist aus Funden erschlossen worden, welche häufiger als in der Kohle selbst in den begleitenden Sedimentschichten gemacht worden sind. Die wichtigsten Vertreter der Flora des Carbons gehörten den Familien der Schachtelhalme, Farne und besonders Bärlappe an. Es handelte sich dabei vor allem um mächtig entwickelte, baumartige, heute ausgestorbene Vertreter dieser Familien. Namentliche Hervorhebung verdienen die eigenartigen, zu den Lycopodiaceen (Bärlappgewächsen) gehörenden Siegel- und Schuppenbäume, die Lepidodendren und Sigillarien, Calamiten und die höher entwickelten, zu den Gymnospermen zu zählenden Cordaitesbäume.

Weitere Aufschlüsse über die Flora der Steinkohlenbildner gewähren die (bereits bei der Braunkohle erwähnten) Dolomitknollen mit ihren echt versteinerten Pflanzenresten. In immer steigendem Maße zeigt ferner die petrographische und mikroskopische Untersuchung der Steinkohlengrundmasse durch die dabei aufzufindenden Sporen, Kutikeln und ähnliches den speziellen pflanzlichen Ursprung der untersuchten Kohlen.

Daß auf den Steinkohlen auch heute noch Lebewesen existieren können, weiß man seit einigen Jahren. Ältere Angaben über das Wachstum von Bakterien auf Steinkohle hat W. Fuchs[1] zusammengestellt; das Wachstum von Pilzen auf Steinkohle ergibt sich aus den Untersuchungen von F. Fischer und W. Fuchs[2].

Eine moderne wissenschaftliche Untersuchung über die Mikrobiologie der Steinkohlen in ihren natürlichen Lagerstätten verdankt man R. Lieske und E. Hofmann[3]. Diese Forscher fanden bei ihren Untersuchungen in verschiedenen Steinkohlenbergwerken des Ruhrgebietes in Tiefen von 400—750 m folgendes: Die Grubenwässer sind nur selten steril. Der Wetterstrom enthält stets sehr viel Keime, deren Zahl an den ein- und ausziehenden Schächten nicht wesentlich differiert; in einzelnen Stollen fanden sich Eisenbakterien, vorwiegend Gallionella, und Schwefelbakterien, Thiotrix. Auch in großen Tiefen ist die Erde nicht steril. In den Flözen sind fast immer Bakterien nachweisbar, vorwiegend aus der Subtilis- bzw. Mesentericusgruppe, oft auch Kokken, aber keine spezifische Steinkohlenflora. Pilze wurden zahlreich im Wetterstrom, aber nicht in der Kohle gefunden. Die isolierten Bakterien waren für Mäuse nicht pathogen. Nach einer weiteren Arbeit von Lieske und Hofmann[4] ist anzunehmen, daß auch in noch größeren, praktisch

[1] Brennstoff-Chem. 8, 324 (1927).
[2] Brennstoff-Chem. 8, 231, 293 (1927).
[3] Brennstoff-Chem. 9, 282 (1928).
[4] Ztrbl. Bakteriol. 77, 305 (1928).

nicht erreichbaren Tiefen der Erde Bakterien vorkommen. Die untere Wachstumsgrenze wird wahrscheinlich nur durch hohe Temperatur, etwa 70—90°, bedingt.

c) Die Steinkohlenarten.

Die ersten Einteilungen der Steinkohlen sind aus praktischen Bedürfnissen und Erfahrungen heraus entstanden. Man hat bei diesen Einteilungen Heizwert, Wassergehalt, Verhalten bei der trockenen Destillation sowohl hinsichtlich der Menge der flüchtigen Bestandteile, als auch hinsichtlich der Beschaffenheit des Koksrückstandes berücksichtigt, ferner die Elementarzusammensetzung, das spezifische Gewicht, das Verhältnis des Kohlenstoffs zum Wasserstoff, das Verhältnis des sogenannten fixen Kohlenstoffs zu den flüchtigen Bestandteilen, den Gehalt an disponiblem Wasserstoff, endlich auch Länge und Aussehen der Flamme beim Verfeuern.

So unterscheidet man im Ruhrgebiet nach dem Gehalt an Kohlenstoff und an flüchtigen Bestandteilen die folgenden Kohlenarten:

Magerkohlen	90—98% C .	4—19% Flüchtiges
Fettkohlen	86—90% C .	19—28% „
Gaskohlen	80—86% C .	28—32% „
Gasflammkohlen	78—80% C .	32—45% „

In dieser Einteilung treten die Kohlen in derselben Reihenfolge auf wie im Flöz, da auch in diesem die Kohlen von unten nach oben zu immer reicher an flüchtigen Bestandteilen werden.

Nach dem Verhalten bei der Verkokung unterscheidet man Sandkohle, Backkohle und Sinterkohle. Den am besten backenden Koks liefern die Fettkohlen. Die Magerkohlen zerfallen in der Hitze meist sandartig und gehören im Hinblick hierauf zu den Sandkohlen. Die Gaskohlen wiederum geben einen gesinterten, aber nicht geblähten Koksrückstand und gehören deshalb zu den Sinterkohlen. Die Beziehungen zwischen der obigen Einteilung auf Grund der flüchtigen Bestandteile und der hier erwähnten auf Grund der Beschaffenheit des Koksrückstandes wird durch folgende Übersicht wiedergegeben:

Gasreiche Sandkohle	= Gasflammkohle
Gasreiche Sinterkohle	= Gaskohle
Gasreiche Backkohle Gasarme Backkohle	= Fettkohle
Gasarme Sinterkohle Gasarme Sandkohle	= Magerkohle

Vielfach erwähnt findet man in der Literatur die Einteilungen von Gruner und von Broockman. Beide beruhen auf wesentlich praktischen Gesichtspunkten. Die Systematik der Steinkohlen nach Gruner ist in Tabelle 106 enthalten.

Tabelle 106. Einteilung der Steinkohlen nach Gruner.

Kohlentype	Elementare Zusammensetzung C %	H %	O+N %	$\frac{O+N}{H}$	Koksausbeute %	Koksaussehen	Spezifisches Gewicht
1. Trockene Steinkohle mit langer Flamme (Flammkohle)	75—80	5,5—4,5	19,5—15,0	4—3	55—60	pulverförmig od. höchstens zusammengefrittet	1,25
2. Fette Steinkohle m. langer Flamme (Gaskohle)	80—85	5,8—5,0	14,2—10,0	3—2	60—68	geschmolzen, aber stark zerklüftet	1,28—1,3
3. Eigentliche fette Kohlen (Schmiedekohlen)	84—89	5,0—5,5	11,0— 5,5	2—1	68—74	geschmolzen b. mittelmäß. kompakt	1,3
4. Fette Steinkohle m. kurzer Flamme (Kokskohle)	88—91	5,5—4,5	6,5— 5,5	1	74—82	geschmolzen, sehr kompakt, wenig zerklüftet	1,3—1,35
5. Magere oder anthrazitische Steinkohle	90—93	4,5—4,0	5,5— 3,0	1	82—90	gefrittet oder pulverförmig	1,35—1,4

Die Einteilung der Steinkohlen nach Broockman geht aus Tabelle 107 hervor.

Tabelle 107. Einteilung der Steinkohlen nach Broockmann.

	Zusammensetzung % C	H	N+O	Wärmewert WE.	Grubenfeuchtigkeit %	Spez. Gewicht	Koksausbeute %	Beschaffenheit des Kokses
Flammkohle	80	5	15	7600	4	1,25	60	gesintert
Gaskohle	82	5	13	7800	3	—	63	gebacken
	84	5	11	8000	2	—	65	,,
Kokskohle	86	5	9	9300	2	1,30	70	,,
	88	5	7	8500	1	—	75	,,
Magerkohle	90	5	5	8800	1	1,35	78	,,
	92	4	4	8700	1	—	80	gesintert
Anthrazit	94	3	3	8500	1/2	1,40	90	Pulver
	96	2	2	8400	1/2	—	95	,,
	98	1	1	8200	1/2	—	98	,,
Graphit	100	—	—	8100	—	2,30	100	,,

Als ein Beispiel der zahlreichen Modifikationen der älteren Einteilungen sei die Klassifikation der Steinkohlen von A. P. Schachno und I. B. Rapoport[1] in Tabelle 108 wiedergegeben.

Manche moderne Systematiker gehen so vor, daß sie eine einseitig bestimmte Richtung des Inkohlungsprozesses annehmen und von dieser Annahme aus die Kohlen gewissermaßen logisch einordnen. So verfährt z. B. Ashley[2].

[1] Brennstoff-Chem. **12**, 121 (1931). [2] Classification of Coal. Washington 1930.

Tabelle 108. Einteilung der Steinkohlen nach Schachno und Rapoport.

Nr.	Kohlenart	% flüchtige Bestandteile der Reinkohle	Ob. Heizwert WE. der Trockenkohle	Kokscharakter
1	Trockene Flammkohle	mehr als 42	6200—6700	nicht back., pulverförmig oder gefrittet
2	Gaskohle	35—44	6700—7200	gebacken, geschmolzen, bisweilen gebläht
3	Bituminöse Fettkohle	26—35	7000—7450	gebacken, geschmolzen, halbfest oder fest
4	Kokskohle	18—26	7100—7500	desgleichen
5	Backende Kohle . .	12—18	7200—7700	geback. od. geschmolzen fest oder halbfest
6	Anthrazitische Magerkohle	weniger als 17	7400—7900	nicht back., pulverförmig oder gefrittet

Ashley geht bei seiner Übersicht von einer „durchschnittlichen" Braunkohle mit einem bestimmten Gehalt an Wasser, flüchtigen Bestandteilen und fixem Kohlenstoff als Grenzkohle aus; die Summe dieser drei Komponenten wird für die Grenzkohle gleich 100 gesetzt. Von ihr werden alle Kohlenarten der Einteilung Ashleys abgeleitet, indem ihr verminderter Gehalt an Wasser und flüchtigen Bestandteilen bei gleichzeitig festgehaltener Konstanz des fixen Kohlenstoffes als Verlust in Rechnung gesetzt wird. Dann ergibt sich ein gleichzeitiger fortschreitender Abfall von Feuchtigkeit und flüchtigen Bestandteilen bei den einzelnen Kohlenarten. Die Tabelle 109 enthält die Angaben im einzelnen. Ashleys anschauliche graphische Darstellung ist in Kap. V wiedergegeben.

Bei wissenschaftlichen Einteilungen sollte man der Entstehungsweise der Kohlen Rechnung tragen. Eine solche Vorgangsweise ist übrigens auch für praktische Zwecke nur von Nutzen, da sich die genetisch unterscheidbaren zwei Hauptarten der Steinkohlen, die Humuskohlen und die Sapropelkohlen, auch in technisch wichtigen Eigenschaften deutlich verschieden verhalten. Eine Einteilung, bei der die Kohlen in die drei großen Gruppen der Humuskohlen, der Faulschlammkohlen und der Mischkohlen eingeteilt sind, haben schon Hinrichsen und Taczak[1] (vgl. Tabelle 110) gegeben.

Zu dieser Tabelle bemerken die Autoren selbst, daß die meisten Steinkohlen als Streifenkohlen zu bezeichnen sind.

Neuerdings teilt Stadnikoff die Kohlen in Klassen ein, indem er nach dem „chemischen Alter" Torfe, Braunkohlen und Steinkohlen

[1] Die Chemie der Kohle, S. 171. Leipzig 1916.

Tabelle 109. Einteilung der Kohlen nach Ashley.

Kohlenart	Tatsächliche mittlere Zusammensetzung in %			Nach Ashley's Voraussetzungen in Rechnung gestellte mittlere Zusammensetzung in %			
	Feuchtigkeit	Flücht. Bestandteile	Fixer Kohlenstoff	Feuchtigkeit	Flücht. Bestandteile	Fixer Kohlenstoff	Verlust
Braunkohle	40	29	31	40	29	31	—
Subbituminöse Kohle . . .	25	36	39	20	28	31	21
Bituminöse Kohle (hohe Feuchtigkeit) . . .	15	39	46	10	26	31	33
Bituminöse Kohle (hohe Flüchtigkeit, mittlere Feuchtigkeit)	6	41	53	3,5	25,5	31	42
Bituminöse Kohle (hohe Flüchtigkeit, niedrige Feuchtigkeit)	3	37	60	1,5	18,5	31	49
Bituminöse Kohle (mittlere Flüchtigkeit) . .	3	30	67	1,4	13,6	31	54
Bituminöse Kohle (niedrige Flüchtigkeit) . .	3	32	74	1,3	9,7	31	58
Semibituminöse Kohle . . .	3	16	81	1,2	6,0	31	62
Semianthrazitische Kohle .	3	9	88	1,05	3,0	31	65
Anthrazit.	3	3	94	0,99	1,0	31	67

unterscheidet und Kohlen aller drei Arten in den 4 Klassen der Sapropelite, der Humuskohlen, der gemischten Sapropelithumuskohlen mit dem Vorherrschen des Sapropelitanteils und der gemischten Humussapropelitkohlen mit dem Vorherrschen des Humusanteils unterbringt. Bogheadkohlen und Cannelkohlen werden in diesen 4 Hauptklassen den Unterklassen der Braunkohlen zugewiesen. Eigentliche Stein-

Tabelle 110.
Einteilung der Steinkohlen nach Hinrichsen und Taczak.

	Kohlenart	Farbe	Glanz	Sprödigkeit, Spaltbarkeit	Gefüge	Bruch
Humuskohlen	Glanzkohle (und Anthrazit)	tiefschwarz, färbt nicht ab	lebhafter Glasglanz	große Sprödigkeit, leichte Spaltbarkeit	pflanzlich	muschelig
	Faserkohle (Bes. Vorkommen: Rußkohle)	grauschwarz, färbt stark ab	samtglänzend	weich		nadelig
Faulschlammkohlen	Mattkohle (Bes. Vorkommen: Boghead- und Cannelkohle	grauschwarz b. graubraun, färbt nicht ab	mattglänzend	fest bis zähe, geringe Spaltbarkeit		muschelig bis uneben
Mischkohlen	Streifenkohle					
	Pseudocannelkohle	der Cannelkohle sehr ähnlich		spröde	feinschichtig	

kohlen werden nur in 3 von den 4 Klassen aufgeführt und wie folgt gekennzeichnet:

1. Steinkohlen der Humuskohlengruppe; sie enthalten Harze, Kohlenwasserstoffe und Humite, aber keine Huminsäuren.

a) Bituminöse Steinkohlen mit einem Wasserstoffgehalt nicht unter 4,5% und einer Urteerausbeute nicht unter 5%.

b) Magere Steinkohlen; mit einem Wasserstoffgehalt von 3—4% und einer Urteerausbeute unter 5%.

c) Fusitkohlen; mit Vorherrschen des Fusits.

d) Anthrazite; mit einem Wasserstoffgehalt nicht über 2%.

2. Steinkohlen der Sapropelithumusgruppe; schwarz, glänzend, gut verkokbar, mit wenig extrahierbaren Substanzen und backfähiger Restkohle.

a) Vitritkohlen; glänzend, schwarz, mit muscheligem Bruch.

b) Streifenkohlen; mit Vorherrschen des Vitrits und eines sapropelitischen Durits, der aus durch die Sapropelitmasse zusammengeklebten Sporen besteht; Fusit fehlt vollständig oder ist sehr spärlich vertreten.

3. Steinkohlen der Humussapropelitgruppe; enthalten keine Huminsäuren.

a) Vitritkohlen; enthalten keinen oder fast keinen Fusit.

b) Gestreifte Kohlen; mit geringem Vitritgehalt, Humusdurit und wenig Fusit.

c) Fusitkohlen; mit hohem Fusitgehalt.

Auf die Probleme der Systematik der Steinkohlen wird im folgenden zusammenfassenden Kapitel im größeren Rahmen noch näher eingegangen werden. Hier seien nur noch kurz einzelne wichtige Steinkohlenarten beschrieben. Bogheadkohlen und Cannelkohlen werden dabei mitbehandelt.

1. Die Streifenkohle. Es ist die häufigste Steinkohlenart; sie besteht aus abwechselnden Lagen von Glanzkohle und Mattkohle mit eingesprengten Nestern von Faserkohle. Auf diese petrographisch feststellbaren Gefügebestandteile wird im nächsten Kapitel zurückgekommen.

2. Der Anthrazit ist eine Steinkohle von sehr hohem Inkohlungsgrad. Infolge seiner Elementarzusammensetzung (90—95% Kohlenstoff, 2—3% Wasserstoff und ebensoviel Sauerstoff) hat er auch mit 8000 bis 9000 Calorien den höchsten Heizwert von allen Kohlen. Anthrazit verhält sich bei der Verkokung als Sandkohle.

Noch stärker inkohlt als Anthrazit und überhaupt ein natürliches Glied zwischen Anthrazit und Graphit ist der Schungit und ähnliche Substanzen. Nach H. Winter[1] ist Schungit ein durch Kontaktmetamorphose veränderter Anthrazit.

[1] Glückauf **60**, 1 (1924).

3. Cannelkohle. Der Name rührt daher, daß diese Kohle angezündet wie ein Kerze brennt. Charakteristisch sind das matte Aussehen, der reiche Gehalt an Harzkörperchen, sowie besonders das mikroskopische Bild, bei welchem sich die Cannelkohle als nur aus feinkörnigem sporenreichen Durit bestehend erweist. Cannelkohle soll keine erheblichen Beimengen humoser Art enthalten. Besonders dadurch sowie durch ihren reichen Gehalt an flüchtigen Bestandteilen unterscheidet sie sich von der Pseudocannelkohle[1], die eine innige Mischung von Vitrit und Durit darstellt.

4. Bogheadkohle. Sie ist äußerlich der Cannelkohle sehr ähnlich, unterscheidet sich aber von dieser im mikroskopischen Bild. Bogheadkohlen ergeben bei der trockenen Destillation besonders viel flüchtige Bestandteile.

2. Die petrographische Charakteristik der Steinkohlen[2].

a) Allgemeine Methoden.

Bei der petrographischen Untersuchung der Steinkohlen beginnt man makroskopisch mit der Feststellung von Farbe, Glanz und Bruch und untersucht weiterhin das Gefüge und den morphologischen Feinbau der Steinkohlen mit Hilfe von Maceration, sowie durch Untersuchung von Dünnschnitten, Dünnschliffen und Anschliffen.

Die Maceration führt im allgemeinen nicht so leicht wie bei Braunkohlen zu dem Ziele, die geformten Bestandteile der Steinkohle zu isolieren, da deren ungeformte Bestandteile meist nur schwierig oxydiert werden. Gebräuchlich ist die Voroxydation mit Salpetersäure, ferner besonders mit Chromsäure, mit Schulzes Mischung (einer gesättigten Lösung von Kaliumchlorat in konzentrierter Salpetersäure) sowie Chlordioxyd in Essigsäure (als Diaphanol im Handel). Gelinder als alle angegebenen Methoden wirken Verfahren, bei denen der Huminanteil der Steinkohle durch eine geeignete Voroxydation in alkalilösliche Huminsäuren verwandelt und diese sodann mit Kalilauge entfernt werden. Nach Entfernung der in Huminsäuren übergeführten Humine der Steinkohle läßt sich die Isolierung der geformten Pflanzenreste leichter erzielen.

Die Herstellung von Dünnschnitten ist von E. C. Jeffrey ausgebildet worden. Bei seinem Verfahren werden die Kohlen zunächst in geeigneter Weise und vorsichtig mit Flußsäure und Chloroform be-

---

[1] Vgl. hierzu z. B. Kattwinkel, R.: Brennstoff-Chem. **8**, 375 (1927). — Döhl, C. **1930** II, 1806.

[2] Vgl. Potonié, R.: Allgem. Kohlenpetrographie. Berlin 1924. — Stach, E.: Kohlenpetrographisches Praktikum. Berlin 1928.

handelt und nachher mehrere Tage mit einer Mischung von Phenol und Alkohol auf dem Wasserbade „erweicht“. Die mit Alkohol gut ausgewaschene Kohle wird sodann mit gewissen Celluloseestern getränkt, „eingebettet“; diese Celluloseester werden dann durch Einlegen der präparierten Kohlenstücke in Chloroform „gehärtet“ und werden schließlich nach langer Lagerung in Glycerin und Alkohol mit einem Mikrotom geschnitten.

Für die Herstellung von Dünnschliffen stehen mehrere Methoden zur Verfügung. Die Kohlen müssen mit geeigneten Präparaten getränkt, „verfestigt“ werden. Als Verfestigungsmittel dienen Canadabalsam, die bereits erwähnte Thiessensche Mischung, Lösungen von Schellack in Methylalkohol u. a. m.

Die durch die Vorbehandlung verfestigten Kohlenproben werden dann zunächst auf einer Seite sorgfältig und vorsichtig geschliffen, sodann auf Objektträger aufgekittet und auf der anderen Seite bis zur Durchsichtigkeit weitergeschliffen. Spezielle Arbeitsvorschriften stammen von Lomax, von Thiessen und anderen.

Dünnschliffe und Dünnschnitte werden im durchfallenden Licht untersucht. Auch im auffallenden Licht kann man die nur angeschliffenen Kohlenbrocken unter Benutzung des Metallmikroskops nach dem Vorgang von H. Winter[1] petrographisch untersuchen. Zur Erleichterung der Untersuchung werden die Anschliffe geätzt, wozu die üblichen Macerationsmittel dienen. Außer Winter hat besonders C. A. Seyler[2] das Verfahren benutzt, während H. G. Turner[3] an Stelle einer oxydativen Ätzung der Anschliffe mit Chemikalien eine Flammenätzung anwendet, indem er gut polierte Oberflächen vor der Untersuchung mit Hilfe der Lötrohrflamme bis zur Rotglut bringt.

Bei der von E. Stach[4] angegebenen Methode, die Kohle als Kohlenreliefschliff zu untersuchen, wird die Ätzung überhaupt vermieden und durch kombinierte Behandlung mit verschiedenen bestimmt ausgewählten Poliermitteln (mehrere Sorten Tonerde) geschliffen.

b) Das mikroskopische Gefüge und die Gefügebestandteile der Steinkohle.

Bei der mikroskopischen Untersuchung der Präparate sind zunächst organisierte Überreste von pflanzlichen und vielleicht auch von tierischen Organismen zu erkennen, welche in einer mehr oder weniger strukturlosen oder zumindest nicht deutlich strukturierten Grundmasse eingebettet sind. Als strukturierte Pflanzenteile kommen bei der Stein-

[1] Vgl. Stach, E.: Braunkohle **27**, 587 (1928).
[2] Fuel **4**, 56 (1925).
[3] Trans. Am. Inst. mining metallurg. Eng. **71**, 127 (1925).
[4] Kohlenpetrographisches Praktikum, S. 65. Berlin 1928.

kohle Sporen, Makrosporen mit mehr, Mikrosporen mit weniger als 0,1 μ Durchmesser, Blattoberhäute oder Kutikeln, Holzreste, aber auch verschiedene Harzkörperchen in Betracht. Mit Duparque[1] kann man sagen, daß die Kohle aus einer Grundsubstanz, „substance fondamentale" besteht, welche als Bindemittel die Fragmente der höheren Pflanzen (corps figurés) enthält.

Indes macht auch die Grundmasse keinen einheitlichen Eindruck, und es hat sich auch gezeigt, daß die organisierten Pflanzenreste sich nicht gleichmäßig durch die ganze Kohlensubstanz, sondern ganz vorwiegend in bestimmten Partien vorfinden. Die normale Steinkohle ist üblicherweise eine Streifenkohle, die sich aus den drei schon lange unterschiedenen makroskopisch erkennbaren und mikroskopisch gut unterscheidbaren Gefügebestandteilen Glanzkohle, Mattkohle und Faserkohle aufbaut. Für diese Gefügebestandteile sind von R. Potonié die Ausdrücke Vitrit, Durit und Fusit vorgeschlagen worden, Ausdrücke, die an Stelle der englischen Bezeichnungen Vitrain, Durain und Fusain verwendet werden sollen. Th. Lange zieht in enger Anlehnung an den englischen Ausdruck „banded constituents" den Ausdruck „Streifenart" der Bezeichnung „Gefügebestandteile" vor.

Vor mehreren Jahren hat M. Stopes[2] vier Gefügebestandteile, nämlich außer den drei erwähnten noch den gleichfalls glanzkohlenartigen Clarain unterschieden. Clarain sollte der üblichen Glanzkohle entsprechen und Vitrain zunächst schon durch muscheligen Bruch sich von Clarain unterscheiden. Auch durch direkte Einwirkung auf die photographische Platte sollte der Unterschied der vier Bestandteile ohne weiteres sichtbar werden. Beim Behandeln mit einer dreiprozentigen Auflösung von Kalilauge in 33%igem Alkohol schwillt Glanzkohle und wird allmählich so weich, daß sie schneidbar ist. Behandelt man die vier Gefügebestandteile eine Woche lang mit konzentrierter Salpetersäure bei Gegenwart von etwas Salzsäure, so erhält man Präparate, welche sich je nach ihrem Ursprung gegen Wasser verschieden verhalten. Das Präparat aus Vitrain geht in Wasser unter intensiver Dunkelfärbung vollkommen in Lösung, das Präparat aus Clarain löst sich unter Zurücklassung eines geringen Rückstandes; diese Rückstände sind bei Durain und Fusain größer, die Färbung des Wassers dagegen immer geringer. Bei der mikroskopischen Untersuchung läßt Vitrain keine Struktur erkennen, Clarain liefert die besten Schnitte und zeigt die mannigfaltigsten Trümmer an Gewebenteilen, Sporen und Harzkörper. Durain erweist sich als körnige Masse von runden und vieleckigen, meist schwärzlichen und durchscheinenden Bruchstücken im Gemisch mit charakteristischen Sporen, Fusain zeigt die Zellstruktur des Holzes,

[1] Vgl. Fusit, S. 43. Berlin 1929.

[2] Proc. Royal Soc. London B **90**, 470 (1919).

aus dem er entstanden ist. Man war mehrere Jahre lang von der Bezeichnung Clarain wieder abgekommen und behalf sich bei der Beschreibung der vielfach vorhandenen Übergänge mit Ausdrücken wie duritischer Vitrit, vitritischer Durit u. ä.

Die Glanzkohle oder der Vitrit verdankt ihren Namen dem starken Glanz, der besonders an Magerkohle und Anthrazit auffällt. Die Glanzkohlenlagen sind stark geklüftet. Vitrit ist spröde und zerbrechlich. Er hinterläßt bei der Maceration keine Sporen, aber viel harz- und wachsartige bituminöse Teilchen. Bei der mikroskopischen Untersuchung erkennt man Holzzellstruktur, auch krautiges Material, hauptsächlich bei Kohlen niedrigeren Inkohlungsgrades.

Die Mattkohle oder der Durit weist bei den verschiedenen Kohlenarten beträchtliche Verschiedenheiten auf und ist überhaupt weniger einheitlich als die Glanzkohle. Durit ist eine matte, kompakte Kohle, härter und zäher als die spröde Glanzkohle. Die Farbe ist grauschwarz bis samtschwarz; der Bruch meist großstückig, da sich die Klüfte der Glanzkohle in die kompakten Mattkohlenlagen hinein nicht fortsetzen. Durit hinterläßt bei der Maceration hauptsächlich Mikrosporen, Megasporenhäute, Kutikeln und Harzkörper. Im mikroskopischen Bild erkennt man zahlreiche Sporen, Kutikeln und Harzklümpchen in einer aus zwei ·Stoffen (Opaksubtanz und humoser Substanz) bestehenden Grundmasse. Die Grundmasse weist eine Schichtung auf, die durch Sporenexine verdeutlicht wird. Auch diese Grundmasse dürfte wohl nur zum kleinsten Teil wirklich amorph sein und größtenteils aus stark zersetztem strukturlos gewordenem Pflanzenmaterial sich aufbauen.

Die Faserkohle (Fusit), auch fossile Holzkohle oder mineralische Holzkohle genannt, tritt den beiden anderen Gefügebestandteilen gegenüber quantitativ sehr zurück. Fusit ist sehr spröde, leicht zerreiblich und färbt stark ab. Die Farbe ist grauschwarz, matt; Fusit findet sich besonders in linsenförmigen Nestern in der Kohle verstreut, ferner als dünner Belag auf Schichtflächen von Steinkohlen. Die einzelnen Fusitstückchen liegen kreuz und quer durcheinander. Fusit hinterläßt bei der Maceration weder Sporen noch Harzkörper.

Im mikroskopischen Bild zeigt der Fusit sehr häufig am deutlichsten von allen Kohlenbestandteilen eine guterhaltene Pflanzenzellstruktur, aus Holz, aber auch aus krautigen Pflanzenteilen stammend; die Zellwände sind oft zerbrochen und ineinandergeschoben; in solchen Fällen können sie als Bogenstruktur kenntlich bleiben. Weitere Zusammenpressung kann allerdings auch diese Bogenstruktur undeutlich werden lassen. Die Holzzellräume können entweder mit Gas oder mit fester mineralischer Substanz gefüllt sein. Es lassen sich so die aschenarme Weichfaserkohle und die aschenreiche Hartfaserkohle unterscheiden.

Die Zerlegung einer Streifenkohle in die Bestandteile ihres Gefüges ist durch mancherlei mechanische (Aufbereitungs-) Verfahren nur annähernd zu erreichen. Auch die quantitative Bestimmung der Gefügebestandteile ist schwierig. Man hat solche Bestimmungen auf verschiedene Korngrößen, verschiedene spezifische Gewichte sowie auf die mikroskopische Analyse zu gründen versucht. Folgende Methoden wurden vorgeschlagen:

1. Die Siebanalyse[1]; besonders bei Benutzung geeigneter Zerkleinerungsaparaturen[2] hat man in gröberen Fraktionen Anreicherungen von Mattkohle erzielt. Eine quantitative Trennung der Gefügebestandteile ist auf diese Weise aber nicht möglich.

2. Die Schwimm- und Sinkanalyse[3]; sie beruht auf der Trennung der Kohlenbestandteile und der Berge (so werden die mineralischen Bestandteile genannt) auf Grund verschiedenen spezifischen Gewichtes in schweren Lösungsmitteln oder Lösungsmittelgemischen. Man bringt die Proben in besonderen Apparaten[4] z. B. mit Tetrachlorkohlenstoff oder Mischungen von Tetrachlorkohlenstoff und Xylol oder mit Bromoform zusammen. Die Proben müssen auf bestimmte Korngrößen zerkleinert sein. Die Trennung kann durch Anwendung einer Zentrifuge[5] sehr beschleunigt werden. Auch die Schwimm- und Sinkanalyse ermöglicht nur Anreicherung, aber keine exakte quantitative Trennung.

Dies hängt nach E. Stach[6] vor allem damit zusammen, daß die Mattkohle infolge schwankenden Aschengehaltes ein schwankendes spezifisches Gewicht besitzt; da die Mattkohlenkörnchen überhaupt sehr verschieden zusammengesetzt sein können, gibt es leichtere und schwerere Mattkohlenkörnchen in derselben Flözkohlenprobe, so daß bei Trennung nach dem spezifischen Gewicht die Mattkohle auf verschiedene Fraktionen verteilt vorkommt. Bei den Dichtenunterschieden der Durite könnte auch das wechselnde Mengenverhältnis von Bitumenkörpern und opaker Grundmasse eine Rolle spielen.

Um diesem Übelstande zu begegnen, pulverisierte Th. Lange[7] die Kohlenprobe bis zur Korngröße 0,045, wodurch die Mattkohle aufgeschlossen und in Teilchen humoser Grundmasse, in Makrosporen, Kutikeln, Harzkörper, Mikrosporen usw. zerlegt wurde. Die Bitumenkörper, wie Sporen und Kutikeln fielen dann in der Fraktion vom spe-

[1] Vgl. Lange, Th.: Ztschr.Oberschles.Berg- u. Hüttenmänn.Ver. **67**, 3 (1928).
[2] Vgl. Hoffmann, E.: Glückauf **66**, 529 (1930).
[3] Vgl. Dunkel, M.: Ztschr. Oberschl. Berg- u. Hüttenmänn. Ver. **64**, 604 (1925).
[4] Vgl. Gross, W.: Kohle und Erz **22**, 672 (1925); **23**, 343 (1926).
[5] Vgl. Fougner, B.: Ztschr. Oberschles. Berg- u. Hüttenmänn. Ver. **66**, 618 (1927).
[6] Internationale Bergwirtschaft und Bergtechnik **23**, 255 (1930).
[7] Ztschr. Oberschles. Berg- u. Hüttenmänn. Ver. **67**, 3 (1928).

zifischen Gewichte 1,22—1,27 an, die humose Grundmasse in der Fraktion 1,33—1,39 und die Stäubchen opaker Kohle zusammen mit Faserkohle.

3. Die Windsichtung[1]; mit ihrer Hilfe soll man Kohlenproben von ungleicher Korngröße nach den Gefügebestandteilen oder Kohlenproben von gleicher Korngröße nach dem spezifischen Gewichte der Körnchen trennen können. Die Teilchen der Glanzkohle und der Mattkohle haben aber häufig spezifische Gewichte, die nahe beieinander liegen; ferner schwanken die spezifischen Gewichte der Mattkohlenteilchen, wie bereits erwähnt, in gewissen Grenzen.

4. Die mikroskopische Untersuchung. Nach E. Stach[2] sind sämtliche petrographischen Analysenverfahren ohne abschließende mikroskopische Untersuchung nicht durchzuführen. Deshalb hält es E. Stach für den geradesten und kürzesten Weg, die Kohle sogleich mikroskopisch zu analysieren. Die staubfeine Probe wird in eine Harzmasse (Schneiderhöhnsche Mischung) eingebettet und schließlich als Schliff untersucht. Infolge der verschiedenen Härte der Kohlenbestandteile wirkt die Schleifung auf sie in verschiedener Weise, so daß man bei der Untersuchung im auffallenden Licht Reliefunterschiede wahrnimmt[3]. Die Glanzkohle gibt ein schwaches Relief, die Mattkohle ein mittelstarkes Relief, die Faserkohle ein starkes Relief. Berge und Schieferton sind von allen Bestandteilen am weichsten und geben kein Relief. Schwefelkies tritt im Relief stark hervor. Bei einer Zerkleinerung der Probe auf Korngröße 0,25 mm oder noch weniger kann man die Körnchen nach Stach leicht auszählen. In einem solchen Analysenschliff sind alle petrographischen Bestandteile, Glanzkohle, Mattkohle, Faserkohle, Schieferton, Kalkspat, Schwefelkies usw. enthalten.

Die Genauigkeit der Analyse hängt in erster Linie von der Probenahme ab. Es ist vom frischen Stoß des Flözes eine Schlitzprobe nicht unter 10—15 kg zu nehmen, wobei darauf zu achten ist, daß alle und nur die bei der Schlitzprobe anfallenden Teile, und zwar selbst die feinen und die feinsten Körnchen und der Staub voll erfaßt werden. Im feineren Korn reichern sich nämlich die sprödere Glanzkohle und die Faserkohle an, im gröberen die großstückiger brechende, zähe Mattkohle. Die ganze Probe wird am besten auf 6 mm Korngröße zerkleinert und dann nach zweimaligem Vierteilen etwa 1 kg davon untersucht.

Bei der petrographischen Analyse der Ruhrkohlenflöze ergab sich als allgemeine Gesetzmäßigkeit, daß im großen ganzen der Mattkohlengehalt vom Hangenden zum Liegenden, also von der Flammkohle zur

---

[1] Vgl. Gonnel, H. W.: Ztschr. Ver. Dtsch. Ing. **72**, 945 (1928).

[2] Internationale Bergwirtschaft und Bergtechnik **23**, 255 (1930).

[3] Stach, E., und F. L. Kühlwein, Glückauf **64**, 843 (1928). — Vgl. ferner Stach, E.: Brennstoff-Chem. **12**, 147 (1931).

Magerkohle, abnimmt. Die Gas- und Gasflammkohlenflöze enthalten über 25% Mattkohle, die Fettkohlenflöze etwa 13%, die Magerkohle durchschnittlich 7%. Der Gehalt an Faserkohle betrug in den Ruhrkohlen ziemlich konstant durchschnittlich 3,3%[1].

Speziell für die Bestimmung der Faserkohle hat man besondere Methoden vorgeschlagen. J. D. Davids und J. A. Younkins[2] haben zur Bestimmung der Faserkohle eine elektrostatische Methode angegeben; sie ermittelten in verschiedenen Steinkohlen 2,1—5,2% Faserkohle. F. Heathcoat[3] bestimmt den Fusit auf Grund des Umstandes, daß dieser Gefügebestandteil gegen Oxydationsmittel viel widerstandsfähiger ist als die anderen Gefügebestandteile.

In technischer Hinsicht sei erwähnt, daß nach vielfachen Angaben die Glanzkohle besonders für die Verkokung geeignet sein soll, während die Mattkohle für Verflüssigung und Verschwelung gut verwendbar ist, die Faserkohle dagegen nur zur Brennstaubfeuerung sich eignet. Die Faserkohle ist bei der Erzeugung eines guten Kokses schädlich; aber auch die Mattkohle schädigt in bestimmter Menge die Koksqualität. Weitere Angaben folgen in Abschnitt 6. Durch Aufbereitung kann die Flözkohle in petrographisch verschiedene Erzeugnisse zerlegt werden; die Faserkohle reichert sich z. B. im Windsichterstaub an, die Mattkohle in den Nüssen[4]. Die Faserkohle kann auch durch Abbrausen mit Wasser einigermaßen entfernt werden.

An Stelle der Unterscheidung der Gefügebestandteile der Streifenkohlen als Glanzkohle, Mattkohle und Faserkohle oder als Vitrain und Clarain, ferner Durain und Fusain läßt R. Thiessen[5] im wesentlichen nur zwei morphologisch unterscheidbare Bestandteile der Steinkohlen gelten, nämlich Anthraxylon und Attritus. Eine ähnliche Einteilung macht, wie bereits erwähnt, A. Duparque.

Anthraxylon erscheint für das unbewaffnete Auge in Form homogener schwarzer Bänder, Streifen oder Linsen und kann alle Übergänge von matt- bis hochglänzend zeigen. Bei der mikroskopischen Prüfung sieht man immer mehr oder weniger deutlich die Reste ursprünglicher Zellstruktur. Das Anthraxylon umfaßt nach Thiessen überhaupt alle Bestandteile der Kohlen, die sich von den Holzgeweben der Kohlenbildner ableiten lassen und die im Laufe des Inkohlungsprozesses zu einer einheitlichen Masse geworden sind.

Attritus hat gewöhnlich eine mattgraue Farbe und läßt sich auch

---

[1] Lehmann, F., und E. Stach: Glückauf **66**, 289 (1930).
[2] Fuel **8**, 438 (1929). [3] Fuel **9**, 452 (1930).
[4] Kühlwein, F. L.: Glückauf **65**, 321 (1929).
[5] Thiessen, R., u. D. White: U. S. Bur. Mines Bull. Nr. 38 (1913). — Thiessen, R.: Trans. Am. Inst. mining metallurg. Eng. **71**, 35 (1925). — Classification of Coal, Washington 1930.

mit freiem Auge von dem viel dunkleren und stets etwas glänzenden Anthraxylon unterscheiden. Attritus besteht in der Hauptsache aus widerstandsfähigen Gebilden der Pflanze und hat seinen Ursprung nach Thiessen in den Ablagerungen der Kohlenbildner, welche in deren Torfstadium unter dem Einfluß von Mikroorganismen, Kleintieren, Wind und Wetter gestanden haben. Ganz ähnlich den Verhältnissen in rezenten Torflagern findet Thiessen folgende Bestandteile des Attritus: 1. Humoses Abbauprodukt, 2. Sporen und Pollen, 3. Kutikeln, 4. Harze, 5. Wachse, 6. Opake Masse, 7. Mineralische Substanz, 8. Ölalgen, 9. Fusite.

Von diesen Bestandteilen erfordern eine besondere Bemerkung die Begriffe „humoses Abbauprodukt" und „opake Masse". Diese beiden, besonders aber die letztere, sieht Thiessen als die am meisten ins Gewicht fallenden Bestandteile des Steinkohlenattritus an. Das humose Abbauprodukt wird entweder von Holzgeweben oder von anderen aus Kohlehydraten bestehenden Geweben abgeleitet. Beide Arten von Geweben sind in rezentem Torf noch unterschieden, in den Kohlen aber nach Thiessen schwer unterscheidbar. Sie lassen noch manchmal Reste von Geweben und Fragmente von Zellwänden erkennen. Die „opake Masse" erscheint viel dunkler und auch nicht angenähert so durchsichtig wie andere Bestandteile des Attritus; ihr Ursprung ist nach Thiessen noch ebenso dunkel wie ihr Aussehen, und in Ermangelung eines besseren Namens wird es provisorisch „opake Masse" genannt.

Die relativen Mengen der beiden hauptsächlichsten Komponenten wechseln von Kohle zu Kohle in allen möglichen Verhältnissen. Wenn die Kohle nur oder fast nur aus Attritus besteht, so handelt es sich um eine Cannelkohle, und da auch die acht oder neun Bestandteile des Attritus in allen möglichen Mengenverhältnissen anwesend sein können, kann auch die Natur der Cannelkohle im einzelnen sehr wechseln. Überhaupt kann eine Steinkohle durch das Vorwiegen des einen oder des anderen Attritusbestandteiles einen besonderen Charakter erhalten. So weist Thiessen z. B. auf russische Papierkohle hin, die nach Zeiller durch eine Anhäufung von Kutikeln von Botrodendron ausgezeichnet ist, sowie auf Bogheadkohlen, die besonders aus Ölalgen bestehen sollen.

Auf Grund der Unterscheidung des Attritus entweder als eines mehr durchsichtigen „humosen Abbauprodukts" oder als einer „opaken Masse" unterscheidet Thiessen gewöhnliche Humuskohle, die aus Anthraxylon und durchsichtigem Attritus besteht, von den Splintkohlen, die sich aus Anthraxylon und opakem Attritus aufbauen.

Die Fülle mikroskopischer Einzelheiten, die Thiessen gefunden hat, mag als petrographisches Material zur Kenntnis genommen werden.

c) Spezielle Untersuchungsmethoden.

Man hat Kohlen mit Röntgenstrahlen untersucht, ferner ihr Verhalten im ultravioletten Licht sowie gegen die photographische Platte geprüft.

Durch die Untersuchung mit Röntgenstrahlen hat man Aufschlüsse über Art, Verteilungsweise und Menge der Asche in der Kohle zu gewinnen versucht. Die auf diesem Gebiete vorliegenden Arbeiten sind von E. Stach[1] sowie von C. N. Kemp[2] zusammengestellt worden. Bei Kemp finden sich auch nähere Angaben über die zur Verfügung stehenden Methoden. Durch Messung der Absorption der Röntgenstrahlen soll es möglich sein, eine schnelle Bestimmung des Aschengehaltes der Kohlen auszubilden.

Versuche, über die Anordnung der Kohlenstoffatome in der Kohle durch Röntgenaufnahmen Material zu gewinnen, stecken erst in den Anfängen. C. Mahadevan[3] erhielt bei Röntgenuntersuchungen von Vitrain und Durain sowie von deren chemischen Bestandteilen Beugungsringe ähnlich denen, die man bei der Strukturanalyse des Graphits bekommt, aber breiter und diffus, was auf kolloide Natur der beugenden Teilchen deuten soll. Hierauf wird noch zurückgekommen.

Bei Bestrahlung mit ultraviolettem Licht leuchten die in der Kohle enthaltenen Bitumenkörperchen, harz- und wachshaltige Sporen und ähnliches mehr mit blauviolettem Fluorescenzlicht.

Viele Kohlen geben, auf photographische Platten gelegt, Kontaktbilder. Nach älteren Angaben von O. Stutzer[4], M. Stopes und R. V. Wheeler[5] sowie Russel[6] hat neuerdings G. S. Haslam[7] die Erscheinung studiert. Beim Zustandekommen der Kontaktaufnahmen muß die Feuchtigkeit eine Rolle spielen; die wesentliche Ursache dürfte aber in Oxydationsvorgängen liegen, da der Effekt nur in oxydierender Atmosphäre eintritt.

3. Die physikalische Untersuchung der Steinkohle.

a) Physikalische „Konstanten".

Das durchschnittliche spezifische Gewicht der Steinkohle beträgt etwa 1,2—1,7[8]. Es hängt vom Feuchtigkeitsgehalt, vom Aschengehalt, vom Verhältnis der Gefügebestandteile und vom Inkohlungsgrad ab; das

[1] Kohlenpetrograph. Praktikum, S. 74. Berlin 1928.
[2] Proc. Roy. Soc. Edinburgh **48**, 167 (1928).
[3] Indian Journ. Physics **4**, 79 (1929); **5**, 525 (1930).
[4] Allgemeine Kohlengeologie, 2. Aufl. S. 50. Berlin 1923.
[5] Constitution of Coal, S. 37. London 1918.
[6] Proc. Royal Soc. London B **78**, 385 (1906); B **80**, 376 (1908).
[7] Fuel **7**, 253 (1928).
[8] O. Ruff gibt in der S. 264 besprochenen Arbeit spez. Gewichte von 1,33 bis 1,49 an.

spezifische Gewicht sinkt mit dem Wassergehalte und dem Gehalte an sporenreichen, duritischen Bestandteilen und steigt mit dem Aschengehalte und dem Inkohlungsgrade. Anthrazit hat ein spezifisches Gewicht von 1,7 und mehr. So gibt Parlati[1] für den Anthrazit von La Thuile ein spezifisches Gewicht von 1,81—1,86 an.

Nach Lange[2], der ein reiches analytisches Material zusammengetragen und ergänzt hat, schwanken die spezifischen Gewichte bei Glanzkohle von 1,23—1,337, bei Mattkohle von 1,22—1,555, bei Faserkohle von 1,272—1,86. Das spezifische Gewicht des Vitrits der Ruhrkohle beträgt nach Lehmann und Stach[3] 1,26—1,34, im Durchschnitt 1,3.

Das höchste spezifische Gewicht kann also die Faserkohle haben, obwohl der Feinstaub der Weichfaserkohle auf Wasser schwimmt und durch einfaches Abbrausen entfernt werden kann. Infolge von Porosität und Schwierigkeiten bei der Benetzung ergibt sich oft ein zu geringes scheinbares spezifisches Gewicht. Das wahre spezifische Gewicht der Faserkohle ist schon wegen ihres höheren Gehaltes an anorganischen Beimengungen im allgemeinen höher als das der mit ihr zusammen auftretenden Glanzkohle und Mattkohle. Aber auch abgesehen hiervon wird das spezifische Gewicht der Faserkohle durch ihren stärkeren Inkohlungsgrad erhöht. Reinste, von sekundären Verunreinigungen befreite Faserkohle hatte nach Lange ein spezifisches Gewicht von 1,45—1,59 gegenüber dem spezifischen Gewicht der Glanzkohle von 1,28—1,32.

Praktisch von den gleichen Faktoren wie das spezifische Gewicht hängt auch die Härte der Steinkohlen ab, die 2—2,5 beträgt.

Von den thermischen Eigenschaften interessiert praktisch besonders der Heizwert. Der Heizwert der rohen Kohlen wird von deren Gehalt an Feuchtigkeit und Asche mitbestimmt. Für Reinkohlensubstanz liegt er zwischen 7500 und 8800 Calorien. Die Verbrennungswärme von reinem Kohlenstoff beträgt 9440 Calorien.

Die spezifische Wärme wasser- und aschefreier Steinkohle bestimmte Coles[4] ebenso wie bei Braunkohle und fand für Anthrazite 0,22—0,23, für bituminöse Kohlen 0,24—0,26 und für Fusite 0,21—0,23. Die spezifische Wärme verschiedener englischer Steinkohlensorten beträgt nach Messungen von F. S. Sinnatt und H. Macpherson[5] 0,24—0,26. Die einzelnen Gefügebestandteile zeigen nur geringe Unterschiede[6].

Die gleichen Autoren bestimmten die thermische Leitfähigkeit von

---

[1] C. **1928 I**, 2556. [2] In Stutzer: Fusit, S. 101. Stuttgart 1929.
[3] Vgl. Lehmann u. Stach: Glückauf **66**, 289 (1930).
[4] Journ. Soc. chem. Ind. **42**, 435 (1923). [5] Fuel **3**, 12 (1924).
[6] Über spez. Wärmen vgl. ferner Terres, E., und H. Biederbeck: Gas- und Wasserfach **71**, 338 (1928) und früher.

Steinkohlen zu 0,0004—0,0007. Aus den Resultaten wurde geschlossen, daß die thermische Leitfähigkeit am größten ist, wenn die Kohle reich an Asche ist. Die Änderung scheint dem Aschengehalt proportional zu sein. Mit steigender Feuchtigkeit fällt die Wärmeleitfähigkeit.

Den elektrischen Strom leiten die Steinkohlen im allgemeinen nicht, wohl aber tut dies nach H. Winter[1] der Schungit. Diese Angabe ist von Interesse im Zusammenhang mit den Untersuchungen von F. Fischer und Pfleiderer[2]. Danach gewinnt Steinkohlenhalbkoks durch Erhitzen auf 700—750° die Fähigkeit, den elektrischen Strom zu leiten.

Weitere Untersuchungen über die elektrische Leitfähigkeit der Kohle beim Erhitzen hat S. Iki[3] angestellt.

b) Kolloider Charakter, Adsorptionsvermögen und Wasserbindung.

H. Winter[4] zieht aus petrographischen Untersuchungen den Schluß, daß die Kohlen kolloider Natur sind und eine Entwicklung mitgemacht haben, die von Hydrosolen über Hydrogele zu irreversiblen Gelen ging. Weitere Beweise für die Kolloidnatur der Kohle werden in der Abnahme des hygroskopischen Wassers mit zunehmender Inkohlung erblickt; auch die zähe und plastische Natur der Sapropelitbildungen nach Art des Durits spricht für Kolloidcharakter.

Auch A. Gillet[5] hält die Steinkohle für ein wahres Kolloid, und zwar insbesondere auf Grund ihrer Fähigkeit, Lösungsmittel, z. B. Pyridin, aufzunehmen, sowie auf Grund ihres Verhaltens beim Erhitzen in Gegenwart oder Abwesenheit von Lösungsmitteln.

L. L. Fermor[6] glaubt, die Kohlen entweder als kolloide Lösungen oder als grobe Suspensionen auffassen zu können.

C. Mahadevan[7] deutet die Ergebnisse seiner Röntgenuntersuchungen im Einklang mit den Ansichten von Fermor dahin, daß der Vitrit in den Steinkohlen als Dispersionsmittel fungiert, in welchem die Mineralbestandteile und die Pflanzenreste als dispergierte Phasen enthalten sind. Die Beugungsringe des Vitrits sind bei größerem Wassergehalte breiter als bei geringerem, doch liegen die Intensitätsmaxima stets an der gleichen Stelle. Daraus schließt Mahadevan, daß das Wasser intermicellar gebunden ist, aber eine feinere Aufteilung bewirkt.

Steinkohlen können Gasen, Flüssigkeiten, gelöste oder ungelöste Substanzen adsorbieren. Das Adsorptionsvermögen hängt von der Feuchtigkeit, der Temperatur, der Korngröße und dem Verhältnis der

[1] Glückauf **60**, 1 (1924). [2] Abh. Kohle **4**, 394 (1918).
[3] Journ. Soc. chem. Ind. Japan [Suppl.] **32** B 111, 112 (1929).
[4] Kolloid-Ztschr. **42**, 233 (1928). [5] C. **1929 II**, 2283.
[6] Nature **121**, 705 (1928); Fuel **8**, 16 (1929).
[7] Indian Journ. Physics **5**, 525 (1930).

Gefügebestandteile ab. Von Interesse sind besonders die Adsorption von Sauerstoff, von Kohlensäure und von Methan. So wie die erstere bei der Verwitterung und bei der Selbstentzündung eine Rolle spielt, kommt die zweite bei Kohlensäureausbrüchen, die dritte im Zusammenhang mit den schlagenden Wettern in Betracht.

Nach B. Moore und F. S. Sinnatt[1] nimmt bei 105° über Schwefelsäure frisch getrocknete Kohle im Exsiccator in den ersten 24 Stunden durch Sättigung mit Sauerstoff und anderen Gasen rasch an Gewicht zu; der Feuchtigkeitsgehalt des Raumes spielt hierbei zunächst keine Rolle. Erst nach 24 Stunden nimmt das absolute Gewicht der Kohle proportional dem Feuchtigkeitsgehalt der Luft zu.

Im Vakuum vorsichtig vorerhitzte Steinkohlen adsorbieren aus der Luft mehr Sauerstoff. Die Bindung des Sauerstoffes erfolgt zunächst adsorptiv. Sehr bald aber spielt sich eine Oxydation ab, wobei der adsorbierte Sauerstoff chemisch verbraucht wird. Hierauf wird noch zurückgekommen.

Nach einer Angabe von Erdmann[2] adsorbierte frisch geförderte schlesische Steinkohle in 12 Tagen 50 ccm Sauerstoff, und zwar am 1. Tage 9, am 12. Tage nur noch 2 ccm. Je länger die Kohlen der Luft ausgesetzt waren, um so schwächer wurde ihr Adsorptionsvermögen; insgesamt adsorbierte die Kohle in 12 Tagen mehr als das dreifache ihres Volumens an Sauerstoff.

Steinkohle vermag bei Zimmertemperatur und gew. Druck 2,0 bis 3,6 cbm, bis 10 Atm. Überdruck je Tonne mineralstoffreier Kohlensubstanz 8—22 cbm Kohlensäure zu adsorbieren[3]. Methan wird von den Steinkohlen in ähnlicher Weise, aber in wesentlich geringerer Menge aufgenommen. Durch die Auffassung Ruffs, daß in diesen Fällen echte Lösung vorliege, werden eigentlich alle Angaben über Adsorption revisionsbedürftig.

Steinkohlen, besonders die weniger stark inkohlten Sorten, sind etwas hygroskopisch, wenn auch viel weniger als Braunkohlen. Ältere Kohlen binden 1—4%, jüngere bis 15% Wasser. Die adsorptiven Bindungsverhältnisse sowie das Wasseraufnahmevermögen kann man bei Steinkohlen ebenso wie bei den Braunkohlen verfolgen. Die Adsorption von Feuchtigkeit in einer mit Wasserdampf gesättigten Atmosphäre erfolgt bei den verschiedenen Steinkohlenarten in sehr verschiedenem Betrage. Das Adsorptionsvermögen für Wasser geht bei Kohlen mit weniger als etwa 10% Sauerstoff dem Sauerstoffgehalte annähernd parallel.

---

[1] Journ. chem. Soc. London **123**, 275 (1923).

[2] Brennstoff-Chem. **3**, 257 (1922).

[3] Vgl. Ruff, O.: Ztschr. Berg-, Hütten- u. Salinenwesen **78**, B **22** (1930); ferner S. 264. Weitere Einzelheiten bei Graham: nach Brennstoff-Chem. **3**, 122 (1922).

Außer dem Höchstbetrage der Wasserbindung ist auch die Schnelligkeit der Wasseraufnahme durch getrocknete Kohlen eine von Kohle zu Kohle wechselnde Eigenschaft. So fanden B. Moore und F. G. Sinatt[1], daß die prozentuelle Gewichtszunahme frisch bei 105° getrockneter Kohle nach Ablauf der ersten 24 Stunden dem Feuchtigkeitsgehalte der Luft gerade proportional wächst. Die Schnelligkeit der Gewichtszunahme erwies sich je nach der Steinkohlenart als verschieden, so daß man im Diagramm, welches die Abhängigkeit der Gewichtszunahme der Kohle vom Feuchtigkeitsgehalte der Luft wiedergibt, gerade Linien bekommt, die für jede Kohlensorte eine spezifische Neigung haben.

Über die Adsorption von Pyridin gibt es eine Beobachtung von Hill[2], derzufolge trockener Kohlenstaub bei 30° über 100% seines Gewichtes an Pyridindampf aufnahm. Eine Kohlenprobe, die 10,5% Pyridin aufgenommen hatte, vermochte nur noch geringe Mengen von Methan zu adsorbieren, weniger als eine Probe mit etwa demselben Wassergehalt.

Nach W. Swiętosławski und M. Chorąży[3] adsorbierte oberschlesische backende Steinkohle bei 17—20° bedeutend größere Mengen Pyridin als nichtbackende. Auf mechanischem Wege aus den oberschlesischen Kohlen isolierter Vitrit adsorbierte 70, Durit 54, Fusit 12% Pyridin, berechnet auf wasser- und aschenfreie Substanz. Der Pyridinextrakt aus verkokender Kohle adsorbierte über 100% Pyridin. Das Adsorptionsvermögen der oberschlesischen Kohlen gegenüber anderen Lösungsmitteln, wie z. B. Benzol, Anilin, Dimethylanilin, Chinolin, erwies sich als sehr gering.

Steinkohle vermag auch verschiedene gelöste Substanzen zu adsorbieren. Die Adsorption von Farbstoffen hängt nach F. M. Lea[4] in erster Linie von der Kohle und nur in untergeordnetem Maße von der Natur des Farbstoffes ab; zwischen der Adsorption von Farbstoffen und der von Feuchtigkeit oder Sauerstoff besteht keine bestimmte Beziehung.

B. Pentegow und R. Njankowskaja[5] wollen Kohlen durch ihr verschiedenes Adsorptionsvermögen gegen Lösungen von Methylenblau, Eisenchlorid und Oxalsäure unterscheiden. Die feinpulverisierten und gesiebten Kohlenproben werden mit 0,1%igen Lösungen geschüttelt und durch adsorbierte Mengen in Milligramm charakterisiert. Die untersuchten Kohlen müssen frisch sein; das Adsorptionsvermögen nimmt nämlich beim Lagern ab. Auch Stadnikoff und Proskur-

[1] Journ. chem. Soc. London **123**, 275 (1923).
[2] Nach Brennstoff-Chem. **3**, 123 (1922).
[3] Nach C. **1929** I, 30.
[4] Fuel **7**, 430 (1928).
[5] Nach Brennstoff-Chem. **10**, 349 (1929).

nina[1] haben die von verschiedenen Kohlenproben adsorbierten Mengen Eisenchlorid zur Charakteristik der Kohlen benutzt. Nach den gefundenen Werten nehmen die Adsorptionszahlen mit der Reife der Kohle ab. Nach Stadnikoff und Proskurnina adsorbiert 1 kg Steinkohle nicht mehr als 4 g Eisenoxyd, nach Pentegow und Njankowskaja adsorbieren typische Anthrazite 1,3 mg Eisenchlorid, 4,4 mg Oxalsäure und 3,5 mg Methylenblau je Gramm. Krym und Pantschenko[2] meinen übrigens, daß es sich bei der Adsorption von Eisenchlorid im wesentlichen um eine Reduktion handele, was aber von Stadnikoff zumindest für Steinkohlen und Kokse bestritten wird.

4. Chemische Charakteristik der Steinkohle.

a) Wasser, Asche, Reinkohle.

Der Wassergehalt der Steinkohle ist normalerweise gering. Die grubenfeuchte Steinkohle enthält nur wenig Wasser. Wie schon erwähnt, vermögen reife Steinkohlen 1—4, weniger reife 12—15% hygroskopisches Wasser aufzunehmen.

Die mineralischen Bestandteile der Steinkohle sind bisher fast ausschließlich durch Bestimmung des Glührückstandes („Aschenbestimmung“) ermittelt worden. Der Gesamtaschengehalt der verschiedenen Steinkohlen schwankt sehr. Er kann von wenigen Prozenten bis zu 10 und 20% anwachsen. Beim Übergang von Steinkohle in Anthrazit hat man vielfach eine Abnahme des Aschengehaltes beobachtet; Anthrazit ist jedenfalls eine meist aschenarme Steinkohle.

Unter den Bestandteilen der Asche der Steinkohlen sind die wichtigsten Kieselsäure, Tonerde, Eisenoxyd und Kalk; auch Magnesia ist manchmal in reichlicher Menge vorhanden. Alkalien, Schwefel und Phosphor sind dagegen meist nur zu einem geringen Betrage nachzuweisen. Im allgemeinen überwiegt im Glührückstand der Steinkohlen die Kieselsäure so sehr, daß Steinkohlenaschen im Gegensatz zu den Braunkohlenaschen nur ausnahmsweise alkalisch reagieren.

Die nachstehende Übersicht unterrichtet über die Zusammensetzung einiger Steinkohlenaschen und zeigt, in wie weiten Grenzen der Betrag der verschiedenen Bestandteile schwanken kann. Die Tabelle 111 ist nach den Angaben von Hinrichsen und Taczak[3] zusammengestellt. Über das Problematische mancher Aschenbestimmungen ist schon gesprochen worden. (Vgl. auch Kap. V).

Manche Kohlenaschen enthalten Manganoxyd und Zinnoxyd; auch Kupfer, Blei und Cadmium ist in Steinkohlenaschen nachgewiesen

---

[1] Brennstoff-Chem. **7**, 197 (1926). [2] Brennstoff-Chem. **10**, 63 (1929).
[3] Die Chemie der Kohle, S. 132. Leipzig 1916.

worden; der Schwefelkies, der den Steinkohlen beigemengt sein kann, enthält oft Nickel und manchmal auch Arsen.

Tabelle 111.
Zusammensetzung einiger deutscher Steinkohlenaschen in %.

Herkunft der Kohle	Kiesel-säure	Eisen-oxyd	Ton-erde	Kalk	Ma-gnesia	Alka-lien	Schwefel-säure	Phosphor-säure
Oberschlesien	39,45	15,68	18,23	6,02	2,44	2,17	12,83	1,29
Oberschlesien	26,07	19,84	27,80	11,15	4,21	0,76	7,38	1,48
Oberschlesien	45,23	19,27	15,84	2,16	0,81	2,10	11,84	1,09
Waldenburg .	31,30	54,47	8,31	3,44	1,60	0,36	0,52	—
Westfalen . .	27,36	46,90	22,55	2,68	—	0,53	—	0,54
Westfalen . .	10,65	51,37	15,23	12,30	6,70	n.best.	2,10	0,40
Westfalen . .	39,14	21,54	19,53	10,68	3,50	n.best.	5,74	n. best.
Inde-Rev. b. Aachen . .	1,70	60,79	2,21	19,23	5,03	0,43	10,71	—
Sachsen. . .	60,23	6,36	31,36	1,08	0,35	0,11	0,23	—
Sachsen. . .	45,13	25,83	22,47	2,80	0,52	0,88	2,37	—
Sachsen. . .	15,48	74,02	5,28	2,26	0,26	0,53	2,17	—

Die höchsten und niedrigsten Werte für die einzelnen Aschenbestandteile der Tabelle sind demnach folgende: Kieselsäure 1,70—60,23; Eisenoxyd 6,36—74,02; Tonerde 2,21—31,36; Kalk 1,08—19,23; Magnesia 0—6,70; Alkalien 0,1—2,2; Schwefelsäure 0—12,83; Phosphorsäure 0—1,5%.

Die mineralischen Bestandteile sind in der Kohle nicht gleichmäßig verteilt, sondern in den einzelnen Gefügebestandteilen in verschiedener Menge enthalten. Nach den Angaben von R. Lessing[1] findet sich in Glanzkohle 1,1—1,3% größtenteils in Wasser lösliche Asche, in Mattkohle 6—7% hauptsächlich aus Tonerde und Kieselsäure bestehende Asche, im Fusit 4—30%, darunter hauptsächlich in Säure lösliche Verbindungen.

Die organischen Bestandteile der Steinkohle entstammen vielleicht zum Teil noch dem pflanzlichen Urmaterial der Kohlenbildung, zum Teil sind sie nachträglich in die Flöze geraten. Auch im Zusammenhang damit kann man innere und äußere Asche (auch eigene und beigemengte Asche genannt) unterscheiden, indem man die innere Asche auf die ursprünglichen Kohlebildner, die äußere Asche auf nachträgliche sekundäre Einschwemmungen zurückführt. Diese beiden Aschenbestandteile können auch mechanisch getrennt werden, indem man z. B. die feingemahlenen Kohlenproben in Wasser suspendiert und durch einen Flotationsprozeß etwa unter Zuhilfenahme von Paraffinöl oder durch Behandlung mit Chlorcalciumlösungen u. a. m. die äußere Asche entfernt. Die äußere Asche enthält erheblich mehr Aluminiumsilicate als die innere Asche. Die Zusammensetzung der die Kohle im Flöz

[1] Fuel 5, 17 (1926).

durchsetzenden Schieferschicht wies nach Angaben von Mott und Wheeler[1] keine Beziehungen zu der Zusammensetzung der ausgewaschenen Bestandteile auf.

Bei Untersuchung der Steinkohle von Zeche Hamstead (South Staffordshire) fand Lessing[2] in Übereinstimmung mit späteren Untersuchungen an zahlreichen englischen Kohlen im Fusain, Durain, Clarain und Vitrain der Reihe nach die Aschengehalte 15,6, 6,3, 1,2 und 1,1%. Da die Asche von Vitrain und Clarain viel wasserlösliche und wenig in Säuren unlösliche Bestandteile enthält, stellt sie nach Lessing die ursprüngliche Pflanzenasche dar. Die Asche des Durains ist zu $^3/_4$ in Salzsäure unlöslich und stammt aus den Sedimentgesteinen. Die Zusammensetzung der Fusainasche (Carbonate und andere in Säuren lösliche Salze) deutet auf die Herkunft aus Wasser, welches bei oder nach Entstehung der Kohlenart zugegen war. Die Hauptmenge der Mineralbestandteile des Durits stammt aus hangenden und liegenden Gesteinsschichten. Die Entstehung des Pyrits, der sich in der Mineralsubstanz der Steinkohlen findet, soll nach Lessing nicht auf die Einwirkung erhöhter Temperatur zurückzuführen sein, wie dies Donath und Vykypiël[3] angeben, sondern auf Umwandlung von Ferrocarbonat in Sulfid bei gewöhnlicher Temperatur.

In der Praxis sind natürlich im Hinblick auf Gewinnung, Aufbereitung, Transport und Verwendung jeder Art bis zur Verbrennung aschenarme Kohlen erwünscht oder wenigstens Kohlen, deren Aschen bestimmte Eigenschaften haben. Hierauf wird noch zurückgekommen.

Nach Abzug von Wasser und mineralischen Bestandteilen hinterbleibt die sogenannte Reinkohle. Da man zu ihrer Berechnung Menge und Zusammensetzung die mineralischen Bestandteile kennen muß und diese Kenntnis meist dem Ergebnis einer Aschenbestimmung entnimmt, sind, wie bereits S. 162 auseinandergesetzt, Fehler unvermeidlich.

Nach Follmann[4] empfiehlt es sich daher, die Silicate und Tonerde enthaltenden Steinkohlen mit verdünnter Flußsäure aufzuschließen. Die Kohle wird auf ein gewogenes Filter gesammelt und nach Wägung zur Prüfung auf etwa noch vorhandene Aschenbestandteile verascht.

Wie groß die Differenzen sein können, die zwischen der Veraschungsmethode und der Follmannschen Extraktionsmethode bestehen, ergibt sich aus Tab. 112 nach der Originalarbeit.

Nach dem Vorschlage von K. Mayer[5] wird die Reinkohle indirekt bestimmt, indem die Kohlenprobe zuerst mit Salzsäure vorbehandelt, dann ausgewaschen, getrocknet, gewogen und jetzt erst verascht wird. Das Gewicht dieses Glührückstandes entspricht den Silicaten, ver-

[1] Fuel **6**, 416 (1927).
[2] Proc. int. Conf. Bit. Coal **1926**, 165.
[3] Brennstoff-Chem. **7**, 153 (1926).
[4] Brennstoff-Chem. **6**, 205 (1925).
[5] Brennstoff-Chem. **10**, 377 (1929).

Tabelle 112.

Kohlenart	Asche direkt bestimmt %	Asche indirekt bestimmt %	Asche in der mit HF beh. Kohle %
Chinesischer Anthrazit	15,15	15,40	0,72
Russische Kohle (Tiflis)	55,92	63,90	0,60
Deister-Kohle	30,41	33,29	0,95
Kohle an dem Obernkirchener Bezirk	16,63	19,40	0,42
Westfälische Kohle	12,40	13,52	1,52
Westfälische Kohle	12,40	11,91	1,08
Westfälische Kohle	18,87	19,44	0,55

mehrt um das eventuell aus dem Pyrit entstandene Eisoxyd. Der Pyritgehalt wird ermittelt, indem man diesen Glührückstand in bestimmter Weise mit Salzsäure digeriert. Es sei hier noch auf die Arbeiten von F. Schuster[1] verwiesen, die im Kap. V, 1 besprochen werden.

Die Reinkohlensubstanz der Steinkohlen beträgt selten unter 80% und kann bis über 97% anwachsen.

b) Die organische Substanz der Steinkohle.

Die Elementarzusammensetzung der nach rechnerischer oder experimenteller Eliminierung der Mineralbestandteile verbleibenden organischen Substanz der trockenen Steinkohle schwankt in weiten Grenzen. Die Tab. 113 enthält eine Zusammenstellung nach Angaben der älteren Literatur.

Tabelle 113. Zusammensetzung der organischen Substanz von Steinkohlen in %.

Bezeichnung	C	H	N	S	O
Ruhrkohle . . .	83,7—90,6	4,2—5,7	0,7—1,8	0,7—1,6	3,5— 8,6
Oberschl. Kohle	81,1—85,4	4,9—5,5	0,4—1,6	0,3—2,2	7,0—13,0
Englische Kohle	81,7—89,5	4,4—5,8	—	0,8—2,0	6,1—12,3
Anthrazit . . .	90,0—95,0	2,0—3,0	0,1—0,5	0,4—0,8	2,0— 3,0

Für russische Steinkohle fand Follmann nach seinem Analysengang eine Zusammensetzung von 79,56% Kohlenstoff und 5,6% Wasserstoff.

Über russische Bogheadkohlen unterrichtet Tabelle 114 nach G. Stadnikoff.

Bei ein und derselben Kohle unterscheiden sich übrigens auch die Gefügebestandteile in ihrer Elementarzusammensetzung. Um Analysendaten über Gefügebestandteile vergleichbar zu machen, ist es nötig, bei den einzelnen Kohlen alle drei Gefügebestandteile, deren Reinisolierung bekanntlich nicht leicht ist, zu analysieren. Da nämlich die Gefügebestandteile ihre Zusammensetzung und Eigenschaften zusammen

[1] Brennstoff-Chem. **11,** 237, 262 (1930).

Tabelle 114. Zusammensetzung von Bogheadkohlen in %.

		Wassergehalt	Aschengehalt (trocken)	S-Gehalt (trocken)	In der organischen Substanz C	H	O	N
Chachareisky	Kompakte Boghead	3,98	14,79	0,60	76,50	9,80	11,87	0,83
	Blätterige Kohle aus dem Schurf Nr. 1	5,50	21,40	0,62	78,50	10,73	8,74	1,24
	Blätterige Kohle aus dem Schurf Nr. 6	5,90	37,70	1,00	66,64	9,84	—	—
	Bituminöser Schiefer von Nasledow	8,03	52,70	0,83	63,36	9,71	—	—
Tscheremchowsky (Kasjanowsky)		1,66	5,29	0,71	81,10	8,34	8,68	1,12
Matagansky		1,26	10,44	2,70	78,69	10,81	7,29	0,56
Suchokujatsky		4,13	7,78	—	76,82	8,85	12,78	0,79

mit der Kohle ändern, der sie angehören, muß man, um Vergleichbarkeit der Resultate zu gewährleisten, sich im einzelnen Falle auf eine Kohle von bestimmtem Inkohlungsgrad beziehen. Unter diesem Gesichtspunkt hat Lange[1] das Analysenmaterial der Literatur zusammengestellt und ergänzt.

Tabelle 115. Zusammensetzung von Gefügebestandteilen in %.

Nr.	Bezeichnung	Gefügebestandteil	C	H	O	N	S	Autor
1	Ruhrkohlen	V	84,70	5,15	8,20	1,95	Im Sauerstoff mit enthalten.	W. Rittmeister
		D	86,92	5,29	6,22	1,57		
		F	90,52	3,32	5,55	0,60		
2		V	90,82	4,01	3,26	1,91		
		D	89,99	3,88	4,72	1,41		
		F	93,89	2,96	2,49	0,66		
3		V	84,89	5,17	2,92	2,02		
		D	85,94	4,57	7,79	1,70		
		F	90,03	3,34	6,00	0,63		
4	Oberschlesische Gasflammkohlen	V	82,37	5,21	10,33	2,09		Th. Lange
		D	84,94	4,87	8,35	1,84		
		F	41,35	3,40	11,75	—		
5		V	85,51	5,16	5,85	3,48		
		D	86,22	5,23	5,30	1,25		
		F	73,50	3,23	18,72	—		
6		V	83,74	5,40	8,70	2,16		
		D	83,77	5,26	9,02	1,95		
		F	86,67	4,15	7,24	—		
7	Belgische Streifenkohle	V	87,7	4,6	4,99	2,71		De Booseré
		D	90,0	4,4	3,6	2,0		
		F	89,8	4,1	4,20	—		
8	Englische Streifenkohle	V	80,46	5,33	11,50	1,29	1,42	A. Baranov und Francis
		D	80,77	4,84	12,36	1,03	1,00	
		F	87,21	3,84	7,18	0,95	0,82	

[1] In Stutzer, O.: Fusit, S. 55ff. Stuttgart 1929.

Aus den der Tabelle 115 zugrunde liegenden Originalarbeiten ergibt sich auch, zu welchen Fehlern die derzeitigen Analysenmethoden, bei der die mineralischen Substanzen rechnerisch auf Grundlage der Aschengehalte eliminiert werden, führen. Die Elementarzusammensetzung einer Kohle muß natürlich das Mittel aus den Elementarzusammensetzungen ihrer Gefügebestandteile sein. In der Arbeit von W. Rittmeister liegen aber z. B. die Kohlenstoffgehalte der Gefügebestandteile in den meisten angegebenen Beispielen sämtlich über den Kohlenstoffgehalten der ursprünglichen Kohlen. Dies ist natürlich unmöglich und wird von Rittmeister unter Hinweis auf den Einfluß der Asche erklärt.

Aus den Ergebnissen der Elementaranalyse kann man den sogenannten disponiblen Wasserstoff berechnen, d. h. denjenigen Teil des Wasserstoffs, der übrig bleibt, wenn vom Gesamtwasserstoffgehalt der Kohle der Wasserstoff abgezogen wird, der zur Überführung des Sauerstoffs der Kohle in Wasser nötig ist. Zum Unterschied von der Braunkohle enthält die Steinkohle mehr oder weniger beträchtliche Mengen von disponiblem Wasserstoff.

Der Gesamtstickstoffgehalt der Steinkohlen beträgt etwa 0,6—2,8%. Die höchsten Gehalte an Stickstoff hat man bei einigen japanischen Kohlen gefunden, die 2,85—3,62% Stickstoff enthalten.

Mehrfach hat man versucht, die Bindung des Stickstoffs an bestimmte Bestandteile der Kohle klarzustellen. Bei der Extraktion japanischer Kohlen mit Phenol hat K. Ishibashi[1] etwa $^1/_5$ des Gesamtstickstoffs in den basischen Anteilen des Extraktes gefunden. C. W. Shacklock und T. J. Drakeley[2] versuchten, den Stickstoff der Kohlensubstanz durch Extraktion mit Schwefelsäure zu fassen. Sie bemühten sich, die in Lösung gehenden stickstoffhaltigen Verbindungen als Amine, Mono- und Diaminosäuren zu differenzieren. Sie fanden indessen in zwei Fällen bei Steinkohlen nicht mehr als 5,5%, bei Anthrazit sogar nur 2,5% des ursprünglich vorhandenen Stickstoffs in der Schwefelsäure wieder.

Der Schwefelgehalt der Steinkohlen schwankt von 0,3—4 und beträgt manchmal bis 6%. Die Arsakohle, die nach Donath zu den Steinkohlen gehört, enthält sogar 10% Schwefel. Der Schwefelgehalt zeigt auch in ein und demselben Flöz Verschiedenheiten.

Der Schwefel der Steinkohle ist in sehr verschiedener Weise gebunden. Ganz allgemein unterscheidet man zwischen anorganisch und organisch gebundenem oder Konstitutionsschwefel. Der anorganisch gebundene Schwefel läßt sich durch Behandeln mit Säure entfernen, der organisch gebundene nicht. Der anorganisch gebundene Schwefel

[1] Journ. Fuel Soc. Jap. 8, 64 (1929).
[2] Journ. Soc. chem. Ind. **46**, T 478 (1927).

ist in der Hauptsache als Pyritschwefel, vielleicht auch als Markasitschwefel an Eisen gebunden, gelegentlich auch an Zink, Kupfer usw. Sulfatschwefel ist in frischer Kohle kaum zu finden, er entsteht erst beim Verwittern durch Oxydation von Pyrit. Der Pyritschwefel macht in den meisten Fällen die Hauptmenge des Kohlenschwefels aus. Der Pyrit ist in der Kohle sehr unregelmäßig verteilt; die obere und untere Schichte eines Flözes enthält in den von Jancey und Frazer[1] untersuchten Gebieten mehr Pyrit als die Mittelschichte. Der organische Schwefel ist viel gleichmäßiger verteilt; zwischen seinem Vorkommen und dem von Pyrit besteht kein Zusammenhang.

Ein großer Teil der den anorganisch gebundenen Schwefel enthaltenden Substanzen läßt sich mechanisch durch Flotation entfernen; nach H. F. Jancey und S. W. Parr[2] gilt dies nur für Pyritschwefel. J. P. Wibaut[3] trennt die gut gepulverte Steinkohle durch Behandlung mit einem Gemisch von Benzin und Tetrachlorkohlenstoff vom spezifischen Gewicht 1,3 in einen leichten und einen schweren Teil, wobei der letztere den anorganischen, besonders den Pyritschwefel, der erstere den organisch gebundenen Schwefel enthält.

Leicht und vollständig gelingt die Entfernung des anorganischen Schwefels auf chemischem Wege durch Behandlung mit verdünnter Salpetersäure. Aus dem verbleibenden Rückstand läßt sich ein Teil des organischen Schwefels durch Extraktion mit Phenol entfernen. Diesen bezeichnen A. R. Powell und S. W. Parr[4] als phenollöslichen Schwefel, den Rest als Humusschwefel.

Schwefelreiche Kohlen enthalten viel organisch gebundenen Schwefel. Auf die gleichmäßige Verteilung und gewissermaßen konstitutionsmäßige Bindung des organischen Schwefels schließt Wheeler aus dem Umstand, daß Pyridin- und Chloroformextrakte der Steinkohle sowie der verbleibende Rückstand den gleichen Schwefelgehalt wie die ursprüngliche Kohle haben; die selektive Wirkungsweise des Phenols wird von ihm als zweifelhaft betrachtet.

Was den Ursprung des Schwefels der Steinkohlen betrifft[5], so entstammt er wohl verschiedenen Quellen. Das Protoplasma der Steinkohlenbildner enthielt sicherlich Schwefel; ob die Pflanzen der Steinkohlenzeit aber mehr Schwefel enthalten haben als die heutigen, bleibe dahingestellt. Der Eiweißschwefel kann irgendwie organisch gebunden verbleiben, aber wohl noch leichter und zum größeren Teil als Schwefel-

[1] Journ. Ind. and Engin. Chem. **13**, 35 (1921). S. auch Jancey u. Parr: Journ. Ind. and Engin. Chem. **16**, 501 (1924).
[2] Siehe [1].
[3] Chimie et Industrie, Sondernummer S. 208 (1924).
[4] Vgl. auch Donath, Ed.: Brennstoff-Chem. **3**, 120 (1922). — Schellenberg, A.: Brennstoff-Chem. **2**, 349 (1921).
[5] Muhlert, F.: Der Kohlenschwefel. Halle 1930.

wasserstoff abgespalten werden und als solcher mit verschiedenen Metallen, besonders Eisen, zusammentreten. Auch hat man z. B. an die Möglichkeit gedacht, daß Wässer, welche aus der Oxydation von Schwefelkies stammenden Ferrosulfat enthalten, in der Kohle wieder zu Schwefelkies reduziert werden.

Kohlen, die mit Meerwasser in Berührung waren, haben einen erhöhten Schwefelgehalt. Das gleiche ist der Fall, wenn über oder dicht unter der Kohle Kalk liegt. Am höchsten ist der Schwefelgehalt, wo marine Einflüsse und Kalk zusammenwirken.

Ebenso wie für den Schwefel wird auch für den Phosphor der Steinkohle teils anorganische, teils organische Bindung angenommen. Nach Faerber[1] kann der Phosphorgehalt der Kohlen durch naßmechanische Aufbereitung nicht entfernt werden, weil er überwiegend organisch gebunden sei. Die gewaschenen Kohlen zeigen daher fast stets einen höheren Phosphorgehalt als die Förderkohle. Nach Fulton läßt sich auch durch Schwimmaufbereitung der Phosphorgehalt nicht verringern. Der Phosphorgehalt der verschiedenen Vorkommen wie auch Lagen eines Flözes wechselt sehr, so daß man durch wahlweise Ausbeutung bestimmter Flözpartien eine phosphorarme Kohle erhalten kann. Demgegenüber ist nach R. L. Cawly[2] der in den Kohlen vorkommende Phosphor besonders im Kohlenschiefer und in anhaftendem Begleitgestein vorhanden. Durch Ausschwemmen nach dem Schaumverfahren kann der Phosphorgehalt bedeutend vermindert werden.

Nach H. ter Meulen[3] enthalten die Steinkohlen auch etwas Chlor; der gesamte Chlorgehalt schwankt von 0,03 bis 0,33%.

c) Kennzahlen der Steinkohle.

Durch Kennzahlen konnte man bisher Methoxylgruppen, Hydroxylgruppen, Carbonylgruppen, Carboxylgruppen und Doppelbindungen in der Kohle erfassen.

R. Benedikt und M. Bamberger[4] fanden in englischer Steinkohle kein Methoxyl. A. Pictet und M. Gaulis[5] fanden in Saarsteinkohle 0,79, Steinkohle aus St. Etienne 0,24 und Anthrazit aus dem Becken von Charleroy 0% Methoxyl. Fischer und Tropsch[6] fanden in Gasflammkohle, Fettkohle, anthrazitischer Magerkohle und Cannelkohle kein Methoxyl.

Die Hydroxylzahl von Steinkohlen kann bestimmt werden, indem man nach W. Fuchs[7] die Kohle als Rohkohle entweder in der Kälte mit titrierter Natronlauge schüttelt und sodann den Verbrauch an Lauge

[1] Kohle und Erz **26**, 755 (1929).
[2] Fuel **3**, 211 (1924).
[3] Rec. Trav. chim. Pays-Bas **48**, 938 (1929).
[4] Monatsh. **11**, 260 (1890).
[5] Helv. chim. Acta **6**, 627 (1923).
[6] Abh. Kohle **2**, 151 (1917).
[7] Brennstoff-Chem. **9**, 198 (1928).

nach Vorschrift bestimmt, oder indem man die Kohle mit alkoholischer Kalilauge 30 Minuten auf dem Wasserbade kocht und sodann zurücktitriert. Es ergaben sich die minimalen Werte der Tabelle 116. Steinkohlen verbrauchen also praktisch kein Alkali.

Tabelle 116.

Kohle	Hydroxylzahl bei Titration in wäss. Lös.	Hydroxylzahl bei Titration in alkohol. Lös.	Hydroxylgehalt im Mittel in %
Arsakohle	0,3—0,4	2,2	0,1
Oberschles. Steinkohle . .	0—0,3	1,9	0,1
Ruhrsteinkohle	0—0,2	0,1	Spur

Der Carbonylgehalt der Steinkohlen schwankt nach Strache und Brandl[1] von 2 bis 3% und beträgt für Anthrazit etwa 1%.

Zur Bestimmung von Doppelbindungen in der Steinkohle kann man Jodzahlen benutzen. Hart[2] sowie Dennstedt und Bünz[3] benutzten zur Kohlenprüfung die Jodzahl nach Hübl. Diese erwies sich von der Feinheit des Kohlenpulvers abhängig; es müssen Pulver gleichen Feinheitsgrades benutzt werden. Für gleiche Kohlen erhält man unter diesen Umständen annähernd gleiche Werte. Nach Hart waren die äußersten Grenzen der von 100 g Kohle adsorbierten Jodmengen 12,72 bis 30,96. J. Marcusson[4] erhielt für Steinkohle eine Jodzahl von 25,6. Sehr eingehend hat sich neuerdings M. Kusnetzow[5] mit der Jodzahl der Steinkohle befaßt. Das Ergebnis der Jodzahlbestimmung hängt nach Kusnetzow, abgesehen von der Beschaffenheit der Kohle, vom Reagens, vom Lösungsmittel, von der relativen Menge der Kohle und des Reagens und von der Reaktionsdauer ab. So beträgt die Jodzahl einer zermahlenen und bei 100° getrockneten Kohle, wenn auf 1 g Kohle 15 ccm Tetrachlorkohlenstoff und 25 ccm Hüblscher Lösung genommen werden, nach einem Tag 14,1, nach 22 Tagen 42,8. Wird die Hüblsche Lösung durch die Wijssche Lösung (20 g Chlorjod in 1 l Essigsäure) ersetzt, so beträgt die Jodzahl nach 1 Stunde 11,7, nach 20 Stunden 27,2, nach 15 Tagen 40,9; wirkt auf 1 g Kohle 40 ccm einer 0,1 n-Lösung von Chlorjod in Tetrachlorkohlenstoff, so beträgt die Jodzahl nach 1 Stunde Einwirkung 21,0, nach 1 Tag 27,7. Werden in die letzte Lösung statt 1 g nur 0,5 bzw. 0,1 g Kohle eingetragen, so ergibt sich die Jodzahl in 24 Stunden zu 55,7 bzw. 205,0. Eine ähnliche Zunahme der Jodzahl bei Abnahme der relativen Kohlenmenge wurde auch in anderen Jodlösungen beobachtet.

---

[1] Brennstoff-Chem. **7**, 344 (1926). [2] Chem.-Ztg. **30**, 1204 (1906).
[3] Ztschr. angew. Chem. **21**, 1825 (1908).
[4] Ztschr. angew. Chem. **32**, 113 (1919).
[5] Journ. chimique de l'Ukraine **1**, Techn. Teil, S. 65 (1925).

Kusnetzow hat auch durch Messung der Jodwasserstoffsäure in der Lösung die Menge des durch Substitution verbrauchten Jods bestimmt. Sie ist am geringsten bei Verwendung der Wijsschen Lösung, deren Verwendung deshalb besonders empfohlen wird. Man soll auf 0,1 g Kohle 15 ccm Tetrachlorkohlenstoff und 25 ccm Wijssche Lösung nehmen und 15 Tage reagieren lassen. Den so erhaltenen Jodzahlen gehen auch die von der Kohle bei 120° aufgenommenen Sauerstoffmengen parallel. Nach diesem Verfahren wurden 13 Kohlensorten untersucht und Jodzahlen von 15,3 (Anthrazit) bis 160 (Gaskohle) gefunden.

Dankbarer wäre höchstwahrscheinlich der Ausbau von Bromzahlbestimmungen[1].

d) Zerlegung der Steinkohle in Bestandteile.

Über den Wassergehalt und den Aschengehalt der Steinkohle ist das nötige bereits gesagt worden. Zu ergänzen ist, daß die Asche der Steinkohlen meistens und größtenteils nicht wie die Asche der Braunkohlen mit der organischen Hauptmenge der Kohlen chemisch verbunden ist. Nur in manchen Kohlen, besonders Bogheadkohlen, sind dem Bitumen angehörige Säuren teilweise als Salze vorhanden.

Die organische Substanz der Steinkohlen kann mit Hilfe von Lösungsmitteln in zwei Fraktionen geschieden werden, in Bitumen- oder Extraktstoffe und in den unlöslichen Rest. Menge und Beschaffenheit der Extraktstoffe sind abhängig von der Vorbehandlung der Kohlen, den angewandten Lösungsmitteln oder Lösungsmittelgemischen sowie den Arbeitsbedingungen besonders hinsichtlich Temperatur und Druck. Die Extraktstoffe können als Bitumen A, das bei gewöhnlichem Druck extrahiert wird, Bitumen B, das unter Druck gewonnen wird, und Bitumen C, das nach Vorbehandlung mit Salzsäure in organische Lösungsmittel geht, unterschieden werden. Für Zwecke der Zerlegungsanalyse kommen nur Bitumen A und Bitumen C in Betracht; denn Bitumen B verdankt seine Entstehung wenigstens zum Teil sekundären Prozessen.

Als Lösungsmittel im Gange der Zerlegungsanalyse hat man vor allem Pyridin, ferner Benzol, Phenol und Tetralin verwendet. Beim Arbeiten unter gewöhnlichem Druck erhält man, gleichgültig, ob es sich um Streifenkohlen oder Bogheadkohlen oder Cannelkohlen handelt, stets nur wenige Prozent Ausbeute.

Der nach der Extraktion der Bitumenstoffe verbleibende Rest wird, gleichgültig, ob es sich um Humuskohlen oder Sapropelkohlen handelt, vorläufig als Huminanteil bezeichnet. Er enthält neben der Hauptmenge der amorphen Bestandteile größere oder kleinere Anteile organisierter Pflanzenreste. Die ungeformte, amorphe Hauptmenge enthält bisweilen geringe Mengen Huminsäuren.

---

[1] Vgl. Fuchs, W.: Abh. Kohle 9, 173 (1928).

Mit der systematischen Zerlegungsanalyse von Streifenkohlen haben sich besonders R. V. Wheeler und seine Mitarbeiter[1] in jahrelangen Arbeiten beschäftigt. Die Zerlegung der Kohlensubstanz in einzelne chemische Gruppen, in diesem Buche Zerlegungsanalyse genannt, bezeichnet Wheeler als rationelle Analyse (rational analysis). Wheelers Gang wird folgendermaßen angeführt.

1. Die fein zerkleinerten Proben werden mit Pyridin tagelang, meist rund 200 Stunden, extrahiert. Ungelöst bleibt der Huminanteil, von Wheeler als α-Verbindungen oder Ulmin-Verbindungen bezeichnet. Der Pyridinextrakt enthält zwei Stoffgruppen, die mit griechischen Buchstaben als β- und γ-Verbindungen unterschieden werden und die weiterhin in Gruppen zerlegt werden.

a) Die in Pyridin löslichen Stoffe werden durch lang andauernde Behandlung mit Chloroform in die unlöslichen β-Verbindungen und in die löslichen γ-Verbindungen zerlegt. Die in Chloroform unlöslichen Substanzen sind sowohl der ursprünglichen Kohle wie auch dem in Pyridin unlöslichen Rückstand sehr ähnlich; sie stellen ein braunes, in Pyridin lösliches Pulver dar.

b) Der in Chloroform lösliche Teil wird als γ-Bitumen bezeichnet. Es ist eine rotbraune, bei 95—100° schmelzende Masse. Diese Fraktion wird weiterhin in 4 Untergruppen zerlegt. Durch Behandlung mit Petroläther wird das Bitumen γ_1 in Lösung gebracht, durch Behandlung des in Petroläther unlöslich gebliebenen Restes mit Äther geht das Bitumen γ_2 in Lösung, durch Behandlung des in Äther ungelöst Verbliebenen mit Aceton wird das Bitumen γ_3 in Lösung gebracht, während Bitumen γ_4 ungelöst bleibt.

c) Die 4 Fraktionen γ_1—γ_4 sind nach der Auffassung von Wheeler in der Kohle bereits vorgebildet. Denn Wheeler konnte nicht nur durch Extraktion mit Pyridin und Behandlung des Pyridinextraktes mit Lösungsmitteln, sondern auch durch vorsichtig geleitete Destillation der Steinkohlen Bitumina gewinnen, die er auf Grund ihrer Eigenschaften für im wesentlichen identisch mit den von ihm unterschiedenen vier γ-Fraktionen hält. Die Gesamtmenge dieser γ-Verbindungen beträgt rund 7% der Kohle.

2. Die in Pyridin unlöslichen α-Verbindungen enthalten den Huminanteil neben geringen Mengen organisierter Pflanzenreste. Zur Bestimmung der Huminstoffe und zur Abtrennung von den organisierten Pflanzenresten (organised plant entities) werden die Huminstoffe

[1] Clark u. Wheeler: Journ. chem. Soc. London **103**, 1704 (1913). — Jones u. Wheeler: Journ. chem. Soc. London **109**, 707 (1916). — Cockram u. Wheeler: Journ. chem. Soc. London **1927**, 700. — Francis und Wheeler: Journ. chem. Soc. London **1928**, 2967. — Ferner Journ. chem. Soc. London **97**, 1917 (1910); **99**, 649 (1911); **105**, 140 (1914); **107**, 1320 (1915).

(ulmic compounds) in Huminsäuren übergeführt, indem man die Proben mehrere Wochen lang bei 150° mit Luft oder aber mit Wasserstoffsuperoxyd, oder auch vorsichtig mit Salzsäure und Kaliumchlorat behandelt. Nach beendigter Oxydation zieht man mit Alkali aus, wiederholt, wenn nötig, den Oxydationsvorgang und kann schließlich auf diese Weise den gesamten Huminanteil mit Alkali entfernen.

Da man annehmen kann, daß die Huminstoffe der Kohle durch Reduktion aus Huminsäuren (von Wheeler ulmic acids genannt) entstanden sind, spricht Wheeler von einer Regenerierung der Huminsäuren und bezeichnet die durch die Oxydation entstandenen Huminsäuren als regenerated ulmic acids. Er hebt jedoch selbst hervor, daß diese regenerierten Huminsäuren zweifellos nicht völlig den Charakter der ursprünglichen Huminsäuren haben.

3. Nach Entfernung der regenerierten Huminsäuren verbleiben die organisierten Pflanzenreste, in der Hauptsache Pollenexine, Kutikulargewebe u. ä. Die Menge der organisierten Rückstände beträgt meist erheblich unter 1%. Trotz dieser geringen Menge soll der Charakter der Kohle durch die in ihr enthaltenen organisierten Pflanzenreste nicht unwesentlich beeinflußt werden. In manchen Kohlen, z. B. in der russischen Papierkohle, hat Wheeler rund 20% organisierte Pflanzenreste gefunden.

Was das Verhalten der Gefügebestandteile bei der geschilderten Zerlegung betrifft, so wird Vitrit bei der Behandlung ziemlich restlos löslich in Alkali, während die übrigen Kohlenbestandteile mehr oder weniger Rückstand hinterlassen.

4. Der Arbeitsgang Wheelers wird durch folgende Übersichten kurz zusammengefaßt.

Zerlegung der Steinkohle nach Wheeler.

1. Extraktion mit Pyridin.

In Lösung gehen	β- und γ-Verbindungen
Im Rückstand bleiben	α-Verbindungen
α-Verbindungen oxydiert, mit Alkali extrahiert:	
Rückstand	organisierte Pflanzenreste
Alkaliextrakt	regenerierte Huminsäuren

2. Trennung der β- und γ-Verbindungen mit $CHCl_3$.

In Lösung gehen	γ-Verbindungen
Unlöslich bleiben	β-Verbindungen

3. Zerlegung der γ-Verbindungen.

Extraktion mit Petroläther	γ_1-Verbindungen
Rückstand davon mit Äther extrahiert	γ_2-Verbindungen
Rückstand davon mit Aceton extrahiert	γ_3-Verbindungen
Ungelöster Rest	γ_4-Verbindungen

Im Zusammenhang mit den Untersuchungen von Wheeler sind auch Beobachtungen von Interesse, welche M. Piettre[1] mitgeteilt hat. Steinkohlen verschiedener Herkunft (aus Brasilien, Amerika und England) wurden durch siedendes Pyridin in einen löslichen und einen unlöslichen Teil zerlegt. Der Pyridinextrakt ließ sich durch Behandlung mit einem Gemisch von Äther und Alkohol in einen löslichen, hellen, harzigen und einen unlöslichen, dunklen, humusartigen Teil zerlegen. Der Alkohol-Ätherextrakt konnte ferner durch verdünnte Alkalien in lösliche Säuren und einen dunklen Rückstand zerlegt werden.

P. Lebeau und H. Lerous[2] haben englische Durham-Steinkohle nach der Methode von Cockram und Wheeler durch 200stündige Behandlung mit Pyridin extrahiert und den Extrakt weiterhin mit Hilfe von Chloroform, Petroläther und Aceton weiter zerlegt. Sie haben sodann unter Fortlassung der Pyridinextraktion die gepulverte Kohle direkt im Soxleth mit Chloroform behandelt, auf diese Weise aber nur geringe Mengen in Lösung bringen können. Zu einer wesentlichen Abkürzung der Arbeitsdauer bei nahezu gleichem Extraktionsergebnis gelangten die Verfasser aber, indem sie einen Teil Kohle mit drei Teilen Pyridin kochten, nachher das Pyridin im Vakuum abdestillierten und dann sogleich mit der Chloroformextraktion begannen. Beim Kochen mit Pyridin quoll die Kohle bei 115° derart auf, daß keine Flüssigkeit mehr zu sehen war. Der Chloroformextrakt konnte in die vier γ-Fraktionen von Wheeler zerlegt werden.

Übrigens dauert auch die Behandlung des Pyridinextraktes mit den Lösungsmitteln des Zerlegungsganges der γ-Verbindungen nach Cockram und Wheeler viele Tage lang. Aus dem Clarain der Parkgatekohle erhielten Cockram und Wheeler 6,9% γ-Verbindungen; die Eigenschaften der vier γ-Fraktionen waren ganz ähnlich denen aus anderen Kohlen erhaltenen und sind nachstehend zusammengestellt.

Bezeichnung	γ_1	γ_2	γ_3	γ_4
Prozent der Kohle	2,3	2,5	0,9	1,2
Schmelzpunkt . . .	95—100°	100—110°	280—300°	280—300°
Sonstiges	40% ges., 40% unges. Kohlenwasserstoffe, 20% Harze	85% unverseifbare Harze mit Brücken-O. 15% Ester von Phenolen und Oxysäuren	harzartige unverseifbare Substanzen	

Eine ganze Reihe von Forschern haben zur Extraktion des Bitumens Benzol unter Druck angewendet, so O. Rau[3], F. Fischer und W. Gluud[4],

[1] Compt. rend. Acad. Sciences **176**, 1329 (1923); **177**, 486 (1923).
[2] Nach C. **1931 I**, 188.
[3] Stahl und Eisen **30**, 1236 (1910). [4] Abh. Kohle **1**, 54 (1915/1916).

W. Bone, Pearson und Quarendon[1] u. a. m. Die unter diesen Umständen in Lösung gehenden Extraktstoffe mögen wenigstens zum Teil erst unter den Bedingungen der Extraktion entstehen. Die Beziehungen, welche zwischen diesen Extraktstoffen und den Vorgängen beim Verkokungsprozeß bestehen, sollen später besprochen werden. Hier sei nur kurz die Zerlegung der von den einzelnen Forschern erhaltenen Präparate in Fraktionen geschildert.

F. Fischer und W. Gluud erhielten aus Steinkohle durch Druckextraktion mit Benzol rötlich fluorescierende, schwerbewegliche Extrakte. Diese wurden mit Wasserdampf behandelt; das nichtflüchtige Öl gab mit Petroläther einen löslichen öligen Anteil, das sogenannte Ölbitumen, und ein unlösliches braunes Pulver, das sogenannte Festbitumen. Bei Fortsetzung dieser Versuche erhielten F. Fischer, H. Broche und J. Strauch[2] aus verschiedenen Steinkohlen durch erschöpfende Extraktion mit Benzol bei 275° und 55 atü 3—7% Gesamtbitumen. Auch hier wurden durch Petroläther die Extrakte in einen kakaobraunen, festen Körper und in ein dickflüssiges Öl zerlegt. Je nach den Kohlensorten wechselte das Mengenverhältnis und die Eigenschaften der Extrakte. Sandkohlen lieferten harte, spröde, Sinterkohlen weniger harte, aber gleichfalls feste, Back- und Blähkohlen hingegen knetbare Bitumina. Mit steigender Back- und Blähfähigkeit nahm die Menge des Festbitumens ab, die Menge des Ölbitumens zu. Aus diesen und anderen Gründen wurde das Ölbitumen als stofflicher Träger der Backfähigkeit, das Festbitumen als stofflicher Träger der Blähfähigkeit angesehen.

Bone, Pearson und Quarendon extrahierten Steinkohle mit Benzol bei 285° und 50 atü und zerlegten dann den Extrakt mit Hilfe von Lösungsmitteln (Petroläther, Äthylalkohol und Benzol) in vier Fraktionen.

Cockram und Wheeler[3] extrahierten Parkgate-Kohle bei 200° in Stickstoffatmosphäre unter Druck mit Benzol und arbeiteten den Extrakt nach ihrem Gang für die γ-Fraktionen auf. Nach ihrer Angabe werden auf diese Weise alle Kohlenwasserstoffe, aber nur ein Teil der Harze und harzähnlichen Stoffe in Lösung gebracht. Der gelöste Teil konnte durch Extraktion mit Pyridin und Behandlung des Extraktes mit Chloroform isoliert werden. Die Gesamtmenge der durch Benzol bei 200°, Pyridin und Chloroform erhaltenen Stoffe beträgt 7,1% und stimmt mit den beim Pyridingang erhaltenen 6,9% überein. Manche Kohlen liefern jedoch bei der Druckextraktion mit Benzol viel weniger Extrakt als bei der Extraktion mit Pyridin. Auch findet bei 285° merk-

[1] Proc. Royal Soc. London A **100**, 582 (1922); A **105**, 608 (1924).
[2] Brennstoff-Chem. **5**, 299 (1924).
[3] Journ. chem. Soc. London **1927**, 700.

liche Zersetzung statt, indem Kohlenwasserstoffe und in Äther unlösliche, harzähnliche Stoffe auf Kosten der Harze gebildet werden. Cockram und Wheeler halten daher die Benzolextraktion zur Zerlegung der englischen Steinkohlen nicht für geeignet.

Zur Isolierung der Harzfraktion benutzt Wheeler Äthyläther, Bone dagegen Äthylalkohol. Nach Angabe von H. Novák und J. Hubáček[1] ist Äthylalkohol vorzuziehen.

Kwan Tawada[2] extrahierte backende Kohle von Hokkaido bei 200—220° unter Druck mit Benzol sowie zum Vergleiche auch mit Pyridin. Er erhielt 11—14% Bitumen. Die durch Druckextraktion mit Benzol erhaltenen Präparate entsprachen qualitativ und quantitativ den mit Pyridin ausgezogenen Substanzen.

S. W. Parr und H. F. Hadley[3] prüften eine Anzahl von Lösungsmitteln auf ihre extrahierende Kraft und fanden folgende Reihenfolge für das Lösungsvermögen: Phenol, o-Kresol, tiefsiedendes Teeröl, p-Kresol, Pyridin, Mischungen von Phenol und Toluol, Anilin, Methylanilin, Aceton, Toluol, Benzol, Schwefelkohlenstoff und Terpentinöl. Beim Arbeiten mit Phenol erzielten sie 20—40% Extrakt aus amerikanischen Steinkohlen. Kohlen mit viel flüchtigen Bestandteilen ergaben höhere Ausbeuten als solche mit wenig Flüchtigem; aus Pokahontas-Kohle wurden z. B. nur 1,8% Extrakt erhalten. Parr und Hadley arbeiteten in besonderer Weise bei 110°. A. Gillet[4] extrahierte Steinkohlen mit Cyclohexanol, mit Phenol, sowie mit Mischungen der beiden; er arbeitete allerdings bei sehr hoher Temperatur, nämlich 360° und unter Druck. Nach seinen Angaben traten Cyclohexanol und Phenol mit der Kohlensubstanz in chemische Bindung.

Die Zerlegung von Steinkohlen mit Hilfe von Tetralin (Tetrahydronaphthalin) wurde von H. Novák und J. Hubáček[5] studiert. Schon 1923 gab Novák an, daß Tetralin bei seinem Siedepunkte, 207°, ein gutes Extraktionsmittel ist. Zur Erzielung guter Ausbeuten in möglichst kurzer Zeit wurden jetzt jeweils 5 kg Kohle mit der doppelten Menge Tetralin 8 Stunden bei 300° und 18 atü extrahiert.

Untersucht wurden eine subbituminöse, nichtkokende Kohle von Kladno, sowie eine bituminöse Kohle von Ostrau. Die Arbeitsweise der Autoren geht aus nebenstehendem Schema hervor.

Die Gesamtmenge an Extrakt, die mit Tetralin erhalten wurde, betrug für die Kohle von Kladno 32%, für die Kohle von Ostrau 30%, bezogen auf aschenfreie Kohlensubstanz. Unter Bitumen An wird in Alkohol unlösliches Bitumen verstanden, unter Bitumen Bn in Benzol

[1] Paliva a Topení **10**, 32 (1928).
[2] Journ. Fuel Soc. Japan **7**, 41 (1928).
[3] Fuel **4**, 31, 49, 111 (1925).
[4] Chimie et Industrie **19**, Sondernummer S. 163 (1928).
[5] Paliva a Topení **10**, 28 (1928).

- Kohle (Tetralin)
  - Extrakt (Benzol)
    - Extrakt (Petroläther)
      - Extrakt (dig. mit Petroläther)
        - Extrakt 1. Öle
        - Rückstand 2. Harze
      - Rückstand (Äthylalkohol)
        - Extrakt 3. Harze B
        - Rückstand 4. Bitumen An
    - Rückstand 5. Bitumen Bn.
  - Rückstand (Pyridin)
    - Extrakt 6. Bitumen Cn.
    - Rückstand (NaOH)
      - Extrakt 7. Huminsäuren
      - Rückstand 8. Neutrale Humine

unlösliches Bitumen, unter Bitumen Cn wird das in Tetralin überhaupt nicht lösliche, nur in Pyridin lösliche Bitumen verstanden.

Die beiden untersuchten Steinkohlen gaben nach der Extraktion mit Tetralin an Pyridin noch weitere Mengen bituminöser Substanzen ab, so daß sich die Gesamtmenge der Extraktstoffe auf 44 bzw. 39% der trockenen, aschenfreien Kohlensubstanz beläuft. Unter der Bezeichnung bituminöse Substanzen verstehen die Autoren alle diejenigen Substanzen, die beim Erhitzen auf höhere Temperatur, gleichgültig ob hierbei teilweise Zersetzung erfolgt oder nicht, flüssig, halbfest oder wenigstens plastisch werden. Bei den Ölen handelt es sich um tiefschmelzende Substanzen, die Harze schmelzen gegen 100° und zeigen ähnliche Eigenschaften wie fossile Harze und wie Harze von Wheelers Gang, das Bitumen An schmilzt oberhalb 180°, Bn oberhalb 300 bis gegen 380°, Cn noch höher, vermutlich über 400°. Die drei Bitumina An, Bn und Cn bilden die Hauptmenge der Produkte der Tetralinextraktion von Novák und Hubáček. Gerade für diese Stoffe ist es aber fraglich, ob sie ursprünglich in den Kohlen enthalten waren oder ob sie einem termischen Zerfall des Huminanteils der Kohlen ihre Zersetzung verdanken.

Nach den z. T. unveröffentlichten Versuchen von P. Erasmus können manche Humuskohlen der Summenformel $C_{10}H_8O$ durch Behandeln z. B. mit Toluol bei 300° in α-Kohle $C_{10}H_{10}O$ und β-Kohle $C_{10}H_6O$ zerlegt werden. Die α-Kohle enthält in diesem Falle CO-sauerstoff. Sie kann durch vorsichtige Destillation im Hochvakuum in H-reichere und H-ärmere Komponenten zerlegt werden. Man kann die Trennung der Humuskohle auch durch sehr verdünnte Laugen bei höherer Temperatur erreichen; die so gewonnene α-Kohle hat aber Phenol-, nicht Ketoncharakter.

Die Zerlegung der Bogheadkohlen in chemische Gruppen ist neuerdings von G. Stadnikoff und seinen Mitarbeitern[1] am Beispiel sibirischer Bogheadkohlen näher studiert worden. Diese Kohlen liefern bei Extraktion mit Benzol-Alkohol im Soxleth Bitumen A in einer Ausbeute von 1—13, meist 2—4%. Der entbituminierte Rückstand gibt bei Behandlung mit Mineralsäuren und Alkalien weitere geringe Mengen Substanz an organische Lösungsmittel ab. Im einzelnen wurden die Kohlen Suchokujatzki und Matagansky näher untersucht.

1. Fein zermahlene Kohle Suchokujatzki wurde mit Benzol im Soxleth extrahiert; es wurden 1,6% Harze und Wachse erhalten, deren Fettsäuren (einwertige, gesättigte und ungesättigte) niedrigere Kohlenstoffzahlen hatten, als die in Torf und Braunkohle nachgewiesenen Fettsäuren. Eine anschließende Extraktion mit Chloroform lieferte nur noch 0,5% eines schwarzen Harzes. Kohle Matagansky gab an Benzol etwa 2% ähnlicher Stoffe ab.

2. Der Rückstand der Extraktion wurde 2mal je 50 Stunden mit alkoholischer Natronlauge von 5% gekocht. In Lösung gingen 0,5% Natronseifen, denen Fettsäuren etwa von C_6 bis C_{18} zugrunde lagen. Mataganskykohle lieferte rund 1% derartiger Natronseifen.

3. Der Rückstand von 2 wurde mit 5%iger amylalkoholischer Natronlauge 2mal je 50 Stunden gekocht. Die nach dem Abdampfen der amylalkoholischen Lösung verbliebenen Natronseifen lösten sich zum Teil in Äther, zum Teil wurden sie erst nach Zersetzung mit Mineralsäure als freie Fettsäuren ätherlöslich. Die Gesamtmenge betrug bei der Kohle von Suchokujatzki fast 5, bei der Kohle von Matagansky 3%.

4. Der Rückstand von 3. wurde erst mit Alkohol, dann mit Wasser gewaschen. Auch in diesen Waschwässern wurden geringe Mengen von Fettsäuren mit 6 bis 22 C-Atomen gefunden.

5. Der nach 4. verbliebene Rückstand der Mataganskikohle wurde mit Salzsäure von 10% gekocht und dann mit Benzol-Alkohol extrahiert. In Lösung gingen rund 3%, die mit Benzin und Alkohol in drei Fraktionen zerlegt wurden.

6. Der Rückstand von 5 wurde mit der 10fachen Menge wässeriger Natronlauge von 3% unter 25 atü 6 Stunden erwärmt; 3,5% der Kohle gingen in Lösung, aus der sie sich mit Säure wieder fällen ließen.

7. Der Rückstand von 6. gab nach Behandlung mit Salzsäure nochmals 2,5% an organische Lösungsmittel ab.

Zusammenfassend ist zu sagen, daß durch diesen Gang insgesamt rund 10% der Bogheadkohlen in Lösung gebracht wurden. Die gelösten Substanzen waren der Hauptsache nach Fettsäuren. Die Hauptmenge der Bogheadkohlen verbleibt ungelöst.

[1] Stadnikoff, G., u. A. Weizmann: Brennstoff-Chem. **10**, 61, 410 (1929). — Stadnikoff, G., u. Z. Wosschinskaja: Brennstoff-Chem. **10**, 81 (1929).

Wie man sieht, konnte man durch die Zerlegungsanalyse von Streifenkohlen und von Bogheadkohlen nur eine Abtrennung verhältnismäßig geringer Anteile in löslicher Form erzielen, sofern man mit Temperatur und Druck nicht allzu hoch ging. Bei gelinder Arbeitsweise erhält man ja aus beiden Kohlenarten höchstens 10% Bitumenstoffe, in denen Kohlenwasserstoffe, Säuren, Harze und Wachse vorliegen, ferner als Hauptanteil der organischen Substanz die sogenannten Humine und diesen beigemengt geringe Reste organisierter Pflanzenteile.

Die durch systematische Zerlegungsanalyse oder mit speziellen Methoden isolierten Komponenten der Steinkohlen bilden das Material weiterer Untersuchungen, die im nächsten Abschnitt behandelt werden. In diesem Abschnitt werden unter dem Titel „Chemie der Bestandteile der Steinkohle" z. T. auch Substanzen behandelt, von denen nicht sicher ist, ob es Bestandteile der Steinkohle oder Zersetzungsprodukte von solchen sind.

5. Chemie der Bestandteile der Steinkohle.

a) Bitumen.

In den Steinkohlenlagern findet man manchmal abgetrennt von der eigentlichen Kohlensubstanz mechanisch auslesbare, harzartige Substanzen. Diese in Brocken oder auch Lagen gefundenen fossilen Harze sind meist schmelzbar und in organischen Lösungsmitteln löslich, wenn auch beides schwerer als rezente Harze. Die älteren Bearbeiter haben diesen Harzen die verschiedenartigsten Namen gegeben, wie Anthrakoxen, Berengelit, Pyroretin usw. Eine Zusammenstellung hierüber findet sich bei Hinrichsen und Taczak[1], eine neuere Zusammenstellung, in der das Beispiel der älteren Namengebung verlassen ist, bei R. Wigginton[2].

Alle diese Substanzen sind wenig erforscht[3]. Ihre Schmelzpunkte liegen von 70—200°, ihre Elementarzusammensetzung beträgt 72 bis 87% C und 6—11% H; als mittlere Zusammensetzung berechnet Wigginton 81,7% C, 8,6% H und 9,7% O.

L. H. James[4] hat in einer amerikanischen Kohle über das ganze Lager teils in langen Streifen, teils in einzelnen großen, gelbbraunen bis grauen durchscheinenden bis durchsichtigen Stücken verstreut ein hierher gehöriges Harz gefunden, dessen Elementarzusammensetzung 81,7% C und 10,6% H beträgt. Der Schmelzpunkt war 160—165°,

[1] Die Chemie der Kohle, S. 93. Leipzig 1916; auch abgedruckt bei Strache-Lant: Kohlenchemie, S. 203. Leipzig 1924.
[2] Fuel **5**, 476 (1926).
[3] Völlig aufgeklärt ist der Honigstein, ein Al-Salz der Mellithsäure.
[4] Journ. Soc. Chem. Ind. **44**, T 241 (1925).

die Dichte 1,0441, die Säurezahl 44,3, die Verseifungszahl 46,2, die Jodzahl 174,4. Die Zerlegung des Harzes ergab 66,3% Säuren von der Säurezahl 74,5. Die Ähnlichkeit des Harzes mit dem Kauriharz wird hervorgehoben. Ähnliche Harze haben ferner H. K. Benson[1] aus einer amerikanischen Kohle (S. Z. 156—150, V. Z. 163—173, J. Z. 60), und H. Winter[2] aus einer Steinkohle von Mukden (F. P. 208°, S. Z. 61, V. Z. 75) isoliert. E. Hoffmann und H. Kirchberg[3] fanden in Ruhrkohle ein Harz (S. Z. 8,5, V. Z. 84,7), welches in Benzol mit dunkelroter Fluorescenz löslich ist.

Derartige Harze sind den Bitumenstoffen der Kohle, die man durch Extraktion mit Lösungsmitteln gewinnen kann, ähnlich. R. Wigginton[4] hat derartige Harze aus englischen Steinkohlenlagern näher untersucht. Der Versuch der Zerlegung mit Alkalien gab kein befriedigendes Resultat; manche Harze enthalten viele, andere wieder so gut wie gar keine Säuren. Bei der Zerlegung mit Lösungsmitteln befolgte Wigginton nachstehenden Gang:

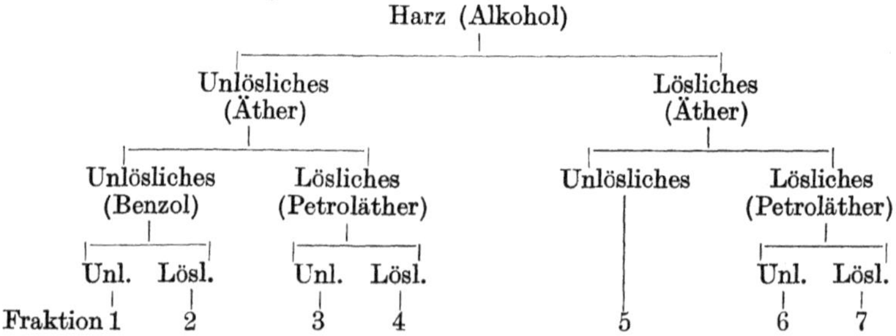

In den meisten Fraktionen wurde durch Acetylierung eine geringe Menge (1—3%) Hydroxyl nachgewiesen. In den Fraktionen 4 und 7 waren durch Behandlung der Lösung in Petroläther mit einer Lösung von Eisenchlorid in konzentrierter Salzsäure nach Robinson[5] Kohlenwasserstoffe kaum abzutrennen. Das Molekulargewicht der Fraktionen betrug etwa 1000 (Siedepunkts-Erhöhung in Chloroform).

Die in den Steinkohlen in homogener Mischung enthaltenen Bitumenstoffe müssen durch Lösungsmittel isoliert werden. Das Ergebnis der Extraktion mit Lösungsmitteln hängt qualitativ und quantitativ von der Art der Kohle, von deren Vorbehandlung, dem Lösungsmittel oder Lösungsmittelgemisch und den Einzelheiten der Arbeitsweise, besonders hinsichtlich Temperatur und Druck, ab. Die erhaltenen Produkte können als solche durch Schmelzpunkte, Elementaranalysen und Kennzahlen charakterisiert werden, weiterhin in Gruppen und schließlich, wenn

[1] Ind. engin. Chem. **17**, 21 (1925).
[2] Glückauf **65**, 1405 (1929).
[3] Brennstoff-Chem. **11**, 389 (1930).
[4] Fuel **5**, 476 (1926).
[5] Journ. chem. Soc. London **127**, 768 (1925).

möglich, in wohldefinierte chemische Individuen zerlegt werden. Die Hauptarbeit ist noch zu leisten.

Anthrazite liefern so gut wie keine Extraktstoffe. Über den Einfluß von Vorbehandlungen gibt es folgende Angaben. Harger[1] hat eine Steinkohle mit 36,7% Flüchtigem im inerten Gas jeweils einige Stunden auf 230—340° erhitzt, hierauf mit Chloroform extrahiert und diese Behandlung abwechselnd mehrmals wiederholt. Die Kohlen gaben normalerweise 1,2%, so aber 8,5% an Chloroform ab. F. Fischer und H. Gröppel[2] untersuchten, inwieweit man durch Anlassen, d. h. durch Erhitzen und Abschrecken von Steinkohlen die Extraktausbeuten beeinflussen kann. Je 50 g Kohle wurden in einem elektrisch geheizten Ofen 30 Minuten lang auf 550—600° erhitzt und dann in kaltem Wasser abgeschreckt. Die jedesmal festgebackene Kohle wurde pulverisiert und im Soxleth nacheinander mit Benzin, Benzol und Chloroform extrahiert. Die Versuchsanordnung beim Anlassen war die, daß die bei der Versuchstemperatur entweichenden Destillate ebenfalls extrahiert werden konnten; die Extrakte aus den Destillaten und aus den Rückständen wurden vereinigt gewogen. Die Tabelle 177 enthält eine Übersicht der Versuche.

Tabelle 117.

Kohleart	Destillat %	Destillat 2 Tage getrocknet	Extrakte % Benzin	Benzol	Chloroform	% Summe
Fettkohle . . .	— (0,6)	— —	2,6 (2,5)	0,8 (1,8)	0,8 (0,8)	4,2 (5,1)
Fette Steinkohle	— (1,0)	— —	2,0 (2,6)	2,5 (2,4)	2,5 (1,0)	5,5 (6,0)
Gasflammkohle.	8,0 (8,8)	— —	8,6 (6,8)	2,8 (3,4)	1,0 (2,4)	12,4 (12,6)
Cannelkohle . .	23,6 (27,2)	20,0 (23,2)	7,0 (6,8)	3,4 (1,5)	0,4 (0,4)	30,8 (31,9)

Die Zahlen beziehen sich auf die Anlaßtemperatur von 550°, die in Klammern stehenden Zahlen auf die Anlaßtemperatur von 600°.

Die Versuche ergaben, wie die Tabelle 117 zeigt, besonders bei Gasflammkohle und Cannelkohle eine bedeutende Steigerung der Teerausbeuten. Zum Vergleiche weisen die Verfasser darauf hin, daß bei der gewöhnlichen Kokerei etwa 3%, bei der Urverkokung von Kohlen mit 30% flüchtigen Bestandteilen etwa 10% Teer anfallen.

Ganz ähnlich wie die eben geschilderten Versuche verliefen Versuche von R. v. Walther und H. Steinbrecher[3]. Durch Erhitzen einer cannelartigen Steinkohle im evakuierten Einschlußrohr und nachfolgende Extraktion dieser Kohle mit Benzol wurde eine beträchtliche Steigerung der Extraktausbeute gegenüber der ursprünglichen Kohle erzielt. Die höchste Ausbeute ergab sich, als die Steinkohle vor der Extraktion 5 Stunden auf 350° erhitzt worden war. Eine ähnliche Er-

[1] Journ. Soc. chem. Ind. **33**, 391 (1914).
[2] Abh. Kohle **1**, 68 (1915/16). [3] Braunkohlenarchiv Nr. 4, S. 25 (1923).

höhung erfuhr auch die Teerausbeute aus dieser Kohle durch die Vorerhitzung unter Druck.

Auch C. Cockram und R. V. Wheeler[1] teilen Versuche (von H. Berry) mit, denen zufolge vorheriges Erhitzen von Steinkohle in einer Atmosphäre von Stickstoff auf 200—300° die Extraktausbeute bei der Behandlung mit Benzol und Chloroform erhöht.

Während Vorerhitzen der Kohle in inerter Atmosphäre die Extraktausbeuten steigert, wird die Ausbeute durch oxydative Vorbehandlung der Kohlen vermindert. Parr und Hadley[2] geben dies für ihre Versuche, Kohle mit Phenol zu extrahieren, an. M. Oswald und R. Pinta[3] erhielten aus voroxydierter Kohle mit Naphthalin unter Druck weniger Extrakt als aus frischer Kohle.

Während das isolierte Bitumen mancher Braunkohlen als Montanwachs technische Bedeutung hat und deshalb auch industriell in großem Maßstab gewonnen wird, haben die Bitumenstoffe der Steinkohle nur zusammen mit der Kohle selbst technische Wichtigkeit. Die Untersuchung des Steinkohlenbitumens erfolgte deshalb auch meistens unter dem Gesichtspunkt des rein wissenschaftlichen Interesses, vielfach auch im Zusammenhang mit dem Vorgang der Verkokung.

Zur Extraktion des Steinkohlenbitumens hat man schon die allerverschiedensten Lösungsmittel und Lösungsmittelgemische verwendet; vor allem diejenigen, welche man bei der Extraktion des Braunkohlenbitumens erprobt hat. Außer Alkoholen, Äthern, aliphatischen Kohlenwasserstoffen, chlorierten Kohlenwasserstoffen, Schwefelkohlenstoff, hat man cyclische Kohlenwasserstoffe wie Benzol, Naphthalin, Dekalin und Tetralin verwendet, ferner Basen wie Pyridin, Chinolin, Phenole, endlich auch Substanzen wie Pinakolin, Diphenyl, β-Naphtholmethyläther, neuerdings auch die Lösungsmittel der Glykolgruppe, wie Glykol, Methylglykol u. a., endlich Furfurol, höhere aliphatische Alkohole sowie deren Ester.

Die Ausbeuten an Bitumen sind im allgemeinen gering; sie schwanken von wenigen Zehntel bis zu mehreren Prozent. Größere Ausbeuten als andere Lösungsmittel liefern vor allem Pyridin, Chinolin und ähnliche Basen, sowie Phenol. Hofmann und Damm[4] extrahierten oberschlesische Steinkohlen mit Pyridin; sowohl in der Kälte als auch in der Hitze erzielten sie Ausbeuten von 5,4 bis über 19%, meist gegen 10%. Vignon[5] gewann aus Steinkohlen 1,8—26,8% Extrakt, als er die Proben 24 Stunden bei gewöhnlicher Temperatur und 3 Stunden

[1] Journ. chem. Soc. London **1927**, 700.
[2] Fuel **4**, 31 (1925).
[3] Chimie et Industrie **12**, 415 (1924); **13**, 548 (1925).
[4] Brennstoff-Chem. **3**, 73 (1922); daselbst auch Nachweise älterer Literatur.
[5] Compt. rend. Acad. Sciences **158**, 1421 (1914).

beim Siedepunkt mit Anilin extrahierte. Mit siedendem Chinolin — Siedepunkt 238° — gewann er im Höchstfall sogar 47,3% Extrakt.

Mit Phenolen kann man manchmal noch mehr Extrakt aus Steinkohlen erhalten als mit Basen. Die Extraktion mit Phenol wird von S. W. Parr[1] und seinen Mitarbeitern in besonderer Weise vorgenommen, indem sie siedendes Phenol unmittelbar über dem Extraktionsgut an einem Gefäße mit siedendem Toluol sich kondensieren lassen, so daß Phenol mit einer Temperatur von 110° das Extraktionsgut durchdringt. Um Oxydation zu vermeiden, wird im Kohlensäurestrom gearbeitet. Zur Isolierung des Extraktes erwärmt man den mit Alkohol und Äther vorbehandelten Phenolauszug im Kohlensäurestrom bei vermindertem Druck allmählich bis auf 200°, wodurch das Phenol entfernt wird. Bei vorsichtiger Arbeitsweise ist die Summe von Extrakt und Rückstand der Einwage gleich; daher halten Parr und Hadley[1] eine chemische Einwirkung des Phenols auf die Kohle für ausgeschlossen.

Neuerdings findet P. R. Raaschou[2] bei Extraktion von Kohlenproben mit Naphthalin, Anilin und Phenol bei 175° diese drei Extraktionsmittel in der angegebenen Reihenfolge wirksamer.

Unter den Extraktionsmitteln nimmt die flüssige schweflige Säure in mancher Beziehung eine Sonderstellung ein. F. Fischer und W. Gluud[3] extrahierten Kohlen in einem Spezialapparat mit flüssiger schwefliger Säure. Fette Kohlen, halbfette Eßkohle und Anthrazitkohle quollen anfangs etwas und zerfielen beim geringsten Schütteln in feine Teilchen[4]. Es scheint also, daß Stoffe gelöst werden, die für die Verkittung wesentlich sind. In anderen Fällen, bei einem Anthrazit sowie bei einer an flüchtigen Substanzen sehr reichen Gasflammkohle, zeigte sich dieses Verhalten nicht. Die extrakthaltige Lösung ist tiefbordeauxrot gefärbt. Nach dem Abdunstenlassen der schwefligen Säure hinterblieb neben Wassertröpfchen ein tief dunkelrotes, schweres, ziemlich bewegliches Öl in einer Ausbeute von etwa 0,5%. Dieses Öl wurde mit Natriumbicarbonatlösung behandelt und der Wasserdampfdestillation unterworfen. Im Destillat wurde ein leichtes, schwachfluorescierendes petroleumartiges Öl erhalten, aus dem Destillationsrückstand goldgelbe ölige Produkte, die sich unzersetzt destillieren ließen und ihr Aussehen beim Lagern nicht veränderten. Cannelkohle ist gegen schweflige Säure nach Fischer und Gluud sehr beständig und gibt wenig Extrakt.

Über die unter erhöhtem Druck erhaltenen Substanzen weiß man einiges u. a. aus den Arbeiten von F. Fischer und seinen Mitarbeitern. Bei diesen Arbeiten wurden die verschiedensten Kohlen zum Teil vergleichend mit verschiedenen Lösungsmitteln unter Druck extrahiert.

[1] Fuel 4, 31 (1925). Vgl. auch S. 298.
[2] Nach Brennstoff-Chem. 12, 30 (1931). [3] Abh. Kohle 1, 65 (1915/1916).
[4] Ähnliches kann man übrigens auch bei Anwendung von Pyridin beobachten.

Unter sonst gleichen Umständen scheint Pyridin die höchsten Ausbeuten zu liefern. Aber auch mit Benzin, Alkohol, Essigester, Benzol, Benzol-Alkohol ergaben sich gesteigerte Ausbeuten. Im einzelnen lieferte Fettkohle durch 5malige Extraktion mit Benzol bei 275° und 55 atü während einer Stunde 6,6% Extrakt, Cannelkohle 4%, andere Kohlen mit verschiedenen Lösungsmitteln 1—2% Extrakt. Bei mehrmaligem Auskochen mit Benzol unter Rückfluß gab Fettkohle nur wenig mehr als 1‰, Cannelkohle 1,1% Extrakt. Die unter Druck erzielte Mehrausbeute wird Bitumen B genannt. In manchen Fällen gingen die Ausbeuten an Extrakt denen an Urteer parallel, in anderen wieder nicht. Bei einem Versuche vergleichender Druckextraktion mit Steinkohle von Flöz Sonnenschein der Zeche Concordia, bei welchem von F. Fischer und H. Schrader[1] auf je 500 g Steinkohle 1 l Lösungsmittel verwendet wurde, ergaben sich folgende Ausbeuten:

Tabelle 118.

Lösungsmittel	Benzin	Alkohol	Benzol	Benzol-Alkohol	Pyridin
Ausbeute in g	0,27	0,45	0,63	0,76	4,9
Beschreibung des Extraktes	dickes, rotbraunes Öl	dickes, charakteristisch riechendes, dunkelrotbraunes Öl	salbenartige braune Masse	zähe, tiefbraune Masse	spröde, schwarze Masse

F. Fischer[2] gewann bei weiteren Versuchen aus Fettkohle durch Druckextraktion mittels Benzin 1% der Kohle als ein gelbrotes, dickflüssiges, scheinbar Paraffinschuppen enthaltendes Öl. Essigester löste bei gleichem Verfahren 2% gelbrot durchscheinendes ölhaltiges Harz, Äthylalkohol ergab 1% dickes, goldgelbes Öl.

Weitere hierher gehörige Versuche stammen von W. A. Bone und seinen Mitarbeitern. Diese fanden es am vorteilhaftesten, in einem Autoklaven nach dem Soxlethprinzip mit Benzol unter Druck zu arbeiten. Bone, Pearson und Quarendon[3] arbeiteten bei 250, 260 und 285° und erzielten Ausbeuten von 5—15%.

Die hier zu erwähnenden Arbeiten von Cockram und Wheeler sowie von Tawada sind bereits Seite 297 und 298 besprochen worden.

Mit Tetralin unter Druck haben H. Novák und J. Hubáček die bereits Seite 298 erwähnten sehr hohen Extraktausbeuten erzielt. E. Berl und H. Schildwächter[4] haben gleichfalls mit Tetralin unter Druck gearbeitet. Bei 250° und 6—7 atü erhielten sie aus Gasflammkohle 20%, aus Fettkohle 17% Extrakt.

---

[1] Abh. Kohle **4**, 360 (1919). [2] Abh. Kohle **3**, 246 (1918).
[3] Proc. Royal Soc. London A **105**, 608 (1924).
[4] Brennstoff-Chem. **9**, 105 (1928).

Ebenso wie die Menge hängt auch das Aussehen und die Beschaffenheit der Extrakte von der angewendeten Steinkohle, dem angewendeten Lösungsmittel und der Arbeitsweise ab. Mit Benzol erhält man rötlich bis braun gefärbte, grünlich fluorescierende Substanzen. Pyridin, Phenol und Tetralin unter Druck liefern meistens dunkle, nur wenig klebrige und manchmal der ursprünglichen Kohlensubstanz gleichende Extrakte.

Bei höheren Extraktausbeuten, wie sie etwa mit Phenol erhalten werden, ist die Elementarzusammensetzung der Extrakte ungefähr dieselbe wie die des Rückstandes. Im allgemeinen schwankt die Zusammensetzung des Bitumens in etwa den gleichen Grenzen, welche für die getrennt von der Kohle vorkommenden Harze angegeben sind; ähnliches gilt auch für die Kennzahlen.

Die Zerlegung des Bitumens in Gruppen hat man auf die Art und Weise der Gewinnung, auf das Verhalten gegen Lösungsmittel oder gegen chemische Reagenzien gestützt.

Man hat Bitumen A, B und C unterschieden, je nachdem ob die betreffende Gruppe von Extraktstoffen bei gewöhnlichem Druck, bei erhöhtem Druck oder nach vorheriger Behandlung mit Salzsäure erhalten worden ist. Die Tabelle 119 enthält Angaben von G. Stadnikoff und R. Wähner[1] über russische Bogheadkohlen.

Tabelle 119. Bitumina der Bogheadkohlen.

Bez.	Ausbeute %	Schmelzpunkt °C	S. Z.	V. Z.	J. Z.	C %	H %
Bit. A .	3—8	60—80	60—70	100—150	12—22	77—79	9—12
Bit. B .	1—3	30—60	8—19	50— 80	38—52	80—84	9—11,5
Bit. C .	1—4	80—130	90—150	180—310	17—52	66—73	8—9

Analoge Angaben über die Bitumina der Steinkohlen dürften im allgemeinen ein ähnliches Bild geben; doch dürften hier die unteren Grenzen der Schmelzpunkte höher, meist gegen 100°, liegen.

F. Fischer, Broche und Strauch[2] haben durch Druckextraktion mit Benzol erhaltenes Bitumen in das in Petroläther lösliche flüssige Ölbitumen und in das in Petroläther unlösliche braune amorphe Festbitumen zerlegt. Sie wählten zu ihrer Untersuchung eine sandige Sinterkohle, zwei backende Sinterkohlen, eine Backkohle, zwei stark blähende und eine sehr stark blähende Backkohle und erhielten die Resultate der Tabelle 120.

Nicht sehr verschieden von den Produkten der Benzoldruckextraktion scheinen die Produkte der Pyridinextraktion zu sein, mit denen Wheeler und seine Mitarbeiter sich beschäftigten. Über die γ-Frak-

[1] Brennstoff-Chem. **12**, 23 (1931).
[2] Brennstoff-Chem. **5**, 300 (1924). Vgl. S. 297.

Tabelle 120.

Nr.	Kohle	Extrakt		Gehalt des Extraktes an		Zersetzungspunkt des braunen Körpers °C
		Menge in %	Tropfpunkt °C	Öl %	braunem Körper %	
1	Dilsburg	1,98	89	51,8	48,2	176
2	Lohberg	4,60	87	53,9	46,1	198
3	Altenwald . . .	4,56	83	55,8	44,2	226
4	Dudweiler . . .	7,76	55	67,0	33,0	über 320
5	Prosper III . .	7,45	53	—	—	—
6	Osterfeld. . . .	3,15	48	67,9	32,1	über 320
7	Thyssen	7,60	48	68,0	32,0	über 360

tionen dieser Autoren ist bereits Seite 296 das nötige mitgeteilt worden. Nach den Untersuchungen von Cockram und Wheeler enthalten die englischen Steinkohlen als γ_1-Fraktion etwa 2% gesättigte und ungesättigte Kohlenwasserstoffe, sehr geringe Mengen von Basen und Fettsäuren, als γ_2-Fraktion etwa 0,5% Ester von Phenolen und Oxysäuren, sowie eine Gruppe von unverseifbaren, verhältnismäßig niedermolekularen Harzen mit Brückensauerstoff-Funktionen, ferner als γ_3- und γ_4-Fraktionen ebensolche höhermolekularen Harze. Die Summe der Harze beträgt 4% der Kohle. Bis zu Isolierung chemischer Individuen haben diese Untersuchungen übrigens kaum geführt; man findet nur bei Jones und Wheeler die Angabe, daß aus dem Bitumen krystallisiertes Paraffin vom Schmelzpunkt 55—59° in einer Ausbeute von 0,1% der Kohle isoliert worden sei.

In ähnlicher Weise wie Wheeler haben auch H. Novák und J. Hubáček die mit Tetralin unter Druck gewonnenen Extraktstoffe mit Hilfe von Lösungsmitteln fraktioniert. Ihr Arbeitsgang und ihre Ausbeuten sind bereits S. 299 mitgeteilt worden. Die Tab. 121 enthält eine kurze Charakteristik ihrer Produkte.

Tabelle 121. Die Extraktfraktionen von Novák und Hubáček.

	Öle	Harz A	Harz B	Bit. An	Bit. Bn	Bit. Cn
Ausbeute in % .	3,3—5,1	1,0—0,5	2,6—2,4	2,1—3,4	21,6—20,0	12—9
Schmelzpunkt .	bis 30°	bis 100°	bis 115°	245°	326—370°	über 400°
%C	86—88	84—85	83	85—86	83—84	80—84
%H	8	7	6	6—6,5	5,5	5

Die γ_1- und γ_2-Verbindungen von Wheeler, das Ölbitumen von F. Fischer, Broche und Strauch[1], die Öle und Teile der Harze von Novak und Hubáček scheinen einander zu entsprechen und chemisch vorwiegend Kohlenwasserstoffe zu sein. Sie decken sich auch annähernd mit dem üblichen Bitumen A, wie man es etwa durch Extraktion mit Benzol im Soxleth isolieren kann. Die β-, γ_3- und γ_4-

[1] Vgl. S. 297.

Verbindungen von Wheeler, das Festbitumen[1], der größte Teil der Harze und die Bitumina An, Bn und Cn scheinen einander ebenso zu entsprechen und chemisch vorwiegend Harze mit Brückensauerstoff-Funktionen zu sein. Diese Substanzen scheinen sich zum Teil mit dem Bitumen A, zum Teil mit dem Bitumen B zu decken; letzteres wieder ist manchmal wenigstens zum Teil durch Zersetzung von Salzen organischer Säuren entstanden, die nach der Behandlung mit Salzsäure Stadnikoffs Bitumen C liefern und entstammt zum Teil den Huminen.

Über diese mehr ungefähren Einteilungen hinaus muß man bei der wissenschaftlichen Bearbeitung chemisch definierte Gruppen und weiterhin definierte Einzelverbindungen in die Hand zu bekommen suchen. Die Extraktstoffe müssen in diesem Sinne in Kohlenwasserstoffe, Säuren, Basen, Alkohole, Phenole, Carbonyl- und Ätherverbindungen zerlegt werden. In jeder dieser Gruppen muß dann die weitere Arbeit zu Einzelverbindungen mit aufgeklärter Struktur führen.

A. Pictet[2] mit seinen Mitarbeitern Ramseyer, Bouvier, Kaiser und Labouchère haben in jahrelanger Arbeit die Extraktstoffe aufgeklärt, die sie der langflammigen Fettkohle von Montrambert mit Benzol bei gewöhnlichem Druck entziehen konnten. Praktisch die gleichen Substanzen wurden erhalten, als die Kohle im Vakuum bis 450° destilliert wurde; die Destillation im Vakuum lieferte bessere Ausbeuten als die Extraktion.

Auf diese Weise wurden aus 1,5 t Kohle 60 kg eines durchscheinenden braunen, grünfluorescierenden Öles erhalten. Weiterhin wurden 5 t Kohle von Maybach im Saargebiet mit Benzol im Soxleth extrahiert. Der konzentrierte Benzolextrakt wurde mit Petroläther von 2,7 kg eines amorphen, braunen Pulvers befreit, filtriert und abdestilliert. Es verblieben 10,6 kg eines Öles, welches dem Vakuumdestillat überaus ähnlich war und ihm auch, wie sich zeigte, in der chemischen Zusammensetzung weitgehend entsprach; nur enthielt der Benzolextrakt etwas weniger gesättigte Kohlenwasserstoffe als das Vakuumdestillat. Die Aufarbeitung der Produkte geschah wie folgt:

1. Man destillierte mit Wasserdampf bei Gegenwart von etwas Salzsäure. Vorhandene Basen gehen als Chlorhydrate in wässerige Lösung, flüchtige Verbindungen gehen über, nichtflüchtige bleiben zurück. Flüchtige und nichtflüchtige, nichtbasische Verbindungen werden wie folgt weiter verarbeitet.

2. Man behandelt mit Natronlauge von 5% zur Entfernung von Säuren und Phenolen.

---

[1] Vgl. S. 297.

[2] Zusammenfassende Abhandlung mit zahlreichen Literaturnachweisen: Ann. Chim. [9] **10**, 249 (1918).

3. Die Rückstände von 2 werden mit metallischem Natrium in der Nähe ihrer Siedepunkte behandelt; es scheiden sich Alkoholate aus.

4. Die Kohlenwasserstoffe werden mit flüssiger schwefliger Säure in gesättigte und ungesättigte Verbindungen getrennt.

Die Ausbeute bestand zu fast 98% aus Kohlenwasserstoffen; im Vakuumdestillat der Kohle von Montrambert fanden sich 30 Teile gesättigte und 68 Teile ungesättigte Kohlenwasserstoffe, im Benzolextrakt der Saarkohle 20 Teile gesättigte und rund 78 Teile ungesättigte; die Menge der Alkohole betrug 2%, die der Basen 0,2% der Ausbeute.

Die Kohlenwasserstoffe wurden durch zahlreiche Destillationen weitgehend auseinander fraktioniert. Die Fraktionen wurden schließlich durch Analyse, Molekulargewichtsbestimmung (Gefrierpunktserniedrigung in Benzol), Bestimmung von Dichte und Refraktion, Verhalten bei der Oxydation, bei der Bromierung und Nitrierung näher charakterisiert. Die erhaltenen Alkohole wurden gleichfalls fraktioniert. Es sind empfindliche, leicht zersetzliche Verbindungen, die anfänglich mentholähnlich riechen und allmählich unter Annahme von Phenolcharakter Kresol- und Xylenolgeruch annehmen. Diese Alkohole liefern ungesättigte Acetate. Die Basen wurden aus den Salzen in Freiheit gesetzt und fraktioniert; die Fraktionen wurden durch Analyse und Herstellung von Pikraten näher charakterisiert. Das Ergebnis der Untersuchungen von Pictet besteht in der Isolierung von 33 verschiedenen Verbindungen, die in der Tabelle 122 zusammengestellt sind.

Pictet weist auf den auffallenden Parallelismus zwischen den vier Kolonnen der Tabelle 122 hin; man erkennt in ihnen homologe Reihen cyclischer gesättigter und ungesättigter Kohlenwasserstoffe, ferner Alkohole der allgemeinen Formeln $C_nH_{2n}O$, $C_nH_{2n-4}O$ und $C_nH_{2n-6}O$ sowie Basen. Es handelt sich vorwiegend um Verbindungen mit 7, 8, 9, 10, 11 und 12 C-Atomen. Cyclohexan, Cyclohexadien und Cyclohexanol wurden nicht gefunden.

Ähnlich gerichtet wie die Untersuchungen von Pictet waren die Untersuchungen von F. Hofmann und P. Damm[1] über das Bitumen, welches durch Extraktion oberschlesischer Steinkohlen mit Pyridin gewonnen wurde. Als Ausgangsmaterial standen ihnen über 51 kg Extrakt zur Verfügung, von denen rund 15 kg in der Kälte, der Rest in der Hitze durch Extraktion von 500 kg Kohle mit Pyridin gewonnen worden war. Durch Ausschütteln der Pyridinextrakte mit Äther brachten sie insgesamt 22% in Lösung. Diese in Äther löslichen Anteile waren dunkelbraunrote, grün fluorescierende, von Krystallnädelchen durchsetzte, in der Kälte erstarrte Substanzen.

---

[1] Brennstoff-Chem. **3**, 73, 81 (1922).

Tabelle 122.

Die von Pictet aus Steinkohle isolierten Verbindungen.

Gesättigte Kohlenwasserstoffe	Ungesättigte Kohlenwasserstoffe	Alkohole	Basen
	C_7H_{10} (108—110°) Dihydrotoluol	$C_7H_{14}O$ (170—175°) Hexahydro-p-Kresol	$C_7H_{13}N$
			C_7H_9N (198 bis 203°) Toluidine
	C_8H_{22} (135—137°) Dihydro m-Xylol	$C_8H_{10}O$ (185—190°)	C_8H_7N (225°)
C_9H_{18} (135—137°) Hexahydromesitylen	C_9H_{14} (166—168°) Dihydromesitylen	$C_9H_{12}O$ (198—200°)	C_9H_9N (247—250°)
$C_{10}H_{20}$ (172—174°) Hexahydrodurol	$C_{10}H_{16}$ (180—182°) Dihydroprehnitol	$C_{10}H_{14}O$ (213—215°)	$C_{10}H_{11}N$ (250—260°)
$C_{11}H_{22}$ (189—191°)	$C_{11}H_{16}$ (200-202°)	$C_{11}H_{16}O$ (226—228°)	$C_{11}H_{13}N$ (260—265°)
	$C_{11}H_{16}$ (214—216°)		
	$C_{11}H_{16}$ (225—227°)		
$C_{12}H_{24}$ (211—212°)	$C_{12}H_{16}$ (236—238°)		
	$C_{12}H_{14}$ (264—266°)		$C_{12}H_{15}N$ (270—280°)
$C_{13}H_{26}$ (227—229°)	$C_{13}H_{16}$ (240—250°) Hexahydrofluoren		
	$C_{13}H_{16}$ (282—287°)		
	$C_{13}H_{12}$ (251—254°) Dihydrofluoren?		
	$C_{14}H_{16}$ (236—238°)		
$C_{16}H_{32}$ (275—285°)			
	$C_{17}H_{20}$ (274—277°)		
$C_{30}H_{60}$ (218°, 0,5 mm) Melen			

Die Zahlen in den Klammern geben die Siedepunkte an.

Diese ätherlöslichen Stoffe wurden in basische, saure und neutrale Körper geschieden und jede dieser Fraktionen für sich untersucht. Die Basen wurden dem Äther durch Ausschütteln mit Schwefelsäure entzogen und aus der schwefelsauren Lösung in üblicher Weise mit Natronlauge in Freiheit gesetzt. Sie stellten eine braune Flüssigkeit mit starkem Pyridingehalt dar, welche bei 10 mm bis 70° fast quantitativ überging. Beim Ausschütteln mit Schwefelsäure hatte sich gleichzeitig ein stickstoffhaltiger, in Äther und Schwefelsäure unlöslicher brauner Stoff abgeschieden. Nach Entfernung der Basen und des braunen Stoffes wurden die Phenole in üblicher Weise mit Natronlauge ausgezogen und schließlich teils als Schmiere, teils als rötlich-braunes Pulver isoliert. Nach Entfernung der Basen und Phenole wurden die verbleibenden Neutralkörper fraktioniert, wodurch sie in 5 Fraktionen und einen pechartigen Rückstand zerlegt wurden. Die Tabelle 123 gibt eine Übersicht der Ausbeuten.

Tabelle 123.

Substanz	Prozentgehalt berechnet auf Kohle	Pyridinextrakt	Ätherextrakt
Basen	0,09	0,9	4
Schwefelsäurekörper. . . .	0,11	1,1	5
Phenole	0,25	2,4	11
Neutralkörper	1,57	15,4	70
Daraus Destillat (5 Fraktionen bei 1 mm Druck bis 300°)	0,67	6,6	30

Die Rohfraktionen der Neutralöle wurden durch wiederholtes sorgfältiges Fraktionieren in zahlreiche Fraktionen geschieden, welche mit Hilfe von schwefliger Säure in gesättigte und ungesättigte Körper zerlegt und schließlich (z. B. bei der 10., der 13. und der 14. Destillation) noch über Natrium destilliert wurden. Daß diese zahlreichen Destillationen mit nicht unerheblichen Verlusten verknüpft waren, versteht sich von selbst.

Die Tabelle 124 unterrichtet über die von Hofmann und Damm schließlich erhaltenen Kohlenwasserstoff-Fraktionen, welche unter 100° bei gewöhnlichem Druck sieden. Die Mengen der gesättigten und ungesättigten Kohlenwasserstoffe standen im Verhältnis 2:5.

Tabelle 124.

Zahl der Fraktionen	Siedepunkt °C	Formel	Molekulargewicht	Dichte
1	210—215	$C_{11}H_{20}$	152	0,8353
2	225—240	$C_{13}H_{24}$	180	0,8481—0,8511
1	257—263	$C_{14}H_{26}$	194	0,8600
1	278—283	$C_{15}H_{28}$	208	0,8698
1	289—295	$C_{16}H_{30}$	222	0,8574
1	154—158	C_8H_{12}	108	0,8615
1	165—170	C_9H_{14}	122	0,8623
1	185—190	$C_{10}H_{16}$	136	0,8588
1	205—210	$C_{11}H_{18}$	150	0,8628
2	220—240	$C_{12}H_{18}$	162	0,8812—0,9000
3	245—268	$C_{13}H_{18}$	174	0,9146—0,9335
4	274—295	$C_{14}H_{18}$	186	0,9525—0,9699

Die Neutralöle des Ätherextraktes, die bei gewöhnlichem Druck über 300° sieden, wurden zunächst mit Hilfe von Aceton von paraffinartigen Körpern befreit. Wegen ihrer Dickflüssigkeit konnten sie nicht mit schwefliger Säure in gesättigte und ungesättigte Körper getrennt werden. Die Trennung wurde daher nach S. Ruhemann[1] mit Methylalkohol vorgenommen. Methanol löst ungesättigte, flüssige Kohlen-

[1] B. **54**, 2565 (1921).

wasserstoffe und läßt gesättigte flüssige Kohlenwasserstoffe ungelöst. Der Arbeitsgang ergibt sich aus folgender Übersicht:

Neutralöle
12 mm 160—280° (unlöslich)
(Behandlung mit Aceton) —— feste paraffinartige Produkte
|
Flüssige Neutralöle
(Behandlung mit Methylalkohol) —— löslich
| ungesättigte Kohlenwasserstoffe
Unlöslich
Gesättigte Kohlenwasserstoffe
(Behandlung mit Aceton bei 0°) —— paraffinartige Produkte
|
Acetonlösung der gesättigten
Neutralöle
(bei 18°) —— paraffinartige Produkte
|
Gesättigte, flüssige
Kohlenwasserstoffe

Die festen Paraffine wurden 2mal im Vakuum von 2 mm destilliert und dabei in 15 Fraktionen zerlegt. Nach mehrfacher weiterer Reinigung lagen alle Paraffine von C_{21} bis C_{27} vor, ferner der Kohlenwasserstoff $C_{30}H_{60}$. Diesen Kohlenwasserstoff hielten die Autoren für identisch mit Pictets Melen, fanden jedoch nachher, daß der Körper, der Pictets Melen[1] hätte sein sollen, aus einem Gemisch von Kohlenwasserstoffen, und zwar Paraffinen, bestand. Die gesättigten und ungesättigten Kohlenwasserstoffe wurden in mühevoller und langwieriger Arbeit weiter gereinigt. Nach der Destillation über Natrium waren sämtliche Fraktionen schließlich völlig farblos und zeigten mit steigenden Siedepunkten immer stärkere, blaurötliche Fluorescenz. Die ungesättigten Kohlenwasserstoffe waren in den niederen Fraktionen farblos, in den höheren gelblich und fluorescierten sämtlich gelbgrün. Alle diese hochsiedenden Kohlenwasserstoffe schließen sich in ihrer Zusammensetzung den niedrigsiedenden unmittelbar an, wie aus Tabelle 125 hervorgeht.

E. Berl und Schildwächter[2] erhielten durch Behandlung einer Gasflammkohle mit Tetralin im Autoklaven bei 250° und 6—7 atü 20% eines Extraktes, der näher untersucht wurde; er enthielt 1,43% saure Körper (feste Phenole), 0,034% basische Körper, 7,84% Asphalt- und Harzstoffe und 27,1% Neutralöle. Letztere ließen sich mit Hilfe von schwefliger Säure in gesättigte und ungesättigte Kohlenwasserstoffe im Verhältnis 1:3 zerlegen. Aus den Fraktionen der gesättigten Kohlenwasserstoffe konnten durch Reinigen und Umkrystallisieren aus Aceton und Alkohol gesättigte Paraffine, und zwar die Verbindungen $C_{22}H_{46}$,

[1] J. Marcusson und F. Böttger halten Melen für ein Paraffin: B. **57**, 633 (1924).

[2] Brennstoff-Chem. **3**, 73 (1922); **4**, 65 (1923).

Tabelle 125.

Zahl der Fraktionen	Siedepunkt 2 mm °C	Formel	Molekular-gewicht	Dichte
1	151—155	$C_{17}H_{30}$	234	0,908
1	159—163	$C_{17}H_{28}$	232	0,911
2	168—181	$C_{18}H_{28}$	244	0,942—0,947
1	186—190	$C_{19}H_{30}$	258	0 943
2	195—200	$C_{22}H_{36}$	300	0,940 - 0,939
1	215—220	$C_{23}H_{36}$	312	0,935
1	225—230	$C_{24}H_{40}$	328	0,938
1	140—145	$C_{15}H_{20}$	200	1,007
3	150—175	$C_{16}H_{20}$	212	1,021—1,041
1	180—185	$C_{17}H_{22}$	226	1,045
2	190—205	$C_{18}H_{22}$	238	1,058—1,066
1	210—215	$C_{19}H_{24}$	252	1,084
1	220—225	$C_{21}H_{26}$	278	1,089
Methylanthracen		$C_{15}H_{12}$	Schm.-P. 206°	

$C_{24}H_{50}$ und $C_{30}H_{62}$ oder $C_{30}H_{60}$ gewonnen werden; letztere ist vielleicht mit Pictets Melen identisch. In den Fraktionen der ungesättigten Kohlenwasserstoffe liegen, wie aus den Ergebnissen der Elementaranalysen sowie der Molekulargewichtsbestimmungen geschlossen wird, Vertreter der Reihen C_nH_{2n-4} bis C_nH_{2n-10} vor. Die zahlreichen Fraktionen dieser Kohlenwasserstoffe führen zu Formeln von $C_{12}H_{20}$ bis $C_{26}H_{34}$.

Aus den Untersuchungen von Pictet, von Hofmann und Damm, sowie von Berl und Schildwächter ergibt sich, daß in den Steinkohlen in einer Menge von 2—4% der Kohle Kohlenwasserstoffe vorgebildet sind. Dieser Betrag verteilt sich auf eine große Anzahl von gesättigten und ungesättigten Verbindungen, die sowohl der Paraffinreihe als auch besonders hydroaromatischen Reihen angehören. Soweit Kohlenwasserstoffe mit gleichen Siedegrenzen untersucht wurden, stimmen übrigens die Ergebnisse von Pictet und von Hofmann und Damm im einzelnen nicht gut miteinander überein; die Verhältnisse müssen also außerordentlich kompliziert liegen und zum Teil vielleicht auch von Kohle zu Kohle wechseln. Gleichwohl kann man sagen, daß man sich in großen Zügen über die Kohlenwasserstoffe des Steinkohlenbitumens im klaren ist. Über die „Harze" des Bitumens ist demgegenüber so gut wie nichts bekannt.

Es ist noch kurz auf das Verhalten der Bitumenstoffe bei chemischen Einwirkungen und beim Erhitzen einzugehen. Unter dem Einfluß gelinder Oxydationsmittel scheinen sich die Bitumenstoffe stärker zu polymerisieren; kräftigere Oxydationsmittel bauen recht undefiniert ab[1].

Bei vorsichtigem Erhitzen, besonders unter vermindertem Druck,

[1] Vgl. z. B. Pearson, A.: Fuel 3, 279 (1922).

gehen die Kohlenwasserstoffe und ein großer Teil der Harze, die ursprünglich in der Kohle vorhanden sind, nach mehrfachen Angaben praktisch vollständig und unverändert über. Soweit Salze von Säuren vorliegen, können diese unter Abspaltung von Metallcarbonat gleichfalls zur Entstehung flüchtiger Extraktstoffe Anlaß geben.

Von Interesse ist ferner das Verhalten von Stoffen nach Art des Bitumen B, wie sie besonders reichlich z. B. von Novák und Hubáček erhalten worden sind. Nach den Angaben dieser Autoren werden ihre Harze B und ihre Bitumina An, Bn und Cn in der Hitze flüssig, halbfest oder plastisch und bleiben unter allmählicher Abgabe flüchtiger Bestandteile (Bruchstücke) während eines gewissen Temperaturbereiches in diesem Zustand, bis sie sich schließlich verfestigen und keine flüchtige Substanz mehr abgeben. Bis zur Erreichung dieses Punktes gaben die vier an sich nichtflüchtigen Präparate nachstehende Mengen ihres Gewichtes ab.

Tabelle 126.
Substanzverluste beim Erhitzen von Bitumenfraktionen in %.

Bezeichnung	Temperaturbereich	Harz B	Bit. An	Bit. Bn	Bit. Cn
Nicht-kokende Steinkohle	bis 300°	6	0	3	7
	300—350°	7	2	8	2
	350—400°	12	15	20	4
	400—450°	21	21	16	10
	450—500°	—	—	29	6
Kokende Steinkohle	bis 300°	5	0	1	7
	300—350°	5	5	6	2
	350—400°	4	17	14	4
	400—450°	16	16	14	9
	450—500°	9	20	—	5

Die unter Druck erhaltenen (und wenigstens zum Teil unter Druck entstandenen) Bitumina der Tetralinextraktion bei 300° sind also erst oberhalb 350° merklich zersetzlich und bis 450° bis zur Hälfte zersetzt.

b) Huminstoffe.

Die nach Entfernung des Bitumens der Streifenkohlen verbleibenden, in organischen Lösungsmitteln und Alkalien unlöslichen Substanzen kann man als Huminanteile der Steinkohlen bezeichnen. Der entsprechende Anteil der Bogheadkohlen hat, wie es scheint, überhaupt keinen besonderen Namen. Bezeichnet man ihn gleichfalls als Huminanteil, so ist zu sagen, daß er sich von den Huminen der Streifenkohlen durch seinen merklich höheren Wasserstoffgehalt unterscheidet.

Die Elementarzusammensetzung der Humine schwankt in den gleichen Grenzen wie die Zusammensetzung der Steinkohlen überhaupt. Der Sauerstoff der Huminstoffe liegt nach Versuchen von W. Fuchs zu einem sehr geringen Teil in Form von Hydroxyl, nach den Versuchen von

R. Strache zu einem etwas größeren Teil als Carbonyl vor; größtenteils dürfte der Sauerstoff cyclisch gebunden sein. Doppelte Kohlenstoffbindungen, substituierbarer und dehydrierbarer Wasserstoff sind gleichfalls in geringem Betrage nachweisbar. Die Molekulargröße der Molekülarten der Humine ist unbekannt; sie dürfte ein mehrfaches der Molekulargröße der Huminsäuren sein. Die letzten Bausteine der Humine sind Benzolkerne, ferner wohl auch Sauerstoff tragende Kerne, wie man aus den Abbauversuchen schließen kann. Hierauf stützt sich zum großen Teil die Berechtigung, von Huminen der Steinkohlen zu sprechen. Darunter versteht man dann jene tiefdunklen, wenig aufgeklärten Substanzen dieser Kohlen, welche bei Abbauversuchen dieselben Endprodukte liefern wie die Huminsäuren der Braunkohlen, aber von diesen dadurch verschieden sind, daß sie keine Säurenatur zeigen.

Nach den unveröffentlichten Versuchen von P. Erasmus dürfte in reifen Humuskohlen rund die Hälfte des O als reaktionsträger Brücken-O, die andere Hälfte in einem aufspaltbaren Heteroring vorliegen. Durch Erhitzen mit NH_3 unter Druck konnte in Chilekohle bis 8,6, in englische Steinkohle bis 5,2% N eingeführt werden. Die Umsetzung wird als Ersatz heterocyclischen Sauerstoffs durch die NH-Gruppe gedeutet.

Der Wasserstoff der α-Kohle (vgl. S. 299) war durch Schwefel bei 320° z. T. abspaltbar; primäre Hydrierungsprodukte von Kohle gaben natürlich noch leichter ihren „labilen“ Wasserstoff ab[1].

Der Abbau der Steinkohlenhumine führt über alkaliunlösliche „Huminsäuren“ zu alkalilöslichen „Huminsäuren“ und weiterhin zu einfachen krystallisierten Verbindungen. Die erste Abbaustufe kennt man vielleicht am besten aus den Untersuchungen von W. Fuchs und O. Horn[2]. Bei Untersuchungen über die Huminsäuren der Braunkohlen hat es sich gezeigt, daß es eine ganze Reihe natürlicher Huminsäuren gibt und daß auch bei nicht in Alkali löslichen Substanzen deren Charakter als Oxycarbonsäuren klargestellt werden konnte. Demnach bestand die Möglichkeit, daß bei gelinder Oxydation schon vor dem Eintreten der Löslichkeit in Alkali die Steinkohlen den Charakter von „Huminsäuren“ annehmen. Dies ist in der Tat der Fall.

Zur Oxydation wurden 100 ccm Salpetersäure der Dichte 1,4 auf 90—95° erwärmt, sodann unter gutem Rühren 10 g Steinkohle eingetragen und 30 Minuten bei der angegebenen Temperatur weiter erwärmt. Dann verdünnte man mit Wasser und saugte ab. Man erhielt in einer Ausbeute von 110—120% Präparate von schwarzbrauner Farbe,

---

[1] Vgl. hierzu auch die Arbeiten von W. Fuchs und Leopold über die Einwirkung von NH_3 auf Huminsäuren (S. 121) und von W. Fuchs über die Einwirkung von Brom auf Steinkohlen (S. 339).

[2] Brennstoff-Chem. **12**, 65 (1931).

die zum Teil, besonders in frischem, etwas feuchten Zustand löslich in Pyridin, weniger gut löslich in Aceton und Methylglykol waren und beim Schütteln mit alkoholischen Lösungen von Kaliumacetat Kaliumsalze lieferten. Die nachfolgende Tafel enthält eine Übersicht der Resultate.

Tabelle 127.

Nr.	Kohle	Flüchtige Bestandteile der Kohle %	Ausbeute bei der Oxydation von je 10 g g	Kaliumgehalt des Kaliumsalzes %	Wasserlöslichkeit des Kaliumsalzes
1	Oberschlesische Steinkohle .	34,7	10,5	10,6	teilweise löslich
2	Gasflammkohle Bismarck. .	33,6	11,4	11,2	teilweise löslich
3	Fettkohle Viktoria Mathias.	27,7	12,2	10,6	unlöslich
4	Fettkohle Thyssen	20,1	13,2	6,4	unlöslich
5	EßkohleZentrumMorgensonne	15,0	12,9	6,5	unlöslich
6	Anthrazit Langenbrahm . .	10,2	11,9	5,0	unlöslich
7	Bogheadkohle Sibirien . . .	82,6	10,8	9,3	unlöslich

Das Oxydationsprodukt der Gasflammkohle Bismarck wurde durch Umwandlung des Kaliumsalzes in Ammoniumsalz sowie durch erschöpfende Methylierung als Oxycarbonsäure, deren Salze Permutitcharakter haben, gekennzeichnet. Ein Teil des Stickstoffes, der durch Salpetersäure eingeführt wurde, ist mit KOH als Ammoniak austreibbar, also vermutlich als Nitrosostickstoff vorhanden. Die zahlenmäßigen Ergebnisse waren folgende:

Flüchtige Bestandteile der Kohle	33,6%
Stickstoffgehalt	2,3%
Stickstoff, mit KOH austreibbar	0,0%
Ausbeute an „Nitro"-Humin	114,0%
Stickstoffgehalt des Nitro-Humins	6,4%
Stickstoff, mit KOH austreibbar	0,53%
Kaliumgehalt des Kaliumsalzes	11,2%
Aschengehalt nach Umsetzung mit NH_4Cl	0,8%
Gesamtmethoxylgehalt des Methylderivates	11,2%
Estermethoxyl	5,1%
Äthermethoxyl	6,1%

In den primärem Oxydationsprodukte der Humine liegen demnach Oxycarbonsäuren vor, die den Dehydrohuminsäuren nahestehen, sich aber von diesen durch ihre geringe Löslichkeit in Wasser unterscheiden. Diese Löslichkeit kann ihnen aber erteilt werden, indem man sie einmal oder öfter mit verdünnter Kalilauge in der Wärme gut durchrührt und schließlich, wenn nötig, mit wässeriger Pyridinlösung von 1% digeriert.

Daß man durch langdauernde Oxydation den Huminanteil der Steinkohlen in alkalilösliche Substanzen überführen kann, weiß man aus den langjährigen Untersuchungen von Wheeler, der diese alkalilöslichen Stoffe als regenerierte Huminsäuren (ulmic acids) bezeichnet.

Das Material zu diesen Untersuchungen bildeten die nach der Extraktion mit Pyridin verbleibenden Anteile der Steinkohle, von Wheeler α-Verbindungen genannt. Bei der Einwirkung eines feuchten Luftstroms während mehrerer Wochen bei 150° wurden die Huminanteile „regeneriert" und konnten dann mit Alkali entfernt werden.

Bei Serienversuchen, die bei verschiedenen Temperaturen (60°, 100°, 150°, 200°) durchgeführt wurden, wurden die Gewichtsveränderungen der Proben, das gebildete Wasser, die gebildete Kohlensäure, der Gesamtverbrauch an Sauerstoff sowie die von der Kohle aufgenommene Sauerstoffmenge bestimmt. Bei 60° wird der Sauerstoff zum größeren Teile fest gebunden, zum kleineren Teile erscheint er besonders als Wasser, weniger als Kohlensäure, noch weniger als Kohlenoxyd wieder. Bei 100° werden geringe Mengen saurer Verbindungen nachweisbar. Im Verlauf der Oxydation stieg der Sauerstoffgehalt der Proben um 5—10%. Bei 150° entstanden die alkalilöslichen Huminstoffe, bei 200° begannen die bei 150° gebildeten Produkte sich wieder zu zersetzen.

Nach den Ansichten von Francis und Wheeler[1] erfolgt die Oxydation der Kohle durch Vermittlung einer adsorbierten Schicht, welche fast augenblicklich mit gewissen äußeren Gruppen des Ulminmoleküls unter Bildung von Wasser, Kohlensäure und Kohlenoxyd reagiert. Dabei bilden sich instabile Carbonsäuren, die in Alkali löslich sind. Bei weiterer Temperaturerhöhung zersetzen sich diese oxydierten Gruppen wieder unter Bildung von Wasser, Kohlensäure und Kohlenoxyd, deren Sauerstoff dem anfänglich gebundenen äquivalent sein soll. Nach dieser Erhitzung hat die Kohle eine erhöhte Fähigkeit, Sauerstoff zu binden; die „Auffrischung" durch Erhitzen kann häufig wiederholt werden, wobei die Zersetzungsprodukte fortschreitend ihren Charakter ändern.

Die regenerierten Huminsäuren lassen sich aus dem alkalischen Auszug durch Salzsäure fällen. Sie enthalten Carboxylgruppen, welche die Salzbildung ermöglichen. So wurden Barium-, Eisen-, Silber- und Kupfersalze gebildet. Das Äquivalentgewicht wurde zu 170 berechnet. Die Anwesenheit von Hydroxylgruppen in den Huminsäuren ergab sich aus der Möglichkeit von Acetylierung und Benzoylierung sowie aus dem Verhalten gegen Grignardlösung. Aus der Verseifung der Acetylderivate ließ sich ersehen, daß auf ein Molekulargewicht von 860 eine Hydroxylgruppe kommt. Für dasselbe Molekulargewicht sind ferner vier Carboxylgruppen nachzuweisen. Der Stickstoffgehalt der Präparate, der rund 2,2% beträgt, würde auf ein Stickstoffatom je 680 stimmen.

Die Regenerierung der Humine gelang auch mit Wasserstoffsuperoxyd sowie mit Kaliumchlorat und Salzsäure. Anthrazit lieferte keinen

[1] Journ. chem. Soc. London **127**, 112, 2958 (1927).

„regenerierten" Anteil. Dies stimmt auch mit den Beobachtungen von W. Fuchs und O. Horn, die nach ihrer Methode den Huminanteil von Streifenkohle, aber nicht den von Anthrazit und Bogheadkohle in wässerige Lösung bringen konnten.

Wheeler und seine Mitarbeiter haben ihre Arbeitsmethoden auch auf einzelne isolierte Gefügebestandteile angewendet und dabei gefunden, daß Glanzkohle die größte Ausbeute an alkalilöslichen Stoffen liefert, nämlich bis zu 97%, Fusit die geringste.

Durch verstärkten Abbau nach der Methode der Druckoxydation haben F. Fischer und H. Schrader in gleicher Weise wie die Braunkohlen auch die Steinkohlen abgebaut. Die Steinkohle erwies sich als viel schwerer angreifbar als die Braunkohle. Die Aufarbeitung der Oxydationsgemische, die im Abschnitt Oxydation der Kohle noch näher geschildert wird, lieferte Benzolcarbonsäuren.

Ähnliche Produkte wie F. Fischer und Schrader haben bei der Oxydation der Kohlen Francis und Wheeler[1] sowie Bone und Quarendon[2] erhalten. In Fortsetzung der Versuche haben Bone, Horton und Ward[3] die Humine der Steinkohle auf dieselbe Weise wie Braunkohle oxydiert. Ihre Untersuchungen erstreckten sich auf zwei reife Steinkohlen, eine nichtbackende südafrikanische (Witbank) und eine backende englische (Busty), sowie auf eine weniger reife canadische Kohle (Canmore). Alle wurden vor der Oxydation bei 250° mit Benzol unter Druck extrahiert. Die Rückstände der Benzoldruckextraktion wurden in viel Wasser suspendiert und im offenen Kessel mit einer sehr verdünnten Lösung von Kaliumpermanganat oxydiert. Zum Unterschied von der früheren Arbeitsweise wurde also nicht im Autoklaven gearbeitet und überhaupt unter möglichst gelinden Bedingungen oxydiert.

Unter diesen Umständen gingen die Steinkohlen zunächst völlig als Huminsäuren in Lösung und ergaben weiterhin die gleichen Abbauprodukte wie die Braunkohle. Zur Aufarbeitung wurden die mit Äther und Aceton aus dem angesäuerten und eingedampften Reaktionsgemisch extrahierten Rohsäuren weiter zerlegt und als interessantestes Ergebnis schließlich in der bereits geschilderten Weise fast sämtliche Benzolcarbonsäuren als Methylester isoliert. Über die Menge dieser reinen Produkte enthält die Arbeit keine Angaben. Es wird nur mit großer Bestimmtheit und zu wiederholten Malen eine sehr hohe Ausbeute an „rohen Benzolcarbonsäuren" angegeben. Die zahlenmäßigen Angaben der Autoren sind folgende:

---

[1] Journ. chem. Soc. London **127**, 2236 (1925).
[2] Proc. Royal Soc. London A **110**, 537 (1926).
[3] Proc. Royal Soc. London A **127**, 480 (1930).

Tabelle 128.

Kohlenart	Flüchtige Säuren (Essigsäure usw.) %	Oxalsäure %	Rohe Benzolcarbonsäuren %
Busty-Steinkohle . .	3,3	20,8	41,8
Witbank-Steinkohle	5,0	15,6	49,0
Canmore-Steinkohle	3,2	35,35	43,2

Die rohen „Benzolcarbonsäuren" der englischen Steinkohle (Busty) enthielten 49,6% Kohlenstoff, 2,9% Wasserstoff und 47,9% Sauerstoff. Das Äquivalentgewicht von 76,5 wurde wie bei Morwellbraunkohle durch kurze Behandlung mit einer Permanganatlösung auf 71, das mittlere Äquivalentgewicht einer Tricarbonsäure, herabgedrückt.

Mit 10 g der gleichen Kohle wurde auch eine Kohlenstoffbilanz aufgestellt, wobei vom Kohlenstoff der Reinkohlensubstanz auf Kohlensäure 42,4, Essigsäure 1,7, Oxalsäure 6,5 und auf Benzolcarbonsäuren 48,8% entfielen.

Bei Verwendung einer geringeren Permanganatmenge als des achtfachen Überschusses wurde auch bei dieser Steinkohle wie bei Braunkohle Bildung von Huminsäure beobachtet; es wurden z. B. bei nur 3fachem Permanganatüberschuß 30% der angewendeten Kohle als Huminsäuren erhalten.

Aus den zur Konstitutionsermittlung brauchbaren Arbeiten ergibt sich ohne Zweifel eine chemische Verwandtschaft zwischen dem Huminanteil der Streifenkohlen und den Huminsäuren der Steinkohlen.

Beim Erhitzen der Huminstoffe auf 160—170° entweichen nach Francis und Wheeler[1] geringe Gasmengen, und zwar Kohlensäure und Kohlenoxyd im Verhältnis 12:1. Dieses Verhältnis steigt weiter bis 300° und fällt dann scharf ab. Wasserstoff und gesättigte Kohlenwasserstoffe treten erst über 450° auf, Spuren von Öl bei 550°. Nach weiteren Untersuchungen von Wheeler haben die Humine der Steinkohlen einen definierten Zersetzungspunkt, der bis auf etwa 2° konstant ist und bei dem der thermische Zerfall der Huminmoleküle beginnt. Bis zum wahren Zersetzungspunkt nimmt die Reaktionsfähigkeit der Rückstände gegen Sauerstoff langsam ab und steigt dann plötzlich an.

Man hat übrigens den Eindruck, als ob bei der Erhitzung der Huminstoffe Veränderungen nach zwei Richtungen eintreten könnten, indem entweder unter Abspaltung von ganz niedermolekularen flüchtigen Verbindungen, wie Wasser, Kohlensäure und dergleichen, die hinterbleibenden Reste zu immer höher molekularen Gebilden zusammentreten oder eine Depolymerisierung der Huminstoffe zu Substanzen eines niedrigeren mittleren Molekulargewichts stattfindet. Letzteres scheint beim Erhitzen der Huminstoffe mit Lösungsmitteln unter Druck auf höhere Temperaturen der Fall zu sein.

[1] Journ. chem. Soc. London **127**, 112, 2236 (1925); **1928**, 2967.

c) Organisierte Pflanzenreste.

Beim Arbeitsgang von Wheeler verbleiben nach der Pyridinextraktion, der Regenerierung des Huminanteils sowie der Entfernung der regenerierten Huminsäuren mit Alkali die organisierten Pflanzenreste. Nach Holroyd und Wheeler[1] sind sie trotz ihrer geringen Menge für die Natur der Kohle nicht ohne Bedeutung. In größerer Menge finden sich organisierte Pflanzenreste in einigen besonderen Kohlenvorkommen.

V. H. Legg und R. V. Wheeler[2] haben Kutikeln aus russischer sogenannter Papierkohle von Tula sowie aus einer ähnlichen Mattkohle untersucht. Die russische Papierkohle ergab eine Ausbeute von 20% ihres Gewichtes an Kutikeln, während 50 kg der untersuchten englischen Steinkohle nur 2,5 g Kutikeln lieferten. Das aus den Kohlen isolierte Cutin wurde noch mit Cutin aus den Kutikeln einer lebenden Pflanze (Agave rigida) verglichen[3]. Das fossile Wachs bestand im Gegensatz zum rezenten hauptsächlich aus Säuren; im rezenten Wachs wurde Montanylalkohol, $C_{28}H_{58}O$, und Mellissylalkohol, $C_{30}H_{62}O$, gefunden, ferner eine Anzahl von Säuren ähnlich denen aus dem fossilen Wachs.

Über das Sporonin, das sich in den Exinen der Sporen vorfindet, hat R. Potonié[4] einige Angaben gemacht. Danach findet sich Sporonin praktisch unverändert in jüngeren Fettkohlen vor; sein Zersetzungspunkt beträgt etwa 325°; in Kohlen, die anscheinend über dieser Temperatur erhitzt worden waren (ältere Fettkohlen, Magerkohlen), findet sich Sporonin nicht mehr unverändert.

Gegen chemische Einwirkung scheinen die organisierten Pflanzenreste recht beständig zu sein. Beim Erhitzen zersetzen sie sich nach den Angaben von Holroyd und Wheeler[1] zwischen 310 und 350° unter Bildung von Kohlensäure, Kohlenoxyd, gesättigten und ungesättigten Kohlenwasserstoffen.

6. Verhalten der Steinkohle bei chemischen Einwirkungen.

a) Luft (Verwitterung, Selbstentzündung).

Ebenso wie von Braunkohle wird der Sauerstoff der Luft auch von Steinkohle, nur meist langsamer und schwerer, beim Lagern aufgenommen. Die Bindung ist zuerst adsorptiv und geht nachher in eine chemische über. Erhitzt man mit Sauerstoff gesättigte Steinkohle, so gibt

[1] Fuel **9**, 104 (1930). [2] Journ. chem. Soc. London **1929**, 2449.

[3] Legg und Wheeler: Journ. chem. Soc. London **1929**, 2444.

[4] Allgemeine Ergebnisse der Kohlenpetrographie S. 8. Berlin 1930 (Preußische Geologische Landesanstalt); vgl. auch S. 13. — Über Pollenine und Sporonine s. neuere Arbeiten von Zetzsche und Mitarbeitern, Helv. chim. Acta **14**, 67 (1931).

sie Kohlensäure ab. Erhitzt oder evakuiert man mit Sauerstoff gesättigten Koks, dann erhält man in der Hauptsache den Sauerstoff wieder. Gasadsorptionsvermögen und Selbstentzündlichkeit müssen aber nicht parallel gehen.

Die Steinkohle erleidet beim Lagern Veränderungen des Gewichtes, der Zusammensetzung, des Heizwertes, der Gasergiebigkeit und des Backvermögens. Der Sauerstoffgehalt der Kohle steigt, der Heizwert sinkt beim Lagern; in der Praxis beobachtete man bei 1 jähriger Lagerzeit Heizwertabnahmen bis zu 10%, Abnahmen der Gasergiebigkeit von 2 bis 20%. Die Abnahme ist besonders groß, wenn die Kohle feucht im Freien gelagert wird. Schnee wirkt schädlich, weil er beim Schmelzen die Kohle lange feucht hält. Auch die Verkokungsfähigkeit der Kohle wird durch Lagern schlechter, besonders wenn die Temperatur durch Selbsterwärmung gestiegen war.

Die Summe aller Veränderungen beim Lagern der Kohle kann man als Verwitterung bezeichnen. Der Verwitterungsprozeß beginnt mit einer Adsorption von Sauerstoff. Diese Adsorption führt zu chemischer Umsetzung, und deren exothermer Verlaüf kann die Oxydation verstärken. Im allgemeinen verläuft der Verwitterungsprozeß so langsam, daß erst nach längerer Zeit festzustellen ist, daß Kohlenstoff und Wasserstoff etwas abgenommen haben, der Sauerstoff dagegen etwas zugenommen hat. Schneller merklich werden die Veränderungen der Kohle bei 200°. Bei 350° soll bereits Selbstentzündung eintreten können.

Experimentelle Untersuchungen über die Verwitterung und Selbstentzündung der Steinkohle haben viele Autoren ausgeführt. Aus der umfangreichen Originalliteratur seien einige der wesentlichsten Arbeiten mitgeteilt.

Als erster hat Richters[1] Versuche angestellt, deren Ergebnisse auch heute noch von Interesse sind. Danach wird Sauerstoff schon bei gewöhnlicher Temperatur von Steinkohle adsorbiert, z. B. in einem Zeitraum von 10 Tagen von 20 g Kohle 6,6 und 7,2 ccm Sauerstoff. Eine gleichzeitige Kohlensäurebildung konnte er nicht beobachten. Im Exsiccator getrocknete, auf 180—200° erhitzte Kohlen zeigten sich stark verändert. Es erfolgte eine Gewichtszunahme um 3—4%. Das spezifische Gewicht stieg um mehr als 10%, die Hygroskopizität auf etwa das Doppelte. Die erhitzten Kohlen zeigen kein Backvermögen. Die Veränderungen, welche einige Kohlen in der Elementarzusammensetzung erlitten, zeigt Tabelle 129.

Auch bei 14tägigem Erhitzen auf 70—80° zeigten sich Veränderungen

[1] Ausführliche Besprechung der älteren Literatur bei Hinrichsen-Taczak, Die Chemie der Kohle, S. 248 ff. Leipzig 1916.

Tabelle 129.

Nr.	Chemische Zusammensetzung getrockneter Kohle in %				Chemische Zusammensetzung erhitzter Kohle in %			
	C	H	O + N	Asche	C	H	O + N	Asche
1	84.69	3,97	5,38	6,01	78,44	2,62	13.50	5,44
2	84,03	3,57	7,10	5,30	78.14	2,72	13,62	5,52
3	86,99	4,26	4,97	3,78	77,98	2,55	14,28	5,19
4	81,52	4,34	10,44	3,70	72,66	2,39	21,93	3.02
5	82,12	4,63	10,88	2,36	74,32	2,82	20,75	2,11
6	79,59	4,74	10,75	4,92	70,84	2,52	21,50	5,03

in der Elementarzusammensetzung der Reinkohle, wie aus Tabelle 130 hervorgeht. Der Heizwert hatte in diesen Fällen um einige Prozente abgenommen.

Tabelle 130.

Nr.	Chemische Zusammensetzung getrockneter Kohle in %			Chemische Zusammensetzung erhitzter Kohle in %		
	C	H	O + N %	C	H	O + N %
1	82,90	5,25	11,85	81,94	5,06	13,00
2	84,44	5,07	10,49	83,49	4,85	11,76
3	81,94	5,06	13,00	88,80	4,07	7,13

Um festzustellen, ob die Bindung des Sauerstoffs nur adsorptiv oder auch chemisch ist, erhitzte Richters Steinkohle in trockenem und kohlensäurefreiem Luftstrom 10 Stunden auf 190°. Die abziehenden Gase enthielten Kohlensäure und Wasser. Die Sättigung mit Kohlensäure verlangsamt die Sauerstoffaufnahme der Kohle zwar sehr, bringt sie aber nicht zum Stillstand. Weitere Literatur über die Einwirkung von Luft auf Kohle sei nachfolgend in Schlagworten zusammengestellt:

1. Mahler, M. P.[1]: Trockene Kohle in trockenem Luftstrom nimmt an Gewicht zu und verliert an Heizwert. Bis 100° entstehen CO^2 und CO, oberhalb 125° Wasser, Kohlensäure, Kohlenoxyd und Spuren Kohlenwasserstoffe, oberhalb 150° außerdem flüchtige Säuren.

2. Charpy, G., u. Godchot[2]: Bestätigen die Ergebnisse von Mahler.

3. Mahler, M. P.[3]: Kohle in natürlicher Lagerung läßt bei Vorschreiten der Oxydation die Menge des Huminanteiles wachsen.

4. Davis, S. D., u. W. A. Reynolds[4]: Mit Benzol unter Druck extrahierte Kohle nimmt aus einem Luftstrom bei 60° doppelt soviel Sauerstoff auf wie nicht extrahierte Kohle.

5. Parr, S. W., u. R. T. Millner[5]: Finden bei tagelanger Oxydation von 55 bis 140° Gewichtszunahme, Kohlensäure- und Wasserabspaltung.

6. Kreulen, D. J. W.[6]: Angaben über Veränderungen beim Erhitzen von Kohlen im Trockenschrank auf 105, 125, 150, 175, 225°.

[1] Compt. rend. Acad. Sciences **150**, 1921 (1910).
[2] Compt. rend. Acad. Sciences **163**, 745 (1916).
[3] Compt. rend. Acad. Sciences **165**, 634 (1917).
[4] Fuel **5**, 405 (1926). [5] Fuel **5**, 298 (1926).
[6] Brennstoff-Chem. 8, 241, 340 (1927); Fuel **5**, 345 (1926).

7. Charpy, G., u. G. Decorps[1]: Titrimetrische Bestimmung des Oxydationsgrades von Kohle.
8. Hinden, F.[2]: Bestimmung einer Permanganatzahl und einer Bromzahl im Zusammenhang mit den Veränderungen beim Lagern der Kohlen.
9. Gabinski, J.[3]: Einwirkung von Sauerstoff auf Kohle.

Was die Selbstentzündung der Steinkohle betrifft, so wurden ganz wie bei der Braunkohle schon die verschiedensten Kohlenbestandteile für die Erscheinung verantwortlich gemacht. Menge und Schnelligkeit der Sauerstoffaufnahme scheinen im umgekehrten Verhältnis zum ursprünglichen Sauerstoffgehalt der Kohle zu stehen.

Zur Feststellung der Selbstentzündlichkeit haben Dennstedt und Bünz[4] einen Apparat angegeben. Die Versuche von Erdmann[5], die Temperatur der Selbstentzündung in Sauerstoffatmosphäre zu ermitteln, sind bereits in Kapitel III besprochen worden. Als Maß für die Selbstentzündlichkeit wollten Habermann[6] und andere das Bromadditionsvermögen der Kohlen benützen. Nach F. Hinden[2] zeigen selbstentzündliche Kohlen geringere Permanganatzahlen und geringere Bromzahlen als lagerbeständige.

Auf einen Aufsatz von O. Burian[7] über Autoxydation und Selbstentzündung der Kohlen sei hier nur verwiesen.

Nach neueren Versuchen von R. V. Wheeler[8] wäre für Beurteilung einer Kohlensorte die Kenntnis der relativen Entzündungstemperatur nötig. Aus praktischen Gründen genügt es aber, die Temperatur zu kennen, bei welcher eine Kohle so schnell mit Sauerstoff zu reagieren anfängt, daß die Entzündung mit Sicherheit zu erwarten ist. Zur Bestimmung dieser Temperatur wird ein Luftstrom durch die Kohle gesaugt und gleichzeitig das Reaktionsgefäß im Sandbad langsam erwärmt. Anfangs steigen die Temperaturen von Sandbad und Kohle gleich schnell, so daß die des ersteren noch etwas höher bleibt, bis die Temperatur der Kohle plötzlich schnell ansteigt, so daß sich die aufgenommenen Temperaturkurven schneiden. Der Schnittpunkt kann als gut definierte Entzündungstemperatur angenommen werden, da bei ihm schnelle Entzündung beginnt. Diese relative Entzündungstemperatur ist um so niedriger, je höher der Sauerstoffgehalt der Kohle ist.

---

[1] Compt. rend. Acad. Sciences **173**, 807 (1921); **178**, 1588 (1924).
[2] Nach C. **1925 I**, 1543.
[3] Nach Brennstoff-Chem. **11**, 116 (1930).
[4] Ztschr. angew. Chem. **21**, 1825 (1908). — Vgl. neuerdings Kreulen, Brennstoff-Chem. **12**, 107 (1931).
[5] Brennstoff-Chem. **3**, 257, 278, 293 (1922).
[6] Journ. f. Gasbeleuchtung **49**, 419 (1906).
[7] Abgedruckt bei Donath, E.: Die Verfeuerung der Mineralkohlen. Dresden und Leipzig 1924.
[8] Journ. chem. Soc. London **113**, 945 (1918).

Nach J. I. Graham[1] sind selbst die brennbarsten Kohlensorten nicht selbstentzündlich, wenn sie druckbeständig sind und sich ohne großen Staubanfall mahlen lassen.

Wheeler[2] und seine Mitarbeiter haben die älteren Untersuchungen über den Mechanismus und die näheren Umstände von Verwitterung und Selbstentzündung der Steinkohle fortgesetzt und insbesondere auch auf die Gefügebestandteile der Steinkohlen ausgedehnt. Durch mehrmonatliche Behandlung der Gefügebestandteile von Steinkohle im feuchten Luftstrom ergab sich, daß die glänzenden Anteile der Steinkohle gegen Sauerstoff empfindlicher sind als die matten und daß sie zu einem erheblichen Betrage in alkalilösliche Verbindungen übergegangen waren. Dies wird auf den Gehalt der Glanzkohle an Ulminverbindungen oder wie sie üblicherweise genannt werden, Huminstoffe, zurückgeführt. Ob aber zwischen dieser Oxydationsweise des Humusanteils und der Selbstentzündlichkeit eine engere Beziehung besteht, konnte experimentell nicht erwiesen werden. Übrigens ergab sich auch für die Meinung der Praxis, daß größere Mengen Fusit Selbstentzündung begünstigen, keine experimentelle Bestätigung[3].

Bei der Selbstentzündung der Steinkohle handelt es sich nach alldem offenbar um eine Erscheinung, deren Eintreten erst beim Zusammenwirken von verschiedenen physikalischen und chemischen Vorbedingungen erfolgt. Die Verhältnisse liegen prinzipiell so wie bei der Braunkohle (und wie bei Schwelkoks aus Braunkohle); auf das S. 208 bis S. 221 Gesagte sei verwiesen. Besonders seien die Arbeiten von P. Rosin[4] hervorgehoben.

b) Wasser, Säuren, Alkalien.

Wasser und verdünnte Mineralsäuren sind auf die organische Substanz der Steinkohlen ohne Einwirkung. Konzentrierte Säuren wie Salpetersäure oder Schwefelsäure wirken oxydierend.

Alkalien in wässeriger oder alkoholischer Lösung können mit etwa vorhandenen Huminsäuren Salze bilden, lassen aber im übrigen die Steinkohlen im wesentlichen unverändert. Durch Schmelzen mit Ätzkali oder mit Ätznatron werden die Steinkohlen nach den Angaben von Donath nur wenig verändert.

Nach unveröffentlichten Versuchen von P. Erasmus nehmen verschiedene Humuskohlen bei Behandlung mit Alkohol und Alkalimetallen

---

[1] Journ. Soc. chem. Ind. **43**, T 79 (1924).

[2] Vgl. z. B. Francis, W., u. R. V. Wheeler: Journ. chem. Soc. London **127**, 112 (1925).

[3] Vgl. zur Frage der Selbstentzündung auch Miyagawa, I., Yamada und Inaba: Journ. Fuel Soc. Japan **8**, 81 (1929).

[4] Braunkohle **27**, 241, 282 (1928).

sowie bei Behandlung mit Alkoholaten Alkohol ähnlich wie Wasser auf. Beim Erhitzen mit einem sehr großen Überschuß sehr verdünnter wässeriger Laugen auf erhöhte Temperatur entstehen wasserlösliche Spaltprodukte mit etwa 10 C-Atomen, die in verdünnten Lösungen als Bromderivate gefällt werden können. Diese Bromderivate enthalten meist 3 Br auf 10 C.

Die Steinkohlen können bis zu etwa 60% derart hydrolysiert werden; 50% der Spaltstücke liefern Bromide. Die Hydrolyse verläuft in zwei Stufen; die erste Stufe führt schnell und quantitativ zur Aufnahme von 1 Molekül Wasser auf 20 C-Atome, die zweite Stufe führt langsam und durchaus nicht quantitativ zur Aufnahme von 2 weiteren Molekülen Wasser. Das erste Hydrolysenprodukt ist in Lauge löslich und mit Säuren fällbar. Das Produkt der zweiten Stufe ist auch in Wasser und verdünnten Säuren löslich, zersetzt sich aber mit der Zeit. Die Spaltstücke bestehen aus hydroxylärmeren aromatischen und hydroxylreicheren hydroaromatischen Stoffen; die ersteren geben wasserunlösliche, die letzteren wasserlösliche Bromverbindungen.

c) Oxydation.

Daß bei der Oxydation von Steinkohle mit Luft die Bitumenstoffe anscheinend weniger verändert, die Huminstoffe aber schließlich in Huminsäuren übergeführt werden können, wurde bereits erwähnt. Auch auf die weiteren Versuche, welche die Konstitutionserforschung der durch primäre Oxydation der Humine entstehenden Stoffe vom Charakter der Oxycarbonsäuren zum Ziele haben, braucht hier nicht nochmals eingegangen zu werden; die betreffenden Versuche von Wheeler und seinen Mitarbeitern, von W. Fuchs und O. Horn u. a., sind bereits besprochen worden.

Ähnliche Versuche wie Wheeler mit Huminen hat D. J. W. Kreulen[1] mit Steinkohlen angestellt. Gasflammkohle, Gaskohle, Mattkohle und Magerkohle wurden in Proben von je 3 g feingepulvert in dünner Schicht im Trockenschrank an der Luft auf 125, 150, 175 und 250° erhitzt. Es bilden sich dabei Huminsäuren; die Zunahme des Sauerstoffgehaltes der oxydierten Proben ging der Zunahme an Huminsäuren parallel. Durch Oxydation wurde auch das Backvermögen der Kohlen sehr beeinträchtigt; wenn die Erhitzung in einer Kohlensäureatmosphäre bewerkstelligt wurde, so büßte die Kohle ihre backenden Eigenschaften nicht ein. Die Verkokungsfähigkeit war also nicht durch die hohen Temperaturen, sondern durch Einwirkung des Sauerstoffs zerstört worden. Kreulen konnte 5 g Gasflammkohle durch insgesamt 56stündiges Erhitzen auf 175° und wiederholtes Entfernen der entstandenen Huminsäuren zu 95% in „Huminsäuren“ überführen.

[1] Brennstoff-Chem. 8, 241 (1927).

Bei der Einwirkung von Ozon auf Steinkohle, die feingemahlen und in Wasser suspendiert war, erhielten F. Fischer und Niggemann[1] aus Gasflammkohle und Fettkohle etwa 20% wasserlösliche nichtflüchtige Substanzen, aus Anthrazit und Cannelkohle 10%. Daneben wurden auch kleinere Mengen flüchtiger Substanzen gebildet.

F. Fischer und H. Tropsch[2] prüften in Fortführung dieser Versuche die Wirkung von Ozon in organischen Lösungsmitteln auf die Fettkohle der Zeche Osterfeld. In Tetrachlorkohlenstoff erfolgte keine Reaktion, wohl aber in Chloroform, wobei indes chlorhaltige Produkte erhalten wurden. Ozon in Eisessig reagierte leicht mit der Kohle; das Ozonisierungsprodukt ging mit gelbbrauner Farbe in Lösung. Nach dem Abdampfen des Eisessigs im Vakuum verblieb eine sirupöse, nur zum Teil in Äther lösliche Masse, die bei fortschreitender Dauer der Ozonisierung immer leichter in Wasser löslich wurde und etwas Oxalsäure neben hochmolekularen, schlecht definierten Säuren enthielt. Ähnliche Erscheinungen beobachtete man beim Ozonisieren in Ameisensäure.

Durch wiederholte Behandlung mit Ozon und Eisessig sowie Trennung der Rückstände mittels Äther wurde z. B. aus 20 g der Fettkohle 8,0 g durch Äther fällbare Produkte von stark saurem Charakter, 8,2 g oxalsäurehältige in Äther und Eisessig lösliche Produkte und 8,3 g Ozonisierungsrückstand erhalten, zusammen 24,5 g.

Die Einwirkung von Luft oder Sauerstoff in alkalischer Lösung bei gewöhnlicher oder mäßig erhöhter Temperatur verändert die Steinkohlen nicht allzusehr; die bei den Braunkohlen so stark ausgeprägte Erscheinung der Autoxydation ist bei den Steinkohlen wenig deutlich.

Kräftiger ist die Wirkung, wenn man Luft bei erhöhter Temperatur und erhöhtem Druck bei Gegenwart von Alkali auf Steinkohlen einwirken läßt. In der gleichen Weise und meist parallel mit ihren Druckoxydationsversuchen mit Braunkohlen haben F. Fischer und H. Schrader[3] auch die Druckoxydation der Steinkohlen untersucht. Die Steinkohle erwies sich allerdings bei dieser Art des Abbaues viel schwerer angreifbar als die Braunkohle. Man führte eine 3stündige Oxydation bei 200°, 45—50 atü und einem Luftdurchgang von 200 l je Stunde bei Gegenwart der 4fachen Menge $^1/_{10}$ n-Na_2CO_3-Lösung aus; ältere Steinkohle wurde dabei nur zu etwas über 10%, jüngere Steinkohle zu 30% in Oxydationsprodukte übergeführt[3].

Da die Aufarbeitung derartiger durch schwache Oxydation erhaltener Lösungen nur ungenügende Ausbeuten lieferte, verschärften F. Fischer und Schrader die Arbeitsbedingungen zur verstärkten Oxydation. Sie oxydierten z. B. 1 kg einer alten carbonischen Magerkohle 70 Stunden

[1] B. 49, 1472 (1916). [2] Abh. Kohle 2, 160 (1917).
[3] Abh. Kohle 5, 200 (1920).

bei 250°. Die Aufarbeitung der durch verstärkte Oxydation erhaltenen Lösungen erfolgte sodann in ganz ähnlicher Weise wie bei der schwachen Oxydation. F. Fischer, Schrader und Treibs[1] geben darüber folgende Übersicht:

Aufarbeitung der durch Druckoxydation von Steinkohle (Magerkohle) bei 250° erhaltenen Lösungen.

Schwach abgebaut.		Stark abgebaut.
	Lösung mit Salzsäure angesäuert.	
	Wasserdampfflüchtige Säuren.	
Benzoesäure.		Benzoesäure.
	Wasserunlösliche und schwerlösliche Säuren.	
Huminsäuren. (Daraus durch Oxydation mit Kaliumpermanganat Phthalsäure).	Unlöslich. Schwerlöslich.	Huminsäuren. Isophthalsäure.
	Wasserlösliche Säuren.	
	a. Leicht ausätherbar.	Daraus sublimiert beim Erhitzen Phthalsäure. Aus wässeriger Lösung des Rückstands Isophthalsäure.
	In Ba-Salze übergeführt.	
Zähflüssig.	a) Schwerlöslich; mit Schwefelsäure freie Säuren.	In die Ca-Salze übergeführt. Daraus Benzolpentacarbonsäure, Trimesinsäure.
Isophthalsäure, Trimesinsäure	b) Leichtlöslich; mit Schwefelsäure freie Säuren.	
	b. Schwer ausätherbar Saure Lösung zur Trockene gedampft und ausgeäthert. Säuren in Ba-Salze übergeführt.	Nicht weiter aufgearbeitet.
	a) Schwerlöslich. Freie Säuren krystallisieren nicht. In Ca-Salze verwandelt.	
Oxalsäure.	1. Unlöslich.	
Benzolpentacarbonsäure.	2. In Essigsäure löslich, beim Erhitzen ausfallend.	
	b) Leichtlöslich. Freie Säuren krystallisieren nicht.	
Mellithsäure.	c. In Äther unlösliche, in Alkohol lösliche Säuren.	

[1] Abh. Kohle 5, 267 (1920).

Im Verlaufe der Untersuchungen über die Druckoxydation wurden neben den einfachsten aliphatischen Säuren sämtliche Benzolcarbonsäuren als Abbauprodukte isoliert. Die Zerlegung eines solch komplizierten Reaktionsgemisches ist natürlich schwierig. Sie wurde mit Hilfe von Salzen und Estern angestrebt und durch nachträgliche Oxydation mit Permanganatlösung oder nachträgliche Druckerhitzung zu verbessern gesucht. Allein die verschiedensten Verfahren führten entweder zu keinen günstigen Ergebnissen hinsichtlich der Vereinfachung der Arbeit, oder sie waren mit erheblichen Substanzverlusten verknüpft.

Es lieferten bei einer Druckoxydation von $68^1/_2$ Stunden bei Gegenwart von $2^1/_2$ n-Sodalösung je 100 g trockene Steinkohle folgende Abbauprodukte[1]:

Insgesamt gebildete Säuren	0,15 Äquival.
Davon wasserdampfflüchtige Säuren	nicht best.
Darin Benzoesäure	0,43 g
Beim Ansäuern ausgefallen	0,51 g
Isophthalsäure	0,33 g
Ausätherbare Säuren	2,02 g
Darin Phthalsäureanhydrid	0,30 g
Säuren aus schwerlöslichem Bariumsalz	0,56 g
Darin Oxalsäure	0,08 g
Benzoltricarbonsäure	0,16 g

Die von F. Fischer und Schrader bei der Druckoxydation der Steinkohlen erzielten besten Ausbeuten sind nach der Berechnung von O. Horn[2] folgende:

Benzoesäure	0,3—2,2%
o-Phthalsäure	0,1—0,3%
Isophthalsäure	0,3—7,2%
Trimesinsäure	0,1—0,2%
Benzolpentacarbonsäure	0,1—0,5%

Die Oxydation der nach Druckextraktion von Steinkohlen mit Benzol verbleibenden Huminanteile haben Bone und Quarendon[3] mit alkalischer Permanganatlösung bewirkt. Ihre Arbeitsweise wurde, wie bereits erwähnt, durch Bone, Horton und Ward[4] wesentlich verbessert, indem diese unter gelinden Arbeitsbedingungen (Atmosphärendruck, rund 100°) oxydierten. Dabei erhielten sie die bereits im Abschnitt über Huminstoffe angegebenen reichlichen Ausbeuten an Benzolcarbonsäuren.

Die Einwirkung saurer Oxydationsmittel führt ebenso wie die neutraler und alkalischer die Steinkohlen erst in amorphe braune Abbauprodukte nach Art der Huminsäuren und weiterhin in niedrig molekulare saure Verbindungen über.

[1] Abh. Kohle **5**, 289 (1920).
[2] Brennstoff-Chem. **10**, 364 (1929).
[3] Proc. Royal Soc. A **110**, 537 (1926).
[4] Proc. Royal Soc. A **127**, 480 (1930).

Durch Behandlung mit rauchender Salpetersäure bei 60—80° löst sich nach Marcusson[1] Anthrazit völlig auf. Es entstehen Nitrokörper, die im wesentlichen die gleichen Reaktionen zeigen wie die Substanzen, die man nach Marcusson durch Einwirkung von Salpetersäure auf Steinkohlen schon unter gelinderen Bedingungen erhält. Die sogenannte Nitroverbindung aus Steinkohle hat nach Marcusson ein Äquivalentgewicht von 680, da sie ein Calciumsalz mit 3,97% CaO bildet. Auch Wheelers „regenerierte" Huminsäure hatte (vgl. S. 318) ein Molekulargewicht von 680.

Wie bereits erwähnt, haben Francis und Wheeler ihre regenerierten Huminsäuren mit Salpetersäure weiter abgebaut. Die 30%ige Säure verwandelte 25% der Huminsäuren in wasserlösliche Produkte, unter denen Essigsäure, Oxalsäure, Bernsteinsäure, 2,7% Pikrinsäure, Pyromellithsäure, vielleicht auch Trimesinsäure vorhanden waren.

Durch Oxydation mit konzentrierter Salpetersäure erhielten H. Meyer und K. Steiner[2] aus Steinkohle geringe Mengen Mellithsäure. Nach einer privaten Mitteilung des Chemikers F. Friedel an H. Meyer soll Schungit, der als älteste Steinkohle gilt, bei der Oxydation bis zu 10% Mellithsäure liefern. Diese vielfach zitierte Angabe ist aber niemals mit experimentellen Belegen versehen worden. Durch Einwirkung von konzentrierter Schwefelsäure auf Steinkohle erhielt Giraud[3] unter starker Entwicklung von schwefliger Säure angeblich bis zu 5% Pyromellithsäure. Nach J. Marcusson[4] erwärmt sich Anthrazit im Gegensatz zu Braun- und Steinkohle beim Übergießen mit konzentrierter Schwefelsäure nur schwach. Bei der Einwirkung von Schwefelsäure entstehen ätherlösliche Substanzen.

Durch kurze Einwirkung von konzentrierter Schwefelsäure auf feingepulverte Steinkohlen erhielt Kreulen[5] alkalilösliche Huminsäuren.

A. G. Pearson[6] hat sich mit der Oxydation von Steinkohlen mittels Schwefelsäure besonders eingehend befaßt. Sein Ausgangsmaterial bildete eine Anzahl englischer Kohlen, darunter eine Anthrazitkohle, eine Kokskohle, eine treibende Kohle und eine backende Sinterkohle.

Pearson erhielt durch Behandlung mit konz. Schwefelsäure Produkte, die er als Oxyhumine oder Oxahumine bezeichnet. Diese Produkte baute er dann mit Brom und Kalilauge noch weiter ab.

Pearson erblickt in seinen Versuchen die Durchführung einer zweistufigen Oxydation der Humine, wobei die erste Stufe einen Angriff auf periphere Gruppen, die zweite Stufe die Zerstörung einzelner Ringe

[1] Ztschr. angew. Chem. **32**, 133 (1919).
[2] Monatsh. **35**, 475 (1914).
[3] Bull. Soc. chim. [3] **11**, 389 (1894).
[4] l. c.
[5] Brennstoff-Chem. **8**, 145 (1927).
[6] Journ. Soc. chem. Ind. **42**, T 68 (1923); Fuel **3**, 279 (1924).

eines cyclischen kondensierten Systems darstellen soll. Der schließlich zurückbleibende „Kern" hatte bei allen untersuchten Proben annähernd die gleiche Zusammensetzung und die gleichen Eigenschaften.

d) Reduktion[1].

Zur Reduktion hat Berthelot[2] Jodwasserstoffsäure verwendet. Aus einer französischen Steinkohle erhielt er mit der 100fachen Menge konzentrierter Säure durch 24stündiges Erhitzen auf 270—280° 60% ölige Kohlenwasserstoffe mit einem reichlichen Gehalt an höheren Homologen des Hexans.

Dafert und Miklauz[3] erhielten durch Einwirkung von Jodwasserstoffsäure und Phosphor auf Kohle, welche sie mit Schwefelsäure und Chromoxyd voroxydiert hatten, während 20—30 Stunden bei 160° jodhaltige Produkte und Stoffe von deutlichem Petroleumgeruch. Fischer und Tropsch[4] erzielten bei Wiederaufnahme der Arbeiten von Berthelot aus einem westfälischen Anthrazit 12,1%, aus einer halbfetten Eßkohle 17,7%, aus einer Fettkohle Osterfeld 54,6% und aus einer Gasflammkohle 70,3% chloroformlösliche Bestandteile. Eine Cannelkohle lieferte 49,0% Chloroformlösliches. Je „jünger" die Kohle war, um so mehr Reduktionsprodukt löste sich in Chloroform.

Durch Erhitzen von Gasflammkohle mit Jodwasserstoffsäure und Phosphor auf 180° wurden etwa 30% eines mit Wasserdampf flüchtigen Öles von petroleumartigen Kohlenwasserstoffen erhalten, während der bitumenartige Rückstand größtenteils in Chloroform löslich war.

Im Zuge ihrer Versuche über die Reduktion von Kohlen mit Kohlenoxyd und Wasser sowie mit Ameisensäure haben F. Fischer und Schrader[5] die in Tabelle 131 zusammengestellten Ergebnisse erhalten.

Tabelle 131.

Bezeichnung	Reduktionsmittel	Ätherlösliches %
Gasflammkohle	$CO+H_2O$	13
Gasflammkohle	Natriumformiat	39,2
Cannelkohle	Natriumformiat	28,2
Selbstentzündliche Fettkohle	Natriumformiat	26,3
Fettkohle	Natriumformiat	9,2
Magerkohle	Natriumformiat	10,7
Anthrazit	Natriumformiat	1,6

Die Ausbeuten an ätherlöslichen Produkten fallen mit dem Inkohlungsgrade. Ihre Analyse ergab Werte, die als ähnlich denen bezeichnet werden, welche hydrierte Urteerphenole lieferten.

---

[1] Vgl. Ellis, Hydrogenation, 3. Aufl. New York 1930.
[2] Ann. Chim. Phys. [4] **20**, 392 (1870). [3] C. **1911 I**, 290.
[4] Abh. Kohle **2**, 154 (1917). [5] Abh. Kohle **5**, 470 (1920).

Unter allen Arbeiten, welche sich auf die Reduktion von Steinkohlen zu flüssigen Verbindungen beziehen, haben die Untersuchungen von F. Bergius über direkte spaltende Hydrierung mit Hilfe von Wasserstoff unter hohem Druck und bei erhöhter Temperatur die größte Bedeutung gewonnen. Schon die in den Jahren 1912—1913 mit Billwiller durchgeführten Versuche, westfälische Steinkohlen bei 450—470° und einem Wasserstoffdruck von 100 bis 200 atü im Autoklaven zu hydrieren, ergaben Ausbeuten von 20 bis 40% Öl und 20 bis 25% Gas, besonders Methan. Die Ölausbeute wurde nicht viel später auf 40 bis 70% gesteigert.

Wie verhältnismäßig eng das Gebiet war, auf dem Erfolg gesucht werden mußte, ergibt sich aus der Betrachtung der Arbeiten, bei denen von anderer Seite Wasserstoff und Kohle miteinander in Reaktion gebracht wurden. Ziemlich gleichzeitig mit den Versuchen von Bergius haben sich auch F. Fischer und Keller[1] mit der Hydrierung von westfälischer Steinkohle bei 500° und 66 atü Wasserstoff sowie bei noch höheren Drucken und Temperaturen befaßt. Bei 500° war die Menge der flüchtigen Bestandteile vermehrt, die Menge des Koksrückstandes von 88,3 auf 71,0% zurückgegangen; bei 750° und 86 atü betrug der Koksrückstand nur 43,5%, bei 950° und 87 atü Wasserstoff nur 21,3%. Gleichzeitig wuchs die Menge des Teeres etwas, die Menge der gasförmigen Produkte sehr; bei 950° bildeten die gasförmigen Kohlenwasserstoffe nahezu 50% der ursprünglichen Kohlensubstanz. Erst oberhalb 950° trat Abspaltung von Schwefelwasserstoff ein. Die Versuchsdauer betrug 4 Stunden.

Bei noch höheren Temperaturen (1200—1300°, 1400°) und bei hohen Wasserstoffdrucken, (30—50, bzw. 200 atü) haben J. N. Pring und D. M. Fairlie[2] gearbeitet; sie erhielten wohl nur Methan, und zwar begreiflicherweise in größerer Menge als bei normalem Druck.

Ein Gegenstück zu diesen Angaben bilden die folgenden. Bei 7tägiger Behandlung von Kohle mit Wasserstoff bei 200° unter Atmosphärendruck konnten J. T. Donnelly, C. H. Foott, H. Nielsen und J. Reilly[3] keine Reaktion beobachten. Bei Destillation von Steinkohle unter hohem Wasserstoffdruck bei Gegenwart von Nickel als Katalysator bis zu 500° erzielten H. E. Fierz-David und M. Hannig[4] kein befriedigendes Ergebnis.

Aus diesen Untersuchungen ersieht man, daß die Ausbeute an flüssigen Produkten durch Reduktion von Steinkohle (die sogenannte Verflüssigung der Kohle, besser als Überführung der Kohle in Öle bezeichnet) unter den von Bergius eingehaltenen Bedingungen den meisten

[1] Abh. Kohle 1, 148 (1915/16). [2] Ind. engin. Chem. 4, 812 (1912).
[3] Journ. Soc. chem. Ind. 47, T 139 (1928).
[4] Helv. chim. Acta 8, 900 (1925).

Erfolg versprach. Nach dem D. R. P. 301231 von **Bergius** und **Billwiller** lassen sich die festen Brennstoffe nach dem oben kurz charakterisierten Arbeitsgange größtenteils in flüssige und lösliche Verbindungen überführen; diese Verbindungen sind hauptsächlich Kohlenwasserstoffe, zum Teil auch Phenole. Der Stickstoff der Kohle wird in Ammoniak, der Schwefel in Schwefelwasserstoff übergeführt. Durch Zusatz von Benzin oder Teeröl kann der Prozeß erheblich beschleunigt werden. Durch Verteilung der gepulverten Kohle in einem flüssigen Medium kann lokale Überhitzung vermieden und der Betrieb kontinuierlich durchgeführt werden.

Gaskohlen ließen sich bis zu 85% verflüssigen; mit wachsendem Gehalte an flüchtigen Substanzen verläuft die Hydrierung leichter, sehr wasserstoffarme Anthrazitkohlen ließen sich kaum hydrieren. Der Wasserstoffverbrauch ist nicht groß, auch wenn die Kohle zu einem sehr hohen Betrage verflüssigt wird; er beträgt nicht über 5% der Kohle.

Praktisch erwies es sich als vorteilhaft, die Kohle mit Teer (mit oberhalb 300° siedenden Teerölen) zu einer Paste zu verrühren, 5% Eisenoxyd dazuzutun und diese Masse als zähen plastischen Strang in die Apparatur zu pressen. Der Zusatz von Eisenoxyd wirkt nach der Auffassung von **Bergius** vor allem entschwefelnd, andere Autoren[1] denken auch an eine katalytische Wirkung.

Die Druckgefäße des Bergiusverfahrens tragen einen Doppelmantel, in welchem sich Stickstoff befindet, der unter demselben Druck gehalten wird, wie der Wasserstoff im Reaktionsraum selbst.

Bei 450—470°, 100—150 atü und einem Durchsatz von 800 g Kohle je Liter Gefäßraum in der Stunde ist die Reaktion in 10 Minuten beendet. Das teerartige Reaktionsprodukt besteht im allgemeinen zu rund $^1/_3$ aus leichtsiedendem, $^1/_3$ aus schwersiedendem, $^1/_3$ aus pechartigem Rückstand. Im einzelnen schwanken die Ausbeuten natürlich je nach den Umständen, wie Ausgangsmaterial usw. Es wurde angegeben[2], daß eine Tonne Gasflammkohle 445 kg Öl, 210 kg Gas, 350 kg öl- und kohlehaltigen Rückstand und 15 kg Verlust ergibt. Die Verkokung des Rückstandes liefert weitere 80 kg Öl und 240 kg Gas; der Verlust betrug 5 kg. Schließlich erhält man aus 1 t Kohle 150 kg Motorbetriebsstoff, der von 30 bis 230° siedet, 200 kg Diesel- und Imprägnieröl, 60 kg Schmieröl, 80 kg Heizöl und 35 kg Destillations- und Raffinationsverlust. Unter ungünstigeren Bedingungen wurden aus der Tonne Kohle auch nur 150 kg Benzin, 100 kg Treiböl und 80 kg Schmieröl erhalten.

Das Verfahren von **Bergius** hat, soweit die Hydrierung von Stein-

---

[1] Vgl. Varga, J.: Brennstoff-Chem. **9**, 277 (1928).
[2] Vgl. Chem.-Ztg. **52**, 228 (1928).

kohle in Frage kommt, heute auch im Großbetrieb anscheinend nicht mehr mit Schwierigkeiten zu kämpfen.

Die Prüfung und die Theorie des Bergiusverfahrens wurde besonders in der wissenschaftlichen Literatur vielfach behandelt, während die eigentlichen technischen Fortschritte wohl fast ausschließlich in der Patentliteratur niedergelegt sind. F. Fischer und Frey[1] fanden alle Kohlen, die sie untersuchten, durch Wasserstoff unter Druck hydrierbar; hierbei entstanden Öle, und zwar stets in größerer Menge, als die Urverkokung zu liefern vermag. Diese Öle bestanden bis zu 20% aus Phenolen, die Kohlenwasserstoffe waren zu einem großen Teil cyclische Verbindungen. Die Phenole können nicht dem Urteer entstammen, da sie sich auch beim Hydrieren von Halbkoks bildeten. Sandkohlen und wohl auch Halbkoks von Steinkohlen eigneten sich bei diesen Versuchen besser zur Hydrierung als backende Steinkohlen.

Niederschlesische Steinkohlen wurden von M. Heyn[2] mit Erfolg nach Bergius hydriert; Heyn fand in den Bergius-Benzinen aromatische, hydroaromatische, Paraffin- und Naphthen-Kohlenwasserstoffe.

H. G. Shatwell und J. I. Graham[3] haben das Bergiusverfahren auf verschiedene Kohlenarten und auch auf die Gefügebestandteile der Steinkohlen angewendet. Sie arbeiteten teils mit, teils ohne Ölzusatz, mit Wasserstoffanfangsdrucken von 50 atü und Maximaldrucken von 160 atü und prüften auch, wie sich Kohlen verhielten, wenn sie nur mit dem zur Reaktion nötigen Wasserstoff behandelt und der nach dem Bergiusverfahren erforderliche hohe Druck durch ein inertes Gas, z. B. Stickstoff, geliefert wurde.

Glanzkohle konnte unmittelbar zu 11%, bei Gegenwart von Gasöl zu 40%, bei Gegenwart von Phenol zu 56% in Lösung übergeführt werden; in letzterem Falle waren nur 20% unlöslich geblieben. Mattkohle nahm bei viertägiger Hydrierung 4,5% Wasserstoff auf und lieferte 37,5% ätherlösliches Öl. Faserkohle (Fusit) wurde kaum angegriffen. Kohle mit mehr als 85% C konnte von 400 bis 436° reichlich verflüssigt werden. Kohle, welche 91,5% C enthielt und bei 600° nur 2% Teer und Wasser gegeben hatte, lieferte bei der Hydrierung nach Bergius 55,4% phenollösliche Substanzen, davon rund die Hälfte Flüssigkeiten. Gegen den von Graham empfohlenen Gebrauch von Phenol als Verteilungsmittel hat E. J. Lush[4] Bedenken geäußert. Weitere Angaben über das Verhalten von Lancashire-Kohle finden sich bei

[1] Brennstoff-Chem. **6**, 69 (1925). [2] Petroleum **23**, 281 (1927).
[3] Fuel **4**, 25, 75, 125 (1925). — Eine Literaturzusammenstellung über Kohlehydrierung gibt Shatwell: Journ. Soc. chem. Ind. **44**, 471 (1925).
[4] Journ. Soc. chem. Ind. **48**, 112 (1929).

H. G. Shatwell und A. R. Bowen[1], Angaben über Boghead- und Cannelkohlen bei D. G. Skinner und J. I. Graham[2].

Nach den Ergebnissen ist Hydrierung und teilweise Verflüssigung von Glanzkohle ohne Anwendung von Katalysatoren möglich; es entstehen sauerstoffhaltige, nahezu schwefelfreie Öle. Durch Anwendung von Lösungsmitteln steigt die Ausbeute an hydrierten Produkten. Wenn die Verfasser an Stelle der Wasserstoffatmosphäre eine solche von Stickstoff anwendeten, der nur die bei der Hydrierung verbrauchte Menge Wasserstoff enthielt, dann trat nur geringe Verflüssigung ein.

Weitere Angaben über den Bergiusprozeß findet man bei E. Laszlo[3], der kontinuierliche Berginisierungsversuche beschreibt, bei Novák und Hubáček[4] sowie bei Oshima und Tashiro[5], welche japanische Kohlen hydrierten. Zusammenfassende Darstellungen haben F. Bergius[6] selbst sowie Graham[7] gegeben.

Über den Einfluß von Katalysatoren finden sich zahlreiche Angaben in der Patentliteratur, auf welche noch zurückgekommen wird. In der wissenschaftlichen Literatur findet man Einzelheiten bei Skinner und Graham[8], bei B. Hlavica[9], Varga[10], Bowen und Nash[11], H. Novák und J. Hubáček[12] sowie Oshima und Tashiro[13]. Aus diesen Arbeiten ergibt sich, daß das Eisenoxyd wohl auch eine katalytische Wirkung hat, und daß andere Zusätze, wie Nickel-, Zink-, Kobalt-, Kupferverbindungen unter Umständen noch günstiger wirken. Allgemeine Ausführungen über die Katalysatoren des Bergiusprozeßes finden sich bei H. S. Taylor[14].

Was den Mechanismus der Hydrierung betrifft, so unterliegen nach P. Erasmus[15] Humuskohlen mit bis 84% C bei 360—380° einer primären Reaktion etwa im Sinne folgender Formeln:

$$1.\quad C_{20}H_{16}O_2 + 9\,H_2 = C_{16}H_{16}O + 4\,CH_4 + H_2O$$

$$2.\quad C_{20}H_{16}O_2 + 9\,H = C_{16}H_{13}O + CO + 1{,}5\,C_2H_6\,.$$

1. entspricht dem Maximum, 2. dem Minimum des H-Verbrauches. Bei der technischen Hydrierung findet man etwa die gleichen Beziehungen zwischen H-Verbrauch, Hydrierprodukt, Gas und Wasser.

Mit dem Mechanismus des Hydrierungsvorganges haben sich ferner M. Dunkel und M. Heyn[16], H. J. Watermann und Perquin[17], A. Kling

[1] Fuel **4**, 252 (1925).
[2] Fuel **6**, 74 (1927).
[3] Petroleum **22**, 421 (1926).
[4] Paliva a topení **9**, 145 (1927).
[5] Journ. Fuel Soc. Japan **7**, 70 (1930).
[6] Proc. int. Conf. Bit. Coal **1926**, 102.
[7] Proc. int. Conf. Bit. Coal **1928 II**, 456.
[8] Fuel **7**, 543 (1928).
[9] Brennstoff-Chem. **9**, 229 (1928).
[10] Brennstoff-Chem. **9**, 277 (1928).
[11] Fuel **5**, 361 (1926).
[12] Paliva a topení **9**, 145 (1927).
[13] Journ. Fuel Soc. Japan **7**, 67 (1930).
[14] Proc. int. Conf. Bit. Coal **1928 I**, 190.
[15] Unveröffentlicht.
[16] Naturwissenschaften **13**, 1021 (1925).
[17] Nach C. **1925 II**, 2301.

und D. Florentin[1], A. Spilker und K. Zerbe[2] befaßt. A. Kling und D. Florentin haben sich bei ihren Versuchen über die Hydrierung von Kohlen nach Bergius nachfolgende Auffassung gebildet: die Hydrierung eines Moleküles mit molekularem Wasserstoff findet besonders an einer gewissen Temperaturgrenze statt, bei welcher das zu hydrierende Molekül in Bruchstücke zu zerfallen beginnt. Kling und Florentin versuchen, die Hydrierung nach Bergius dadurch zu erleichtern, daß sie Katalysatoren hinzufügen, in deren Anwesenheit die zu hydrierenden Moleküle leichter zerfallen; als solche Katalysatoren können Substanzen wie Aluminiumchlorid und ähnliche dienen.

Die gleiche Auffassung haben auch A. Spilker und K. Zerbe vertreten und durch eingehende Versuche gestützt. Spilker und Zerbe stellten Modellversuche mit reinen Bestandteilen des Steinkohlenteeres an und ziehen ihre Schlüsse aus Versuchen, welche die Hydrierung von Naphthalin, Anthracen, Phenanthren u. ä. bei Temperaturen von 450 bis 480° und hohen Wasserstoffdrucken mit oder ohne Zusatz von Substanzen wie Aluminiumchlorid u. a. betrafen. Die einzelne Verbindung tritt bei einer auch vom Druck abhängigen Temperatur in Reaktion. Diese Temperatur wird als Grenztemperatur aufgefaßt, bei welcher der Molekülverband sich zu lockern beginnt. Aromatische Substanzen können hierbei in zweifacher Richtung reagieren, einmal unter Anlagerung von Wasserstoff und Übergang in hydroaromatische Verbindungen oder unter Zerfall des Moleküls und Hydrierung der Spaltstücke. Durch Überschreiten der Grenztemperatur wird der Spaltungsvorgang begünstigt, durch bestimmte Katalysatoren wird die Grenztemperatur herabgesetzt.

In diesem Zusammenhang sei auch besonders auf die Jahrzehnte zurückreichenden Druckhydrierungsversuche des russischen Forschers Ipatiew[3] und seiner Mitarbeiter hingewiesen. Das Verhalten aliphatischer Verbindungen unter hohem Wasserstoffdruck bei höherer Temperatur hat F. Bergius[4] behandelt. Über Berginisation höherer Kohlenwasserstoffe haben N. A. Orlow sowie N. A. Orlow und N. D. Lichatschew[5] gearbeitet. Auch an die Überführung von Naphthalin in Tetralin und Decalin sei hier erinnert.

Es sei noch erwähnt, daß J. P. Arend[6] ein Verfahren zur Bestimmung der günstigsten Hydrierungstemperatur der Steinkohlen angegeben hat. Die Methode beruht auf der Bestimmung der Ausdehnung der Kohlen

---

[1] Compt. rend. Acad. Sciences **182**, 389, 526 (1926).
[2] Ztschr. angew. Chem. **39**, 1138 (1926).
[3] Zusammenfassung: Shurnal prikladnoi Chimii [russ.] **5**, 675 (1928).
[4] Ztschr. angew. Chem. **34**, 341 (1921).
[5] B. **60**, 1950 (1927); **62**, 710, 719 (1929); **63**, 2179 (1930).
[6] Proc. int. Conf. Bit. Coal **1928 II**, 485.

bei der zersetzenden Destillation im Quarzrohr. Die Temperatur der maximalen Zersetzungsgeschwindigkeit soll in der Regel zugleich die Temperatur der höchsten Bezinausbeute bei der Hydrierung darstellen.

Durch die Veröffentlichungen der wissenschaftlichen Literatur wurden die ursprünglich mehrfach bezweifelten Angaben von Bergius bestätigt und die Theorie des Bergiusprozesses gefördert. Die technischen Fortschritte sind aber hauptsächlich in der Patentliteratur, zum guten Teil vielleicht nicht einmal in dieser niedergelegt. Die technische Weiterbildung des Bergiusverfahrens wurde im letzten Jahrzehnt besonders von der I. G. Farbenindustrie, ferner auch von der Gesellschaft für Teerverwertung bearbeitet. Der wesentliche Fortschritt dürfte in der Auffindung geeigneter Katalysatoren liegen, die auf Grund einer systematischen, breitangelegten Durchsuchung aller möglichen Körperklassen und Mischungen gelungen zu sein scheint. Unter den Katalysatoren werden besonders vier Gruppen hervorgehoben, nämlich 1. Molybdän und Molybdänverbindungen, 2. Wolfram, Chrom oder deren Verbindungen, 3. Sulfide, besonders aus der Eisengruppe, 4. Stickstoffverbindungen, wie Nitride, z. B. des Siliciums oder Titans. Neben diesen Gruppen sind noch zahlreiche andere Stoffe und Stoffgemische vorgeschlagen worden. Ein guter Katalysator muß möglichst dauernd wirksam sein, er muß ferner giftfest sein, insbesondere durch Schwefel und Schwefelverbindungen nicht geschädigt werden und er soll endlich sowohl die Koksabscheidung wie auch die Bildung allzugroßer Mengen gasförmiger Produkte verhindern. Es ist wohl kaum zu erwarten, daß ein einziger Katalysator alle diese guten Eigenschaften vereinigt; die Durchführung in Stufenreaktionen hängt auch damit zusammen. Mit bestimmten Katalysatoren kann man den Prozeß auch in bestimmter Richtung lenken und bestimmte Produkte bevorzugt erhalten.

Natürlich sind in der Industrie auch alle anderen Einzelheiten des Bergiusprozesses vielfach behandelt worden. Im einzelnen kommen in Frage: die Vorbereitung der Kohle zur Verflüssigung, die Arbeitsweise bei der Verflüssigung, Gewinnung und evtl. Nachbehandlung des Benzins sowie nötigenfalls auch die Behandlung des Rückstandes, die Trennung hochsiedender Öle von Asche und nichtverflüssigten Kohlenteilchen. Über den Umfang der in der Industrie geleisteten Arbeit bekommt man eine Vorstellung, wenn man in der Zusammenstellung von G. Bugge[1] sieht, daß die Liste der Patente, die sich auf den eigentlichen Bergiusprozeß sowie auf katalytische Druckhydrierungsverfahren u. ä. beziehen, über 11 Druckseiten füllt. Hierbei sind unterschieden Hauptverfahren (patentiert sind Verfahren, die bei 50 und weniger, bis etwa 200, bis 1000 und noch mehr Atmosphären arbeiten)

[1] Ullmann **6**, 643 (1930). Vgl. auch Zerbe, K.: Chem.-Ztg. **55**, 4, 18, 38ff. (1931).

und Hilfsverfahren. Letztere betreffen die Behandlung der Ausgangsstoffe, das verwendete Hydriergas (Wasserstoff als solcher, z. B. aus Braunkohle durch Vergasung im Winkler-Generator gewonnen, Wasserstoff in statu nascendi aus Wasserdampf, Schwefelwasserstoff usw.), die Herstellung, Anordnung und Behandlung der Katalysatoren, die Hydrierung in Stufen, das Baumaterial der Apparate, die Behandlung der Endprodukte u. a. m.

Im Rahmen der Kohlenchemie interessieren besonders die verschiedenartigen Vorbehandlungen der Kohle vor der Hydrierung. Man kann verschiedene Kohlensorten miteinander mischen, um die Wirkung der Hydrierung günstiger zu gestalten. Man kann ferner die zu hydrierenden Kohlen durch Trocknen, Entaschen, Befreiung von schädlichen Beimengungen, für die Hydrierung vorbereiten. Das Trocknen kann in verschiedener Weise, evtl. unter Druck oder nach Vermischen mit Ölen geschehen. Das Entaschen soll durch feines Mahlen, durch Mischen mit Wasser und Öl und andere Operationen erreicht werden. Von dem nicht hydrierbaren, störenden Fusit kann man das Material durch mechanische Aufbereitung befreien. Auch vorherige Oxydation der Kohle und die dadurch erzielte Herabsetzung des relativen Kohlenstoffgehaltes ist empfohlen worden.

Im Zusammenhang mit der Theorie des Bergiusprozesses als eines Vorganges hydrierender Spaltung der Kohlenhumine sind mannigfache, in der Patentliteratur vorgeschlagene Vorbehandlungen durch Wärme oder Extraktion von Interesse. Wenn man Kohlen unter Druck, evtl. bei Anwesenheit von Katalysatoren, bei Ausschluß von Luft, in inerter Atmosphäre oder bei Gegenwart von Wasserdampf vor der Hydrierung erhitzt, soll der Verlauf der Hydrierung besser gelingen. Durch Extraktion mit Lösungsmitteln sollen nach manchen Patentangaben schädliche Stoffe beseitigt werden; durch Entfernung des Bitumens soll der gewonnene Motortreibstoff klopffest werden. Nach anderen Angaben gelingt es, durch Behandlung von Kohlen mit Lösungsmitteln unter hohem Druck und bei erhöhter Temperatur besonders hydrierungsbereite Ausgangsmaterialien zu schaffen. Es ist auch vorgeschlagen worden, die Vorerhitzung unter Druck und die Extraktion zu kombinieren, indem man zuerst die Kohle unter Druck vor der Extraktion auf höhere Temperatur erhitzt, hernach unter Druck mit Lösungsmitteln behandelt und dann erst hydriert. Es könnte sein, daß das Studium des Zerfalles der Steinkohlenhumine zu Resultaten führen wird, welche eine willkürliche Lenkung dieses Zerfalles ermöglichen werden; von solchen theoretischen Erkenntnissen aus werden vielleicht weitere praktische Fortschritte des Bergiusprozesses der Steinkohlen möglich sein.

Hier sei noch erwähnt, daß sich der Bergiusprozeß besonders bei der

Hydrierung von Kohlenwasserstoffen, Destillationsprodukten der Kohlen, Teeröl, Teer und Pech sehr bewährt hat. Ebenso dringt das Bergiusverfahren, sinngemäß modifiziert, als Krackprozeß in die Erdölindustrie ein; hier konnten die bei der Ausarbeitung des Bergiusprozesses gewonnenen Ergebnisse sogar besonders vorteilhaft verwertet werden.

Auf die Bemühungen, ausgehend von den aus den Kohlen gewinnbaren Gasen Öle synthetisch zu erhalten, kann im vorliegenden Zusammenhang nicht näher eingegangen werden[1].

e) Einwirkung von Halogenen.

Die Einwirkung von Chlor auf Kohle haben A. Eccles und A. McCulloch[2] studiert.

Ferd. Fischer[3] erhielt aus Steinkohlen Produkte mit 30—36% Brom, indem er Steinkohlen mit Brom umsetzte. Stahlschmidt[4] gewann aus Steinkohlen und reinem Brom Produkte mit 45—49% Brom; dieses Brom war zum größten Teil addiert. S. Hilpert, K. Keller und A. Lepsius[5] gewannen durch Bromierung von Steinkohlen (Fettkohlen) Reaktionsprodukte vom Aussehen unveränderter Kohle. Beim Behandeln mit alkoholischer Kalilauge wurde HBr abgespalten, ebenso auch beim Erwärmen der Produkte. Nach J. Marcusson[6] wird Bromwasser beim Behandeln mit gepulverter Steinkohle entfärbt. F. Hinden[7] hat zur Charakteristik der Lagereigenschaften u. a. eine Bromzahlbestimmung der Steinkohlen vorgeschlagen.

Nach W. Fuchs[8] wird Brom im wasserfreien Medium von Steinkohlen derart aufgenommen, daß es zum Teil durch Substitution in feste Bindung, zum Teil durch Addition in leichter abspaltbare Bindung tritt. Durch Behandlung mit einer Lösung von Natriumacetat kann das leicht entfernbare Brom als Bromwasserstoff wieder abgespalten werden, worauf neue Mengen Brom aufgenommen und zum Teil gleichfalls wieder als Bromwasserstoff entfernt werden können. Dieser Vorgang kann solange wiederholt werden, bis aller dehydrierbarer Wasserstoff der Kohle entfernt ist.

Nach J. Marcusson[9] ergab eine Steinkohle eine Jodzahl von rund 26. Über die Einwirkung von Jod auf Anthrazit hat F. J. Nellensteyn[10] Angaben gemacht. Vergl. ferner die S. 292 genannte Arbeit von Kusnetzow.

---

[1] Vgl. Tropsch, H.: Entstehung, Veredelung und Verwertung der Kohle.
[2] Journ. Soc. chem. Ind. **49**, T 377, 383 (1930).
[3] Ztschr. angew. Chem. **12**, 787 (1899).
[4] Ztschr. angew. Chem. **12**, 790 (1899).
[5] Abh. Kohle **1**, 22 (1915/1916).
[6] Ztschr. angew. Chem. **32**, 133 (1919).
[7] Nach C. **1925 I**, 1543.
[8] Brennstoff-Chem. **9**, 348 (1928).
[9] Ztschr. angew. Chem. **32**, 113 (1919).
[10] Nach C. **1925 I**, 322.

f) Sonstige Reagenzien.

Über die Einwirkung von Schwefel auf Kohlen haben F. Fischer und A. Pranschke[1] gearbeitet, über die Einwirkung von schwefeliger Säure auf Kohlen B. Rassow und K. Hoffmann[2].

7. Verhalten der Steinkohle beim Erhitzen.

a) Allgemeines.

Beim Erhitzen der Steinkohlen werden die ersten Veränderungen bei etwa 250° deutlich. Bei etwa 300° kann man bei vorsichtiger Arbeitsweise schon den Beginn einer Teerbildung erkennen. Bei 350° beginnt unter Entweichen von Ammoniak die Zersetzung der Stickstoffverbindungen vieler Steinkohlen. Zwischen 300 und 400° gibt die Kohle bis 70% ihres Urteeres ab[3], oberhalb 550° entsteht aus der Kohle bestimmt kein Teer mehr.

Schon weit unter 500° werden die Kohlen beim Erhitzen weich und plastisch; man spricht in der technischen Literatur allgemein vom Schmelzen der Kohle. Dieses sogenannte Schmelzen der Steinkohle ist nach E. Audibert[4] einerseits vom Gehalt der Steinkohle an flüchtigen Bestandteilen, anderseits von der Geschwindigkeit, mit der die Temperatur bis zum Schmelzpunkt gesteigert wird, abhängig. Durch rasches Erhitzen, wobei die Temperatur um 2° in der Minute gesteigert wird, soll jede Steinkohle zum Schmelzen zu bringen sein. Die an flüchtigen Stoffen armen Kohlen schmelzen beim langsamen Erhitzen überhaupt nicht und liefern infolgedessen auch keinen zusammenhängenden Koks. Die Schmelzpunkte bei raschem Erhitzen liegen zwischen 325° und 420°.

Jedenfalls durchdringen beim Erhitzen streng flüssige Substanzen die erhitzte Kohle, entweichen zum Teil in Form von Zersetzungsprodukten als Teer und scheinen schließlich unter völliger Zersetzung kohlenstoffreiche Stoffe auszuscheiden, welche verkittend wirken und dem entstehenden Koks seinen Charakter geben. Nicht immer entsteht der gewünschte, gebackene Koks.

Der Koks kann schaumig, leicht zerdrückbar und zerreiblich sein: geblähter Koks. Der Koks kann ferner, ohne gebläht zu sein, mechanisch wenig Widerstandsfähigkeit aufweisen und in Größe und Form noch die Teilchen der ursprünglichen Kohle erkennen lassen: gesinterter Koks.

---

[1] Brennstoff-Chem. **9**, 361 (1928); vgl. auch Wibaut, J. P.: Rec. Trav. chim. Pays-Bas **38**, 132 (1919); **41**, 153 (1922); **43**, 731 (1924); **49** 121 (1930).

[2] Journ. prakt. Chem. [2] **104**, 20 (1922).

[3] Broche, H.: Brennstoff-Chem. **5**, 22 (1924).

[4] Compt. rend. Acad. Sciences **182**, 316 (1926).

Abweichend vom Verhalten der eigentlichen Steinkohlen ist das Verhalten der Anthrazite einerseits, der Bogheadkohlen andererseits. Die Anthrazite enthalten sehr wenig flüchtige Substanz und liefern keinen verbackenen Koksrückstand. Die Bogheadkohlen lassen sich vielfach zu einem sehr großen Teil beim Erhitzen übertreiben.

Bei den eigentlichen Steinkohlen wird Beschaffenheit und Menge der Produkte (Gas, Wasser, Teer und Koks) in hohem Grade durch die physikalischen Bedingungen beeinflußt, besonders derjenigen, die sich auf Art und Schnelligkeit des Erhitzens, erreichte Höchsttemperatur und herrschenden Druck beziehen. Ebenso stark ist der Einfluß, der sich aus der chemischen Wechselwirkung der vorhandenen Stoffe und ihrer Zersetzungsprodukte ergibt. Besonders der Verkokungsvorgang ist ein gutes Beispiel für das vielfache Ineinandergreifen chemischer, thermischer und physikalischer Erscheinungen.

Gute Kokskohlen geben beim Erhitzen auf 800° immer einen verbackenen Koks. Im praktischen Betriebe pflegt man aber bei 1200 bis 1250°, ja bei noch höherer Temperatur zu arbeiten und dabei die Zeitdauer der Operation, die sogenannte Garungszeit des Kokses, vor allem aus wirtschaftlichen Gründen, so kurz zu halten als nur geht. Dabei hängt die Schnelligkeit der Erhitzung auch sehr von der Kohlenart ab, die verkokt werden soll. Kohlen mit geringer Backfähigkeit müssen rascher und höher erhitzt werden als Fettkohlen und überhaupt sogenannte leichtschmelzbare Kohlen, die langsame Erhitzung brauchen und schon bei verhältnismäßig niedriger Temperatur den gewünschten großstückigen Hochofenkoks liefern. Schwer schmelzbare Kohlen brauchen dagegen den sogenannten heißen Ofengang. Je schwerer die Steinkohle backt, um so höher muß die Arbeitstemperatur gesteigert werden und um so schneller muß der Prozeß durchgeführt werden.

Das höhere Erhitzen hat oft nur den Zweck, den Kokskuchen zum Schwinden zu bringen, damit sich der Ofen „drücken" läßt. Auch erzielt man durch stärkeres Erhitzen eine höhere Gasausbeute, wobei sich zwischen 700 und 800° CH_4, darüber besonders H_2 bildet, beide einerseits durch Abspaltung aus der verkokenden Kohle, anderseits durch thermische Zersetzung des Teeres. Beim Ofengang bis 900° ist das Ausbringen an NH_3, beim Ofengang bis 1200° das Ausbringen an Benzol begünstigt.

Was die thermischen Verhältnisse beim Erhitzungsvorgang betrifft, so scheinen sich hierbei endotherme und exotherme Vorgänge zu überlagern. Wie man heute weiß, gibt es große Unterschiede in bezug auf die Verkokungswärme der Kohlen, die Zersetzungswärme der Kohlen und auch in bezug auf die Wärmeleitfähigkeit von Kohlen und Koks. Hierbei versteht man mit E. Terres, der mit seinen Mitarbeitern die wesentlichsten Arbeiten auf diesem Gebiete geliefert hat, unter Verkokungswärme diejenige Wärmemenge, die aufgewendet werden muß, um 1 kg lufttrockene Kohle von Zimmertemperatur in Koks und gasförmige Zersetzungsprodukte bei irgendeiner bestimmten Temperatur zu verwandeln, einschließlich der Energie in Kilocalorien, die der äußeren Arbeitsleistung der gasförmigen Entgasungsprodukte entspricht. Unter Zersetzungswärme versteht man diejenige Wärmemenge, die beim Verkokungsvorgang von exothermen Reaktionen entwickelt wird, bzw. zum Ablauf endothermer Reaktionen aufgewendet werden muß. Die Zersetzungswärme bei der jeweiligen Verkokungstemperatur ergibt sich als Differenz der Wärmetönungen der gleichzeitig oder nacheinander ablaufenden exothermen und endothermen Reaktionen.

Nach den älteren Untersuchungen von Holling und Cobb[1] verläuft die Verkokung bis 410° unter Vorherrschen endothermer Reaktionen, von 410—470° unter Vorherrschen exothermer Reaktionen, von 470 bis 610° wiederum praktisch endotherm, von 610 bis 800° praktisch exotherm. Über 800° spielen sich nur noch neutrale oder schwachendotherme Prozesse ab.

S. P. Burke und V. F. Parry[2] haben die Verkokungswärme bei der nur bis 600° durchgeführten Tieftemperaturverkokung studiert und zum Teil positiv, zum Teil gleich Null und zum Teil negativ gefunden. H. Strache und H. Grau[3] haben bei Steinkohlen schwach negative Zersetzungswärmen gefunden. J. D. Davis und J. F. Byrne[4] fanden dagegen bei 10 untersuchten Kohlen eine mittlere positive Zersetzungswärme von etwa 30 Calorien. Nach den Ergebnissen dieser Autoren laufen bis etwa 650° nur exotherme Reaktionen ab, bei etwa 500° liegt die größte Wärmeentwicklung und oberhalb dieses Gebietes wird die Zersetzungswärme in wachsendem Maße negativ. Über exotherme Reaktionen von Steinkohlen bei verhältnismäßig niedrigen Temperaturen finden sich auch Angaben bei H. Nielsen und St. Baker[5].

Nach den Untersuchungen von E. Terres und H. Wolter[6], E. Terres und M. Meier[7] sowie E. Terres und K. Voituret[8] sind die älteren Arbeiten in mancher Beziehung überholt. Die einzelnen Kohlensorten verhalten sich bei der Verkokung sehr verschieden. Auch kann ein und dieselbe Kohle sehr verschiedene Werte und Kurven geben, je nachdem ob sie frisch angeliefert oder schon längere Zeit gelagert ist. Hohe positive Zersetzungswärmen, wie sie mitunter angenommen wurden, treten sicher nicht auf, anderseits sind besonders bei hoher Temperatur recht hohe, negative Zersetzungswärmen möglich. Für den prak-

[1] Journ. chem. Soc. London **107**, 1106 (1915).
[2] Ind. engin. Chem. **19**, 15 (1927).
[3] Brennstoff-Chem. **2**, 97 (1921).
[4] Ind. engin. Chem. **18**, 223 (1926).
[5] Gas Journ. **173**, 201 (1926).
[6] Gas- u. Wasserfach **70**, 1, 30, 55, 81 (1927).
[7] Gas- u. Wasserfach **71**, 457, 490, 519 (1928).
[8] Gas- u. Wasserfach **74**, 178 (1931).

tisch in Erscheinung tretenden Effekt der Verkokung ist das Verhältnis der exothermen zu den endothermen Reaktionen verantwortlich.

b) Die Produkte der thermischen Zersetzung der Steinkohle in der Technik.

Das Verfahren der trockenen Destillation der Steinkohle kann man als Entgasung von anderen Verfahren unterscheiden, bei denen die Kohle vollständig vergast wird. In letzterem Falle kann es sich um die Herstellung von Generatorgas oder Schwachgas sowie um die Herstellung von Wassergas handeln. Letzteres entsteht bekanntlich prinzipiell nach der Gleichung: $C + H_2O = CO + H_2$.

Als Produkte der thermischen Zersetzung der Steinkohlen kommen Gas, Wasser, Teer und Koks in Betracht.

Einen Überblick über die Zusammensetzung der durch Destillation (Entgasung) oder Vergasung erhältlichen Gase gibt folgende Tab. 132[1]:

Tabelle 132. Zusammensetzung von Steinkohlengas in %.

	Destillationsgas	Generatorgas	Wassergas aus Koks	Wassergas aus Steinkohle
CO_2	2,9	5,5	4	4
CO	17,5	19,0	38	34
H_2	50,8	13,0	52	49
CH_4	24,4	—	1	9
C_mH_n	2,8	—	—	1
N_2	1,6	52,5	5	3

Das bei der Verkokung der Steinkohlen erhaltene Gas ist bekanntlich das Kokerei- oder Leuchtgas. Es wird gegenwärtig vorwiegend zu Heizzwecken, viel weniger zu Leuchtzwecken verwendet und bildet ein Rohstoffreservoir, auf dem sich künftig große Industrien werden entwickeln können; dies um so mehr, als durch die neueren Fortschritte im Koksofenbau und die Entstehung von Großkokereien der Verbrauch an Gas in der Kohlendestillation selbst relativ sehr zurückgedrängt werden konnte, da die Koksöfen mit Schwachgas, vor allem Gichtgas, beheizt werden.

Die wichtigsten Bestandteile des Leuchtgases sind neben den die Hauptmenge bildenden Gasen Methan, Kohlenoxyd und Wasserstoff (ferner Kohlensäure und Stickstoff), die Gase Acetylen, Äthylen, Propylen sowie die Dämpfe von Benzol und Benzolhomologen, Naphthalin und substituierten Naphthalinen, Fluoren, Thiophen, höheren aliphatischen Kohlenwasserstoffen vom Butan bis zum Dekan, ferner an son-

[1] Vgl. Rosenthal: Von den Kohlen und Mineralölen III, 212. Berlin 1930.

stigen Beimengungen, besonders Schwefelwasserstoff und andere Schwefelverbindungen, Blausäure u. a. m.

Das aus den Destillationsapparaten entweichende Wasser reagiert zum Unterschied vom Braunkohlen-Schwelwasser basisch. Es enthält bekanntlich Ammoniak und wird auch im allgemeinen als Ammoniakwasser bezeichnet. Das Ammoniak findet sich im Ammoniakwasser auch in Form leicht flüchtiger sowie kaum flüchtiger Ammoniumverbindungen. Unter den ersteren seien kohlensaures Ammoniak, Schwefelammonium, Cyanammonium erwähnt, unter den letzteren Ammoniumsulfat, Ammoniumchlorid, Ammoniumsulfit, Ammoniumthiosulfat. Daneben enthält das Ammoniakwasser weitere organische Bestandteile, wie Pyridinsalze, Methyl- und Äthylalkohol, Phenole (besonders Carbolsäure) sowie auch Spuren von Benzol, Naphthalin und überhaupt Kohlenwasserstoffen.

Der Steinkohlenteer ist eine braun- bis tiefschwarze, zähe Flüssigkeit von eigenartigem Geruch, dessen spezifisches Gewichts je nach der Herkunft etwas schwankt; man unterscheidet besonders Gasanstalts- und Kokereiteer. Der Teer enthält eine außerordentlich große Anzahl von Verbindungen, die in einem weiten Temperaturbereich überdestillieren; außerdem Pech und sogenannten freien Kohlenstoff, die bei der Destillation des Teeres in der Blase zurückbleiben. Die nachfolgende Tab. 133 enthält einen Überblick über die bei der Teerdestillation erhältlichen Erzeugnisse[1]:

Tabelle 133. Produkte der Teerdestillation.

Fraktion	Siedegrenzen °C	Spez. Gewicht	Hauptbestandteile
Wasser . . .	—	—	
Leichtöl . . .	0—170	0,94	Benzol, Toluol, Xylol, Phenol, Basen (Pyridin)
Mittelöl . . .	170—230	0,98	Naphthalin, Phenol, Kresole, Basen, neutrale Öle
Schweröl . .	230—270	1,04	Kreosot, Naphthalin, Basen, neutrale Öle
Anthracenöl .	270—350	1,08	Anthracen, Phenanthren, Carbazol, Imprägnieröle, neutrale Öle
Pech	über 350	—	Pech, freier Kohlenstoff, Phenanthren, Chrysen

Über die Zusammensetzung wasserfreier Teere verschiedener Herkunft hinsichtlich der technischen Fraktionen gibt die Tab. 134 eine Übersicht[2]:

[1] Handbuch der Brennstofftechnik. Herausgegeben von der Koppers A.-G., Essen 1928.

[2] Handbuch der Brennstofftechnik. Herausgegeben von der Koppers A.-G,. Essen 1928.

Tabelle 134.
Zusammensetzung wasserfreier Teere verschiedener Herkunft.

Gewonnen in	Horizontalretorten %	Vertikalretorten %	Schrägkammern %	stetig betriebenen Vertikalkammern %	Horizontalkammern (Koksöfen) %
Leichtöl	1,2	10,7	2,7	2,0	1,4
Mittelöl	9,9	14,3	7,7	11,9	3,6
Schweröl. . . .	6,0	7,7	10,5	16,2	10,4
Anthracenöl . .	4,7	31,1	19,4	17,3	25,8
Pech	78,2	36,2	59,7	52,6	58,8

Die Kammeröfen der Kokereien waren von den früher verwendeten horizontalen Retorten der Gasanstalten in Wirkungsweise und Ergebnis recht verschieden, liefern aber heute Produkte, die sich von den aus modernen Vertikalretorten oder Kammeröfen der Gasanstalten erhältlichen doch nur wenig unterscheiden. Dies ergibt sich auch aus der Tab. 135, die eine Ergänzung zu der Tab. 134 bietet:

Tabelle 135. Destillate in % der Kohle.

	Kokereiofen	Horizontalretorte	Vertikalretorte
Ammoniakwasser	2,69	3,50	2,17
Leichtöl	1,38	3,10	5,85
Mittelöl.	3,46	7,68	12,32
Schweröl	9,93	10,15	11,95
Anthracenöl.	24,76	11,54	15,96
Pech	56,44	62,00	49,75
Spezifisches Gewicht . .	1,145—1,191	1,2	1,1
Freier Kohlenstoff	—	20	2—4

Die Aufzählung der in Teer nachgewiesenen chemischen Verbindungen würde viele Seiten füllen. Man hat im Teer jedenfalls eine Fundgrube der verschiedensten organischen Verbindungen, aus der in Wissenschaft und Industrie schon vieles herausgeholt worden ist. Nachgewiesen sind im Teer Kohlenwasserstoffe, sauerstoffhaltige, schwefelhaltige und stickstoffhaltige Verbindungen. Unter den Kohlenwasserstoffen seien erwähnt: Kohlenwasserstoffe der Methanreihe, angefangen vom Methan bis zu festen Paraffinen, Kohlenwasserstoffe der Äthylenreihe vom Äthylen bis zum Heptylen, Kohlenwasserstoffe der Acetylenreihe, Benzolverbindungen sowie deren Dihydro-, Tetrahydro- und Hexahydroderivate, Vertreter der Naphthalingruppe und einer ganzen Anzahl anderer cyclischer Systeme. Unter den sauerstoffhaltigen Körpern sind neben Methylalkohol, Äthylalkohol, Aceton, Säuren wie Essigsäure, Benzoesäure, besonders aber Phenole nachgewiesen. Außer Phenol hat man die drei Kresole, verschiedene Xylenole, Naphthole u.a.m., gefunden.

Neben Phenolen enthält der Teer auch Verbindungen mit cyclisch gebundenem Sauerstoff, wie Cumaron, Diphenylenoxyd u. a. Unter den schwefelhaltigen Körpern seien Schwefelkohlenstoff, Kohlenoxysulfid, verschiedene Mercaptane sowie Verbindungen mit cyclisch gebundenem Schwefel, wie z. B. Thiophen, erwähnt. Von den stickstoffhaltigen Körpern seien Anilin, Pyridin und die substituierten Pyridine, Chinolin, Acridin u. a. genannt; ferner als kaum basische Verbindungen Pyrrol, Carbazol usw.

Das Hauptprodukt der trockenen Destillation der Kohle ist stets der verbleibende Koks[1]. Man kennt aus vielfachen Untersuchungen die Zusammensetzung der verschiedensten Kokse aus Wasser, Asche und organischer Substanz, und man kennt die physikalischen Eigenschaften der Kokse, wie spezifisches Gewicht, spezifische Wärme, Wärmeleitfähigkeit, Porosität, Druckfestigkeit, Sturzfestigkeit, Zerreiblichkeit und ähnliches. Koks enthält bis zu 5% Feuchtigkeit, 6—10%, manchmal weniger, manchmal mehr Asche und besteht in seiner organischen Substanz im Durchschnitt aus über 90 bis zu 97% C, 0,5—1% H, meist nur 1, aber auch bis zu 8% O, 0,3—1,5% N und meist rund 1% S. Wasser, Asche und Schwefel sollen zusammen nicht über 10% betragen, der Schwefelgehalt soll möglichst niedrig sein.

Der Schwefel wird bei der trockenen Destillation von reiferen Kohlen stärker im Koks festgehalten als von jüngeren[2]. Ähnliches gilt auch vom Stickstoff. Wie man gefunden hat, halten „jüngere" Kohlen im Koks verhältnismäßig weniger Stickstoff zurück als ältere.

Die Zusammensetzung von Gas, Wasser, Teer und Koks nach Art und Menge hängen in der Praxis von der angewendeten Kohle, von der Arbeitsweise, der Erhitzungsart, der Erhitzungsdauer und der Höchsttemperatur der Erhitzung ab. Mit steigender Arbeitstemperatur steigt im allgemeinen die Ausbeute an Gas und fällt die Ausbeute an Koks und Teer. Das Gas ist bei höherer Temperatur ärmer an Kohlenwasserstoffen und reicher an Wasserstoff. Die Verbindungen des Teeres sind um so reicher an Kohlenstoff und um so ärmer an Wasserstoff, je höher die Temperatur war, der der Teer bei seiner Gewinnung ausgesetzt wurde. Das praktische Teerausbringen je Tonne Kohle wird mit 35 bis 60 kg angegeben.

Einen Überblick über die Verhältnisse bei der trockenen Destillation der Kohle geben die nachstehenden Resultate von Spilker[3].

---

[1] Simmersbach, Schneider, Kokschemie. Berlin 1930.

[2] S. ferner Terres, Zeitschr. angew. Chem. **44**, 473 (193).

[3] Spilker: Kokerei und Teerprodukte der Steinkohle, S. 24. Halle 1908. — S. ferner 4. Aufl. S. 48. Halle 1922.

	Zeche Matthias Stinnes	Zeche Deutschland
Koks	75,43%	85,38%
Flüchtige Bestandteile	24,57%	14,62%
	100,00%	100,00%

Die flüchtigen Bestandteile sind:

Ammoniak (NH_3)	0,386%	0,341%
Teer	2,49%	1,12%
Wasser	6,21%	2,57%
Kohlensäure (CO_2)	1,46%	0,67%
Schwefelwasserstoff (H_2S)	0,31%	0,20%
Rohbenzol	1,27%	0,54%
Koksofengas	12,444%	9,179%
	24,570%	14,620%

Die Gasmenge betrug bei pro Tonne Kohle:

760 mm, 0°, trocken	277,9 cbm	276,5 cbm
760 mm, 15°, feucht	298,2 „	296,7 „

Die Zusammensetzung der Gase war:

Schwere Kohlenwasserstoffe	4,6%	1,7%
Kohlenoxyd	7,1%	3,9%
Wasserstoff	51,4%	65,3%
Methan	34,7%	26,8%
Stickstoff	2,2%	2,3%
	100,00%	100,00%

c) Chemismus der thermischen Zersetzung der Steinkohlen.

In der Literatur liegen zahlreiche Untersuchungen vor, welche sich auf die thermische Zersetzung von Steinkohlen beziehen, unter Bedingungen, die gegenüber der Arbeitsweise der Technik geändert sind. Man hat mit irgendwie vorbehandelten Kohlen gearbeitet, man hat Kohlen auf besondere Weise, bei besonderer Temperatur oder unter besonderen Drucken erhitzt und man hat die bei beliebigen Modifikationen und Kombinationen hinsichtlich Druck, Temperatur und Arbeitsweise erhaltenen Produkte (Gas, Wasser, Teer und Rückstand) näher untersucht. Man hat im Vakuum oder unter erhöhtem Druck, dauernd bei tieferer Temperatur als in der Technik, unter sehr langsamer, sehr schneller oder nur bis zu gewissen Grenzen gehender Steigerung der Temperatur, endlich auch unter Anwendung eines Dampfstromes oder eines Stromes inerter Gase gearbeitet.

Der Einfluß vorheriger Oxydation auf die Ergebnisse der trockenen Destillation der Kohle ist von R. Kattwinkel[1] untersucht worden. Drei westfälische Kokskohlen wurden in Proben zu 10 kg in 80 mm

[1] Glückauf **63**, 160 (1927).

hoher Schicht im Dampftrockenschrank 90 Tage auf 80° erwärmt. Bei den Verkokungsproben zeigten die untersuchten Kohlen folgendes Verhalten:

Tabelle 136.

	Frische Kohle			Oxydierte Kohle		
	I	II	III	I	II	III
	%	%	%	%	%	%
Gehalt an flüchtigen Bestandteilen	23,38	27,60	32,46	26,49	32,00	38,80
Koksausbeute	76,62	72,40	67,54	73,51	68,00	61,20
Koksaussehen	gut geflossen, silbergrau			schwarzes Pulver		

Wie sich das Ausbringen an Nebenprodukten durch die Oxydation der Kokskohlen änderte, geht aus der Tabelle 137 hervor, welche die betreffenden Resultate von Kattwinkel enthält.

Tabelle 137.

Gehalt an	Frische Kokskohle			Oxydierte Kokskohle		
	I	II	III	I	II	III
	%	%	%	%	%	%
Koks	81,860	77,630	74,170	81,620	77,250	72,770
Teer	2,100	2,778	3,552	0,605	0,825	0,931
Gaswasser	4,779	4,814	7,759	6,457	7,676	10,258
Ammoniak	0,330	0,356	0,348	0,352	0,394	0,411
Sulfat	1,280	1,381	1,350	1,366	1,529	1,595
Rohbenzol	0,685	0,928	1,201	0,536	0,672	0,609
Ger. Gas je t Kohle (0°, 760 mm) m^3	250,8	259,6	275,3	243,9	257,2	228,3

R. Kattwinkel ist der Meinung, daß die Oxydation vor allem das Bitumen der Versuchskohlen angreift.

Daß das Verkokungsvermögen der Steinkohlen bei Einwirkung von Luft bei 100° vernichtet werden kann, fand schon Boudouard[1].

Neuerdings haben J. T. Donnelly, C. H. Foott, und J. Reilly[2] den Einfluß vorheriger Oxydation auf das Ergebnis der Destillation der Kohle in mehreren Arbeiten studiert. Sie oxydierten Kohlen vor der Destillation unter ganz bestimmten, einheitlich festgehaltenen Bedingungen, indem sie einen großen Sauerstoffüberschuß bei konstantem Druck durch die Kohle zirkulieren ließen, die entstandenen Mengen Kohlenoxyd und Kohlensäure dauernd entfernten und den verbrauchten Sauerstoff ersetzten. Sie erhitzten z. B. Proben von Steinkohle Durham $^1/_2$ bis 115 Stunden ohne Unterbrechung auf 180°, stellten dann die Gewichtsveränderung, die gebildeten Mengen H_2O, CO_2 und Kohlenoxyd und damit auch den Sauerstoffverbrauch fest. Im Anfang der Versuche war die Menge des Kohlenoxyds und der Kohlensäure gering im Verhältnis zum Sauerstoffverbrauch, stieg

[1] Compt. rend. Acad. Sciences **148**, 284 (1909).
[2] Journ. Soc. chem. Ind. **47**, T 1, 139 189 (1928); **48**, T 101 (1929).

dann aber bis zu Werten, die dem Sauerstoffverbrauch proportional waren; zugleich wuchs das Verhältnis Kohlensäure zu Kohlenoxyd allmählich zu einem konstanten Wert; andererseits war die Wasserbildung von Anfang an dem gesamten Sauerstoffverbrauch proportional. Die Kurven für die Gewichtszunahme der Kohlenproben und die Sauerstoffadsorption durch die Kohlensubstanz, die in direkter Beziehung zueinander stehen, beginnen als gerade Linien, machen dann eine scharfe Biegung und verlaufen weiter als gerade Linien mit größerem Winkel gegen die Horizontale.

Die unter solchen Bedingungen voroxydierten Kohlenproben wurden im Stickstoffstrom bei 600° im elektrischen Ofen destilliert und Wasser, Teer und Gas in besonderen Apparaten aufgefangen und bestimmt. Je größer der Sauerstoffverbrauch bei der Voroxydation war, desto geringer war die Teerausbeute und desto größer die Bildung von Wasser und Gas. Die Koksausbeute stieg bei der Mehrzahl der Versuche.

Bei weiteren Versuchen wurden die voroxydierten Proben unter Durchleiten eines Stromes von Steinkohlengas destilliert. Der Teer wurde nach folgendem Schema zerlegt:

- Gesamtteer
  - Leichtöl bis zum Sdp. 120°
  - Schwerer Teer
    - Acetonlöslich
    - Ätherlöslich
      - Neutralöl
        - Asphaltrückstand
        - Öl vom Sdp. 120—148° (1 mm)
      - Basen
      - Säuren

Die Voroxydation beeinflußt die Teerausbeute bei der Destillation sehr. Bei starker Voroxydation verringert sich das Teergewicht merklich; bei einer Kohle, die bei der Voroxydation etwa $^1/_3$ ihres Gewichts an Sauerstoff verbraucht hatte, erhält man nur 2,08% Teer, während die nicht oxydierte Kohle 10,73% Teer gibt. Mit wachsender Voroxydation wächst der Anteil des bis 120° siedenden Leichtöls im Teer ungefähr im gleichen Verhältnis, in dem der schwere Teer abnimmt. In den ersten Stadien der Oxydation fällt der Prozentgehalt an Basen und Asphaltrückstand stark, bei fortschreitender Oxydation wächst der Gehalt an beiden, der an Basen ziemlich langsam, der an Asphaltrückstand schnell. Der durch verdünnte Natronlauge extrahierbare Anteil, der 22,12% des Teeres aus unoxydierter Kohle ausmacht, fällt bis auf 7,22% des aus höchst oxydierter Kohle erhaltenen. Während die Menge der leichten Öle nur langsam fällt, vermindert sich der schwere Teer sehr rasch, so daß bei einem Sauerstoffverbrauch von 47,15% der Leichtölgehalt mehr als 50% des Gesamtteers betrug.

Eine andere Vorbehandlung, die gleichfalls von großem Einfluß auf das Verhalten der Steinkohle bei der Verkokung ist, ist die Behandlung mit Lösungsmitteln. Schon 1913 haben Parr und Olin[1] die Verkokung darauf zurückgeführt, daß die Bitumenstoffe der Kohle sich erst merklich oberhalb ihres Schmelzpunktes zersetzen und dadurch als Bindemittel bei der Koksbildung wirken. Diese Bestandteile sind nach der damaligen Auffassung von Parr ungesättigt, leicht oxydierbar, destillierbar und unterhalb ihres Zersetzungspunktes schmelzbar. Durch Extraktion mit Phenol bei 110° zerlegten Parr und Hadley[2] die Steinkohle in zwei Anteile und stellten fest, daß der nach der Extraktion verbleibende Rückstand nicht mehr verkokungsfähig war.

Nach den Versuchen von F. Lierg[3] büßte Kokskohle durch Behandlung mit Pyridin ihre Verkokungsfähigkeit ein, erhielt sie aber wieder, als man Rückstand und Extrakt miteinander vermischte.

Weitere Untersuchungen stammen von F. Fischer und W. Gluud[4], F. Fischer, Broche und Strauch[5] sowie von Broche und Th. Bahr[6]. Nach erschöpfender Extraktion verschiedener Steinkohlen mit Benzol bei 55 atü und 285° waren Festigkeit und Zusammenhang der Kohlen verloren gegangen; die Rückstände hatten ihr Verkokungsvermögen eingebüßt. Auch W. A. Bone und seine Mitarbeiter[7] extrahierten Steinkohle mit Benzol in einem nach dem Soxlethprinzip arbeitenden Autoklaven unter Druck bei 250, 260 und 285° und brachten 5—15% der Kohlensubstanz in Lösung. Die Rückstände lieferten keinen gebackenen Koks mehr.

Novák und Hubáček[8] sowie E. Berl und Schildwächter[9] extrahierten Steinkohle mit Tetralin. Die letzteren behandelten Gasflammkohle im Autoklaven stufenweise jeweils zwei Stunden mit Tetralin und entnahmen nach jeder Extraktion Proben zur Verkokung. Schon nach einmaliger Druckextraktion hatte die Kohle ihr Bläh- und Backvermögen fast vollständig verloren. Bei Zugabe der auf den ursprünglichen Gehalt berechneten Menge von Gesamtbitumen konnte übrigens von Berl und Schildwächter ein Koks von annähernd dem früheren Back- und Blähgrade nicht wieder erzielt werden. Die Ursache dieser Erscheinungen sehen die Autoren in folgendem: Die Zugabe des Bitumenextraktes zur Kohle erfolgte durch Eintrocknen der Lösung des Bitumens in Benzol, zusammen mit der extrahierten Kohle. Die Verfasser glauben nun, daß durch zu rasches Abdestillieren des Benzols

[1] Vgl. Stahl u. Eisen **33**, 488 (1913). [2] Fuel **4**, 111 (1925).
[3] Ztschr. angew. Chem. **35**, 264 (1922).
[4] Abh. Kohle **1**, 54, 64 (1915/1916); **3**, 13 (1918).
[5] Brennstoff-Chem. **5**, 299 (1924); **6**, 33 (1925).
[6] Brennstoff-Chem. **6**, 349 (1925).
[7] Proc. Royal Soc. London A **100**, 582 (1922); A **105**, 608 (1925).
[8] Paliva a topení **10**, 32 (1928). [9] Brennstoff-Chem. **9**, 121 (1928).

aus der Kohle die Aufsaugung des Extraktes nur unvollständig gewesen war.

Auf weitere Einzelheiten sowie auf die Theorie des Verkokungsvorganges wird am Schlusse dieses Abschnittes zurückgekommen.

Zahlreiche Untersuchungen der Literatur beziehen sich auf die trockene Destillation der Steinkohle bei möglichst niedriger Temperatur. Schon Börnstein[1] fand, daß Fett- und Flammkohlen bei tiefer Temperatur mehr Teer geben als bei höherer und daß der Tieftemperaturteer mehr Paraffine, der bei höherer Temperatur gewonnene Teer mehr aromatische Kohlenwasserstoffe enthält. Magerkohlen gaben auch bei niedriger Temperatur Teere, welche arm an Wasserstoff und frei von Paraffin waren und ähnliche Mengen aromatischer Kohlenwasserstoffe enthielten, wie die bei höherer Temperatur anfallenden Teere. Die eigentlichen Tieftemperaturteere waren klare dickflüssige Öle von geringerem spezifischen Gewichte als die bis dahin bekannten Steinkohlenteere.

Später haben sich mit Untersuchungen über die Destillation von Kohlen bei tiefer Temperatur, Tieftemperaturverkokung oder kurz Urdestillation genannt, eine Reihe von Forschern, so besonders A. Pictet[2], R. V. Wheeler[3], W. Gluud[4], eingehend beschäftigt.

Bei Wheelers Arbeiten wurden die Kohlen ganz langsam auf Temperatur gebracht, während Pictet verhältnismäßig schnell auf die von ihm angewendete Arbeitstemperatur von 450° zu kommen suchte; in beiden Fällen entstand ein Teer, der sich durch nachträgliches Erhitzen in ein Produkt vom Charakter des technischen Steinkohlenteeres umwandeln ließ. Die Tieftemperaturteere enthielten Olefine, Naphthene und flüssige Paraffine, aber so gut wie keine aromatischen Kohlenwasserstoffe. Ein Unterschied in den Ergebnissen von Wheeler und Pictet besteht darin, daß der erstere nur Spuren von basischen Stoffen erhielt.

A. Pictet und seine Mitarbeiter destillierten Steinkohlen unter vermindertem Druck von 10 mm bei höchstens 450°, wobei sie diese Temperatur schnell erreichten und möglichst konstant hielten. Sie erhielten aus ihren fetten Gaskohlen rund 4% eines Vakuumteers als hellbraune, schwachgrün fluorescierende, durchsichtige Flüssigkeit, die leichter als Wasser war und ganz ähnlich wie Petroleum roch. Dieser Teer enthielt keine in verdünnte Natronlauge löslichen Bestandteile, dagegen nicht unbeträchtliche Mengen von (anscheinend sekundären) Basen.

---

[1] B. **39**, 1238 (1906).

[2] Pictet, Ramseyer, Bouvier u. a.: B. **44**, 2486 (1911); **46**, 3342 (1913); Ann. Chim. (9) **10**, 249 (1918).

[3] Vergl. S. 356ff.

[4] Die Tieftemperaturverkokung der Steinkohle. 2. Aufl. Halle 1921.

Dieses Produkt war, wie bereits S. 309 angegeben, ganz ähnlich dem, welches durch Extraktion von Steinkohlen mit Benzol unter Druck gewonnen worden war. Die Fraktionierung erfolgte über einen Temperaturbereich von 175—330°. Bei wiederholter Fraktionierung zeigte sich die Erscheinung, daß die niedrigen Fraktionen allmählich verschwanden, indem sie durch Aufnahme von Sauerstoff in höhersiedende Produkte übergingen. Durch fraktionierte Destillation konnten konstant siedende Produkte nur schwierig erhalten werden. Die Aufarbeitung des Tieftemperaturteeres von Pictet, welche durch Zerlegung in neutrale, saure und basische Verbindungen bis zu den höchstwahrscheinlich einheitlichen Stoffen der Tabelle 122 führte, wurde bereits angegeben.

Pictet und Bouvier[1] destillierten 100 g ihres Vakuumteeres unter Verhältnissen, wie sie in der Gasretorte herrschen, durch ein eisernes Rohr. Hierbei entwich ein nach Leuchtgas riechendes Gas, und es entstand ein ammoniakhaltiges, wässeriges sowie ein dunkles, wie gewöhnlicher Steinkohlenteer riechendes teeriges Destillat. Nach Behandlung dieses Teeres mit verdünnter Natronlauge waren bedeutende Mengen Phenole in der Lauge nachweisbar; durch Behandlung des mit Natronlauge extrahierten Teeres mit verdünnter Schwefelsäure wurden Spuren pyridinartig riechender Basen entfernt. Die Fraktionierung der verbleibenden neutralen Substanzen lieferte unter anderem Benzol, Naphthalin und Anthracen.

Aus den Fraktionen des Tieftemperaturteeres wurden nach der bereits mitgeteilten Arbeitsweise (Kochen der Einzelfraktionen mit Natrium, Abscheidung der Alkohole als Alkoholate usw.) cyclische, mehr oder minder hydrierte Alkohole isoliert; diese ergaben jedoch bei der Destillation durch rotglühende Röhren nicht, wie erwartet, Phenole, sondern ungesättigte Kohlenwasserstoffe.

Im Vakuumteer wurden in geringer Menge einzelne Kohlenwasserstoffe gefunden, die auch in manchen Petroleumsorten nachgewiesen werden konnten[2].

F. Fischer und W. Gluud[3] haben die Urdestillation der Kohlen mit praktischen Zielen untersucht. Sie prüften die verschiedensten Steinkohlenvorkommen auf ihr Verhalten bei der Tieftemperaturverkokung unter gewöhnlichem Druck in der Drehtrommel. Die erhaltenen Teere zerlegten sie in Anteile, die technisch gebraucht werden sollten. Tabelle 138 enthält einige ihrer Resultate, und zum Vergleich damit auch Angaben über einen Generatorteer.

---

[1] B. **46**, 3342 (1913).

[2] Im Urteer indischer Steinkohlen wurde nach B. Rassow, Brennstoff-Chem. **7**, 250 (1926), u. a. Tetrahydrobenzol gefunden.

[3] Abh. Kohle **1**, 125 (1915/1916); vgl. auch z. B. Abh. Kohle **3**, 282 (1918).

Tabelle 138. Zusammensetzung von Urteeren in %.

	Benzine	Nicht-viscose Öle	Roh-paraffin	Schmieröle	Neutrales Harz	Pech	Phenole u. Kresole	Basen	Wasser und Verlust
Steinkohle Lohberg	13,0	13,0	1,5	15,0	1,5	9,0	46,0	1,0	—
Fettkohle . .		33,5	0,4	15,2	4,2	19,2	14,4	—	13,5
Gasflammkohle		15,0	1,0	10,0	1,0	6,0	50,0	—	17,0
Generatorteer aus Steinkohle		17,7	0,8	11,3	0,7	15,0	37,8	—	16,7

Urteer soll nach Fischer und Gluud folgende Kennzeichen haben: 1. Bei Zimmertemperatur muß er flüssig sein und darf nur wenig Paraffin ausscheiden. 2. Das spezifische Gewicht bei 25° soll 0,95 bis 1,06 sein. 3. In dünner Schicht ist Urteer goldrot bis portweinfarben. 4. Urteer riecht fast stets nach Schwefelwasserstoff oder nach Schwefelammonium. Keinesfalls darf er nach Naphthalin riechen.

Die Ausbeute an Urteer schwankt nach den zahlreichen Untersuchungen von F. Fischer, W. Gluud und deren Mitarbeitern bei Steinkohlen von wenigen Prozent bis (meist) 10%, aber auch bis 17%. Eine Cannelkohle gab 37% Urteer. Die Ausbeute an Teer beim Generatorbetrieb beträgt nach dem Hinweis der Autoren 6—8%.

Die Hoffnungen, die man seinerzeit an die Tieftemperaturverkokung als eine Quelle von Petroleumprodukten geknüpft hat, haben sich vor allem deshalb nicht verwirklichen lassen, da das Hauptprodukt der Tieftemperaturverkokung eben nicht der Teer, sondern der verbleibende Koks ist, der als sogenannter Halbkoks leicht entzündlich, leicht brennbar, wenig fest und sehr zerreiblich ist und daher nur schwierig, jedenfalls nicht allgemein verwertet werden kann. In einzelnen Fällen ist es gelungen, einen guten Schwelkoks zu erzeugen, daneben etwa 5% Schwelteer, und je Tonne 60—80 m³ Gas zu gewinnen[1].

Fischer und Gluud fanden als Bestandteile des Urteeres bis zu 50% Phenole, meist 30—40%, sehr geringe Mengen Pyridinbasen, an Kohlenwasserstoffen Paraffine, Olefine, Hydroaromaten sowie substituierte aromatische Verbindungen. Unter den Phenolen[2] wurden kleine Mengen Kresole, Brenzcatechin und Carbolsäure identifiziert, ferner Xylenole, in der Hauptsache aber Phenole, welche höher als die Xylenole sieden, zum Teil auch feste Phenole.

Mit den festen Phenolen im Steinkohlenurteer haben sich F. Hofmann und M. Heyn[3] beschäftigt. Der Gehalt an festen Phenolen im Steinkohlenurteer (diese Phenole sind sämtlich pyridinlöslich) steht

[1] Vgl. Müller, F.: Von den Kohlen und Mineralölen I, 10 (1928).
[2] Brennstoff-Chem. 1, 35 (1920); 4, 85 (1923).
[3] Brennstoff-Chem. 4, 209, 273 (1923).

nach diesen Autoren mit der Backfähigkeit der Kohlen derart in Verbindung, daß backender Halbkoks nur bei solchen Kohlen auftritt, deren Urteer in der Hauptsache flüssige Phenole liefert.

Bei Untersuchungen über Urteerphenole fand R. Weindel[1], daß die Urteerphenole Verbindungen recht verschiedener chemischer Natur umfassen, darunter allerdings auch Vertreter homologer Reihen. Phenole mit mehr als einer OH-Gruppe schienen besonders in der Fraktion 240—275° angereichert zu sein. Auch wurde mit Sicherheit β-Naphthol nachgewiesen. Weitere Angaben über Urteerphenole findet man noch bei F. Fischer und Breuer[2] sowie bei Wheeler[3].

Sonstige Sauerstoffverbindungen, vor allem Ketone, fanden in Urteeren R. Weißgerber[4] sowie, z. B. Aceton, F. Schütz[5].

Mit den Basen des Urteeres hat sich Gollmer[6] befaßt. In einem bei 700° mit Wasserdampf gewonnenen Schwelteer fanden R. L. Brown und B. F. Branting[7] unter den Basen besonders Dimethylpyridin und höhere Homologe.

Mitteilungen über die Schwefelverbindungen des Urteeres hat R. Weißgerber[8] gemacht. Weißgerber fand Thiophenverbindungen nach Art des Thionaphthens und der Methylthionaphthene. Diese Schwefelverbindungen greifen manche Metalle stark an und sollen dem Urteer durch Behandeln mit Kupfer und Zink entzogen werden können.

Im übrigen gilt für die Zerlegung der Urteerphenole in einzelne chemische Individuen alles das, was über die Phenole des Braunkohlenschwelteeres gesagt worden ist. Die Verwertung der Urteerphenole hat man durch Überführung in Kohlenwasserstoffe[9], ferner durch Erschließung von Anwendungsmöglichkeiten auf den Gebieten der Desinfektion, der Schädlingsbekämpfung und des Pflanzenschutzes[10], der Kunstharzindustrie und Lackindustrie[11] gesucht.

R. Weißgerber und E. Moehrle[12] haben sich mit der näheren Untersuchung neutraler Urteeranteile befaßt. Ihre Arbeit bezieht sich

---

[1] Brennstoff-Chem. 3, 245 (1922).
[2] Abh. Kohle 2, 236 (1917).
[3] Vgl. Gluud, W.: Abh. Kohle 1, 78 (1915/1916).
[4] Brennstoff-Chem. 4, 51 (1923).
[5] Brennstoff-Chem. 4, 84 (1923).
[6] Brennstoff-Chem. 4, 1 (1923).
[7] Ind. eng. Chem. 20, 392 (1928). — Die Autoren fanden Phenole, die zur Hälfte destilliert werden konnten (darunter 6% Phenol, 7% o-, 19,5% m- und p-Kresol, 36,5% Xylenole und 31% höhere Homologen, darunter Brenzcatechin), ferner Neutralöle, die zu 75% bis 275° übergingen.
[8] Brennstoff-Chem. 2, 1 (1921).
[9] Zahlreiche Literaturnachweise bei Tropsch, H.: Brennstoff-Chem. 11, 449 (1930).
[10] Ufinol, Tusputol. — Vgl. Müller, F.: Von den Kohlen und Mineralölen I, 16 (1928).
[11] Vgl. Ehrmann, K.: Brennstoff-Chem. 10, 405 (1929).
[12] Brennstoff-Chem. 4, 81 (1923).

besonders auf die Kohlenwasserstoffe der von 200—300° siedenden Verbindungen des Urteeres, der sogenannten Treiböle. Die Tabelle 139 gibt eine Übersicht über die Resultate.

Tabelle 139. Bestandteile neutraler Urteerfraktionen nach Weißgerber und Moehrle.

Fraktion °C	Ungesättigte Verbindungen %	Paraffine und Naphthene %	Aromatische Verbindungen %	Darunter
165—170	—	—	—	Pseudocumol
190—195	—	—	—	Durol
205—214	30	12	59	Naphthalin
214—226	26—30	16	53	„
226—232	26—30	15	50	—
232—238	25—26	13	50	β-Methylnaphthalin
238—243	20	13	66	α- und β-Methylnaphthalin
243—248	20—23	16	56	—
253—258	18	14	62	1,6-Dimethylnaphthalin
264—271	17	16	66	—

Unter den ungesättigten Verbindungen wurden Homologe des Indens gefunden. Auch wurden erschöpfend hydrierte cyclische Verbindungen beobachtet, z. B. höchstwahrscheinlich Dekahydronaphthalin[1].

Zur Ergänzung der wissenschaftlichen Charakteristik der Kohlen zieht neuerdings G. Stadnikoff[2] die Untersuchung von Urgas und Urteer mit heran. Nach Stadnikoff enthält der Urteer der Humuskohlen bedeutende Mengen Asphaltene und Harze, und zwar sowohl saure als auch neutrale Harze. Der Urteer der Steinkohlen enthält nach einer Untersuchung von W. Schneider[3] 4,2% Harze. „Diese Bestandteile des Urteeres bilden Produkte einer tiefgehenden thermischen Veränderung der zu den Bestandteilen der Kohlenbitumina gehörenden Harze. Beim Erhitzen erleiden die in den Kohlen enthaltenen Harze eine Zersetzung unter Bildung von Koks und flüchtiger harziger Produkte. Letztere gehen in die Vorlage über, wo sie entweder unverändert bleiben und Teerharze bilden, die im Vergleich zu den Bituminaharzen eine sehr niedrige Schmelztemperatur aufweisen, oder sich polymerisieren und in Asphaltene sich verwandeln. Das Urgas der Humuskohlen zeichnet sich durch einen niedrigen Methangehalt aus . . . ". Analysen des Urgases reiner humusartiger Steinkohlen liegen nach Stadnikoff übrigens nicht vor.

[1] Über Urteerbestandteile vgl. auch z. B. Schütz, F.: Brennstoff-Chem. 4, 84 (1925).

[2] Entstehung von Kohle und Erdöl, S. 120. Stuttgart 1930.

[3] Abh. Kohle 2, 124 (1917).

Reine Sapropelitkohlen sind besonders durch ihren hohen Gehalt an Wasserstoff, 8,5—10,8%, in der organischen Substanz charakterisiert. Angesichts dieser Tatsache ist es nicht verwunderlich, daß solche Kohlen sehr hohe Ausbeuten an flüchtigen Bestandteilen und insbesondere Urteer geben. Diese Urteere enthalten wenig Phenole und geringe Mengen Carbonsäuren. Auch enthalten diese Urteere keine Asphaltene und keine bedeutenden Mengen mit Silikagel adsorbierbarer Harze. Das Urgas der Sapropelitkohlen enthält sehr viel, bis zu 90% Methan, oder bei sinkendem Methangehalt, andere gasförmige Kohlenwasserstoffe. In der Tabelle 140 nach Stadnikoff[1] sind Angaben über Urteer aus mesozoischen Sapropelitkohlen aus Sibirien zusammengestellt.

Tabelle 140. Urteer und Urgas sibirischer Sapropelitkohlen nach Stadnikoff (Angaben in %).

Bezeichnung	Ausbeute an Schwelprodukten				Gehalt des Urteeres an		
	Zersetzungswasser	Teer	Halbkoks	Gas	Carbonsäuren	Phenolen	organischen Basen
Kompakte Boghead.	8,0	42,6	19,9	29,5	0,04	1,70	2,02
Blättrige Kohle (Schurf 1). . . .	14,0	42,0	33,1	10,9	0,20	1,30	1,30
Blättrige Kohle (Schurf 6). . . .	16,8	25,0	50,0	8,2	0,14	2,35	1,68
Tscheremchowski .	5,6	39,1	39,4	15,9	0,50	2,00	2,00
Mataganski	4,8	48,8	20,0	26,4	0,44	1,70	0,30

Über die Zusammensetzung der neutralen Leichtöle des Urteeres der Mataganski-Kohle unterrichtet Tabelle 141:

Tabelle 141.

Siedepunkt der Fraktionen	Ausbeute in % des Teeres	% C	% H	% S	% O
60—200°	11,3	82,4	12,9	2,2	2,5
200—250°	12,4	83,1	12,9	2,0	2,0
250—265°	1,6	12,3	12,3	2,5	1,9

Diese Fraktionen enthalten also auch Sauerstoffverbindungen, wohl Ketone; in den höheren Fraktionen finden sich ferner auch verseifbare Substanzen.

R. V. Wheeler und seine Mitarbeiter haben sich zwei Jahrzehnte lang mit Untersuchungen über das Verhalten der Steinkohle bei der thermischen Zersetzung befaßt und diese Untersuchungen neuerdings zu einem gewissen Abschluß gebracht[2]. Ihre Resultate geben unter anderem Aufschluß über die Frage, auf welche chemisch definierten

[1] Entstehung von Kohle und Erdöl, besonders S. 127ff. Stuttgart 1930.

[2] Journ. chem. Soc. London **1928**, 2669; **1929**, 663. — Holroyd, R., u. R. V. Wheeler: Fuel **9**, 40, 76, 104 (1930).

Anteile der ursprünglichen Kohle die Produkte vorsichtiger thermischer Zersetzung zurückgeführt werden können.

Bei diesen Untersuchungen wurden nicht nur die ursprünglichen Kohlen thermisch zersetzt, sondern auch die Bestandteile der Kohle, in welche diese bei dem bereits geschilderten Zerlegungsgange der Steinkohle nach Wheeler zerlegt werden kann. Untersucht wurde also: 1. ursprüngliche Kohle, 2. die Kohlenwasserstoffe, Harze und Wachse der Kohle, 3. die organisierten Pflanzenreste und 4. der Huminanteil.

Die ursprüngliche Kohle gibt in einem verhältnismäßig weiten Temperaturbereiche Destillationsprodukte ab. Die Kohlenwasserstoffe lassen sich ziemlich quantitativ, die Harze nicht ohne merkliche Verluste im Vakuum von 220—300° destillieren. Die organisierten Pflanzenreste zerfallen oberhalb 300°. Die Huminanteile zerfallen bei recht definierten Zersetzungspunkten, die mit dem Inkohlungsgrade ansteigen, bei den untersuchten Kohlen zwischen 290 und 365° lagen und bei Einhaltung bestimmter Arbeitsbedingungen für die einzelne Kohle auf 2° genau festgelegt werden konnten.

Bei der gegenwärtig befolgten Arbeitsweise wird die Kohle in einem besonderen Apparate im Vakuum sehr langsam angeheizt. Die Kohle wird z. B. in 48 Stunden auf 100° gebracht, dann 120 Stunden bei dieser Temperatur erhalten und in gleicher Weise ganz allmählich auf immer höhere Temperaturen erhitzt, wobei die jeweils abgegebenen Zersetzungs- und Destillationsprodukte näher untersucht werden. Bei den meisten Kohlen mit mehr als 80% Kohlenstoff destillieren von 200 bis 300° Kohlenwasserstoffe aus der Kohle ab, die identisch sind mit jenen, welche durch Pyridinextraktion und anschließende weitere Aufarbeitung auch unmittelbar aus der Kohle isoliert werden können. Von 270—280° an tritt eine sprunghafte Änderung in der Zusammensetzung des Destillationsgases ein; bei tieferer Temperatur wird hauptsächlich okkludiertes Gas abgegeben, während hier Zersetzungsgas aufzutreten beginnt. Bei etwa 300° wird die Zersetzung lebhafter; hier wird der Zerfall der organisierten Pflanzenreste erstmals merklich. Ein besonders markanter Temperaturpunkt ist sodann der Zersetzungspunkt der einzelnen Kohle; bei der Temperatur des Zersetzungspunktes zerfallen die Huminmoleküle. Die untersuchten Kohlen mit 77—90% C hatten Zersetzungspunkte von 290—365°. Die Zersetzungspunkte der einzelnen Kohlensorten waren durchaus konstant und auch vom Druck unabhängig; eine Kohle vom Zersetzungspunkt 318° verhielt sich im Vakuum und bei gewöhnlichem Druck in dieser Hinsicht völlig gleichartig.

Das beim Zersetzungspunkt der ursprünglichen Kohle übergehende Destillat besteht aus Wasser, Gas und Teer. Das Gas enthält Kohlensäure, Kohlenoxyd, ferner (aus den organisierten Pflanzenresten stammende) gasförmige Paraffine. Der Teer enthält Phenole (die aus dem Huminanteil stammen), ferner hauptsächlich ungesättigte Kohlenwasserstoffe und neutrale, sauerstoffhaltige Verbindungen (die durch den Zerfall der organisierten Pflanzenreste entstehen).

Man kann demnach bei der Destillation der Kohle zwei Stadien unterscheiden, die durch den Zersetzungspunkt voneinander getrennt sind. Unterhalb des Zersetzungspunktes gehen die in der Kohle vorgebildeten Kohlenwasserstoffe und Harze ins Destillat über, und zwar die Kohlenwasserstoffe unzersetzt und vollständig, die Harze nur zum Teil, zum Teil werden sie zersetzt. Beim Zersetzungspunkt und oberhalb desselben liefern die organisierten Pflanzenreste der Kohle besonders ungesättigte Kohlenwasserstoffe und neutrale, sauerstoffhaltige Verbindungen, während durch den Zerfall des Huminanteiles der Steinkohlen Phenole, aromatische und hydroaromatische Verbindungen entstehen. Der Zersetzungspunkt steigt im allgemeinen mit dem Kohlenstoffgehalte an; Kohlen mit niedrigerem Kohlenstoffgehalte haben niedrigere Zersetzungspunkte und liefern verhältnismäßig mehr Wasser, Phenole, Kohlensäure und Kohlenoxyd.

Die nach dem Durchschreiten des Zersetzungspunktes verbleibenden Rückstände sind deutlich verändert. Die Veränderung ergibt sich z. B. durch Prüfung der Reaktionsfähigkeit gegen Sauerstoff; diese nimmt bis zum wahren Zersetzungspunkt langsam ab und steigt von da ab plötzlich an.

Die Tabelle 142 nach Holroyd und Wheeler[1] gibt einen Überblick über das Gesamtergebnis dieser Untersuchungen.

Die Ergebnisse der Untersuchungen über die thermische Zersetzung der Steinkohlen bei vermindertem Druck und niedriger Temperatur sind für die Einsicht in den Chemismus der Entstehung und Umwandlung der flüchtigen Destillationsprodukte von Wichtigkeit. Für die Einsicht in den Mechanismus der Koksbildung sind Arbeiten von Interesse, bei denen erhöhter Druck angewendet wurde.

Da bei der Vakuumdestillation der Kohle auch normalerweise backende Kohlen nur einen wenig festen und kaum verbackenen Halbkoks liefern, konnte man schließen, daß durch Erhöhung des Druckes die entgegengesetzte Wirkung zu erzielen sei, d. h. auch aus einer schlecht backenden Kohle ein brauchbarer Koks gewinnbar ist. Parr und Olin[2] haben diesen erhöhten Druck durch die mechanische Bewegung eines Stempels während der Verkokung zu erreichen gesucht. Bei diesen Versuchen konnten die flüchtigen Destillationsprodukte durch den Kolben entweichen. Dies war nicht der Fall bei den Versuchen von

[1] Journ. chem. Soc. London **1929**, 336.
[2] Vgl. Sustmann, H.: Diss., S. 23. Stuttgart 1929.

Tabelle 142. Die thermischen Zerfallsprodukte der Bestandteile der Steinkohle.

Bestandteil	Hauptsächl. gasförmige Produkte	Hauptsächl. flüssige Produkte		Temperaturgebiet
		Charakter	Menge	
Kohlenwasserstoffe	wenig Paraffine	Gesättigte und ungesättigte Kohlenwasserstoffe in fast gleicher Menge	Entspricht dem urspr. Betrag der Kohlenwasserst. in der Kohle	225—300°
Harze (resins)	Paraffine und Olefine	Harze und ungesättigte Kohlenwasserstoffe	meist merklich weniger als d. urspr. Betrage entspricht	325—375°
Organisierte Pflanzenreste	Oxyde des Kohlenstoffs und etwas Paraffine	Unges. Kohlenwasserst., neutr. O-haltige Verbb. u. Wasser	etwa 30 % des urspr. Betrages	300—320°
Huminanteil (ulmic compounds)	Paraffine und Oxyde des Kohlenstoffs	Phenole und saure Öle, unges. Kohlenwasserstoffe, arom. und hydroarom. Verbind. und Wasser	abnehmend mit steigendem Inkohlungsgrad d. Huminant. (6—1% Wasser u. 3—0,05 Phen. und Säuren b. Kohlen mit 77—90 % C)	Zers. Punkt steigt mit dem Inkohlungsgrad (rank) d. Huminanteils (290—365° bei Kohlen mit 77—90 % C)

F. Fischer, Th. Bahr und H. Sustmann[1], bei denen unter erhöhtem Gasdruck gearbeitet wurde.

Bei der Verschwelung von Kohlen unter Gasdruck entstand aus nichtbackenden Kohlen von ausreichendem Bitumengehalt ein fester, gebackener Halbkoks. Der Koks backender und blähender Kohlen wurde bei der Gasdruckverschwelung weitgehend verdichtet. Unter der Wirkung des erhöhten Druckes wird das Bitumen teilweise zersetzt, so daß die Ausbeute an Urteer sinkt, die Ausbeute an Gas und Halbkoks wächst.

Die Ergebnisse, die mit der Gasflammkohle der Zeche Brassert bei 600° erzielt wurden, sind in Tabelle 143 zusammengestellt.

Tabelle 143. Versuche mit Brassert-Kohle bei 600°.

	Atmosphärendruck	5 at	25 at	50 at	100 at	100 at N
Urteer	13,0%	7,9%	5,1%	3,8%	2,2%	2,0%
Wasser	12,0%	11,7%	12,4%	12,1%	11,3%	12,5%
Gas u. Verlust .	7,7%	11,6%	11,5%	12,1%	15,0%	14,0%
Gas 0°, 760 mm	7,34 l	9,22 l	9,58 l	11,98 l	13,12 l	—
Halbkoks . . .	67,3%	68,8%	71,0%	72,0%	71,5%	71,5%
Dichte	0,67	0,68	0,78	0,88	0,85	0,90

[1] Brennstoff-Chem. 11, 1 (1930).

Über die bei den verschiedenen Versuchen erhaltenen Gase unterrichtet Tabelle 144.

Tabelle 144. Gasausbeuten bei Verkokungsversuchen unter Druck.

	Atmosphärendruck	5 at	25 at	50 at	100 at
	Gasbestandteile in %				
CO_2, H_2S	15,3	15,7	15,0	16,5	15,6
s. K. W.	4,1	2,8	2,8	1,8	1,2
CO	10,6	8,9	4,6	3,4	2,6
H_2	21,4	16,4	12,4	12,0	9,7
CH_4	41,4	50,0	52,1	56,1	66,1
C_2H_6	7,1	6,1	13,0	9,8	4,5
	Mengen in Liter				
CO_2, H_2S	1,12	1,45	1,43	1,98	2,04
s. K. W.	0,30	0,26	0,27	0,22	0,16
CO	0,78	0,82	0,45	0,42	0,35
H_2	1,57	1,51	1,19	1,46	1,28
CH_4	3,05	4,61	5,00	6,72	8,70
C_2H_6	0,52	0,56	1,24	1,18	0,59

Die Veränderung des erhaltenen Urteeres mit steigendem Arbeitsdruck ergibt sich aus der Tabelle 145.

Bei Verschwelung unter Druck wird also ein Teer erhalten, der sich durch geringeres spezifisches Gewicht, tieferen Stockpunkt und relativ stark erhöhten Gehalt an leichter flüssigen Anteilen auszeichnet. Die hochsiedenden Bestandteile fehlen im Teer aus dem Druckversuch; unter den Bedingungen dieses Versuches sind die bei Unterdruck oder Normaldruck noch destillierbaren Verbindungen zersetzt und zur Koksbildung verbraucht worden.

Tabelle 145. Urteer aus Brassert-Kohle bei Atmosphärendruck und 50 atü.

	Atmosphärendruck	50 at
Spez. Gewicht bei 20° C	1,022	1,013
Stockpunkt	— 18°	— 4°
Bis 200° siedend	13,6 %	25,2 %
Von 200 bis 300° siedend	34,0 %	49,2 %
Rückstand und Verlust	52,0 %	25,6 %

Bei Versuchen mit verschiedenen anderen Kohlen wurden ähnliche Resultate erzielt. Dagegen wurde bei Versuchen mit der anthrazitischen Magerkohle Langenbrahm, die so gut wie gar kein Bitumen enthält und so gut wie gar keinen Urteer liefert, auch unter Druck kein gebackener Halbkoks erhalten.

d) Zur Theorie der thermischen Zersetzung der Steinkohle.

Man kann fragen, in welchem Zusammenhang die bei der thermischen Zersetzung der Steinkohlen entstehenden Produkte mit den chemisch unterscheidbaren Bestandteilen der ursprünglichen Kohlen stehen.

Man kann ferner fragen, ob auch ein Zusammenhang zwischen den Produkten der thermischen Zersetzung und dem petrographisch feststellbaren Gefügebestandteilen Vitrit (Glanzkohle), Durit (Mattkohle) und Fusit (Faserkohle) festzustellen ist.

Angesichts der großen chemischen Unterschiede zwischen den Produkten der Kohlendestillation bei tieferer und bei höherer Temperatur ist auch die Frage nach den sekundären Umwandlungen der Kohlendestillationsprodukte zu behandeln. Endlich soll auch der gegenwärtige Stand der Theorie der Koksbildung kurz dargestellt werden.

Als grundlegend für die Zurückführung der Produkte der Destillation der Steinkohle auf deren chemisch unterscheidbare Bestandteile muß man derzeit die bereits besprochenen neueren Arbeiten von R. V. Wheeler bezeichnen. Man erhält bis zum Zersetzungspunkte der Kohlen in der Hauptsache solche Produkte, die bereits in der Kohle vorgebildet waren, oberhalb des Zersetzungsproduktes aber entstehen die Zerfallsprodukte der Kohlensubstanz.

Die Kohlenwasserstoffe eines bis höchstens 360° erhaltenen Destillates können also entweder unveränderte, schon ursprünglich vorhandene Kohlenwasserstoffe des Bitumenanteils der Kohle sein oder zum weit kleineren Betrage durch deren Krackung oder die Krackung der Harze des Bitumens, der organisierten Pflanzenreste, noch weniger der Huminmoleküle entstanden sein. Speziell die aromatischen und hydroaromatischen Verbindungen der Destillate führt aber Wheeler nahezu ausschließlich auf den Zerfall der Huminmoleküle zurück. Die sauerstoffhaltigen Anteile des Destillates mit Ausnahme der Phenole können besonders auf die ursprünglichen Harze des Bitumens, auf deren Zersetzungsprodukte oder auf die Zersetzungsprodukte der organisierten Pflanzenreste zurückgehen. Die Phenole entstehen in der Hauptsache durch die Zersetzung des Huminanteiles der Steinkohlen.

Oberhalb des Zersetzungspunktes der Kohlen, d. h. also maximal oberhalb 360°, kann von den ursprünglichen Bestandteilen der Kohle eigentlich nicht mehr gesprochen werden. Die oberhalb des Zersetzungspunktes erhaltenen Destillate sind also entweder Produkte sekundärer Zersetzungen und Umsetzungen primärer Destillationsprodukte, oder Produkte weiteren Zerfalles der nach der primären Zersetzung der Humine verbleibenden Rückstände.

Das Gebiet von 400—500° ist das eigentliche Gebiet der Urteerbildung; durch Überhitzung bis etwa 800° entsteht praktisch der technische Steinkohlenteer; zur Koksbildung erhitzt man auf noch höhere Temperaturen. Zur Entstehung eines gut gebackenen Kokses ist ein Zusammenwirken der Humine mit gewissen Anteilen des Bitumens nötig. Dies steht fest; auf die Einzelheiten der Theorie der Verkokung wird weiter unten zurückgekommen.

Was das Verhalten der petrographisch unterscheidbaren Gefügebestandteile Vitrit, Durit und Fusit betrifft, so hat schon R. Lessing[1] folgendes gefunden. Vitrit liefert erhebliche Mengen Gas und einen guten Koks. Fusit gibt keinen zusammenhängenden Koks und verändert sein Aussehen weder bei 600° noch bei 900°. Durit verhält sich bei 600° wie Fusit und liefert auch bei 900° keinen sehr festen Kokskuchen. Nach P. Damm[2] schmilzt beim Erhitzen im Aluminiumschwelapparate die Glanzkohle zuerst, die Mattkohle später, die Faserkohle überhaupt nicht. Nach E. Hoffmann enthält die Glanzkohle der Saarkohle mehr Ölbitumen und weniger Festbitumen als die zugehörige Mattkohle. Die Glanzkohle wird als eigentlicher Träger des Verkokungsvermögens angesehen. Bei der Verkokung sollen weiter mehr als 12% Fusit schädlich, 3—10% indifferent und unter 3% sogar nützlich sein. Faserkohle (Fusit) ist auch für Hydrierung und Schwelung völlig ungeeignet. Die Destillationsprodukte entstammen demnach in erster Linie der häufig an organisierten Pflanzenresten, Sporen und ähnlichem reichen Mattkohle, in zweiter Linie dem Vitrit.

Es sei noch erwähnt, daß Lebeau und Marmasse[3] die Gefügebestandteile auf Menge und Art der von ihnen zwischen 100 und 1000° entwickelten Gase untersucht haben. Sie fanden, daß Durit und Vitrit bei 500°, Fusit bei 600° maximale Gasentwicklung zeigte. Vitrit lieferte viel mehr Methan als die anderen Gefügebestandteile. Maximale Kohlenoxydentwicklung wurde bei allen Proben in gleicher Weise bei 700° gefunden.

Was die Produkte der trockenen Destillation betrifft, so liegt ein größeres Material über die von 400 bis 500° erhaltenen sogenannten Urteere vor. Schon in diesem Temperaturgebiet können natürlich manche organische Verbindungen sekundäre Veränderungen erleiden. Auch müßten noch die Beziehungen der Urdestillate zu den nach Wheelers Vorgang unterhalb und oberhalb der Zersetzungspunkte erhältlichen Produkten näher untersucht werden. Jedenfalls steht aber der Tieftemperaturteer dem primären Ergebnis der trockenen Destillation der Steinkohle wesentlich näher als der technisch bei einer um mehrere hundert Grad höheren Temperatur erhaltene Steinkohlenteer. Die Entstehung des letzteren, in dem aromatische Verbindungen überwiegen, hat man ursprünglich mit der Polymerisation einfachster aliphatischer Verbindungen, etwa nach Art der Bildung von Benzol aus Acetylen, in Beziehung gebracht. Gegenwärtig liegt die Ableitung aus dem Urteer näher, zumal sich gezeigt hat, daß der Urteer beim Erhitzen „aromatisiert", dem Steinkohlenteer ähnlich gemacht werden kann.

[1] Journ. chem. Soc. London **117**, 247 (1920).
[2] Glückauf **64**, 1073 (1928).
[3] Compt. rend. Acad. Sciences **179**, 1407 (1924).

Chemisch kann man im Urteer folgende Gruppen von Stoffen unterscheiden:

1. Kohlenwasserstoffe (und zwar Paraffine, Olefine, hydroaromatische Verbindungen, Benzolderivate, cyclische Kohlenwasserstoffe mit kondensierten Systemen);
2. Phenole;
3. Ketone, Spuren von Aldehyden, Carbonsäuren usw.;
4. Schwefelverbindungen;
5. Asphaltartige Stoffe.

Betrachtet man im Hinblick auf die erwähnten Aromatisierungsvorgänge das Verhalten einzelner Vertreter der wichtigsten von diesen fünf Körperklassen unter der Einwirkung von Hitze und Druck, so ergibt sich folgendes:

Aliphatische Kohlenwasserstoffe können bei steigender Temperatur derart zerfallen, daß sie Bruchstücke, welche aus 1—3 C-Atomen bestehen, liefern und außerdem ungesättigte, zur Polymerisation bereite Reste. Bei Steigerung der Temperatur können solche Kohlenwasserstoffe schließlich auch vollständig in kleine Bruchstücke zerlegt werden. Als Folge davon steigt übrigens die Gasausbeute mit der Temperatur.

Steigert man bei einer gegebenen Zersetzungstemperatur den Druck, dann erhält man aus einem gegebenen Molekül anstatt einer größeren Anzahl kleinerer Moleküle eine kleinere Anzahl größerer Moleküle. Bei gleichzeitiger Einwirkung von hoher Temperatur und hohem Druck wird die Spaltstelle mehr gegen die Mitte der Moleküle verschoben. Hydroaromatische Kohlenwasserstoffe können beim Erhitzen Wasserstoff abgeben, dehydriert werden, und dann das Verhalten aromatischer Verbindungen zeigen. Sie können aber auch ähnlich aliphatischen Verbindungen zersetzt werden. Aliphatische und hydroaromatische Verbindungen haben die Eigentümlichkeit gemeinsam, durch Wasserstoff im Vergleich zu aromatischen Verbindungen leicht aufgespalten werden zu können.

Benzolderivate können beim Erhitzen zu Diphenyl- oder Polyphenylderivaten zusammentreten, sie können Seitenketten abspalten oder wandern lassen und sie können wohl auch kondensierte Systeme liefern.

Phenole können bei Gegenwart von Wasserstoff zu aromatischen Kohlenwasserstoffen reduziert werden, sie können beim Erhitzen ihrer Seitenketten beraubt und unter Umständen auch durch Sprengung ihres Ringsystemes abgebaut werden.

Ganz einfach liegen die Verhältnisse aber auch bei Anwendung reiner einheitlicher Verbindungen und bei Einhaltung einer bestimmten Arbeitstemperatur nicht; außer der Temperatur und dem Druck spielt auch die Erhitzungsdauer eine Rolle, und der schließliche Zustand ist das Ergebnis des Zusammenwirkens der verschiedensten Umstände.

Der Urteer liefert nun jedenfalls schon bei 500—600° bedeutende Mengen von leichten flüchtigen Kohlenwasserstoffen und Destillationsgasen. Wenn man Urteer durch schwach rotglühende Röhren leitet, so wird er „aromatisiert“. Mit der Theorie der Aromatisierung haben sich W. Gluud[1] sowie H. Schrader[2] befaßt. Die wesentlichen Einzelheiten der Aromatisierung sind danach folgende:

Die aliphatischen Kohlenwasserstoffe werden in der Hauptsache vergast, die ungesättigten Verbindungen werden gleichzeitig polymerisiert, die hydroaromatischen Verbindungen werden teils gespalten, teils dehydriert, die aromatischen Verbindungen können ihrer Seitenketten beraubt und in verschiedener Weise kondensiert werden, die Phenole werden reduziert und entalkyliert. Das Naphthalin, das sich übrigens auch schon in allen Urteeren findet, kann aus hydrierten Naphthalinderivaten des Urteers durch Dehydrierung und Eliminierung von Seitenketten entstehen; vielleicht ist seine Entstehung auch zu einem kleinen Teile auf weitere Zersetzung des ursprünglichen Huminanteils zurückzuführen.

H. Schrader schildert all diese Vorgänge folgendermaßen: „Die Bestandteile des bei der trockenen Destillation der Kohle zunächst entweichenden Urteeres, nämlich die erdölartigen Kohlenwasserstoffe und die Phenole werden, soweit sie sich nicht infolge der hohen Temperatur unter Rußabscheidung zersetzen, was im allgemeinen in beträchtlichem Maße der Fall sein wird, bei der Überhitzung durch den Wasserstoff der Destillationsgase in der Weise verändert, daß erstere vergast werden, während die Phenole in der Hauptmenge reduziert werden und zum Teil durch Entalkylierung in Benzol oder seine Homologen übergehen, zum Teil sich zu höher molekularen Verbindungen zusammenschließen und somit als die eigentlichen Teerbildner anzusehen sind. Die hydroaromatischen Ringe werden teils zur aromatischen dehydriert, teils aufgespalten.“ „Die Ausbeute an aromatischem Teer ist bei sonst gleichen Destillationsbedingungen wesentlich abhängig von der Ergiebigkeit an Urteerphenolen.“ Daneben ist allerdings nach gegenwärtiger Auffassung auch die Bildung von aromatischen Verbindungen durch Polymerisation einfacher ungesättigter Verbindungen nicht ganz ohne Anteil an der schließlichen Zusammensetzung des Hochtemperaturteeres.

In ganz ähnlicher Weise haben J. J. Morgan und R. P. Soule[3] den Übergang von Urteer in Hochtemperaturteer behandelt. Nach ihren Darlegungen vollzieht sich der Abbau des Urteeres oberhalb 500° durch Verlust von:

[1] Abh. Kohle **2**, 262 (1917). [2] Abh. Kohle **5**, 413 (1920).

[3] Chem. metallurg. Engineering **26**, 1025 (1922).

1. Wasserstoff bei einem Teil der Naphthene unter Zunahme der ungesättigten Kohlenwasserstoffe;

2. Wasserstoff bei stickstoffhaltigen Basen;

3. Seitenketten bei den Phenolen unter Bildung niedriger siedender Phenole.

Die endgültige Aromatisierung bei 700—800° ist dann durch folgende Vorgänge gekennzeichnet:

1. Abspaltung von Wasserstoff und Alkylgruppen aus hydroaromatischen und ungesättigten Verbindungen sowie Stickstoffbasen unter Bildung aromatischer Verbindungen sowie Auftreten von Wasserstoff, Methan und anderen einfachen Gasen;

2. Reduktion der Phenole unter Bildung aromatischer Verbindungen, eventuell weitere Umsetzungen letzterer;

3. Sekundäre pyrogenetische Synthesen von aromatischen Verbindungen aus einfacheren Stoffen.

Auch nach dieser Auffassung sind die Phenole des Urteers die Hauptquelle für die Bildung der einkernigen aromatischen Verbindungen, während die ungesättigten Naphthene des Urteeres die Hauptquelle für die mehrkernigen aromatischen Kohlenwasserstoffe darstellen sollen.

Die Untersuchungen über den Mechanismus der Entstehung und Umwandlung der flüchtigen Destillationsprodukte der Steinkohle können übrigens auch Anregungen für die Aufspaltung des Huminanteils der Steinkohlen in einfachere Substanzen bilden; die Lösung dieser Aufgabe hätte nicht nur wissenschaftlich großes Interesse.

Die Destillationsprodukte der Kohle machen beim Entgasungsprozeß nur einen kleinen Teil der Kohlensubstanz aus; die Hauptmenge der Steinkohlen bleibt bei der trockenen Destillation als Koks zurück. Meistens verlangt die Technik gut gebackenen Koks; daher ist auch die Theorie der Koksbildung vielfach bearbeitet worden. Man hat erkannt, daß chemische und physikalische Faktoren zusammenwirken müssen, damit der Verkokungsvorgang gut gebackenen Koks liefert. In chemischer Hinsicht sind die folgenden Punkte von Bedeutung:

1. Durch Extraktion von Bitumen befreite Kohle liefert einen pulverigen Rückstand, der weder die Erscheinung des Backens, noch die des Blähens zeigt. Dagegen liefert das Bitumen bei der thermischen Zersetzung unter anfänglichem Schmelzen und teilweisem Abdestillieren von Substanz einen gebackenen, oft auch geblähten Koksrückstand.

2. Das Bitumen kann in Festbitumen, welches in Petroläther unlöslich ist, und in Ölbitumen, welches darin löslich ist, getrennt werden. Die Backfähigkeit wird besonders auf das Ölbitumen, das Blähen auf das Festbitumen zurückgeführt[1].

---

[1] Vgl. Brennstoff-Chem. **5**, 299 (1924); **6**, 33, 349 (1925).

3. Erfahrungsgemäß haben Kohlen besten Backvermögens etwa 80—90 C, 5—6% H, 10—14% O und daher etwa 4% disponiblen H enthalten. Solche Kohlen sollen 20—30% flüchtige Substanz enthalten; die Zahl für das Verhältnis des fixen Kohlenstoffs zum Rest („fuel ratio") liegt bei ihnen zwischen 1,8 und 4[1].

4. Der fertige Koks besteht nach den Ausführungen von G. Agde und L. v. Lyncker[2] aus amorphem Kohlenstoff, Graphit und dem von G. Agde und Schmidt[3] angenommenen Teerkoks. Der Teerkoks, die eigentliche verkittende Substanz des Kokses, entsteht im wesentlichen primär, d. h. aus den schmelzenden Bitumenanteilen durch thermische Zersetzung und nur in geringem Maße sekundär, aus dampf- oder gasförmigen Substanzen. Teerkoks konnte in Koksen bis zu 1000° Herstellungstemperatur nachgewiesen werden; auch konnte gezeigt werden, daß das Ölbitumen sich in einen reaktionsfähigen, schwarzen, kohlenstoffähnlichen Rückstand umwandeln läßt.

5. In physikalischer Hinsicht ist wichtig, daß der Schmelzpunkt des Bitumens unterhalb seines Zersetzungspunktes liegt. Das geschmolzene Bitumen soll die ganze Masse gleichmäßig durchdringen und nicht zu schnell, nicht in zu hohem Betrage, nicht in zu großen Blasen aus dem erhitzten Destillationsgut entweichen. Durch schnelles Anheizen kann verhindert werden, daß merkliche Mengen Bitumenstoffe abdestillieren, ohne sich an der Erweichung und Schmelzung des Destillationsgutes und weiterhin an der Teerkoksbildung zu beteiligen[4]. Durch Steigerung des Druckes wird der Siedepunkt destillierbarer Verbindungen bekanntlich heraufgesetzt und die Blasengröße verkleinert, Umstände, die den Einfluß sowohl von Druckverminderung als auch von Druckerhöhung vorherzusehen gestatten.

6. Nach den Feststellungen der Kohlenpetrographen ist es der Vitrit, der den guten Koks liefert. Petrographische und chemische Befunde stehen einstweilen noch recht unverbunden nebeneinander. W. Mühlsteph[5] fand keinen Zusammenhang zwischen der Verteilung des Öl- und Festbitumens und dem Verhältnis der Gefügebestandteile. Da die Ergebnisse der Kohlenpetrographie praktisch wichtig sind, muß der Zusammenhang gesucht oder die Theorie geändert werden.

Nach G. Schneider[6] kommt man, wenn man den heutigen Stand unserer Erkenntnis über die Ursachen des Blähens und Backens der Steinkohlen zusammenfaßt, zu dem Ergebnis, daß diese Erscheinungen

---

[1] Vgl. z. B. Iki, S.: Fuel **9**, 412 (1930).
[2] Theorie der Reaktionsfähigkeit von Steinkohlenkoks. Halle 1930.
[3] Die Vorgänge bei der Stückkoksbildung. Halle 1930.
[4] Audibert, E., nach G. Agde und L. v. Lyncker, l. c. S. 34.
[5] Brennstoff-Chem. **10**, 241 (1929).
[6] Simmersbach, Schneider: Kokschemie S. 47. Berlin 1930.

an das Vorhandensein bestimmter Substanzen geknüpft sind, die sich durch Extraktion zusammen aus der Kohle abscheiden und dann isolieren lassen.

Nach H. Novák und J. Hubáček[1] liefern die Bitumenstoffe bei der Zersetzung einen Verkokungsrückstand, der die Kohlenteilchen verbackt, die sogenannte „Zementierungsmasse“. Der zweite entscheidende Faktor für die Bildung eines guten Kokses ist die „Hitzebeständigkeit“ des Bitumens, d. h. das Temperaturintervall vom Schmelzpunkt bis zu dem Punkt, wo das Bitumen bei immer höherem Erhitzen unter Abgabe flüchtiger Bestandteile wieder fest wird.

G. Agde und L. v. Lyncker[2] geben folgenden Überblick über die Vorgänge bei der Stückkoksbildung. Grundbedingung für jede Stückkoksbildung ist die Fähigkeit der Kohle, bei geeignetem Erhitzen zu erweichen und dabei zusammenzubacken. Der Erweichungsgrad hängt von der Art und der Menge des Bitumens der Steinkohle ab; das Verhältnis von Ölbitumen und Festbitumen zur restlichen Kohle ist dabei wichtig. Wenn die erweichenden und schmelzenden bituminösen Stoffe in genügender Menge vorhanden sind, so umhüllen sie die schwer oder gar nicht schmelzenden Bestandteile der Kohle derart, daß die Mischung sich wie eine homogene Schmelze verhält. Bitumenteile, die schon vor dem Schmelzen des Gesamtbitumens abdestilliert sind, können dabei natürlich nicht mitwirken.

Bei weiterem Erhitzen werden die Bitumina immer zähflüssiger, da verhältnismäßig niedrigsiedende Substanzen allmählich abdestillieren und andere Bestandteile sich polymerisieren oder pyrogen zersetzen. Schließlich erstarrt das Bitumen zum Teerkoks und führt dadurch eine Verkittung der Kohlenmasse herbei. Die Menge und die physikalischen Eigenschaften des verkittenden Teerkokses bestimmen nach G. Agde die Backfähigkeit der Kohle und sind ihrerseits abhängig von folgenden Punkten:

1. Destillationsgeschwindigkeit der Bitumenbestandteile.
2. Zersetzungsgeschwindigkeit der Bitumenbestandteile.
3. Polymerisations-[3] und Umwandlungsgeschwindigkeit der Bitumenbestandteile[4].
4. Kapillarität der Restkohlensubstanz und ihre Beziehungen zur

[1] Die Vorgänge bei der Stückkoksbildung. Halle 1930.

[2] Paliva a Topení **9**, 165, 187 (1927); **10**, 3, 22, 41 (1928).

[3] Donath, E.: Stahl und Eisen **34**, 60 (1914). — Lierg, F.: Ztschr. angew. Chem. **35**, 267 (1922). — Quarendon: Journ. Soc. chem. Ind. **45**, 468, 483 (1926).

[4] Illingworth: Journ. Soc. chem. Ind. **39**, T 111, 133 (1920). — Pearson: Journ. Soc. chem. Ind. **42**, T 68 (1923). — Foxwell: Fuel **3**, 315 (1924). — Quarendon: a. a. O. Lierg a. a. O.

Bitumensubstanz (Durchdringbarkeit[1], Mischbarkeit[2], Benetzbarkeit[3] und sonstige Verwandtschaft[4].)

Von ausschlaggebender Bedeutung für das Aussehen und die Eigenschaften des schließlichen Kokses ist nach all dem die zwischen 350 und 550° liegende Phase des bildsamen Zustandes, die Stufe der Halbkoksbildung. In diesem Temperaturbereich findet ja besonders die Zersetzung der Bitumenstoffe statt; und je nach der Art der Rohkohle und den physikalischen Bedingungen entwickeln sich die Zersetzungsgase in einer mehr oder weniger bildsamen gasdurchlässigen Masse. Wenn die Menge der Zersetzungsgase und die Durchmesser der Blasen der abdestillierenden Produkte nicht zu groß sind, wenn sich ferner genügend verkittender Teerkoks bilden kann, ist die Entstehung eines gut gebackenen, dichten Kokses aus der geschmolzenen Kohle ermöglicht.

e) Zur Verbrennung.

Die vollkommene Verbrennung zu Kohlensäure und Wasser bedeutet eine vollständige Oxydation der Brennstoffe und ist chemisch und physikalisch vielfach behandelt worden[5].

Eine ergänzende neuere Betrachtungsweise ergibt sich aus der Herananziehung morphologischer Gesichtspunkte, wie dies kürzlich A. Eucken[6] nach Versuchen von Sihvonen getan hat. Bei Untersuchungen über den Reaktionsmechanismus der Kohlenstoffverbrennung bei geringen Drucken wurde die Verbrennung von Graphit studiert, um den Primärvorgang bei der Einwirkung von Sauerstoff auf graphitischen Kohlenstoff festzustellen. Elektrisch geglühte Stäbchen wurden bei 0,01—0,1 mm Hg-Druck langsam verbrannt, und die entstandenen Mengen Kohlenoxyd und Kohlendioxyd wurden bestimmt. Versuche wurden ausgeführt in strömendem Sauerstoff, in ruhendem Sauerstoff, bei Gegenwart von Kohlenoxyd oder Wasserdampf, und zwar bei Temperaturen von rund 800 bis 1800°.

Von den Ergebnissen ist das wichtigste, daß bei Versuchen im strömendem Sauerstoff zwischen 800 und 1400° CO und CO_2 im Verhältnis 2 : 1 gebildet werden. Damit ist nach Eucken die eigentliche Primärreaktion zwischen graphitischem Kohlenstoff und reinem Sauerstoff gegeben, die danach in der gleichzeitigen oder unmittelbar miteinander verknüpften Entstehung eines Kohlensäuremoleküls und zweier Kohlenoxydmoleküle besteht.

---

[1] Greger: Braunkohlenarchiv Nr. 9, S. 67 (1925). [2] Audibert a. a. O.

[3] Mott: Journ. Soc. chem. Ind. **45**, 737 (1926); **46**, T 85 (1927).

[4] Quarendon a. a. O.

[5] Vgl. Aufhäuser, A.: Brennstoff und Verbrennung. Berlin 1928. — Neuere Arbeiten von P. Rosin: Ztschr. angew. Chem. **44**, 473 (1931).

[6] Ztschr. angew. Chem. **43**, 986 (1930).

Die Einzelheiten des Reaktionsmechanismus sucht Eucken besonders aus der Gestalt des Graphitgitters herzuleiten. Angriff finde nur senkrecht zu den Spaltebenen des Graphitgitters an den Randatomen der Hauptgitterflächen statt. „Die Reaktion wird somit da beginnen, wo zwei Krystallite aneinanderstoßen, aber unvollkommen verheilt sind.“ Zur Erklärung der gleichzeitigen oder unmittelbar miteinander verknüpften Entstehung eines Kohlensäure- und zweier Kohlenoxydmoleküle werden Vorstellungen über die Art der Fortpflanzung der Reaktion in der Reihe der Randatome entwickelt. Von 2 aktiven Kohlenstoffatomen, Randatomen, werden zunächst 2 Sauerstoffmoleküle adsorbiert, die dann auf beide Seiten eines mittleren Kohlenstoffatoms gelangen und aufgespalten werden. Sodann bindet das mittlere Kohlenstoffatom 2 von den Sauerstoffatomen, während die beiden übrigen Sauerstoffatome sich mit den benachbarten Kohlenstoffatomen zu 2 Molekülen Kohlenoxyd vereinigen.

In energetischer Beziehung wird auf die große Wärmetönung bei der Adsorption von Sauerstoff durch aktive Kohle sowie auf die völlig gestreckte Gestalt des Kohlensäuremoleküls verwiesen. Es werden folgende Stufen der Reaktion unterschieden:

1. Bildung freier Randatome,
2. Adsorption von Sauerstoff an diese,
3. Bildung von CO und CO_2, welche noch an Kohlenstoff adsorbiert sind,
4. Verdampfung des adsorbierten CO und CO_2.

Die gesamte Energieänderung zwischen den Ausgangsstoffen und den Endprodukten beträgt etwa 74 große Calorien; dieser Wert wird annähernd auch aus der Abschätzung der Energieänderungen in den vier Stufen abgeleitet.

Das Problem der Verbrennlichkeit des Kokses hängt u. a. wohl auch mit der räumlichen Anordnung der Atome in den verschiedenen Koksen zusammen.

8. Verhalten der Steinkohle bei biologischen Einwirkungen.

Nach den Angaben von F. Fischer und W. Fuchs[1] konnte auf Steinkohlen und auch auf Halbkoks aus Steinkohle das Aufkommen einer wenn auch kümmerlichen Pilzflora aus den Gattungen Penicillium, Aspergillus und Mucor beobachtet werden. Nach den Arbeiten von E. Galle[2] und H. Schröder[3] ergab sich das Vorkommen von Bakterien auf Steinkohlen. Nach den Untersuchungen von R. Lieske und E.

---

[1] Brennstoff-Chem. **8**, 293 (1927). [2] Ztrbl. Bakteriol. II **28**, 461 (1910).
[3] Ztrbl. Bakteriol. II **41**, 460 (1914).

Hofmann[1] kommen in den Steinkohlenflözen, unabhängig von der Tiefe, immer Bakterien vor. Diese gehören vorwiegend der Subtilis- bzw. Mesentericusgruppe an. Häufig wurden auch verschiedene Kokken gefunden. Eine spezielle Steinkohlenflora konnte nicht festgestellt werden, pathogene Bakterien wurden nicht beobachtet, dagegen konnten thermophile Formen auf Steinkohle nachgewiesen werden. Durch die Tätigkeit der Bakterien entsteht Kohlensäure; doch blieb bei allen bisherigen Versuchen der Gesamtumsatz an Kohlensubstanz in sehr bescheidenen Grenzen.

9. Die Entstehung der Steinkohlen.

a) Die botanischen, geologischen, biologischen und chemischen Voraussetzungen der Steinkohlenbildung.

Für die Bildung der Steinkohlen kommen Zeiträume in Frage, welche die für die Braunkohlenbildung anzunehmenden Perioden noch um ein vielfaches übertreffen. Man kann deshalb auch die Aufeinanderfolge der Pflanzenfamilien, welche an der Bildung der Steinkohlen beteiligt waren, nur in ganz großen Zügen angeben; insbesondere kann man sagen, daß erfahrungsgemäß in der Erdgeschichte die natürlichen Abteilungen des Pflanzenreiches etwa in derselben Reihenfolge erscheinen, wie das natürliche System sie anführt.

Die Steinkohlenbildner der nördlichen Erdhalbkugel können als Carbonflora von den Steinkohlenbildnern der südlichen Halbkugel, der Gondwanaformation oder Glossopterisflora, unterschieden werden. Beide Floren scheinen aus Gebieten, die mehr gegen die Erdpole zu lagen, ausgegangen und von da aus sich gegen den Äquator hin verbreitet zu haben. Die carbonische Flora der nördlichen Halbkugel hätte also einen arktischen, die Glossopterisflora der südlichen Halbkugel hätte einen antarktischen Ursprung. Gegen Ende des Carbons konnte man jedenfalls auf der Erde zwei große Florenprovinzen unterscheiden; Vertreter der Flora der Steinkohlenperiode wurden an sehr zahlreichen Stellen der Erde gefunden, auch dort, wo wenig oder gar keine Kohlen zu finden sind. Die steinkohlenbildenden Floren haben in relativer Gleichartigkeit sehr weite Gebiete der Erde bedeckt. Auch findet man in den verschiedensten Steinkohlenbecken zwar nicht immer dieselben charakteristischen Hauptarten, aber doch ein sehr ähnliches Gesamtbild der Flora.

Auf der nördlichen Halbkugel führt besonders die obere Abteilung des Carbons, das sogenannte produktive Carbon, Steinkohlen. Hier hat man Reste vor allem von folgenden Pflanzenfamilien gefunden: Kalamarien oder Schachtelhalme, Pteridophyten oder Farnkräuter, Lyco-

---

[1] Brennstoff-Chem. **9**, 282 (1928).

podiaceen oder Bärlappgewächse, letztere besonders als Siegelbäume oder Sigillarien, Schuppenbäume oder Lepidodendren und Bothrodendren. Überhaupt waren diese in unseren Breiten heute nur als krautige Pflanzen recht kümmerlich entwickelten Gewächse damals vielfach in riesenhafter Üppigkeit vorhanden. Die Menge und Mannigfaltigkeit der eigentlichen Steinkohlenflora ist sehr groß. Nach den Pteridospermen spielen besonders im Obercarbon eine Gruppe von Gymnospermen, die Cordaitesbäume, eine große Rolle. Ganz allmählich geht die Flora des Carbon in die Flora des Rotliegenden über, wobei die Carbonflora nach und nach ausstirbt.

Aufschluß über die Pflanzenwelt geben auch Funde von Sphärosideriten und Dolomitknollen. Zwischen den Kohlenflözen hat man in manchen Gesteinsschichten Süßwassermuscheln, Fische, Krebstiere, in anderen wieder marine Fossilien, wie Meeresmuscheln u. ä. gefunden. Sehr selten sind andere Tiere gefunden worden, unter welchen man Insekten und gewisse geschwänzte Amphibien (Stegocephalen) hervorheben kann.

Die Glossopterisflora reicht vom jüngsten Obercarbon bis in die Trias hinein. Ihr gehören Steinkohlenlager in Afrika, Asien, Vorderindien und Südamerika an. Reichliche Pflanzenfunde kennt man hier erst aus einer Zeit, die an die Wende von Carbon und Perm zu setzen ist. Besonders charakteristisch für diese Flora sind die farnartigen Glossopterispflanzen, deren systematische Stellung nicht ganz geklärt ist. In der Gondwanaformation findet man ferner auch wie bei uns seit dem Rotliegenden Reste von Coniferen. Die Kohlenlager des nördlichen europäischen Rußland sind durch eine Mischflora der Gondwanaflora mit der europäischen Permocarbonflora gebildet worden.

Das Ende der Steinkohlenzeit ist gekennzeichnet durch eine Periode der Vereisung weiter Gebiete der Erdoberfläche.

Außer den Gefäßpflanzen, die sich in der Zeit vom Carbon zum Jura entwickelten, haben auch niedere Pflanzen, zum kleinen Teil wohl auch tierische Lebewesen an der Kohlenbildung Anteil gehabt, indem sie teils zur Entstehung der hauptsächlich aus Gefäßpflanzen gebildeten Kohlenlager mit beitrugen, zum Teil aber auch, indem sie selbst Kohlen vom Charakter der Sapropelkohlen entstehen ließen. H. Potonié leitet die Entstehung der Sapropelkohlen aus faulendem Schlamm ab, der sich aus Pflanzen und Tieren des Planktons unter gewissen Bedingungen auf dem Grunde von Gewässern anhäufte. In den Bogheadkohlen und in den Cannelkohlen wurden nun wahrscheinlich Algenreste sowie sicherlich Sporen von Gefäßpflanzen nachgewiesen. R. Thiessen faßt daher die Cannelkohlen als Sporenkohlen, die Bogheadkohlen als Algenkohlen auf. Nach Stadnikoff sind dagegen beide Kohlensorten in der Hauptsache auf Sedimente fettreicher, einzelliger Pflanzen nach

Art der Algen zurückzuführen, wenn auch manchmal ein gewisser Prozentsatz von Sporen aus höheren Pflanzen, die ja leicht durch den Wind in Wasserbecken geweht werden können, nachzuweisen ist. Der heute noch sich bildende Balchaschit, der S. 36 besprochen worden ist, läßt im Mikroskop noch oft deutliche Zellstrukturen erkennen und gleicht in dieser Hinsicht ganz den Bildern, die man bei der mikroskopischen Untersuchung der Bogheadkohlen beobachtet und auf die Algengattung Pila zurückgeführt hat.

Was den Gesamtcharakter der Steinkohlenflora betrifft, so hat J. Walther[1] folgende Ansicht vertreten. Alle vorcarbonischen Kohlen bildeten sich im Meere, die nachcarbonischen großenteils auf dem Festlande. Die Kohlen des Carbon stammen nach Walther von Pflanzen, welche in den Ufersümpfen mächtiger Meere gediehen, also in Brackwasserzonen, in denen Bedingungen herrschten, wie man sie heute etwa in den Wäldern der Mangrove antrifft. (Diese stellen allerdings eine sekundäre Anpassung von höheren Landpflanzen an die betreffenden klimatischen, chemischen und physikalischen Bedingungen dar). Die gewaltige Ausbreitung der Kohlen des Carbon stellt nach dieser Auffassung das geologische Denkmal des Eroberungszuges dar, der die Pflanzenwelt durch die Brackwasserzone alter Meere auf das Festland geführt hat. Demgegenüber wird aber von W. Gothan[2] und anderen Forschern die Ansicht vertreten, daß es sich bei der Carbonflora doch schon um Landpflanzen, um eine reine Festlandsflora, gehandelt hat.

Jedenfalls muß die Carbonflora in der Hauptsache eine Sumpfflora gewesen sein, deren üppiges Gedeihen zunächst einmal an feuchten und wasserreichen Boden geknüpft war. Die steinkohlenbildenden Pflanzen zeigen die morphologischen Eigentümlichkeiten von Moorgewächsen, wie sie heute auf feuchtem, schlammigem Grunde wachsen. Ferner wird das, was uns an Resten der Steinkohlenflora überliefert ist, abgesehen von verschwindenden Ausnahmen, als eine Flachlandsflora bezeichnet. Mit den Vorgängen der Gebirgsbildung während der Carbonzeit steht die Lage der Kohlenbecken in dem Zusammenhang, daß die Gebiete der Kohlenbildung in Mitteleuropa im Norden der Gebirgszüge sich ausdehnten, während noch weiter nördlich das Meer flutete. Gelegentliche, in manchen Horizonten aber oft auch viele Meilen weit verfolgbare marine Einlagerungen lassen erkennen, daß das Meer zeitweise Zutritt zu diesen Gebieten der Steinkohlenbildung hatte. Aus solchen Feststellungen ist zu schließen, daß die Kohlenbildung im allgemeinen auf Landkomplexen vor sich gegangen ist, die nicht wesentlich über dem Meeresspiegel lagen und in deren Hintergrund Gebirgszüge

[1] Geschichte der Erde und des Lebens. Leipzig 1908.

[2] Vgl. z. B. Glückauf **59**, 385 (1923).

sich erhoben. So haben sich die Lager dieser Art allmählich in einem Wechsel von Hebung und Senkung, Überflutung und Trockenlegung ihrer Gebiete gebildet.

Kohlenbecken von der eben geschilderten Art werden als meeresnahe oder paralische Becken bezeichnet. Im Gegensatz dazu unterscheidet man meeresferne, limnische oder Binnenbecken, die als reine Inlandsbecken entstanden sein müssen; solche finden sich z. B. im Saargebiet, in Böhmen, bei Zwickau, in Niederschlesien und auf dem französischen Zentralplateau. Limnische Becken führen keine marinen Zwischenschichten. In beiden Beckenarten können aber gleichwohl keine großen Unterschiede in den allgemeinen Vegetationsbedingungen geherrscht haben; die Pflanzenwelt, deren Zersetzung beide Arten von Lagern geliefert hat, zeigt trotz mancher Verschiedenheiten im einzelnen doch eine allgemeine Übereinstimmung.

Was die klimatischen Bedingungen betrifft, so ist für die Steinkohlengebiete ein feuchtes, niederschlagsreiches, ozeanisches Klima anzunehmen. Die hohe Luftfeuchtigkeit der Steinkohlenzeit war eine wesentliche Vorbedingung für üppiges Pflanzenwachstum und die für das Carbon charakteristische Massenproduktion an Gewächsen. Die zahlreichen Farne mit besonders zarten und feinen Blättern sprechen für, die Gewächse mit mehr oder weniger lederartigen, derben Blättern sprechen nach W. Gothan nicht gegen den sehr hohen Feuchtigkeitsgehalt der damaligen Atmosphäre. Speziell wird dabei auf die tropischen und subtropischen Regenwälder unserer Zeit verwiesen. In solchen findet man vielfach Bäume mit lederartigen und derben Blättern und gleichzeitig als Unterflora zartblätterige Farnpflanzen.

Was das Klima betrifft, so hat man mehrfach eine tropisch heiße Witterung angenommen. Heute neigt man eher der Ansicht zu, daß die Temperatur der Steinkohlenzeit keineswegs als tropische Hitze aufzufassen ist. Viel wesentlicher als die absolute Höhe der Temperatur schätzt man als begünstigenden Faktor üppigen Pflanzenwuchses den gleichmäßig warmen, ozeanischen Charakter des Klimas ein. Es bedürfen z. B. auch die heutigen Baumfarne keineswegs eines tropisch heißen Klimas, sondern sie bevorzugen ein kühleres, etwa subtropisches Klima mit hoher Luftfeuchtigkeit und ausgeglichenen Temperaturverhältnissen im Jahresmittel.

Man hat auch besondere Bedingungen für die Zusammensetzung der Atmosphäre der Carbonzeit angenommen. Einen ungewöhnlichen Reichtum der Luft an Kohlensäure haben schon A. v. Humboldt, später S. Arrhenius sowie F. Frech erwogen. Der erhöhte Kohlensäuregehalt der Luft sollte die Wärmeausstrahlung der Erdoberfläche vermindern; seine Herkunft könnte nach Frech auf vulkanische Tätigkeit zurückzuführen sein. Durch ständige Abnahme des Kohlensäuregehaltes der Atmosphäre, verursacht durch das üppige Wachstum der Carbonflora, wäre allmählich eine allgemeine Abkühlung der Erdoberfläche erfolgt, die schließlich zu einer Eiszeit führte. Nach W. Gothan sind aber solche Annahmen nicht nötig. Die Mächtigkeit und zahlreiche Aufeinanderfolge der Kohlenflöze hängt vielmehr damit zusammen, daß die Gebiete der Kohlenbildung ausgedehnte Senkungsfelder waren, welche die jeweilige Landoberfläche in die Tiefe brachten und so neue Vegetation auf der alten oder auf den Sedimenten über den alten Flözen ermöglichten. Die Carbonwälder gediehen in einem subtropischen Regenklima mit sehr geringer jährlicher Klimaschwankung. Für letzteren Umstand spricht vor allem auch das Fehlen der Zuwachszonen bei den mit sekundären Dickenwachstum versehenen Bäumen; die Carbonbäume haben keine Jahresringe.

Die Flora des Carbons gehört in systematischer Hinsicht in der Hauptsache zu den Gefäßpflanzen. Alle Pflanzen, die Gefäße ausbilden, enthalten in der Zellwand neben der Cellulose auch Lignin. Die Auffassung, daß die Carbonflora kein Lignin gehabt hätte, ist nicht haltbar und die früher häufig und auch heute noch gelegentlich geäußerte Ansicht, daß die Steinkohlenbildner nur Cellulose in der Zellwand besessen hätten, ist sicherlich falsch. Das Auftreten von Verholzung bei Farnen, Schachtelhalmen und Bärlappgewächsen ist unbestritten und allgemein[1].

Die chemische Zusammensetzung der ausgestorbenen riesigen Carbongewächse, der Lepidodendren, Sigillarien und Bothrodendren, können wir heute freilich nicht mehr durch eine unmittelbare Zerlegungsanalyse feststellen. Allein auch über die chemische Zusammensetzung der ausgestorbenen Kohlenbildner kann man einigen Aufschluß gewinnen, wenn man den Gedankengang der entwicklungsgeschichtlichen Analyse[2] berücksichtigt. Danach kann man an Stelle ausgestorbener Organismen ihre noch heute lebenden Verwandten untersuchen, in diesem Falle unsere allerdings bescheiden entwickelten Farne, Schachtelhalme und Bärlappe, und man kann überdies die Ergebnisse der Untersuchung der Einzelentwicklung irgend eines Vertreters einer geradlinigen Verwandtschaft zum Schlusse in gleicher Richtung verwenden.

Die Tab. 146 enthält Zahlenangaben über die prozentische Zusammensetzung hier interessierender Pflanzen.

Es muß besonders auf den niedrigen Methoxylgehalt des Lignins in den phylogenetisch tiefstehenden Beispielen der Tabelle 146 hingewiesen werden. Der Schluß, daß der Ausbildung eines hochmethylierten Lignins stammesgeschichtlich ein Lignin mit verhältnismäßig niedrigem Meth-

[1] W. Fuchs, Chemie des Lignins, S. 210. Berlin 1926.
[2] Vgl. Kap. I 3 c und d.

Tabelle 146.

Nr.	Bezeichnung	Bitumen	Meth-oxyl	Cellu-lose	Lignin	Methoxyl im Lignin	Sonstige Bestandteile
1	Adlerfarn, Pteridium aquilinum		2,68		32,95	5,5	
2	Schachtelhalm, Eqisetum arvense			41,0	23,7	0,9	
3	Bärlapp, Lycopodium clavatum	9,0	2,0		17,2	7,9	
4	Fichtenholz, Picea sp.	0,5	4,7	60,5	26,6	15,4	12,4

oxylgehalt voranging, wird unter anderem gestützt durch die Untersuchungen von Beckmann, Liesche und Lehmann[1], denen zufolge junge Pflanzen des Winterroggens (Secale cereale) zwar bald fast ebensoviel Lignin enthielten wie die reifen Pflanzen; allein der Methoxylgehalt dieses „jungen" Lignins betrug nur 3% gegen 13,5% später. Die Pflanzen der Steinkohlenzeit enthielten möglicherweise die gleiche Cellulose wie die der Braunkohlenzeit, aber höchstwahrscheinlich ein methoxylärmeres Lignin.

Über den Bitumengehalt der Steinkohlenbildner kann man nur sagen, daß er wahrscheinlich nach Art und Menge verschiedene Schwankungen zeigte; experimentelle Untersuchungen über das Bitumen an dem heute zur Verfügung stehenden Material wären nötig.

Wie man mit sehr großer Sicherheit sagen kann, hat also schon die Flora der Steinkohlenbildner ganz wie die der späteren Erdperioden ligninhaltige Gefäße ausgebildet. Allein auch soweit krautige Pflanzen und soweit Blätter als Urmaterial der Kohlenbildung in Frage kommen, ist die Annahme, daß in diesem botanischen Material kein Lignin zur Verfügung stand, nicht mehr haltbar. Die Tab. 147 bringt als Beispiel der Zusammensetzung einer krautigen Pflanze Daten über mit Wasser extrahiertes Material vom Löwenzahn (Leontodon taraxacum), sowie über Bärlappblättchen und Fichtennadeln. Die Angaben über den Schachtelhalm in der Tab. 146 beziehen sich übrigens auf die feinen Seitenzweige des Schachtelhalmes[2].

Tabelle 147.

Nr.	Bezeichnung	Bitumen	Meth-oxyl	Cellu-lose	Lignin	Sonstige Bestandteile
1	Bärlappblättchen	16,0	2,2		26,6	
2	Fichtennadeln	14,2		26,3	37,6	22,5
3	Löwenzahn	11,2		28,6	24,7	

Das sogenannte Lignin des Löwenzahnes enthielt 0,9% Methoxyl. Es sei noch erwähnt, daß in den Blättern das Lignin nicht auf bestimmte

[1] Biochem. Ztschr. **139**, 491 (1923).

[2] Einige Angaben der Tabellen 146 und 147 nach Privatmitteilungen von R. Lieske. — Alle Zahlen bedeuten % der Pflanze.

Stellen lokalisiert ist, sondern sich über die ganze Blattfläche verbreitet findet. Bei Eichenblättern fand Lieske im Blatt ohne Stiel 50%, in den Rippen 41%, im Mesophyll und in den anderen Bestandteilen 55% unhydrolysierbare Bestandteile.

Außer den verholzten Zellwänden haben die Pflanzen der Steinkohlenzeit natürlich auch noch andere Organe, Gebilde und Substanzen besessen. Manche von diesen, z. B. Harzkörper, Sporen, Kutikeln, sind sogar überaus resistent und speziell das Sporonin[1] der Sporen findet derzeit mehrfach Beachtung. Infolgedessen kann man heute noch in den verschiedensten Kohlen organisierte Pflanzenreste finden, die wenigstens morphologisch, zum Teil aber auch chemisch dem Umwandlungsprozeß, der aus Pflanzen Kohlen werden ließ, mehr oder minder entgangen sind.

Die Algen (Grünalgen, Diatomeen, Kalkalgen), die damals in den flachen Becken warmer Meere, in Buchten und Sümpfen, lebten, mögen von den heutigen Formen in ihrer chemischen Zusammensetzung nicht allzusehr verschieden gewesen sein. Was über die letzteren bekannt ist, wurde bereits im Kapitel 1 zusammengestellt; auch dieses Material wäre recht ergänzungsbedürftig.

b) Die primäre Zersetzung der Humuskohlen liefernden Pflanzenwelt.

Nach den Angaben, die man den Paläobotanikern und Geologen zu verdanken hat, konnte man vermuten, daß der primäre Zersetzungsprozeß der abgestorbenen Steinkohlenbildner im sumpfigen, von Wasser überschwemmten Gelände, d. h. also im wesentlichen als anaerober, schwachsaurer Zersetzungsprozeß vor sich gegangen ist. Damit wäre der erste Akt der Steinkohlenbildung als ein Vorgang ähnlich dem heutigen Vertorfungsprozeß gekennzeichnet, wenn auch das Material dieses Steinkohlen-Urtorfes chemisch etwas andersartig war, als der heute in Hochmooren oder Waldmooren vertorfenden Flora entspricht.

Während nach der vorstehenden älteren Auffassung der Anhäufungsprozeß der zu Steinkohlen werdenden Humusmassen durch vielleicht langsam verlaufende, anaerobe, schwach saure Prozesse gekennzeichnet ist, wäre nach der neueren Auffassung von McKenzie Taylor[2] der primäre Zersetzungsprozeß verhältnismäßig schnell abgelaufen, indem die vertorfte Pflanzenmasse sehr bald durch einen anaeroben, alkalischen Prozeß mikrobiologisch weiter verändert worden wäre.

Den Ausgangspunkt der Erwägungen und experimentellen Arbeiten

---

[1] Vgl. Potonie, R.: Allgemeine Ergebnisse der Kohlenpetrographie. Berlin 1930. — Vgl. ferner S. 13 und Kap. V.

[2] Fuel **6**, 359 (1927); **7**, 230 (1928). — Vgl. auch Fuchs, W.: Brennstoff-Chem. **9**, 155 (1928).

von Taylor bildete eine Beobachtung, die man im Nildelta gemacht hat. Dort wurden 2 m unter der Oberfläche eine Lagerstätte pflanzlicher Zersetzungsprodukte gefunden, die nach Taylors ersten Angaben Torf, Fusit und teilweise in Fusit verwandelten Torf darstellten. Da ein solches gemeinsames Vorkommen bis dahin nicht beobachtet worden war, versprach die nähere Untersuchung zumindest Aufschlüsse über den Prozeß der Entstehung des Fusits und sie führte weiterhin zu neuen Auffassungen über die Entstehung der Steinkohle überhaupt.

Die Deckschicht des erwähnten Lagers zeigte als besondere Eigentümlichkeit die, bei Berührung mit Frischwasser dieses schwach alkalisch zu machen. Diese Eigenschaft wurde als Ergebnis eines Basenaustausches erkannt, indem der ursprünglich in der bekannten Bodenart vorhanden gewesene Kalk durch Berührung mit Kochsalzlösung gegen Natrium ausgetauscht worden war. Der durch diese Permutitreaktion entstandene Komplex, ein Natrium-Aluminium-Silicat, war im Salzwasser durchaus beständig, unterlag aber im Frischwasser der hydrolytischen Spaltung.

Unter einer derartigen Decke oder Schlammschicht konnte die alkalische Reaktion einer Flüssigkeit lange Zeit aufrechterhalten werden. Es ergab sich weiter aus den schon im Kapitel I mitgeteilten Versuchen, daß eine derartige Deckschicht aus hydrolysierbarem Natrium-Aluminium-Silicat für Gase und Wasser undurchlässig ist. Der streng anaerobe, alkalische Charakter des Mediums unter dieser Deckschicht stellt nach Taylor bei Gegenwart von Pflanzenmaterial günstige Bedingungen für die ununterbrochene bakterielle Zersetzung organischer Substanz dar. Unter diesen Bedingungen wird die bakterielle Tätigkeit nicht durch Anhäufung giftig wirkender saurer Stoffe in dem stets schwach alkalischen Medium gestört; unter Zerstörung leichter angreifbarer Pflanzenstoffe hinterbleibt schließlich ein dunkler fester Körper; dieser stellt jedenfalls ein Reduktionsprodukt dar.

Taylor zieht aus den S. 58—60 mitgeteilten Befunden den Schluß, daß Fusit ein Zersetzungsprodukt von Torf unter alkalischen anaeroben Bedingungen darstellt, wie sie die Bakterientätigkeit unter einer Schlammschicht von hydrolysierendem Natriumton findet. Es sei darauf hingewiesen, daß sowohl die bakteriologischen als auch die chemischen Einzelheiten der Taylorschen Zersetzung noch sehr mangelhaft erforscht wind. Insbesondere wären chemische Untersuchungen über die dunklen Reduktionsprodukte, die dabei entstehen, sehr notwendig. Wahrscheinlich würde sich dann zeigen, daß dieses erste Reduktionsprodukt nicht den sehr hohen Kohlenstoffgehalt des üblichen Steinkohlenfusites hat, daß es vielmehr eher als eine Vorstufe aller drei Gefügebestandteile angesehen werden könnte.

Taylor hat weiterhin gefunden, daß das Hangende von Steinkohlen-

und auch Anthrazitflözen in den meisten Fällen im angegebenen Sinne alkalisch ist. Für Vitrit und Clarit hat Taylor besondere, vom Fusit abweichende Rohmaterialien angenommen; so z. B. läßt er den Clarit aus den alljährlich abfallenden Teilen perennierender Pflanzen — Blätter, Samen, Kutikeln usw. — als ursprüngliches Rohmaterial entstehen und führt die Bildung von Vitrit auf das Vorkommen von Dopplerit im Torf zurück; auch erwägt er, daß das Urmaterial der Gefügebestandteile außer dem Fusit vor der Bedeckung durch die alkalisierende Schlammschicht eine andere Zersetzung mitgemacht haben könnte. Vielleicht aber sind solche Annahmen gar nicht nötig. Das Aussehen der primären Reaktionsprodukte, die auch R. Lieske bei nicht publizierten Versuchen erhalten hat, als lockerer, nicht verfestigter Massen braucht nicht als Fusitcharakter gedeutet zu werden. Es genügt vielmehr darauf hinzuweisen, daß die mechanische Verfestigung, durch welche sich Vitrit und Durit besonders vom Fusit unterscheiden, z. B. durch sekundäre Vorgänge zustande gekommen sein kann. Geologische und physikalische Einwirkungen haben ja bei der Kohlenbildung sicherlich auch eine Rolle gespielt; sie werden aber in der Theorie von Taylor anscheinend nicht berücksichtigt.

Auch die Meinung, daß die Unterschiede zwischen Braunkohle und Steinkohle im wesentlichen nur mit dem Vorhandensein einer bestimmten Deckschicht zusammenhängen, wird man kaum in dieser Art verallgemeinern dürfen, zumal da, ohne daß freilich alles aufgeklärt wäre, doch noch viele anderen Tatsachen zur Beurteilung der Vorgänge zur Verfügung stehen. Aber das Positive an Taylors Arbeiten ist der Nachweis, daß bakterielle Tätigkeit kontinuierlich und anaerob bei schwachalkalischer Deckschicht zur Beseitigung der leichter hydrolysierbaren Bestandteile und Umwandlung des Restes der pflanzlichen Substanz in kohlenartige Massen führt. Wahrscheinlich hat aber doch mehr als nur eine Art mikrobiologischer Zersetzung an der Bildung der Humuskohlen primär mitgewirkt.

In chemischer Hinsicht ist in beiden Fällen, bei saurer und bei alkalischer Zersetzung, die biologische Zerstörung der leichter hydrolysierbaren Substanzen einschließlich der Cellulose und eine Anreicherung der Ligninkomponente anzunehmen. Im Falle der anaeroben sauren Zersetzung kann der Prozeß sehr lange Zeit gedauert und schließlich zu Braunkohlen ähnlichen Zwischenstufen geführt haben; solche Fälle sind bekannt, auf sie wird noch zurückgekommen. Im Falle der anaeroben, alkalischen Zersetzung wäre der chemische Prozeß unvergleichlich rascher verlaufen, hätte nicht über eine braunkohlenähnliche Zwischenstufe geführt, sondern sogleich eine charakteristische Vorstufe der Steinkohle ergeben.

Ganz abgesehen von den Erwägungen über die biologischen Primärprozesse kennt man auch geologische Tatsachen, die für einen schnell ablaufenden primären Bildungsprozeß sprechen, d.h. also dafür, daß die Carbonkohlen schon in der Carbonzeit im wesentlichen „fertig" waren. Im Hangenden von Steinkohlenflözen hat man häufig Kohlengerölle als scharfkantige Stücke oder als Stücke mit nur sehr geringer Kantenrundung gefunden. Diese Kohlengerölle treten, wie schon Barrois hervorhob, zumeist, wenn nicht ausschließlich, in groben Sandsteinen im Hangenden der Flöze auf und entsprechen in chemischer Beziehung der Kohle des nächst unterlagernden Flözes. Mit P. Kukuk[1], der die Gerölle in den Flözen des rheinisch-westfälischen Kohlenreviers untersuchte, muß man in diesen Kohlengeröllen feste, verfrachtungsfähige Produkte eines schnell und recht weitgehend inkohlten „Carbontorfes" erblicken. „Die Annahme, daß die Gerölle tatsächlich schon in einem dem Steinkohlenstadium ähnlichen Zustand eingeschwemmt worden sind, schließt die weitere Folgerung ein, daß die Umbildung ehemaliger Torfsubstanz zu Steinkohle weder so großer Zeiträume (d. h. die Dauer mehrerer geologischer Formationen oder doch mindestens der ganzen Steinkohlenzeit) noch so mächtige Schichtenüberlagerungen und lange andauernde Druckverhältnisse erfordert, wie fast immer angenommen wird. Zur Umwandlung des Carbontorfes in Steinkohle muß vielmehr die Zeitspanne zwischen der Bildung des Torfmoores und seiner Überflutung durch Sand und Gerölle, dem späteren, flözüberlagernden Sandstein oder Konglomerat, genügt haben. Mit anderen Worten: die Umbildung des ehemaligen Carbontorfes zu Steinkohle würde bei jenen Flözen des rheinisch-westfälischen Bezirkes schon vor der Ablagerung des nächsten hangenden Flözes im wesentlichen abgeschlossen gewesen sein."

c) Die primäre Zersetzung der Sapropelkohlen liefernden Organismen.

Während die Streifenkohlen nach der vorherrschenden Ansicht in der Hauptsache aus Gefäßpflanzen entstanden sind, wird die Entstehung der Sapropelkohlen und z. T. auch des Mattkohlenbestandteiles der Streifenkohlen auf die primäre Zersetzung niederer Organismen, besonders von Algen zurückgeführt. Prozesse, ähnlich der sehr raschen Verwandlung von Algenkolonien in Coorongit und Balchaschit werden von R. Thiessen, G. Stadnikoff u. a.[2] an den Anfang der Bildung der Sapropelkohlen gesetzt. Es ist interessant, daß auch hier wie bei

[1] Glückauf **56**, 832 (1920).

[2] Nach Hautpick, E. de: Bull. Soc. geol. de France **26**, 61 (1926), tritt Coorongit nur unregelmäßig periodisch, nach starken Überschwemmungen, dann aber in Massen auf (1865 und 1920). Bei seinem letzten Auftreten konnte er von Hautpick studiert werden.

den Steinkohlen, aber anscheinend allgemein, ein rasch ablaufender Primärprozeß angenommen wird. In diesem rasch ablaufenden Primärprozeß sieht Stadnikoff den Grund, weshalb die Bogheadkohlen des Jura von den Bogheadkohlen des Carbon nicht merklich verschieden sind. Ähnlich wie bei der Bildung von Balchaschit und Coorongit mag es nach Stadnikoff[1] auch schon in den flachen Seen der Carbonzeit und der Permzeit zugegangen sein.

Als wesentliches chemisches Ausgangsmaterial der Bogheadkohlen sieht Stadnikoff die Öle und Fette der Algen an. Diese sollen auch bei der Bildung der Cannelkohlen die Hauptrolle gespielt haben. Die in den Cannelkohlen gefundenen Sporen werden von ihm mehr als akzessorische Bestandteile aufgefaßt. Hellmers und Potonié[2] haben sich übrigens mit den von einigen Autoren als Algen, von anderen Autoren als Sporen bezeichneten transparenten Körperchen, die sich bei der Mazeration der Bogheadkohlen mit Schulzes Mischung herauslösen lassen, befaßt und sie als massive Bitumenkörperchen bezeichnet. Sie konnten durch physikalische Vorgänge, z. B. durch Einrühren geschmolzenem Paraffins in wässerige Gelatinelösung, ähnliche Gebilde erzeugen.

Das chemische Rohmaterial der Bildung der Bogheadkohlen wird weiter durch Wasserabspaltung, Oxydation und Polymerisation der Fettsäuren sehr rasch weiter verwandelt. Je nachdem ob diese Umwandlungen am Strande oder auf dem Boden mehr oder minder flacher Becken verlaufen, werden die Endprodukte besonders durch die stärkere oder schwächere Mitwirkung des Sauerstoffs etwas verschieden sein. Die Eigenschaften der entstandenen Produkte bleiben aber dann lange geologische Perioden hindurch unverändert.

In diesem Zusammenhang mag auch eine kurze Charakteristik der Bogheadkohlen nach Stadnikoffs Angaben von Interesse sein. Danach enthalten reine Sapropelitkohlen keine Wachse und keine Harze, wie man sie in Humuskohlen findet; organische Lösungsmittel extrahieren aus ihnen eine Mischung gesättigter Fettsäuren, Fettsäureanhydride, Ketone und Kohlenwasserstoffe, manchmal findet man darunter auch flüssige organische Verbindungen. Der Urteer der Sapropelkohlen enthält keine Phenole. Die Grundmasse solcher Kohlen hält Stadnikoff für aufgebaut aus cyclischen und polycyclischen Carbonsäuren und ihren durch Abspaltung von Kohlensäure entstehenden Derivaten. Mit den Carbonsäuren sind gesättigte und ungesättigte einbasische Säuren der Fettsäurereihe anhydridartig verbunden.

Die Sapropelitkohlen sind ziemlich feste, homogene Massen mit muscheligem Bruch, die angezündet mit stark rußender Flamme brennen. Sie zeigen keine bedeutenden Unterschiede; charakteristisch für sie ist

[1] Die Entstehung von Kohle und Erdöl. Stuttgart 1930.
[2] Ztschr. angew. Chem. **40**, 895 (1927).

ein hoher Wasserstoffgehalt. Die Tab. 114, S. 288, brachte die Analysendaten.

Die Zahlen der dort gegebenen Tabelle beziehen sich auf mesozoische Kohlen; aber auch die Bogheadkohlen von Moskau aus dem unteren Carbon, die im Zusammenhang mit der dortigen Braunkohle vorkommen, haben 79,5% C und 9,5% H. Aus den geringen analytischen Unterschieden schließt Stadnikoff gleichfalls auf einen relativ schnell verlaufenden primären Bildungsprozeß und auf eine hohe Beständigkeit der primären Umwandlungsprodukte.

d) Der chemische Mechanismus und die geologisch-physikalischen Faktoren der Steinkohlenbildung.

Man kann mit ziemlicher Sicherheit sagen, daß der primäre Zersetzungsprozeß der Steinkohlen bildenden Pflanzen auf die Wirksamkeit von Mikroorganismen zurückzuführen ist. Wenn man den Primärprozeß als Taylorsche Zersetzung auffaßt, so kann man nur als wahrscheinlich annehmen, daß dabei ein noch nicht näher charakterisiertes Reduktionsprodukt des Pflanzenmaterials entsteht.

Wenn man den Primärprozeß ähnlich dem heutigen Vertorfungsvorgang annimmt, so kann man als Zwischenstadium der Steinkohlenbildung einen Urtorf und weiterhin braunkohlenähnliche Substanzen annehmen.

Nach der Lignintheorie von F. Fischer und H. Schrader wird angenommen[1], daß aus dem neutralen Lignin zunächst unter Verseifung der Acetylgruppen ein phenolartiger, alkalilöslicher Körper entsteht, und daß dieser saure Körper nichts anderes ist als Huminsäure. Der Huminsäure müsse demnach dieselbe Konstitution zugrunde liegen wie dem Lignin und sie müsse zunächst noch methoxylhaltig sein. „Eine weitere Veränderung könnte dann in dem Verschwinden der Methoxylgruppen bestehen, was zu einer Vermehrung der OH-Gruppen führen würde". Aus der Huminsäure soll dann unter Vergrößerung des Moleküls, vielleicht durch Wasseraustritt oder Oxydation, die alkaliunlösliche Humussubstanz, das sogenannte Humin entstehen. „Aus dem Humin entsteht durch weitere Abspaltung von Wasser und Kohlensäure und wohl auch von Methan, d. h. durch den Vorgang der Inkohlung bei gewöhnlicher Temperatur die Braunkohle und die Steinkohle. Immer aber bleibt als Grundlage durch die ganze Reihe die Benzolstruktur des Lignins erhalten, selbst noch in der Steinkohle".

Auch heute noch kann man sagen[2], daß das Lignin, die Huminsäuren der Braunkohle und die Humine der Steinkohle ähnliche chemische

[1] Entstehung und chemische Struktur der Kohle, S. 19. Essen 1922.
[2] Vgl. Fuchs, W.: Brennstoff-Chem. **11**, 112 (1930).

Bauelemente in ihren Molekülen enthalten. Dies ergibt sich auch aus der Tab. 148, die allerdings nur im Zusammenhang mit anderen Tatsachen einen Beweis für die besondere Beteiligung des Lignins der Pflanzen an der Kohlenbildung geben kann, da mittlerweile gefunden wurde, daß unter Umständen auch die Cellulose sich in Substanzen cyclischer Natur verwandeln kann.

Tabelle 148.

Eigenschaft	Cellulose	Lignin	Braunkohle	Steinkohle
Kohlenstoffgehalt . %	44,4	63,0	rund 60	75—93
Wasserstoffgehalt . %	6,2	5,6	rund 5	4—5
Sauerstoffgehalt . %	49,4	31,4	rund 35	2—10
Methoxylgehalt . . %	0,0	15,0	bis 3	bis 0,8
Carbonylzahl . . . %	0,0	0,2—1	3—4	1—3
Verhalten gegen starke Säuren	zu Zucker hydrolysierbar	unhydrolysierbar		
Charakter. Produkte der Druckoxydation	Säuren der Furangruppe	Benzolcarbonsäuren		
Charakter. Produkte der schwachen Oxydation mit HNO_3 .	unverändert	Nitrolignin	Nitrohuminsäuren (Oxycarbonsäuren)	Nitrohumine
Charakter. Produkte der kräftigen Oxydation mit HNO_3 .	teilweise unverändert	Benzolcarbonsäuren und Nitrophenole		

Was den Mechanismus der Umwandlung des Lignins in Huminsäure betrifft, so können hier die Verhältnisse schon deshalb nicht einfach liegen, weil ja das Lignin der einzelnen Pflanze nicht einheitlich ist und weil es ferner sicher mehr als eine Ligninart in der Pflanzenwelt gibt. Mit diesem Umstande mag die große Mannigfaltigkeit der natürlichen Kohlen wohl auch zusammenhängen. Geht man von dem verhältnismäßig am besten bekannten Fichtenlignin aus, so kann man aus dem Schema für das stöchiometrische Ligninmolekül nach W. Fuchs[1] ein Schema für ein stöchiometrisches Huminsäuremolekül durch Absprengung von Seitenkomplexen, Zusammentritt der Reste und teilweise Entmethylierung im Sinne des Strukturbildes in Kap. V aufstellen.

Aus den Huminsäuren können dann Humine der Steinkohle entstehen, indem, etwa unter Abspaltung von Wasser und gleichzeitiger Reduktion, aus den verschiedenen Oxycarbonsäuren der Huminsäuregruppe Substanzen weiter vergrößerten Molekulargewichts entstehen, etwa z. B. im Sinne nachstehenden Schemas:

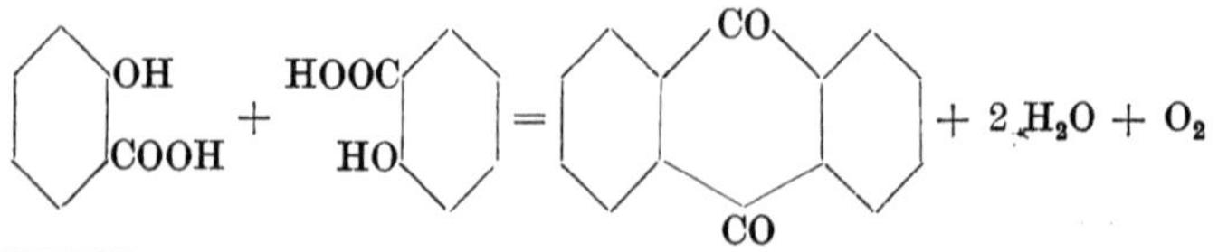

[1] Ztschr. angew. Chem. **44**, 111 (1931).

Derart kondensierte Substanzen kann man dann wohl mit W. Fuchs als reduzierte Oxycarbonsäure-Anhydride auffassen, zumal nach den Untersuchungen von W. Fuchs und O. Horn[1] die Humine der Steinkohle, welche nachweisbar keine COOH- und so gut wie keine OH-Gruppen enthalten, durch kurze Oxydation mit Salpetersäure in dunkle, amorphe Oxycarbonsäuren vom Charakter der Huminsäuren bzw. Dehydrohuminsäuren verwandelt werden.

Was den Übergang von Huminsäuren in Humine in der Natur betrifft, so kennt man Beispiele von Lagern, in denen Braunkohlen allmählich in Steinkohlen übergehen. Für russische Carbonkohlen des Flözes Tscheremchowo gibt G. Stadnikoff[2] die Tab. 149 an.

Tabelle 149.

Charakteristik der Kohlen	Huminsäuren %	Kohlenstoff der organischen Subst. %	Gehalt des Gases an % CO_2	Gehalt des Gases an % CO
Braunkohle	50,0	67,3	60,7	11,5
Schwarze matte Kohle	23,0	72,0	44,7	12,5
Schwarze harzige Kohle	4,0	77,4	16,6	11,1
Schwarze glänzende Kohle	0,0	79.5	8,6	6,5

Dieses Flöz beginnt mit einer Humusbraunkohle und geht allmählich in schwarze Kohlen über. Untersuchungen über das Bitumen dieser Kohlen ergaben, daß auch das Bitumen unter Verlust von Kohlensäure auf Kosten der Carboxyle allmählich in kohlenstoffreichere Substanzen übergeht.

Über die Kohlen von Handlowa teilt W. Petrascheck[3] Tab. 150 mit:

Tabelle 150. Inkohlungsreihe der holzigen Komponenten in der Miocänkohle von Handlowa.

	Wasser %	Asche %	Verkokungsrückstand %	Fixer Kohlenstoff %
Brauner Lignit	9,16	0,33	23,18	25,34
Schwarzer Lignit	12,11	1,03	44 04	49,52
Matter Clarit	15,50	1,93	42,84	49,55
Matter Clarit	16,39	3,78	45,39	52,13
Clarit	11,53	4,96	49,13	52,89
Clarit aus Kontaktschiefer	18,40	6,91	49,98	57,67
Fusit	1,50	1,70	73,59	74,27

Bei diesen Kohlen handelt es sich um eine Veränderung, die unter dem Einfluß von Eruptivkontakt erfolgte — einige solche Fälle sind schon im Kapitel III besprochen worden, — wobei besonders die holzigen

[1] Brennstoff-Chem. **12**, 65 (1931). [2] Entstehung S. 108, 109ff. Stuttgart 1930.
[3] Entstehung, Veredelung und Verwertung der Kohle, S. 1. Berlin 1930.

Bestandteile eine lückenlose Reihe von Inkohlungsstadien erkennen lassen, welche von braunem Lignit bis zu muschelig brechender, schwarzer Glanzkohle reicht.

Das Reiferwerden der Kohle in geologischen Perioden wird heute einfach durch die Abnahme des Wassergehaltes, die Abnahme des Sauerstoffgehaltes und die Abnahme an flüchtigen Bestandteilen beschrieben. Die Reife führt allmählich zu einer Homogenisierung der Kohlenbestandteile; dabei wird auch das Bitumen schließlich zu unlöslicher kohleartiger Substanz. Von den geologischen Einflüssen kommen hierbei besonders folgende drei Faktoren in Frage: Die Kontaktmetamorphose von Kohlenlagern durch Berührung mit Eruptivgesteinen, der Einfluß der Erdwärme mit steigender Tiefe der Lager und der Einfluß des Gebirgsdruckes.

Bei der Umwandlung der Kohlenlager durch Berührung mit feuerflüssigem Eruptivgestein kann Verbrennung bis zu Asche, Verkokung und in einiger Entfernung vom unmittelbaren Kontakt eine gewisse Veredelung, eine gesteigerte Inkohlung der Kohle stattfinden. Kohlen, die bei Atmosphärendruck nicht verkokungsfähig sind, können unter dem Einfluß des gleichzeitig mit der Erhitzung durch das Eruptivgestein wirkenden Gebirgsdruckes Naturkokse liefern. Solche Naturkokse, die durch Kontaktmetamorphose entstanden sind, enthalten zum Unterschied vom technischen Koks noch flüchtige Bestandteile, z. B. 6—10%.

„Zahllos sind die Beispiele intensiver Veränderung der Kohle durch unmittelbare Berührung mit Eruptivgesteinen. Kleiner schon ist die Zahl der Fälle, wo auf größere Entfernung eine Veredelung der Kohlen nachweisbar ist“. Die nachfolgende Übersicht von Petrascheck enthält eine Anzahl solcher Beispiele. Die Endstadien der Kontaktmetamorphose, Anthrazit und Graphit entstehen demnach aus den verschiedensten Ausgangsprodukten.

Dringt man tiefer in die Erde ein, so steigt die Temperatur. Man kommt allmählich in immer wärmere geothermische Tiefenstufen. Oft ist erwogen worden, daß die Wirkung der erhöhten Temperatur in der größeren Tiefe der Lager ähnlich sein müsste derjenigen, welche sich bei der Kontaktmetamorphose zeige, und daß derartige Verwandlungen bei sehr langer Dauer der Erwärmung auch durch etwas tiefere Temperaturen herbeigeführt werden können. Für die Umwandlung von Braunkohlen und Steinkohlen ist von manchen Seiten eine Temperatur von 300° und darüber angenommen worden. Um zu prüfen, wie solche Temperaturen auf die Erdwärme zurückgeführt werden können, hat Petrascheck für eine Anzahl von ihm studierter mitteleuropäischer Kohlenvorkommen die maximale Bedeckung, der sie ausgesetzt gewesen sind, und daraus dann annähernd die in Betracht kommende

Tabelle 151.

Thermische Veredelung der Kohlen durch Eruptivkontakt.

Eruptiv-Gestein	Erdbraunkohle	Schiefr. Weichbraunkohle	Mattbraunkohle	Glanzkohle	Flammkohle	Gaskohle	Fettkohle	Magerkohle	Anthrazit	Graphit	Graphit mit Diamant	Fundort
Andesit			—	—	—	—	—	—	—			Pliocän, Palembang, Sumatra
Andesit						—	—	—	—			Miocän, Chikuho, Japan
Basalt			—	—								Miocän, Kummerpusch, Böhmen
Andesit		—	—	—								Miocän, Handlowa, Slowakei
Basalt		—	—	—								Miocän, Westerwald, Hessen
Basalt		—	—	—								Miocän, Meißner, Hessen-Kassel
Peridotit				—	—	—	—	—	—	—		Tertiär, Karsuarsuk, Grönland
Basalt					—	—	—					Senon, Trinidad, Colo. U. S. A.
Basalt					—	—	—	—	—			Senon, Yampa Field, Colo. U.S.A.
Monzonit												Turon, Crested Butte, Colo. U. S. A.
Porphyr							—	—	—	—		
Liparit								—	—			Rhät, Amakusa, Japan
Granit									—	—		Trias, Sonora, Mexiko
Porphyr							—	—	—			Carbon, Waldenburg, Schlesien
Dolerit							—	—	—			Carbon, Kilmarnock, Schottland
Andesit							—	—	—	—	—	Carbon, Craigman (Ayrshire) Schottland
Dolerit							—	—	—			Carbon, Natal, Südafrika

Erdwärme errechnet. Die Resultate sind in der Tab. 151 zusammengestellt[1].

„Die Tabelle zeigt, daß wohl im großen eine Beziehung von Deckgebirgsmächtigkeit, also auch Erdwärme zur Reife der Kohlen besteht, daß aber im einzelnen so viele Abweichungen von einer einfachen Proportion zu erkennen sind, daß man sich sagen muß, daß kompliziertere Erscheinungen an Stelle des einfachen Temperaturgefälles zu treten haben". Die hohen, von manchen Seiten für die Steinkohlenbildung angenommenen Temperaturen sind nach Petrascheck nie erreicht worden.

Petrascheck weist noch auf folgende extrem liegende Beispiele zur Frage hin: Fettkohlenvorkommen in Colorado sowie in Serbien liegen kaum tiefer als 2000 m, Mattbraunkohlen Sumatras etwa 1500 m tief unter Tage. „Ist keine Änderung der Klimazonen eingetreten, so waren die Braunkohlen Sumatras eher einer höheren Erdwärme ausgesetzt als die genannten Fettkohlen". Aus all dem folgt zumindest, daß die Temperatur allein nicht den wesentlichen Anteil an der Ausbildung des Steinkohlencharakters haben kann.

Erwärmung kann außer durch Lagerung in entsprechenden geothermischen Tiefenstufen auch durch die Reibungswärme tektonischer

[1] Entstehung, Veredelung und Verwertung der Kohle, S. 12. Berlin 1930.

Tabelle 152. Erdwärme und maximale Deckgebirgsmächtigkeit für verschiedene Kohlenreviere nach Petrascheck.

° C	Max. Deckgebirgsstärke m	Kohlenart	Flücht. Best. i. d. Reink. ca. %	Alter	Vorkommen
10	50	Erdbraunkohle	50	Miocän	Senftenberg
10	50	,,	60	Eocän	Halle
15	200	,,	55	Miocän	Regensburg
14	200	schiefr. Weichbraunk.	65	Pliocän	Hausruck, Oberösterreich
14	200	Erdbraunkohle	63	Miocän	Egerer Becken
19	300	schiefr. Weichbraunk.		Pliocän	Ilz, Steiermark
19	300	,,	62	,,	Gödinger Revier
19	300	,,	55	Miocän	Köflach, Steiermark
19	300	Mattbraunkohle		,,	Lavanttal, Kärnten
18	300	schiefr. Weichbraunk.	54	,,	Aflenz, Steiermark
21	400	Glanzkohle	40	,,	Leoben, Steiermark
26	500	,,	55	,,	Statzendorf, Nd.-Österr.
27	500	Erdbraunkohle	52	,,	Brühler Rev. Rheinland
28	600	Mattbraunkohle	55	,,	Brüxer Revier
35	800	Fettkohle	20	Wealden	Deister, Hannover
38	800	schiefr. Weichbraunk.	48	Pliocän	Konsčina, Kroatien
35	800	Flammkohle	37	Rotlieg.	Döhlen, Sachsen
39	900	,,	40	Carbon	Ruhrgebiet
42	1000	Glanzkohle	42	Miocän	Brennberg, Ungarn
43	1000	schiefr. Weichbraunk.	57	Pliocän	Prahowa, Rumänien
50	1200	Glanzkohle	53	Eocän	Tatabanya Ungarn
53	1400	Flammkohle	35	Carbon	Pilsen, Böhmen
58	1500	,,	44	Kreide	Grünbach, Nd.-Österr.
58	1500	Glanzkohle	37	Miocän	Fohnsdorf, Steiermark
62	1600	,,		Sarmat	Pragerhof, Slowenien
66	1700	,,	51	Oligocän	Trifail, Slowenien
75	2000	,,	46	Eocän	Häring, Tirol
76	2000	,,	50	Miocän	Wies, Steiermark
75	2000	Fettkohle	20	Carbon	Rossitz, Mähren
78	2100	Flammkohle	34	,,	Kladno, Böhmen
95	2500	Fettkohle	48	Paläocän	Arsa, Istrien
91	2500	Flammkohle	37	Carbon	Dąbrowa, Polen
99	2700	Fettkohle	30	Trias	Lunz, Nd.-Österr.
101	2800	Gaskohle	36	Carbon	Schwadowitz, Böhmen
118	3300	,,	34	,,	Schatzlar, Böhmen
119	3300	Magerkohle	6	,,	Osnabrück
122	3400	Glanzkohle	52	Oligocän	Oberbayern
155	4400	Gaskohle	34	Carbon	Ostrau, Schlesien
160	4500	Magerkohle	20	,,	Ruhrgebiet
195	5600	Fettkohle	25	,,	Mähr. Ostrau
235	6800	Magerkohle	16	,,	,,

Prozesse bewirkt werden. Die Zeit kann die mangelnde Höhe der Temperatur nach W. Petrascheck aber nicht ersetzen. „Der Inkohlungsprozeß muß zeitweise ziemlich rasch verlaufen sein, sonst könnte nicht im Carbon die carbonische Steinkohle schon fast fertig gewesen sein."

Seinerzeit hat P. Kukuk[1] eine Übersicht über die gesicherten geologischen Kenntnisse betreffend die Bildung der Kohlen gegeben.

[1] Brennstoff-Chem. 2, 305 (1921).

Nach den neuesten Ausführungen von W. Petrascheck hat man im faltenden Gebirgsdruck das Hauptagens zu erblicken, welches den geochemischen Teil des Inkohlungsprozesses regelt; von größter Bedeutung ist hierbei die Mächtigkeit des Deckgebirges, welches während des Faltungsprozesses auflastet.

In mächtiger entwickelten Flözen hat man gefunden, daß die Kohle mit der Tiefe eine Abnahme des Gehaltes an flüchtigen Bestandteilen zeigt, also in den tiefer liegenden Flözen immer magerer wird (Regel von Hilt). Die Tab. 153 enthält einige von W. Petrascheck zusammengestellte Beispiele.

Tabelle 153. Abnahme an flüchtigen Bestandteilen je 100 m stratigraph. Tiefe in %:

Wales	Fett- und Magerkohle	2
Holland	Gaskohle	1,8
Holland	Fettkohle	2,8
Holland	Magerkohle	2,1
Westfalen	Fettkohle	2,3
Westfalen	Gaskohle	1,7
Nordfrankreich	Flammkohle	3,7
Nordfrankreich	Fettkohle	1,7
Nordfrankreich	Magerkohle	0,62
W.-Virginia	Fett- und Gaskohle	2
Rubengrube	Fettkohle	4
Ostrau	Fettkohle	1
Ostrau	Gaskohle	0,6
Schatzlar	Gaskohle	2,6

Eine absolute Geltung hat die Regel von Hilt allerdings nicht. Ihre Gültigkeit wird beeinflußt von dem Mengenverhältnis der Gefügebestandteile, vom Aschengehalt und den Aschenbestandteilen u. a. m. An mesozoischen und tertiären Steinkohlen konnten Petrascheck und B. Wilser sie nicht bestätigt finden. Sicherlich aber nimmt mit der Tiefe der Sauerstoffgehalt beträchtlich zu.

Petrascheck hebt hervor, daß der Prozeß der Inkohlung aus zwei Phasen besteht, einer biochemischen und einer geochemischen. Den biochemischen Teil nennt er Vertorfung. Dem Vertorfungsgrade schreibt er Einfluß auf die Eigenschaften der entstehenden Kohlen zu. „Und da verschiedene Pflanzen und verschiedene Hölzer verschieden leicht der Vertorfung unterliegen, kommt auf dem Wege über den Vertorfungsgrad der Flora auch eine Bedeutung für die Kohle bei.“

Weiterhin bewirken dann die erwähnten geologischen Kräfte Veränderungen, die sich vor allem in der Abnahme des Sauerstoffgehaltes äußern und technisch als Veredelung, geologisch als Reife, chemisch als Reduktionsprozeß aufzufassen sind.

Von Interesse sind schließlich solche natürliche Kohlenvorkommen, die noch stärker inkohlt sind als der Anthrazit. H. Winter[1] befaßte sich mit dem Schungit und anderen natürlichen Gliedern zwischen Anthrazit und Graphit. Schungit kommt am nordwestlichen Ufer des Onegasees unweit von Schunga vor. Ein weiteres ähnliches Material stammt aus der Gegend von Suojärvi in Finnland. Als ähnlich mit diesen Proben wird ferner eine westafrikanische Kohle geschildert, deren chemische und mikroskopische Untersuchung ergab, daß sie als ein durch Kontaktmetamorphose veränderter Anthrazit anzusehen ist. Auch die beiden Schungitproben sind nach Winter als Kontaktgebilde aufzufassen. In keiner der drei Proben konnten irgendwelche strukturierten organischen Reste nachgewiesen werden. Alle drei Proben leiten im Gegensatz zu Braun- und Steinkohlen den elektrischen Strom gut.

Als hierher gehöriges Beispiel sei auch noch der Anthraxolit erwähnt. Dieses Mineral findet sich nach A. P. Coleman[2] in präcambrischen Schichten; ausgesuchte Stücke hatten 94,9% C, 0,5% H, 1,0% N, 1,7% O, 0,3% S und 1,5% Asche.

Zum Schluß seien hier noch einige Angaben von W. Petrascheck[3] über steirischen Graphit angeführt. Dieser Graphit ist nichts anderes als eine tektonisch weitgehend umgewandelte carbonische Steinkohle. Bei der Verkokungsprobe nach Muck enthielt dieser Graphit 4—6,4% flüchtige Bestandteile; im Aluminiumschwelapparat lieferte er 0,04% Teer; an Benzol gab er bei 320° und 80 atü kein Bitumen ab; auch das Bitumen muß in diesem Falle völlig inkohlt sein.

e) Die Entstehung der Gefügebestandteile.

Von den drei Gefügebestandteilen hat man früher den Vitrit wohl meist als reinen Humusanteil, den Durit als Sapropelanteil angesehen; für den Fusit hat man immer schon spezielle Auffassungen gehabt. Neuere Untersuchungen haben aber gezeigt, daß die Verhältnisse zum Teil komplizierter liegen. Zumindest gehen die Ansichten einstweilen weit auseinander und man kann noch keine Synthese der verschiedenen Meinungen versuchen; es muß noch eine Vermehrung und Prüfung des experimentellen Materials abgewartet werden.

Nach den Untersuchungen von G. Stadnikoff[4] zeigt ein Teil der Durite hohen Wasserstoffgehalt und steht in dieser Hinsicht den Sapropeliten ziemlich nahe. „Andere Durite enthalten sehr wenig Wasserstoff und müssen deswegen in ihrer Grundsubstanz als Humusbildungen anerkannt werden. Zwischen diesen zwei Duritarten gibt es eine ganze Reihe Übergänge. Dem Gesagten zufolge haben wir keinen Grund, die Durite für den Sapropelitbestandteil der Streifenkohlen zu halten.

[1] Glückauf **60**, 1 (1924). [2] Nach C. **1928 I**, 1012.
[3] Entstehung, Veredelung und Verwertung der Kohle, S. 5. Berlin 1930.
[4] Entstehung von Kohle und Erdöl. S. 174.

In allen Fällen stellen sie Bildungen gemischter Herkunft dar, wobei die Anwesenheit von Sporen für sie gar nicht obligatorisch ist.“ Nach Stadnikoff ist die Entstehung von Duriten mit vorherrschenden Humusbestandteilen und ohne Vorhandensein von Sporen in der Muttersubstanz der Kohle durchaus möglich.

R. Potonié[1] hat die Theorie seines Vaters H. Potonié von der reinen Sapropelherkunft des Durits und der Cannelkohle gründlich revidiert. Danach ist der Durit als fossiler Torf aufzufassen, während man die Cannelkohle „bis auf weiteres am besten wohl als Faulschlammtorf“ aufzufassen hat. Auch nach H. Bode ist epidermenreicher Durit als Torfdurit aufzufassen. Dies wäre anscheinend vereinbarlich mit der einen von Stadnikoff angegebenen und gleichfalls besonders hervorgehobenen Möglichkeit.

Für die Bildung des Vitrits nimmt Stadnikoff besonders Sapropelitmaterial an, eine Auffassung, mit der man sich wohl nicht allgemein befreunden kann und die im Gegensatz steht zu dem, was die meisten anderen Forscher vom Ursprung dieses Gefügebestandteiles derzeit für wahrscheinlich halten. So äußern sich K. Lehmann und E. Stach[2] folgendermaßen: „Das Ursprungsmaterial der Glanzkohlenlagen sind in der Hauptsache Holz und Periderm, das so stark zersetzt ist, daß seine Holzzellstruktur im Mikroskop meist nur schwer erkannt werden kann; auch krautiges Material nimmt an der Bildung der Glanzkohle teil. Die Zersetzung der Torfsubstanz ist zum Teil so weit gegangen, daß sich kolloide Humuslösungen gebildet und die Holzreste ganz und gar durchtränkt haben; stellenweise mag auch Humusgel in größerer Menge ausgeschieden worden sein. Die zu Glanzkohle gewordene Torfsubstanz hat anscheinend einen Gallertzustand durchgemacht, worauf die Sprödigkeit und der muschelige Bruch hinweisen.“

Über die Mattkohle äußern sich Lehmann und Stach wie folgt: „Die Mattkohlengrundmasse besteht aus stark zersetztem Pflanzenstoff. Man unterscheidet in ihr eine humose Substanz von feinkörniger Beschaffenheit sowie einen der Faserkohle ähnlichen Stoff, der im Dünnschliff schwarz und undurchsichtig ist (carbonaceous matter Thiessens) und als Fusitoid bezeichnet werden kann. Ferner ist meist Tonsubstanz in kolloidaler Verteilung in der Mattkohle enthalten. In diese Grundmasse eingebettet finden sich Sporenhäute, Blattoberhäute, Harzkörperchen, Zweig- und Rindenreste usw.“ Die Sporen und Blattoberhäute bedingen größtenteils den Gehalt der Mattkohle an flüchtigen Bestandteilen. Sporen von Lykopodium weisen 49% Fett auf.

Ein ähnlicher Widerstreit von Meinungen herrscht auch in der viel

[1] Allgemeine Ergebnisse der Kohlenpetrographie, S. 19. Berlin 1930.
[2] Glückauf **66**, 289 (1930).

bearbeiteten Frage nach der Entstehung des Fusits. O. Stutzer[1] hat in dem von ihm herausgegebenen Fusit-Buch eine Rundfrage veranstaltet: „Was denken Sie über die Entstehung der fossilen Holzkohle?" Aus den Antworten von Bode, Gothan, Jeffrey, Petrascheck, Pietzsch, Potonié, Stach, Weithofer und White geht hervor, daß ein Teil dieser Autoren den Fusit primär durch Waldbrand entstehen läßt. Andere Autoren weisen auf die Schwierigkeiten hin, den Fusit der Steinkohlen durch die Brandtheorie zu erklären; sie halten es für wahrscheinlicher, daß die Faserkohle durch bestimmte, besondere Arten der Inkohlung entstanden sein müsse. E. Stach ist der Meinung, daß sowohl die Waldbrandtheorie als auch die Kohlungstheorien zur Erklärung bestimmter Faserkohlen geeignet sind, daß jedoch jede Theorie für sich ganz einseitig ist und nicht alle Erscheinungsformen des Fusits zu erklären vermag.

Kaum berücksichtigt sind in dem Buche von Stutzer die gerade damals erschienenen Untersuchungen von R. Lieske. Nachdem schon in den Veröffentlichungen von McKenzie Taylor zum Ausdruck kam, daß es sich bei der Entstehung des Fusits um eine Wirkung spezieller biologischer Bedingungen handeln könnte, begründete R. Lieske[2] seine neue Theorie, später als Gasraumtheorie bezeichnet, auf der Beobachtung, daß der Fusit sich in den bei weitem zahlreichsten Fällen als Einlagerung von Glanz- und Mattkohle in typisch linsenförmigen, mit Gas gefüllten Hohlräumen vorfindet. In solchen Hohlräumen war das sich zersetzende Pflanzenmaterial vor der Einwirkung des Gebirgsdruckes und der Infiltration mit kolloider Huminsubstanz geschützt. Nach der Auffassung von Lieske bildeten sich nun in der der Inkohlung unterliegenden Pflanzenmasse linsenförmige Hohlräume in einer Weise, die R. Lieske an gärendem Traubenzucker-Agar, in welchem sich Fichtenholzsägespäne befinden, experimentell demonstrieren kann. Die in solche Höhlungen hineinragenden Teile des Pflanzenmateriales erleiden da, vor Druck und Humin-Infiltration geschützt, die besondere Umwandlung zu Fusit.

Auf weitere Angaben über die Entstehung des Fusits bei K. Patteisky und F. Perjatel[3] sowie bei Tideswell und Wheeler[4] sei verwiesen. F. Büchler[5] hob den relativ hohen Phosphorgehalt des Fusits hervor und zog daraus gewisse Schlüsse. Interessante synthetische Versuche zur Herstellung von Fusit unter erhöhtem Druck und bei erhöhter Temperatur haben Th. Lange und P. Erasmus[6] veröffentlicht.

---

[1] Fusit. Stuttgart 1929.
[2] Brennstoff-chem. **10**, 185, 422 (1929). [3] Glückauf **64**, 1505 (1926).
[4] Journ. chem. Soc. London **127**, 125 (1925).
[5] Glückauf **65**, 161 (1929). [6] Braunkohle **29**, 463 (1930).

Über die Entstehung aller drei Gefügebestandteile hat G. Stadnikoff[1] folgende zusammenfassende Betrachtung unter Zuhilfenahme kolloidchemischer Vorstellungen gegeben: „Das Torfmoor, das dem Streifenkohlenflöz als Muttersubstanz diente, enthielt Humus- und Sapropelitmaterial, in dem Überreste unzersetzter Pflanzen vorhanden waren. Die Huminsäuren waren aufs innigste mit Fettsäuren vermischt, die zum Teil aus den Algenfetten, zum anderen Teile aus den Fetten der Bakterien, die die Cellulose zerstörten und sich auf ihre Kosten ernährten, gebildet werden konnten. Im letzteren Falle beteiligte sich mittelbar auch die Cellulose an der Kohlenbildung. Dieses komplizierte System, das sich in einem stark bewässerten Zustande befand und Kapillarwasser enthielt, mußte von einem bestimmten Augenblicke an (nach der Bedeckung mit der Sandschicht) einen Entwässerungsprozeß durchmachen, der zur Bildung einer sehr plastischen homogenen Masse führte. In einer solchen Masse konnte unter günstigen Umständen eine Trennung in Schichten vor sich gehen, die in der Kolloidchemie die Bezeichnung „Syneresis“ erhalten hat. Die syneretische Trennung eines plastischen viscosen kolloidalen Systems in Schichten führt niemals zur Ausscheidung homogener Substanzen, sondern nur zur Bildung zweier kolloidaler Systeme, in denen je eine Komponente dominiert. Die Syneresis eines stark entwässerten und in plastischem Zustande sich befindlichen Torflagers wird deswegen zur Entstehung zweier kolloidaler Schichten führen. In einer von diesen wird das Sapropelitmaterial vorherrschen (Fettsäuren); diese Schicht wird später Vitrit ergeben. In der anderen Schicht wird das Humusmaterial dominieren; sie wird sich in Durit verwandeln. Das faserige Material wird sich entweder zwischen die genannten Schichten lagern, oder in beide Schichten geraten. In beiden Fällen wird es durch Dehydratation verkohlt und in Fusit verwandelt werden. Im ersten Falle werden Kohlen entstehen, die zwischen Vitrit und Durit Fusitzwischenschichten enthalten, im letzteren dagegen Kohlen, die Fusiteinschlüsse in Vitrit und Durit enthalten.“

Zur Stützung dieser wohl in vielen Punkten nicht unangreifbaren Vermutungen weist Stadnikoff noch darauf hin, daß die Erscheinung der Syneresis durch eine geringe Temperaturerhöhung oder durch hohen Druck der überlagernden Gesteine hervorgerufen werden kann. Die Nützlichkeit der Heranziehung kolloidaler Erscheinungen zur Erklärung der Entstehung der Streifenkohlen ist schon von Winter betont und neuerdings auch von E. Hofmann[2] in folgenden auch von Stadnikoff zitierten Worten hervorgehoben worden. „Wenn die Strukturen (des Vitrits) auch nicht immer in Form gut erhaltener

[1] Die Entstehung von Kohle und Erdöl. S. 189, 190. Stuttgart 1930.
[2] Glückauf **65**, 474 (1929).

Pflanzenzellen auftreten, so lassen sich bei stärkerer Vergrößerung doch stets mit Leichtigkeit Unregelmäßigkeiten erkennen, die entweder die Reste der nahezu vollständig zersetzten Pflanzengewebe darstellen, oder auf Differentiation bei der kolloidalen Entstehung zurückzuführen sind.“

f) Synthetische Versuche über die Entstehung der Steinkohlen.

Zahlreiche Autoren haben versucht, den Prozeß der Steinkohlenbildung im Laboratorium nachzuahmen.

E. Donath hat die Lehre entwickelt, daß Braunkohlen und Steinkohlen aus ganz verschiedenem Urmaterial entstanden sind und daß sie nicht ineinander übergehen können. Chemiker, die in diesem Punkte anderer Meinung waren und auf dem Boden der alten Umwandlungstheorie von v. Beroldingen standen, haben nun versucht, Braunkohlen im Laboratorium in Steinkohlen umzuwandeln. Andere Chemiker haben es unternommen, den Gesamtprozeß der Kohlenbildung experimentell nachzuahmen. Diese Forscher haben meist ganz davon abgesehen, daß in der Natur der primäre Prozeß der Kohlenbildung biologischen Charakter trägt. Besonders interessant sind Arbeiten, bei denen der biologische Primärprozeß gleichfalls in die Untersuchung einbezogen und nachgeahmt wurde.

Durch 12stündiges Erhitzen von Braunkohle in Mineralöl auf 300° unter Druck erhielt Marcusson[1] eine schwarze, steinkohlenähnliche Substanz. E. Erdmann[2] erhitzte Braunkohle in Gegenwart von Wasser 100 Stunden bei 70—80 atü auf 100—280°. Er erhielt tiefschwarze, teilweise zusammengebackene Massen von der Farbe der Steinkohle; dieses Produkt enthielt nur wenig alkalilösliche Substanz. Erdmann stellte weiter fest, daß Huminsäure, die durch Entbituminieren einer Schwelkohle gewonnen worden war, bei 250° den Beginn einer Gasentwicklung zeigt und sich weiterhin unter Entwicklung von Kohlensäure und Methan zersetzt. Nach seiner Meinung entstanden Braunkohle und Steinkohle aus chemisch gleichartigem Material; für die Unterschiede sind der höhere Druck und die höhere Temperatur verantwortlich zu machen, denen nach Erdmanns Annahme die ursprünglichen Braunkohlen der Carbonzeit unterworfen waren. Daß diese Auffassung heute von den Geologen nicht geteilt wird, wurde bereits erwähnt. E. Berl, Schmidt und Koch[3] sowie W. Fuchs und O. Horn[4] konnten übrigens nicht bestätigen, daß man durch Erhitzen

---

[1] Ztschr. angew. Chem. **36**, 43 (1923).
[2] Ztschr. angew. Chem. **34**, 309 (1921); Brennstoff-Chem. **5**, 177 (1924).
[3] Ztschr. angew. Chem. **43**, 1018 (1930).
[4] Ztschr. angew. Chem. **44**, 180 (1931).

von Braunkohle unter Druck ohne weiteres steinkohlenähnliche Massen erhält. W. Petrascheck[1] erhitzte bergfeuchte, schwach inkohlte Braunkohlen („Braunkohlen niederen Grades“) im Autoklaven bei Gegenwart von Wasser 10 Tage auf 150° sowie ferner auf 340—355°; ferner erhitzte er eine solche Braunkohle (schiefrige Weichbraunkohle) sowie Köflacher Lignit in einer Stahlbombe mit Silberfutter auf 900 bis 1000°. Bei 150° entstand ein Produkt vom Charakter der Fleißnerschen Trockenkohle, nur von etwas schwärzerer Farbe, bei 340° entstand Koks, bei 900—1000° gut geschmolzene, von einer Kruste verkokten Teeres umgebene Kohle. Petrascheck schließt aus seinen Versuchen, daß unter Druck eine Verkokung von Braunkohlen selbst niederen Grades möglich ist, ferner, daß schon bei ziemlich niederen Temperaturen Umwandlungen eintreten können, welche den Braunkohlen manche Eigenschaften der Steinkohlen verleihen können.

Zahlreiche Autoren haben ausgehend von Cellulose, Lignin, Holz und anderen Materialien im Laboratorium die Herstellung von Steinkohlen versucht. Die Tabelle 154, mit geringen Änderungen der Arbeit von W. Fuchs und O. Horn entnommen, enthält eine Übersicht über die betreffenden Untersuchungen.

Unter den in der Tabelle 154 angeführten Untersuchungen verdienen vor allem die Arbeiten von F. Bergius besonderes Interesse. Bergius ging bei seinen Arbeiten von folgenden Grundvorstellungen aus: biologische Prozesse haben bei der Kohlenbildung keine wesentliche Rolle gespielt. Bergius betrachtet vielmehr nur eine derartige Umwandlung organischer Substanz in Kohle, die unter Luftabschluß stattfindet und unter Ausschluß bakterieller Zersetzungen, nämlich Ausschluß von Vermoderung, Verwesung und Fäulnis. Derartige Bedingungen sind nach Bergius gegeben, wenn man die Kohlenbildung vor allem in solchen Waldgebieten, die durch Überflutung vor dem Einfluß der Atmosphärilien geschützt waren, sich abspielen läßt, was etwa im Sinne der Ansichten H. Potoniés liege. Die zweite Grundvorstellung, die Bergius aus seinem Versuchsmaterial ableitet, ist die, daß die verschiedenartigsten pflanzlichen Ausgangsmaterialien schließlich im wesentlichen in eine und dieselbe Kohlensubstanz übergingen. Die Eigenart dieser kohlenbildenden Reaktion wird vor allem darin gesehen, daß zu ihrem Ablauf ungeheuer lange Zeiträume bei verhältnismäßig niederen Temperaturen zur Verfügung standen.

Ausgehend von diesen beiden Vorstellungen erschien es Bergius möglich, den Prozeß der Kohlenbildung im Laboratorium nachzuahmen. Dies gelingt nach Bergius auf einfachste Weise durch die Benutzung der Erfahrung, daß vielfach Reaktionen, die bei tiefen

---

[1] Entstehung, Veredelung und Verwertung der Kohle. Berlin 1930.

Tabelle 154.

Material	Medium	Temp.	Zeit (Std.)	Druck (Atm.)	unlösliches Produkt	Ausbeute	alkalilöslicher Anteil	Autor	Literaturstelle
Holz	Wasser	360°		Druck	schwarze kohlige Masse			Cagniard de Latour; Violette	Strache-Lant, Kohlenchemie, S. 20. Leipzig 1924
Cellulose (Filtrierpapier)	Wasser (alkal.)	200°	4—6	Druck	huminähnliche Stoffe			Hoppe-Seyler	Ber. Dtsch. chem. Ges. **4,** 15 (1871)
Cellulose u. Holz	Wasser (NaOH)			5—20	gallertartige Cellulose, „Hydrocellulose“			Tausz	Dinglers Polyt. Journ. **273,** 276 (1889); **276,** 411 (1890)
Holz	Wasser	bis 290°	5—9	Druck	Prod. ähnl. Zus. wie Steinkohle			Stein	Magy. chem. folyóirat **6,** 39; C. **1901** II, 950
Cellulose u. Torf	Wasser	250° 310° 340°		über 100	schwarze Prod., analoge Elementarzusammensetzg. wie Kohle			Bergius	Die Anwendung hoher Drucke bei chem. Vorgängen u. eine Nachbildung des Entstehungsproz. der Steinkohle. Halle 1913
Cellulose und Lignin	Wasser	340°	20—40	Druck	ebenso			Bergius	Naturwissenschaften **16,** 1 (1928)
Alkal. Zellstoff-Ablaugen	Wasser	250—300°	2	ca. 50	kohliges Produkt			Bergius und Hägglund	D.R.P. 311933 (1919). Ref. C. **1919** IV, 21
Cellulose	Wasser Benzol	250—260°	2—36	45	aus dem Extrakt dunkelfarbige Huminsäuren	bis 12%	teilweise	Franz Fischer u. Schneider	Abh. Kohle **3,** 287 (1918)
Cellulose (Filtrierpapier)	Wasser	200 u. 300°	3		braunes Pulver	36%	wenig	Franz Fischer und Schrader	Abh. Kohle **5,** 332 (1920)
Cellulose	Wasser (BaCO$_3$)	200° 300°			unverändert dunkelbraun. Pulver	22%			
Lignin	Wasser (BaCO$_3$)	200° 300°			äußerl. unveränd. schwarze kohlenartige Substanz	76%		„	
Cellulose	Alkali	200° 300°			brüchiger, leicht zerreibl. Körper —	33% 0%		„	
Lignin	Alkali	200°			dickflüssige braune Masse	8,7% (m. NaCl)		„	
Holz	4,1 n-KOH	200° 300°	 3		kohlige Substanz —	80% 24%			

Cellulose (Holz-Zellstoff)	„[illegible] lauge“	[illegible] 180°	[illegible] 48,72,	[illegible]	[illegible] kohl. Rückstand			Schepp	**57**, 319 (1924)
„	$ZnCl_2$-Lsg. ges.	125°		0	tiefschwarze, harte, glänzende Kohle				
„	Glycerin + Na_2SO_4	135°		0	—				
„	$MgCl_2$—Schmelze	100°	20	0	kohliges Produkt		0		
Cellulose (Huminsäure aus Glucose)	$MgCl_2$-Lsg.	180°	8	Druck	kohleartige Substanz			Schwalbe u. Schepp	Ber. Dtsch. chem. Ges. **58**, 2500 (1925)
Fichtenholz (nach vorherig. Hydrolyse m. Oxalsäure)	$MgCl_2$-Lsg.	180°	100	5	kohlige Masse	50%	2,2% (in Na_2CO_3)		
Cellulose	Wasser (1% NaCl)	250°	8	Druck	braune mulmige Masse	Cu-Ni-Autokl. ca. 27%, Fe-Autokl. 4,7%		Tropsch u. v. Philippovich	Abh. Kohle **7**, 84 (1922/23)
	Toluol	300°	3	Druck	schware kohlige Masse	34%			
Lignin	Wasser	250°	3	Druck	braune Masse	77%			
Holz	Wasser	250°	3	Druck		39%			
		300°		Druck		weniger			
Cellulose	Wasser			Druck	braunschwarze Rk.-Prod.		größtenteils	Burian	Brennstoff-Chem. **6**, 52 (1925)
Cellulose (Baumwoll-Linters)	Wasser	250°	6	sehr hoch	braune voluminöse Pulver	27—25%	9,8%	Berl und Schmidt	Liebigs Ann. **461**, 192 (1928)
		300°				25—22%	3,3%		
		250°				21—18%	1,0%		
Cellulose, Stärke, Lignin	Wasser			Druck	kohleartige Prod.			Terres und Steck	Gas und Wasserfach **73**, Sonderheft S. 1 (1930)
Eiweiß, Hefe, Faulschlamm	Wasser			Druck	„ (Koks gebacken)				
Cellulose, Lignin, Fichtenholz	Wasser u. $^1/_{20}$ n-NaOH	bis 350°		sehr hoch	schwarze, pulverige Masse; beim Pressen feste steinkohlenähnliche Massen			Berl, Schmidt und Koch	Ztschr. angew. Chem. **43**, 1018 (1930)
Cellulose, Lignin, Holz, Linoleum, Keks, Käse	Wasser u. $^1/_{20}$ n-NaOH	250	3	sehr hoch	meist pulverige Massen; nach Pressen meist pechkohlenähnliche Massen			Fuchs und Horn	Ztschr. angew. Chem. **44**, 180 (1931)

Temperaturen nur sehr träge verlaufen, bei Erhöhung der Temperatur eine große Beschleunigung ihres Ablaufes erfahren. Von diesem Gesichtspunkt aus hat F. Bergius die verschiedensten pflanzlichen Materialien in einem Autoklaven bis gegen 340° erhitzt und dabei, um Überhitzung zu vermeiden, meist bei Gegenwart von Wasser gearbeitet.

Diese Arbeitsweise führt nach Bergius stets zu einem Endzustande, welcher durch Hinterbleiben eines festen Körpers von kohligem Aussehen mit etwa 84% C gekennzeichnet ist. Die Endkohle entspricht nach den Analysen ungefähr der Formel $C_{10}H_{10}O$. Es wird bemerkt, daß in dieser Verbindung ein Teil des Wasserstoffes labil sei, ferner, daß Hydrierungsversuche ähnliche Resultate ergaben wie die später mit natürlicher Kohle angestellten Arbeiten. „Die künstliche Kohle entsprach also in einer wesentlichen Reaktion der natürlichen."

Diese bis in die Jahre 1910—1913 zurückreichenden Versuche wurden im Jahre 1926 wieder aufgenommen, wobei es sich besonders um folgendes handelte:

1. Die Vorstufen des Kohlenbildungsprozesses, nämlich den Übergang von frischer pflanzlicher Substanz in Huminsäuren zu studieren.

2. Festzustellen, welche Bestandteile pflanzlicher Substanz für die Kohlenbildung in Frage kommen; ob die Cellulose oder das Lignin der natürlichen Kohle ähnliche Produkte liefern oder ob beide in ähnlicher Weise reagieren, was Bergius schon deshalb wahrscheinlich schien, weil bei früheren Versuchen Holz und Cellulose dieselben Inkohlungsprodukte geliefert hatten.

3. Darüber hinaus zu versuchen, ob und in welcher Weise die bei der Inkohlung der verschiedenen Ausgangsmaterialien gewonnenen Produkte sich chemisch fassen lassen, ob sie Reaktionen oder Lösungsvorgängen oder physikalischen Bestimmungen zugänglich sind.

4. Klarzustellen, ob die auf künstlichem Wege erzeugten Inkohlungsprodukte sich in den natürlichen Kaustobiolithen wiederfinden und in welchen Mengen, um daraus am Ende den Schluß ziehen zu können, wieweit die an den reinen und künstlich hergestellten Produkten gewonnenen chemischen Erfahrungen auf die natürlichen Kohlen übertragbar sind.

Das experimentelle Material von Bergius betrifft folgende vier Punkte:

1. Die Umwandlung von Cellulose in Huminsäure.

2. Die Umwandlung von Cellulose, Lignin und anderen pflanzlichen Stoffen in Kohle.

3. Die chemische Untersuchung der künstlichen Kohle, häufig auch unlöslicher fester Körper genannt.

4. Die Inkohlung von Lignin und anderen pflanzlichen Stoffen.

Zu 1. Erhitzt man Cellulose bei Gegenwart von Mineralöl einige Stunden auf 250°, so entweichen Wasser und Kohlensäure; die Wasserabspaltung erfolgt nach Bergius durchaus stetig und man erhält schließlich nach Abspaltung der der nachfolgenden Gleichung entsprechenden Wassermengen immer einen Körper $C_{12}H_{10}O_5$. Dieser zersetzt sich erst bei längerer Dauer der Reaktion unter merklicher Kohlensäureentwicklung, wobei dann keine weiteren Wassermengen abgespalten werden.

$$4\ (C_6H_{10}O_5)\,x = 2\ (C_{12}H_{10}O_5)\,x + 10\ H_2O.$$

Dieses „Inkohlungsprodukt der Cellulose" enthält 62,5% C, ist ohne Sauerstoffzutritt in Alkali nicht löslich, wird es aber durch Aufnahme von Sauerstoff. Um diese Veränderung zu bewirken, genügt die Aufnahme von zwei Atomen Sauerstoff auf die Formel $C_{12}H_{10}O_5$. Dieses erste Oxydationsprodukt ist zur Hälfte in Alkali löslich. Bergius ist der Meinung, daß die Sauerstoffaufnahme in dieser Art und in diesem Stadium für den Ablauf des Kohlenbildungsprozesses wesentlich sei und kommt „zu folgender Formulierung des Inkohlungsvorganges einschließlich der Sauerstoffbindung":

$$4\ C_6H_{10}O_5 + O_2 = C_{12}H_{10}O_5 + C_{12}H_8O_6 + 11\ H_2O.$$

„Es liegt also, wenn man die Odénsche Nomenklatur annimmt, ein Gemisch der Moorhuminsäure $C_{12}H_8O_6$ und der Hymatomelansäure $C_{12}H_{10}O_5$ vor." Nach Bergius entsteht also „durch Inkohlung von Cellulose unter Austritt einer genau definierbaren Wassermenge und Eintritt einer chemisch genau definierbaren Sauerstoffmenge ein Gemisch derjenigen Huminsäuren, die verschiedene Forscher als die Komponenten des natürlichen Torfes bezeichnet haben."

Auf Grund seiner Befunde hält es Bergius nicht mehr für notwendig, das Lignin für die Bildung der Huminsäure verantwortlich zu machen. Dies erscheint ihm wichtig, „weil der Gehalt an wirklichem Lignin in den Torfbildnern recht zweifelhaft ist, denn der unverzuckerbare Anteil der torfbildenden Moose enthält wenig oder gar kein eigentliches Lignin." Außerdem wird es als unwahrscheinlich bezeichnet, daß ein so großer Anteil der organischen Substanz, wie ihn die Cellulose im Torfbildner darstellt, restlos aus dem Boden verschwindet und sich in Wasser und Gase zersetzen soll, zumal die Bakterientätigkeit im Torfmoor nicht die lebhafteste ist. Bergius sieht jedenfalls als ersten Teilprozeß der Kohlenbildung aus pflanzlichen Stoffen eine Umwandlung der Cellulose unter Wasseraustritt, verbunden mit einer Oxydation, an.

Man hat darauf hingewiesen[1], daß der große Sauerstoffbedarf, den die Gleichung für den ersten Teilprozeß der Inkohlung zum Ausdruck bringt, in einem gewissen Widerspruch mit einer Voraussetzung von

[1] Fuchs, W.: Brennstoff-Chem. 9, 154 (1928).

Bergius (Ausschluß von Atmosphärilien) und auch mit den Verhältnissen bei der Vertorfung steht. Die Verhältnisse bei der Vertorfung in den heutigen gewöhnlich gemeinten Hochmooren unterscheiden sich von den Verhältnissen bei der Kohlenbildung unter anderem dadurch, daß die Kohlenbildung ihr Material der Hauptsache nach in Holzgewächsen gehabt hat.

Zu 2. Cellulose, Lignin, Holz, Gras, Zucker, Waldmoos und Schachtelhalm wurden bei Gegenwart von Wasser 24 Stunden auf 340° erhitzt. Dabei spielt sich nach F. Bergius folgende Reaktion ab:

$$4\,(C_6H_{10}O_5) = C_{20}H_{16}O_2 + 10\,H_2O + 4\,CO_2 + 2\,H_2\,.$$

Die Substanz $C_{20}H_{16}O_2$ wird als unlösliche feste Endkohle bezeichnet; sie enthält rund 60% des in den verschiedensten ursprünglichen Materialien vorhanden gewesenen Kohlenstoffes.

Zu 3. Die chemische Untersuchung des unlöslichen festen Körpers aus Cellulose ergab, daß in ihm ein Gemisch von zwei Substanzen vorliegt, welche durch Extraktion mit Benzol-Alkohol unter gewöhnlichem Druck voneinander getrennt werden konnten. Der lösliche Anteil, α-Kohle genannt, hat die Formel $C_{20}H_{20}O_2$, schmilzt unterhalb 100° und hat ein Molekulargewicht von rund 300. Der gesamte Sauerstoff ist in Form der Carbonylgruppe anwesend; das Keton kann gegenüber Alkali in tautomerer Form als Phenol reagieren. Die Behandlung mit Alkali liefert wasserlösliche und wasserunlösliche Phenole, von denen die ersteren aus 66,0% C und 6,8% H bestehen und ein Molekulargewicht von 170 haben, die letzteren 76,8% C und 4,9% H enthalten und ein Molekulargewicht von 700 aufweisen.

Der unlösliche Anteil des ursprünglichen Produktes, die β-Kohle, hat die Bruttoformel $C_{10}H_6O$. Die β-Kohle löst sich weder in Alkohol noch in Lauge und reagiert mit der Hälfte ihres Sauerstoffgehaltes als Carbonylverbindung.

Bergius konnte analoge Substanzen bei natürlichen Kohlen in einem Falle, bei einer Kohle aus Chile, auffinden. Diese lieferte bei Behandlung mit Benzol-Alkohol unter Druck bei erhöhter Temperatur in einer Ausbeute von rund 50% eine lösliche Substanz, die der α-Kohle ähnlich war.

Zu 4. Ebenso wie die Cellulose lieferte auch das Lignin eine Endkohle, die sich in α-Kohle und β-Kohle zerlegen ließ. Die Endkohle aus Lignin enthielt je 50% dieser beiden Substanzen, während die Endkohle aus Cellulose 70% α-Kohle und 30% β-Kohle lieferte.

Zur Beantwortung der Frage, warum Lignin und Cellulose so außerordentlich ähnliche Inkohlungsprodukte lieferten, wurden die Lignine gewisser niederer Pflanzen untersucht. Aus den betreffenden Versuchsergebnissen wurde eine Hypothese abgeleitet, derzufolge das Lignin in der Pflanze aus Hexosen entsteht, demnach also mit der Cellulose eng verwandt wäre. Zusammenfassend bemerkt Bergius, daß der direkte Weg der Konstitutionsforschung ihm bei der Kohle außerordentlich schwierig erscheint. Für besser hält er es, analytisch scharf erfaßbare Stoffe in Kohle zu verwandeln, diese Kunstkohle in ihren physikalischen und chemischen Eigenschaften zu charakterisieren und sodann mit natürlicher Kohle zu vergleichen. Je „tiefer unsere Kenntnis der künstlichen Kohlen und die Beherrschung ihres Herstellungsweges“ ist, „desto näher kommen wir der Erkenntnis der natürlichen Kohlen und der Aufklärung der chemischen Verbindungen, aus denen diese Kohlen aufgebaut sind.“

Man hat darauf hingewiesen[1], daß die natürlichen Kohlen Bitumen enthalten, welches auf den Harz- und Wachsgehalt der kohlenbildenden Pflanzen zurückzuführen ist. Aus der Gegenwart und den Eigenschaften dieses Bitumens kann man Schlüsse ziehen auf die Höchsttemperatur, unterhalb welcher sich die betreffenden Kohlen stets befunden haben müssen. Wenn nun aber nach Bergius der Einfluß der Temperatur durch die Einwirkung ungeheuer langer Zeiträume ersetzt werden kann, wenn weiter nach Bergius die verschiedensten pflanzlichen Materialien eine und dieselbe Endkohle liefern, dann ist nicht recht einzusehen, wieso sich das Bitumen überhaupt erhalten konnte.

Die Ablehnung biologischer Faktoren bei der Kohlenbildung läßt sich heute kaum noch aufrechterhalten. Ferner ist auffällig, daß Bergius unter den physikalisch-chemischen Faktoren nur den Einfluß der Temperaturerhöhung auf die Reaktionsgeschwindigkeit, aber nicht auf die Reaktionsart in Betracht zieht. Letzteres ist bei einer Summe komplizierter Reaktionen, die aus den verschiedensten Anfangsstoffen einen und denselben Endzustand schaffen sollen, doch wohl unerläßlich. Man kann vermuten, daß in derartigen Fällen bei tieferen Temperaturen andere Reaktionen sich abspielen als bei höheren.

Es ist dabei hervorzuheben, daß, auch wenn man den ersten Teilprozeß der Kohlenbildung als im wesentlichen biologischen auffaßt, die weitere Umwandlung zur Kohle sehr wohl von physikochemischen Prozessen beherrscht werden kann und beherrscht wird, von Prozessen der Art, die Bergius studiert hat und auf deren Bedeutung er so nachdrücklich hinweist.

Bergius berechnete unter der Annahme, daß die künstlichen Kohlen im wesentlichen den natürlichen gleich seien, seinerzeit die Bildungsdauer der Kohlen auf 7—8 Millionen Jahre und nahm weiter an, daß das Ausgangsmaterial, sofern es nur pflanzlichen Ursprungs ist und sofern es sich um Humuskohlen handelt, keinen wesentlichen Einfluß auf die entstehenden Kohlen gehabt hat. Für Sapropelitkohlen gelten nach

[1] Fuchs, W.: Brennstoff-Chem. **9**, 155 (1928).

Bergius andere Gesetzmäßigkeiten, da die Stabilität und die Zerfallsprodukte von deren Ausgangsmaterial ganz andere wären als bei Humuskohlen.

Nach Versuchen von W. Fuchs[1] sowie von E. Berl und A. Schmidt[2] könnte es übrigens sein, daß speziell die Umwandlung von Cellulose in eine sogenannte Endkohle über die Zwischenstufe der Glukose führt. Wenn dieses zutrifft, dann muß man allerdings sagen, daß zwar eine Glukoselösung durch Erhitzen unter Druck auf 300° humifiziert werden kann, daß aber in der Natur eine Glukoselösung wohl kaum ein anderes Schicksal haben kann, als durch Mikroben ihres Zuckergehaltes beraubt zu werden.

Nach unveröffentlichten Versuchen von P. Erasmus erhält man aus Cellulose bei etwa 250° ziemlich schnell Kondensationsprodukte mit etwa 70% C. Anstatt Wasser nimmt man besser Öl als Wärmeüberträger. Aus aschefreiem Ausgangsmaterial bekommt man schließlich Endkohlen mit 83% C und 5,5% H. Wasserstoffreichere Produkte erhält man, wenn man von aschereicherem Material, z. B. von Farnen, ausgeht. Speziell bei schwach alkalischer Reaktion kann man auch aus Kohlehydraten relativ O-arme Produkte erhalten. Nach Erasmus entsteht bei saurer Reaktion besonders Glanzkohle, bei neutraler Reaktion Mattkohle, bei alkalischer Reaktion Erdöl.

E. Berl, Schmidt und Koch[3] haben in Anlehnung an die Versuche von Bergius Cellulose und technisches Lignin mit Wasser auf 350° unter starkem Druck erhitzt. Sie erhielten schwarze pulverige Massen, deren C- und H-Gehalt etwa demjenigen von Steinkohlen entsprach. Nach dem Zusammenpressen ergab die vorher pulverige Cellulosekohle eine schwarzglänzende, steinkohlenähnliche Masse, die Ligninkohle blieb spröde, matt und leicht zerbrechlich. Dieser Unterschied wird darauf zurückgeführt, daß nur die Cellulosekohle erhebliche Mengen von bitumenähnlichen, in organischen Lösungsmitteln löslichen Stoffen enthält. Die Cellulosekohle gibt ferner bei der Verschwelung einen Urteer, der beträchtliche Mengen von Phenolen enthält. Überhaupt muß die Cellulosekohle zu einem wesentlichen Anteil aromatischer Natur sein.

Die unter den erwähnten Bedingungen hergestellten künstlichen Kohlen liefern jedoch keinen gebackenen Koks. Erhitzt man aber anstatt in reinem Wasser in ganz schwach alkalischem Medium, etwa bei Gegenwart von 0,2% Alkali, dann erhält man Rückstände, die nach dem Verpressen im Falle der Cellulosekohle einen festen, silberglänzenden Koks liefern. Doch erfolgt dieser Übergang in ein backendes Inkohlungsprodukt nur dann, wenn die Cellulose bei Beginn des Prozesses noch ihre Kristallstruktur besitzt. Aus Lignin läßt sich nach

[1] Brennstoff-Chem. **9**, 400 (1928). [2] Liebigs Ann. **461**, 216 (1928).
[3] Ztschr. angew. Chem. **43**, 1018 (1930).

E. Berl, Schmidt und Koch auf dem gleichen Wege keine backende Kohle erhalten. Deshalb nehmen die genannten Autoren an, daß die Bestandteile, die das Backen der Steinkohlen verursachen, aus der Cellulose stammen. Bei der Entstehung der backenden Kohlen müsse also das Inkohlungsmedium schwach alkalisch gewesen sein; dies könne entweder auf alkalisch reagierende Abbauprodukte von Eiweißstoffen, oder auf permutitartig wirkende Deckschichten nach Taylor zurückzuführen sein.

Die Autoren geben an, daß sie zum ersten Male aus Cellulose eine Kohle erzeugten, die in allen Stücken, wie Glanz, Backvermögen, Urteer- und Hochtemperaturteerbildung, natürlicher Kohle entspreche. Sie meinen, daß auch der natürliche Weg der Kohlenbildung mit ihren Versuchen der Cellulose-Verkohlung übereingestimmt haben müsse. Sie drücken ferner die Überzeugung aus, daß Steinkohle nicht durch weitere Inkohlung von Braunkohle entstanden sei. Steinkohle und Braunkohle seien aus verschiedenem Material im Sinne E. Donaths entstanden; Steinkohle aus niedrigen ligninarmen Pflanzen, Braunkohlen aus Holzpflanzen.

Es wird hierbei wohl nicht berücksichtigt, daß es riesige Lager tertiärer Steinkohlen gibt (z. B. in Japan und Amerika), die aus der gleichen Pflanzenwelt entstanden sind wie die Braunkohlen. Auch ist die Annahme, daß die Carbonflora ligninarm gewesen sei, sicherlich nicht haltbar. Ferner war nach den Ausführungen S. 385 die Temperatur von 350° in der Natur für die Bildung der Steinkohlen wohl niemals gegeben. Auch durch lange dauernde Reaktionszeit bei tieferer Temperatur kommt man über diese Schwierigkeit nicht hinweg, da die Carbonkohlen wahrscheinlich nach S. 379 und 386 schon im Carbon fertig vorlagen.

Übrigens dürfte selbst bei einwandfreier Identifizierung einer Kunstkohle mit einer natürlichen Kohle der Weg der Synthese nicht ohne besondere Beweise als der Weg der natürlichen Entstehung angesehen werden. Um sich dies klarzumachen, braucht man nur an irgendein praktisches Beispiel zu denken: es gibt z.B. rund 30 zweifelsfreie Indigosynthesen, was nicht ausschließt, daß die Natur den Indigo auf einem 31. Wege herstellt.

Es sei noch erwähnt, daß bei den interessanten Verkohlungsversuchen von Berl, Schmidt und Koch eine braunkohlenähnliche Zwischenstufe durchschritten wird, wie man aus Versuchen von W. Fuchs und O. Horn weiß[1].

Bei diesen Versuchen wurden Baumwolle, Lignin, Holz, weiterhin Traubenzucker, Lignit, endlich auch Produkte wie Käse, Keks und

[1] Ztschr. angew. Chem. **44**, 180 (1931).

Linoleum im Autoklaven bei hohem Druck auf 250° erhitzt. In allen Fällen entstanden dunkle, kohlige Rückstände, die unmittelbar keinen gebackenen Koks gaben, wohl aber nach dem Zusammenpressen in der hydraulischen Presse backende Preßlinge lieferten. Im Gegensatz zu den Angaben von Berl, Schmidt und Koch konnte nicht nur aus der Cellulose, sondern auch aus dem Lignin und natürlich auch aus Holz gebackener Koks erzielt werden. Aber auch Produkte wie Käse, Keks und Linoleum lieferten Verkohlungsrückstände, aus denen Preßlinge herzustellen waren, welche einen gebackenen Koks ergaben.

Es mußte von Interesse sein, die Preßlinge aus der künstlichen Cellulosekohle und der künstlichen Ligninkohle mit den Reaktionen zu prüfen, die man zur qualitativen Unterscheidung von Braunkohle und Steinkohle verwendet. Dies sind besonders die Strichprobe, die Probe von Donath[1] sowie das Verhalten gegen wässerige Kalilauge. Bei diesen Proben verhielten sich nun die aus Cellulose, Holz und Lignin erhaltenen Produkte nicht wie Steinkohlen, sondern wie Braunkohlen. Bei der Strichprobe gaben sie alle drei einen braunen Strich, bei der Behandlung mit Salpetersäure 1:10 nach Donath reagierten sie wie Braunkohlen, beim Behandeln mit Kalilauge wurden tiefdunkle Lösungen erhalten.

Von besonderem Interesse sind offenbar solche synthetische Versuche, bei denen beide Stadien des natürlichen Bildungsprozesses der Steinkohlen nachgeahmt wurden, nämlich sowohl der primäre biologische Prozeß als auch der sekundäre, physikalisch-chemische Vorgang. Solche Versuche sind von E. Terres mit zahlreichen Mitarbeitern ausgeführt worden; E. Terres und W. Steck[2] haben darüber eingehend berichtet.

In der erwähnten Veröffentlichung werden zunächst die derzeitigen Ansichten und Theorien über die Entstehung von fossilen Brennstoffen und Erdöl zusammenfassend dargestellt. Sodann werden Versuche zur Vertorfung von Sphagnum im Laboratorium beschrieben und die Umwandlung des Fasertorfes, der dabei aus Sphagnum erhalten wurde, in Braunkohle geschildert. Weiterhin wird die biochemische Zersetzung von eiweißhaltigen Materialien beschrieben; diese Zersetzung führt zur Bildung eines künstlichen Faulschlammes, aus welchem öl- und kohlenähnliche Produkte gewonnen werden konnten. Der vertorfende Zersetzungsprozeß wurde bereits S. 57 beschrieben.

Nach beendigtem Zersetzungsprozeß wurde der Inhalt der Glasballons ohne Trennung der Torfsubstanz von der wässerigen Flüssigkeit in Autoklaven über 24 Stunden auf 280 bis maximal 300° erhitzt. Unter weiterer Zersetzung und Gasentwicklung wurde dabei die Torfmasse

[1] Vgl. S. 218. [2] Gas- u. Wasserfach **73**, Sonderheft, S. 1 (1930).

in eine braunkohlenähnliche Masse umgewandelt, die sowohl in bezug auf Zusammensetzung als auch Verhalten und Aussehen mit einer älteren Braunkohle übereinstimmte. Bei der Extraktion mit Lösungsmitteln erhielt man 35,2% eines dunkelbraunen, zähen, bitumenähnlichen Öles, das dem aus Hefefaulschlamm von E. Terres und Steck erhaltenen Öl sehr ähnlich war. 1000 g Sphagnum lieferten 195,5 g Braunkohle plus Öl. Bei der Zersetzung im Autoklaven entstanden erhebliche Mengen ungesättigter, gasförmiger Kohlenwasserstoffe. Die Entstehung der verhältnismäßig großen Mengen bituminösen Öles ist möglicherweise so zu erklären, daß die bei der bakteriellen Zersetzung entstandenen Gärungsorganismen selbst das Ausgangsmaterial abgegeben haben.

Tabelle 155 gibt die Zusammensetzung der Produkte an.

Tabelle 155.
Zusammensetzung der künstlichen Braunkohle nach E. Terres.

%	Nichtextrahierte Substanz	Reinsubstanz	Extrahierte Substanz	Öl
C	66,69	77,23	60,69	77,70
H	6,03	6,98	4,67	8,52
N	3,59	4,16	3,60	3,58
O	10,07	11,63	10,03	10,20
Asche	13,62	—	21,01	—

Bei einer zweiten Gruppe von Versuchen wurde von gewaschener Bierhefe sowie ferner von Hühnereiweiß ausgegangen. Auch diese Substanzen wurden unter Wasser in den mit Gärverschluß versehenen großen Ballons einer gärenden Fäulnis von vielen Monaten unterworfen. Der Fäulnisprozeß der eiweißhaltigen Materialien war viel lebhafter als die Fäule des Sphagnums; anfangs wurde hauptsächlich Kohlensäure beobachtet und gleichzeitig deutliche Schwefelwasserstoffbildung festgestellt. Später hörte die Bildung von Schwefelwasserstoff ganz auf und elementarer Stickstoff sowie Methan traten in den Gärungsgasen stärker hervor.

Aus dem künstlichen Faulschlamm, der bei diesen Versuchen erhalten wurde, konnten einerseits größere Mengen Öl hergestellt und andererseits unter anderen Versuchsbedingungen aus diesem Öl künstliche Kohlen erhalten werden, die die wichtige Eigenschaft der Verkokbarkeit besitzen und neben Kohlenstoff, Wasserstoff und Sauerstoff auch Stickstoff und Schwefel enthalten, also aus den Grundstoffen der natürlichen Kohlen bestehen. Ein solches Öl entsteht schon unterhalb von 200° in wenigen Stunden aus dem Faulschlamm. Nach Terres und Steck bedarf es demnach durchaus nicht der Annahme außerordentlicher Bedingungen für die Entstehung von Erdöl und auch Kohle in der Natur. Versuche, aus Lignin allein künstliche Kohlen zu gewinnen, haben zu nichtverkokbaren Produkten geführt, die sandige Glührückstände geben wie etwa Braunkohlen, während künstliche Kohlen aus Faulschlamm zusammenhängende feste oder auch geblähte Kokse liefern, wie etwa Saar- und Ruhrkohlen.

Berechnet auf die zum Faulen angesetzte Trockenhefe bzw. Eiweißmenge wurden beim Erhitzen des Faulschlammes im Autoklaven 23,7 bis 24,5% Öl erhalten. Tabelle 156 unterrichtet über die Zusammensetzung der Hefe und des daraus gewonnenen Öles.

Tabelle 156.

%	Hefe	Öl
C	45,75	77,80
H	6,45	10,08
S	0,4	0,66
N	10,89	5,36
O	27,69	6,1
Asche	8,82	—

Das positive Ergebnis dieser noch nicht abgeschlossenen Versuche fassen E. Terres und Steck dahin zusammen, daß es gelungen ist, „ausgehend von Sphagnum durch Vermoderung einen Fasertorf zu erhalten, wobei in der Hauptsache nur die Cellulose bei der Vermoderung bakteriell zersetzt würde. Durch Druckerhitzung wurde aus diesem Torf eine Braunkohle von typisch brauner Farbe erhalten mit einem Gehalt an bituminösen Öl von 35,2%. Dieses Öl zeigte eine große Ähnlichkeit mit einem öligen Produkt, das bei der Druckerhitzung aus einem künstlichen Faulschlamm entstanden, durch gärende Fäulnis unter Wasser und Luftabschluß aus Hefe bzw. aus Eiweiß erhalten wurde. Es sind hier wohl zum ersten Male aus Faulschlamm im Laboratorium Öle und bitumenartige Stoffe erzeugt worden, aus denen in der weiteren Umwandlung die Entstehung von natürlichem Erdöl und von Sapropelkohle wahrscheinlich ist und damit scheint der Faulschlamm aus eiweißhaltigen Stoffen in erster Linie die Ursubstanz des Steinkohlenbitumens darzustellen."

Nach der Auffassung von Terres trifft die Lignintheorie der Kohle von F. Fischer und H. Schrader völlig nur auf Braunkohlen zu. Bei Inkohlung von Lignin entstehen kohlenähnliche Stoffe, die beim Verkokungsvorgang nicht backen; daraus schließt Terres, daß die Steinkohlen eben noch Stoffe enthalten müssen, welche die Backfähigkeit bedingen und welche nicht aus Lignin, sondern aus einer anderen Ursubstanz entstanden sind. Als eine derartige Ursubstanz kommen nach der Auffassung von Terres vor allem die Eiweißstoffe in Betracht.

Es sei hier darauf hingewiesen, daß nach der Auffassung von G. Stadnikoff, die schon früher eingehend dargelegt wurde, der Vitrit der Streifenkohlen als eine Mischbildung von Humus- und Sapropelcharakter aufgefaßt wird. Nach den neueren Feststellungen der Kohlenpetrographen ist ferner der Vitrit gerade derjenige Gefügebestandteil, der am besten verkokungsfähig ist. Stadnikoff hält allerdings Fette und Öle für die chemisch wesentlichen Substanzen in den Ausgangsorganismen der Sapropelitbildung, während Terres die Eiweißverbindungen für die chemisch wichtigen Ausgangsstoffe ansieht. Hiervon abgesehen scheinen aber die beiden Auffassungen gut miteinander in Einklang zu stehen.

Man kann wohl sagen, daß die besprochenen synthetischen Versuche unsere Einsicht in den Mechanismus des Bildungsprozesses der Steinkohlen sehr vermehrt haben. Dies gilt jetzt und in Zukunft besonders für solche Arbeiten, bei denen der biologische Primärprozeß mitberücksichtigt und mitstudiert wird. An den biologischen Primärprozeß schließen sich in der Natur physikalisch-chemische Umwandlungsprozesse an, bei denen erhöhte Temperatur und besonders der Faltungsdruck des Gebirges mitwirken. Die Anwendung erhöhter Temperatur bei verhältnismäßig nicht sehr hohen Drucken ist experimentell recht einfach; es wäre sehr interessant, unter Bedingungen zu arbeiten, bei denen mäßig erhöhte Temperaturen und sehr hohe Drucke herrschen.

V. Vergleichende Chemie von Torf und Kohle.

1. Die chemisch-analytischen Methoden der Brennstoffuntersuchung.

a) Allgemeines.

Die Analysenmethoden der festen natürlichen Brennstoffe können im Hinblick auf das Ziel der Untersuchung unter die vier Sammelbegriffe der Elementaranalyse, der Kurz- oder Immediatanalyse, der Kennzahlenbestimmung und der Zerlegungsanalyse gebracht werden. Die Tabelle 157 bringt eine erste Übersicht[1].

Tabelle 157.
Übersicht über die Methoden der Brennstoffuntersuchung.

Bezeichnung	Ziel	Ergebnis
Elementaranalyse	Bestimmung der vorhandenen Elemente	% C, H; N; S; (O)
Kurzanalyse	Bestimmung technisch wichtiger Substanzen	Wasser, Asche, Koks; Teer, Gas (flüchtige Substanz)
Kennzahlenbestimmung	Bestimmung der vorhandenen Atomgruppen	Besondere Kohlenstoff-, Sauerstoff-, Wasserstoff-, (Stickstoff-) Funktionen
Zerlegungsanalyse	Bestimmung der vorhandenen chemischen Verbindungen	Wasser, Asche; ursprüngliche Pflanzenstoffe; Bitumenstoffe; Huminsäuren und Humate; Humine
	(Bestimmung der Gefügebestandteile)	(Clarit, Vitrit, Durit, Fusit)
	(Bestimmung der nicht organisierten Stoffe und der organisierten Pfanzenreste)	

[1] Vgl. Fuchs, W.: Von den Kohlen und Mineralölen III, 27. Berlin 1930.

Für eine zweckentsprechende Probenahme muß natürlich bei jeder Untersuchung gesorgt sein. Dafür gibt es bewährte Vorschriften[1]; man geht von einer größeren Durchschnittsprobe aus und bringt sie durch „Vierteln" auf eine zweckmäßige geringere Menge.

b) Die Elementaranalyse.

Zur Elementaranalyse soll die passend zerkleinerte Probe trocken und womöglich aschenfrei sein. Das bei organischen Substanzen vielfach brauchbare Trocknen im Trockenschrank bei 105° verursacht bei Torf und Kohle nicht selten Fehler. Beim Trocknen entweicht nämlich nicht nur die anhaftende Feuchtigkeit, sondern es kommt auch vor, daß der Brennstoff Wasser aus chemischer Bindung abspaltet, Sauerstoff aus der Luft aufnimmt und Kohlensäure abgibt. Die Neigung zur Aufnahme von Sauerstoff und zur Abgabe von Kohlensäure sinkt allerdings bei steigendem Inkohlungsgrade. Das Trocknen zur Analyse wird unter diesen Umständen wohl am besten in der Trockenpistole bei vermindertem Druck und nicht allzu hoher Temperatur, z. B. bei 56°, der Temperatur des siedenden Acetons, ausgeführt; bei strengeren Anforderungen eventuell unter Benutzung einer Vorlage, welche mit aktiver Kohle beschickt und mit flüssiger Luft gekühlt ist.

Der Einfluß der mineralischen Bestandteile auf das Ergebnis der Elementaranalyse wird derzeit meist durch eine Aschenbestimmung und entsprechende rechnerische Berücksichtigung ausgeschaltet. Die als Glührückstand ermittelte Asche stimmt aber weder in der Menge, noch in der Zusammensetzung mit den ursprünglich vorhandenen mineralischen Bestandteilen des Brennstoffes überein. Auf das Ergebnis der Aschenbestimmung sind übrigens auch die Arbeitsbedingungen nicht ohne Einfluß. Die ursprünglichen Mineralstoffe können zum Teil verflüchtigt, zum Teil zersetzt, zum Teil oxydiert werden. Durch Verbrennung von Schwefel oder Erhitzen von Sulfiden können Sulfate entstehen; das gleiche kann auch durch Aufnahme von Schwefel aus den Heizungsgasen erfolgen; diese letztere Fehlermöglichkeit kann durch Arbeiten im elektrischen Ofen vermieden werden.

Am besten wäre es jedenfalls, wenn man die Mineralstoffe vor der Bestimmung entfernen könnte, so daß man es auch experimentell nur mit Reinkohle zu tun hätte. Nach K. Follmann[2] können die meisten Mineralstoffe durch Behandlung mit verdünnter Salzsäure entfernt werden, während Silikate und Tonerde in der Mineralsubstanz mit Hilfe von verdünnter Flußsäure aufzuschließen sind. Bei Torfen sowie bei manchen Braunkohlen wird bei einer solchen Behandlung auch eine

[1] Probenahme und Probeaufbereitung, Mitteilungen des Fachnormenausschusses für Bergbau DIN DVM 3711.

[2] Brennstoff-Chem. **6**, 205 (1925).

Hydrolyse von organischer Substanz zu wasserlöslichen Stoffen, besonders aus der Zuckergruppe, und dadurch ein Verlust von organischer Substanz kaum zu vermeiden sein. In solchen Fällen kann man nach Follmann die organische in Lösung gegangene Substanz besonders ermitteln; doch ist diese Vorgangsweise natürlich nicht einwandfrei. Bei Steinkohlen wird zur Bestimmung der Reinkohle nach K. Mayer[1] mit Salzsäure behandelt, dann verascht und im Glührückstand das aus dem Pyrit stammende Eisen besonders bestimmt.

F. Schuster[2] kommt auf Grund seiner Untersuchungen über den Sulfatgehalt von Kohlenaschen zu dem Schlusse, daß als ergänzende Bestimmungen der jetzigen Analysenmethode, bei welcher der Glührückstand der Kohle sowie durch Elementaranalyse Kohlenstoff, Wasserstoff, Stickstoff und Schwefel bestimmt werden, noch der Gehalt der Kohle an Carbonaten sowie an Pyrit und ferner der Gehalt des Glührückstandes der Kohle an Sulfat bestimmt werden sollte. Dadurch wäre dann eine bessere Auswertung der Analysenresultate ermöglicht.

Wie man sieht, ist es derzeit weder experimentell noch theoretisch einwandfrei möglich, die Resultate der Elementaranalyse auf die jeweils vorhandene organische Reinsubstanz exakt zu beziehen; mit anderen Worten heißt dies, daß die Analysenangaben der Literatur wohl meistens mit Fehlern behaftet sind.

Was die Ausführung der Elementaranalyse betrifft, so bestimmt man bekanntlich Kohlenstoff und Wasserstoff durch Verbrennung zu Kohlensäure und Wasser; zur Verfügung stehen besonders die Methoden von Liebig und deren Modifikationen, von Dennstedt und neuerdings auch die für die Brennstoffe wohl weniger in Frage kommende Mikromethode von Pregl. Die Verbrennung von Kohle wird vorteilhaft in einem mit gekörntem Bleichromat beschickten Verbrennungsrohre im langsamen Sauerstoffstrom vorgenommen. P. A. Levene und F. W. Bieber[3] verwenden als Katalysator bei der Verbrennung Cerioxyd. Nach H. ter Meulen und J. Heslinga[4] verbrennt man unter Zuhilfenahme von Manganperoxyd. Eine besondere Verbrennungsmethode für Kohlen haben auch Dauvilliers und Gost[5] angegeben.

---

[1] Brennstoff-Chem. **10**, 377 (1929).

[2] Brennstoff-Chem. **11**, 237 262 (1930). — Vgl. auch Parr, S. W.: Chem.-Ztg. **36**, 1188 (1912); — Weißer, F.: Chem.-Ztg. **36**, 757 (1912); — Brinsmaid, W.: Ind. engin. Chem. **1**, 65 (1909).

[3] Journ. Amer. chem. Soc. **40**, 460 (1918).

[4] Neue Methoden der organischen Analyse. Leipzig 1927.

[5] Chaleur et Ind. **9**, 68 (1928). — Vgl. ferner: King, J. G., D. MacDougall: Fuel **5**, 33 (1926). — Whitaker, J. W.: Fuel **7**, 63 (1928). — Carr, A. R., Rente, A. M.: Ind. engin. Chem. **20**, 548 (1928). — Brewer, R. E., Harding, E. P.: Ind. engin. Chem. Analytical Edition **1**, 145 (1929). — Zur Berechnung des Heizwertes vgl. z. B. Schuster, F.: Glückauf **67**, 232 (1931).

Neuerdings haben E. Terres und H. K. Kronacher[1] sich eingehend mit der Analyse der Kohlen befaßt. Sie schildern ein Verfahren, bei welchem die Substanz im Rohr in einem Strom von elektrolytisch entwickeltem Sauerstoff verbrannt wird. Kohlenstoff und Wasserstoff werden wie üblich als Kohlensäure und Wasser bestimmt; gleichzeitig kann auch der Stickstoffgehalt ermittelt werden, indem der entweichende Stickstoff zusammen mit überschüssigem Sauerstoff hinter den Absorptionsgefäßen über alkalischer Pyrogallollösung aufgefangen und nach Verbrauch des Sauerstoffs gemessen wird.

J. D. Davis[2] hat ein Verfahren zur Bestimmung des disponiblen Wasserstoffs der Kohle angegeben.

Ein Verfahren zur direkten Bestimmung des Sauerstoffes in Brennstoffen (und organischen Verbindungen überhaupt) hat erstmals H. ter Meulen[3] angegeben. Dabei wird der Brennstoff im Wasserstoffstrom bei Gegenwart eines Nickelkatalysators zersetzend hydriert. Aller Sauerstoff soll dabei in Wasser übergehen, welches aufgefangen und gewogen wird. Der Kohlenstoff liefert hierbei nur Methan. Die durch Anwesenheit von Stickstoff, Schwefel oder Halogenen sich ergebenden Fehlermöglichkeiten werden nötigenfalls in geeigneter Weise ausgeschaltet.

Dieses Verfahren wird neuerdings von Brender à Brandis und de Goey[4] verwendet. Nach F. Schuster[5] erhält man aber nach der Methode von ter Meulen zu hohe Werte für den Sauerstoffgehalt der Reinkohle, da bei dieser Methode außer dem Sauerstoffgehalt der organischen Substanz auch der Sauerstoffgehalt der Carbonate, der Oxyde und der Sulfate der mineralischen Stoffe mit ins Spiel trete. Die von Schuster nach der Methode von ter Meulen erhaltenen Werte lagen um 0,7—2,5% über den auf indirektem Wege durch Differenzrechnung ermittelten Zahlen.

Zur Bestimmung des Stickstoffs in den Brennstoffen wollte man immer schon die bequeme Methode von Kjeldahl benutzen. Doch ergab sich, daß diese Methode meist zu niedrige Werte liefert. So entweicht nach Lambris[6] bei der Methode von Kjeldahl etwa die Hälfte des vorhandenen Stickstoffs der Brennstoffe elementar. Ob bei der neuerdings von J. W. Whitaker[7] vorgeschlagenen Schnellmethode für die Bestimmung des Stickstoffs in der Kohle nach dem Prinzip von Kjeldahl die Verhältnisse besser sind, ist nicht bekannt.

Das Verfahren von Dumas ist weniger bequem als das von Kjeldahl,

[1] Gas- u. Wasserfach **73**, 707 (1930). [2] Ind. engin. Chem. **15**, 594 (1923).
[3] Rec. Trav. chim. Pays-Bas **37**, 509 (1922); **39**, 899 (1924); **41**, 509 (1926).
[4] Vgl. Brennstoff-Chem. **10**, 387 (1929).
[5] Gas- u. Wasserfach **73**, 549 (1930).
[6] Brennstoff-Chem. **6**, 1 (1925). [7] Fuel **8**, 145 (1929).

liefert aber meist richtige Werte. Bei Verunreinigung des Gases durch Methan oder Kohlenoxyd fallen die Werte natürlich zu hoch aus. Methodische Studien über die Anwendbarkeit der Verfahren von Kjeldahl und von Dumas auf Brennstoffe hat besonders E. Terres[1] angestellt. W. Fritsche[2] hat dann eine Vorschrift für die Bestimmung des Stickstoffs in der Kohle nach Dumas angegeben, die sich vielfach bewährt hat. Noch später hat Lambris eine Modifikation des Dumas-Verfahrens ausgearbeitet, bei welcher die Entgasungsprodukte des Analysenmaterials mit Sauerstoff gemischt über eine in den Gasstrom geschaltete elektrisch geheizte Platinspirale geschickt werden. Bei einer Einwage von 0,6—1 g dauerte die Bestimmung nach Lambris etwa 1 Stunde. Daß E. Terres neuerdings die Stickstoffbestimmung in Brennstoffen mit der Bestimmung von Kohlenstoff und Wasserstoff kombiniert, wurde oben bereits erwähnt.

Ein neues Prinzip der Stickstoffbestimmung in organischen Substanzen hat H. ter Meulen[3] benutzt. Danach kann man den Stickstoff der organischen Verbindungen durch zersetzende Hydrierung bei Gegenwart eines Nickelkatalysators als Ammoniak bestimmen. Speziell bei Steinkohlen[4] hat man so zu arbeiten, daß die gepulverte Kohle mit calcinierter Soda gemischt, auf Rotglut erhitzt und mit einem mit Wasserdampf beladenen Wasserstoffstrom behandelt wird. Der Kohlenstoff geht bei dieser Behandlung in Kohlenoxyd, der Stickstoff in Natriumcyanid über. Letzteres zerfällt im Wasserdampfstrom in Ammoniak und Natriumformiat. Es spielen sich also folgende wesentliche Umsetzungen ab:

1. $C + Na_2CO_3 = 2\,CO + Na_2O$.

2. $NaCN + 2\,H_2O = NH_3 + HCOONa$.

Als Apparat dient ein Quarzrohr, dessen vorderer Teil ein Kupferschiffchen zur Aufnahme des Kohle-Soda-Gemisches erhält, während das schwächer erhitzte hintere Ende den Nickelkatalysator aufnimmt. Das gebildete Ammoniak wird durch Titration bestimmt.

Was die Bestimmung des Schwefels betrifft, so unterscheidet man den verbrennlichen Schwefel, der beim Veraschen der Kohle an der Luft in Form von Oxyden des Schwefels entweicht, und den unverbrennlichen Schwefel, der im Glührückstand hinterbleibt. (Vom verbrennlichen Schwefel ist ferner zu unterscheiden der flüchtige Schwefel, der bei der trockenen Destillation der Brennstoffe in Form von H_2S und organischen Schwefelverbindungen entweicht; der zurückbleibende

[1] Journ. Gasbeleuchtung **62**, 173, 192 (1919).
[2] Vgl. auch Baranov, A., u. R. A. Mott: Fuel **3**, 31 (1924).
[3] Rec. Trav. chim. Pays-Bas **43**, 643 (1924); **49**, 396 (1930).
[4] Rec. Trav. chim. Pays-Bas **44**, 271 (1925).

Destillationsrückstand enthält seinerseits wieder verbrennlichen und unverbrennlichen Schwefel.)

Zur Bestimmung des Gesamtschwefels hat man besonders die älteren Methoden von Eschka und von Carius herangezogen. Die Verhältnisse liegen hier ähnlich wie bei der Stickstoffbestimmung; die Methode von Eschka ist ohne Zweifel die bei weitem bequemere, liefert aber nicht immer richtige Werte.

Besonders empfohlen wird neuerdings die Methode von F. Foerster und Probst[1], bei welcher die Substanz mit Magnesia und Soda gemischt im Verbrennungsrohr im Sauerstoffstrom aufgeschlossen wird. O. Hackl[2] empfiehlt zur Schwefelbestimmung die Sinteroxydation mit der 10—11-fachen Menge einer Mischung gleicher Teile Soda und Kaliumpermanganat nach den Erfahrungen von F. Feigl und Schorr[3] sowie Komarowski und Kogon[4] auszuführen. Über die Bestimmung des Schwefels in Kohlen mittels der kalorimetrischen Bombe machen J. G. King und H. E. Crossley[5] neuere Angaben. Nach den Arbeitsverfahren von H. ter Meulen und J. Heslinga kann man den Schwefel sowohl durch zersetzende Hydrierung als auch durch Oxydation bestimmen.

Zur Bestimmung des unverbrennlichen Schwefels hat man den im elektrischen Tiegelofen erhaltenen Glührückstand nach den Vorschriften der anorganischen Analyse aufzuarbeiten, z. B. nach gehöriger Oxydation mit Bromwasser im salzsauren Auszug die Schwefelsäure zu bestimmen. In ähnlicher Weise kann man auch den verbrennlichen Schwefel bestimmen, indem man z. B. nach R. Lant und E. Lant-Ekl[6] im Rohre glüht, die entweichenden Gase in einer alkalischen Bromlösung auffängt und schließlich die gebildete Schwefelsäure ermittelt.

Man hat auch Methoden ausgearbeitet, um den Pyrit-, Sulfid-, Sulfat- und organisch gebundenen Schwefel nebeneinander zu bestimmen[7]. A. R. Powell und Parr[8] stellen auch die Menge des phenollöslichen Schwefels fest, der in jenen Substanzen enthalten ist, die der Kohle durch Phenol entzogen werden können.

c) Die Kurzanalyse.

Die Kurz- oder Immediatanalyse dient üblicherweise zur Bestimmung von Wasser, Asche, Koks und flüchtiger Substanz. Man kann mit Hilfe der Kurzanalyse Verlauf und Ergebnis eines beabsich-

---

[1] Brennstoff-Chem. **4**, 357 (1923). [2] Chem.-Ztg. **52**, 933 (1928).
[3] Ztschr. analyt. Chem. **63**, 10 (1923).
[4] Nach C. **1925 II**, 117. — Vgl. noch Meade, W. J. G.: Ind. engin. Chem. **17**, 497 (1925).
[5] Fuel **8**, 544 (1929). [6] Brennstoff-Chem. **2**, 330 (1921).
[7] Vgl. Foerster, F., u. Geisler: Ztschr. angew. Chem. **35**, 193 (1922).
[8] Ind. engin. Chem. **12**, 887 (1920).

tigten technischen Prozesses schnell und mit kleinen Mengen vorwegnehmen.

Während bei der Elementaranalyse die Entfernung von Feuchtigkeit und mineralischen Substanzen wichtig ist, kommt es bei der Kurzanalyse auf deren Bestimmung an.

Bei der Wasserbestimmung kann man direkte und indirekte Methoden unterscheiden; als direkte Methoden können nur solche gelten, bei denen das vorhandene Wasser als solches aufgefangen und gewogen oder gemessen wird. Nach der von Marcusson, Schläpfer und Erdmann ausgebildeten Methode destilliert man die Kohle in einem Erlenmeyer-Kolben mit Xylol und liest nach dem Erkalten die Menge des mit dem Xylol übergegangenen Wassers direkt ab. H. Broche[1] hat bei vergleichenden Untersuchungen über die Bestimmung des Wassers folgende Ergebnisse gewonnen: 1. Die Destillation mit Xylol ist die exakteste Methode zur Bestimmung des Wassergehaltes in Steinkohle und Braunkohle. Wenn man sich genau an die Vorschrift von Erdmann[2] hält, dann liefert diese Methode den tatsächlichen Wassergehalt. 2. Das Trocknen bei 105° im Kohlensäurestrom und die Ermittlung des Wassergehaltes aus der Differenz ist für Steinkohle und Braunkohle verwendbar. Die Werte stimmen mit denen der Xyloldestillation innerhalb der Fehlergrenzen überein. 3. Das Trocknen im Trockenschrank bei 105° an der Luft gibt nur für Steinkohle und auch da nur bei Einhaltung bestimmter Arbeitsbedingungen innerhalb der Fehlergrenzen liegende Werte; für Braunkohle ist diese Methode unbrauchbar. Bei technischen Untersuchungen kann man für Steinkohle den Trockenschrank benutzen, bei Braunkohle muß man im Kohlensäurestrom arbeiten.

E. Terres und Kronacher[3] haben die Bedingungen der Wasserbestimmung neuerdings genauer untersucht. Sie empfehlen, zur Bestimmung der Feuchtigkeit bei 100° zu trocknen, das entweichende Wasser im Chlorcalciumrohr aufzufangen und zu wägen. Die indirekte Ermittlung aus der Gewichtsabnahme kann zu großen Fehlern führen. M. Dolch und E. Strube[4] haben ein Verfahren zur Schnellbestimmung des Feuchtigkeitswassers in Kohlen angegeben, bei welchem das Wasser mit Alkohol ausgelaugt und der Wassergehalt des alkoholischen Auszuges in bestimmter Weise durch Vermischen mit Petroleum festgestellt wird.

Die Schnellbestimmung des Wassergehaltes ist besonders in der Braunkohlenindustrie von Wert. R. von Walther und W. Bielenberg[5]

---

[1] Braunkohle **26**, 5 (1927).
[2] Jahrbuch d. Halleschen Verbandes **4**, 380 (1924).
[3] Gas- u. Wasserfach **73**, 645 (1930).
[4] Ztschr. Oberschles. Berg- u. Hüttenmänn. Ver. **68**, 439 (1929).
[5] Braunkohlenarchiv Nr. 25, S. 17 (1929).

haben die Schnellbestimmung des Wassergehaltes mit Hilfe von Auslaugeverfahren geprüft. In einem Wettbewerbe[1] zur Schnellbestimmung des Wassergehaltes von Braunkohlen war verlangt worden, daß mit einer Probe von 20 g Trockensubstanz in der Körnung 0,25—7 mm ein Wassergehalt von 5—25% innerhalb von 5 Minuten bestimmt werden solle. Die Abweichungen von der Xylolmethode sollten nicht über 0,5% betragen. Preisgekrönt wurden 5 Methoden, die nicht nur für Braunkohle von Interesse sind und die auf folgenden Prinzipien beruhen:

1. Messung der Dielektrizitätskonstanten des feuchten Kohlenpulvers; 2. Direktes Abdestillieren des Wassers aus einem elektrisch geheizten Ofen. 3. Ersatz des Xylols durch Amylalkohol. 4. Extraktion des Wassers durch Essigsäure und Titration des Säuregehaltes im Extrakt durch Natronlauge. 5. Extraktion des Wassers durch Essigsäure und Messung der elektrolytischen Leitfähigkeit der verdünnten Essigsäurelösung.

Die Bestimmung der mineralischen Stoffe als Asche oder Glührückstand ist mit den schon mehrfach erörterten Fehlern behaftet. Die Mineralstoffe von Torf und Kohle bestehen in der Hauptsache aus Kieselsäure, Tonerde, Calcium und Magnesium, Eisenoxyd und Eisenoxydul, die teils miteinander chemisch verbunden sind, teils als Carbonate und als Pyrit (Markasit), teils an organische Substanz gebunden, zum allerkleinsten Teile wohl als Sulfat vorliegen mögen. Beim Veraschen zerfallen die Carbonate; Ferrosalze und Pyrit geben Eisenoxyd, der Schwefel des Pyrits entweicht hauptsächlich als Schwefeldioxyd, kann aber auch zur Sulfatbildung Anlaß geben.

Vielfach haben auch quantitative Aschenanalysen Interesse, zumal sich gezeigt hat, daß die Wirkung der Kohlenasche bei technischen Prozessen nicht gering ist. Kleine Oxydzusätze können z. B. die Gasausbeute und die Ammoniakausbeute erhöhen, die Reaktionsfähigkeit des Kokses steigern u. a. m.[2]

Praktisch wichtig ist auch der Aschenschmelzpunkt. Als günstige Schmelzpunkte werden für Kohlen für Zentralheizungen 1300°, für Kesselkohlen 1400°, für Lokomotiv- und Generatorkohlen 1500° angegeben.

Zur Bestimmung der Koksausbeute sind zahlreiche Vorschläge gemacht worden. Man arbeitet gegenwärtig in Deutschland meist nach der sogenannten Bochumer Probe, die eine Weiterentwicklung der von F. Muck vorgeschlagenen Arbeitsweise darstellt. Dabei wird 1 g der feingepulverten Kohle in einem Platintiegel mit fest aufgelegtem Deckel

[1] Hirz, H.: Braunkohle **28**, 101 (1929).

[2] Vgl. Lessing, R.: Proc. int. Conf. Bit. Coal **1926**, 165. — Baum, K.: Glückauf **64**, 1733 (1928).

über einer 20 cm hohen Flamme eines Bunsenbrenners so lange erhitzt, bis keine brennbaren Gase mehr entweichen. Der Boden des Tiegels soll 6 cm vom Brenner entfernt sein. Nach dem Erkalten wird der Koksrückstand gewogen.

In England wird vielfach die Probe von Lessing benutzt, bei welcher in einem besonders konstruierten Quarzapparat im elektrischen Ofen gearbeitet wird. Bei der sogenannten amerikanischen Probe wird 1 g Kohle in einem mit gutschließendem Deckel versehenen, blank polierten Platintiegel mit der vollen Flamme eines Bunsenbrenners von 20 cm Höhe genau 7 Minuten erhitzt; der Tiegel ruht in einem Platindreieck, sein Boden bleibt 6—8 cm über der Brennermündung.

E. Terres und Kronacher[1] finden neuerdings bei systematischen Verkokungsversuchen, daß das Tiegelmaterial bei Einhaltung sonst gleicher Arbeitsbedingungen ohne Einfluß auf die Koksausbeuten ist. Es wird eine Verlängerung der Verkokungsdauer auf 30 Minuten und Arbeiten im vorgeheizten Ofen empfohlen.

Die flüchtigen Bestandteile der Kohle können durch Abzug von Wasser, Asche und Koks von der Einwage annähernd berechnet oder auch direkt bestimmt werden. Bei der Methode der Röhrchenentgasung von R. Strache[2] wird die Teerausbeute und die Gasheizwertzahl (der Heizwert des aus der Gewichtseinheit der Kohle durch trockene Destillation gewinnbaren Gases) ermittelt. Zweckmäßig bestimmt man heute die Teerausbeute durch Destillation in Aluminiumschwelapparat nach F. Fischer und H. Schrader[3], der eventuell nach H. Schrader[4] mit überhitztem Dampf betrieben werden kann, oder nach M. Dolch und K. Gieseler[5] durch einen Apparat aus V2A-Stahl für höhere Temperaturen ersetzt werden kann. Nach der Vorschrift von W. Fritsche[6] kann man im Schwelapparat auch die Ausbeute an Gas und dessen Zusammensetzung ermitteln.

Es ist natürlich klar, daß die gegenwärtigen Methoden sich in steter Weiterentwicklung befinden[7] und daß ferner bei künftigen Entwick-

---

[1] Gas- u. Wasserfach **73**, 673 (1930).
[2] Vgl. Strache, Lant: Kohlenchemie, S. 492. Leipzig 1924.
[3] Brennstoff-Chem. **1**, 87 (1920).
[4] Brennstoff-Chem. **2**, 182 (1921).
[5] Braunkohle **27**, 581, 608 (1928).
[6] Brennstoff-Chem. **2**, 382 (1922).
[7] Vgl. z. B. Bunte, K.: Gas- u. Wasserfach **72**, 124 (1929); dort wird die Ergänzung der Verkokungsprobe durch die technisch wichtigen Ermittlungen über Blähvermögen, Backvermögen, Verkokungswärme vorgeschlagen. — Melzer, W.: Arch. Eisenhüttenw. **4**, 169 (1930); dort werden Verfahren vorgeschlagen, die den inneren chemischen Aufbau der Kohle, die Formänderungs- und Zersetzungsvorgänge bei der Verkokung und die Gefügebestandteile der Kohle erfassen sollen. Es sollen z. B. Öl- und Festbitumen in Anlehnung an Berl und Schildwächter durch Extraktion mit Tetralin isoliert und es soll auch auf ein 2. Festbitumen ähnlich einem von Davis und Reynolds (Ind. engin. Chem. **21**, 1295 [1929]) beschriebenen geachtet werden usw.

lungen in der Technik allerlei Arten von Kurzanalyse ausgebildet werden können.

d) Kennzahlenbestimmung.

Die Kennzahlenbestimmung hat die Ermittlung spezieller Atomgruppierungen zum Ziele. Derartige Bestimmungen haben bei vielen Naturprodukten praktisches und wissenschaftliches Interesse. Es sei hier nur als Beispiel auf die Chemie der Fette mit ihren Kennzahlen, wie Säurezahl, Verseifungszahl, Jodzahl usw. hingewiesen.

Dem Ausbau eines Systems von Kennzahlen in der Kohlenchemie können folgende einfache Gedanken zugrunde gelegt werden[1]. Die natürlichen Kohlen sind Gemische verschiedener Substanzen. Alle diese Substanzen haben eine bestimmte chemische Konstitution und auf Grund dieser Konstitution ganz bestimmte chemische und physikalische Eigenschaften. Die chemischen Verbindungen des Gemisches Kohle bauen sich in der Hauptsache aus Kohlenstoff, Wasserstoff und Sauerstoff, weniger aus Stickstoff auf; diese Elementaratome bilden im Gesamtmolekül charakteristische Gruppen. Der Nachweis und die Bestimmung dieser Gruppen führt zu quantitativen Kennzahlen. Die Kennzahlen haben zunächst wissenschaftliches Interesse; sie ermöglichen aber weiterhin eine Unterscheidung und Charakteristik der verschiedenen Brennstoffe und können so sicherlich auch praktische Bedeutung gewinnen.

In den Tabellen 158—160 sind die bisher in Betracht gezogenen Funktionen mit ihren präparativen und analytischen Erkennungsmöglichkeiten zusammengestellt.

Tabelle 158. Sauerstoff-Funktionen.

Bezeichnung	Präparatives	Analytisches
Carboxyl COOH	Salzbildung Basenaustausch Esterbildung Säurechloridbildung	Titration Metallbestimmung der Salze Methoxylbestimmung der Ester Chlorbestimmung
Phenolhydroxyl C · OH	(Salzbildung) Ätherbildung Acetylierung	(Titration) Methoxylbestimmung Acetylbestimmung
Alkoholhydroxyl CHOH	Acetylierung	Acetylbestimmung
Äthersauerstoff	—	Verseifung (mit HJ)
Carbonyl CO	Carbonylderivate	Carbonylbestimmung
Cyclisch gebundener Sauerstoff	(Spaltung mit Methylglykol und Säure)	(Analyse der Methylglykolderivate)

[1] Fuchs, W.: Brennstoff-Chem. **11**, 332 (1930).

Tabelle 159. Wasserstoff-Funktionen.

Bezeichnung	Präparatives	Analytisches
Säure-Wasserstoff	Salzbildung Esterbildung	Titration Metallbestimmung Methoxylbestimmung Verseifung
Wasserstoff, dehydrierbar	Bromaddition (Einwirkung anderer Halogene, Schwefel, Selen)	Abspaltung von HBr (Abspaltung von HCl, HJ, H_2S, H_2Se)
Wasserstoff, substituierbar	Ersatz durch Brom	Abspaltung von HBr bei Bromierung
Methylengruppe CH_2CO	Bildung von Iso-Nitroso-Derivaten	Spaltung der Stickstoff-verbindungen

Tabelle 160. Kohlenstoff-Funktionen.

Bezeichnung	Präparatives	Analytisches
Doppelbindung	Bildung von Brom-derivaten	Abspaltung von HBr
Ungesättigte Komplexe, sauerstoffhaltige cyclische Komplexe	Verhalten bei der Oxydation	Jodzahl, Permanganatzahl u. ä.
Cyclische Komplexe	Abbau zu Phenol- und Benzolderivaten	Elementaranalyse, Gesamtverhalten

e) Die Zerlegungsanalyse.

In einfachen Fällen stellt der Weg, auf dem eine Kennzahl, z. B. die Verseifungszahl oder das Unverseifbare, gewonnen wird, selbst schon eine Zerlegungsanalyse dar. Bei Torf und Kohlen liegen die Verhältnisse natürlich meist viel komplizierter. Man hat es hier mit folgenden Substanzen bzw. Gruppen von Substanzen zu tun:

1. Wasser.
2. Mineralische Substanzen.
3. Unveränderte Pflanzenstoffe.
4. Bitumenstoffe.
5. Huminsäuren und Humate.
6. Humine.
7. Sonstige Substanzen.

1. Zur völligen Charakteristik des Wassers der Brennstoffe müssen physikalische Methoden mit herangezogen werden. Der Gehalt an kolloid gebundenem Wasser fällt in der Reihe Torf, Braunkohle, Steinkohle ziemlich steil ab. Manchmal enthält auch die Steinkohle kolloid gebundenes Wasser.

Diese Verhältnisse sind praktisch nicht belanglos. Sie spielen eine große Rolle in der Torfindustrie. In der Braunkohlenindustrie haben sie zur Ausbildung des Verfahrens zur Trocknung und Veredelung stückiger Braunkohle von H. Fleißner[1] geführt. Bei diesem Verfahren wird durch Behandeln der Kohle mit Dampf von rund 10 atü eine Zerstörung der kolloiden Eigenschaften der Rohkohle und ein Auspressen des hauptsächlich kolloid gebundenen Wassers erzielt. Übrigens kann kolloid gebundenes Wasser auch schon durch Kochen des Brennstoffes mit Wasser zum Teil aus seiner Bindung verdrängt werden.

Im übrigen stört das Wasser bei der Zerlegungsanalyse im allgemeinen nicht, und es ist nur nötig, zur Auswertung der Resultate seine Menge einwandfrei zu ermitteln; hierfür steht die Xylolmethode, die Methode der direkten Wägung, sowie eventuell die Bestimmung der Dielektrizitätskonstante zur Verfügung.

2. Die mineralischen Bestandteile sind zum Teil als mechanische Beimengungen vorhanden, zum Teil bei Torfen und Braunkohlen aber auch chemisch mit den Huminsäuren verbunden. Der Anteil der in Form von Humaten vorhandenen Metalle kann durch Schütteln mit Ammoniumsalzen nach unveröffentlichten Versuchen von W. Fuchs[2] sehr angenähert bestimmt werden. Bei den Steinkohlen unterscheidet man nach Wheeler und nach Lessing innere und äußere Asche; die letztere soll mehr zufällige Beimengungen umfassen, die erstere auf die ursprünglichen Kohlenbildner zurückzuführen sein. Hinrichsen und Taczak unterscheiden drei Anteile der Mineralstoffe, nämlich die von den kohlebildenden Pflanzen stammenden anorganischen Stoffe, mineralische Stoffe, die zur Zeit der ersten biologischen Zersetzung ins Lager gerieten und mineralische Stoffe, die erst nachträglich ins Flöz gekommen sind.

Die unmittelbare analytische Unterscheidung solcher Gruppen mit chemischen Mitteln ist bisher nirgends angegeben worden. Dagegen hat die analytische Feststellung von Menge, Art und Bindungsweise der Mineralbestandteile außer dem wissenschaftlichen Interesse auch großes technisches Interesse, besonders deshalb, weil die Feststellung der chemischen Bindungsweise Wege zur Entfernung der Mineralbestandteile eröffnet.

3. Zur Bestimmung der unveränderten Pflanzenstoffe hat man die Methoden der Pflanzenchemie zur Verfügung. Die leicht hydrolysierbaren Kohlehydrate, eventuell auch Eiweißstoffe, bestimmt man nach Hydrolyse in üblicher Weise. Die Cellulose wird nach speziellen Methoden, z. B. nach der Methode von Cross und Bevan oder nach der Methode von Erich Schmidt bestimmt. Harze, Wachse und Fette bestimmt man ähnlich wie die Bitumenstoffe überhaupt; die Frage,

---

[1] Berg- und Hüttenmännisches Jahrbuch **74**, 104 (1926). — Das Fleißnerverfahren ist auch sonst mehrfach geschildert worden. Vgl. auch S. 161.

[2] Vgl. auch Fuchs, W., u. O. Horn: Brennstoff-Chem. **11**, 372 (1930).

ob hier unveränderte Pflanzenstoffe vorliegen oder nicht, müßte besonders untersucht werden.

Lignin wird im allgemeinen als der in starken Mineralsäuren unhydrolysierbare Rest bestimmt. Dies bedeutet aber nicht, daß alles, was sich bei gut entbituminierten Proben nicht hydrolysieren läßt, nun als Lignin anzusehen ist. Wenn das von Bitumen befreite Ausgangsmaterial noch deutliche Pflanzenstruktur zeigt und wenn das Lignin auch noch durch andere Mittel, z. B. durch Methoxylbestimmung oder durch Bildung von Methylglykolderivaten nach W. Fuchs[1] als solches charakterisiert werden kann, dann darf man allerdings den unhydrolysierbaren Rest der Probe in erster Annäherung mit Lignin gleichsetzen.

4. Als Bitumenstoffe faßt man die verhältnismäßig tiefschmelzenden Kohlenwasserstoffe, Harze und Wachse der Brennstoffe zusammen, soweit sie in organischen Lösungsmitteln löslich sind. Soweit solche Stoffe sich in besonderen Schichten oder von der Masse des übrigen Brennstoffes abgetrennt als wohl auch mit besonderen mineralogischen Namen belegte Stücke vorfinden, brauchen sie nicht erst durch Zerlegungsanalyse isoliert zu werden. Sonst aber erfolgt ihre Isolierung und Bestimmung durch Extraktion des Brennstoffes mit Lösungsmitteln[2]. Lösungsmittel basischer Natur wie Pyridin oder Chinolin vermögen auch Huminsäuren zu lösen und sind daher bei Anwesenheit von Huminsäuren im Rohmaterial nicht ohne weiteres verwendbar. Die neuere Entwicklung der Lösungsmittelindustrie hat übrigens eine Fülle neuer Lösungsmittel zugänglich gemacht, deren Anwendung verschiedene Möglichkeiten bietet. Auf die Lösungsmittel der Glykolgruppe hat W. Fuchs hingewiesen. E. J. Fischer[3] weist auf eine Reihe aliphatischer Amine hin, namentlich Mono- und Diisoamine, wie z. B. Isoamylamin, Diisopropylamin, Diisobutylamin, die vorzügliche Lösungsmittel für die wachsartigen Bitumenstoffe von Torfen und Kohlen seien.

Das isolierte Bitumen kann durch Schmelzpunkt, Elementaranalyse, Säurezahl, Verseifungszahl und Jodzahl charakterisiert werden. Es kann weiterhin in Verseifbares und Unverseifbares, ferner in Harz und Wachs getrennt werden. Man hat analytisch ein Bitumen A, B und neuerdings auch ein Bitumen C unterschieden.

Unter Bitumen A wird dabei das durch Extraktion im Soxlethapparat mit Benzol gewonnene Produkt verstanden, unter Bitumen B die Mehrausbeute, die sich ergibt, wenn das Material im Autoklaven

---

[1] B. **62**, 2125 (1929).

[2] Vergleichende Versuche zur Bestimmung des Bitumens in verschiedenen Apparaten hat Steinbrecher, H.: Braunkohlenarchiv **4**, 32 (1923), angestellt.

[3] Teer und Bitumen **28**, 341 (1930).

mit der 10—12fachen Menge Benzol 2 Stunden auf 250° erhitzt wird. Unter diesen Umständen kann aber zweierlei eintreten: es können Alterung oder Polymerisation der ursprünglichen Bitumenstoffe rückgängig gemacht werden, es kann aber auch bereits der Huminanteil der untersuchten Kohlen unter Bildung von Stoffen, die in organischen Lösungsmitteln löslich sind, zerfallen. Daß letzteres zumindest mit zutrifft, folgt für Braunkohlen unmittelbar aus den Versuchen von W. Fuchs und W. Stengel[1], für Steinkohlen wird es wahrscheinlich, wenn man z. B. an die hohen Ausbeuten denkt, die man mit Tetralin unter Druck erhalten kann. Das Bitumen B besteht zumindest zum Teil aus Produkten thermischer Zersetzung von ursprünglich in Benzol unlöslichen Kohlenbestandteilen. Diese Auffassung wird neuerdings auch von G. Stadnikoff geteilt.

Als Bitumen C bezeichnet Stadnikoff diejenigen Salze organischer Säuren in den Brennstoffen, deren Säuren durch Behandlung mit Salzsäure in Freiheit gesetzt und sodann mit organischen Lösungsmitteln extrahiert werden können.

Durch die übliche Methode der Bitumenbestimmung erhält man demnach ein Gemisch von Kohlenwasserstoffen, Harzen, Wachsen und anderen verhältnismäßig niedrigmolekularen Verbindungen. Die Frage, wie weit es sich dabei um unveränderte oder wenig veränderte Stoffe der Kohlenbildner oder um Produkte des Stoffwechsels von Mikroorganismen handelt, sowie die fernere Frage, wie weit sich bei stärker inkohlten Brennstoffen, vor allem in den Steinkohlen, der ursprüngliche Charakter der Bitumenstoffe verändert hat, bleibt zunächst offen.

5. Huminsäuren und Humate. Bei der Isolierung der Huminsäuren und Humate hat man jetzt vor allem die Feststellungen von W. Fuchs zu beachten, denen zufolge die Huminsäuren keineswegs immer, wie man früher glaubte, in Alkali löslich sein müssen. Es gibt vielmehr eine ganze Reihe von Huminsäuren, die mit in Alkali löslichen Gliedern beginnt und mit in Alkali unlöslichen Gliedern endet. Ob es sich hierbei um Alterung oder um Polymerisation handelt, ist zunächst gleichgültig. Nach der Definition von W. Fuchs[2] ist die Zugehörigkeit zur Gruppe der Huminsäuren vor allem durch die chemische Konstitution der auf bestimmtem natürlichen Wege entstandenen Oxycarbonsäuren bedingt. Die Huminsäuren sind nach dieser Definition eine Gruppe natürlicher Oxycarbonsäuren, die in der Natur durch Zersetzung von abgestorbenem Pflanzenmaterial als amorphe, dunkle Substanzen entstehen, Wasserstoffionen liefern und Salze bilden, welche die Fähigkeit des Basenaustausches haben.

[1] Brennstoff-Chem. **10**, 303 (1929). [2] Kolloid-Ztschr. **52**, 248 (1930).

Bei der quantitativen Bestimmung der Huminsäuren in einer gegebenen Torf- oder Braunkohlenprobe ist infolgedessen die Anwendung von Alkali nur dann am Platze, wenn eben nur die Menge der in Alkali löslichen Huminsäure bestimmt werden soll; aber auch dann ist man wegen der leichten Angreifbarkeit alkalischer Huminsäurelösungen durch Luftsauerstoff vor Fehlern nicht sicher.

Für die Zwecke der Zerlegungsanalyse kann die Bestimmung der Gesamthuminsäure, der in Alkali löslichen Huminsäure und der in Alkohol (oder Aceton bei Gegenwart von etwas Wasser) löslichen Huminsäure in Betracht kommen. Die Bestimmung der Gesamthuminsäure, und zwar sowohl der freien Huminsäure als auch der Humate erfolgt gegenwärtig wohl am besten auf Grund der Methode von W. Fuchs[1]. Die Methode ist im Kapitel Braunkohle III 5b bereits genau beschrieben worden; sie ist natürlich auch auf Torf und Steinkohle ohne weiteres anwendbar. Das Verfahren beruht auf der Beobachtung, daß Huminsäure jeder Art Acetate unter Freimachung von Essigsäure zersetzt und daß Humate ihre Metalle gegen andere austauschen können. Wassergehalt, Aschengehalt und Bitumengehalt der Proben müssen bekannt sein. Zur Huminsäurebestimmung braucht man dann zwei Proben zu je 10 g; die eine Probe wird mit essigsaurem Calcium geschüttelt und ermöglicht die Bestimmung der freien und der nicht an Kalk gebundenen Huminsäure; die andere Probe wird mit essigsaurem Natrium geschüttelt und ermöglicht die Bestimmung der an Kalk gebundenen Huminsäure. Durch Addition der drei Werte erhält man unter annähernder Kompensierung der Fehlermöglichkeiten den Betrag der Gesamthuminsäure.

Durch die Methode wird die Bestimmung in natürlichen Vorkommen ermöglicht. Wenn es sich um die Isolierung der Huminsäure in Substanz handelt, so kommt es vor allem darauf an, von welchen Stoffen die Huminsäure getrennt werden soll. Im Torf sind neben der Huminsäure meist noch so viele andere Stoffe anwesend, daß eine schematische Isolierungsmethode nicht angegeben werden kann. Man dürfte hier noch am ehesten durch mechanisches Abschlämmen und Aussondern der faserigen organisierten Pflanzenreste sich dem Ziele nähern können.

Leichter ist die Aufgabe bei gut zersetzten Weichbraunkohlen zu lösen. Hier entfernt man zuerst die Mineralstoffe durch Behandlung mit Salzsäure — dadurch werden gleichzeitig auch die Humate zersetzt —, hiernach extrahiert man die Bitumenstoffe mit Alkohol-Benzol 1:1; nach Ausführung dieser zwei harmlosen Operationen hat man ein Produkt in Händen, welches in der Hauptsache aus Huminsäure besteht.

[1] Brennstoff-Chemie 8, 337 (1927).

Die Trennung der Huminsäuren von ursprünglichen Pflanzenstoffen, besonders von unverändertem oder irgendwie verändertem Lignin („Ligninsäuren") ist schwierig. Die Tabelle 161 gibt eine Übersicht über die vorhandenen Möglichkeiten.

Tabelle 161. Trennungsmöglichkeiten von Cellulose, Lignin, Ligninsäure und Huminsäure.

Bezeichnung	Löslichkeit				
	in Alkali	in konz. Salzsäure	in Acetylbromid	in schwefl. Säure unter Druck	in Aceton nach Behandlung mit ClO_2
Cellulose . . .	0	+	+	0	0
Lignin	0	0	+	+	+
Ligninsäure . .	+	0	+	+	+
Huminsäure .	+	0	0	0	+

Handelt es sich um Zerfallsprodukte von Holz, dann kann man die vier Substanzen der Tabelle durch Bestimmung ihrer Methoxylgehalte näher charakterisieren; Cellulose enthält kein Methoxyl, Lignin enthält rund 15, Ligninsäure rund 10, Huminsäure 1—4 % OCH_3. Bei Zerfallsprodukten niederer Pflanzen besteht diese Charakterisierungsmöglichkeit nur in sehr geringem Grade.

Bei Ligniten kann man nach W. Fuchs[1] so verfahren, daß man die gesamte Huminsäure in der Probe maßanalytisch und den Ligningehalt nach saurer Hydrolyse gravimetrisch bestimmt. Man fand bei den untersuchten Ligniten Zahlen entsprechend einem Huminsäuregehalt von 10—30%. Vielleicht ist in diesen Fällen der Sachverhalt auch der, daß die ganze Substanzmenge im Laufe ihres Zerfalles und ihrer Umwandlung ganz allmählich die Eigenschaften der Huminsäure annimmt, ohne daß die Lignite mit den Huminsäuren chemisch völlig identisch würden. Mit der Trennung von Lignin und Huminsäure in den Ligniten hat sich neuerdings auch R. Oda[2] beschäftigt.

Die gewonnenen Huminsäurepräparate können von vornherein in Alkohol oder Aceton lösliche Anteile enthalten; solche Anteile können auch unter den Bedingungen der Herstellung erst entstanden sein. Soweit diese löslichen Säuren schon ursprünglich im Naturprodukt selbst vorlagen, werden sie als Hymatomelansäuren bezeichnet. Alle derartigen Säuren kann man nach W. Fuchs als Dehydrohuminsäuren zusammenfassen.

6. Die Humine. Unter den Huminen versteht man jene tiefdunklen, in Alkalien und organischen Lösungsmitteln unlöslichen Stoffe der Humussteinkohlen, welche bei gelinder Oxydation in huminsäureähnliche Stoffe übergehen und bei verstärkter Oxydation qualitativ dieselben

[1] Brennstoff-Chem. **11**, 205 (1930).
[2] Journ. Soc. chem. Ind. Japan **33**, B 302, 304 (1930).

Endprodukte liefern wie die Huminsäuren; die Humine sind von den Huminsäuren aber dadurch verschieden, daß sie keine COOH- und so gut wie keine OH-Gruppen enthalten und überhaupt keine sauere Natur zeigen. Auch die Sapropelkohlen enthalten tiefdunkle, in Alkalien und organischen Lösungsmitteln unlösliche Stoffe als Hauptbestandteil. Wenn man diese Stoffe auch als Humine betrachtet, dann hätte man eben mindestens zwei Klassen von Huminen. Die Humine der Sapropelkohlen wären dann von den Huminen der Steinkohlen dadurch unterschieden, daß sie meist merklich mehr Wasserstoff enthalten als jene und bei der gelinden Oxydation keine huminsäureähnlichen Produkte liefern.

Bei einem Kohlenstoffgehalte von etwa 90% verschwinden übrigens diese Unterschiede; der Huminanteil von Anthraziten und ähnlichen Inkohlungsprodukten enthält wenig Wasserstoff und liefert bei der gelinden Oxydation keine Huminsäuren.

Handelt es sich um die Isolierung der Humine, dann muß man derzeit sich damit begnügen, Mineralstoffe und Bitumen möglichst zu entfernen und den Rückstand als Huminanteil zu betrachten. Die Strukturforschung der Humine befindet sich trotz erkennbarer Möglichkeiten erst in den Anfängen.

Bei der quantitativen Bestimmung des Huminanteils hat man nach Entfernung von Wasser, Asche und Bitumen einen Rückstand in Händen, der außer den Huminen auch noch organisierte Pflanzenreste enthält. Die Entfernung des Bitumens geschieht nach dem Vorgange von Wheeler am besten mit Pyridin. Die Trennung von amorphen Huminen und organisierten Pflanzenresten erfolgt nach Wheelers Vorschriften in der Weise, daß man die Humine durch gelinde Oxydation in Huminsäuren verwandelt und diese „regenerierten" Huminsäuren mittels Alkali entfernt; es hinterbleiben die organisierten Pflanzenreste. Francis und Wheeler[1] bewirken die Umwandlung der Humine in Huminsäuren dadurch, daß sie Steinkohlen mehrere Tage bis Wochen am besten bei 150° mit einem feuchten Luftstrom behandeln. Nach W. Fuchs und O. Horn[2] werden die Humine der Steinkohlen durch Behandlung mit Salpetersäure der Dichte 1,4 während 30 Minuten bei 90—95° in Oxycarbonsäuren verwandelt, die durch anschließende 1stündige Behandlung mit 5n-Kalilauge bei 80° in pyridinhaltigem Wasser dispergierbar werden, während Mineralsubstanzen, organisierte Pflanzenreste, Fusitteilchen zurückbleiben.

7. Sonstige Bestandteile. Organisierte Reste der brennstoffbildenden Pflanzen sind in jüngeren Torfen in großer Menge, in manchen Braunkohlen immer noch reichlich, in den meisten Steinkohlen nicht

[1] Journ. chem. Soc. London **127**, 122, 2236 (1925).
[2] Brennstoff-Chem. **12**, 64 (1931).

in nennenswertem Betrage vorzufinden. In Torf und Braunkohle überwiegen unter den organisierten Pflanzenresten bei weitem Gebilde, die aus Cellulose und Lignin aufgebaut sind, während die Pflanzenreste der Steinkohle aus besonders resistenten Pflanzenstoffen, wie z. B. dem Sporonin u. ä. bestehen. Die morphologischen Spuren von Mikroorganismen hat man in Braunkohlen und Steinkohlen vielfach gefunden; dabei konnte es sich, wie etwa bei Sklerotien von Pilzen in Braunkohlen, um Reste von Mikroben handeln, die beim Zerfall der den Brennstoff bildenden Pflanzen beteiligt waren, oder, wie etwa bei den als Algen gedeuteten mikroskopischen Bildern, um Mikroorganismen, deren Leiber unmittelbares Material zur Kohlenbildung beigesteuert haben.

Als durch Mikroorganismen neu erzeugte Stoffe hat man z. B. die Eiweißstoffe im Torfe zu betrachten. In der Braunkohle kommen solche Stoffe kaum in Frage, in den Steinkohlen sind sie stets sehr weitgehend verändert.

Bei den Braunkohlen hat man früher die in Alkali unlöslichen Huminsäuren vielfach als Restkohle bezeichnet. Gegenwärtig scheint für diese Restkohle und für die ihr wohl ähnlich gedachten Huminsäureanhydride und Huminketone u. a. m. kein rechter Platz mehr zu sein; der Begriff wird am besten aufgegeben.

2. Die Ergebnisse der chemischen Untersuchung der Brennstoffe.

a) Unterscheidung von Torf, Braunkohle und Steinkohle.

Die allgemeinsten Resultate der Brennstoffuntersuchung finden ihren Niederschlag in den Definitionen der verschiedenen Brennstoffe. Die Definitionen von H. Strache[1] sind aus der Zusammenstellung auf S. 423 ersichtlich.

Nach dem Vorschlage von W. Gothan[2] soll die Einteilung der Brennstoffe auf Grund von petrographischen, chemischen und physikalischen Eigenschaften erfolgen; die früher erwogene Berücksichtigung des geologischen Alters wurde später fallen gelassen. E. Donath[3] weist darauf hin, daß bei der Abgrenzung von Torf und Kohlen als Merkmal der Kohlen hervorgehoben werden muß, daß sie fossil und ihre Bildung im großen ganzen als abgeschlossen zu betrachten ist; der Torf sei dagegen gewöhnlich noch im Wachstum und in der Entwicklung begriffen. Mit den Fragen der Unterscheidung von Torf, Braunkohle und Steinkohle haben sich ferner befaßt Gothan, Pietzsch

[1] Brennstoff-Chem. **3**, 312 (1922).
[2] Braunkohle **24**, 1128 (1925/1926); **25**, 315 (1926/1927).
[3] Braunkohle **25**, 315 (1926/1927).

Torf	Braunkohle	Steinkohle	Anthrazit
ist ein aus der Anhäufung und Zersetzung vorwiegend pflanzlicher Reste entstandenes			
braun bis schwarz, in grubenfeuchtem Zustand weiches, sehr wasserreiches (kolloides)	braun bis schwarz gefärbtes, kompaktes oder erdiges	schwarz gefärbtes, kompaktes oder erdiges	schwarz gefärbtes, kompaktes
organisches Gestein mit weniger als 40% anorganischen Beimengungen (bezogen auf wasserfreies Material), welches			
bedeutende Mengen von alkalilöslichen Huminsäuren	noch beträchtliche Mengen von alkalilöslichen Huminsäuren	keine beträchtlichen Mengen von alkalilöslichen Huminsäuren enthält und dessen Sauerstoffgehalt der Reinkohlensubstanz 4% übersteigt.	keine alkalilöslichen Huminsäuren enthält, dessen Sauerstoffgehalt der Reinkohlensubstanz geringer als 4% ist und das gegen chemische Reagenzien sehr widerstandsfähig ist.

und Petrascheck[1], E. Donath und A. Lissner[2], U. Springer und G. Abele[3], Pentegoff und seine Mitarbeiter[4], G. Stadnikoff in mehreren Arbeiten und seinen neueren Büchern, H. Bode[5] u. a. m.

Besonders schwierig ist manchmal die Unterscheidung alter Torfe und junger Erdbraunkohlen; ein solcher Fall liegt bei den aus der Zwischeneiszeit stammenden Ablagerungen Süddeutschlands[1] vor; diese Ablagerungen enthalten Brennstoffe, welche als diluviale Torfe oder als Schieferkohlen bezeichnet werden. Um in solchen Fällen zu Unterscheidungen zu kommen, hat man das hygroskopische Verhalten, die Adsorptionsfähigkeit, Elementarzusammensetzung, Pentosangehalt, Zersetzungs- (Vertorfungs- oder Inkohlungs-) Grad und spezifische Reaktionen auf Torf herangezogen[6, 7]. Die von Gothan, Pietzsch und Petrascheck vorgeschlagenen Unterscheidungsmerkmale für Torf und Braunkohle sind schon Seite 224 angegeben worden; danach enthält Torf viele, Braunkohle wenige oder keine faserigen Pflanzenreste, läßt sich aus bergfeuchtem Torf durch Drücken in der Faust Wasser ausquetschen, aus Braunkohle nicht, Torf ist stechbar, Braunkohle nicht. Das Zusammentreffen von wenigstens zwei dieser drei praktischen Merkmale wird verlangt.

Die Unterschiede von Braunkohle und Steinkohle faßt W. Gothan in folgenden Definitionen zusammen:

[1] Braunkohle **25,** 761 (1926/1927).
[2] Braunkohle **27,** 257 (1928).
[3] Brennstoff-Chem. **8,** 117 (1927).
[4] Nach C. **1929 II,** 816.
[5] Braunkohle **29,** 982 (1930).
[6] Brennstoff-Chem. **8,** 117 (1927).
[7] Braunkohle **27,** 257 (1928).

Braunkohlen	Steinkohlen
sind Kohlen	
von erdig-lockerer bis fester Beschaffenheit, mit glanzlosem bis glänzendem Bruch, von brauner, bei glänzendem Bruch bis schwarzer Farbe.	von fester Beschaffenheit mit glänzendem, meist würfeligem (bei Cannelkohlen u. ä. mattem und muscheligem) Bruch, von schwarzer Farbe.

Auch hier macht die Zuteilung von Übergangstypen zu der einen oder der anderen Gruppe vielfach Schwierigkeiten. Zur weiteren Unterscheidung der beiden Kohlentypen hat man besonders die Strichprobe, das schon S. 218 genau geschilderte Verhalten gegen Salpetersäure nach E. Donath sowie das Verhalten beim Behandeln mit Kalilauge herangezogen. Außer diesen drei bevorzugten Proben hat man weitere Unterscheidungsmöglichkeiten im Verhalten bei der Kalischmelze, bei der trockenen Destillation, in den Eigenschaften benzolischer Auszüge u. a. m. gefunden. Die Tabelle 162 bringt eine Übersicht über diese Dinge.

Tabelle 162. Unterscheidung von Braunkohle und Steinkohle.

Probe	Braunkohle	Steinkohle
Strichprobe	fast immer braun (die Braunkohlen von Leoben geben z. B. einen schwarzen Strich[1])	fast immer schwarz (Sapropelkohlen, Bogheadkohlen geben braunen Strich)
Kochen mit Kalilauge	dunkles Filtrat	fast farbloses Filtrat
Probe mit Salpetersäure nach E. Donath	positiv	negativ
Benzolextrakt	braungelb, nicht oder wenig fluorescierend	fluorescierend
Kalischmelze bei 200°	weitgehende Überführung in alkalilösliche Substanzen	kein nennenswertes Löslichwerden
Trockene Destillation	Entwicklung von Schwelgas schon unter 200°, wässeriges Destillat reagiert neutral oder sauer	Entwicklung von Schwelgas erst über 300°, wässeriges Destillat ammoniakalisch

Es gibt Kohlenarten, welche Umsetzungen von beiden Kohlentypen zeigen. So weisen manche Kohlen aus der Kreidezeit ein Verhalten auf, auf Grund dessen sie als Zwischentypen zu bezeichnen sind. Die Glanzbraunkohlen oder Pechkohlen möchte Donath als edle Braunkohlen oder Schwarzkohlen bezeichnen.

Es wurde bereits erwähnt, daß G. Stadnikoff Humuskohlen und Sapropelkohlen u. a. durch die Zusammensetzung des Urgases unterscheidet, welches bei der Destillation der Brennstoffe bei tiefen Temperaturen abgegeben wird. Neuerdings unterscheiden M. Dolch und K. Gieseler[2] Steinkohle und Braunkohle auf Grund der Zusammen-

[1] Vgl. Stach, E.: Kohlenpetrographisches Praktikum, S. 169. Berlin 1928.
[2] Ztschr. Oberschl. Berg- u. Hüttenmänn. Ver. **67**, 2 (1928).

setzung des Destillationsgases, welches bei der Röhrchenentgasung nach dem bereits kurz geschilderten Verfahren von H. Strache erhalten wird. Geachtet wird besonders auf die Menge des entstehenden Gases und auf seinen Gehalt an Kohlensäure, Kohlenoxyd, Methan und Wasserstoff. Die Werte werden auf 100 kg Reinkohle ohne Asche umgerechnet und ergeben folgendes: bei fortschreitendem Inkohlungsgrad sinkt die Menge an Kohlensäure von 3—5 cbm bei der Braunkohle auf weniger als 1 cbm bei der Steinkohle und steigt die Menge des Methans von 3 bis 4 cbm bei der Braunkohle auf 6—7 cbm bei der Steinkohle. Die Menge des Wasserstoffes sinkt im Gebiete der Braunkohlen von 8—4 cbm ab und steigt im Gebiete der Steinkohlen wieder stark, von 7—11 cbm an. Mit der Einschränkung, daß eine sogenannte Humuskohle vorliegt, kann man nach den Autoren auf Grund der Ergebnisse der Röhrchenentgasung den Kohlentypus bei noch unbekannten Kohlen feststellen. M. Dolch und E. Dietzel[1] warnen übrigens davor, in Grenzfällen einen rein wissenschaftlichen Standpunkt einnehmen zu wollen und empfehlen, in solchen Fällen die handelsübliche Bezeichnung entsprechend der Verwendungsmöglichkeit beizubehalten.

Man kann heute bereits versuchen, an Stelle der mehr qualitativen Aussagen unter Zuhilfenahme von Kennzahlenbestimmung und Zerlegungsanalyse die verschiedenen Kohlensorten quantitativ derart zu charakterisieren, daß dadurch auch ihre Einordnung in eine Systematik der Kohlen erleichtert wird.

Auf den Versuch von Pentegoff und Njankowskaja[2], die Brennstoffe durch das Verhältnis der Adsorptionszahl des Brennstoffes zur Adsorptionszahl seines Kokses zu kennzeichnen, sei verwiesen.

W. Fuchs[3] unterscheidet Braunkohlen und Steinkohlen auf Grund der Annahme, daß der wesentliche Bestandteil der Braunkohlen die Huminsäuren sind, während die Steinkohlen in der Hauptsache aus Huminen bestehen. Die Aufgabe, Braunkohle und Steinkohle voneinander zu unterscheiden, wird dadurch auf die Aufgabe zurückgeführt, den Gehalt einer gegebenen Kohlenprobe an Huminsäuren zu bestimmen. Auf Grund der Ergebnisse von W. Fuchs enthalten Braunkohlen mindestens 60% Huminsäuren und Humate in ihrer Trockensubstanz, Steinkohlen dagegen höchstens 5%.

In Fortsetzung dieser Versuche[4] wurde in der Bestimmung der Hydroxylzahl eine weitere quantitative Konstante zur Beschreibung der Kohlen gefunden. Zur Bestimmung der Hydroxylzahl werden die Kohlen in wässeriger Lösung mit Kalilauge behandelt oder noch besser

---

[1] Ztschr. Oberschl. Berg- u. Hüttenmänn. Ver. **68**, 118 (1929).

[2] Nach Brennstoff-Chem. **10**, 349 (1929). — Diese Verhältniszahlen liegen bei Torf und Steinkohle unterhalb, bei Braunkohle oberhalb 1, bei Anthraziten nahe 1.

[3] Brennstoff-Chem. **8**, 337 (1927). [4] Brennstoff-Chem. **9**, 198 (1928).

ähnlich der Vorgangsweise bei der Bestimmung der Verseifungszahl 30 Minuten mit alkoholischem Kali gekocht, worauf man die nichtverbrauchte Lauge zurücktitriert. Die Hydroxylzahl wird darauf zurückgeführt, daß die Kohlen neben den in den jüngsten Kohlen nach Art der Braunkohlen vorhandenen Carboxylgruppen weitere Hydroxylgruppen enthalten, die weniger sauer sind als erstere, aber besonders in alkoholischer Lösung bequem titriert werden können. Braunkohlen zeigen Hydroxylzahlen von 50—80, Pechkohlen Hydroxylzahlen von rund 20, Steinkohlen Hydroxylzahlen von 0—5.

Angaben über die Unterscheidung von Braunkohle und Steinkohle auf Grund quantitativer, durch Kennzahlenbestimmung und Zerlegungsanalyse gewonnener Daten sind nachstehender Tabelle 163 zu entnehmen.

Tabelle 163. Unterschiede von Braunkohle und Steinkohle.

	Braunkohle	Steinkohle
Bitumen	In erheblichem Betrage verseifbar	Kaum verseifbar
Huminsäuregehalt	Über 60% der Reinkohle	Unter 0,5% der Reinkohle
Gesamthydroxyl .	2—8%	Unter 0,5%
Methylierung[1] . .	Gibt Methylderivate bestimmten charakteristischen Methoxylgehaltes	Gibt keine Methylderivate
Carbonylsauerstoff	Meist 3—4%	Meist 2—3% (Anthrazit um 1%).

Für die Bestimmung anderer Funktionen, z. B. der doppelten Kohlenstoffbindung, des substituierbaren und dehydrierbaren Wasserstoffs, stehen Methoden bereit, doch fehlt es noch an Zahlenmaterial.

b) Die Unterscheidung von Humuskohlen, Sapropelkohlen und Liptobiolithen.

Außer der Unterscheidung von Braunkohle und Steinkohle kommt noch in Frage die Unterscheidung von Humuskohlen, Sapropelkohlen und Liptobiolithen. Auch hier gibt es natürlich Mischformen und, gegen die Anthrazitgruppe zu auch Übergangsformen, da bei steigendem Kohlenstoffgehalt Humussteinkohlen und Sapropelkohlen einander immer ähnlicher werden. Die Tab. 164 nach H. Potonié bringt Daten über die Reinkohlensubstanz der drei Typen.

Den Sapropelkohlen sind Liptobiolithbildungen von der Art des Pyropissits in vieler Beziehung ähnlich; derartige Bildungen werden auf Wachse und Harze höherer Pflanzen zurückgeführt, während die Sapropelkohlen besonders aus Fetten und Eiweißstoffen vornehmlich von Algen und niederen Organismen entstanden zu sein scheinen. Was die Steinkohlen der Streifenkohlengruppe betrifft, so hat man es in

[1] Vgl. Fuchs, W.: Ztschr. angew. Chem. **44**, 111 (1931). — Stach, H.: Ztschr. angew. Chem. **44**, 118 (1931).

Tabelle 164.

Geologisches Zeitalter, dem der Brennstoff entstammt	Humuskohlen C %	H %	100 H : C	Sapropelkohlen C %	H %	100 H : C	Liptobiolithe C %	H %	100 H : C
Quartär . .	50—60	5—6	10	50—57	6—7	12	72—82	7—11	12
Tertiär . .	60—75	4—6	7,5	65	8,5—9	13	64—86	5,5—11,5	12,5
Mesozoicum	76—87	4—5	5,5	69,5—76	8,5—12	14	—	—	—
Palaeozoicum	80—95	1,5—6	4	75—83	7,5—10	11	—	—	—

deren Durit vielleicht oft, aber sicher nicht immer mit einer Sapropelbildung zu tun. Der Vitrit könnte nach neueren Auffassungen ein Mischtypus sein.

Bei der Unterscheidung von Sapropelkohlen und Humuskohlen können botanische, petrographische und geologische Untersuchungen wertvolle Anhaltspunkte liefern. Die chemische Unterscheidung stützt sich besonders auf die Elementarzusammensetzung, auf die Untersuchung des Bitumens und des Huminanteils sowie auf das Verhalten der Kohle bei chemischen und thermischen Einwirkungen. Die Tab. 165 gibt eine Übersicht.

Tabelle 165. Unterscheidung von Humus- und Sapropelkohlen.

	Reine Humuskohlen	Reine Sapropelkohlen
Elementarzusammensetzung	Wasserstoffgehalt unter 6 %	Wasserstoffgehalt über 6 %
Bestandteile des Bitumens	Wachse (Braunkohlen), Harze, Kohlenwasserstoffe (Steinkohlen)	Fettsäuren und Fettsäurederivate (Bogheadkohlen)
Huminanteil	Huminsäuren (Braunkohlen), „Regenerierbare" Humine (Steinkohlen), nicht leicht regenerierbare Humine (Anthrazite)	Keine Huminsäuren, nicht leicht regenerierbare „Humine"
Ursprungssubstanzen des Huminanteils	Hauptsächlich Zellwandstoffe	Hauptsächlich Zellinhaltsstoffe
Produkte der gelinden Oxydation	Oxycarbonsäuren der Huminsäure- und Dehydrohuminsäuregruppe	Säuren anderer Gruppen, besonders Fettsäuren
Produkte der verstärkten Oxydation	Benzolcarbonsäuren, Phenole	?
Produkte der Verschwelung	Teer mit viel Phenolen	Teer mit wenig oder keinen Phenolen

c) Die chemische Zusammensetzung von Torf und Kohle.

Tab. 166 enthält eine Zusammenstellung von Durchschnittswerten nach den Ergebnissen der Kurzanalyse und der Elementaranalyse von Torfen und Kohlen.

Tabelle 166. Analysendaten fester Brennstoffe in %.

	Torf	Braunkohle	Steinkohle	Sapropelkohle	Anthrazit
Wassergehalt des grubenfeuchten Materials . .	85—90	30—60	2—15	1—6	—
Wassergehalt des lufttrockenen Materials . .	15—25	10—15	1—2	—	—
Koksrückstand	28—35	30—50	60—90	20—50	über 90
C-Gehalt der Reinkohle .	50—60	60—65 (Pechkohlen 75 u. mehr)	75—90	76—82	92—96
H-Gehalt der Reinkohle .	5—7	5—6	4—6	8—11	2—3
O-Gehalt der Reinkohle .	30—40	20—30	4—15	8—12	2—3
N-Gehalt der Reinkohle .	1—4	0,4—2,5	0,4—2	0,6—1,2	0,7—0,5
S-Gehalt	0,2—2	0,1—3	0,3—2	0,6—3	0,4—0,8

Der Wassergehalt nimmt vom Torf über Braunkohle und Steinkohle zum Anthrazit steil ab. Neuerdings haben D. J. W. Kreulen und B. L. Ongkiehong[1] den Gehalt von kolloid gebundenem Wasser in Torf und Kohlen verschiedenen Inkohlungsgrades untersucht und dabei besonders auf die absolute Größe der Poren in den Brennstoffen geachtet. Die erhaltenen Werte deuten auf eine kolloide Struktur der untersuchten Proben hin. In den Steinkohlen ist das gebundene Wasser im allgemeinen in Poren von kleinerem Capillarradius anwesend als in den Braunkohlen.

Der Gehalt der Brennstoffe an flüchtiger Substanz nimmt in der Reihe Torf, Braunkohle, Steinkohle und Anthrazit gleichfalls stark ab; die Sapropelkohlen fallen, wie man sieht, aus dieser Reihe heraus.

Aus den Elementaranalysen kann man gleichfalls eine Inkohlungsreihe konstruieren, die vom Torf über die Braunkohlen zu den Steinkohlen und weiter zum Anthrazit führt. Als Ausgangspunkt dieser Reihe kann man die Zusammensetzung von rezentem Pflanzenmaterial betrachten, während als Endpunkt der Inkohlung der Graphit aufgefaßt werden kann. Ohne Zwang ist eine solche Reihe aber doch nicht zu konstruieren, da eben infolge der Verschiedenheiten des Ausgangsmaterials, der primären Zersetzung und der weiteren Umwandlungen viele Wege zu dem Endpunkt führen und anthrazitähnliche Stadien sowohl aus der Inkohlung von Humuskohlen als auch aus der Inkohlung von Sapropelkohlen und Mischformen hervorgehen können.

Der Stickstoffgehalt der Kohlen schwankt sehr. Sapropelkohlen und Sapropelbestandteile sind stickstoffreicher als die Substanz der reinen Humuskohlen. Der Schwefel der Kohlen kann anorganischen Beimengungen, den Eiweißstoffen der Pflanzen oder tierischem Eiweiß

[1] Brennstoff-Chem. **10**, 317 (1929); die Autoren weisen auf eine Arbeit von L. Leigh Fermor (Fuel **8**, 16 [1929]) hin, der den Vitrit als ein kolloides System des Sol- und Geltypus auffaßt.

entstammen. Torf ist meist außerordentlich arm an Schwefel, dagegen enthalten die Braunkohlen vielfach eine erhebliche Menge Schwefel, ein Umstand, der für Feuerungszwecke unangenehm ist. Deutsche Steinkohlen haben meist einen Schwefelgehalt von 1—2%. Besonders hoch ist der Schwefelgehalt der Arsakohle von Istrien, welcher gegen 8% beträgt. Die südeuropäischen Kohlenvorkommen sind überhaupt reich an Schwefel.

D. Wieluch[1] hat den Begriff des Kohlenindex aufgestellt, der eine scharfe Klassifikation der Produkte der Inkohlung ermöglichen soll. M. Dolch, E. Pöchmüller und K. Büche[2] haben kürzlich den Kohlungsindex als eine für mancherlei Zwecke brauchbare Kennziffer des Inkohlungszustandes bezeichnet. Der Kohlungsindex von Wieluch wird auf Grund nachstehender Formel berechnet:

$$\text{Kohlungsindex } K = 1 - \frac{2{,}1\,O + 42\,H + 3\,N}{7\,C}.$$

Für C, H, N und O sind die bei der Analyse erhaltenen Werte einzusetzen. Für rezentes Material hat der Kohlungsindex nach Wieluch negative Werte bis 0,0; er steigt sodann vom Werte 0,0 für rezente Pflanzengewebe bis zum Werte 1,00 für Graphit an. Torf, Bitumina und Humusstoffe haben Kohlungsindices von 0,02—0,36, Braunkohlen solche von 0,38—0,50, Steinkohlen solche von 0,50—0,98.

Eine besondere theoretische Ableitung einer solchen Formel zu geben erscheint kaum erforderlich. Wieluch ging bei der Aufstellung des Kohlungsindex von Darlegungen aus, die er als molekular-theoretische Betrachtungen zur Kohlentheorie und als stereo-chemische Inkohlungstheorie bezeichnet. Danach sollen die Produkte der Inkohlung zu einer Gruppe sogenannter halborganischer Substanzen gehören, welche dunkel, amorph, schwerflüchtig usw. sind. Diese besonderen Eigenschaften der halborganischen Stoffe werden darauf zurückgeführt, daß in den Molekülen der betreffenden Substanzen andere Kohlenstoffbindungen anzutreffen sind als bei den sonst aus der organischen Chemie bekannten Verbindungen. Es wird also die Annahme einer besonders gearteten Kohlenstoffbindung in den halborganischen Stoffen gemacht; diese wird als anorganische Bindung bezeichnet und als Trägerin und eigentliche Ursache der fraglichen Eigenschaften hingestellt. Diese von Wieluch angenommenen anorganischen Kohlenstoffbildungen sollen in dem nach den Röntgendiagrammen zu konstruierenden Raumgitter des Graphits ersichtlich sein. Die Inkohlungsprodukte gleichen sich an die überaus stabile Struktur des Graphits mehr oder weniger an. Zwischen graphitoider Anordnung und aromatischer Bindungsweise besteht nach

[1] Ztschr. Oberschles. Berg- u. Hüttenmänn. Ver. **66**, 2, 455, 478 (1927); **67**, 149 (1928).

[2] Ztschr. Oberschles. Berg- u. Hüttenmänn. Ver. **69**, 582 (1930).

Wieluch ein großer Unterschied. Bei der graphitoiden Bindungsweise soll jedes Kohlenstoffatom auf vollkommen regelrechte und eindeutige Art mit vier anderen Kohlenstoffatomen, darunter mit zwei außerhalb des Ringes befindlichen stabil verbunden sein. Die letzteren Bindungen sollen gerade die sogenannten anorganischen Bindungen sein und den Anschluß des Graphits an die hydroaromatischen, nicht an die aromatischen Verbindungen ungezwungen ermöglichen. Zu diesen Auffassungen kann außer dem schon früher[1] gesagten noch folgendes bemerkt werden. Die Graphitstruktur ist heute vollkommen aufgeklärt. Im Graphit betragen die Abstände nächst benachbarter Atome in der Basisebene 1,45 Å, während senkrecht dazu der kleinste Abstand zweier Atome 3,3 Å beträgt. Es liegt ein Schichten- oder Netzgitter vor, welches in der Ebene durch normale chemische Hauptvalenzen, senkrecht dazu durch Nebenvalenzen, durch van der Waalssche Kräfte zusammengehalten wird[2]. Für Annahmen nach Art der von Wieluch gemachten besteht gegenwärtig keine Möglichkeit.

Zur Aufstellung eines Kohlungsindex von praktischer Brauchbarkeit scheinen derartige Annahmen allerdings auch nicht nötig zu sein.

Ausgehend von den Ergebnissen der Elementaranalysen hat H. Apfelbeck[3] ein kontinuierliches, graphisch dargestelltes System entwickelt, in welchem der Platz jeder Kohle als Funktion ihrer chemischen Zusammensetzung auch bereits Kenntnis über ihre physikalischen Eigenschaften und das erreichte Stadium des Inkohlungsprozesses geben soll. Hierauf wird im Schlußabsatz über die Systematik der Kohlen noch zurückgekommen.

Es ist fraglich, ob die Ergebnisse von Kurzanalyse und Elementaranalyse genügen können, um eine brauchbare Systematik der Kohlen zu entwickeln. Eine ausreichende Kenntnis der einzelnen Kohlen gewährleisten sie jedenfalls noch nicht. In dieser Hinsicht hat der Ausbau der Kennzahlenbestimmung und der Zerlegungsanalyse zu Fortschritten geführt.

Tab. 167 enthält eine Zusammenstellung über Kennzahlen von Torf und Kohle.

Für die Bestimmung von Doppelbindungen, substituierbarem und dehydrierbarem Wasserstoff und anderen Funktionen stehen Methoden bereit, doch fehlt es noch an experimentellen Daten für die verschiedenen Brennstoffe.

Die Zerlegung der organischen Substanz von Torf und Kohle in

---

[1] Vgl. Fuchs, W.: Brennstoff-Chem. 8, 173 (1927).

[2] Vgl. Meyer, K. H., u. H. Mark: Der Aufbau der hochpolymeren organischen Naturstoffe, S. 7, 13, 19, 38. Leipzig 1930.

[3] Entstehung, Veredelung und Verwertung der Kohle. S. 40. Berlin 1930.

Tabelle 167. Kennzahlen der Humuskohlen in %.

	Torf	Braunkohle	Steinkohle	Anthrazit
Methoxylgehalt	1,3—3,5	0,5—5 (Lignite[1] 6—10)	0—08	0
OH-Gehalt . .	2—5	8—2	Spur bis 0,1	0
CO-Gehalt . . .	1—3	3—4	2—3	1
COOH-Gehalt .	4—6	10—1	0—0.2 (in Sapropelkohlen mehr)	0

einzelne Stoffgruppen hat folgende angenäherte Durchschnittswerte ergeben:

Tabelle 168.

	Torf	Braunkohle	Steinkohle	Sapropelkohle	Anthrazit
Ursprüngliche Zellwandstoffe (Cellulose, Lignin usw.)	50—10%	10—0%	Spuren (Sporonin u. ä.)	?	0
Zellinhaltstoffe (besonders durch Mikroorganismen erzeugte Stoffe wie Eiweiß, Fett usw.)	bis 20%	?	nicht unverwandelt	nicht unverwandelt	0
Bitumenstoffe	1—10 %	5—10 %	1—5 %	1—10 %	0
Huminsäuren und Humate	25 - 50 %	60—80 % (stark abnehmend beim Übergang in Glanzkohlen)	bis 5 %	0	0
Humine	0	?	90—95 %	90—95 %	über 95 %
Organisierte Pflanzenreste	bis 50 %	bis 10 %	meist unter 1%	meist unter 1%	unter 0,1 %
Amorphe Substanzen	bis 90 %	bis 95 %	bis 99 %	bis 99 %	bis 100%

Von den ursprünglichen Zellwandstoffen ist die Cellulose im Torf wohl immer, in der Braunkohle besonders in den Ligniten[1] nachweisbar; das gleiche gilt für Lignin, obwohl dieser Pflanzenstoff beim Absterben und Zerfall der Pflanzen sehr bald Veränderungen erleidet. Von den durch Mikroorganismen neu erzeugten Stoffen machen sich die Eiweißstoffe bei der Analyse der Torfe besonders bemerkbar. Die stickstoff- und schwefelhaltigen Bestandteile der Kohle sind zu einem beträchtlichen Teile auf Eiweißstoffe zurückzuführen. Die Fette dürften bei der Entstehung der Sapropelkohlen eine wichtige Rolle gespielt haben

[1] Holzähnliche Überreste der Braunkohlenbildner; da in England und Amerika unter „lignite“ Braunkohlen überhaupt verstanden werden, wäre es vorteilhaft, unseren Ausdruck „Lignite“ nach dem Vorschlage von Seyler durch den Ausdruck „Xylite“ zu ersetzen. — Vgl. Gothan, Braunkohle **30**, 232 (1931).

und sind vielleicht auch am Aufbau der Streifenkohlen nicht ganz unbeteiligt.

Ob und inwieweit die Bitumenstoffe von Torf und Braunkohle zu den ursprünglichen Stoffen zu zählen sind, ist noch nicht ganz geklärt. Bei Torfen und jüngeren Braunkohlen dürften aber wahrscheinlich doch wenigstens Anteile der in organischen Lösungsmitteln löslichen Substanzen ursprünglich vorhanden oder vielleicht auch von Mikroorganismen erzeugt sein. Bei stärker inkohlten Produkten haben nachträgliche Umwandlungen den ursprünglichen Charakter der Bitumenstoffe weitgehend verändert.

Die Huminsäuren des Torfes und der Braunkohlen sind einander recht ähnlich und chemisch sicherlich auch mit den Huminen der Steinkohlen nahe verwandt. Was man in den Sapropelkohlen als Humine bezeichnen kann, ist von den Huminen der Humussteinkohlen aber doch merklich verschieden. Der Huminanteil der Anthrazite nähert sich im Charakter bereits dem Graphit.

Die geformten Bestandteile (organisierten Pflanzenreste) nehmen vom Torf zum Anthrazit steil ab. Das gleiche gilt in großen Zügen für die in organischen Lösungsmitteln löslichen Bitumenstoffe. Die Huminsäuren nehmen zuerst zu, dann wieder ab, der am stärksten inkohlte Huminanteil nimmt ständig zu. Auch nach den Angaben der Tab. 168 erscheint es verlockend, eine Inkohlungsreihe zu bilden. Die genaue Durchsicht des Materials zeigt aber, daß die Verhältnisse nicht ganz einfach „gradlinig" betrachtet werden können.

Die Verhältnisse bei den Steinkohlen werden besonders durch die Existenz der Gefügebestandteile verwickelt. Die Gefügebestandteile Vitrit oder „Glanzkohle", Durit oder „Mattkohle", und Fusit oder „Faserkohle" sind ihrerseits wieder aus Bitumenstoffen, Huminen und organisierten Pflanzenresten aufgebaut. Ihre Zusammensetzung und relative Menge ändert sich sowohl von Flöz zu Flöz als auch in den einzelnen Flözen mit der Tiefe. Insbesondere nimmt im Ruhrgebiet nach E. Stach[1] der Mattkohlengehalt vom Hangenden zum Liegenden hin ab; die Ursache dieser Erscheinung wird besonders in dem Fortschreiten des Inkohlungsvorganges mit der Tiefe erblickt. Durch den Inkohlungsvorgang wird nach der Auffassung von E. Stach „das Bild der Mattkohle immer stärker verwischt".

Für den Chemiker sind die Gefügebestandteile ebenso wie die Kohlen selbst Gemische. Die chemische Zerlegung der Kohlen und ihre Gefügebestandteile liefert als chemisch charakterisierte Gruppen außer den Resten ursprünglicher Pflanzenstoffe vor allem Bitumenstoffe, Huminsäuren und Humine.

[1] Glückauf **66**, 1465 (1930).

3. Chemie der Bestandteile der festen Brennstoffe.

a) Bitumenstoffe.

In allen Brennstofflagern findet man mechanisch abgetrennt von der eigentlichen Brennstoffmasse in besonderen Schichten des Lagers oder in einzelnen Fundstücken im Lager selbst, im Hangenden oder im Liegenden, organische Mineralien, die vielfach dem durch Lösungsmittel aus der homogenen Brennstoffmasse extrahierbaren Harzanteil der Bitumenstoffe chemisch nahestehen. Solche Stoffe sind zum Teil als Retenderivate erkannt worden. Vielfach haben sie mineralogische Namen bekommen, von denen eine Anzahl in den Abschnitten II 3b, III 4a und IV 5a erwähnt worden sind. Zusammenstellungen über diese Dinge finden sich bei Hinrichsen und Taczak[1] und bei R. Wigginton[2], einzelne Angaben bei Bamberger und Strasser[3], L. H. James[4], K. A. Bedson[5], A. Soltys[6], W. Fuchs und G. Landsmann[7], H. Winter[8] und in der an den zitierten Stellen angegebenen sonstigen Literatur. Die fossilen Harze der Torf- und Braunkohlenlager haben im allgemeinen etwas niedrigere Kohlenstoffgehalte und höhere Wasserstoffgehalte als die gleichartigen Fundstücke der Steinkohlenlager.

Die durch schonende Extraktion mit Lösungsmitteln der homogenen Brennstoffmasse entzogenen Bitumenstoffe sind braun bis schwarz gefärbte Substanzen, Gemische, die durch Schmelzpunkt, Elementarzusammensetzung und Kennzahlen vorläufig charakterisiert werden können. Tab. 169 bringt eine Zusammenstellung derartiger Daten. Anthrazit enthält kein extrahierbares Bitumen.

Tabelle 169. Charakteristik der Bitumina.

	Torf	Braunkohle	Steinkohle	Bogheadkohle
Schmelzpunkt . . °C	70—110	70—80 (manchmal bis 100)	80—100 (und höher)	60—80
C . . . . %	70—72	77—80	80—85	77—79
H . . . . %	8—10	9—12	6—9	9—12
Säurezahl	35—80	10—70	bis 40	60—70
Verseifungszahl . . .	60—200	40—260	bis 40	100—150
Jodzahl	15—30	15—40	meist über 100	12—22
Unverseifbar	meist wenig in Einzelfällen bis 50%	wenig bis 40%	zum größeren Teil	meist wenig
Verhältnis von Wachs und Harz	oft rund 1:1	wechselnd	Harz vorhanden, Wachs fraglich	wenig Harz, Wachs zumindest oft fehlend

[1] Die Chemie der Kohle, S. 93. Leipzig 1916. [2] Fuel **5**, 476 (1926).
[3] B. **22**, 3361 (1898). [4] Journ. Soc. chem. Ind. **44**, T 241 (1925).
[5] Ind. engin. Chem. **17**, 21 (1925). [6] Monatsh. **53/54**, 175 (1930).
[7] B. **60**, 246 (1927). [8] Glückauf **65**, 1405 (1929).

Die Menge des Bitumens nimmt im allgemeinen vom Torf und von der Braunkohle zur Sapropelkohle und besonders zur Steinkohle stark ab. Das Bitumen von Torf und Braunkohle enthält besonders Wachse, das der Steinkohle besonders Harze. Sporonin, Pollenin und ähnliche widerstandsfähige Substanzen der Sporenwände werden auf Grund der neueren Untersuchungen von F. Zetzsche wohl besser den Harzen als den Wachsen zugezählt. Es handelt sich um vorwiegend cyclisch gebaute Stoffe mit 90 C-Atomen.

Aus den Rohgemischen, die das zuerst gewonnene Bitumen darstellt, hat man weiterhin Verbindungen herausholen können, welche für die einzelnen Brennstoffklassen recht charakteristisch sind. Es handelt sich dabei um niedere und höhere aliphatische Säuren, aliphatische Alkohole, hydroaromatische Alkohole, aliphatische, hydroaromatische und aromatische Kohlenwasserstoffe u. a. m. Tab. 170 bringt eine Übersicht.

Im Torf scheinen dieselben charakteristischen Säuren der Montansäuregruppe vorzukommen, die in der Braunkohle nachgewiesen sind. Im Gegensatz zu den besonders aus Harzen und Wachsen bestehenden Bitumenstoffen der Humusbraunkohlen enthält nach G. Stadnikoff das Bitumen der Sapropelit- oder Bogheadkohlen besonders Fettsäuren, Fettsäureanhydride und deren Umwandlungsprodukte. Ganz neuerdings haben B. Klimow, W. Lanin und B. Iwanow Angaben gemacht, denen zufolge Wachse von Säuren der Montansäuregruppe im Sapropel enthalten sind[1].

Die Genannten erhielten aus dem Sapropel von Tolpolow durch Extraktion mit Alkohol-Benzol 1 : 1 4,8% Extrakt. Durch Behandlung mit kaltem und heißem Alkohol wurde das extrahierte Bitumen in drei Fraktionen zerlegt, von denen die erste, 38,5% der Ausbeute, in kaltem Alkohol, die zweite, 44,6 % der Ausbeute, nur in heißem Alkohol löslich war, während der Rest als dritte Fraktion unlöslich blieb. Die zweite und dritte Fraktion wurde verseift. Die gewonnenen Säuren wurden in Ätylester übergeführt und die Ester durch fraktionierte Destillation getrennt. Aus den Estern konnten nach Überführung in Kaliumsalze und mehrfacher fraktionierter Krystallisation der freien Säuren drei Säuren, $C_{27}H_{54}O_2$ vom Schmelzpunkt 80,5°, $C_{28}H_{56}O_2$ vom Schmelzpunkt 81,5° und $C_{29}H_{58}O_2$ vom Schmelzpunkt 83,0° gewonnen werden. Aus dem unverseifbaren Anteil wurden die beiden Alkohole $C_{36}H_{74}O$ (Schmelzpunkt 83°, Schmelzpunkt des Acetates 68°) und $C_{30}H_{62}O$ (Schmelzpunkt 68°, Schmelzpunkt des Acetates 54°) isoliert. Das Bitumen des Sapropels von Tolpolow steht demnach dem Braunkohlenbitumen nahe.

---

[1] Nach C. **1930 II**, 3878.

Tabelle 170. Chemische Bestandteile der Bitumina.

	Torf	Braunkohle	Steinkohle	Sapropelkohle
Niedere aliphatische Säuren	+	—	—	+ (Stadnikoff)
Höhere aliphatische Säuren	Säuren der Montansäuregruppe (Ryan und Dillon)	Säuren der Montansäuregruppe: C_{25}, C_{27}, C_{29}, C_{31} (Tropsch) oder ähnliche Säuren der geradzahligen Reihe (Holde)	Spuren von Fettsäuren (Cockram und Wheeler)	Säuren der Montansäuregruppe? (Klimow, Lanin, Iwanow)
Oxysäuren	+	+	Spuren	?
Aliphatische Alkohole	+	Tetrakosanol, Alkohol $C_{32}H_{66}O$, Ceryl-, Myricylalkohol (Pschorr, Pfaff und Berndt, Tropsch u. Dilthey)	—	+ (Klimow, Lanin, Iwanow)
Hydroaromatische Alkohole	Sterine	Sterine in geringen Mengen	+ (Pictet)	—
Phenole	—	—	+ (Cockram und Wheeler)	—
Paraffine (und Olefine)	+	+	+ (Jones u. Wheeler, Hofmann u. Damm, Berl u. Schildwächter)	+
Hydroaromatische Kohlenwasserstoffe	?	+ (Ruhemann)	+ (Pictet, Hofmann, Berl)	?
Aromatische Kohlenwasserstoffe	—	—	Geringe Mengen	?
Hydroaromatische Verbindungen m. cyclisch. O	?	+ (Ruhemann)	Unverseifbare Harze mit Brückensauerstoff	?
Sonstige Substanzen	—	—	Basen	Fettsäureanhydride u. ä.

Auf diese Weise würden die Bitumina von Torf, Braunkohle und Sapropelkohlen miteinander verknüpft erscheinen. Anderseits gibt es auch Beziehungen in der Reihe der Humuskohlen vom Torf zur Braunkohle und Steinkohle.

Die Verschiedenheiten des Bitumens von Braunkohle und Steinkohle hat schon H. Potonié[1] durch Abstammung von verschiedenen Floren zu erklären versucht. C. Engler und J. Tausz[2] haben in erster Linie einen verschiedenen Polymerisationsgrad für die Verschiedenheiten der beiden Bitumina verantwortlich gemacht. Sie verweisen auf die Erhöhung der Ausbeute an löslichen Bitumenstoffen durch Erhitzung von Steinkohlen mit Lösungsmitteln auf höhere Temperatur, beziehen sich auf Versuche von A. Kronstein[3], denen zufolge allgemein bis zur völligen Erhärtung vorgeschrittene Polymerisationsprodukte beim Erhitzen niedermolekulare Substanzen liefern und schließen, daß alle schwerlöslichen fossilen Bitumina, welche durch Erhitzen mehr oder weniger löslich werden, durch Polymerisation entstandene Naturprodukte sind. Nach der Auffassung von Engler und Tausz werden Harze, Fette und Wachse zunächst durch Wasser verseift. Die Säuren werden durch Abspaltung von Kohlensäure und wahrscheinlich auch Wasser weiter umgewandelt, wobei gesättigte und ungesättigte zur Polymerisation neigende Kohlenwasserstoffe entstehen können.

In qualitativer Hinsicht ist jedenfalls das Bitumen bei jüngeren Braunkohlen durch den Gehalt an Wachsen, bei Steinkohlen vor allem durch den Gehalt an Kohlenwasserstoffen besonders gekennzeichnet. In quantitativer Hinsicht fällt die starke Abnahme des Gehaltes an Bitumen auf, wenn man von den Braunkohlen zu den Steinkohlen übergeht. Die Untersuchung von Zwischenformen hat daher besonderes Interesse.

G. Stadnikoff[4] hat das Bitumen der alten russischen Braunkohlen aus dem Carbon untersucht. Dieses Bitumen enthält kein Montanwachs und ist auch äußerlich dem mitteldeutschen Bitumen nicht ähnlich. Sein Schmelzpunkt beträgt 165—170°, seine Elementarzusammensetzung 72,5% C und 7,5% H, die Säurezahl ist 86, die Verseifungszahl 150, die Jodzahl 87. Nach der Annahme von Stadnikoff hat das ursprüngliche Bitumen dieser Kohle einen Polymerisationsprozeß erlitten, aber dabei seine Carboxylgruppen nicht verloren. Nach W. Schneider[5] nimmt auch das Bitumen der böhmischen Braunkohle eine Zwischenstellung zwischen den mitteldeutschen Braunkohlen und den Steinkohlen ein.

[1] Die Entstehung der Steinkohle, 5. Aufl., S. 191. Berlin 1910.
[2] Ztschr. angew. Chem. **34**, 308 (1921). [3] B. **35**, 4150 (1902).
[4] Entstehung von Kohle und Erdöl, S. 115. Stuttgart 1930.
[5] Abh. Kohle **3**, 150 (1918).

Das Bitumen der Moskauer Steinkohle betrug etwas über 3% der Kohlensubstanz. Es schmolz von 120—135°, bestand aus 72,1% C und 7,7% H, hatte die Säurezahl 60, die Verseifungszahl 141 und die Jodzahl 86. Dieses Bitumen bestand zu 12% aus Wachs, zum größten Teil aus Harz und enthielt auch Kohlenwasserstoffe. Es nimmt nach Stadnikoff eine Mittelstellung zwischen dem Bitumen der Braunkohlen und dem Bitumen der paläozoischen Steinkohlen ein.

Die qualitativen Verschiedenheiten zwischen Braunkohlenbitumen und Steinkohlenbitumen kann man demnach auf folgende Umstände zurückführen:

1. Verschiedenheiten der ursprünglichen Pflanzenstoffe. Die Flora der Steinkohlenzeit hat wohl auch Wachse und Harze enthalten; ob diese aber mit den Wachsen und Harzen der Braunkohlenbildner übereinstimmten, ist nicht sicher.

2. Sekundäre Umwandlungen ursprünglich gleichartiger Pflanzenstoffe durch Kohlensäureabspaltung, Wasserabspaltung, Polymerisation u. a. m.

3. Sekundäre Bildung, besonders von Kohlenwasserstoffen aus dem ursprünglichen Huminanteil durch Vorgänge ähnlich denen bei der Entstehung des sogenannten Bitumens B.

Die starke quantitative Abnahme des Bitumengehaltes in der Reihe Braunkohle, Steinkohle, Anthrazit kann auf das Fortschreiten des Inkohlungsprozesses zurückgeführt werden. Für die Steinkohlen scheinen übrigens verschiedene wenigstens zum Teil stickstoffhaltige Substanzen charakteristisch zu sein, die gewissermaßen zwischen Bitumen und Huminanteil stehen, für die Verkokungseigenschaften wichtig und nicht ohne weiteres in organischen Lösungsmitteln löslich sind.

Nach F. Fischer, H. Broche und J. Strauch[1] steigt bei steigendem Inkohlungsgrade der Kohlen deren Gehalt an Ölbitumen, während gleichzeitig die relative Menge des Festbitumens abnimmt und der Zersetzungspunkt des letzteren (in den untersuchten Beispielen von 176° auf über 360°) ansteigt. Es handelt sich hierbei um Bitumen B.

Die steigende Polymerisation des Bitumens läßt sich in manchen Fällen auf Grund der stark angestiegenen Schmelzpunkte bei gleichzeitigem starken Rückgang von Säurezahl und Verseifungszahl erkennen. H. Winter[2] fand für Harz aus der geologisch jungen Steinkohle von Mukden einen Schmelzpunkt von 208°. H. K. Benson[3] untersuchte Harz, das sich in einer besonderen Schicht von 1,25—2,5 cm Stärke im Bergwerk von New Castle im Staate Washington fand. Dieses Harz schmolz (im zugeschmolzenen Rohr, Bad von Natriumnitrat)

[1] Brennstoff-Chem. **5**, 299 (1924).
[2] Glückauf **65**, 1405 (1929).
[3] Ind. engin. Chem. **17**, 21 (1925).

bei 395—402°, hatte eine Säurezahl 5,3, eine Verseifungszahl 8,3 und eine Jodzahl 281—312. Benson betrachtet dieses Harz als ein Gemisch von Resenen, welche sich aus ursprünglichen einfachen Harzen gebildet hätten.

Die Bestandteile der Steinkohle, welche besonders bei der Bildung des gebackenen Kokses mitwirken, sind bei hoher Temperatur schmelzbar, aber in organischen Lösungsmitteln nicht ohne weiteres löslich. Bei diesen Stoffen kann es sich um Produkte der Alterung (im weitesten Sinne) ursprünglicher Wachse und Harze handeln, ferner um Umwandlungsprodukte von Fetten und Eiweißkörpern. Bei den Stoffen, welche man durch Erhitzen mit Lösungsmitteln auf höhere Temperatur in Lösung bringen kann, kann es sich sowohl um Depolymerisationsprodukte beider Stoffgruppen handeln als auch um Abbauprodukte des Huminanteils.

Bei fortschreitendem Inkohlungsprozeß gehen alle Bitumenstoffe unter Verlust von Wasserstoff und Sauerstoff in unschmelzbare und unlösliche, immer stärker kohlenartige Substanzen über und nähern sich schließlich dem Endzustande der Inkohlung, dem Graphit[1].

b) Huminsäuren[2].

Die Huminsäuren, die aus verschiedenartigem Material, wie Moder, Torf oder Braunkohle gewonnen werden, sind einander sehr ähnlich. Es sind dunkle, amorphe, unschmelzbare Substanzen von saurem Charakter, die bei der trockenen Destillation viel Kohlensäure, aber fast keinen Teer geben.

Ihre Reindarstellung ist schwierig. Bei Anwendung von Alkalilauge zur Isolierung der Huminsäuren sind Veränderungen meist wahrscheinlich. Bei gut zersetzten Braunkohlen mag Entbituminierung und Entaschung fürs erste genügen, um brauchbare Präparate zu erhalten. Andererseits wird man oft nicht ohne Überführung der Huminsäuren in wasserlösliche Salze auskommen. Vielleicht bietet hier die Umwandlung der Huminsäuren in Alkalisalze durch Behandeln mit alkoholischer Acetatlösung und das nachherige Aufnehmen dieser Salze mit Wasser einen bisher noch nicht begangenen Weg.

Die bisher untersuchten Huminsäurepräparate waren sicherlich in keinem Falle im strengsten Sinne des Wortes einheitlich und rein. Es lagen in ihnen zweifellos stets Mischungen nahe verwandter Substanzen vor, die noch verschiedene Beimengungen anderer Art, darunter Mineralstoffe sowie stickstoff- und schwefelhaltige Substanzen enthielten.

Manche Huminsäuren enthalten Anteile, die in Wasser löslich sind,

---

[1] Vgl. z. B. S. 388.

[2] Fuchs, W.: Huminsäuren, Sammelreferat. Kolloid-Ztschr. **52**, 248, 350 (1930); **53**, 124 (1930).

Fulvosäuren genannt, sowie Anteile, die in Alkohol oder auch Aceton löslich sind, Hymatomelansäuren genannt. Vielfach sind Huminsäuren in Pyridin löslich. Die Löslichkeit in Alkali kann auch nicht als allgemeines Kriterium gelten. Zur Zerlegung der Huminsäurepräparate in einzelne Anteile stehen also Wasser sowie Alkohol und Aceton zur Verfügung. Weitere Zerlegungsmöglichkeiten hat man in der Behandlung der Präparate mit Phenol oder mit schwefliger Säure gesucht. Bei den leichtlöslichen Anteilen dürfte es sich häufig wohl um Produkte einer gelinden Oxydation handeln, die entweder schon in der Natur eintrat oder durch die Bedingungen der Isolierungen erfolgte. In manchen Fällen ist es auch schwer zu sagen, ob die Dispergierungsmöglichkeiten auf chemische oder physikalische Verhältnisse zurückzuführen sind. Jedenfalls kann man als Huminsäuren im engeren Sinne am besten die in organischen Lösungsmitteln unlöslichen Huminsäuren zusammenfassen.

Zur Reinigung der Huminsäurepräparate von den mineralischen Beimengungen, von Stickstoff und Schwefel kann man die Elektroosmose benutzen[1]. Die Trocknung zur Analyse soll möglichst vorsichtig unterhalb 80° erfolgen[2]. Tab. 171 enthält die im Buche verstreuten Analysendaten.

Tabelle 171. Zusammensetzung natürlicher Huminsäuren in %.

Nr.	Bezeichnung	C	H	O	N	S
1	Huminsäure aus Eichenmoder[3]	60,6	3 7	34,9	0,9	—
2	Torfhuminsäure (Merck)[4]	58,6	4,9	—	3,6	—
3	Huminsäure aus Wellmitzer Kohle[5]	56,3	3,9	38 0	1,0	0,8
		54,2	4,0	41,9	0,0	0,0
4	Huminsäure aus Niederlausitzer Kohle[6]	59,6	3,3	—	—	—
		60.2	3,9	—	—	—
5	Huminsäure aus Kasseler Braunkohle[7]	59,5	4,5	—	1,0	—
6	Huminsäure aus Rheinischer Braunkohle[7]	62.3	4.7	—	—	—
7	Huminsäure aus Mitteldeutscher Braunkohle[7]	64,1	6,2	—	—	—

[1] Biesalsky und Berger: Braunkohle **23**, 197 (1924/1925).

[2] Eller, W., u. A. Schöppach: Brennstoff-Chem. **7**, 19 (1926). — Nach der eben zitierten Arbeit von Biesalsky und Berger betrifft die Kohlensäureabspaltung bei z. B. 70° adsorbierte Kohlensäure. — Nach A. Brandl: Brennstoff-Chem. **9**, 89 (1928), wurde wiederholt gezeigt, daß Humusstoffe schon bei der Herstellung durch das Alkali und durch bloßes Liegen an der Luft so stark verändert werden, daß ein allzu ängstliches Vermeiden hoher Temperaturen überflüssig erscheint, solange nicht Methoden gefunden werden, Humusstoffe unter völliger Schonung zu gewinnen.

[3] Brandl: Brennstoff-Chem. **9**, 89 (1928).

[4] Stadnikoff u. Korschew: Kolloid-Ztschr. **47**, 136 (1929).

[5] Biesalsky u. Berger: Braunkohle **23**, 197 (1924/1925).

[6] Eller u. Schöppach: Brennstoff-Chem. **7**, 19 (1926).

[7] Fuchs u. Horn: Brennstoff-Chem. **11**, 372 (1930).

Reine Huminsäuren enthalten weder Stickstoff noch Schwefel. Dies gilt natürlich nicht für Huminsäuren, welche aus Eiweiß entstanden sind. Offenbar gibt es nicht etwa eine einzige Huminsäure, sondern eine ganze Gruppe von solchen. Die Unterschiede zwischen den einzelnen Vertretern dieser Gruppe schon in der Elementarzusammensetzung können auf folgende Ursachen zurückgeführt werden:

1. die Unterschiede im biologischen Ausgangsmaterial,
2. die Unterschiede im Zersetzungsprozeß des Ausgangsmaterials,
3. verschiedener Grad der Polymerisation unter Wasserabspaltung, Kohlensäureabspaltung u. dgl.,
4. verschiedener Reduktionsgrad der Huminsäuren, bzw. sekundäre Oxydation.

Die Molekulargröße von Huminsäuren aus Torf fand Odén auf Grund von Leitfähigkeitsmessungen und potentiometrischen Messungen zu etwa 1400. Durch direkte Messung des osmotischen Druckes der Ammoniumsalze von Huminsäuren verschiedener jugoslawischer Braunkohlen fanden M. Samec und Pirkmaier[1] Molekulargewichte von 1235—1445. Bei allen diesen Präparaten handelte es sich um Huminsäuren, die in Alkali löslich sind.

Aus Untersuchungen über die konstituierenden Gruppen und über das Verhalten bei der Oxydation hat sich ergeben, daß zur Gruppe der Huminsäuren nicht nur alkalilösliche Substanzen gehören, sondern auch solche, die sich nicht oder nicht ohne weiteres in Alkali lösen. In den Präparaten Nr. 6 und 7 der Tab. 171 liegen alkaliunlösliche Huminsäuren vor. „Derartige Huminsäuren verraten ihre Gruppenzugehörigkeit u. a. dadurch, daß sie durch erschöpfende Methylierung als Oxycarbonsäuren zu erkennen sind, ferner dadurch, daß sie auch ohne merklich in Lösung zu gehen, aus Acetaten Essigsäure frei machen und daß auch ihre praktisch unlöslichen Alkalisalze die Fähigkeit des Basenaustausches zeigen“. Bei solchen Präparaten kann man es mit Alterungserscheinungen, aber auch mit chemischer Kondensation unter Vervielfachung der Molekulargröße zu tun haben. Im einzelnen weiß man aber nichts Genaues.

Wendet man auf die Huminsäurepräparate die Methoden der Gruppenbestimmung an, so kann man in den meisten Methoxylgruppen, wohl in allen Carboxyl- und Hydroxylgruppen, ferner Carbonylgruppen, cyclisch gebundenen Sauerstoff, doppelte Kohlenstoffbindungen, Methylenwasserstoff, substituierbaren und dehydrierbaren Wasserstoff mehr oder weniger sicher nachweisen.

Der Methoxylgehalt ist manchmal sehr gering. In vielen Fällen beträgt er aber 2—4%, was auf eine Methoxylgruppe in einem Molekül

[1] Kolloid-Ztschr. **51**, 96 (1930).

von 1000—1500 stimmt. Das Verhältnis von COOH- und phenolischen OH-Gruppen wechselt; wie es scheint derart, daß die Menge des Phenolhydroxyls vielfach annähernd die gleiche ist, während die Zahl der Carboxylgruppen mit fortschreitender Alterung oder Kondensation abnimmt. Immerhin kann man für eine ideale „durchschnittliche Huminsäure" unter Zugrundelegung eines Molekulargewichtes von 1400 zu der bereits mitgeteilten Tabelle von S. 205 kommen, welche unsere Kenntnisse über die Atomfunktionen der Huminsäure zusammenfaßt.

Weitere Aufschlüsse über die Struktur der Huminsäuren haben die von zahlreichen Forschern ausgeführten Umsetzungs- und Abbauversuche erbracht. Tab. 172 enthält eine kurze Übersicht über die bisher angewendeten Methoden.

Tabelle 172. **Methoden des Abbaus der Huminsäure.**

Medium	Oxydation	Reduktion	Hydrolyse	Sonstige Einwirkungen
neutral	Luft, Sauerstoff, Ozon; Halogene in org. Lösungsmitteln; Stickstofftetroxyd in Petroläther; Aktivinlösung; reduzierbare Salze wie Ferricyankalium, Ammoniummolybdat u. a.	Wasserstoff	Wasser	trockene Destillation, Zinkstaubdestillation
sauer	Ozon und Eisessig; Schwefelsäure, Salpetersäure, Chromsäure; salpetrige Säure; Chlordioxyd; Kaliumchlorat und Salzsäure	Metalle (wie Zinkstaub) u. Säuren; Jodwasserstoffsäure, Jodwasserstoffsäure und roter Phosphor	Mineralsäuren	—
alkalisch	Luft, Sauerstoff und Alkali; Kaliumpermanganat; alkalische Metallsalzlösungen (Fehlings Lösung); alkalische Halogenlösungen	Metalle (wie Zinkstaub) und Alkali	Wässerige Alkalien, Alkoholate	Erhitzen mit Kalk; Kalischmelze

Die wichtigsten Ergebnisse haben bisher von den in der Tab. 172 angeführten Umsetzungen die Untersuchungen über die Oxydation der Huminsäuren geliefert. In den letzten Jahren[1] ist erkannt worden, daß man mit Hilfe der allerverschiedensten Oxydationsmittel, wenn die Oxydation nur vorsichtig geleitet wird, im wesentlichen gleichartige Oxydationsprodukte erhält. Je nach ihrem Reduktionsgrad geben die Huminsäuren unmittelbar oder nach Durchschreitung von Zwischen-

[1] Fuchs, W.: Ztschr. angew. Chem. **41**, 851 (1928).

stufen Substanzen, die als primäre Oxydationsprodukte gelten können. Diese primären Oxydationsprodukte unterscheiden sich von den Ausgangsstoffen dadurch, daß sie ähnlich den natürlichen Hymatomelansäuren in organischen Lösungsmitteln wie Alkohol und besonders Aceton (bei Gegenwart von etwas Wasser) löslich sind. Sie stehen im übrigen den ursprünglichen Huminsäuren noch sehr nahe, wie die Ergebnisse von Elementaranalyse, Molekulargewichtsbestimmungen, Gruppenbestimmungen und Methylierungen zeigen. Durch ihre Löslichkeit in Aceton kann man mit ihnen in günstigen Fällen Molekulargewichtsbestimmungen durch Siedepunktserhöhung in diesem Lösungsmittel ausführen. Auch Molekulargewichtsbestimmungen durch Gefrierpunktserniedrigung in Acetophenon kämen in Frage.

Man kann die primären Oxydationsprodukte der Huminsäuren einschließlich der durch verdünnte Salpetersäure erhältlichen meist fälschlich sogenannten Nitrohuminsäuren mit den natürlichen Hymatomelansäuren und den bei der Behandlung von Huminsäuren mit Alkali entstehenden alkohollöslichen Huminsäuren in eine einzige Klasse der Dehydrohuminsäuren zusammenfassen. Man kann sich dabei auf folgende Tatsachen stützen. K. Berlin[1] erhielt durch Oxydation mit Wasserstoffsuperoxyd und Kaliumpermanganat aus der Huminsäure der Wellmitzer Braunkohle, die 66,4% C und 3,9% H hatte, ein alkohollösliches Präparat mit 66,2% C und 3,8% H. Bei nichtveröffentlichten Versuchen, bei denen verschiedene Huminsäuren aus Braunkohlen mit wässeriger Aktivinlösung behandelt worden waren, ergab sich, daß man bei gewissen Huminsäuren, etwa vom Charakter der Huminsäuren der Kasseler Braunkohle, schon bei einem Sauerstoffverbrauche von 2—4 Atomen O auf 1400 g ein sehr weitgehendes Löslichwerden der Präparate erzielte. Präparativ ist es allerdings nicht ganz leicht, die Oxydation der leicht angreifbaren Huminsäuren so zu leiten und zu stoppen, daß nur quantitative Bildung des Primärproduktes ohne weiteren Angriff auf dieses erzielt wird. Das Äquivalentgewicht der in Alkohol unlöslichen Huminsäure fanden Odén[2] und andere Forscher[3] zu 320—350, das Äquivalentgewicht von Hymatomelansäure fand Odén[4] zu 190—200. Nach unveröffentlichten Versuchen von W. Fuchs erhält man durch Titration mit alkoholischem KOH für die Huminsäuren ein Äquivalentgewicht von rund 200, für ihre primäre Oxydationsprodukte ein solches von rund 120.

[1] Dissertation. Jena 1926. [2] Die Huminsäuren S. 86, 87, 89.

[3] Ehrenberg u. Bahr: Journ. Landw. **61**, 427 (1913). — Fuchs, F.: Chem.-Ztg. **44**, 551 (1920). — Biesalsky u. Berger: Braunkohle **23**, 197 (1924/1925), fanden Werte von 220—260.

[4] Die Huminsäuren, S. 110. Ein Äquivalentgewicht von 160—170 fanden Francis und Wheeler: Journ. chem. Soc. London **127**, 2293 (1915) für eine sogenannte regenerierte Huminsäure aus Steinkohle.

Die mit verdünnter Salpetersäure erhaltenen Produkte konnten als solche und in Form erschöpfend methylierter Derivate durch Elementaranalyse, Molekulargewichtsbestimmungen und Gruppenbestimmungen näher charakterisiert werden. Es handelt sich bei ihnen um Oxycarbonsäuren, die in den untersuchten Fällen 3—4 phenolische OH-Gruppen, 4 COOH-Gruppen, 1 CH_2CO-Gruppe, ferner 1—2 cyclisch gebundene Sauerstoffatome in einem Molekül von etwa 1400 hatten. Die Auffassung dieser Präparate als Dehydrohuminsäuren kann sich vor allem darauf stützen, daß sie auch bei annähernd gleicher Molekulargröße, ferner bei annähernd gleicher Anzahl von COOH- und OH-Gruppen im Molekül doch erheblich stärker sauer sind, erheblich kleinere Äquivalentgewichte geben, als die in organischen Lösungsmitteln unlöslichen Huminsäuren. Diese und andere Tatsachen führten zu der Deutung, daß der stärker saure Charakter der primären Oxydationsprodukte durch Vorgänge ähnlich dem bei der Überführung von Cyclohexanol in Phenol bewirkt wurde, daß also eine Dehydrierung das Wesentliche der primären Oxydation ist.

Eine besondere Oxydationserscheinung ist die als Autoxydation bezeichnete und von H. Schrader[1] eingehend studierte Aufnahme von Luftsauerstoff durch alkalische Huminsäurelösungen. Diese Art der Oxydation kann bis zur völligen Aufhellung der Huminsäurelösungen und zu weitgehendem Abbau führen. Mit der Oxydation von Huminsäuren in alkalisch reagierenden Lösungen mag zumindest in manchen Fällen, wenn nicht immer, das Auftreten von Hymatomelansäuren zusammenhängen. Hymatomelansäuren aus jugoslawischen Braunkohlen hatten nach den Messungen des osmotischen Druckes durch Samec und Pirkmaier[2] Molekulargewichte von 639—855. Die auch hierher gehörigen Präparate von Thiessen und Engelder[3] ergaben bei der Siedepunktserhöhung in Aceton Werte von 800—1000.

Beim energischen Abbau der Huminsäuren mit Hilfe von Oxydationsmitteln erhält man auf den verschiedensten Wegen letzten Endes dieselben Abbauprodukte. Auf dem Wege über eine Reihe von Zwischenprodukten, die man als Dehydrohuminsäuren immer kleineren Molekulargewichtes auffassen könnte, bekommt man schließlich als letzte Bausteine des Huminsäuremoleküls Benzolcarbonsäuren und Phenole in die Hand. Tab. 173 gibt eine Übersicht über die Verhältnisse.

Die Versuche über die Reduktion der Huminsäuren haben bisher keine für die Konstitutionsforschung bemerkenswerten Resultate ergeben. Bei der Hydrolyse etwa mit starken Mineralsäuren wurden geringe Mengen von einfachen Säuren wie Ameisensäure und Essigsäure erhalten, während die Hauptmenge des Materials unhydrolysiert blieb; ein Zeichen dafür, daß überwiegend festgefügte Kohlenstoffbindungen

[1] Brennstoff-Chem. **3**, 161, 181 (1922). [2] Kolloid-Ztschr. **51**, 96 (1930).
[3] Ind. engin. Chem. **22**, 1131 (1930).

Tabelle 173. Übersicht über die Oxydation der Huminsäure.

Bezeichnung	Formel (z. T. hypothetisch)	Molekulargröße	Einzelne Gruppen	Stammkörper	Bemerkung
Huminsäure	$C_{69}H_{52}O_{30}$	ca. 1400 (?)	$(OH)_4$ $(COOH)_4$	?	Unlöslich in org. Lösungsmitteln. Methylierbar
Dehydrohuminsäure	$C_{67}H_{48}O_{30}$	ca. 1300—1460	$(OH)_4$ $(COOH)_4$ $(CH_2 \cdot CO)$	?	Löslich in Aceton. Methylierbar
Zwischenkörper	$C_{15}H_{14}O_{12}$	400 (bis 800 ?)	$(COOH)_5$ (CO) >O<	$C_{10}H_9O_2$	Löslich in Äther. Methylierbar. Methylderivat im Hochvakuum destilierbar
Benzol-Carbonsäuren	$C_6H_5 \cdot COOH$ bis $C_6(COOH)_6$	122—342	$(COOH)_{1-6}$	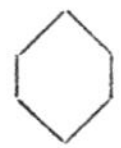	Löslich in Äther. Methylierbar. Methylderivat im Hochvakuum destilllierbar
Nitrophenole	$C_6H_2OH\ (NO_2)_3$	229	$(OH)_{1-2}$		Löslich in Äther. Als Acridinsalz fällbar
Sonstige Abbauprodukte	$H \cdot COOH$, $CH_3 \cdot COOH$ $COOH \cdot COOH$, $COOH \cdot CH_2 \cdot CH_2 \cdot COOH$	46—118	(COOH)	C—C—C—C	

das Molekül aufbauen. Bei manchen Umsetzungen scheinen auch geringe Mengen von Furanderivaten aufzutreten. Beim Erhitzen mit wässerigem Alkali unter Druck und ebenso auch bei der Kalischmelze hat man als charakteristische Abbauprodukte verschiedene Oxycarbonsäuren aus der m-Reihe der Benzolkörper erhalten. Bei der trockenen Destillation entsteht ein kohlensäurereiches Gas sowie ein wässeriges Destillat, welches etwas Brenzcatechin enthält. Eine nennenswerte Menge Teer bildet sich nicht.

Auf Grund aller bisher vorliegenden Tatsachen hat W. Fuchs[1] ein Strukturbild für die Huminsäure aufzustellen versucht. Als eigentliches Bauelement dieser Formel wird der Komplex I angenommen. Durch zweifache Zusammenfügung dieses Komplexes kommt man zum Strukturbild II. In den Huminsäuren liegen Substanzen vor, in deren Molekül ein Komplex nach Art von I doppelt oder noch öfter verknüpft angenommen werden kann. Diese Komplexe können als stöchiometrische Moleküle angesehen werden, welche bei Gruppenbestimmungen, bei Abbauversuchen usw. in Erscheinung treten und welche im Falle der alkalilöslichen und acetonlöslichen Säuren wohl auch die wahren Moleküle in der Größenordnung richtig wiedergeben. Bei den in Alkali unlöslichen Huminsäuren mag es sich aber auch um noch viel größere Moleküle handeln.

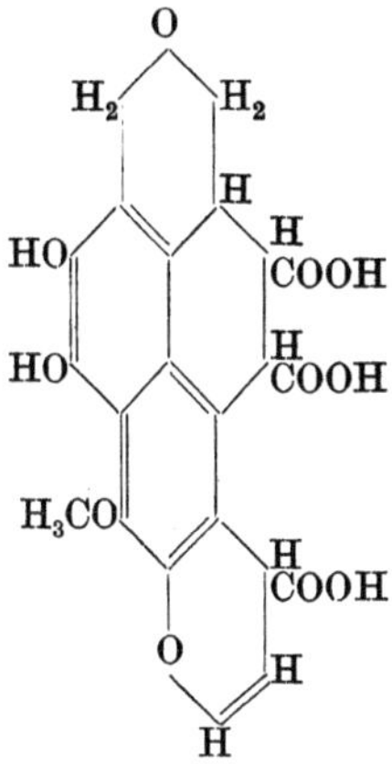

I

⟶ II

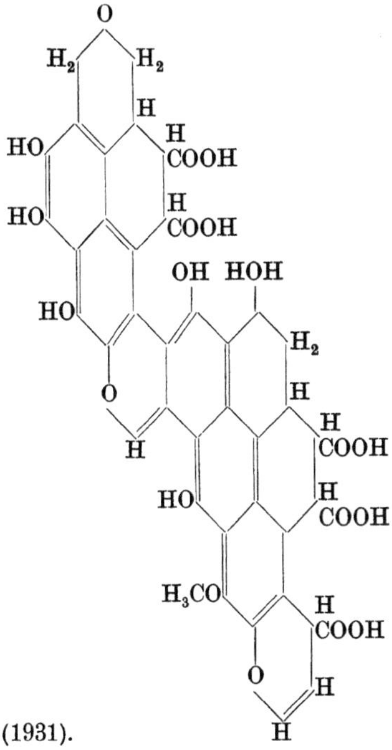

[1] Ztschr. angew. Chem. **44**, 111 (1931).

Das Strukturbild II entspricht der Formel $C_{44}H_{32}O_{20}$ und dem Molekulargewicht 880. Wird der Komplex I nochmals eingefügt, dann erhält man ein Molekül etwa der Formel $C_{66}H_{48}O_{30}$, was der in Tab. 173 angeführten Dehydrohuminsäure entspricht. Nach dieser Formel ergibt sich ein Molekulargewicht von 1330, welches sowohl in den in Aceton als auch in den nur in Alkali löslichen Säuren angenommen werden darf. Das Schema II läßt natürlich in den Einzelheiten die mannigfachsten Änderungen zu. Es bietet aber auch die Möglichkeit, über immer stärker polymerisierte und reduzierte Abkömmlinge von I zur Struktur der Humine und schließlich zur Struktur des Graphits zu kommen.

Sinn und Berechtigung von Formeln und Strukturbildern sind bei amorphen Substanzen nach Art der Huminsäuren natürlich anders zu beurteilen als bei krystallisierten Substanzen. Daß Formeln nur die knappste Zusammenfassung der Analysenergebnisse bedeuten, wurde bereits bemerkt. Auch das Strukturbild darf nicht mit der Strukturformel einheitlicher, krystallisierter Verbindungen verglichen werden. Es gibt einfach die ungefähre Anordnung der Atome im stöchiometrischen Molekül der Huminsäuren wieder, d. h. eine Atomgruppierung, auf welche man die Analysendaten, das chemische Verhalten und die Ergebnisse des Abbaus in gleicher Weise zurückführen kann.

Bei der Konstitutionserforschung der Huminsäuren mit physikalischen Methoden wird man in Zukunft besonders löslichen Präparaten besondere Aufmerksamkeit schenken dürfen. Für die unlöslichen, amorphen Produkte müssen Methoden noch ausgebaut bzw. auch erst gefunden werden.

Häufig hat man versucht, das Problem der Konstitution der Huminsäuren auf synthetischem Wege zu lösen. In diesem Sinne hat man vielfach im Laboratorium erhaltene dunkle, amorphe, in Alkali lösliche Produkte mit natürlichen Huminsäuren zu identifizieren versucht.

Tab. 174 enthält eine Zusammenstellung der Angaben der Literatur betreffend die Humifizierung von Kohlehydraten.

Nach den Ergebnissen dieser zahlreichen Untersuchungen können Kohlehydrate durch energische Einwirkungen im Laboratorium in guter Ausbeute in huminähnliche, in schlechter Ausbeute in huminsäureähnliche Stoffe verwandelt werden. Als Stammsubstanzen kommen bei diesen Laboratoriumsversuchen, auch wenn man z. B. von Cellulose ausgeht, wohl stets nur einfache Zucker, wie Glucose, in Frage; Substanzen also, die in der Natur der Aufzehrung durch Mikroben kaum entgehen können.

Für die Entstehung der natürlichen Huminsäuren können schon aus diesem Grunde Kohlehydrate zumindest nicht in der Regel als Ausgangsmaterial in Frage kommen. Eine andere Frage ist es aber, ob die künstlichen Huminsäuren aus Kohlehydraten den natürlichen nicht konstitutionell nahe stehen. Eine solche Möglichkeit hat nichts Überraschendes, wenn man bedenkt, auf wieviel und wie verschiedenen Wegen im Laboratorium und in der Natur die gleichen Produkte erhalten werden können. Natürliche Huminsäuren und künstliche Huminsäuren aus Kohlenhydraten zeigen gewisse Ähnlichkeiten und gewisse Unterschiede. Eine Untersuchung mit präzisen Fragestellungen hinsichtlich der konstituierenden Gruppen, der Salze und Methylderivate, der Molekulargröße, des Verhaltens bei der gelinden und bei der verstärkten Oxydation wäre erwünscht, steht aber noch aus.

W. Eller[1] hat den Versuch gemacht, die natürlichen Huminsäuren mit dunklen, sauren, amorphen Produkten zu identifizieren, die von ihm und seinen Mitarbeitern durch Oxydation von Phenolen gewonnen werden konnten. Durch Behandlung von Hydrochinon, Pyrogallol und zahlreichen anderen Phenolen in alkalischer Lösung mit Kaliumpersulfat oder Wasserstoffperoxyd wurden huminsäureähnliche Produkte erhalten, die besonders durch Elementaranalyse, ferner durch das Verhalten gegen Salpetersäure und gegen Chlor charakterisiert und mit künstlichen Huminsäuren aus Kohlehydraten sowie mit natürlichen Huminsäuren aus Braunkohlen verglichen wurden.

Eller unterscheidet vier Gruppen von Phenolhuminsäuren. Für die Elementarzusammensetzung dieser vier Gruppen, einer natürlichen Huminsäure und einer Huminsäure aus Zucker gibt Eller die Werte der Tab. 175 an.

Die äußeren Eigenschaften der drei Klassen sind annähernd gleich. Es sind braune, amorphe, unschmelzbare Substanzen, die bei hoher Temperatur unter Funkenregen versprühen. Von etwa 80° an tritt Zersetzung unter Abspaltung von Kohlensäure und Wasser ein. Die Löslichkeit der natürlichen und der Phenolhuminsäuren bezeichnete Eller als untereinander völlig gleich und als abweichend von den Kohlehydrat-Huminsäuren. Letztere sollen auch nicht wie die natürlichen nach Befeuchtung mit Alkali an der Luft die Erscheinung der Autoxydation zeigen. Mit Phenylhydrazin-Carbamat entwickeln nur die natürlichen und die Phenolhuminsäuren Stickstoff.

Im Verhalten gegen Salpetersäure scheinen keine bemerkenswerten Unterschiede zu bestehen. Merklich verschieden sind die Chlorderivate der drei Klassen. Ihre Zusammensetzung wird in Tab. 176 angegeben.

---

[1] Eller, W., u. Mitarbeiter: B. **53**, 1469 (1920). Brennstoff-Chem. **2**, 138 (1921); **7**, 19 (1926). Liebigs Ann. **431**, 141, 150 (1923).

Tabelle 174. Literaturangaben über die Humifizierung von Kohlehydraten.

Nr.	Autor	Stelle	Material	Reagens	Temp. °	Reaktionszeit Std.	Ausbeute %	Alkalilöslichkeit
1	Conrad u. Gutzeit	Ber. Dtsch. chem. Ges. **18**, 440 (1885)	Rohrzucker	HCl 9—10 %	100	17	20	keine Angabe
2	Conrad u. Gutzeit	Ber. Dtsch. chem. Ges. **19**, 2576 (1886)	Glucose	HCl 9—10 %	100	17	9,5	—
3	Conrad u. Gutzeit	Ber. Dtsch. chem. Ges. **19**, 2576 (1886)	Fructose	HCl 9—10 %	100	17	20	—
4	Conrad u. Gutzeit	Ber. Dtsch. chem. Ges. **19**, 2576 (1886)	Galaktose	HCl 9—10 %	100	17	16	—
5	Conrad u. Gutzeit	Ber. Dtsch. chem. Ges. **19**, 2576 (1886)	Arabinose	HCl 9—10 %	100	17	41	—
6	Conrad u. Gutzeit	Ber. Dtsch. chem. Ges. **19**, 2576 (1886)	Milchzucker	HCl 9—10 %	100	17	18	—
7	Berthelot	Compt. rend. Acad. Scienc. **112**, 918 (1891)	Rohrzucker	konz. HCl	100	—	15,6	20 % davon löslich
8	Berthelot	Compt. rend. Acad. Scienc. **123**, 573 (1896)	Glucose	HCl 6,15 %	100	28	2,6	nicht angegeben
9	Berthelot	Compt. rend. Acad. Scienc. **123**, 573 (1896)	Glucose	HCl 12,3 %	100	28	8,5	nicht angegeben
10	Berthelot	Compt. rend. Acad. Scienc. **123**, 578 (1896)	Glucose	konz. HCl	100	24	54,3	unlöslich
11	Berthelot	Compt. rend. Acad. Scienc. **123**, 573 (1896)	Glucose	konz. HCl	100	55	89,0	unlöslich
12	Berthelot	Compt. rend. Acad. Scienc. **123**, 573 (1896)	Glucose	H_2SO_4 8,5 %	100	28	1,4	keine Angabe
13	Berthelot	Compt. rend. Acad. Scienc. **123**, 573 (1896)	Glucose	H_3PO_4 9,4 %	100	28	0,07	—
14	Berthelot	Compt. rend. Acad. Scienc. **123**, 573 (1896)	Glucose	H_3PO_4 28 %	100	28	0,8	—
15	Berthelot	Compt. rend. Acad. Scienc. **123**, 571 (1896)	Glucose	H_3PO_4 etwa 50 %	100	115	16,9	—
16	Berthelot	Compt. rend. Acad. Scienc. **123**, 571 (1896)	Glucose	H_3PO_4 etwa 50 %	100	168	23,1	—
17	Berthelot	Compt. rend. Acad. Scienc. **123**, 571 (1896)	Glucose	H_3PO_4 etwa 50 %	100	644	23,6	—
18	Berthelot	Compt. rend. Acad. Scienc. **123**, 577 (1896)	Fructose	H_3PO_4 28 %	120	475	14,7	—
19	Berthelot	Compt. rend. Acad. Scienc. **123**, 578 (1896)	Fructose	konz. HCl	100	24	56,4	—
20	Berthelot	Compt. rend. Acad. Scienc. **123**, 577 (1896)	Maltose	H_3PO_4 28 %	120	475	9,4	—
21	Berthelot	Compt. rend. Acad. Scienc. **123**, 578 (1896)	Maltose	HCl 12,5 %	100	24	7,1	—

22	Berthelot	Compt. rend. Acad. Scienc. **123**, 578 (1896)	Maltose	konz. HCl	100	24	54,7	—
23	Stamberger	Hönig-Festschr., S. 109 (1923)	Stärke	konz. HCl	100	17	20	wenig löslich
24	Eller	Liebigs Ann. **431**, 174 (1923)	Glucose	Schwefelsäure 50 %	70	5	2	in frisch gefälltem Zustande löslich
25	Eller	Liebigs Ann. **431**, 145 (1923)	Rohrzucker	Schwefelsäure 40 %	65	3	3	in frisch gefälltem Zustande löslich
26	Eller	Liebigs Ann. **431**, 148 (1923)	Milchzucker	Schwefelsäure 40 %	65	3	10,5	in frisch gefälltem Zustande löslich
27	Eller u. Saenger	Liebigs Ann. **431**, 148 (1923)	Cellulose	konz. Schwefelsäure	70	1	20	in frisch gefälltem Zustande löslich
28	Marcusson	Ztschr. angew. Chem. **37**, 918 (1924)	Cellulose (Watte)	Neutralöl, dann 10 prozentige Natronlauge	200—250 200	4 —	„beträchtlich“ —	löslich praktisch unlöslich
29	Schwalbe u. Schepp	Ber. Dtsch. chem. Ges. **57**, 321 (1924)	Holzzellstoff	ges. $ZnCl_2$-Lsg	125	—	—	—
30	Schwalbe u. Schepp	Ber. Dtsch. chem. Ges. **57**, 321 (1924)	Holzzellstoff	$MgCl_2$-Schmelze	100	—	—	praktisch unlöslich
31	Schwalbe u. Schepp	Ber. Dtsch. chem. Ges. **57**, 321 (1924)	Holzzellstoff	Glycerin + Na_2SO_4	135	—	0	—
32	Schwalbe u. Schepp	Ber. Dtsch. chem. Ges. **57**, 321 (1924)	Holzzellstoff	$MgCl_2$-Schmelze	100	20	—	praktisch unlöslich
33	Schwalbe u. Schepp	Ber. Dtsch. chem. Ges. **57**, 320 (1924)	Holzzellstoff	„Kaliendlauge“	150—180	12	55,0	praktisch unlöslich
34	Schwalbe u. Schepp	Ber. Dtsch. chem. Ges. **58**, 2501 (1925)	Glucose	Oxalsäure 2 %	130	6	—	löslich
35	Burian	Brennstoff-Chem. **6**, 52 (1925)	Cellulose (Watte)	Druckerhitzung mit Kalilauge	—	—	—	größtenteils löslich
36	Marcusson	Ztschr. angew. Chem. **38**, 339 (1925)	„Oxycellulose“	Natronlauge 1 %, dann Einengen mit HCl	100	2	—	löslich
37	Fuchs u. Leopold	Brennstoff-Chem. **8**, 73, 101 (1927)	Stärke	HCl 10 %	100	62	10	0,6 % löslich
38	Erdenbrecher	Dtsche Zuckerind. **53**, 996 (1928)	Melasse	Druckerhitzung mit Wasser	190	—	—	—
39	Bergius	Die Naturwiss. **16**, 1 (1928)	Cellulose	Wasser	200—340	b. zu 230	bis zu 60	—
40	Berl u. Schmidt	Liebigs Ann. **461**, 219 (1928)	Cellulose	Wasser	200—350	6	bis zu 44	bis zu 11 %
41	Fuchs	Brennstoff-Chem. **9**, 401 (1928)	„Oxycellulose“ nach 36	4 mal wie bei 36	100	17	6	löslich
42	Fuchs	Brennstoff-Chem. **9**, 402 (1928)	Glucose	Natronlauge von 1%, dann Eindampfen mit HCl bis zur Trockne	100	—	bis 9,5	löslich

Anmerkung: Die Temperaturangabe von 100° bedeutet in den meisten Fällen Kochen unter Atmosphärendruck. — Ausbeuteangaben fehlen vielfach in der Originalliteratur, ebenso Angaben über die Löslichkeit in Alkali.

Tabelle 175. Zusammensetzung von Huminsäuren nach Eller.

Bezeichnung	% C	% H
Natürliche Huminsäure	59,6—60,2	3,3—3,4
Huminsäure aus Hydrochinon usw.	58,1	3,2
Huminsäure aus Pyrogallol usw.	56,5	2,4
Huminsäure aus Salicylsäure usw.	57,3	3,0
Huminsäure aus Resorcin usw.	59,0—61,9	2,8—3,5
Huminsäure aus Kohlehydraten	60,4	5,1

Es enthalten demnach die Chlorderivate der Phenolhuminsäuren und der natürlichen Huminsäuren 42—44% Chlor, die der Kohlehydrat-Huminsäuren 23% Chlor. Die Chlorderivate der natürlichen und der Phenolhuminsäuren sind in Alkohol, Äther, Phenol und Essigsäure leicht löslich, die Chlorderivate der Kohlehydrat-Huminsäuren sind in Alkohol nur unvollständig, in den anderen genannten Lösungsmitteln unlöslich. Das Chlorderivat der Kohlehydrat-Huminsäure ist beim Kochen mit Wasser und gegen kalte Kalilauge beständig, die beiden anderen erleiden unter diesen Umständen Zersetzung.

Tabelle 176.

Chlorderivat	% C	% H	% Cl
Natürliche Huminsäure	30,1	1,5	44,5
Huminsäure aus Hydrochinon	33,1	1,7	42,3
Huminsäure aus Kohlehydraten	40,5	3,4	22,8

Nach H. Erdtmann[1] haben die Bariumsalze künstlicher Huminsäuren nach Eller denselben Bariumgehalt von 24% wie die Bariumsalze von Hymatomelansäuren. Huminsaures Barium enthalte dagegen 30% Barium. Nach H. Heimann[2] verhalten sich synthetische und natürliche Huminsäuren in bezug auf Basenbindung und Basenaustausch gleich. Nach G. Stadnikoff und Korschew[3] verhalten sich in dieser Hinsicht natürliche Huminsäuren aus Torf ganz anders als die Huminsäure aus Kohlehydraten nach Kawamura[4].

Die synthetische Herstellung von Huminsäuren aus Furanderivaten hat J. Marcusson[5] behandelt; nach seiner Meinung besitzen Huminsäuren und Kohlen eine Furanstruktur. Bei Behandlung von Furanderivaten mit konzentrierter Salzsäure entstehen Humine, die bei der Kalischmelze Huminsäuren ergeben. E. Schmidt und M. Atterer[6] oxydierten Furfurol, Humin aus Furfurol, Huminsäure, erhalten durch Kalischmelze des Humins aus Furfurol, ferner Huminsäuren aus Rohrzucker, aus Traubenzucker, aus Sphagnumtorf, aus Hydrochinon, aus Pyrogallol, sowie aus Mercks Huminsäure mit Chlordioxyd. Furfurol lieferte mehr als 80% seines Gewichtes an Maleinsäure, Humin aus

[1] C. **1926 II**, 2065.
[2] Brennstoff-Chem. **10**, 301 (1929).
[3] Kolloid-Ztschr. **47**, 136 (1929).
[4] Journ. physical Chem. **30**, 1364 (1926).
[5] B. **58**, 869 (1925).
[6] B. **60**, 1671 (1927).

Furfurol etwa 40%, die Huminsäure aus diesem Humin 25%, die übrigen Substanzen 7—11% der genannten Säure. Die Autoren ziehen den Schluß, daß zwischen Furfurolhumin und Furfurolhuminsäure einerseits, den Huminsäuren aus Kohlehydraten, Phenolen und Torf andererseits ein struktureller Unterschied besteht.

Man hat humin- und huminsäure-ähnliche Stoffe auch bei der Hydrolyse von Eiweißverbindungen beobachtet und sie in diesen Fällen auf Zersetzungen der Eiweißbausteine Tyrosin und Tryptophan zurückgeführt[1]. Nach manchen Auffassungen wirken bei der Humifizierung von Eiweiß Substanzen mit Aldehydgruppen immer mit. Insbesondere sollen durch Kondensation von Aminosäuren mit Zuckern huminsäureähnliche Substanzen, Maillards[2] Melanoidine, entstehen. Huminsäuren mit vermutlich heterocyclisch gebundenem Stickstoff können übrigens nach den Untersuchungen von W. Fuchs und H. Leopold[3] auch durch Einwirkung von Ammoniak auf ursprünglich stickstofffreie Huminsäuren entstehen. Doch sind die aus Eiweiß erhältlichen Huminsäuren chemisch bisher noch mangelhafter charakterisiert als die anderen Gruppen der künstlichen Huminsäuren.

Bei definierten, krystallisierten organischen Naturprodukten pflegt man die Aufklärung der Konstitution erst mit der Durchführung einer Synthese für abgeschlossen zu halten, wofern die Synthese zu einem strukturell eindeutigen Produkt führt und wofern die Identifizierung des synthetischen Produktes mit dem Naturprodukt einwandfrei möglich ist.

Gegenwärtig weiß man aber, daß die Huminsäuren eine ganze große Gruppe chemisch nahe verwandter Substanzen umfassen, das Wort Huminsäure also nur als Sammelbegriff zu verstehen ist. Bei allen Huminsäuren dürfte sich um cyclisch gebaute Oxycarbonsäuren mit Carbonyl- und Ringsauerstoff-Funktionen handeln, die sich im einzelnen durch Kondensations- und Reduktionsgrad, durch Zahl und Stellung der konstituierenden Gruppen u. a. m. sicherlich unterscheiden. Daher müssen alle Versuche, die Synthese der Huminsäure zu verwirklichen, derzeit als verfrüht gelten. Der Übertragung der chemischen und physikalischen Untersuchungsmethoden der natürlichen Huminsäuren auf die Erforschung der künstlichen, im Laboratorium erhaltenen ähnlichen Säuren steht aber natürlich nichts im Wege. Auch können in Zukunft aus der Befassung mit den künstlichen Huminsäuren neue Anregungen für die Chemie der natürlichen Huminsäuren gewonnen werden.

---

[1] Vgl. Roxas, M. L.: Journ. biol. Chem. **27**, 71 (1916). Vgl. ferner C. **1924 II**, 259, 668, 859.

[2] Compt. rend. Acad. Sciences **154**, 66 (1912); **155**, 1554 (1913).

[3] Brennstoff-Chem. **8**, 73 (1927).

c) Die Humine.

Unter Huminen im weitesten Sinne versteht man gegenwärtig wohl am besten alle Bestandteile der Kohle, die nicht zu den Bitumenstoffen, nicht zu den Huminsäuren (und nicht zu den organisierten Pflanzenresten) zu rechnen sind. Im Torf sind Humine nicht vorhanden.

Man kann wenigstens drei Gruppen von Huminen unterscheiden: die Humine der Humussteinkohlen, die Humine der Sapropelkohlen und die Humine der Anthrazite. Die Humine der Humussteinkohlen enthalten gar nicht selten, vielleicht sogar regelmäßig Humine von Sapropelursprung beigemengt.

Die Humine der Streifenkohlen, die nach der Entfernung der geringfügigen Menge löslichen Bitumens, etwas verunreinigt mit organisierten Pflanzenresten hinterbleiben, sind sicherlich in keinem Falle als einheitliche und reine Substanzen anzusehen, d. h. als Substanzen aus völlig gleichartigen Molekülen. Dies gilt auch dann, wenn es sich etwa um die Humine der einzelnen Gefügebestandteile einer bestimmten Kohlenart handelt. Die mittlere Elementarzusammensetzung der Humine ist annähernd die gleiche wie die der Rohkohlen überhaupt, beträgt also etwa 75—90% C und 4—6% H. In der einzelnen Kohlensorte haben die Humine des Durits meist weniger Kohlenstoff und oft etwas mehr Wasserstoff, die Humine des Fusits stets mehr Kohlenstoff und weniger Wasserstoff als die Humine des Vitrits, welche bei den Streifenkohlen die Hauptmenge der Humine und der Kohlen überhaupt bilden. Die Humine der Humussteinkohlen enthalten Stickstoff und Schwefel in Form von Beimengungen; diese Beimengungen können allerdings praktisch sehr wichtig werden.

Über die Funktionen des Sauerstoffs und des Wasserstoffs in diesen Huminen weiß man nur wenig. Der Gehalt an Carbonylsauerstoff beträgt bis zu 3%. Carboxylgruppen sind nicht, Hydroxylgruppen kaum nachweisbar. Nach weiteren unveröffentlichten Versuchen von W. Fuchs kann man aber mit Brom bei Ausschluß von Feuchtigkeit doppelte Bindungen, substituierbaren und auch dehydrierbaren Wasserstoff ähnlich und in ähnlicher Menge wie in den Huminsäuren der Braunkohlen nachweisen[1]. Über die Größe der Moleküle hat man nur indirekte Anhaltspunkte. Aus den erwähnten Bromierungsversuchen ließ sich meist auf ein stöchiometrisches Mindestmolekül von etwa 2000 schließen. Man kann ferner u. a. aus der Schwerflüchtigkeit und sonstigen physikalischen Eigenschaften in bekannter Weise auf eine beträchtliche Molekulargröße der Humine schließen. Auch über die Form der Moleküle kann man derzeit weder auf Grund der physikalischen Eigen-

[1] Der dehydrierbare Wasserstoff nach Fuchs und der labile Wasserstoff nach Bergius und Erasmus dürften einander und z. T. auch dem disponiblen Wasserstoff entsprechen.

schaften, noch auf Grund der Ergebnisse der Röntgenuntersuchung genügend sichere Angaben machen.

Bei Abbauversuchen hat man eine Anzahl für die Strukturauffassung der Humine wertvolle Ergebnisse gewonnen. Die Tab. 177 enthält eine Übersicht über die betreffenden neueren Arbeiten.

Tabelle 177. Der Abbau der Humine der Humussteinkohlen.

Methode	Ergebnis	Nähere Angaben
Kurze Oxydation mit Salpetersäure	Praktische vollständige Umwandlung in alkaliunlösliche und alkalilösliche Oxycarbonsäuren nach Art der Huminsäuren und Dehydrohuminsäuren	Fuchs und Horn
Gelinde Oxydation mit Luft und Alkali, Wasserstoffperoxyd usw.	„Regenerierung" zu alkalilöslichen Huminsäuren	Wheeler und Mitarbeiter
Druckoxydation	Aliphatische Säuren, Benzolcarbonsäuren	Fr. Fischer und H. Schrader
Oxydation mit Kaliumpermanganat in alkalischer Lösung	Benzolcarbonsäuren unter gelinden Arbeitsbedingungen in verbesserten Ausbeuten	Bone, Horton und Ward
Reduktion	Aromatische, hydroaromatische, Paraffin- und Naphthenkohlenwasserstoffe	Arbeiten zum Bergiusprozeß; vgl. IV 6 d
Trockene Destillation	Bis etwa 350°: Phenole, aromatische und hydroaromatische Kohlenwasserstoffe, deren Menge mit steigendem Inkohlungsgrad abnimmt	Holroyd und Wheeler
	(Urteer, reich an Phenolen aber auch anderen aromatischen Verbindungen)	Vgl. IV 7

Aus Tab. 177 ergibt sich deutlich die allgemeine chemische Verwandtschaft der Humine mit den natürlichen Huminsäuren. Überhaupt kann man die Humine der Humussteinkohlen als jene Bestandteile dieser Kohlen definieren, welche keinen sauren Charakter haben, aber bei der gelinden Oxydation leicht Säuren von der Art der Huminsäuren geben und bei der verstärkten Oxydation die gleichen charakteristischen Abbauprodukte liefern wie die Huminsäuren. Die Ergebnisse der Oxydation und auch der Reduktion weisen auf die cyclische, insbesondere aromatische Struktur der Humine hin[1]. Ein schematisches Strukturbild der Humine kann man aus dem Strukturschema der Huminsäuren (s. S. 445) in der Weise ableiten, daß man unter Abspaltung von Wasser,

[1] Vgl. auch W. Schrauth, Ztschr. angew. Chem. **36**, 149 (1923); Brennstoff-Chem. 4, 161 (1923).

Kohlensäure und auch Sauerstoff mindestens zwei Moleküle II miteinander kondensiert. In diesem Sinne faßt W. Fuchs die Humine als „reduzierte Oxycarbonsäureanhydride" auf; damit wird zum Ausdruck gebracht, daß Gebilde vorliegen, die nicht ohne Zuführung von Sauerstoff wieder in Oxycarbonsäuren verwandelt werden können.

Weitere Aufschlüsse über die Struktur der Humine wird man künftig wohl durch das Studium planmäßig geleiteter thermischer Spaltungen, besonders bei Gegenwart von Lösungsmitteln, erzielen. Grundsätzlich kann der thermische Zerfall der Huminmoleküle durch Abspaltung kleiner Bruchstücke und Kondensation der Reste zu immer größeren Molekülen, aber auch durch Verringerung der Teilchengröße zu dispergierbaren Huminen, ferner durch Zerfall in größere Bruchstücke auch zu einem chemischen Abbau des „Gesamtmoleküls" führen. Beim Erhitzen in Gegenwart von Lösungsmitteln erscheint der letztere Vorgang offensichtlich bevorzugt. Dies kann man z. B. aus Versuchen nach Art der von H. Novák und J. Hubáček schließen. Bei Versuchen nach Art der von A. Gillet[1], bei denen die Substanz der Steinkohlen durch Erhitzen mit Cyclohexanol und Phenol zu einem sehr hohen Prozentsatz in Lösung gebracht wurde, kommt eine chemische Einwirkung des Lösungsmittels auf die Kohle in Betracht. Vielleicht handelt es sich um einen Angriff auf heterocyclisch gebundene Sauerstoffatome, ähnlich den Vorgängen, die sich bei der Überführung des unlöslichen Lignins in lösliche Derivate durch Erhitzen mit Methylglykol und etwas Salzsäure nach W. Fuchs abspielen. Nach weiteren Angaben, die A. Gillet[2] in einem Vortrage machte, konnte Fettkohle in Anthracenöl bei etwa 400° weitgehend dispergiert werden. Die Kohle verteilt sich in dem Anthracenöl, „ähnlich wie Gelatine in Wasser". Beim Abkühlen des Öles erhält man nach Gillet eine Art Kohlengallerte, deren Konsistenz je nach der Konzentration von flüssig-filtrierbarer bis gummiähnlicher Beschaffenheit wechselt.

Die Verschiedenheit der einzelnen Humine hängt mit den recht verschiedenen biologischen, chemischen und physikalischen Umständen ihrer Entstehung und Umwandlung zusammen.

Man kann besonders folgende 2 Möglichkeiten in dieser Hinsicht unterscheiden:

1. Die Humine entstanden primär unmittelbar aus abgestorbenem Pflanzenmaterial, vor allem aus dessen Ligninanteil, durch Reduktionsprozesse, wie sie etwa bei der Taylorschen Zersetzung anzunehmen sind. Die komplexe Natur des Lignins der einzelnen Pflanze, die Verschiedenheiten der Lignine verschiedener Pflanzen, die verschiedenen

[1] Chimie et Industrie **19**, Sondernummer S. 163 (1928).
[2] Vgl. Brennstoff-Chem. **11**, 439 (1930).

Einzelheiten des primären Zerfalles und der sekundären Veränderungen können sehr verschiedene Produkte ergeben.

2. Die Humine entstanden auf dem Wege über Huminsäuren, die selbst wieder recht verschiedenartig sein können und auch bei der Umwandlung in Humine recht verschiedenartige Veränderungen erleiden können.

Die Humine, deren Ursprung auf Faulschlammaterial zurückgeht, machen den Hauptbestandteil der Cannel- und Bogheadkohlen aus und finden sich auch in den Streifenkohlen teils in manchen Duriten, teils auch den Vitriten beigemengt. In ihrer Elementarzusammensetzung unterscheiden sie sich unter anderem durch ihren höheren Wasserstoffgehalt von den Huminen der Streifenkohlen. Unter ihren konstituierenden Gruppen scheinen Carboxyl- und Carbonsäure-Anhydridgruppen vorhanden zu sein. Über ihre Molekulargröße ist nichts Sicheres bekannt. Das chemische Material ist also noch recht ergänzungsbedürftig.

Bei der gelinden Oxydation entstehen Carbonsäuren, die nicht den Charakter der Huminsäuren haben. Bei der verstärkten Oxydation und bei hydrolytischen Prozessen entstehen Fettsäuren, wenn auch nicht in sehr beträchtlichen Ausbeuten. Bei der Reduktion liefern die Sapropelkohlen leicht größere Mengen von zum Teil cyclischen Kohlenwasserstoffen[1]. Es sind überhaupt die am leichtesten in Öle umzuwandelnden Kohlen. N. D. Zelinsky und K. Lawrowsky[2] haben Bogheadkohlen unter Zugabe von 30% wasserfreien Aluminiumchlorid destilliert und dabei flüssige und feste Kohlenwasserstoffe in erheblicher Ausbeute erhalten. Sie sehen daher Bogheadkohlen (und auf Grund gleichartiger Versuche mit Bienenwachs auch Wachsarten) als Muttersubstanzen des Erdöls an.

Bei der trockenen Destillation liefern Cannelkohlen hohe Ausbeuten an flüchtigen Substanzen. Russische Bogheadkohlen liefern 40—50% Urteer, der nur sehr wenig Phenole und Harze, keine pechartigen Stoffe, dagegen große Mengen von Paraffinen und auch neutrale Sauerstoffverbindungen enthält.

Nach G. Stadnikoff[3] liegen in den Bogheadkohlen besonders mono- und polycyclische Carbonsäuren und sauerstoffhaltige Verbindungen neutralen Charakters und cyclischer Natur vor; die Säuren sind besonders als Anhydride anwesend. Für die Struktur dieser Anhydridformen zieht Stadnikoff die Schemata I und II (S. 456) in Betracht. Für komplizierte polycyclische Säuren der Bogheadkohlen, welche nach Stadnikoff kolloide Natur besitzen und äußerlich den Huminsäuren ähnlich sind, wird das Schema III angegeben.

[1] Stadnikoff, G., u. M. Kaschtanow: Brennstoff-Chem. **10**, 417 (1929).
[2] B. **62**, 1264 (1929).
[3] Entstehung von Kohle und Erdöl, besonders S. 137ff. Stuttgart 1930.

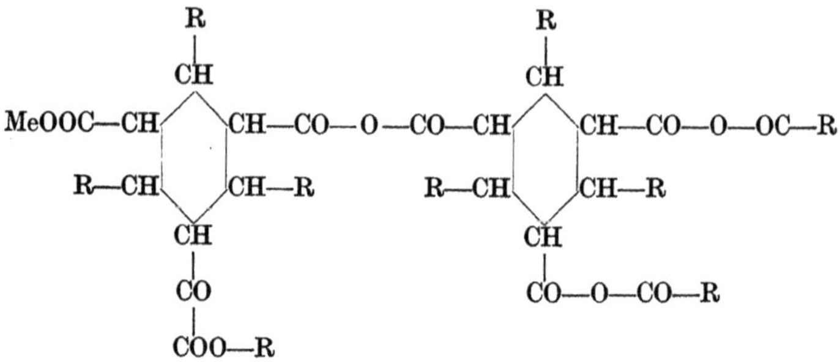

I

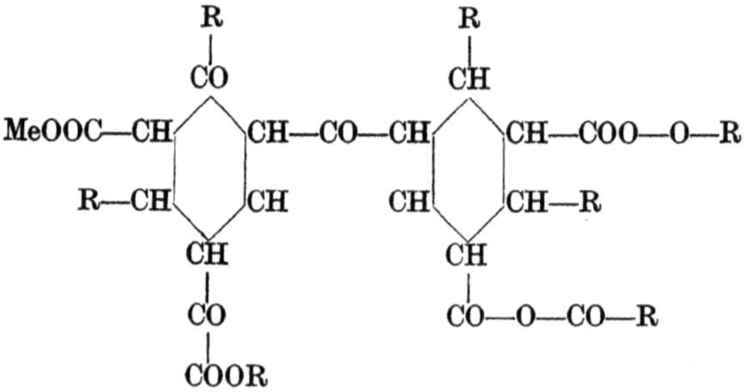

II

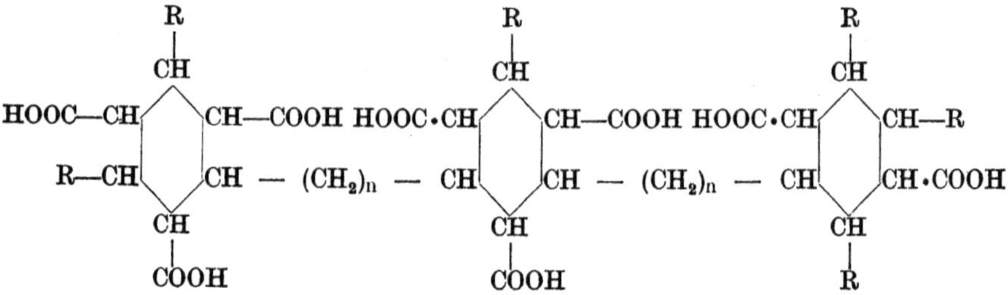

III

Unter Abspaltung von Kohlensäure aus derartigen Gebilden können noch höher molekulare Ketone entstehen. Man kann auch den Eindruck gewinnen, daß in den Bogheadkohlen cyclische Systeme durch kürzere Ketten, besonders von etwa 3 Kohlenstoffatomen, miteinander verknüpft sind.

Die Entstehung der Sapropelkohlen wird von Stadnikoff auf die Umwandlung und Polymerisation ungesättigter Fettsäuren zurückgeführt. Diese Umwandlung verlief ziemlich rasch bis zu einem gewissen Endzustande, eben dem der Humine des Sapropels, da die Elementarzusammensetzung der Bogheadkohlen aus sehr verschiedenen geologischen Perioden annähernd die gleiche sei. Andere Forscher haben auf die Teilnahme von Eiweiß bei der Entstehung der Faulschlammbildungen hingewiesen.

Es sei hier vor allem an die neueren Arbeiten von E. Terres erinnert. Nach den Ausführungen von E. Terres und W. Steck bestehen die Steinkohlen überhaupt aus zwei verschiedenen Anteilen, deren einer auf den Zerfall und die Umwandlungen der höheren Gefäßpflanzen zurückzuführen ist, während der andere aus Faulschlamm tierischen und pflanzlichen Ursprungs entstanden ist. Dieser aus Wachsen, Harzen, besonders aber eiweißhaltigem Material gebildete Anteil macht nach Terres in vielen Kohlentypen sogar den größten Teil der Kohlensubstanz aus. Dieser Anteil ist in der Hauptsache identisch mit dem, was hier als Humine der Bogheadkohlen und Sapropeliten überhaupt behandelt wird.

Es ist oben schon angedeutet worden, daß man bei den Sapropeliten auf deutliche Beziehungen zwischen Kohle und Erdöl stößt. E. Terres betrachtet den Faulschlamm tierischen und pflanzlichen Ursprungs als ein gemeinsames Ausgangsmaterial für Steinkohle und Erdöl und neigt der Annahme zu, daß die Steinkohle bei mehr oder minder großem Anteil inkohlter Pflanzenstoffe über eine teilweise intermediäre Ölbildung aus Produkten des Faulschlammes entstanden sei.

Speziell für die backenden Steinkohlen kann man den Schluß ziehen, daß dann die aus höheren Pflanzen entstandenen huminähnlichen Zerfallsprodukte von Zersetzungsprodukten des Faulschlammes innig durchtränkt worden sein müssen und durch allmähliche Polymerisation und Verhärtung der letzteren auch ohne notwendige Mitwirkung hoher Temperatur und hohen Druckes den heutigen Charakter backender Steinkohlen erhalten haben können.

Was die Humine der Anthrazitgruppe betrifft, so bietet deren elementare Zusammensetzung nur sehr wenig Raum für Sauerstoff- und Wasserstoffunktionen. Auch verliert hier die Frage der Molekulargröße allmählich ihren Sinn, in dem Maße, in dem der Anthrazit sich der Graphitstruktur nähert.

Für die Graphitstruktur ist charakteristisch die Vereinigung der Kohlenstoffatome zu kondensierten Benzolringsystemen in einem Schichtengitter. Der Abstand der Atome in der Ebene dieser Schichten beträgt rund 1,5 Å und entspricht der Wirksamkeit von Hauptvalenzkräften. Der Abstand der zwei verschiedenen Schichten angehörigen benachbarten Kohlenstoffatome beträgt aber mehr als das Doppelte, gewährt also nur noch der Wirksamkeit der Nebenvalenzkräfte oder van der Waalsschen Kräfte Raum.

In den Huminen der Anthrazite und verwandter Bildungen können sehr große, mehr oder weniger flächenhaft ausgebildete Atomgitter angenommen werden, in denen die Erreichung der krystallinischen Anordnung, wie sie im Graphit besteht, durch vereinzelte eingestreute Sauerstoff- und Wasserstoffunktionen, durch Anwesenheit vereinzelter heterocyclischer Komplexe, vielleicht auch durch physikalische Umstände, die ebenso wie die erwähnten chemischen Umstände Verzerrungen in der Anordnung der Atome bewirken, verhindert wird. Das Vorhandensein von kondensierten Benzolkernen folgt übrigens auch aus mancherlei Angaben über das Auftreten von Benzolcarbonsäuren, vor allem Mellithsäure, bei der Oxydation von Anthraziten.

Es sei hier noch erwähnt, daß W. A. Roth[1] auf Grund thermochemischer Messungen und Überlegungen drei Modifikationen des elementaren Kohlenstoffs (abgesehen vom Diamant) unterscheidet, nämlich α-Graphit, β-Graphit und amorphen Kohlenstoff. Als energieärmste Modifikation wird der α-Graphit, als energiereichste der amorphe Kohlenstoff bezeichnet. Auf Grund dieser Auffassung sind auf dem Wege der Umwandlung von Anthrazit in Graphit weitere Komplikationen vorauszusehen.

Bei synthetischen Versuchen über die Herstellung von Huminen ging man entweder von Huminsäuren oder von definierten organischen Stoffen wie Kohlehydraten oder Eiweißverbindungen aus und verwandelte die Ausgangsmaterialien mit Hilfe chemischer Agenzien und unter Mitwirkung von Hitze und Druck in dunkle, amorphe, neutrale Substanzen, die dann oft als künstliche Kohlen bezeichnet wurden. Durch Erhitzen von Huminsäuren oder Braunkohlen mit Wasser bei Gegenwart oder Abwesenheit von Säuren oder Laugen unter Druck auf erhöhte Temperatur wurden unter Abspaltung oder Umwandlung saurer Gruppen Substanzen erhalten, welche wohl am ehesten mit pulverigen Halbkoksen zu vergleichen sind. Auf Versuche von Marcusson[2] und von Erdmann[3] sei hier nur hingewiesen.

Durch Erhitzen mit konzentrierter Salzsäure unter Druck auf 100° während 55 Stunden konnte Berthelot[4] Glucose in einer Ausbeute bis zu 90% in ein unlösliches, dunkles Humin verwandeln. Dieses Produkt geht nach eigenen Versuchen durch kurze Behandlung mit Salpetersäure leicht in eine braune, acetonlösliche Substanz über, die noch nicht näher untersucht wurde. Frühere Versuche von Conrad und Gutzeit und spätere Versuche von Stamberger, Eller, Marcusson u. a. sind in Tab. 174 mitenthalten. Die Versuche von Bergius und von Berl sind S. 393 bis 402 genau besprochen worden.

F. Bergius[5] verwandelte Zucker, Cellulose, Lignin und Pflanzen-

[1] Ztschr. angew. Chem. **41**, 273 (1928). [2] Ztschr. angew. Chem. **34**, 43 (1921).

[3] Ztschr. angew. Chem. **34**, 309 (1921). Brennstoff-Chem. **5**, 177 (1924). — Berl, E., Schmidt u. Koch: Ztschr. angew. Chem. **43**, 1018 (1930) sowie Fuchs, W., u. O. Horn: Ztschr. angew. Chem. **44**, 180 (1931) konnten den Übergang von Braunkohle in Steinkohle durch Druckerhitzung nach Erdmanns Angaben nicht bestätigen.

[4] Compt. rend. Acad. Sciences **123**, 573 (1896).

[5] Naturwiss. **16**, 1 (1928).

material, wie Holz, Gras, Torf, Waldmoos und Schachtelhalm durch Erhitzen bei Gegenwart von Wasser auf 340° im Autoklaven während 24 Stunden in eine als unlösliche feste Endkohle bezeichnete Substanz, der die Formel $C_{20}H_{16}O_2$ zugeteilt wird. Die Ausbeute beträgt 60%, bezogen auf den ursprünglichen Kohlenstoffgehalt des Materials. Diese Endkohle wurde bei der näheren Untersuchung als ein Gemenge von wenigstens zwei Bestandteilen, α-Kohle und β-Kohle, erkannt. Aus den Einzelheiten der betreffenden Angaben kann man den Schluß ziehen, daß hier Substanzen vorliegen, die eher mit thermischen Abbauprodukten der natürlichen Humine als mit diesen selbst verwandt sein mögen. Ähnliches gilt für die Produkte von Berl.

E. Berl, Schmidt und Koch[1] haben Cellulose, Lignin und Fichtenholz mit Wasser, welches 2 g Ätzalkali im Liter enthielt, im Autoklaven unter hohem Druck auf 350° erhitzt. Das schließlich aus Cellulose gewonnene Kunstprodukt, und nur dieses, verhielt sich nach dem Verpressen wie eine backende Steinkohle, da es einen gut gebackenen Koks ergab und einen Teer mit aromatischen Bestandteilen lieferte. Nach den neuesten Angaben von W. Fuchs und O. Horn[2] kann man bei 250° nicht nur aus Cellulose, sondern auch aus Lignin, ferner aus Käse, aus Keks und aus Linoleum Produkte erhalten, welche vielfach ähnliche Eigenschaften zeigen und Preßlinge liefern, die einen gebackenen Koks ergeben. Speziell die Preßlinge aus den dunklen pulverigen Produkten der Zersetzung von Cellulose, Lignin und Fichtenholz verhielten sich bei der Strichprobe, bei der Probe mit Salpetersäure und bei der Probe mit Alkali wie typische Braunkohlen, nicht wie Steinkohlen[3].

Unter dem Einfluß der biologischen Betrachtungsweise, ferner unter dem Eindruck, den man z. B. aus den Veröffentlichungen von McKenzie Taylor gewinnt, zieht man heute vor allem die Möglichkeit in Betracht, daß Humine unter verhältnismäßig niedrigen Drucken und bei niedriger Temperatur entstanden sein könnten. Über die Entstehung huminähnlicher Substanzen bei der Säurehydrolyse von Proteinen gibt es Arbeiten von Gortner und Norris[4]. G. Stadnikoff drückt unter Beziehung auf die Arbeiten von Maillard[5] die Meinung aus, daß Eiweißstoffe tierischen Ursprungs bis zum Ammoniak usw. abgebaut werden, während bei den natürlichen Zerfallsprozessen Eiweißstoffe pflanzlicher Organismen als Aminosäuren mit Zucker reagieren und komplizierte kolloide stickstoffhaltige Substanzen geben können.

[1] Ztschr. angew. Chem. **43**, 1018 (1930).
[2] Ztschr. angew. Chem. **44**, 180 (1931).
[3] Nastjukow denkt sich die Kohlen oder wenigstens einen ihrer Bestandteile aus „Desoxinen“ entstanden, wie er die Produkte der Einwirkung von konz. Schwefelsäure auf organische Verbindungen nennt, siehe C. **1926 II**, 735.
[4] Journ. Amer. chem. Soc. **45**, 550 (1923).
[5] Compt. rend. Acad. Sciences **154**, 66 (1912); **155**, 1554 (1913).

Das Verständnis für die Bedeutung synthetischer Versuche wird sehr erleichtert, wenn man sie zunächst an Hand von zwei Begriffen prüft, die für die Lehre von der Entstehung der Kohlen wichtig sind. Weiterhin kann man natürlich beachten, daß konstitutionell gleichartige Stoffe auch auf sehr verschiedenen Wegen entstehen können, und daß alle Wege erwünscht sein müssen, die unsere Kenntnisse vermehren und vertiefen.

Die zwei gedachten Begriffe sind Verkohlung und Inkohlung. Man kann unter Verkohlung alle jene Prozesse zusammenfassen, bei denen organische Substanzen beliebiger Art durch chemische oder physikalische Einwirkungen oder beide zugleich in kohlenähnliche Massen verwandelt werden. Unter Inkohlung kann man alle jene Prozesse verstehen, bei denen natürliche organische Substanzen beliebiger Art unter primärer Mitwirkung biologischer Agenzien wie Mikroorganismen und Fermente, sogleich oder durch anschließende sekundäre Umwandlungen in feste Brennstoffe verwandelt werden. Verkohlungsprozesse können also auch bei der Inkohlung nach der primären Zersetzung sehr wohl mitwirken; bei Prozessen etwa nach Art der Selbstentzündung von Heu können die primären biologischen Prozesse in ihrer Bedeutung sogar sehr zurücktreten. Allein in der Regel scheint der natürliche Kohlenbildungsprozeß sich doch in Form der Inkohlungsvorgänge abzuspielen. Dadurch ist die Bedeutung von Laboratoriumsversuchen, durch welche die eine oder die andere Art von Verkohlung verwirklicht wird, natürlich eingeschränkt. Durch Kombination von biologischen Primärprozessen mit verkohlenden Sekundärprozessen, etwa nach Art der Versuche von Terres und Steck, kann man noch am ehesten hoffen, Naturvorgänge zu reproduzieren.

Die Erforschung der chemischen Konstitution derart gewonnener Produkte ist ebenso schwierig, wie die der Naturprodukte selbst, hätte aber doch besonderes Interesse.

Tab. 178 bringt eine Übersicht über die verschiedenen Humine.

Angesichts der großen Schwierigkeiten der unmittelbaren Konstitutionsforschung der verschiedenen Humine haben Untersuchungen über die Entstehung der Humine in der Natur offensichtlich erhöhte Bedeutung.

4. Zur Technologie der festen Brennstoffe.

Da das Verhalten der einzelnen Brennstoffe bei chemischen und physikalischen Einwirkungen in den Kapiteln II, III und IV bereits ausführlich geschildert wurde, sollen hier nur einige zusammenfassende Bemerkungen und Hinweise Platz finden.

Man hat Oxydationsprodukte der Braunkohle nach Art der Dehydrohuminsäuren technisch als Farbstoff, als Gerbstoff und anderes mehr

Tabelle 178. Charakteristik der Humine.

	Humine von Humuscharakter	Humine von Sapropelcharakter	Humine von Anthrazitcharakter
Chemische Merkmale	Wasserstoffarm, leicht in Huminsäuren zu verwandeln	Wasserstoffreich, nicht leicht in Huminsäuren zu verwandeln	Wasserstoffarm, nicht leicht in Huminsäuren zu verwandeln
Erstes natürliches Ausgangsmaterial	Höchstwahrscheinlich Zellwandbestandteile der Gefäßpflanzen, besonders Lignin	Höchstwahrscheinlich Zellinhaltstoffe niederer Organismen, besonders Fette und Eiweißstoffe	Beliebiges organisches Material; Humine von Humus- oder Sapropel-Charakter
Bildungsprozeß	Direkte biologische Reduktion oder weitereUmwandlung der durch den natürlichen Zersetzungsprozeß zuerst entstandenen Huminsäuren	Spaltungs-, Kondensations- und Polymerisationsvorgänge von ungesättigten Fettsäuren, Eiweißstoffen usw.	Weitere Inkohlung oder sonstige sekundäre Umwandlungen von Humus- oder Sapropelhuminen oder beiden
Für die chemische Konstitution charakteristisch	Kondensierte aromatische Systeme mit merklichem Anteil von Sauerstoff- und Wasserstofffunktionen	Cyclische Systeme, wohl auch aliphatische Ketten, mit merklichem Anteil von Sauerstoff- und Wasserstofffunktionen sowie wahrscheinlich auch Stickstoffunktionen	Kondensierte aromatische Systeme mit sehr zurücktretendem Anteil von Sauerstoff- u. Wasserstoffunktionen

zu verwenden gesucht. Hervorhebung verdienen die Versuche, Oxydationsprodukte aller Brennstoffe zur Bindung von Ammoniak und damit weiterhin als stickstoffhaltige Düngemittel zu verwenden. Ein günstiger Einfluß von Braunkohle auf das Pflanzenwachstum ergibt sich aus mehreren Untersuchungen der letzten Zeit. Bei unveröffentlichten Versuchen von W. Fuchs konnten Braunkohlen und Steinkohlen in einem Strome von Luft und Ammoniak unter restloser Bindung des Ammoniaks in stickstoffhaltige Produkte verwandelt werden. Der Vorteil eines Düngemittels, in welchem die Schwefelsäure des Ammoniumsulfats durch organische Substanz ersetzt ist, liegt auf der Hand.

Die Herstellung aschenarmer oder aschenfreier Brennstoffe ist wichtig. Man kann die Entfernung der Mineralsubstanzen durch chemische oder physikalische Aufbereitung ermöglichen. Nach eigenen Erfahrungen führt eine Behandlung mit Salzsäure oft zum Ziele. Auch auf die Aschenverwertung sei hingewiesen. Man kann an Verwertung in der keramischen und in der Bauindustrie denken. Ferner kann man aus manchen Feuerungsaschen, auch nach eigenen Versuchen, eine hochwertige aktive Kohle gewinnen.

Die Verkokung der Steinkohle kann sehr zweckmäßig durch eine geeignete Aufbereitung unter dem Gesichtspunkt des Güteprinzips vorbereitet werden. Was speziell das Kokereigas betrifft, so gibt es eine Reihe Lösungen für die Aufgabe, es von Schwefel und Cyan zu befreien. Der Wasserstoff des Kokereigases wird zur Ammoniaksynthese verwendet, aus Methan kann man Formaldehyd, Benzol und Acetylen machen, drei Stoffe, an welche sich viele weitere Möglichkeiten knüpfen. Man kann Methan auch in CO und Wasserstoff spalten. Aus Äthylen kann man Alkohol, Acetaldehyd und Essigsäure herstellen, ferner Glykol und Glykolderivate, endlich nach F. Hofmann, Otto und Wulff durch Polymerisation oder Alkylierung aromatischer Verbindungen Schmieröle und anderes mehr. Durch Erhitzen von Kokereigas unter Druck kann man nach Versuchen von W. Fuchs und R. Daur Öl gewinnen. Diese Möglichkeit beruht auf einer alten Beobachtung von Berthelot, wonach beim Durchleiten von CO und CH_4 im Verhältnis 1:2 durch ein glühendes Rohr Propylen entsteht. Unter Druck entsteht nach den erwähnten Erfahrungen Öl. Man kann an die Einfügung eines solchen Verfahrens in den Gang der Gaszerlegung und an die Benutzung der Methoden der Ammoniaksynthese denken.

Aus den Vergasungsprodukten der Kohle, CO und H_2, erzeugt man im Großbetriebe Methanol. Über die Benzinsynthese aus CO und H_2, eine von der I. G. Farbenindustrie zuerst erkannte synthetische Möglichkeit, ist im Mülheimer Kohlenforschungsinstitut viel gearbeitet worden.

Der Teer entsteht in allen Fällen in einem verhältnismäßig engen und tiefen Temperaturgebiet. In der Verwertung der Teerphenole ist man heute nach S. 354 doch weiter als noch vor einigen Jahren. Auch für die Entphenolierung der Abwässer hat man heute praktisch brauchbare Verfahren.

Der Steinkohle erwächst auf manchen Gebieten starke Konkurrenz seitens der Braunkohle; die Braunkohlenindustrie hat, angefangen von der Brikettierung bis zur Herstellung von Gas und brauchbarem Koks aus Braunkohle, große Fortschritte gemacht.

5. Die Entstehung der festen Brennstoffe in der Natur.

a) Zur geschichtlichen Entwicklung der heutigen Kenntnisse.

Die Frage der Entstehung der Kohlen war wohl die erste Frage der Kohlenforschung, mit welcher sich der menschliche Geist befaßt hat. In einer sehr umfangreichen Abhandlung über die historische Entwicklung der Ansichten über die Entstehung der Kohlen und der Kohlenflöze hat K. A. Weithofer[1] mehr als 170 Autoren aus der älteren und neueren

[1] Neues Jahrbuch für Mineralogie, Geologie und Paläontologie, Beilageband **41**, 149—236 (1916).

Literatur berücksichtigt. Eine Grundlage unserer heutigen Kenntnisse bildet die mühevoll gesicherte Einsicht vom wesentlich pflanzlichen Ursprung der Torfe und Kohlen. Anregend und fruchtbar geblieben bis zum heutigen Tage ist ferner die mehrfach, in der deutschen Literatur zuerst von v. Beroldingen vor rund 150 Jahren vertretene Auffassung einer natürlichen Inkohlungsreihe; nach dieser Auffassung entstand durch allmähliche Umwandlung von Pflanzenmaterial zuerst Torf, dann Braunkohle und Steinkohle. Erst E. Donath[1], der bleibend Wertvolles für die Unterscheidung von Braunkohle und Steinkohle geleistet hat, hob dann besonders die Verschiedenartigkeit des Ausgangsmaterials von Braunkohle und Steinkohle hervor und hat damit die heute wieder modernen Auffassungen und Gedankengänge in der damals möglichen Form schon vor mehreren Jahrzehnten vertreten.

H. Potonié[2] hat über den Mechanismus des Pflanzenzerfalles in der Natur klare Vorstellungen geäußert; er hat Verwesung, Vermoderung, Vertorfung und Fäulnis je nach reichlicher, spärlicher oder völlig mangelnder Luftzufuhr als vorbereitende Prozesse von Inkohlung und Bituminierung unterschieden und Grundlegendes über die geologischen und botanischen Umstände der Entstehung der festen Brennstoffe entwickelt. Bei Durchsicht von H. Potoniés zusammenfassendem Werke über die Entstehung der Steinkohle und der Kaustobiolithe überhaupt merkt man wohl, daß die chemischen Vorstellungen von H. Potonié ganz wesentlich mit Vorstellungen Justus von Liebigs übereinstimmen, was man z. B. bei Lektüre von Liebigs Arbeiten über die Gärung[3] findet. H. Potonié hat demnach als Geologe und Botaniker seine chemischen Auffassungen aus erster Hand von einem der besten Chemiker seines Jahrhunderts übernommen. Was an den Darlegungen H. Potoniés revisionsbedürftig ist, ergibt sich größtenteils durch das mittlerweile erfolgte Fortschreiten vom Jahrhundert Liebigs zu unserem Jahrhundert. So hat Potonié gelehrt, daß die Sapropelkohlen aus Stoffen entstehen, in denen Proteine und Fette vorherrschen, die Humuskohlen aber aus Rohstoffen, in denen Kohlehydrate überwiegen. Man braucht nur statt Kohlehydrate das eigentlich passende Wort Zellwandbestandteile zu setzen und der Anschluß an die Chemie von heute ist ermöglicht. Ebenso haben sich auch die Einzelheiten der Lehre von den biologischen Zersetzungsprozessen und ihrer Systematik inzwischen gewandelt. Natürlich ist endlich auch in der Geologie und in der Paleobotanik eine Fülle von neuen Einzelheiten erarbeitet worden,

---

[1] Vgl. die neuere Schrift von Donath, E.: Unterscheidung, Einteilung und Charakteristik der Mineralkohlen. Halle 1924.

[2] Die Entstehung der Steinkohle und der Kaustobiolithe überhaupt, 5. Aufl. Berlin 1910.

[3] Liebigs Ann. **153**, 1 (1870) und früher.

durch welche die Ansichten Potoniés ebenfalls in manchen Beziehungen eine Weiterbildung erfuhren. In dieser Hinsicht sei besonders auf die Auffassung der Braunkohlenbildung als einer über dem Grundwasserspiegel erfolgten Anhäufung von abgestorbenen Bäumen u. ä. hingewiesen; diese Auffassung geht besonders auf W. Gothan zurück.

Einen weiteren Fortschritt brachte dann die Lignintheorie der Kohle von F. Fischer und H. Schrader[1]. Nach dieser Theorie kommen als chemische Ausgangsstoffe der Bildung der Humuskohlen neben Harzen, Wachsen und anderen Stoffen ganz vorwiegend Cellulose und Lignin in Betracht. Die Cellulose ist ein aliphatischer, das Lignin ein aromatischer Körper. Das erste Stadium der Kohlenbildung ist eine Vertorfung, in deren Verlauf die Cellulose durch Bakterien verändert und verbraucht wird, d. h. sie verschwindet in Form von Kohlensäure, Methan, Wasser und einfachen wasserlöslichen organischen Säuren. Das Lignin reichert sich an und geht durch Verlust seiner Acetylgruppe, weiterhin seiner Methoxylgruppen in Huminsäure über. Aus dieser entsteht unter Vergrößerung des Moleküls, vielleicht durch Wasseraustritt oder durch Oxydation die alkaliunlösliche Kohlensubstanz, das sogenannte Humin. Als Inkohlung dieses Humins wird weiter die Abspaltung von Wasser und Kohlensäure und wohl auch von Methan bezeichnet, wodurch die Braunkohle und die Steinkohle entstünden. Da alle diese Kohlen auf das Lignin zurückzuführen sind, enthalten sie alle die Benzolstruktur. Auf Grund dieser Anschauungen geben F. Fischer und H. Schrader folgendes Schema der Kohlenbildung an:

Entstehung der Kohle nach Fischer und Schrader.

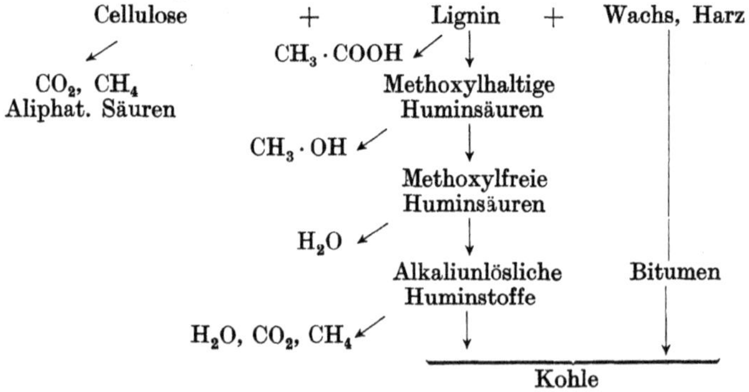

Nur unbeträchtlich modifiziert erscheinen diese Auffassungen in der letzten von F. Fischer[2] gegebenen Darstellung der Theorie aus dem Jahre 1925. Danach zerfällt das Holz unter dem Einfluß von Pilzen und Bakterien in Cellulose und Lignin. Die Cellulose wird von den Pilzen

[1] Entstehung und chemische Struktur der Kohle. 2. Aufl. S. 57. Essen 1922.
[2] Ztschr. Dtsch. Geol. Ges. A **77**, 534 (1925).

und Bakterien abgebaut und verschwindet, während Lignin keinen Nährboden für die Mikroorganismen bildet und sich anreichert. Es verliert nur seine Acetyl- und Methoxylgruppen, und geht in Huminsäuren und durch Abspaltung von Wasser in die Anhydride derselben über. Diese sollen den Huminstoff der Braunkohlen darstellen. Durch Gebirgsdruck und Temperaturerhöhung setzt ein Inkohlungsprozeß unter Abspaltung von Kohlensäure und Methan ein, wodurch die schwarze Steinkohle entsteht, deren Huminstoffe unlöslich sind und auch durch Kochen mit Natronlauge nicht mehr löslich werden, wie dies bei den Huminstoffen der Pechkohle der Fall sei; letztere nehme eine Zwischenstellung zwischen Braunkohle und Steinkohle ein.

In den letzten Jahren ist die Lignintheorie methodisch in anderer Weise entwickelt worden, als dies bei der ersten Gestaltung der Theorie geschehen war; viele ihrer Einzelheiten sind erheblich modifiziert worden. Bei der Beweisführung für die Lignintheorie haben seinerzeit Fischer und Schrader besonderes Gewicht auf die Ergebnisse ihrer Druckoxydationsversuche gelegt. Lignin ließ sich zu Benzolcarbonsäuren abbauen, Cellulose jedoch nicht; und die Fähigkeit Benzolcarbonsäuren zu liefern, wurde qualitativ durch die ganze Reihe der Naturstoffe vom Lignin über die Huminsäuren zur Kohle wiedergefunden. Mit dem Schlusse auf die rein aromatische Struktur des Lignins wurde allerdings der weiteren Entwicklung der Konstitutionsforschung vorgegriffen. Von W. Fuchs[1] wurde aber gezeigt, daß eine so scharf präzisierte Ansicht als Ausgangspunkt gar nicht gewählt werden muß. Es genügt vielmehr, folgendes hervorzuheben: die Unterscheidung des Lignins von der Cellulose und damit auch die Charakterisierung des Lignins als eines besonderen chemischen Individuums ist völlig unabhängig von Stande der Konstitutionserforschung durch mindestens vier große Gruppen von Erfahrungen mit Sicherheit ermöglicht. Außer den Erfahrungen des Pflanzenaufschlusses und des chemischen Abbaues sind es die Erfahrungen der chemischen Analyse, denen zufolge u. a. das Lignin mehr als 60%, die Kohlehydrate der Zellwand nicht mehr als 45% C enthalten, sowie endlich die biologischen Erfahrungen.

In sachlicher Hinsicht schreibt man heute dem Sapropelmaterial in vielen Torfen und auch, abgesehen von den Sapropelkohlen, vielen Steinkohlen doch eine größere Rolle als Bildungsmaterial zu. Der Übergang von Lignin zu den Huminsäuren verläuft sicherlich erheblich anders als den oben geäußerten Vorstellungen entspricht. Ob Huminsäureanhydride existieren, ist mehr als fraglich. Der Huminstoff der Braunkohlen besteht aus Huminsäuren, die in Alkali entweder löslich oder unlöslich sein können. Die Benzolstruktur kann, besonders in

[1] Die Chemie des Lignins, S. 262. Berlin 1926.

hochinkohltem oder verkohltem Material von verschiedenartigem Ausgangsmaterial, nicht nur von aromatischen Stoffen aus erreicht werden u. a. m. Allein als fruchtbar und haltbar erwiesen hat sich die Grundauffassung, daß von den Zellwandbestandteilen nicht die Cellulose, sondern das Lignin das wichtigere Material für die Brennstoffbildung abgegeben hat.

b) Die Entstehung der natürlichen Brennstoffe.

Die festen Brennstoffe sind in der Hauptsache aus der Kohlensäure der Luft auf dem Wege über die durch Assimilation entstandene Substanz der grünen Pflanzen entstanden. Mit dieser Bildung in der „Biosphäre" (Vernadsky) hängt das Vorkommen biochemisch wichtiger Elemente, wie Ca, Fe, J[1], S, P und N, zusammen. Je nach der Menge der letzten drei dürfte entweder Humus- oder Sapropelmaterial als Stoffquelle überwogen haben[2].

Die natürlichen Brennstoffe sind öfter Mischbildungen als reine Humus- oder Sapropelbildungen, von den Liptobiolithbildungen ganz zu schweigen. Was die Torfe betrifft, so kann durch das Gedeihen eines Heeres von Mikroorganismen, nach den Arbeiten von Waksman zu schließen, bei Niedermoortorfen bis zu 20% der Masse aus der Substanz dieser Mikroorganismen bestehen, welche man am besten gleichfalls zum Sapropel rechnet. In den Braunkohlen liegen vielfach recht reine Humusbildungen vor. Welchen Anteil Humusstoffe und welchen Anteil Sapropelstoffe an der Bildung der Steinkohlen haben, ist gegenwärtig nicht immer klar. Für die Anthrazite ist die Frage wohl bedeutungslos.

Der schließliche Charakter des Brennstoffes hängt von vielen Faktoren ab, insbesondere vom Ausgangsmaterial, vom primären Zersetzungsprozeß und von sekundären Umwandlungen. Die ganze Mannigfaltigkeit der schließlichen Bildungen wird verständlich, wenn man auch nur die durch das Ausgangsmaterial gegebenen Möglichkeiten betrachtet. Es kann:

1. gleichartiges Ausgangsmaterial zu gleichartigen Bildungen führen, wie z. B. vielfach einerseits für die Braunkohlenflora, andererseits für die Carbonflora zutrifft,

---

[1] Vgl. Gmelins Handb. der anorg. Chemie, 8. Aufl., Bd Jod, Syst.-Nr. 8, S. 26. Berlin 1931.

[2] Man findet in den Brennstoffen auch Spuren Radium (Moureu und Lepape; Cunningham, Am. Chem. J. **50**, 47 1913; Curie, Maurice: Le Radium, S. 116, Paris 1925; Burkser, Schapiro und Bronstein, nach C. **1929 II**, (1910) und in den Grubengasen alle Edelgase (Moureu, Ch., und A. Lepape: Ann. Chim. [9] **4**, 137 (1915); [9] **5**, 225 (1916). Das Verhältnis He:N ist größer als in Luft, aber auch das Verhältnis He:Ra weit größer als berechnet: das Edelgas scheint aus der Luft bevorzugt aufgenommen zu werden.

2. gleichartiges Ausgangsmaterial zu verschiedenartigen Bildungen führen, wie dies etwa für Bildungen aus der Kreidezeit gilt,

3. verschiedenartiges Ausgangsmaterial zu recht ähnlichen Bildungen führen, wie das Beispiel der russischen und der deutschen Braunkohlenzeit zeigt,

4. verschiedenartiges Ausgangsmaterial zu verschiedenartigen Bildungen führen, wie dies E. Donath für die meisten Braunkohlen und für die meisten Steinkohlen im Prinzip ganz zutreffend hervorgehoben hat.

Der primäre Zersetzungsprozeß kann gleichfalls sehr mannigfaltig sein, wie sich schon aus den wechselnden Bedingungen hinsichtlich der Reaktion des Mediums und hinsichtlich des Luftzutrittes ergibt, selbst wenn man den in der biologischen Verschiedenheit der Mikroflora steckenden Faktor nur indirekt berücksichtigt. Der chemische Zerfallsprozeß der Gefäßpflanzen ist charakterisiert durch die Anreicherung der Harze, Wachse und des Lignins, der chemische Zerfallsprozeß von Algen, Planktonorganismen und Mikroorganismen überhaupt wohl besonders durch die Anhäufung von Umwandlungsprodukten der Fette und der Eiweißkörper.

Der biologische Primärprozeß dürfte in den meisten Fällen zu einem torf- oder braunkohlenähnlichen Stadium geführt haben. Der Chemismus der Taylorschen Zersetzung, bei der nach den Angaben sogleich ein steinkohlenähnliches Produkt entsteht, wäre noch näher zu untersuchen. Es sind auch Fälle denkbar, wie sie durch Selbsterwärmung von in hohen Haufen aufgestapeltem organischem Material unter dem Einfluß von Gärungsprozessen bis zur Selbstentzündung führen können und die von H. Schwarz und G. Lauper[1] in ihrer umfangreichen Abhandlung „Von der Heukohle zur Naturkohle“ besprochen worden sind. Solche Fälle dürften übrigens seltener für die Bildung natürlicher Kohlenlager von Bedeutung gewesen sein.

Die sekundären Umwandlungsprozesse der auf die eine oder auf die andere Weise aufgehäuften organischen Massen sind gleichfalls sehr mannigfaltig. Die chemischen Umstände mögen u. a. auch durch Teilnahme von mineralischen und organischen Katalysatoren weiter verwickelt worden sein. Physikalische Umstände können zu gleichmäßig machender Durchmischung oder zu Entmischungen führen, die selbst wieder ein sehr verschiedenartiges Bild ergeben können. Solche Entmischungsvorgänge können sicherlich bei der Ausbildung der Gefügebestandteile der Steinkohle beteiligt gewesen sein. G. Stadnikoff nimmt an, daß Entmischung bei Überwiegen von Faulschlammaterial zu Vitrit, bei Überwiegen von Humusmaterial zu Durit führte, während faseriges Material durch Verkohlung zu Fusit wurde. Man kann auch

[1] Vierteljahrsschrift der naturforschenden Ges. in Zürich **67**, 268—371 (1922).

annehmen, daß die Inkohlung mit verschiedener Schnelligkeit verläuft, und daß das Material des Vitrits in der Hauptsache humosen Ursprungs und anfänglich schneller zu kohlenstoffreichen Substanzen reduzierbar ist als das Material des Durits. Für diese Auffassung spricht z. B. die Abnahme des Mattkohlengehaltes mit der Tiefenlage eines gegebenen Flözes, deren Ursache E. Stach[1] in einem allmählich fortschreitenden Inkohlungsvorgang erblickt, der durch den nach der Tiefe zu fortschreitenden Faltungsdruck vor allem zur Zersetzung des Sporonins und anderer bituminöser Körper der Mattkohle führe, was auch das spezifische Bild der Mattkohle mit fortschreitender Inkohlung immer stärker verwische.

Für den Fusit müssen spezifische Umstände der Bildung angenommen werden, entweder besonders lockere Schichtung in Hohlräumen u. dgl. bei stärkerem biologischen Angriff, vielleicht gelegentlich auch echte Verkohlung.

Die besonders große Mannigfaltigkeit der einzelnen Vertreter in der Klasse der Steinkohlen verschwindet gegen die Anthrazitgruppe hin allmählich. Der Inkohlungsprozeß in dieser Richtung ist offenbar beherrscht von der Tatsache, daß wenigstens für die in Betracht kommenden Substanzen und Bedingungen die Anthrazite die Formen mit der geringsten freien Energie sind.

c) Das Ausgangsmaterial und die primären Zersetzungsprozesse bei der Bildung von Torf und Kohle.

Tab. 179 enthält eine Übersicht über die als Ausgangsmaterial der Brennstoffe in Betracht kommenden Organismen.

In der Natur zerfallen nicht oft Bestände einzelner Arten oder von systematisch in Familien zusammengehörigen Pflanzen. Die einzelnen Brennstoffe bilden sich vielmehr aus den Zerfallsprodukten pflanzlicher Lebensgemeinschaften, in denen zwar meist Vertreter bestimmter Pflanzenfamilien vorherrschen, stets aber auch andere Formen mitbeteiligt sind. Betrachtet man die phylogenetische Entwicklung des Pflanzenreiches, dann war allerdings in den einzelnen Perioden der Erdgeschichte die Flora durch eine gewisse Entwicklungshöhe gekennzeichnet. Im allgemeinen sind aber Pflanzen von verschiedener systematischer Stellung, abgesehen von den niedrigen Lebewesen, in Lebensgemeinschaften vereinigt, die auch im Tode einigermaßen zusammenbleiben.

Von diesen Lebensgemeinschaften kommen für die Bildung der Brennstoffe besonders folgende in Frage:

1. Die im Wasser lebenden niederen Organismen, welche durch starken Fett- und Proteingehalt ausgezeichnet sind und welche ent-

[1] Glückauf **66**, 1465 (1930).

Tabelle 179.

	Torf	Braunkohle	Steinkohle	Anthrazit
Niedere Organismen	Unterste Schichten der Torflager; Lebertorf, Schlick und andere Bildungen	Als Stoffquellen nur wenig beteiligt	Sapropelkohlen; mehr oder weniger beträchtliche Anteile der Streifenkohlen	kommen mit in Betracht
Torfmoose	Hochmoortorf	kaum mitbeteiligt	kaum mitbeteiligt	kaum mitbeteiligt
Schachtelhalme, Farne, Bärlappe	Schachtelhalme und Farne an der Bildung von Niedermoortorf evtl. mitbeteiligt	kaum mitbeteiligt	vornehmliche Stoffquellen der Steinkohlen des Carbons	mitbeteiligt
Nadelhölzer, Laubhölzer	Moder und Waldtorf	vornehmliche Stoffquellen der Braunkohlenbildung	„Nadel"-Hölzer (Cordaites) mitbeteiligt	kommen weniger in Frage
Gräser, Schilf usw.	Niedermoortorf	mitbeteiligt	nicht mitbeteiligt	nicht mitbeteiligt

weder am Ufer, auf Sandbänken, in flachen Buchten oder auf dem Grunde stehender Gewässer, häufig zusammen mit tierischen Resten, in Zersetzung geraten und dabei wasserstoffreiche Endprodukte von Sapropelcharakter liefern. Bei solchen Bildungen nimmt mit der Zeit wohl der Sauerstoffgehalt, nicht aber der Wasserstoffgehalt ab und es entstehen mehr oder minder schmelzbare und destillierbare Endprodukte, die zum großen Teil auf ursprünglich vorhandene Fette und (oder) auf Eiweißstoffe zurückzuführen sind und als Sapropelite bezeichnet werden.

2. Die in reich mit Wasser überschwemmtem Gelände lebenden höheren Sumpf- und Wasserpflanzen, wie sie besonders zur Steinkohlenzeit als Farne, Schachtelhalme und Bärlappe üppig entwickelt waren und welche damals beim Absterben sicherlich auch reichlich mit sapropelliefernden Organismen vermengt waren. Sofern man die Betrachtung auf die eigentliche Sumpfflora der Gefäßpflanzen beschränkt, müssen beim Absterben wasserstoffarme, nichtschmelzbare und nicht ohne Zersetzung destillierbare Rückstände verblieben sein, die hauptsächlich auf die Ligninsubstanz der Stammflora zurückzuführen sind und die man als Humite den Sapropeliten gegenüberstellen kann. In den Steinkohlen sind übrigens wohl immer beide Bestandteile in sehr wechselnden Verhältnissen gemengt.

Ähnlich liegen die Verhältnisse heute bei jenen Lebensgemeinschaften, durch deren Absterben der Torf in den Niederungsmooren entsteht. In den Hochmooren mit ihren Torfmoosen liegen die Dinge aber wesentlich anders. Laubmoose haben übrigens auch kaum je anderswo als in den Hochmooren der geologischen Gegenwart brennstoffbildend gewirkt, und auch biologisch und chemisch bestehen in diesem Falle eigenartige, man möchte sagen, kümmerliche Verhältnisse.

3. Die auf ausreichend bewässerten Waldmooren gedeihenden Lebensgemeinschaften der Nadel- und Laubbäume, welche ganz vornehmlich durch Zerfall von Zellwandbestandteilen die Brennstoffbildung ermöglichen und deren Absterben als Zerfallsprodukte in der Hauptsache Brennstoffe vom Charakter der Braunkohle liefert.

Faßt man die Umstände und das Ergebnis der primären Zerfallsprozesse in chemischer Hinsicht nach dem derzeitigen Stande unserer Kenntnisse übersichtlich zusammen, dann erhält man die Tab. 180:

Tabelle 180.

	Torf	Braunkohle	Steinkohle
Medium	Schwach sauer bis neutral; schwach aerob bis anaerob	Schwach sauer bis neutral; vorwiegend aerob	Sauer bis alkalisch; vorwiegend anaerob
Schicksal der Pflanzenstoffe	Kohlehydrate einschließlich der Cellulose verschwinden langsam, Wachse und Harze reichern sich an, Fett und Eiweiß verschwinden und werden zum Teil auch neugebildet, Lignin reichert sich an, wird mit steigendem p_H immer stärker verändert und in Huminsäuren umgewandelt	Kohlehydrate verschwinden ziemlich schnell, Wachse und Harze reichern sich an, Fette und Eiweiß verschwinden, Lignin reichert sich an, wird mit steigendem p_H immer stärker verändert und in Huminsäuren verwandelt	Kohlehydrate verschwinden langsam, Wachse und Harze reichern sich an, Fette und Eiweiß verschwinden zum Teil, werden zum Teil neu gebildet, reichern sich zum Teil als Polymerisationsprodukte ungesättigter Fettsäuren und als Kondensationsprodukte von Eiweiß an, Lignin reichert sich an, wird entweder über das Stadium der Huminsäuren oder unmittelbar als solches bei steigendem p_H immer stärker reduziert
Kurze Charakteristik der primären Anhäufung	Mischung von mehr oder weniger Sapropelbestandteilen mit organisierten Pflanzenresten, Cellulose, Lignin, Huminsäuren, Wachsen, Harzen	Mischung von mehr oder weniger Bitumenstoffen (Liptobiolithen) mit Huminsäuren	Sapropelstoffe, Bitumenstoffe, Huminsäuren; in manchen Fällen kommen in Frage Bitumenstoffe und deren Reduktionsprodukte sowie Reduktionsprodukte des Lignins

Man kann die primären Zersetzungsprodukte unter Benutzung der älteren Einteilung von H. Potonié als Humite, Sapropelite und Liptobiolithe unterscheiden. Reine primäre Humite wären außer den Huminsäuren die hypothetischen Produkte der direkten Reduktion des Lignins, welche unter den anaeroben alkalischen Bedingungen der Taylorschen

Zersetzung entstehen. Solche Stoffe müßten bei der trockenen Destillation nahezu keinen Teer und hauptsächlich einen pulvrigen, nichtgebackenen Koks liefern. Reine Sapropelite müssen bei der trockenen Destillation reichliche Mengen flüssiger Produkte und nicht allzu große Mengen gut gebackenen und geschmolzenen Kokses ergeben. Die Liptobiolithe sind Anhäufungen, die von Harzen und Wachsen gebildet sind. Solche Liptobiolithe finden sich seltener in besonderen Lagern, meist zusammen mit Humiten und Sapropeliten. Die Abgrenzung der Liptobiolithe ist leicht in jenen Fällen, in welchen die hierher gehörigen Stoffe wenig oder gar nicht veränderte ursprüngliche Pflanzenstoffe sind und sich chemisch und botanisch identifizieren lassen. Es könnte sich aber manchmal auch um Stoffe handeln, die aus trocknenden Ölen entstanden sind; dann wäre die Zuteilung schwierig.

Unter den Stoffen der primären Anhäufung des organischen Materials treten in vielen Fällen als gemeinsamer Bestandteil die Huminsäuren auf. Diese werden von der Mehrzahl der Forscher heute vornehmlich auf das Lignin der Pflanze als Muttersubstanz zurückgeführt, während einige andere Forscher an die vorwiegende Beteiligung oder Mitbeteiligung der Cellulose bei der Entstehung der Huminsäuren denken. Die Frage wird daher zusammenfassend kurz behandelt.

d) Die Entstehung der Huminsäure.

Bei der Ableitung der Huminsäure aus der Cellulose oder dem Lignin der Pflanze stützt man sich besonders auf die Ergebnisse der Konstitutionsforschung, auf Untersuchungen über das biologische Verhalten und den natürlichen Zerfall von Laub und Holz, auf Untersuchungen über die Zusammensetzung der Lignite sowie auf synthetische Versuche.

Die derzeitigen Ergebnisse der Konstitutionsforschung sind in der Tab. 181 zusammengefaßt.

Zum Verständnis der Tab. 181 sei noch hervorgehoben, daß die Cellulose im ganzen Pflanzenreiche recht gleichartige und eintönige Züge aufweist und wahrscheinlich vielfach chemisch dieselbe Substanz ist. Dagegen gibt es im Pflanzenreiche mehr als ein Lignin; und sogar in der einzelnen Pflanze ist das Lignin eine Mischung von nahe verwandten Stoffen, die sich je nach Bildungszeit und Bildungsort in der Pflanze unter anderem z. B. durch den verschiedenen Methoxylgehalt voneinander unterscheiden. Die Pflanzen der Steinkohlenzeit enthielten nach den Darlegungen von W. Fuchs[1] möglicherweise die gleiche Cellulose wie die der Braunkohlenzeit, aber höchstwahrscheinlich durchweg ein methoxylärmeres Lignin.

Die Ähnlichkeit zwischen Lignin und Huminsäure nach den Ergebnissen der Konstitutionsforschung ist groß, allerdings bei weitem nicht

[1] Brennstoff-Chem. **11**, 106 (1930).

Tabelle 181. Vergleichende Übersicht des chemischen Verhaltens von Cellulose, Lignin, Huminsäure.

<table>
<tr><th></th><th>Cellulose</th><th>Lignin</th><th>Huminsäure</th></tr>
<tr><td>Allgemeiner chemischer Charakter</td><td>Hochmolekularer aliphatischer Alkohol</td><td>Gemisch cyclisch gebauter Phenoläther</td><td>Gemisch cyclisch gebauter Oxycarbonsäuren</td></tr>
<tr><td>Stöchiometrisches Molekül</td><td>162 ($C_6H_{10}O_5$)</td><td>Rund 800 (z. B. $C_{40}H_{44}O_{15}$)</td><td>Rund 1400 (z. B. $C_{66}H_{52}O_{30}$)</td></tr>
<tr><td>Besondere Funktionen</td><td>3 Alkoholgruppen, 1 Brückensauerstoff, 1 Glucosidsauerstoff</td><td>Methoxylgruppen, sekundäre Alkoholgruppen, wenig Phenolhydroxyl, cyclischer Sauerstoff</td><td>Wenig Methoxyl, Phenolgruppen, Carbonsäuregruppen cyclischer Sauerstoff</td></tr>
<tr><td>Hydrolyse</td><td>Liefert 100% Glukose</td><td>Werden kaum angegriffen</td><td>Werden kaum angegriffen</td></tr>
<tr><td>Gelinde Oxydation</td><td>Liefert wenig charakteristische Produkte</td><td colspan="2">Liefert Oxycarbonsäuren von ähnlichem chemischen Charakter</td></tr>
<tr><td></td><td>Nicht autoxydierbar</td><td colspan="2">Bei Gegenwart von Alkali autoxydierbar</td></tr>
<tr><td>Verstärkte Oxydation</td><td>Liefert wenig charakteristische Substanzen</td><td colspan="2">Liefert Benzolcarbonsäuren</td></tr>
<tr><td>Erhitzen</td><td colspan="3">Verwandelt alle drei Substanzen in amorphe, kohlenstoffreiche Körper von wenigstens teilweise aromatischer Struktur</td></tr>
</table>

so groß, wie vielfach früher geglaubt wurde. Bei der Umwandlung von Lignin in Huminsäure müssen vielmehr aus dem Lignin gewisse Komplexe entfernt worden sein, die Reste müssen zusammengetreten und reicher an Sauerstoff geworden sein und a. m. Elementarzusammensetzung und Gesamtverhalten sind dabei in vieler Hinsicht einander ähnlich geblieben. Die Verschiedenartigkeit der natürlichen Lignine gibt übrigens auch genügende Ursachen, die Mannigfaltigkeit der natürlichen Huminsäuren verständlich zu finden. Diese Mannigfaltigkeit ist bei Ableitung aus der Cellulose recht unverständlich. Zwischen Cellulose und Huminsäure sind rein chemisch übereinstimmende Züge nicht erkennbar, ein Umstand, der natürlich einen genetischen Zusammenhang trotzdem nicht ausschließt.

Aus den Ergebnissen der Untersuchungen über das Verhalten von Cellulose und Lignin beim Angriff durch Mikroorganismen, über den Zerfall von Laub und Holz in der Natur sowie über die Lignite, die noch holzähnlichen Überreste der Braunkohlenbildner, hat sich gezeigt, daß das Lignin zwar auch unter gewissen Umständen und von gewissen Mikroorganismen zersetzt werden kann, daß aber die Cellulose viel leichter und viel häufiger beim Angriff von Kleinlebewesen auf natürliches Material zerstört wird als das Lignin. Dies ergibt sich aus den Laboratoriumsversuchen von Bray und Andrews, von C. Wehmer, von R. Falck sowie von F. Fischer und R. Lieske. Weiterhin folgt diese

Feststellung aus den Untersuchungen an natürlichen Zerfallsprodukten von Holz und Laub, wie sie von E. Rose und Lisse, von R. Falck und seinen Mitarbeitern, von A. Brandl, von S. A. Waksmann und seinen Mitarbeitern, von O. Schwalbe und Ekenstamm, von Fischer und Lieske ausgeführt worden sind. Der Sachverhalt wird besonders klar in der graphischen Auswertung der vorhandenen Daten durch W. Fuchs. Bei der Vermoderung des Holzes steigt der Methoxylgehalt und der Gehalt an Lignin im gleichen Verhältnis an, während der Gehalt an Cellulose und das Gesamtgewicht der zerfallenden Substanz abnehmen. Ganz das gleiche gilt für die Hölzer der Braunkohlenzeit, wie aus den Untersuchungen von W. Fuchs über Lignite hervorgeht. Das Lignin beginnt bereits in Alkali löslich zu werden, wenn der Methoxylgehalt noch nicht wesentlich abgenommen hat; es geht dabei in Ligninsäuren über, wie sie A. Brandl[1] bei der Untersuchung natürlichen Eichenmoders als Vorstufen der Huminsäuren aufgefunden hat.

Die Einzelheiten der biologischen Veränderungen von Cellulose und Lignin in der Natur ergeben sich aus Tab. 182:

Tabelle 182. Verhalten von Cellulose und Lignin bei Zersetzungsprozessen in der Natur.

Prozeß	Cellulose	Lignin
Destruktion	Zerstört Cellulose	Läßt Lignin übrig
Korrosion	Läßt Cellulose übrig	Zerstört Lignin
Destruktion nach Korrosion	Zerstört Cellulose	Vernichtet praktisch alle vorhandene Pflanzensubstanz
Korrosion nach Destruktion	Findet fast keine Cellulose vor	Greift übriggebliebenes Lignin meist nicht an
Aerobe, saure bis neutrale Zersetzung	Wirkt meist als Destruktion, zerstört Cellulose	Lignin wird unter Mitwirkung von Oxydationsvorgängen allmählich in Huminsäuren verwandelt
Anaerobe, saure bis neutrale Zersetzung	Wirkt meist langsam als Destruktion, zerstört Cellulose	Lignin wird fast unverändert als helles, methoxylhaltiges Produkt übriggelassen
Aerobe, alkalische Zersetzung	Wirkt meist als Destruktion, zerstört Cellulose	Lignin wird in stärker oxydierte Huminsäuren verwandelt
Anaerobe, alkalische Zersetzung	Zerstört Cellulose	Lignin wird in noch nicht näher erforschte Reduktionsprodukte verwandelt

Auf Grund dieser biochemischen Versuche kommt als Stammsubstanz für die Huminsäuren das Lignin weit eher in Frage als die Cellulose.

[1] Brennstoff-Chem. 9, 89 (1928).

Was die synthetischen Versuche betrifft, so wurde die künstliche Humifizierung von Cellulose bereits behandelt. Ausgehend von Cellulose oder „Oxycellulose“ hat man huminsäureähnliche Produkte nicht leicht und nicht in guter Ausbeute gewinnen können[1]. Auch entsteht die künstliche Huminsäure in solchen Fällen wahrscheinlich nicht direkt aus Cellulose, sondern aus der intermediär durch Hydrolyse gebildeten Glucose, die in der Natur wohl kaum in nennenswerter Menge das Material zur Huminsäurebildung werden kann. Weitere Arbeiten von Marcusson, in denen der Abbau von Huminsäuren und Cellulose zu Furanderivaten sowie die Entstehung einer sogenannten Caramellsäure aus Traubenzucker und aus Huminsäuren für die Ableitung der Huminsäure von Cellulose ins Feld geführt wurde, haben sich nicht als beweiskräftig erwiesen[2].

Lignin dagegen läßt sich leicht und vollständig in braune, amorphe, alkalilösliche Produkte verwandeln, die den Huminsäuren nicht unähnlich sind. In der Industrie geschieht dies in großem Maßstabe beim Aufschluß des Holzes nach dem Natronzellstoffverfahren und auch im Laboratorium bietet die Überführung des Lignins in alkalische Lösung keine wesentlichen Schwierigkeiten. So haben E. Heuser, R. Schmitt und L. Gunkel[3] Lignin durch Erhitzen mit der 20fachen Menge Natronlauge von 5% während 6 Stunden auf 170° in Lösung gebracht. Bei der Druckerhitzung von Lignin (Salzsäurelignin aus Fichtenholz wie das vorerwähnte Präparat) mit wässerigem Alkali auf 200° erhielten Fischer und Schrader[4] Säuren mit 69,6% C, 5,0% H und 14,1% OCH_3, bei Druckerhitzung auf 300° eine Säure mit 68,2% C, 3,9% H und 0,4% OCH_3 (Cellulose ergab unter gleichen Bedingungen bei 200° keine mit Mineralsäure fällbaren ähnlichen Säuren).

Besonders interessant sind aber Versuche von H. Schrader[5] über die Autoxydation des Lignins. Schrader konnte durch bloßes Liegenlassen von Lignin, welches mit Alkali befeuchtet war, in einem Luftstrom im Verlaufe einiger Monate rund die Hälfte des Lignins in Lösung bringen. Aus der Lösung wurden 28% des ursprünglichen Lignins in Form einer huminsäureähnlichen Säure gewonnen, deren Methoxylgehalt 7,9% gegen 13,6% im ursprünglichen Lignin und gegen 10,7% im Rückstand betrug. Damit ist nicht nur die Umwandlung von Lignin in alkalilösliche Substanz unter ganz gelinden Bedingungen vorgeführt, sondern überdies auch jene allmähliche Entmethylierung verwirklicht,

---

[1] Marcusson: Ztschr. angew. Chem. **38**, 339 (1925). — Fuchs, W.: Brennstoff-Chem. **9**, 400 (1928).

[2] Fuchs, W.: Die Chemie des Lignins, S. 287. Berlin 1926. — Fuchs, W.: Ztschr. angew. Chem. **41**, 85 (1928).

[3] Cellulosechemie **2**, 82 (1921).

[4] Abh. Kohle **5**, 346 (1920).

[5] Abh. Kohle **6**, 27 (1921).

die sich rechnerisch ergibt, wenn man den Methoxylgehalt der Ligninsäuren aus Moderstoffen mit dem Methoxylgehalt von Lignin im gesunden Holze vergleicht.

Nach alledem muß man heute das Lignin der pflanzlichen Zellwand als die eigentliche Stammsubstanz der natürlichen Huminsäuren betrachten. Die Möglichkeit, daß in der Natur Huminsäuren oder huminsäureähnliche Substanzen auch aus andersartigem Ausgangsmaterial entstehen können, ist aber nicht völlig ausgeschlossen. Was den Zusammenhang von Lignin und Huminsäuren in struktur-chemischer Hinsicht betrifft, so kann man heute an Hand der auf den Ergebnissen der Konstitutionsforschung beruhenden Strukturschemen von W. Fuchs (vgl. S. 445) ableiten, wie die Huminsäuren aus Lignin durch Abspaltung leichter zerstörbarer Seitenkomplexe, durch Kondensation der Reste, partielle Entmethylierung, partielle Oxydation u. a. m. hervorgingen.

e) Die Inkohlungsreihe der Humuskohlen.

Im Hinblick auf eine Anzahl von Eigenschaften, die sich allmählich verändern, kann man Torf, Braunkohle und Anthrazit in eine Reihe bringen, wie aus der Tab. 183 hervorgeht:

Tabelle 183.

Eigenschaft	Torf	Braunkohle	Steinkohle	Anthrazit
Farbe	immer dunkler werdend			
Mechanische Beschaffenheit	immer kompakter			
C-Gehalt	steigend			
O-Gehalt	fallend			
H-Gehalt	fallend			
Gehalt an flüchtigen Bestandteilen	fallend			
Beginn des Auftretens flüchtiger Bestandteile	immer später, bis zum fast völligen Fehlen verflüchtigungsfähiger Substanz			

Die Angaben der Tabelle lassen sich in verschiedener Weise deuten. Man kann an einen genetischen Zusammenhang denken, derart, daß Torf in Braunkohle, Braunkohle in Steinkohle und Steinkohle in Anthrazit übergeht, wobei jeder Brennstoff bei steigender Inkohlung seine Eigenschaften in gleicher Richtung ändert. Diese Umwandlungstheorie hat seit von Beroldingen viele Vertreter gefunden. Auch nach H. Potonié sind Braunkohle, Steinkohle und Anthrazit nur Stadien eines Zersetzungsvorganges an einem im Prinzip gleichartigen Urmaterial; Torf, Braunkohle und Steinkohle wären einzelne Stationen, Anthrazit und Graphit die Endprodukte der Inkohlungsreihe.

Man kann aber auch daran denken, daß die Zugehörigkeit der Hauptbestandteile der Torfe und Kohlen zur gleichen chemisch-systematischen Stoffklasse, etwa nach Art einer homologen Reihe, auch ohne direkten genetischen Zusammenhang die Gleichartigkeit der chemischen Züge genügend erklärt.

Bei Versuchen im Laboratorium haben E. Terres und W. Steck aus Sphagnumtorf braunkohlenähnliche Endprodukte herstellen können. Braunkohle in Steinkohle zu verwandeln, hat man im Laboratorium wiederholt versucht. So hat E. Erdmann[1] angegeben, daß beim längeren Erhitzen von Braunkohle mit Wasser unter Druck die physikalischen und chemischen Unterschiede zwischen lignitischer Braunkohle und Steinkohle verschwinden, woraus Erdmann folgerte, daß die Carbonsteinkohle durch Erhitzen unter Druck und eine Art Schwelprozeß aus den Braunkohlen hervorgegangen sei. Braunkohlen und Steinkohlen seien aus gleichartigem Material entstanden; die Unterschiede seien auf Einwirkung höheren Druckes und höherer Temperatur zurückzuführen, durch welche Braunkohlen in Steinkohlen verwandelt würden.

J. Marcusson[2] hat 5 g bitumenarme gepulverte Braunkohle im Einschlußrohr mit Mineralöl 12 Stunden auf 300° erhitzt. Nach dem Erkalten wurde mit Äther gewachsen und mit Natronlauge von 10% ausgezogen. Der unlösliche Rückstand war schwarz, zeigte das chemische Verhalten der Steinkohle, war durch Kalischmelze nicht in Lösung zu bringen und gab keine Reaktion mit Salpetersäure nach E. Donath. Marcusson erblickt in dem Versuch eine Umwandlung von Braunkohle in Steinkohle.

Die Übereinstimmung der aus Braunkohlen durch Anwendung von erhöhtem Druck und erhöhter Temperatur erhaltenen dunkelgefärbten Rückstände mit natürlichen Steinkohlen muß aber neuerdings als sehr fraglich angesehen werden. E. Berl, Schmidt und Koch sowie W. Fuchs und O. Horn konnten die Angaben von Erdmann nicht bestätigen. Nach den Versuchen von W. Petrascheck[3] wurde aus Braunkohle durch Erhitzen mit Wasser unter Druck während 10 Tagen auf 150° im wesentlichen nichts anderes erhalten, als eine Kohle nach Art von Fleißners Trockenkohle, nur war das Produkt etwas tiefer schwarz. Bei 340°—355° war der Rückstand der Druckerhitzung als Koks zu bezeichnen. In der Tat handelt es sich bei den rein thermischen Umwandlungsprodukten der Braunkohle im Temperaturgebiet bis etwa 400° um Kunstprodukte, die eher dem Charakter von Halbkoksen als den von Steinkohlen haben.

Nach den Ansichten von E. Donath sind Braunkohlen und Steinkohlen aus verschiedenartigem Urmaterial hervorgegangen und durchaus verschieden. Braunkohle könne weder durch eine längere Dauer des Inkohlungsprozesses, noch durch Kontaktmetamorphose in Steinkohle übergeführt werden. Die Ansicht von Donath, daß nur das

[1] Brennstoff-Chem. **5**, 177 (1924). [2] Ztschr. angew. Chem. **36**, 42 (1923).
[3] Berg- und Hüttenmännisches Jahrbuch **77**, 125 (1929).

pflanzliche Urmaterial der Braunkohlenbildung und nicht auch das der Steinkohlenbildung Lignin enthalten habe, ist allerdings fallen zu lassen. Dagegen ist die Meinung von Donath, daß das Urmaterial der Steinkohlen viel mehr Eiweiß enthalten habe als das der Braunkohlen, nicht von der Hand zu weisen. Donath weist darauf hin, daß Braunkohlen immer unter 1%, Steinkohlen aber bis zu 3% Stickstoff enthielten. Nach Donath hat ferner bei der Bildung der Steinkohlen in den meisten Fällen auch eine mehr oder minder weitgehende Erwärmung und Druckdestillation mitgewirkt. Letztere Annahme wird heute von vielen Forschern nicht mehr geteilt.

Eine Homogenisierung der Steinkohlensubstanz durch Erweichung unter einem vorübergehenden hohen Druck hat übrigens auch J. Schuster[1] angenommen. Aus den Versuchen von Terres und Steck kann man ableiten, daß durch Inkohlung von vorwiegend aus Cellulose und Lignin bestehendem Material sowie der daraus durch biologische Zersetzung entstehenden Anhäufungen nur Produkte vom Charakter der Braunkohlen hervorgehen. Zur Bildung von Steinkohlen wäre dagegen die Mitwirkung eines stofflichen Faktors, der auf Sapropelmaterial zurückzuführen ist, unerläßlich.

Der Übergang von Steinkohle in Anthrazit scheint sich im Laboratorium auch nicht ohne weiteres verwirklichen zu lassen. Hier hat man wiederholt besonders an eine charakteristische, eben zum Anthrazit führende Form der primären Zersetzung gedacht. So haben Aubrey Strahan und W. Pollard[2], aufmerksam geworden durch den ungewöhnlich niedrigen Aschengehalt südwalisischer Anthrazite, die Ansicht geäußert, daß schon der ursprüngliche Zersetzungsprozeß des Pflanzenmaterials bestimmend dafür war, daß der entstehende Brennstoff den Charakter eines Anthrazites erhielt. Diese von Ronaldson[3] als unzulänglich begründet bezeichnete Annahme kann heute nach den Veröffentlichungen von Taylor nicht mehr ganz von der Hand gewiesen werden. Die im Sinne der genetischen Inkohlungsreihe liegende Auffassung, daß Anthrazit durch thermische Veränderung von Steinkohlen entstehe, findet sich z. B. bei Roberts[4]. Nach Roberts wäre Anthrazit durch Tieftemperaturdestillation von Steinkohle entstanden.

Das Ergebnis der Versuche zur Umwandlung der Brennstoffe der Humuskohlenreihe im Laboratorium ist also meist unsicher. Gleichwohl ist nicht daran zu zweifeln, daß in einer ganzen Anzahl von Fällen eine natürliche Inkohlungsreihe besteht, daß also Torf in Braunkohle, Braunkohle in Glanzkohle und Steinkohle, Steinkohle in Anthrazit übergehen kann. Die Möglichkeit des Überganges von Torf in Braunkohle wird bewiesen durch die Existenz der diluvialen Torfe oder Schie-

[1] N. Jahrb. f. Mineral. **1912 II**, 33. [2] Mem. Geol. Surv. London 1908.
[3] Coal, S. 12. London 1920. [4] Proc. South Wales Inst. Eng. **40**, 98 (1924).

ferbraunkohlen, die man sowohl zu den Torfen als auch zu den Braunkohlen rechnen kann. Ein allmählicher Übergang von Braunkohle in Steinkohle ist ferner für die russischen Carbonkohlen charakteristisch; hierüber befinden sich nähere Angaben auf S. 383. In diesem Falle kommt übrigens die Wirksamkeit sekundärer geologischer Prozesse kaum in Frage. Fälle, in denen durch nachträgliche geologische Prozesse, in erster Linie durch Eruptivkontakt, Brennstofflager stärker inkohlt wurden, sind aber nicht einmal selten. Auf S. 383 ist die Inkohlungsreihe der Braunkohlen von Handlowa wiedergegeben. Eine ganze Anzahl von Fällen über thermische Veredelung der Kohlen durch Eruptivkontakt enthält ferner die Tab. 151 von Petrascheck, welche S. 385 abgedruckt ist. In den Fällen, die in diese Tabelle aufgenommen sind, ist die Umwandlung von Braunkohlenlagern über Steinkohlen und Anthrazite sogar bis zu Graphitlagern in der Natur verwirklicht. Allerdings ist die Beschaffenheit der schließlich entstehenden Kohle nicht nur durch eine Beziehung zur Temperatur bedingt. Es ist zum Beispiel bei den Kohlen von Handlowa die Temperatur vielleicht nicht sehr viel unter 1000° geblieben, und doch ist nichts weiter als eine Glanzkohle entstanden.

Vom chemischen Standpunkte muß man in der Frage der Inkohlungsreihe davon ausgehen, daß Torf, Braunkohle und Steinkohle Gemenge sind und die Schicksale der chemisch unterscheidbaren Bestandteile dieser Gemenge bei den in der Natur möglichen Umwandlungen für Existenz oder Nichtexistenz einer genetischen Inkohlungsreihe entscheidend sind. Tab. 184 bringt eine Übersicht über die Schicksale der Bitumenstoffe, Huminsäuren und Humine.

Bei dem Übergang von Torf in Braunkohle erleiden demnach weder die Bitumenstoffe noch die Huminsäuren wesentliche Veränderungen. Die Huminsäuren können in den Braunkohlen einem Alterungsprozeß unterliegen, der ihre Teilchengröße erhöht und chemische Veränderungen, wie Wasserabspaltung, Kondensation, in tieferen Schichten älterer Braunkohlen wohl auch Reduktion, erfahren; doch bleibt unter diesen Umständen immer der Oxycarbonsäurecharakter der Huminsäure erhalten. Beim Übergang von Braunkohlen in Glanzkohlen und weiterhin in Steinkohlen und Anthrazite spielen sich aber Vorgänge ab, die den ursprünglichen Charakter der Bitumenstoffe und der Huminsäuren, ferner auch ihr gegenseitiges Mengenverhältnis tiefgreifend beeinflussen. Die ursprünglichen Bitumenstoffe werden dabei zum Teil verflüchtigt, zum Teil zersetzt, zu einem kleinen Teil wohl auch durch Zerfall der Huminsäuremoleküle neu gebildet. Im Zusammenhang damit ist von Interesse, daß G. Stadnikoff den öligen Anteil des Bitumens B auf den Zerfall des Huminanteils der Kohlen zurückführt, den Anteil an Festbitumen aber auf Material nicht humosen Ursprungs. Beim Über-

Tabelle 184. Veränderungen der Kohlenbestandteile.

	Bitumenstoffe	Huminsäuren	Humine
Aerobe und nicht streng anaerobe biologische Einwirkungen	Lassen die ursprünglichen Bitumenstoffe nichtsapropelen Ursprungs im wesentlichen unverändert	Lassen die einmal gebildeten Huminsäuren im wesentlichen unverändert	Lassen die einmal gebildeten Humine unverändert
Streng anaerobe biologische Einwirkungen	Können decarboxylierend, reduzierend, kondensierend wirken	Wirken vielleicht decarboxylierend, reduzierend, kondensierend	Lassen die einmal gebildeten Humine im wesentlichen unverändert
Wirkung von Erhitzung, Gebirgs- und Faltungsdruck oder beiden	Bitumenstoffe werden decarboxyliert, teils gekrackt, teils bis zu kohligen Massen kondensiert, zum Teil entstehen vielleicht auch aus dem Huminanteil neue Bitumenstoffe	Huminsäuren werden decarboxyliert, zu huminähnlichen Substanzen kondensiert, zum Teil vielleicht auch zu bitumenähnlichen Substanzen gekrackt	Fortschreitende Inkohlung in der Richtung Anthrazit-Graphit

gang der Huminsäuren in Humine der Steinkohlen verlieren die Huminsäuren ihre sauren Gruppen und gehen in neutrale Substanzen mit spärlichen Sauerstoffunktionen über. Humine werden bei fortschreitender Inkohlung immer anthrazitähnlicher, die Anthrazite vielleicht immer graphitähnlicher. In der Reihe der Humine von der Steinkohle zum Graphit findet also unter dem Einflusse sekundärer geologischer Prozesse eine immer stärkere Aromatisierung statt.

Als Ausgangsmaterial für die Bitumina der höheren Inkohlungsstufen der Humuskohlenreihe kommen demnach in Betracht:

1. Umwandlungsprodukte von Bitumenstoffen niederer Inkohlungsstufen,

2. Neubildungen aus dem Humusanteil, endlich

3. natürlich auch Bildungen von Sapropelursprung. Gerade die letzteren sind für die meisten technisch geschätzten Steinkohlen besonders charakteristisch und durch ihren beträchtlichen Stickstoffgehalt ausgezeichnet.

Ebenso kommen als Ausgangsmaterial der Humine der höheren Inkohlungsstufen der Humuskohlenreihe in Betracht:

1. Huminsäuren,

2. direkte Reduktionsprodukte gewisser primärer biologischer Zersetzungsprozesse. Derartige spezifische, wohl schon stark reduzierte Primärprodukte sind manchmal auch als Urmaterial der Anthrazitbildung erwogen worden;

3. Inkohlungsprodukte kondensierter Bitumenstoffe, auch sapropelen Ursprungs.

Aus diesen Angaben ergibt sich, wie eine Inkohlungsreihe reiner

Humuskohlen durch die chemischen Schicksale von Bitumenstoffen und Huminsäuren charakterisiert werden kann. Tab. 185 bringt eine Gesamtübersicht über die Verhältnisse.

Tabelle 185. Die Inkohlungsreihe der Humuskohlen.

	Torf	Braunkohle	Steinkohle	Anthrazit
Erzeugende Pflanzengemeinschaft	Sehr verschieden	Waldmoore von Nadel- und Laubbäumen	Sumpfmoore der Carbonflora, auch tertiäre Flora	Besonders Carbonflora und ältere Floren
Vorstufen	Moder verschiedenen Ursprungs	Waldtorf, Moder	Sumpfmoortorf, Sumpfwaldtorf, Braunkohlen	Alle vorhergehenden Vertreter der Humuskohlenreihe, vielleicht auch spezifische Vorstufen, ferner wohl auch Sapropelmaterial
Erste Produkte der einzelnen Brennstoffklasse	Hochmoortorf, Niedermoortorf, Waldtorf	Erdige und xylitische[1] Braunkohlen	Reduktionsprodukte von Sumpfmoortorf und Sumpfwaldtorf, auf dem Wege der weiteren Inkohlung entstandene Umwandlungsprodukte der Braunkohlen	Hochinkohlte Steinkohlen
Weg der weiteren Inkohlung	Aufzehrung der Kohlehydrate, Ansammlungen von Bitumen und Huminsäure, Homogenisierung oder Schichtenbildung unter Mitwirkung kolloidchemischer Vorgänge	Geringe Reduktion von Huminsäuren und Bitumenstoffen, stärkere Umwandlung durch Erhitzung, besonders durch Eruptivkontakt, dadurch Homogenisierung zu Glanzkohlen	Weitere Umwandlung ursprünglicher Reduktionsprodukte des Pflanzenzerfalls oder von Braunkohlen, manchmal vielleicht durch biologische Agenzien, besonders aber durch Kontaktmetamorphose, Einfluß der Erdwärme mit steigender Tiefe und Einfluß des Gebirgsdruckes	Die Einwirkung geologischer Kräfte kann bis zur Eliminierung aller O- und H-Funktionen und Ordnung der verbleibenden C-Atome zur Graphitstruktur führen

Der Übergang von Torf in Braunkohle, von Braunkohle in Steinkohle und weiterhin in Anthrazit und Graphit ist also möglich und in der Natur auch häufig verwirklicht. Dieser Übergang scheint aber nicht

[1] Vgl. S. 481.

der einzige Weg zu sein, auf welchem die höheren Glieder der Inkohlungsreihe entstanden sind. Vielmehr könnten manche Steinkohlen und vielleicht sogar manche Anthrazite aus primärem Zersetzungsprodukt hervorgegangen sein, die wohl Torfcharakter haben konnten, aber nicht in die Reihe Torf-Braunkohle passen und auch nicht deren Fortsetzung bilden. Auf diese Weise entstandene Steinkohlen stellen vielleicht die Hauptmenge der Steinkohlen überhaupt dar. Bei ihrer Entstehung mögen auch mineralische und organische Katalysatoren mitgewirkt, ferner Druck und Temperatur den Inkohlungsgrad gesteigert haben. Sofern die Steinkohlen aber noch unzersetzte organisierte Pflanzenreste enthalten, wie dies meistens der Fall ist, kann die Erhitzung nicht bis über den ziemlich niedrigen thermischen Zersetzungspunkt hinausgegangen sein.

Es sei noch darauf hingewiesen, daß die Bildung der meisten Brennstofflager der Humuskohlenreihe autochthon erfolgte. Abtransport größerer Massen humosen Materials durch Ströme („Schwarzwasser") vom Orte der Bildung an ferner liegende Orte schließlicher Lagerung kommt nur als Ausnahme in Frage.

Sowohl bei den Torfen als auch bei den Steinkohlen spielt auch die Beteiligung von Sapropelmaterial an der Brennstoffbildung eine mehr oder weniger große Rolle. Die Streifenkohlen entstehen vielleicht überhaupt nicht ohne Beteiligung von Sapropelmaterial.

f) Die Inkohlungsreihe der Sapropelkohlen.

In ähnlicher Weise wie die Humuskohlen kann man auch die Sapropelkohlen in eine Reihe bringen, wie aus Tab. 186 hervorgeht. Die Aufnahme des Anthrazits in die Reihe ist natürlich nur bedingt berechtigt.

Tabelle 186.

Eigenschaft	Faulschlamm	Sapropelkohle	Anthrazit
Farbe	immer dunkler werdend		
Mechanische Beschaffenheit	immer kompakter		
C-Gehalt	steigend		
O-Gehalt	fallend		
H-Gehalt	erst steigend, dann fallend		
Gehalt an disponiblem Wasserstoff	erst steigend, dann fallend		

Faulschlamm bildet sich besonders in stehenden Gewässern aus den abgestorbenen Kleinlebewesen des Planktons; die untersten Schichten der Torflager haben häufig den Charakter von Umwandlungsprodukten des Faulschlammes. Zu den Sapropelkohlen gehören außer Bogheadkohlen und Cannelkohlen auch die ganz ähnlichen Torbanite, der schwedische Kolm und mancherlei Ölschiefer; auch steht ihnen vielleicht Gagat oder Jet nahe. G. Stadnikoff führt sie in erster Linie auf ungesättigte Fettsäuren zurück, die durch Polymerisation und andere

Vorgänge in immer höher molekulare, immer dunklere und schwerer schmelzbare Inkohlungsprodukte übergingen. Andere Forscher schreiben auch den Eiweißstoffen eine wichtige Rolle bei der Bildung von Sapropeliten zu.

Algen und andere Kleinlebewesen werden als vornehmliche Stoffquellen für die Bildung der Sapropelkohlen in Betracht gezogen. Ob bei den betreffenden Zersetzungs- und Umwandlungsvorgängen nicht auch Mikroorganismen aktiv mitwirken, ist nicht bekannt, aber sehr wahrscheinlich und wäre eine besondere Untersuchung wert.

Wie Salessky, Zelinsky, R. Thiessen und G. Stadnikoff[1] mit Recht hervorheben, ist für das Verständnis der Konstitution und Bildung der Sapropelkohlen das Studium jener seltenen Bildungen nach Art von Balchaschit und Coorongit von großer Bedeutung. Synthetische hierher gehörige Versuche haben kürzlich E. Terres und W. Steck[2] veröffentlicht. Sie gingen besonders von Hefe aus. Eiweiß,

Tabelle 187.

	Fette	Eiweiß
Aerobe und nicht streng anaerobe biologische Zersetzung	Hydrolyse zu Fettsäuren und Glycerin. Bei feiner Verteilung und genügender Stickstoffnahrung völlige Aufzehrung. In kompakteren Massen Anhäufung der Fettsäuren, weiterhin Umwandlung der gesättigten Säuren besonders in Kohlenwasserstoffe, der ungesättigten Säuren besonders durch „Trocknen“ unter Sauerstoffaufnahme zu Polymerisationsprodukten und deren decarboxylierten Derivaten	Hydrolyse zu Aminosäuren, die völlig oder ganz überwiegend bis auf etwa humifizierte aromatische Reste verbrannt werden
Streng anaerobe biologische Zersetzung	Hydrolyse zu Fettsäuren und Glycerin. Fettsäuren werden kaum zerstört. Die gesättigten Säuren geben Paraffine, die ungesättigten Polymerisate von etwas anderem Charakter und langsamerer Bildung als bei Luftzutritt	Hydrolyse zu Aminosäuren. Biologischer Angriff etwas erschwert. Besonders bei alkalischer Reaktion Bildung dunkler Substanzen und merklich schwächere Desamidierung
Erhitzung; erhöhter Druck	Kann zur stärkeren Inkohlung von Sapropeliten oder zu Erdöl führen	Führt zur stärkeren Inkohlung

[1] Entstehung von Kohle und Erdöl, S. 145ff.
[2] Gas- u. Wasserfach **73**, Sonderheft S. 1 (1930).

eiweißhaltiges Material und Zersetzungsprodukte von solchem gaben beim Erhitzen mit Wasser unter Druck Reaktionsprodukte, welche einen backenden Koks lieferten. Aus Eiweiß entstand ein schwarzes, kohlenähnliches Produkt oder eine dickflüssige Schmiere. Der backende Koks der Eiweißkohlen enthielt 10—13% N, also 5—7mal soviel wie durchschnittlich Steinkohlen enthalten. Wenn die Eiweißsubstanzen vor der Druckerhitzung aber einen Fäulnisprozeß durchgemacht hatten, wurden Reaktionsprodukte mit wesentlich weniger Stickstoff erhalten. Die festen Reaktionsprodukte bildeten sich dabei nach vorhergehender Verflüssigung über eine ölige Stufe aus dem Ausgangsmaterial.

Zur Prüfung der bakteriellen Zersetzung von Fetten hat McKenzie Taylor[1] Fette in einer Sandschicht auf dem Boden von Bechergläsern gebracht, mit einer Suspension von Gartenerde geimpft, und mit einer Schicht Natriumaluminiumton sowie einer Schicht Wasser überdeckt. Im Brutschrank bei 30° wurden unter diesen Bedingungen die geprüften gesättigten Fette hydrolysiert, Glycerin in Methan, die Fettsäuren in Paraffine verwandelt. Ähnliche Versuche mit ungesättigten Fettsäuren wären von Interesse.

Für die zu Sapropeliten werdenden Zellinhaltstoffe und tierischen Stoffe der Fett- und Eiweißgruppe kommen schematisch die in Tab. 187 aufgeführten Veränderungen in Frage.

Für reine Sapropelkohlen, ihre Vorstufen und Verkohlungsprodukte kann man heute folgende, nach Analogie der Tab. 188 angelegte Übersicht geben.

Tabelle 188.

	Faulschlamm	Sapropelkohle	Anthrazit
Erzeugende Pflanzengemeinschaft	Planktonorganismen, Algen u. ä.		
Vorstufen	Abgestorbenes Plankton	Balchaschit, Coorongit („Torfstadium der Bogheadkohle"), wohl auch andere Bildungen	Mischbildungen zum Teil sapropelen Ursprungs
Erste Produkte der einzelnen Klassen	Gyttja, Schlick u. ä.	Haben sehr bald den Charakter der schließlichen Bildung	
Weg der weiteren Inkohlung	Schnelle Zersetzung der ganzen Masse bei Luftzutritt, langsame bei Luftabwesenheit unter Polymerisation und Kondensation besonders von Fett, wohl auch von Eiweißzerfallsprodukten	Produkte in Lagern reiner Sapropelkohlen sehr lange beständig. Inkohlung gegen den Anthrazit hin besonders, wenn nicht ausschließlich, bei Mischbildungen möglich	Wie bei den Humuskohlen

[1] Nature **121**, 789 (1928).

Manche Angaben der obigen Tabelle bedürfen noch weiterer Prüfung und Klärung. Auf die Anwesenheit oder Abwesenheit von Sporen in den Sapropeliten legt Stadnikoff[1] übrigens kein großes Gewicht. „Gelangten in ein Bassin mit Algenansammlungen infolge des Vorherrschens einer bestimmten Windrichtung während der Zeit der Sporenbildung periodisch in großen Mengen Sporen (Schwefelregen), so sanken sie mit dem Plankton zu Boden und sammelten sich in größeren oder kleineren Gruppen in der Fettsäuremasse an. Letztere unterlagen den schon beschriebenen Veränderungen, während die Sporen sich unverändert erhielten. So entstanden Bogheadkohlen mit hohem Sporengehalt".

Als charakteristisch für die Bildung der Sapropelkohlen scheint ihr besonders bei Gegenwart von Luft sehr rasch verlaufender Bildungsprozeß gelten zu können. In kurzer Zeit scheinen die Endprodukte der primär möglichen Inkohlung zu entstehen und nachher durch lange geologische Perioden hindurch fast unverändert bleiben zu können. Reine Sapropelitbildungen sind übrigens selten. Ob aus solchen durch sekundäre geologische Prozesse anthrazitähnliche Produkte hervorgehen können, ist nicht bekannt. In Mischbildungen ist dies aber jedenfalls möglich.

Ein besonderes Interesse haben die Beziehungen zwischen Sapropeliten und Erdöl und damit die Beziehungen zwischen Kohle und Erdöl überhaupt.

g) Die Beziehungen zwischen Kohle und Erdöl.

Über die Entstehung des natürlichen Erdöls gibt es eine umfangreiche Literatur und eine große Zahl von Theorien. Über die wichtigsten Theorien bringt die Tab. 189 eine erste Übersicht.

Tabelle 189. Theorien über die Entstehung des Erdöls.

Bildungsmaterial	Carbide	Einfache Gase, wie CO, C_2H_2 u. ä.	Fettsäuren	Fette	Kohlen
Bildungsprozeß	Einwirkung von Wasser oder Wasserdampf, evtl. weitere Umwandlungen wie in der nächsten Spalte	Umsetzungen mit Wasserstoff bei Gegenwart von Katalysatoren, fortschreitende Polymerisation	Aus Inkohlungsprozessen stammend, verschiedenartig weiter verändert	Anhäufungen in Meeresbuchten usw., durch biologische Zersetzung oder Druckerhitzung weiter umgewandelt	Durch Zersetzung nach Art der Urdestillation oder durch krackende Druckhydrierung weiter umgewandelt

[1] Entstehung von Kohle und Erdöl, S. 199.

Weitere Einzelheiten und Literaturnachweise sind den Werken von Engler und Höfer[1], L. Gurwitsch[2] und Stadnikoff[3] zu entnehmen.

Von allen Theorien findet derzeit die Theorie von Engler und Höfer[4] über die Bildung von Erdöl aus Fett bei den Chemikern den größten Anklang. Nach dieser Theorie kam es durch das Absterben von Seetieren und Planktonorganismen zu Fettansammlungen in größeren Buchten, Meeresbusen und verlandenden Lagunen. Diese Fettansammlungen wurden weiterhin unter verschiedenen Bedingungen des Druckes und der Temperatur fortschreitend zersetzt, wodurch sie in die Kohlenwasserstoffgemische der heutigen Erdöle übergingen. Engler und seine Schüler[4] destillierten Fischtran bei 10 atü und Temperaturen bis 900°. Sie erhielten dabei schließlich in einer Ausbeute von mehr als 60% ein Öl, welches zu 90% aus Kohlenwasserstoffen bestand. Auch bei der Druckdestillation anderer tierischer Fette und Öle, auch synthetischen Trioleins und Tristearins, ferner von Ölsäure und Stearinsäure wurde ähnliches beobachtet. Endlich konnten künstliche Erdöle auch durch einfaches Erhitzen der Fette unter Druck auf etwa 350° hergestellt werden. Die Kohlenwasserstoffe bestanden zum großen Teil aus Paraffinen, enthielten aber auch Olefine, aromatische Verbindungen und wahrscheinlich, wenn auch nicht sicher, sogar Naphthene.

Heute ist man in bezug auf die Möglichkeit von Hochdruckdestillationen und Hochdruckerhitzungen in der Natur vielfach etwas skeptisch geworden. Es kann aber darauf hingewiesen werden, daß nach Ausführungen von Taylor[5] durch eine spezifische biologische Zersetzung Fette auch sogleich in Erdöle umgewandelt werden könnten. Nach der Theorie von Taylor sind Steinkohle und Erdöl unter denselben geologischen und biologischen Bedingungen, aber aus sehr verschiedenartigem Ausgangsmaterial entstanden. Erdöl soll durch anaerobe Zersetzung vorwiegend von Algen unter einer das Medium stets alkalisch haltenden Deckschicht entstanden sein. Hoher Druck und hohe Temperatur wären also als Faktoren der Erdölbildung entbehrlich. Auf Beziehungen zwischen Kohle und Erdöl im Hinblick auf das Ausgangsmaterial schließen auch E. Terres und W. Steck; sie erhielten aus künstlichem Faulschlamm größere Mengen Öl, und derartiges intermediär gebildetes Öl hat nach E. Terres als zweiter stofflicher Faktor

[1] Das Erdöl, Bd. 2, S. 59. Leipzig 1909.

[2] Wissenschaftliche Grundlagen der Erdölverarbeitung, S. 181, 2. Aufl. Berlin 1924.

[3] Die Entstehung von Kohle und Erdöl, S. 219ff. Stuttgart 1930.

[4] B. **21**, 1816 (1888). — Engler u. Singer: B. **26**, 1449 (1893). — Engler u. Lehmann: B. **30**, 2365 (1897). — Engler: Ztschr. angew. Chem. **21**, 1585 (1908). B. **42**, 4610 (1909). — Engler u. Routala: B. **42**, 4613, 4620 (1909); **43**, 388 (1910). — Engler u. Halmai: B. **43**, 954 (1910). Ztschr. angew. Chem. **25**, 4 (1912).

[5] Journ. Inst. Petrol. Technolog. **15**, 372 (1929).

neben den Zerfallsprodukten der Zellwand bei der Entstehung der Steinkohlen mitgewirkt.

Den Zusammenhang zwischen der Bildung der Kohlen und der Bildung des Erdöles hält auch F. Bergius für gegeben. Im „Verkohlungswasser“ des Inkohlungsprozesses finden sich nach Bergius Fettsäuren, die von den Stätten der Kohlenbildung weggeführt, in der Nähe von Salzlagern niedergeschlagen und weiterhin in Petroleum verwandelt werden können. Nach A. D. Petrow[1] kann die Bildung des Erdöls über Zerfallsprodukte der Cellulose mit der Bildung der Kohle verknüpft sein. Denn Milchsäure, welche nach Petrow als ein Hauptprodukt des Cellulosezerfalles angesehen werden kann, lieferte bei der Druckerhitzung Öle ähnlich dem Synthol und dem Synthin von Fischer und Tropsch[2]. Auch Erdöle vom Naphthentypus sollen nach weiteren Versuchen von Petrow mit Myristinsäure und Linolensäure durch Umwandlung von Fettsäuren in Kohlenwasserstoffe unter hohem Druck entstehen können, während G. Stadnikoff und Iwanowski[3] zwar die Bildung von paraffinischen Erdöl aus tierischen Fetten für ganz wahrscheinlich halten, nicht aber die Bildung der Erdöle vom Naphthentypus.

Die Möglichkeit der Entstehung von Erdöl aus Kohle durch sehr verschiedene Umwandlungsprozesse der Kohle ist früher mehrfach erwogen worden. Die Tatsache, daß man in Kohlen und Erdölen sehr geringe Mengen gleicher Kohlenwasserstoffe gefunden hat und die damit zusammenhängende Tatsache, daß das in geringer Menge erhaltene Urdestillat von Steinkohle nach Pictets Versuchen Ähnlichkeit mit Erdölen hatte, hat solchen Schlüssen eine mehr scheinbare als wirkliche Unterlage geboten.

Eine direkte Umwandlung von Kohle in Erdöl hat neuerdings A. von Weinberg[4] angenommen. Der Mechanismus dieses Umwandlungsprozesses wird ähnlich dem Verfahren der Kohlenhydrierung nach Bergius gedacht. Der zur technischen Kohlenhydrierung benötigte hohe Druck sei heute noch in den Erdölvorkommen vorhanden, die nötige erhöhte Temperatur werde durch die verlängerte Reaktionsdauer ausgeglichen. Der Wasserstoff entstamme dem Wasser, in welchem er durch Katalysatoren, elektrische Felder und Entladungen sowie gewisse Arten von Strahlungsenergie aktiviert werden könne; im Zusammenhang mit letzteren Annahmen wird auf das Vorkommen von Helium im Erdgas verwiesen. Interessant ist noch die Angabe Weinbergs, daß synthetisches Petroleum optisch aktiv sei. Die optische Aktivität des natürlichen Erdöls wird bekanntlich besonders auf die Anwesenheit von Cholesterin zurückgeführt.

[1] B. **63**, 75 (1930).
[2] B. **56**, 2437 (1923).
[3] Brennstoff-Chem. **9**, 245, 261 (1928).
[4] Petroleum **25**, 147 (1929).

Nach der Theorie der Erdölbildung von G. Stadnikoff bildete sich auf dem Grunde von Salzwasserbecken mit reicher Algenflora allmählich eine homogene Masse von Umwandlungsprodukten gesättigter und Polymerisations- und Umwandlungsprodukten ungesättigter Fettsäuren, Kohlenwasserstoffen und Ketonen, in welcher sich Huminsubstanzen dispergieren konnten. Die Umwandlung des Sapropelit-Humusmaterials auf dem Boden eines Salzwasserbeckens blieb nach Stadnikoff im Stadium der Bildung des primären Erdöls oder Urerdöls stehen, einer dicken, harzähnlichen Masse von hoher Viscosität und auch als Folge anorganischer Beimengungen von hohem spezifischem Gewichte. Auch bei der nachträglichen Bedeckung mit Sedimentgesteinen soll nach der Theorie von Stadnikoff das Urerdöl solange unverändert bleiben, bis es mit Gasen in Berührung kommt, die „in der Erdtiefe bei Einwirkung von Wasser auf die glühende Lösung der Carbide in Ferromangan“ entstanden. Diese Gase wirken durch ihren Wasserstoffgehalt hydrierend, durch ihren Kohlenoxydgehalt reduzierend auf das primäre Erdöl und erteilen ihm dadurch seinen endgültigen Charakter, indem unter hohem Gasdruck im Laufe der geologischen Zeiträume auch bei der verhältnismäßig niedrigen Temperatur von 200° die Hydrierung möglich ist. Nach Stadnikoff kann man die Entstehung des Erdöls ganz allgemein „durch die Hydrogenisation des primären Erdöls erklären, das sich aus einem gemischten Humus-Sapropelmaterial bei seiner Verwandlung am Boden eines Salzwasserbeckens unter den Bedingungen der anaeroben Zersetzung gebildet hat“.

Bei einer umfassenden Theorie der Erdölbildung wird man künftig wohl die Elemente der verschiedensten Theorien kombinieren und auch für verschiedene Fälle die Wirksamkeit verschiedenartiger Faktoren annehmen müssen.

6. Die Klassifikation der Torfe und Kohlen.

Bei der Klassifikation der festen Brennstoffe hat man sich schon frühzeitig auf eine Reihe chemisch einfach festzustellender und praktisch-technisch wichtiger Eigenschaften gestützt. Die Elementarzusammensetzung, der Wassergehalt, der Heizwert, der Gehalt an flüchtigen Bestandteilen, Koksausbeute und Kokseigenschaften, das Verhalten bei der Verfeuerung liegen verdienstlichen älteren Klassifikationen zugrunde. Von diesen blieb Gruners Klassifikation auf Steinkohlen beschränkt, während Broockmanns Klassifikation sich auf alle Brennstoffe bezieht. Mit Hilfe von Elementarzusammensetzung, Heizwert, Gehalt an Grubenfeuchtigkeit, spezifischem Gewicht, Koksausbeute und Beschaffenheit des Kokses werden Torf, Lignit, Braunkohle, Flammkohle, Gaskohle, Kokskohle, Magerkohle, Anthrazit und Graphit charakterisiert.

Neuerdings sind weitere Einteilungen in größerer Zahl von englischen und amerikanischen Autoren vorgeschlagen worden, Einteilungen, die aber meist auf den gleichen Grundlagen beruhen, wie die älteren Klassifikationen und vielfach im wesentlichen neue Namen für einzelne Gruppen von Brennstoffen einführen. Hervorgehoben sei die Einteilung von Parr in den International Critical Tables[1]. Als Beispiel einer gleichfalls auf den Ergebnissen von Elementaranalyse, Kurzanalyse und praktischen Erfahrungen beruhenden recht komplizierten Systematik sei auf die chemische Klassifizierung der Kohle durch C. A. Seyler[2] verwiesen.

M. R. Campbell[3] schlägt nachfolgende Anordnung vor, die am besten mit den englischen Ausdrücken wiedergegeben sei (Braunkohle wird in der englischen und amerikanischen Literatur meist mit dem Ausdruck lignite, Steinkohle mit coal oder bituminous coal bezeichnet):

Coal	Browncoal group	A. Peat class
		B. German brown coal
		C. Lignite class
	Hydrobituminous group	A. High-moisture class
		B. Low-moisture class
	Bituminous group	A. High-volatile class
		B. Low-volatile class
	Anthracite group	A. High-volatile class
		B. Low-volatile class
		C. Meta-anthracite class

Die in der Hauptsache auf den Ergebnissen von Elementaranalysen und Kurzanalysen beruhenden älteren Einteilungen sind neuerdings mehrfach in die Form graphischer Darstellungen gebracht worden. Die graphische Darstellung macht die Dinge anschaulicher, bedeutet aber an sich nicht die Einführung eines neuen Einteilungsprinzips.

G. H. Ashley[4] geht bei seiner Einteilung von der Vorstellung aus, daß der Inkohlungsprozeß mit einer Verflüchtigung (devolatilization) von Substanz verbunden ist, wobei auch die Feuchtigkeit als ein wesentlicher Bestandteil der Brennstoffe mitberücksichtigt werden müsse. Ashleys Systematik geht am besten aus der folgenden graphischen Darstellung (Abb. 4) des Autors hervor.

In dieser graphischen Darstellung wird der Gedanke zum Ausdruck gebracht, daß beim Prozeß der „devolatilisation of coal“ kein Verlust an fixem Kohlenstoff stattfindet, während der Gehalt an Feuchtigkeit und flüchtiger Substanz von einer Klasse zur anderen oder von einem bestimmten Inkohlungsgrad (rank) zum anderen ständig abnehmen, wobei gleichzeitig das ursprüngliche Gesamtgewicht des Brennstoffes sich entsprechend verringert.

[1] Bd. 2, S. 130. [2] Fuel **3**, 15, 41, 79 (1924).
[3] Classification of Coal, Bureau of Mines 1930, S. 21.
[4] Classification of Coal, Bureau of Mines 1930.

Von den Möglichkeiten der graphischen Darstellung macht neuerdings auch H. Apfelbeck[1] bei seiner Systematik der Brennstoffe reichlich Gebrauch. Auf Grund der Elementarzusammensetzung der Reinsubstanz kann man die Brennstoffe in ein Dreiecksdiagramm bringen, wobei die Darstellung auch auf die organischen Ausgangsstoffe der Kohlenbildung ausgedehnt werden kann. Man erhält so nach Apfelbeck ein kontinuierliches System, in welchem der Platz jeder Kohle als Funktion ihrer chemischen Zusammensetzung auch bereits Aufschluß über ihre physikalischen und technischen Eigenschaften und das erreichte Stadium des Inkohlungsprozesses gibt. In einem solchen, auf den Ergebnissen der Elementaranalyse beruhenden und die Ergebnisse

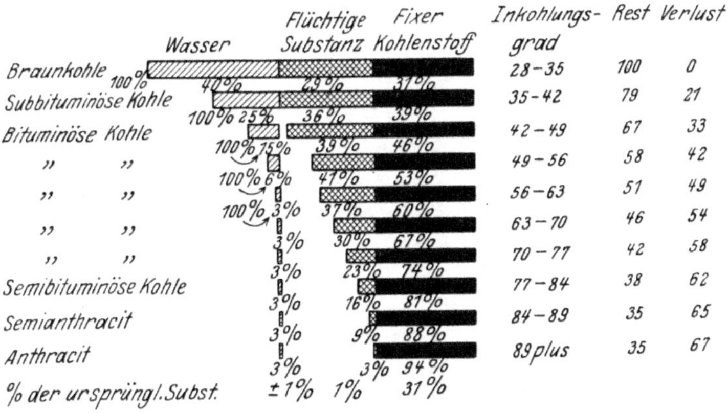

Abb. 4. Einteilung der Kohlen nach Ashley.

der Kurzanalyse berücksichtigenden System kommt die Annahme eines steten Inkohlungsvorganges zum Ausdruck; daher gibt es in diesem System auch keine scharfe Grenze zwischen Braunkohlen und Steinkohlen. In der in Abb. 5 wiedergegebenen graphischen Darstellung von Apfelbeck ist auch der Kohlungsindex von Wieluch vermerkt.

Beim derzeitigen Stande der Wissenschaft kann man sich auch bemühen, die auf den Ergebnissen der älteren Untersuchungsmethoden beruhenden Klassifikationsversuche durch eine Systematik zu ersetzen, in welcher die neueren Ergebnisse betreffend Zusammensetzung, Konstitution und Entstehung der Brennstoffe zum Ausdruck kommen. G. Stadnikoff[2] klassifiziert die Kohlen auf neuer Grundlage, nämlich nach ihrer chemischen Natur, ihrem chemischen Alter und ihrer Herkunft. „Dem chemischen Alter nach unterscheiden wir Torfe, Braunkohlen und Steinkohlen.

[1] Entstehung, Veredelung und Verwertung der Kohlen, S. 40. Berlin 1930.
[2] Die Entstehung von Kohle und Erdöl, S. 205. Stuttgart 1930.

Torf ist ein in größerem oder geringerem Grad wasserhaltiges Gemisch von Bitumina, Huminsäuren, deren Salzen, verschiedenen anderen

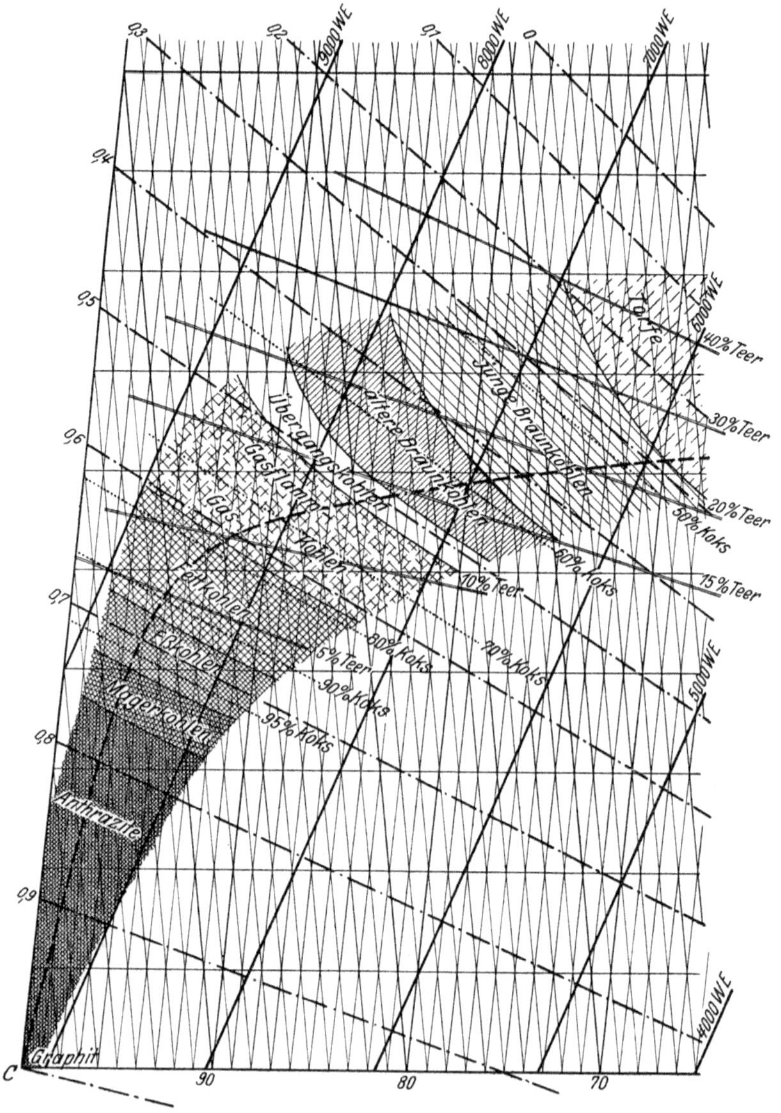

Abb. 5. Einteilung der Kohlen nach Apfelbeck.

Produkten der Zersetzung des pflanzlichen Materials und von noch nicht zersetzten Formelementen der Pflanzen (Blätter, Zweige, Stengel, Wurzeln, Nadeln).

Braunkohle ist ein Gemisch von Huminsäuren, deren Salzen und Anhydriden, Humiten und Bitumina; im Zusammenhange mit dem Gehalt an Huminsäuren färben Braunkohlen eine wässerige Laugenlösung braun.

Steinkohle ist eine Mischung von Produkten einer tiefgehenden Veränderung organischer Säuren, Bitumina und Huminsubstanzen; Steinkohlen lassen sogar eine siedende wässerige Laugenlösung ungefärbt.“

Im einzelnen unterscheidet Stadnikoff dann vier Hauptklassen und eine größere Anzahl von Unterklassen, die in Tab. 190 namentlich angeführt sind.

Tabelle 190.
Einteilung der Torfe und Kohlen nach G. Stadnikoff.

Hauptklassen	I. Sapropelite	II. Humuskohlen	III. Gemischte Sapropelit-Humuskohlen	IV. Gemischte Humus-Sapropelitkohlen
Unterklassen	A. Sapropelitische Torfe B. Braunkohlen mit 3 Untergruppen: Bogheadkohlen, Cannelkohlen, Ölschiefer	A. Trockene Torfe B. Braunkohlen mit 4 Untergruppen: bituminöse, Schwel-, magere Braunkohlen und Cannel-Humuskohlen	A. Moorsapropele B. Humusbogheadkohlen C. Sapropelitsteinkohlen mit 2 Untergruppen: Vitritkohlen und Streifenkohlen	A. Moortorfe B. Braunkohlen mit 2 Untergruppen: bituminöse und magere Kohlen C. Steinkohlen mit 3 Untergruppen: Vitritkohlen, gestreifte Kohlen und Fusitkohlen

Bei der wissenschaftlichen Klassifikation der Kohlen kann man nach meiner Meinung mit Vorteil so vorgehen, daß man Beschreibung und wissenschaftliche Systematik einigermaßen trennt. Die Beschreibung soll, ganz so wie dies etwa in Zoologie und Botanik bei der Charakteristik der Arten üblich ist, vor allem zu bestimmten Namen führen. Diese Namen sollen aus Zweckmäßigkeitsgründen nicht zu zahlreich sein und mit den herkömmlichen Bezeichnungen möglichst übereinstimmen. Eine Schwierigkeit bei der Ausführung und Anwendung dieser Überlegungen besteht darin, daß die Übergangsformen zwischen Braunkohlen und Steinkohlen sich bei den meisten bisherigen Klassifikationsversuchen recht unbequem verhielten, ferner darin, daß man meist Sapropelitbildungen nicht genügend berücksichtigt hat. Eine Möglichkeit, alle diese Schwierigkeiten zu umgehen, glaube ich darin erblicken zu dürfen, daß man alle zwischen Braunkohlen und Steinkohlen liegenden Formen wie Pechkohlen, Bogheadkohlen usw. in eine besondere Klasse der Dunkelkohlen zusammenfaßt. Man kommt dann zunächst zur folgenden Beschreibung der Kohlentypen:

Tabelle 191. Beschreibung der Kohlentypen nach W. Fuchs.

	Torf	Braunkohle	Dunkelkohle	Steinkohle	Anthrazit
Charakteristische Eigenschaften	Leicht auspreßbares hygroskopisches Wasser	Brauner Strich, Reaktion mit Salpetersäure, Reaktion mit Kalilauge	Brauner Strich, Reaktionen mit Salpetersäure und Kalilauge undeutlich oder fehlend	Schwarzer Strich, Reaktionen mit Salpetersäure und mit Kalilauge fehlend	Schwarzer Strich, fast keine flüchtigen Bestandteile
Hygroskopische Feuchtigkeit	Über 50 %	Bis 50%	Bis 20 %	Bis 10 %, selten mehr	wenig
Kohlenstoffgehalt der Reinkohle ohne Extraktstoffe	Bis 60 %	Bis 70%	Bis 80 %	Bis 90 %	über 90%
Gehalt an flüchtigen Substanzen	ständig abnehmend				
Unterscheidungsmerkmale von Untergruppen	Biologisch-mikroskopische Untersuchung, Stickstoffgehalt, Gehalt an Faserelementen	Mechanische Beschaffenheit	Wasserstoffgehalt	Gehalt an flüchtigen Bestandteilen oder Gehalt an Gefügebestandteilen	—
Einzelne Vertreter	Grundwassertorfe (Sapropeltorfe), stickstoffreich, arm an Faserelementen. Niedermoortorfe, Waldmoortorfe, Hochmoortorfe; reich an Faserelementen, verschiedenen biologischen Ursprungs, immer ärmer an Stickstoff	Weichbraunkohlen, xylitische Braunkohlen	Schwächer inkohlte Steinkohlen (H-Gehalt bis 5 %). Pechkohlen, Glanzkohlen (H-Gehalt 5—6 %). Bogheadkohlen (H-Gehalt über 6 %)	Gasflamm-, Gas-, Fett-, Magerkohlen; oder duritreiche bis duritarme Kohlen	—

Als natürliche Systematik der Kohlen kann man sodann die in Tab. 192 gegebene Einteilung auf Grund der das Bildungsmaterial liefernden Lebensgemeinschaften aufstellen.

Man kann also folgende Klassen der festen Brennstoffe anführen:

1. Sapropelite mit drei Unterklassen, und zwar Faulschlämme, sporenarme Bogheadkohlen und sporenreiche Cannelkohlen.

2. Humus-Sapropel-Brennstoffe mit vier Unterklassen, und zwar Niedermoortorfe, duritreiche Streifenkohlen, duritische Streifenkohlen und duritarme Streifenkohlen.

Tabelle 192. Natürliche Systematik der Kohlen nach W. Fuchs.

Hauptklasse	Stoffliefernde Lebens-gemeinschaft	Ablagerung des org. Materials	Erste Bildung	Sekundäre Bildung
I. Sapropelite	Im Wasser lebende Organismen wie Algen, Plankton usw.	Unter Wasser	Sapropelite	Anthrazite
II. Humus-Sapropelit-Brennstoffe	Lebens-gemeinschaft der Strand- und Uferzonen und Sümpfe	Unter oder im Grund-wasserspiegel	Niedermoor-torfe (sapro-pelitische?) Braunkohlen, schwächer inkohlte Steinkohlen	Steinkohlen und Anthrazite
III. Humus-Brennstoffe	Lebens-gemeinschaft der Wälder	Im oder über dem Grund-wasserspiegel	Waldtorfe, Weich-braunkohlen, xylitische Braunkohlen	Pechkohlen, Glanzkohlen, einzelne Steinkohlen, Anthrazite
IV. Humus-Torfe	Lebens-gemeinschaft der Hoch-moore	Über dem Grundwasser-spiegel	Hoch-moortorf	Keine bekannt

3. Humusbrennstoffe mit fünf Unterklassen, und zwar Waldtorfe, Weichbraunkohlen, Glanzbraunkohlen, duritfreie Steinkohlen und Anthrazite.

4. Humustorfe, mit der einzigen Unterklasse der Hochmoortorfe.

Die Bemühungen um eine brauchbare und übersichtliche Systematik zeigen, wie mannigfache Typen von Brennstoffen existieren, die alle als Kohlen zu bezeichnen sind.

Namenverzeichnis.

Sachverzeichnis.

GPSR Compliance

The European Union's (EU) General Product Safety Regulation (GPSR) is a set of rules that requires consumer products to be safe and our obligations to ensure this.

If you have any concerns about our products, you can contact us on ProductSafety@springernature.com

In case Publisher is established outside the EU, the EU authorized representative is:

Springer Nature Customer Service Center GmbH
Europaplatz 3
69115 Heidelberg, Germany

Batch number: 10682323

Printed by Printforce, the Netherlands